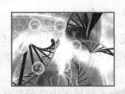  

表观遗传学前沿

● 主编 蔡 禄

清华大学出版社
北京

内容简介

本书共分 11 章,包括染色质结构与功能、核小体定位、染色质重塑、组蛋白修饰、DNA 甲基化、RNA 可变剪接的表观遗传学机制、非编码 RNA 研究进展、假基因研究进展、表观遗传学研究实验技术简介、表观遗传学相关数据库简介及表观遗传学的功能。

在主要阐述了表观遗传学的基本知识的基础上,结合本领域国内外最新科研成果,本书系统总结介绍了当前表观遗传学领域的前沿进展。

本书可供从事生命科学研究的人员参考,也可作为高等院校遗传学等相关专业研究生的教材。

版权所有,侵权必究。举报: 010-62782989, beiqinquan@tup.tsinghua.edu.cn。

图书在版编目(CIP)数据

表观遗传学前沿/蔡禄主编. —北京: 清华大学出版社,2012.12(2024.8重印)
ISBN 978-7-302-30817-1

Ⅰ. ①表… Ⅱ. ①蔡… Ⅲ. ①发育遗传学—研究 Ⅳ. ①Q344

中国版本图书馆 CIP 数据核字(2012)第 287014 号

责任编辑: 罗 健 王 华
封面设计: 戴国印
责任校对: 王淑云
责任印制: 沈 露

出版发行: 清华大学出版社
  网　址: https://www.tup.com.cn, https://www.wqxuetang.com
  地　址: 北京清华大学学研大厦 A 座　　　邮　编: 100084
  社 总 机: 010-83470000　　　　　　　　　邮　购: 010-62786544
  投稿与读者服务: 010-62776969, c-service@tup.tsinghua.edu.cn
  质 量 反 馈: 010-62772015, zhiliang@tup.tsinghua.edu.cn
印 装 者: 三河市龙大印装有限公司
经　　销: 全国新华书店
开　　本: 185mm×260mm　　印　张: 18.5　　插　页: 4　　字　数: 493 千字
版　　次: 2012 年 12 月第 1 版　　　　　　印　次: 2024 年 8 月第 9 次印刷
定　　价: 69.80 元

产品编号: 048177-02

编者名单

主　　编	蔡　禄
副 主 编	赵秀娟　刘国庆　崔向军
编　　者	（按姓名拼音排序）
	蔡　禄　崔向军　刘国庆　马利兵
	邢永强　赵宏宇　赵秀娟

PREFACE 前言

　　人类基因组计划的完成大大促进了人们对遗传信息组织、传递及表达规律的认识，同时也使我们意识到细胞内遗传信息表达机制的异常复杂性。为了彻底破译生命这本天书，各种组学（Omics）计划包括蛋白质组学、转录组学、代谢组学、RNA组学相继实施，特别是近两年才出现的表观遗传组学使多年来分子生物学领域公认的中心法则遇到了前所未有的挑战。表观遗传学研究在DNA序列不发生改变的条件下，由于DNA甲基化、染色质结构变化等因素的改变，使基因功能发生可遗传的变化并最终导致表型变异的遗传学机制。基因组携带有两类遗传信息：一类提供生命必须的蛋白质的模板，称为遗传编码信息；另一类提供基因选择性表达（何时、何地、何种方式）的指令，称为表观遗传信息。基因表达调控机制的研究一直是遗传学研究的中心问题，表观遗传信息将大大丰富遗传学研究内容。只有将遗传编码信息和表观遗传信息的组织、传递和表达机制研究清楚，才有可能真正解读细胞内的生命过程。表观遗传信息对于细胞组织特异性分化、发育、疾病发生发挥重要作用。

　　近几年国内外出现了一些优秀的表观遗传学专著或教材，但总体上讲还太少。由于表观遗传学相关内容发展迅速，一些最新的研究成果往往在书籍中难以找到系统介绍。作者在研究工作中深深感到研究人员，特别是年轻的研究生朋友，急需系统介绍表观遗传学前沿知识的书籍。事实上，这也正是本书作者们虽然深感自己学识浅薄，仍然坚持撰写本书的主要原因。参与编写本书的人员均工作在表观遗传学实验和理论研究前沿，他们通过认真学习国内外相关优秀书籍，在大量阅读最新文献的基础上，经系统总结完成本书。全书共分11章，包括染色质结构与功能、核小体定位、染色质重塑、组蛋白修饰、DNA甲基化、RNA可变剪接的表观遗传学机制、非编码RNA研究进展、假基因研究进展、表观遗传学研究实验技术简介、表观遗传学相关数据库简介及表观遗传学的功能。赵秀娟副教授编写第1、2、5章和第9章第1~4节，第3章由邢永强博士编写，崔向军副教授编写第4、10章第1~4节及第11章第3~5节，刘国庆副教授编写了第7、8章，赵宏宇博士编写第9章第5~7节和第10章第5节，马利兵教授编写第11章第1~2节，蔡禄教授编写第6章，并负责全书的审核。

　　我们热切希望这本书能为本领域研究人员、教师和学生提供有价值的新知识，但由于这一领域的快速发展，加之尚有许多问题学术界仍在探讨未有定论，特别是编者学术水平有限，书中肯定有诸多不足和错误之处，敬请读者批评指正。

蔡　禄
2012年10月

目录

第1章 染色质的结构与功能 ……… 1
1.1 细胞核的结构与功能 ……… 1
1.1.1 细胞核的结构 ……… 1
1.1.2 细胞核的功能 ……… 3
1.2 染色质结构 ……… 5
1.2.1 染色质纤维 ……… 5
1.2.2 染色质分为常染色质和异染色质 ……… 6
1.3 核小体 ……… 8
1.3.1 发现历史 ……… 8
1.3.2 核小体的结构 ……… 9
1.3.3 相位 ……… 9
1.4 染色体 ……… 10
1.4.1 染色体的化学组成 ……… 10
1.4.2 染色体的DNA ……… 10
1.4.3 染色体的特征性结构 ……… 10
1.5 核仁结构与功能 ……… 11
1.5.1 核仁的化学组成 ……… 11
1.5.2 核仁的结构 ……… 12
1.5.3 核仁的形成 ……… 12
1.5.4 核仁的功能 ……… 12
参考文献 ……… 12

第2章 核小体定位 ……… 15
2.1 基因组上核小体定位的实验图谱 ……… 16
2.1.1 基因组尺度核小体定位作图的基本策略 ……… 16
2.1.2 基因组尺度核小体定位图谱 ……… 17
2.2 基因组上核小体分布的一般模式 ……… 17
2.2.1 DNA转录相关位点邻近核小体分布 ……… 17
2.2.2 DNA复制起始位点邻近区核小体分布 ……… 18
2.2.3 核小体定位的"统计定位"模型 ……… 19
2.3 核小体定位的理论研究 ……… 20
2.3.1 从DNA序列到核小体定位 ……… 20
2.3.2 基于DNA结构的物理性质预测核小体定位 ……… 23
2.3.3 核小体定位的反式因子 ……… 24
2.4 邻近核小体和染色质高级结构影响核小体定位 ……… 26
2.4.1 核小体串珠 ……… 26
2.4.2 高级染色质结构的影响 ……… 26
2.5 核小体定位与基因表达调控 ……… 26
2.6 总结与展望 ……… 27
参考文献 ……… 28

第3章 染色质重塑 ……… 34
3.1 染色质重塑概述 ……… 34
3.2 SWI/SNF复合物 ……… 36
3.2.1 SWI/SNF复合物的组成 ……… 36
3.2.2 SWI/SNF复合物的结构域和功能 ……… 37
3.2.3 SWI/SNF复合物与癌症 ……… 38
3.3 ISWI复合物 ……… 39
3.3.1 ISWI复合物的组成 ……… 39
3.3.2 ISWI复合物的功能 ……… 41
3.4 CHD复合物 ……… 41
3.4.1 CHD复合物的组成 ……… 41
3.4.2 Chd蛋白的位置和组织表达模式 ……… 43

3.4.3 Chd蛋白在染色质组装和
　　　　 重塑过程的作用 …… 43
　　3.4.4 CHD家族成员的多亚基
　　　　 复合物 …… 44
　　3.4.5 Chd蛋白和转录延伸 …… 44
　　3.4.6 发育和分化阶段的
　　　　 Chd蛋白 …… 45
　　3.4.7 Chd蛋白与人类疾病 …… 45
　　3.4.8 总结与展望 …… 46
3.5 INO80复合物 …… 46
　　3.5.1 INO80复合物的组成 …… 47
　　3.5.2 INO80复合物的功能 …… 48
　　3.5.3 SWR1复合物的组成 …… 50
　　3.5.4 SWR1复合物的功能 …… 52
　　3.5.5 总结与展望 …… 53
3.6 染色质重塑模式和机制 …… 53
　　3.6.1 染色质重塑模式 …… 53
　　3.6.2 染色质重塑机制 …… 54
3.7 总结与展望 …… 56
参考文献 …… 57

第4章 组蛋白修饰 …… 62
4.1 组蛋白修饰概述 …… 62
　　4.1.1 组蛋白的分类和性质 …… 62
　　4.1.2 组蛋白修饰的种类 …… 63
4.2 组蛋白修饰酶及其相关复合物 …… 70
　　4.2.1 乙酰化酶及其复合物 …… 72
　　4.2.2 组蛋白甲基化酶 …… 83
4.3 组蛋白变体及其修饰 …… 85
　　4.3.1 组蛋白变体概述 …… 85
　　4.3.2 组蛋白变体修饰 …… 89
4.4 组蛋白密码 …… 89
参考文献 …… 94

第5章 DNA甲基化 …… 98
5.1 DNA甲基化概况 …… 98
5.2 真核生物DNA甲基化分布
　　 模式 …… 99
5.3 真核生物DNA甲基化修饰
　　 系统 …… 100
　　5.3.1 DNA甲基转移酶 …… 100
　　5.3.2 甲基化结合蛋白 …… 101
5.4 DNA甲基化与遗传物质的

稳定性 …… 103
　　5.4.1 DNA甲基化与DNA复制
　　　　 起始 …… 104
　　5.4.2 DNA甲基化与错配
　　　　 修复 …… 104
　　5.4.3 DNA甲基化与转座子
　　　　 失活 …… 104
5.5 DNA甲基化与基因表达调控 …… 104
　　5.5.1 DNA甲基化直接影响一些
　　　　 转录因子的结合活性 …… 104
　　5.5.2 DNA甲基化结合蛋白与转
　　　　 录抑制 …… 105
5.6 DNA甲基化与其他表观遗传修饰
　　 的关系 …… 105
　　5.6.1 DNA甲基化与核小体
　　　　 定位 …… 105
　　5.6.2 DNA甲基化与组蛋白
　　　　 修饰 …… 106
　　5.6.3 DNA甲基化与非编码
　　　　 RNA …… 108
参考文献 …… 108

第6章 RNA可变剪接的表观遗传学
　　　 机制 …… 111
6.1 引言 …… 111
6.2 可变剪接的基本机制 …… 111
　　6.2.1 可变剪接的基本概念 …… 111
　　6.2.2 可变剪接的基本类型 …… 112
　　6.2.3 可变剪接的基本机制 …… 112
6.3 转录与剪接同时进行的机制 …… 113
6.4 可变剪接受RNA聚合酶Ⅱ延伸
　　 速率的控制 …… 113
6.5 可变剪接的表观遗传学机制 …… 114
　　6.5.1 可变剪接与核小体定位 …… 114
　　6.5.2 组蛋白修饰诱导可变
　　　　 剪接 …… 115
　　6.5.3 可变剪接与DNA
　　　　 甲基化 …… 115
　　6.5.4 可变剪接与组蛋白
　　　　 变体 …… 116
　　6.5.5 RNA与可变剪接 …… 116
　　6.5.6 可变剪接的新模型 …… 116

6.5.7 可变剪接相关生物大分子
　　　　（蛋白质、DNA 和 RNA）
　　　　相互作用网络 ········· 117
6.6 总结与展望 ············· 118
参考文献 ··················· 118

第 7 章 非编码 RNA 研究进展 ··· 123
7.1 RNA 干扰 ··············· 124
7.2 siRNA 的研究进展 ······· 125
　　7.2.1 siRNA 的简介 ······ 125
　　7.2.2 siRNA 的作用机制 ·· 126
　　7.2.3 siRNA 的特点 ······ 129
　　7.2.4 RNAi 的应用 ······· 131
7.3 miRNA 的研究进展 ······· 133
　　7.3.1 miRNA 的简介 ······ 133
　　7.3.2 miRNA 的产生机制 ·· 133
　　7.3.3 miRNA 的作用机制 ·· 135
　　7.3.4 miRNA 的功能 ······ 140
　　7.3.5 总结与展望 ········· 142
7.4 piRNA 的研究进展 ······· 143
　　7.4.1 piRNA 的发现 ······ 143
　　7.4.2 piRNA 的结构特征 ·· 144
　　7.4.3 piRNA 的分布 ······ 144
　　7.4.4 piRNA 的产生机制 ·· 145
　　7.4.5 piRNA 的功能 ······ 146
　　7.4.6 piRNA 的总结与展望 · 148
　　7.4.7 小 RNA 的总结与展望 · 148
7.5 长链非编码 RNA 的研究进展 ··· 149
　　7.5.1 lncRNA 的产生机制 ·· 149
　　7.5.2 lncRNA 的功能 ····· 150
　　7.5.3 lncRNA 与疾病 ····· 154
　　7.5.4 总结与展望 ········· 154
参考文献 ··················· 154

第 8 章 假基因研究进展 ········· 162
8.1 假基因 ················· 162
　　8.1.1 假基因的发现 ······· 162
　　8.1.2 假基因的结构特征 ··· 163
8.2 探讨假基因的生物学意义 ··· 163
　　8.2.1 假基因是 Junk DNA？ · 163
　　8.2.2 假基因的生物学意义 · 164
8.3 假基因的识别 ··········· 165
8.4 假基因的进化 ··········· 167

8.5 假基因的分布 ··········· 168
8.6 假基因的功能 ··········· 169
　　8.6.1 一氧化氮合酶（NOS）
　　　　　假基因的功能 ····· 170
　　8.6.2 *Makorin1-p1* 假基因的
　　　　　功能及作用机制 ··· 170
　　8.6.3 假基因干预细胞的基因沉默
　　　　　机制 ············· 173
　　8.6.4 假基因产生 siRNAs ·· 173
　　8.6.5 假基因保护 snoRNA 的
　　　　　作用 ············· 175
　　8.6.6 假基因的转录与
　　　　　保守性 ··········· 176
　　8.6.7 假基因产生基因
　　　　　多样性 ··········· 177
　　8.6.8 假基因的命运 ······· 177
　　8.6.9 假基因的弊端 ······· 178
8.7 总结与展望 ············· 179
参考文献 ··················· 179

第 9 章 表观遗传学研究实验技术
简介 ··················· 184
9.1 染色质免疫共沉淀技术 ··· 184
　　9.1.1 ChIP 技术的原理 ···· 184
　　9.1.2 ChIP on chip ······· 184
　　9.1.3 ChIP-Seq ·········· 185
9.2 全基因组定位技术 ······· 185
　　9.2.1 基因表达系列分析的原理和
　　　　　实验路线 ········· 185
　　9.2.2 全基因组定位技术原理与
　　　　　步骤 ············· 186
　　9.2.3 应用 ·············· 187
9.3 体外组装核小体技术 ····· 188
　　9.3.1 盐透析法体外组装
　　　　　核小体 ··········· 188
　　9.3.2 依赖于 ATP 的体外组装
　　　　　核小体方法 ······· 189
　　9.3.3 体外组装单个核小体的检测
　　　　　方法 ············· 190
　　9.3.4 长片段 DNA 序列体外组装
　　　　　染色质的检测方法 ··· 193
9.4 核小体相位分析 ········· 197

9.4.1　基本原理 …………… 197
　　9.4.2　主要步骤 …………… 198
　　9.4.3　注意事项 …………… 199
　　9.4.4　应用 ………………… 199
9.5　DNA 甲基化分析技术 ……… 199
　　9.5.1　基因组整体水平甲基化
　　　　　分析 ………………… 201
　　9.5.2　特异性位点的 DNA
　　　　　甲基化的检测 ……… 202
　　9.5.3　甲基化新位点的寻找 … 210
9.6　染色质 DNA 酶 I 高敏感位点的
　　检测 ……………………… 210
　　9.6.1　基本原理 …………… 211
　　9.6.2　基本步骤 …………… 212
　　9.6.3　注意事项 …………… 213
　　9.6.4　应用 ………………… 213
9.7　体内 DNA 足迹法 …………… 213
　　9.7.1　基本原理 …………… 213
　　9.7.2　操作步骤 …………… 215
　　9.7.3　注意事项 …………… 215
　　9.7.4　应用 ………………… 216
参考文献 …………………………… 216

第 10 章　表观遗传学相关数据库简介 …………………………… 219

10.1　核小体定位相关数据库简介 … 219
　　10.1.1　传统实验技术条件下的
　　　　　　核小体定位数据 …… 219
　　10.1.2　高通量实验技术条件下的
　　　　　　核小体数据 ………… 220
10.2　可变剪接数据库 …………… 221
　　10.2.1　可变剪接数据库概述 … 221
　　10.2.2　ASD 数据库简介 …… 222
　　10.2.3　ASAP 数据库简介 …… 224
10.3　组蛋白修饰数据库 ………… 225
　　10.3.1　人组蛋白修饰数据库 … 225
　　10.3.2　酵母组蛋白修饰
　　　　　　数据库 ……………… 227
10.4　DNA 甲基化的相关数据库 … 227
10.5　非编码 RNA 相关数据库简介 … 229

　　10.5.1　siRNA 数据库介绍 …… 229
　　10.5.2　miRNA 数据库介绍 … 230
　　10.5.3　piRNA 数据库介绍 …… 233
　　10.5.4　lncRNA 相关数据库
　　　　　　介绍 ………………… 233
　　10.5.5　非编码 RNA 组数据库
　　　　　　NONCODE ………… 235
参考文献 …………………………… 235

第 11 章　表观遗传学的功能 …… 239

11.1　干细胞的分化 ……………… 239
　　11.1.1　胚胎干细胞的分化 …… 239
　　11.1.2　成体干细胞的分化 …… 243
11.2　X 染色体失活 ……………… 254
　　11.2.1　X 染色体随机失活的
　　　　　　起始 ………………… 255
　　11.2.2　*Xist* RNA 介导的 X 染色体
　　　　　　沉默以及失活 X 染色体的
　　　　　　异染色质化 ………… 256
11.3　基因组印记 ………………… 264
　　11.3.1　哺乳动物的印记基因 … 264
　　11.3.2　基因组印记的周期及
　　　　　　机制 ………………… 265
　　11.3.3　基因组印记的进化 …… 267
11.4　衰老的表观遗传学 ………… 268
　　11.4.1　衰老过程中的表观
　　　　　　遗传学 ……………… 268
　　11.4.2　衰老相关疾病的表观
　　　　　　遗传学 ……………… 270
11.5　记忆过程中的表观遗传学 … 271
　　11.5.1　组蛋白的乙酰化修饰与依赖
　　　　　　于脑海马的记忆行为 … 271
　　11.5.2　组蛋白的乙酰化修饰与不依
　　　　　　赖脑海马的记忆行为 … 273
　　11.5.3　其他形式的组蛋白修饰与
　　　　　　记忆行为 …………… 274
　　11.5.4　DNA 甲基化与记忆的
　　　　　　形成及储存 ………… 275
参考文献 …………………………… 276

第1章　染色质的结构与功能

1.1　细胞核的结构与功能

真核细胞的重要特征是有细胞核，电镜观察真核细胞时，细胞核是最大的可见部分，核内含有一些相当难以辨别的结构（图1-1）。细胞核包含了真核生物几乎所有的遗传物质（在线粒体和叶绿体中还含有少量的DNA）。细胞核与细胞质之间有双层的核膜相隔，核膜中间有一个内腔与内质网相连，核孔复合体（NPC）横跨核被膜，是细胞核与细胞质之间输送生物大分子的通道，能将蛋白质及RNA运入、运出细胞核。内质网中的空间与两层核膜间的空间是连续的，内外层核膜的脂双层与每一个核孔是连续的。两个中间丝网络提供了核膜的机械支持；细胞核中的中间丝形成一个特殊的结构，称为核纤层。细胞核的亚单位核仁是核糖体RNA合成的场所，没有膜结构。

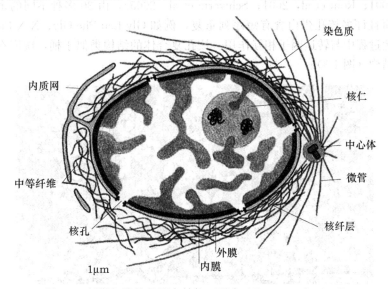

图1-1　间期细胞核的形态结构（引自 Alberts et al, 1998）

细胞核的大小范围从直径1μm到大于10μm不等，细胞核的大小与其所包含的DNA的多少有关，酵母细胞的细胞核只有1μm左右，而非洲爪蟾的卵母细胞细胞核直径约为400μm。大多数细胞有一个细胞核，但有的细胞也有多个细胞核，少数细胞没有细胞核。球形和椭圆形是细胞核最常见的形状，不同物种细胞核所占细胞总体积的比例是不一样的，细胞核的形态和表型是区分不同细胞类型的两个要素。

1.1.1　细胞核的结构

1. 核膜与核纤层　细胞核以核被膜为界限，核被膜由外核膜和内核膜组成（图1-2）

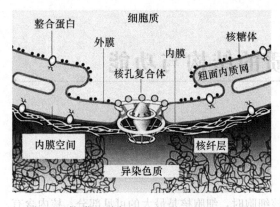

图 1-2 核膜（引自 Andersson et al, 1999）。
显示了双膜层、核孔复合物、
核纤层以及外膜层同粗面内质网的连续性

（Andersson et al, 1999；Fahrenkrog et al, 2001；Rout et al, 2001）。核膜由磷脂双分子层和特定的蛋白质组成。外核膜与内质网连通，表面附有核糖体，负责蛋白质的合成。外核膜与内核膜之间的膜间腔与内质网的膜间腔连通。

核纤层位于核内膜之下，核纤层是多细胞动物细胞核的一个普遍特征，它是纤维状的网络结构（Broers et al, 2004；Goldman et al, 2002；Gruenbaum et al, 2005；Hutchison et al, 2001；Taddei et al, 2004）。核纤层蛋白被称为中间纤维蛋白，其成丝的大小（直径 10~20nm）在肌动蛋白微丝（7nm）和微管（直径 25nm）之间，核孔复合体锚定在核纤层。核纤层相关蛋白（LAP）中的一些蛋白质介导核纤层和内核膜之间的相互作用。核纤层支持细胞核结构，同时也与染色质相互作用。

2. 核孔复合体 NPC 核孔复合体位于内核膜和外核膜的融合部位，是一个双向结构（Fahrenkrog et al, 2001；Rout et al, 2001；Schwartz et al, 2005），由 30 多种不同的多肽组成，它们是核孔蛋白，而且许多核孔蛋白含有短序列重复，例如 Gly-Leu-Phe-Gly、X-X-Phe-Gly，这些短序列重复在转运过程中与转运因子相互作用。核孔复合体的结构类似于桶，镶嵌在双层膜上，形成一种环状的结构（图 1-3）。

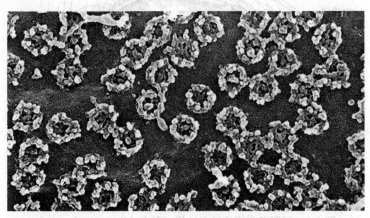

图 1-3 核孔复合体的高分辨率扫描电镜图（引自 Lodish et al, 1999）。
两栖类卵细胞分离的 NPS 的细胞质面，细胞质颗粒覆盖在 NPS 的胞质环

3. 染色体占据 细胞核内的每一条染色体都有其特定的位置，占领一定的区域（Gilber et al, 2005；Parada et al, 2002；Sanger et al, 1997），染色体末端的端粒被锚定在核被膜上，这对防止染色体纠缠有作用。细胞核包含染色体区和染色体间区，有染色体定位的区域即染色体区，附近没有染色体的区域为染色体间区，染色体间区存在着带有 poly（A）尾巴的 RNA。

4. 核仁 细胞核内最明显的亚单位是核仁。多数细胞核只有一个核仁，但有的细胞核内也有多核仁，核仁的大小与细胞中核糖体数量有关。核糖体 RNA 合成和加工，核糖体亚单位装配都是在核仁中进行的。核仁中含有编码 rRNA 的 DNA，当 rRNA 转录被人为中断时，核仁消失，当

转录被允许时，核仁重新出现。

1.1.2 细胞核的功能

水及相对分子质量小于 100 的不带电荷的分子，可以通过磷脂双分子层自由扩散，其他的分子和生物大分子必须通过核孔复合体进出细胞核。

1. 通过核孔复合体选择性运输蛋白质

（1）蛋白质的入核：核孔是一个选择性通道，它只允许携带有正确氨基酸信号的蛋白质进入。一般情况下，被转运蛋白质包含定位于细胞核的信息，没有定位信号的蛋白质也可以通过与有定位信号的蛋白结合而被运输，而且蛋白质进入细胞核之后，定位信号依然存在不会被去除。这种定位信号被称为细胞核定位信号（NLS），是一段短链氨基酸序列，普遍包含基本氨基酸——赖氨酸和精氨酸。入核蛋白的运输是受体介导的过程，实验表明蛋白质入核是可饱和的，入核受体常称为核转运蛋白家族（Goldfarb et al，2004）。

核蛋白入核可以分为两个步骤（Harel et al，2004）：一是核孔处依赖 NLS 的结合（停泊 docking）；二是迁移进入核质。促进结合活性的 NLS 受体，这种受体伴随着运输物质通过 NPC，在细胞核内释放运输物质，之后再回到细胞质继续下一轮的转运，通过 PNC 增强迁移活性的物质是 Ran GTPase。目前已鉴定了两种类型的 NLS 受体：可以直接结合到核孔上的 NLS 受体，这种受体是由 α 输入蛋白和 β 输入蛋白组成的；核孔上需要其他的特殊受体介导结合的 NLS 受体，以确保有效的输入，有的运输蛋白在入核过程中并不止利用一个核转运受体，另外，并非所有的蛋白质都通过核转运蛋白输入到细胞核中，例如信号分子 β-catenin，直接与核孔蛋白相互作用进入细胞核。

（2）蛋白质的出核：从细胞核中输出蛋白质也是受体介导的，出核信号被称为核输出信号（NES）。在细胞质中合成的某些蛋白质，被输入细胞核，然后再输出细胞核，这种蛋白质大多是转录因子，通过它们的定位来控制其活性。一些蛋白在细胞核和细胞质之间连续循环的过程被称为细胞核-细胞质穿梭（核-质穿梭），这些蛋白不仅有 NLS 使之定位到细胞核中，而且有 NES。

核转运蛋白和核孔蛋白的相互作用对于通过核孔的迁移是至关重要的，核运输的方向性部分决定于核转运蛋白与某些核孔蛋白的特异作用。

Ran GTPase 控制细胞核运输的方向（Kalab et al，2002；Dasso，2002）。Ran 是一个小的 GTPase，它普遍存在于所有的真核细胞中，在细胞核和细胞质中都有分布。Ran-GTPase 通过 Ran 促进 GTPase 水解，而 Ran-GEF 促进了 Ran 上的 GDP 交换为 GTP。Ran-GAP 存在于细胞质中，而 Ran-GEF 定位在细胞核中。Ran 通过结合核孔蛋白控制细胞核转运，并影响它们结合物质的能力。

核转运蛋白与大多数核孔蛋白通过苯基丙氨酸-氨基乙酸（FG）重复相互作用，这些 FG 重复排列在核孔中央通道内；研究表明一些核转运蛋白与特定的核孔蛋白有高度亲和性；Ran 不仅介导运输物质与核转运蛋白的相互作用，而且介导核转运蛋白和核孔蛋白的相互作用；虽然核转运蛋白可以双向穿过核孔，但大多数只是单方向携带运输物。

（3）核转运模型：一个简单的细胞核转运基质模型显示通过易化扩散穿过通道的运动（Rout et al，2001；Becskei et al，2005）。这个模型中，转运受体可以与核孔蛋白有短暂的低亲和性相互作用，没有方向性结合反应，运动的方向由核孔任一侧 Ran 依赖的终止步骤决定。这个模型的一个更复杂的解释是，转运的方向是由于随着运输物/受体复合物穿过 NPC 通道，转运受体和核孔蛋白之间亲和力梯度的增加。

另一个模型是观察排列于核孔通道内的许多包含 FG 的疏水核孔蛋白（Ben-Efraim et al，

2001)。这些核孔蛋白的 FG 结构域被认为是没有组织的，在核孔通道中创造疏水的环境。在选择阶段模型中，核孔蛋白富含 FG 区之间的相互吸引力构成了核孔蛋白质的中央屏障，这个屏障使大多数蛋白质不能通过。这个模型进一步提出在 NPC 通道这个特殊的环境中，转运蛋白具有选择性的亲和力。这将核孔排除许多蛋白质通过核孔的能力与核转运蛋白复合体的易化扩散相联系。这个模型的证据依然处于初级阶段，但是入核的快速动力学支持这个模型，而且观察到核转运蛋白与核孔蛋白的 FG 重复相互作用。然而，这个模型没有解释大的复合物，如 mRNA 复合物如何转运。

荧光显微镜技术开始用于探测单个分子，并且这些方法正在被应用到细胞核转运的研究中（Ribbeck et al，2001；Yang et al，2004）。研究表明，蛋白复合体通过 NPC 通道的运动非常快（平均 10ms），大多数核孔蛋白运输物复合体的运动在 NPC 通道是随机的，并且速率限制步骤可能脱离中央通道进入细胞核。这些研究还说明 1 个 NPC 可以同时运输至少 10 个底物分子（和它们的受体），并且一个 NPC 每秒可以转运约 1000 个分子。

在真核生物中核被膜的存在在一定水平上使基因表达和细胞周期得以调控，这在原核生物中是不可能的。蛋白质输入和输出都是可调控的，对于核运输调控的重要性有许多例子。细胞通过对转录因子在细胞核和细胞质之间运动的调控来控制转录，从而实现对应激和生长控制信号的应答。例如，通过调控周期性和非周期性（永恒）转录因子的核转运来控制生理节律（Zhu et al，2003）。此外，在细胞核和细胞质之间蛋白激酶及其调节子的运动对于推动细胞周期的进行和外界刺激的应答是非常重要的。

蛋白质的入核和出核可以在多个水平上受到调控：第一，运输物质与转运受体之间的相互作用的能力可通过对运输物质的直接修饰而调控，如磷酸化修饰等；第二，运输物质可以锚定在细胞的一个区域，因此锚定解除前它不能与转运子一起移动；第三，NPC 本身转运蛋白质的能力是被调控的对象。

2. 多种 RNA 的输出 在真核细胞中，几乎所有的 RNA 都是在细胞核中产生，mRNA/tRNA 和包含 rRNA 的核糖体亚基必须从细胞核中输出。通过 NPC 转运到细胞质中，在细胞质中行使翻译功能。大多数 RNA 不包含输出信号，但是为了输出细胞核必须结合在包含 NES 的蛋白质上。事实上，细胞中的 RNA 总是与蛋白质形成复合体，以保护 RNA 分子与其他细胞组分的相互作用。作用于蛋白质转运的 NPC 也同样用于 RNA 输出。RNA 输出是受体介导和能量依赖的；每种 RNA 的转运需要不同的可溶性转录因子。每一类型的 RNA 的输出至少需要一类特殊类型的限速因子，所有输出的 RNA 都利用相同的 NPC，所以 NPC 的数量是不限制的。这些研究没有说明每类 RNA 转运中涉及多少因子，输出单一种类的 RNA 有多少因子是共享的和有多少因子是唯一需要的。

（1）tRNA 在细胞核中转录，它们在细胞核中加工，然后被运到细胞质，在细胞质中它们被氨基化并参与翻译。只有完全加工好的 tRNA 才能被输出。细胞核 tRNA 的输出是由专一的转运受体介导的，并且需要 Ran，输出蛋白 t 是 tRNA 的转运受体，属于核转运蛋白家族中的一员（Shaheen et al，2005；Takano et al，2005）。输出蛋白 t 是唯一能直接结合 tRNA 的核转运蛋白，它优先与完全加工的 tRNA 结合。

（2）mRNA 的转录和加工发生在细胞核内部，需要 hnRNP 从转录位点转移到细胞核周边的 NPC 上（Aguilera et al，2005；Saguez et al，2005）。转录位点也是大多数 mRNA 的加工位点，加工完成以后，mRNA 从染色体区域释放到染色质间区。mRNA 通过染色质间区扩散到细胞核周边。mRNA 以 RNA-蛋白质复合体的形式输出细胞核。转录过程中与 mRNA 确定加工的位点，同时包装 mRNA 进行细胞核输出。在细胞核中与 mRNA 结合的蛋白质在核输出后，与 mRNA 解离并返回细胞核。一小部分蛋白质在核输入之前即迅速地与 mRNA 分离。mRNA 输出信号可能存在于与 mRNA 结合的蛋白质中，mRNA 的输出是可调控的，但调控机制尚不清楚。

（3）小核糖体蛋白颗粒（snRNP）是在 mRNA 前体剪接和其他核 mRNA 加工中起重要作用的 RNA-蛋白复合体。snRNP 中存在的 U snRNA 在细胞核内产生。然而，在哺乳动物细胞中功能性 snRNP 的形成需要 U snRNA 的核输出、在细胞质中修饰、与胞质中的蛋白质结合，以及 U snRNA 复合体的核输入，进入核内的 U snRNA 复合体最终装配成为 snRNP。

核糖体包括两个亚基，它是由大约 80 个蛋白质和 4 个核糖体 RNA（rRNA）组成的大型复合体。亚基分别在核仁中组装并被输出到细胞质进行最后的组装（Johnson et al，2002）。核糖体亚基是可以通过 NPC 运输的最大的复合体成员，核糖体亚基是核孔通道可以通过的上限。由于这些亚基的尺寸很大，当一个核糖体亚基通过 NPC 通道时其他的大分子就不能被运输。

核糖体亚基的组装和输出是非常复杂的过程，并且高度依赖细胞核运输。核糖体蛋白在细胞质中合成，之后被输入到细胞核，进入核仁。在核仁中，核糖体蛋白与 rRNA 前体相互作用，在核仁中被转录并组装成因子。随着正确的组装，每一个亚基通过 NP 被输出。在细胞质中，亚基与转录起始因子、mRNA 组装形成成熟的翻译核糖体。

迄今为止已经被研究的所有的核糖体蛋白和细胞核输入都使用核转运蛋白家族成员和 Ran GTPase。但是，至少还有一些核糖体蛋白利用不止一个专一的输入因子。例如在酵母中，核转运家族的两个不同成员介导相同核糖体蛋白的输入（Cullen et al，2003；Libri et al，2003）。因为正确的核糖体产生对于细胞的存活是至关重要的，所以要确保有充分的组分用于组装。

核糖体亚基的输出是可饱和的，表明它是受体介导的。核糖体亚基不与其他的 RNA 蛋白复合体相互竞争输出，表明核糖体亚基使用不同转运受体。甚至细菌核糖体也可被输出，表明真核生物的输出组件可以识别这些核糖体（Oeffinger et al，2004）。

（4）microRNA 在细胞核内通过转录产生，局部加工形成有发夹结构的前体，通过输出蛋白 v 输出细胞核，最终在胞质中加工成熟（Ambros et al，2004）。microRNA 在基因表达的调控方面具有重要作用，可调控许多生理途径，包括发育、分化、细胞程序性死亡（细胞凋亡）、器官形成和细胞增殖（Kim et al，2005）。microRNA 与胞质中的靶 mRNA 结合，从而阻断它们的翻译甚至促进这些生命过程的逆转（Zamore et al，2005）。

1.2 染色质结构

细胞分裂时，核内染色质凝缩而成的线状结构，对碱性染料染色很深，故名染色质（chromatin）。染色质是由 DNA 与蛋白质组合成的复合物，也是构成染色体的结构，存在于真核生物的细胞核内。原核生物也有染色质，存在于拟核内（Postow et al，2004）。

1.2.1 染色质纤维

人细胞平均含有 60 亿碱基对的 DNA，分布在 46 条染色体上，每个碱基对的长度是 0.34nm，60 亿碱基对的 DNA 加起来有 2m 长，每个碱基对结合 6 分子水，直径只有 $10\mu m$ 的细胞核如何能容下 2m 长的水溶性 DNA 染色质呢？研究发现遗传物质以核小体作为基本结构逐步进行包装压缩，经 30nm 染色质纤维、超螺线管、最后压缩包装成染色体，总共经过四级包装。由 DNA 和组蛋白组成的染色质纤维细丝是许多核小体连成的念珠状结构。

1. 从 DNA 到核小体 核小体的装配是染色体装配的第一步，一个核小体的直径是 10nm，由

167个碱基对的DNA组成缠绕在组蛋白八聚体周围，每个碱基对长度为0.34nm，一个核小体伸展开来的长度是70nm，由此推算，DNA包装成核小体，大约压缩了7倍。

2. 核小体到螺线管（solenoid） 核小体通过自身形成螺旋的方式形成致密的、外径为30nm的管状结构，称为螺线管，又称30nm染色质纤维。从完整的细胞中常常可分离到10nm的核小体纤维和30nm纤维，只要改变提取液的盐浓度可将二者分开。

10nm纤维是由核小体串联成的染色质细丝，主要在低离子强度及无H1组蛋白情况下产生，当离子强度较高级H1存在时，以30nm纤维为主。

30nm纤维染色质丝，是由10nm纤维压缩形成的粗丝。有人认为30nm纤维染色质丝是由细丝螺旋盘绕而成的螺线管，这种螺线管是分裂间期染色质和分裂中期染色体的基本组分。螺线管进一步压缩形成超螺旋；有人认为粗丝是Z型锯齿结构模型，人们认为30nm纤维从中心轴开始形成圆环，最后环状的链至少经过了超过一种的包装而形成有丝分裂染色体。

3. 从螺线管到超螺线管 30nm的染色质纤维进一步螺旋化，形成一系列的螺旋域（coiled domain）或环（loop），这些环附着在支架（scaffold）蛋白上。螺旋域的直径是300nm。然后，螺旋环进一步形成超螺旋环（supercoiled loop），或超螺旋域，此时的直径为700nm，每个环估计含有50~100kbDNA，推测染色质环仍然是基因协同结合在一起，其中包括Ⅱ型拓扑异构酶，推测该酶调节DNA的超螺旋程度。DNA从螺线管的超螺线管估计又压缩了40倍。

4. 从超螺线管到染色体 超螺线管进一步螺旋化，形成直径为1~2μm，长度为2~10μm的中期染色体，从超螺线管到染色体大约压缩了5倍。由此推算，DNA经核小体到染色体，总共压缩了8400倍。将DNA经由核小体包装成染色体的基本过程见图1-4。

1.2.2 染色质分为常染色质和异染色质

在细胞中，常染色质DNA只占全部DNA的一小部分，其他大多数区域是异染色质。

1. 常染色质（enchromation） 是基因密度较高的染色质，多在细胞周期的S期进行复制，且通常具有转录活性，能够生产蛋白质。常染色质染色较浅且均匀且松散，常染色质在真核生物与原核生物的细胞中皆存在。与原核生物不同，真核生物基因组DNA的遗传信息首先在细胞核内由基因转录为mRNA前体，经剪接加工后，mRNA在胞质的核糖体中翻译成为多肽，经过折叠、修饰等成为具有生物功能的蛋白质，也就是说，细胞内特定蛋白质的选择性表达首先取决于基因组中特定蛋白编码基因的活化。

2. 异染色质（heterochromatin） 是间期细胞核中，染色质丝折叠程度高，处于凝缩状态，碱性染料着色深的那一部分染色质。它具有早凝集晚复制的特点，通常无法转录成为mRNA。异染色质以浓集状态存在。在细

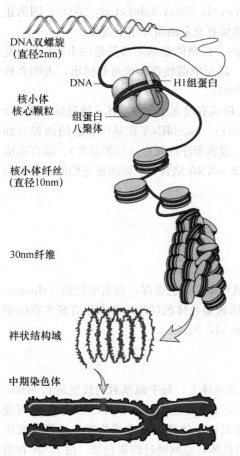

图1-4 DNA经由核小体包装成染色体的基本过程

胞周期的 S 期中，异染色质比常染色质更晚进行复制，且只在真核生物中存在，着丝粒及端粒皆属于异染色质，雌性体内去活化的 X 染色体（也就是巴尔氏体）也是异染色质。

(1) 组成型异染色质和兼性异染色质。异染色质可分为组成型异染色质和兼性异染色质。

组成型异染色质较稳定，通常位于着丝粒、端粒及核仁组织区，DNA 常不转录，是永久性的异染色质结构，不含或含很少的结构基因。

兼性异染色质，含正常编码的 DNA，可自由伸展，使附近基因失活，表现为斑点位置效应（PEV），可和常染色质相互转化，其基因呈抑制状态。人们认为不同组织的细胞，或不同发育期的细胞，正是由于染色质的不同部位形成不同程度的高级有序的异染色质，导致基因开启-关闭，从而细胞表现出不同的生理功能、代谢类型和结构状态。

异染色质和常染色质是可以相互转化的，有资料表明，组蛋白尾富含的碱性氨基酸（如 Lys 和 Arg）使其带的正电荷对异染色质的形成和解聚是至关重要的，而各种修饰可以改变组蛋白尾的静电荷，从而使染色质处于不同水平的凝缩状态。如 H3 Lys9 甲基化促进异染色质的形成，它是异染色质蛋白（HP1、SWi6）的特异结合位点，而 H3 Lys4 甲基化抑制异染色质的形成。异染色质的形成也直接受基因的控制，有两类拮抗基因 E（var）和 Su（var），前者抑制异染色质的形成，而促进常染色质的形成；后者促进异染色质形成，抑制常染色质形成。

异染色质最突出的功能是对基因的调控，包括两个相反的过程，一个是通过一种与"异染色质化"有关的过程，使许多碱基的染色质结构关闭；另一方面是通过稳定更多的已开放的染色质结构来避免这种关闭的结构状态的存在。此外，异染色质的形成对印记（imprinting）、剂量补偿、重组和染色质浓缩是必要的。

(2) 异染色质的形成。在染色质上并无特征性的因素决定哪里是异染色质形成的位点。异染色质蛋白复合物优先向重复 DNA 部分聚集，如常见的高等真核生物的臂间异染色质和基因间区域。斑点位置效应表明异染色质能沿染色质扩散，从而引起附近 DNA 序列遗传的不活泼。组蛋白尾的修饰是异染色质形成的重要原因。

3. 染色质结构的顺式调控和反式调控 尽管核小体的基本结构相同，但基因一旦处在 30nm 直径以上的高级结构甚至异染色质中，该基因就不可能转录。除此以外，真核细胞的基因及其转录活化需要的顺式调控元件（cis acting element）在染色质中的状态对转录效率也至关重要。如果一个基因和它的重要转录元件（如启动子、增强子等）被特定的染色质结构间隔开，也不能进行转录。

体内核小体结构的动态调整过程表现为核小体有序的周期性结构因特异转录因子的加入或去除而改变。染色质结构调整导致基因起始转录过程中的 4 个阶段：①"串珠状"核小体其至更高级结构中的基因处于非活化的基态；② 当蛋白质因子通过其 DNA 结合结构域结合到染色质上，局部的染色质转变为去阻遏状态，这一过程不需要 ATP 和转录因子的反式活化结构域的参与；③ 蛋白质因子结合染色质后，依赖于 ATP 的存在介导了染色质结构的调整，使染色质成为活化状态；④ 结合于染色质的蛋白反式活化结构域参与募集启动子结合蛋白和转录起始前复合体，基因开始转录。由此可见，染色质结合蛋白中的 DNA 结合结构域是染色质结构动态调整的关键，而其中的反式活化结构域主导基因的转录。

4. X 染色质和 Y 染色质 X 染色质即巴氏小体或 X 小体，为紧贴细胞核膜内面的团块状结构，直径约 $1\mu m$，染色程度较其他染色质深。其形态不一，常呈三角、半圆、平凸或球形。利用放射自显影技术的研究发现，女性的两条 X 染色体中有一条 DNA 复制延迟，称迟复制 X。迟复制的 X 染色体在间期时表现为 X 染色质。当细胞内有一条以上 X 染色体时，在间期时除一条 X 染色体外，其余的 X 染色体均表现为 X 染色质，因此间期细胞核中的 X 染色质数目等于 X 染色体数减去1。当X染色体结构异常时，X染色质的形态也会有相应的改变。如X等臂染色体时，出现大的X染色质，双着丝粒X染色体时，出现双叶或大的X染色质。

Y染色质又称Y小体或荧光小体。Y染色体用荧光染料染色后，呈亮暗不一的荧光带，在Y染色体长臂的远侧段呈明亮的荧光区。在间期时Y染色体长臂远侧段的强荧光特性仍然存在，经荧光染色后，呈强荧光亮点，直径为 $0.25\sim0.3\mu m$，位于细胞核内的任何部位。

1.3 核小体

真核生物基因组DNA储存在细胞核内的染色体中。核小体（nucleosome）是构成真核生物染色质的基本结构单位，各核小体串联而成染色质纤维。核小体DNA长度约为165个碱基对，其中缠绕在组蛋白八聚体周围的核心DNA（core DNA）约1.65圈，约合147个碱基对；而相邻的核小体之间的自由区域（linker DNA）为20~50个碱基的长度，也就是说基因组的75%~90%被核小体所占据。组蛋白八聚体由进化上高度保守的H2A、H2B、H3和H4各两个拷贝组成。核小体核心颗粒在组蛋白H1的作用下形成稳定结构，核小体的进一步组装会干扰DNA复制、基因表达和细胞周期进展的过程。

1.3.1 发现历史

早在1956年，为双螺旋模型提供X衍射证据的Wilkins和另一位科学家Vittorio Luzzati对染色质进行了X衍射研究，发现染色质中具有间隔为10nm的重复性结构。蛋白质和DNA本身的结构从来不会表现出这种重复性。推测可能是组蛋白和DNA的结合方式迫使DNA折叠或缠绕成具有10nm周期的重复结构。

1971年，Clark和Felsenfeld首先用葡萄球菌核酸酶（staphylococcal nuclease）来作用于染色质，发现有一些区域对核酸酶敏感，有一些则不敏感，不敏感的区域比较均一，这暗示染色体中存在着某些亚单位。

Hewish和Burgoyun（1973）用内源核酸酶消化细胞核，再从核中分离出DNA，结果发现一系列DNA片段，它们相当于长约200bp的一种基本单位的多聚体。表明组蛋白结合在DNA，以一种有规律的方式分布，以致产生对核酸酶敏感的只是某些限定区域。

Noll（1974）用外源核酸酶处理染色质，然后进行电泳，证实了以上结果，他测得前三个片段的长度分别为205bp、405bp、605bp长，每个片段相差200bp，即染色质可能以200bp为一个单位。这正好和以下电镜观察的结果相印证。

与此同时Olins夫妇（1974）和Pierre Chambon等（1975）在电镜下观察到大鼠胸腺和鸡肝染色质的"绳珠"状结构，小球的直径为10nm；Olins并把这种小球称为n小体（n-body即nu body）。

X衍射图表明组蛋白的多聚体都是紧密相联，并无可容纳像DNA分子那样大小的孔洞，所以不可能由DNA之"绳"穿过组蛋白之"珠"，而只可能是DNA缠绕在"珠"的表面。电泳的结果和电镜观察到"绳珠"结构之间是什么样的关系呢？

1974年，哈佛大学Kornberg和Thomas用实验回答了这一问题。他们先用小球菌核酸酶稍稍消化一下染色质，切断一部分200核苷酸对单位之间的DNA，使其中含有单体、二聚体、三聚体和四聚体等。通过凝胶电泳证明每一组分子大小及纯度，并用电镜来观察。结果发现单体均为10nm小体，二聚体则是两个相联的小体，三聚体和四聚体分别由3个小体和4个小体组成，表明200核苷酸的电泳片段长度级差正好是电镜观察到的一个"绳珠"单位。根据这些实验数据，他们提出了一个完整的新型染色质结构，称为核小体（nucleosome），提出了染色质结构的"绳珠"模型。

人们接着用化学交联、高盐分离组蛋白，以及 X 衍射等方法进一步研究组蛋白多聚体的结构、排列以及怎样和 DNA 结合的，从而建立了核小体模型。1984 年 Klug 和 Butler 进行了修正。每一核小体结合的 DNA 总量为 200bp 左右，一般 150～250bp 变化范围。连接两个核小体的连接 DNA（linker DNA）是最容易受到这种酶的作用，因此微球菌核酸酶在连接 DNA 处被切断，此时每个重复单位的 DNA 长约 200bp，而且是和五种组蛋白相结合，保持着核小体的结构。也就是"绳珠"结构的绳被切断，剩下一个一个的"珠"。

1.3.2 核小体的结构

核小体指核小体核心颗粒加上它的一个邻近的 DNA 连接子（图 1-5）。核小体 DNA 长度约为 165 个碱基对，其中缠绕在组蛋白八聚体周围的核心 DNA（core DNA）约 1.65 圈、合 147 个碱基；而相邻的核小体之间的自由区域（linker DNA）为 20～50 个碱基的长度。组蛋白八聚体由进化上高度保守的 H2A、H2B、H3 和 H4 各两个拷贝组成，每一组蛋白由一结构域和伸出核小体表面的组蛋白尾巴组成。核小体核心颗粒在组蛋白 H1 的作用下形成稳定结构，进一步组装成高级结构（Kornberg 1974；Noll，1974；Finch et al，1977；Oudet et al，1975；Luger et al，1997）。不同组织、不同类型的细胞，以及同一细胞里染色体的不同区段中，盘绕在组蛋白八聚体核心外面的 DNA 长度是不同的。核小体的形成将 DNA 分子转化成一个染色质索，大约为它原始长度的 1/3，完成了第一级的 DNA 包装压缩。

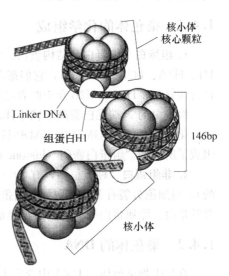

图 1-5 核小体结构示意图

组成核小体核心的所有 4 个组蛋白是属于相对比较小的蛋白质，含有高比例的正电荷氨基酸（Lys 和 Arg）。正电荷帮助组蛋白与 DNA 的负电荷糖-磷酸骨架紧密结合。DNA 和组蛋白之间的接触面是很广泛的，每个核小体内会形成 142 个氢键。这些氢键大约有半数是在 DNA 磷酸二酯骨架与组蛋白氨基酸骨架之间形成的。巨大的疏水作用和盐连接也使得 DNA 和蛋白质在核小体中保持在一起。这些巨大的相互作用部分解释了为什么事实上任何序列 DNA 都可以同组蛋白核心结合。

这种空间构象使得缠绕在组蛋白八聚体上的 DNA 链并非所有部分都与组蛋白结合，那些暴露部分的 DNA 可能会被 DNases 所切割。每个核心组蛋白也由长的 N 端氨基酸尾巴从 DNA-组蛋白核心延伸出去，这些组蛋白尾部受到几种不同类型的共价修饰来控制染色质结构的多种特性。

1.3.3 相位

基因组 DNA 序列与核小体的相对位置不是随机的，可以用核小体相位（phased positioning）来表示，如核小体旋转定位（rotational positioning）表示以 DNA 相对于核心组蛋白八聚体表面的方向性；而核小体平移定位（translational positioning）则代表核小体在特定基因序列上所占据的位置。

在功能上，核小体在特定的 DNA 上的相位是决定基因在细胞内能否被活化和转录的关键。核小体相位是一个涉及 DNA、转录因子、组蛋白修饰酶和染色质重塑复合体等分子间相互作用的复杂过程（见本书第 2 章）。核小体在基因组上的精确位置如何由这些因素确定，仍然是一个未知的问题。

1.4 染色体

染色体是染色质经过多级压缩包装而成，是染色质的高级结构，仅在细胞分裂时才出现。染色体是细胞分类中期染色质的形态，通常长 0.5~30μm，直径为 0.2~3μm。形状有棒状、球状、带状、颗粒状等。按着丝粒位置可分为 V、L、T 型染色体。染色体有种属特异性，随生物种类、细胞类型及发育阶段的不同，染色体在数量、大小和形态上存在着差异。大多数生物的体细胞具有 12~50 条染色体，例如果蝇有 8 条染色体，而人的为 $2n=46$ 条染色体。染色体的长度为 0.2~50μm，一般 1~10μm。

1.4.1 染色体的化学组成

1. 组蛋白 组蛋白是结构蛋白，它与 DNA 组成核小体。根据其凝胶电泳性质把组蛋白分为 H1、H2A、H2B、H3、H4，它们都含有大量的赖氨酸和精氨酸，其中 H3、H4 富含精氨酸，H1 富含赖氨酸，H2A、H2B 介于两者之间。

组蛋白的 N 端尾巴游离于核小体之外可进行多种类型的转录后修饰，包括乙酰化、甲基化、磷酸化、泛素化、SUMO 化、ADP-核糖基化及生物素化等。这些修饰可以组合在一起出现，共同组成了所谓的"组蛋白密码（histone code）"调控基因表达。

2. 非组蛋白 种类很多，有 20~100 种，其中常见的有 15~20 种，包括酶类（如 RNA 聚合酶），与细胞分裂有关的蛋白如收缩蛋白、骨架蛋白、核孔复合物蛋白以及肌动蛋白、肌球蛋白、微管蛋白、原肌蛋白等，它们也可能是染色体的结构成分。

1.4.2 染色体的 DNA

真核生物染色体的 DNA 中含有大量的重复序列，而且功能 DNA 序列大多被不编码蛋白质的非功能 DNA 隔开。一种生物单倍体基因组 DNA 总量称为 C 值。真核生物 DNA 序列大致分为三类：非重复序列、中度重复序列、高度重复序列-卫星 DNA。

1.4.3 染色体的特征性结构

在细胞周期的有丝分裂中期，染色体的形态结构比较稳定，所以一般多描述的形态结构都是中期染色体。染色体中期外部形态有端粒、核仁组织区、着丝粒、异染色质、染色粒、疖等特征。

1. 着丝粒（centromere） 是一个细长的 DNA 片段，不紧密卷曲，连接两个染色单体，是染色体分离与运动装置。着丝粒缺少时染色体不能在纺锤体上运动，不能分离并导致染色体的丢失。它将染色单体分为断臂（p）和长臂（q）的结构，由于着丝粒处的染色质较细、内缢，又叫主缢痕（primary constriction）。此处 DNA 具高度重复，为碱性染料多深染。

着丝粒分为有固定位置着丝粒、无固定位置着丝粒、多着丝粒、全身性着丝粒。一般多为有固定位置着丝粒。

着丝粒又称动原体，是染色体运动区域，也是姐妹染色单体在分开前相互联结的部位，着丝粒的两侧是异染色质区，是短的 DNA 串联重复序列（Hyman et al, 1995; Wiens et al, 1998）。有两个基本的功能：在有丝分裂前将两条姐妹染色单体结合在一起，第二个功能为动粒装配提供结合位点。

2. 动粒（kinetochore） 是由着丝粒结合蛋白在有丝分裂期间特别装配起来的、附着于主缢痕外侧的圆盘状结构，内层与着丝粒结合，外层与动粒微管结合。每一个中期染色体含有两个动粒，位于着丝粒的两侧。

3. 次缢痕（secondary constriction）（核仁形成中心区） 是染色体上的一个缢痕部位，由于此处部分的 DNA 松解，形成核仁组织区，故此变细。它的数量、位置和大小是某些染色体的重要形态特征。每种生物染色体组中至少有一条或一对染色体上有次缢痕。

4. 核仁组织区（nucleolar organizing region，NOR） 是细胞核特定染色体的次缢痕处，含有 rRNA 基因的一段染色体区域，与核仁的形成有关，故称为核仁组织区。核仁是 NOR 中的基因活动而形成的可见的球体结构。具有核仁组织区的染色体数目依不同细胞种类而异，人有 5 对染色体即 13、14、15、21、22 号染色体上有核仁组织区。

5. 随体（satellite） 是位于染色体末端的、圆形或圆柱形的染色体片段，通过次缢痕与染色体主要部分相连。它是识别染色体的主要特征之一。根据随体在染色体上的位置，可分为两大类：随体处于末端的，称为端随体；处于两个次缢痕之间的称为中间随体。

6. 端粒（telomere） 是正常染色体游离的特化部分。端粒为一复合结构，为若干个不规则的折叠染色丝团形成，不具黏性，不能与其他染色体端粒结合，也不与断裂的染色体末端结合，这对保持染色体结构的稳定具有重要意义。

端粒能保护染色体末端 DNA 不被降解、融合，不与染色体内部的 DNA 发生重组。端粒位于细胞核的边缘，在组成核结构时它有特殊作用。保证了核糖体复制到 5′端，维持染色体的稳定性。同源染色体的端粒，能再核膜上联接在一起，常是联会的起点，联会复合体也常从这里开始形成。有的端粒有着丝粒的作用，这样的端粒称为新着丝粒。

7. 染色粒 粗线期染色体上分布念珠状突起，突起部分染色较深，是 DNA 局部螺旋化产生的结构，它可能是 DNA 复制、RNA 合成和 RNA 加工的单位。也有人认为它是基因功能区。异染色质染色粒比常染色质染色粒要深、要大，被称为"大染色粒"。此外靠近着丝粒的染色粒要大一些，染色体末端的染色粒要小一些，因此做粗线期染色体的分析应包括染色粒的大小、数目和配置，绘制粗线期染色体图是可靠的形态特征。

8. 疖 玉米、苜蓿粗线期染色体上有疖。疖是局部深染部分，也是一种有价值的形态标志，它的位置和数量对于特定的种来说是恒定的，它所在的位置多在染色体的末端或亚末端，中间区较少。

9. 带与环 双线期果蝇唾液腺染色体有带，蛙的卵母细胞双线期有侧环，这也是染色体的重要形态特征。

1.5 核仁结构与功能

核仁（nucleolus）是真核细胞间期核中最明显的结构。在光镜下染过色的细胞内，或者相差显微镜下的活细胞中，或者分离细胞的细胞核内，都容易看到核仁，它通常是单一的或者多个匀质的球形小体，呈中圆形或椭圆形的颗粒状结构，没有外膜。

核仁是细胞核中一个均匀的球体，由纤维区、颗粒区、核仁染色质、基质等部分组成，主要功能是进行核糖体 RNA 的合成。核仁的大小、形状和数目随生物的种类、细胞类型及细胞代谢状态而变化。蛋白质合成旺盛、代谢活跃的细胞，如分泌细胞、卵母细胞的核仁大，可占核体积的 25%。各种生物的核仁数目一般是一定的，如非洲爪蟾有两个核仁。人类的细胞只有一个核仁。

1.5.1 核仁的化学组成

蛋白质：约占干重 80%，如核糖体蛋白、组蛋白、非组蛋白及多种酶类。

RNA：约占干重的10%。蛋白质合成旺盛的细胞，RNA含量高。

DNA：占8%，主要存在于核仁相随染色质中。

1.5.2 核仁的结构

核仁呈圆形或卵圆形，无界膜包围，是由多种组分形成的一种网状结构。在光镜下，核仁通常是均质的球体，具有较强的折光性，易被酸性或碱性染料着色；在电镜下，核仁裸露无膜、由纤维丝构成，包括纤维成分、颗粒成分、核仁相随染色质和核仁基质。

1.5.3 核仁的形成

核仁是一种高度动态的结构，在细胞周期过程中，在有丝分裂期间表现出周期性的消失与重建，即形成-消失-形成，这种变化称为核仁周期（nucleolar cycle）。而核仁染色体的凝集（前期）与解凝集（末期），决定核仁的消失和重现。当细胞进入有丝分裂时，核仁首先变形和变小；其后染色质凝集和停止核糖核酸（RNA）合成，包含有核糖体RNA（rRNA）基因的DNA袢环逐渐收缩回到相应染色体的核仁组织区；核膜破裂进入中期，这时核仁消失；在有丝分裂末期时，核仁组织区DNA解凝集，rRNA合成重新开始，极小的核仁重新出现在染色体核仁组织区附近。核仁的重建过程与原有的核仁组分的协助和参与有关。核仁形成的分子机制尚不清楚，但需要rRNA基因的激活。

1.5.4 核仁的功能

核仁是细胞合成核糖体的工厂，涉及rRNA的转录加工和核糖体大小亚基的装配（核仁在rRNA转录与核糖体装配中的作用）。由于核糖体是合成蛋白质的机器，只要控制了核糖体的合成和装配就能有效地控制细胞内蛋白质的合成速度，调剂细胞生命活动的节奏。因此，从某种意义上说，核仁实际上操作着蛋白质的合成。

参 考 文 献

AGUILERA A. 2005. mRNA processing and genomic instability [J]. Nat. Struct. Mol. Biol.，12：737-738.

AHMAD K，HENIKOFF S. 2001. Centromeres are specialized replication domains in heterochromatin [J]. J. Cell Biol.，153：101-110.

AHMAD K，HENIKOFF S. 2002. The histone variant H3.3 marks active chromatin by replication-independent nucleosome assembly [J]. Mol. Cell，9：1191-1200.

AMBROS V. 2004. The functions of animal microRNAs [J]. Nature，431：350-355.

ANDERSSON S G，KURLAND C G. 1999. Origins of mitochondria and hydrogenosomes [J]. Curr. Opin. Microbiol.，2：535-544.

ANGELOV D，VITOLO J M，MUTSKOV V, et al. 2001. Preferential interaction of the core histone tail domains with linker DNA [J]. Proc. Natl. Acad. Sci.，98：6599-6604.

BAYLISS R，CORBETT A H，STEWART M. 2000. The molecular mechanism of transport of macromolecules through nuclear pore complexes [J]. Traffic，1：448-456.

BECKER P B，HORZ W. 2002. ATP-dependent nucleosome remodeling [J]. Annu. Rev. Biochem.，71：247-273.

BECSKEI A，MATTAJ I W. 2005. Quantitative models of nuclear transport [J]. Curr. Opin. Cell Biol.，17：27-34.

BEN-EFRAIM I，GERACE L. 2001. Gradient of increasing affinity of importin beta for nucleoporins along the pathway of nuclear import [J]. J. Cell Biol.，152：411-417.

BROERS J L，HUTCHISON C J，RAMAEKERS F C. 2004. Laminopathies [J]. J. Pathol.，204：478-488.

CONTI E, IZAURRALDE E. 2001. Nucleocytoplasmic transport enters the atomic age [J]. Curr. Opin. Cell Biol., 13: 310-319.

CULLEN B R. 2003. Nuclear RNA export [J]. J. Cell Sci., 116: 587-597.

DASSO M. 2002. The Ran GTPase: theme and variations [J]. Curr. Biol., 12: R502-R508.

FAHRENKROG B, STOFFLER D, AEBI U. 2001. Nuclear pore complex architecture and functional dynamics [J]. Curr. Top. Microbial. Immunol., 258: 5-117.

GAVIN I, HORN P J, PETERSON C L. 2001. SWI/SNF chromatin remodeling requires changes in DNA topology [J]. Mol. Cell., 7: 97-104.

GILBERT N, GILCHRIST S, BICKMORE W A. 2005. Chromatin organization in the mammalian nucleus [J]. Int. Rev. Cytol., 242: 283-336.

GOLDFARB D S, CORBETT A H, MASON D A, et al. 2004. Importin alpha: a multipurpose nuclear-transort receptor [J]. Trends Cell Biol., 14: 505-514.

GOLDMAN R D, GRUENBAUM Y, MOIR R D, et al. 2002. Nuclear lamina: building blocks of nuclear architecture [J]. Genes Dev., 16: 533-547.

GRIFFITH J D. 1999. Mammalian telomeres end in a large duplex loop [J]. Cell, 97: 503-514.

GRUENBAUM Y, MARGALIT A, GOLDMAN R D, et al. 2005. The nuclear lamina comes of age [J]. Nat. Rev. Mol. Cell Biol., 6: 1-31.

HAMICHE A, KANG J G, DENNIS C, et al. 2001. Histone tails modulate nucleosome mobility and regulate ATP-dependent nucleosome sliding by NURF [J]. Proc. Natl. Acad. Sci., 98: 14316-14321.

HAREL A, FORBES D J. 2004. Importin beta: conducting a much larger cellular symphony [J]. Mol. Cell., 16: 319-330.

HILLEREN P, MCCARTHY T, ROSBASH M, et al. 2001. Quality control of mRNA 3'-end processing is linked to the nuclear exosome [J]. Nature, 413: 538-542.

HO J H, KALLSTROM G, JOHNSON A W. 2000. Nmd3p is a Crmlp-dependent adapter protein for nuclear export of the large ribosomal subunit [J]. J. Cell Biol., 151: 1057-1066.

HOOD J K, SILVER P A. 2000. Diverse nuclear transport pathways regulate cell proliferation and oncogenesis [J]. Biochim. Biophys. Acta., 1471: M31-M41.

HUTCHISON C J, ALVAREZ-REYES M, VAUGHAN O A. 2001. Lamins in disease: why do ubiquitously expressed nuclear envelope proteins give rise to tissue-specific disease phenotypes? [J]. J. Cell Sci., 114: 9-19.

HYMAN A A, SORGER P K. 1995. Structure and function of kinetochores in budding yeast [J]. Anu. Rev. Cell Dev. Biol., 1: 471-495.

JANKOWSKY E, GROSS C H, SHUMAN S, et al. 2000. The DExH protein NPH-II is a processive and directional motor for unwinding RNA [J]. Nature, 403: 447-451.

JANKOWSKY E, GROSS C H, SHUMAN S, et al. 2001. Active disruption of an RNA-protein interaction by a DexH/D RNA helicase [J]. Science, 291: 121-125.

JENSEN T H, DOWER K, LIBRI D, et al. 2003. Early formation of mRNP: license for export or quality control? [J]. Mol. Cell., 11: 1129-1138.

JENUWEIN T, ALLIS C D. 2001. Translating the histone code [J]. Science, 293: 1074-1080.

KADAM S, MCALPINE G S, PHELAN M L, et al. 2000. Functional selectivity of recombinant mammalian SWI/SNF subunits [J]. Genes Dev., 14: 2441-2451.

KALAB P, WEIS K, HEALD R. 2002. Visualization of a Ran-GTP gradient in inter phase and mitotic Xenopus egg extracts [J]. Science, 295: 2452-2456.

KIM V N. 2005. MicroRNA biogenesis: coordinated cropping and dicing [J]. Nat. Rev. Mol. Cell Biol., 6: 376-385.

KITAGAWA K, HIETER P. 2001. Evolutionary conservation between budding yeast and human kinetochores [J]. Nat. Rev. Mol. Cell Biol., 2: 678-687.

LEI E P, SILVER P A. 2002. Intron status and 3'-end formation control cotranscriptional export of mRNA [J]. Genes Dev., 19: 2761-2766.

LIBRI D, DOWER K, BOULAY J, et al. 2002. Interactions between mRNA export commitment, 3'-end quality control, and nuclear degradation [J]. Mol. Cell Boil., 22: 8254-8266.

MILLER B R, FORBES D J. 2000. Purification of the vertebrate nuclear pore complex by biochemical criterial [J]. Traffic., 1: 941-951.

MOSAMMAPARAST N, PEMBERTON L F. 2004. Karyopherins: from nucleat-transport mediators to nuclear-function regulators [J]. Trends Cell Biol., 14: 547-556.

NARLIKAR G J, FAN H Y, KINGSTON R E. 2002. Cooperation between complexes that regulate chromatin structure and transcription [J]. Cell, 108: 475-487.

OEFFINGER M, DLAKIC M, TOLLERVEY D. 2004. A pre-ribosome-associated HEAT-repeat protein is required for export of both ribosomal subunits [J]. Genes Dev., 18: 196-209.

OHNSON A W, LUND E, DAHLBERG J. 2002. Nuclear export of ribosomal subunits [J]. Trends Biochem. Sci., 27: 580-585.

PARADA L, MISTELI T. 2002. Chromosome positioning in the interphase nucleus [J]. Trends Cell Biol., 12: 425-432.

PLATH K, MLYNARCZYK-EVANS S, NUSINOW D A, et al. 2002. Xist RNA and the mechanism of x chromosome inactivation [J]. Annu. Rev. Genet., 39: 233-278.

POON I K, JANS D A. 2005. Regulation of nuclear transport: central role in development and transformation? [J]. Traffic, 6: 173-186.

POSTOW L, HARDY C D, ARSUAGA J, et al. 2004. Topological domain structure of the *Escherichia coli* chromosome [J]. Genes Dev., 18: 1766-1779.

RABUT G, DOYE V, ELLENBERG J. 2004. Mapping the dynamic organization of the nucleat pore complex inside single living cells [J]. Nat. Cell Biol., 6: 1114-1121.

RAY-GALLET D, QUIVY J P, SCAMPS C, et al. 2002. HIRA is critical for a nucleosome assembly pathway independent of DNA synthesis [J]. Mol. Cell, 9: 1091-1100.

RIBBECK K, GORLICH D. 2001. Kinetic analysis of translocation through nuclear pore complexes [J]. EMBO J., 20: 1320-1330.

RICHMOND T J, DAVEY C A. 2003. The structure of DNA in the nucleosome core [J]. Nature, 423: 145-150.

ROBERT F, YOUNG R A, STRUHL K. 2002. Genome-wide location and regulated recruitment of the RSC nucleosome remodeling complex [J]. Genes Dev., 16: 806-819.

ROUT M P, AITCHISON J D. 2001. The nuclear pore complex as a transport machine [J]. J. Biol. Chem., 276: 16593-16596.

SAGUEZ C, OLESEN J R, JENSEN T H. 2005. Formation of export-competent mRNP: escaping nuclear destruction [J]. Curr. Opin. Cell Biol., 17: 287-293.

SANGER R H, GREEN M R. 1997. Compartmentalization of eukaryotic gene expression: cause and effects [J]. Cell, 91: 291-294.

SCHWARTZ T U. 2005. Modularity within the architecture of the nuclear pore complex [J]. Curr. Opin. Struct. Biol., 276: 16593-16596.

SHAHEEN H H, HOPPER A K. 2005. Retrograde movement of tRNAs from the cytoplasm to the nucleus in *Saccharomyces cerevisiae* [J]. Proc. Natl. Acad. Sci., 102: 11290-11295.

SUNTHARALINGAM M, WENTE S R. 2003. Peering through the proe: nuclear pore complex structure, assembly, and function [J]. Dev. Cell, 4: 775-789.

TAKANO A, ENDO T, YOSHIHISA T. 2005. tRNA actively shuttles between the nucleus and cytosol in yeast [J]. Science, 309: 140-142.

TSUKIYAMA T. 2002. The in vivo functions of ATP-dependent chromatin-remodelling factors [J]. Nat. Rev. Mol. Cell Biol., 3: 422-429.

VERREAULT A. 2000. De novo nucleosome assembly: New pieces in an old puzzle [J]. Genes Dev., 14: 1430-1438.

YANG W, GELLES J, MUSSER S M. 2004. Imaging of single-molecule translocation through nuclear pore complexes [J]. Proc. Natl. Acad. Sci., 101: 12887-12892.

ZAMORE P D, HALEY B. 2005. Ribognome: the big world of small RNAs [J]. Science, 309: 1519-1524.

ZHU H, CONTE F, GREEN C B. 2003. Nuclear localization and transcriptional repression are confined to separable domains in the circadian protein CRYPTOCHROME. [J]. Curr. Biol. 13 (18): 1653-1658.

第 2 章　核小体定位

真核生物中，长线性、带负电 DNA 必须被高度压缩成致密形态才能被包含在狭小的细胞核中，这一过程主要依靠 DNA 与组蛋白相互作用实现，可以产生高达 10 000 倍的压缩。DNA 缠绕在组蛋白八聚体周围形成核小体，核小体是构成真核生物染色质的基本结构单位。核小体由相对伸展的连接 DNA 相连，形成串珠状（称为一级结构），基本的核小体进一步折叠成约 30nm 的纤维状结构（也称二级结构），30nm 的纤维状结构进而包装成高级染色质结构（Kornberg 1974；Luger et al，2005）。(图 2-1)

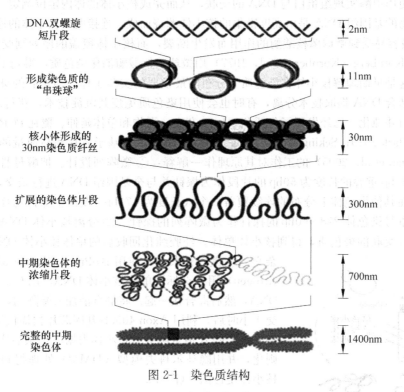

图 2-1　染色质结构

除了作为包装单位，核小体在诸如基因表达、DNA 复制、修复等过程发挥重要作用。染色质结构实际上是基因表达的重要调控层。比如，组蛋白变体取代核心组蛋白改变八聚体结构可以调节基因表达（Kamakaka et al，2005；Sarma et al，2005），组蛋白尾巴受到多种翻译后的化学修饰改变核小体的物理性质也可影响基因表达等（Kouzarides 2007；Millar et al，2006）。由于核小体对诸如转录调控、DNA 复制和修复等过程的重要作用，核小体在基因组上的精确位置就至关重要了。念珠状的核小体在基因组 DNA 分子上的精确位置称为核小体定位。进一步可分为描述 DNA 特定位点与核小体核心相对线性位置的平移定位和描述 DNA 双螺旋与组蛋白八聚体相对方向的旋转定位。核小体在基因组上的组装方式及控制其定位机制的研究对于理解转录因子结合和转录调控机制等多种生物学过程具有十分重要的作用（McGhee et al，1980；Kornberg et al，1999；

Schalch et al,2005)。包括基因组上核小体定位、组蛋白修饰、染色质重塑等问题已成为目前遗传学研究热点——表观遗传学的重要研究内容。

2.1 基因组上核小体定位的实验图谱

2.1.1 基因组尺度核小体定位作图的基本策略

核小体作图技术分为体内和体外技术。体内技术显示活细胞中的染色质组织的详细图谱,而体外技术则有排除蛋白反式因子作用研究核小体组装与 DNA 序列关系的优点。核小体体外组装采用盐透析的方法及依赖 ATP 把组蛋白八聚体和 DNA 结合在一起(Thastrom et al,2004)。体内试验一般使用甲醛实现组蛋白与 DNA 的交联,从而完成核小体的体内定位测定(Rando 2010)。

真核生物的基因组 DNA 是由高度密集的核小体缠绕而成,连接两个核小体的连接 DNA(linker DNA)最容易受到微球菌核酸酶的作用而发生断裂,而核小体覆盖的序列则受到保护。20 世纪 70 年代,Kornberg(Kornberg et al,1977)用微球菌核酸酶消化染色质,得到了核小体的单体和多聚体;这是早期理解核小体在染色质上分布的最重要的实验工作。消化后的染色质使用一般的细胞裂解结合 DNA 提取技术分离,有时也会使用染色质免疫共沉淀技术,获得的核小体 DNA 片段去除蛋白并纯化。已经发展了包括 Southern 杂交、引物和单体延伸、覆瓦 PCR 等技术确定核小体位置(Clark 2010;Sekinger 2005)。近几年又发展出一批基于芯片和高通量的技术。这里用 Yuan 等(Yuan et al,2005)的工作对其原理作一解释:① 微阵列设计。把酵母Ⅲ号染色体序列分成互相有 20bp 重叠的长度为 50bp 的片段作为探针并与全基因组 DNA 进行杂交,经过 Blast 比对后,去除在其他染色体上分布的连续覆盖 5 个(长度为 170bp)及以上探针的片段,保留下来的覆盖酵母Ⅲ号染色体 278 960bp 的探针作为微阵列的探针。② 分离核小体 DNA。用微球菌核酸酶消化甲醛交联的染色质,得到核小体单体。经胶纯化回收后的单体核小体 DNA 用于标记和杂交。③ 微阵列杂交。使用 BioPrime Klenow labeling kit(invitrogen)用 Cy3 标记单体核小体 DNA,用 Cy5 标记全基因组 DNA,然后混合在一起。将混合液加入微阵列,与探针 65℃杂交 4 小时后,利用 Axon 4000B 基因芯片扫描仪测定其杂交值,高 Cy3/Cy5 比值意味着有核小体占据。④ 最后实验数据经过正则化,并用隐马尔科夫模型(HMM)处理得到酵母高分辨率核小体定位图。(图 2-2)

依据同样的实验原理,Lee(Lee et al,2004)对酵母全基因组约 70 000 个核小体进行了定位,采用长度为 25bp 的两套探针;第一套探针长度 25bp,每两个探针间平移 8bp,覆盖酵母染色体的一条链;另一套探针长度也是 25bp,每两个探针间平移也是 8bp,但与第一套探针的互补序列平移 4bp,覆盖酵母染色体的另一条链。这样精度为 4bp 的探针覆盖整个酵母基因组。随着测序技术的发展,Field(Field et al,2008)采用高通量测序确定了酵母基因组 380 000 个核小体的位置,首先用微球菌核酸酶消化甲醛交联的染色质,然后分离纯化长度为 127~177bp 的所有片段,进行高通量测序后 Blast 比对确定其在基因组上的

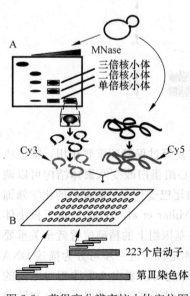

图 2-2 获得高分辨率核小体定位图实验方案(引自 Yuan et al,2005)

位置，获得了高精度的酵母核小体定位图谱。

2.1.2 基因组尺度核小体定位图谱

最早出现的核小体定位图谱（Bernstein et al，2004；Lee et al，2004）由于受技术条件所限分辨率较低，不过仍然是基因组尺度核小体图谱的代表性工作。随着高通量实验技术的发展，近些年关于核小体定位的实验工作取得突破性进展，有多个小组相继在基因组范围识别了酵母的高分辨率核小体定位图（Lee et al，2007；Field et al，2008；Yuan et al，2005；Albert et al，2007；Segal et al，2006；Pokholok et al，2005；Raisner et al，2005）。其中 Yuan 等的工作堪称基因组尺度高分辨率核小体定位检测的先驱之作（Yuan et al，2005），而 Lee 的工作则是第一个酵母全基因组高分辨率图谱（Lee et al，2007）。Albert 等人工作则通过研究组蛋白变体 H2A.Z 与酵母 DNA 组装表明了核小体的旋转定位机制（Albert et al，2007）。

上述核小体定位实验主要基于体内技术，而体外技术则可以排除蛋白反式因子作用，直接研究核小体组装与 DNA 序列关系。使用盐透析法将纯化的组蛋白八聚体与基因组 DNA 组装成核小体技术，Kaplan 等（Kaplan et al，2009）构通过芯片技术测量荧光强度或用高通量技术获得核小体序列覆盖次数，从而给出核小体的占据率，建了体外酵母基因组核小体占据图谱。体内和体外实验图谱显示了高度相似性，二者相关系数达 0.74 表明 DNA 序列是决定核小体位置的重要因素，并且在功能位点附近两个图谱均显示核小体缺乏。但仔细分析发现全基因组范围两图谱并不精确一致，表明除了 DNA 序列因素外，其他包括染色质重塑复合物、转录因子等也会影响体内核小体的排布。Zhang 等（Zhang et al，2009）使用盐透析和 ATP 依赖因子（如 ACF 因子）体外组装酵母和大肠杆菌染色质，发现转录起始和终止区核小体缺乏，但核小体平移定位规律较弱，其体内和体外实验图谱相关系数仅为 0.54，基于这一事实，作者推断 DNA 序列不是体内核小体定位的主要因素。这样，两类研究得出相反的结论，而且持续的争论还在进行（Kaplan et al，2009；Pugh 2010；Stein et al，2009；Zhang et al，2009）。在达成共识之前，各自还会有不同解释。核小体占据率不一定能精确反映核小体在基因组上的位置。为了确定核小体的精确线性定位，可以计算核小体中心的位置及标准偏差。由 Zhang 等（Zhang et al，2009）的工作我们只能推断单纯由 DNA 序列难以确定核小体精确位置，但 DNA 序列会影响核小体占据的结论仍然有效。

几个小组对人类（Ozsolak et al，2007；Heintzman et al，2007；Barski et al，2007；Schones et al，2008）、线虫（Johnson et al，2006）、果蝇（Mavrich et al，2008a）核小体定位做了初步研究，绘制了不同物种的核小体定位图谱，为核小体的生物信息学分析奠定了基础。

2.2 基因组上核小体分布的一般模式

2.2.1 DNA 转录相关位点邻近核小体分布

基因组尺度核小体定位图谱及理论模型促进我们对核小体体内组织的理解。实验表明不同细胞中核小体位置几乎相同，换句话说核小体是高度定位的（Lee et al，2007；Yuan et al，2005）。研究发现，核小体沿基因组分布具有规律性。基因组上某些区域核小体占据率高，某些区域核小体缺乏。比如基因间区与 ORFs 相比，核小体更加稀疏；像启动子这样的调控区核小体分布甚至比基因间区还少，Field 等详细研究了酵母的大约 380 000 个核小体序列，发现转录起始位点上游区域和翻译终止位点下游区域核小体缺乏（Satchwell et al，1986；Richmond et al，

2003；Bernstein et al，2004；Sekinger et al，2005；Guillemette et al，2005；Lee et al，2007；Vaillant et al，2007；Albert et al，2007；Durant et al，2007；Mavrich et al，2008a；Field et al，2008；Field et al，2009；Kaplan et al，2009；Jiang et al，2009）。这些区域一般称为核小体自由区（nueleosome-free regions，NFR）或核小体缺乏区（nueleosome-depleted regions，NDR）。Bernstein 等（Bernstein et al，2004）用 ChIP-Chip 技术分析了酵母全部启动子区核小体占据水平，发现启动子区域核小体占据数与启动子下游基因转录速率负相关，核小体缺乏区含有更多的转录因子结合模体。图 2-3 显示了人及线虫基因组上核小体分布。

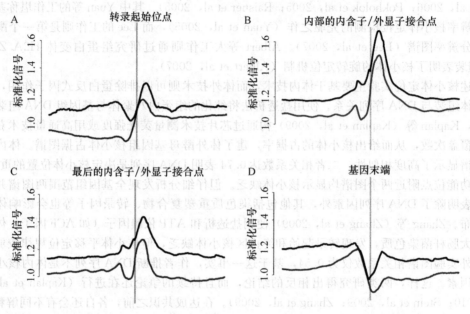

图 2-3 基因组上核小体分布
A. 转录起始位点前（启动子区域）核小体缺乏；B. 内部内含子/外显子交界处外显子一侧核小体占据率高；
C. 最后内含子/外显子交界处外显子一侧核小体占据率高；D. 翻译终止位点后终止子区核小体占据率低
图中黑色和绿色线分别表示人及线虫基因组上核小体分布（引自 Andersson et al，2009）

2.2.2 DNA 复制起始位点邻近区核小体分布

染色质的局部环境会调节 DNA 复制过程，其中核小体定位起到了非常重要的调控作用（Lipford et al，2001；Wyrick et al，2001；Thoma et al，1984；Ahel et al，2009；Bao et al，2007；Yin et al，2007）。Simpson 等将 ARS1 克隆到穿梭质粒中，在质粒上重新组装了核小体的结构，通过微球菌核酸酶消化，利用探针杂交研究发现，ACS 处没有核小体占据，推测这可能有利于 ORC 结合（Simpson，1990）。Lipford 和 Bell 在酵母基因组中研究核小体定位对 ARS1 活性影响时发现，ACS 位于核小体缺乏区，且 ACS 邻近区的核小体占据对于起始活性非常重要，如果将这些核小体移到远离 ACS 区后并不会干扰 ORC 的结合，但会抑制复制起始复合物的形成（Lipford et al，2001）。最近，Eaton 等利用高通量的序列分析测定了酵母体内及质粒上 ARS 两侧的核小体定位图谱，发现酵母复制起始位点 ARS 两侧核小体分布具有一定的规律，并且呈现不均匀的模式（图 2-4）。ACS 区更倾向于核小体缺乏，而且复制启动时 ORC 蛋白结合需要 ACS 两侧精确的核小体定位（Eaton et al，2010）。

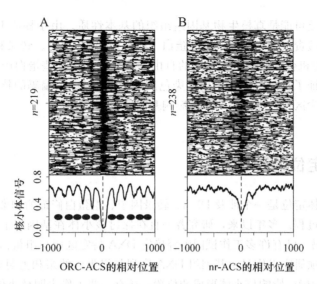

图 2-4 基因组上核小体分布情况（引自 Eaton et al, 2010）
A. 转录起始位点上下游核小体的分布；B. 复制起始位点 ARS 上下游核小体的分布

2.2.3 核小体定位的"统计定位"模型

一般来说，富含 AT 区核小体占据率低。典型的 poly（dA：dT）序列易出现在 5′核小体缺乏区（5′NFR），5′NFR 长度约为 150bp。大部分功能位点如转录因子结合位点、TATA 盒出现在 5′核小体缺乏区。5′NFR 两边是良好定位的 −1 和 +1 核小体，−1 核小体通常位于 NFR 上游，而 NFR 一般位于转录起始位点（transcription start site，TSS）上游 −300~−150bp 区域。NFR 下游出现 +1 核小体，通常 +1 核小体具有强烈的定位信号，这一核小体中心位于 TSS 下游 50~60bp（Yual et al, 2005；Albert et al, 2007；Lee et al, 2007；Mavrich et al, 2008b）。−1 和 +1 核小体富含组蛋白变体 H2A.Z，通过组蛋白结构丧失使转录更加容易进行（Santisteban et al, 2000；Guillemette et al, 2005；Li et al, 2005；Raisner et al, 2005；Zhang et al, 2005；Millar et al, 2006；Albert et al, 2007）。3′端同样出现 NFR 区，可能与转录终止因子的结合有关（Shivaswamy et al, 2008；Mavrich et al, 2008b）。这样，核小体排斥序列可能是帮助核小体形成良好定位的边界。由于核小体不能重叠，+1 核小体位置会限制或引导邻近核小体的位置，形成类似串珠结构。+1 核小体下游逐渐丧失精确定位，称为统计定位的区域，大约在 TSS 后 1kb 这种统计定位的规律消失。这一模型称为"统计定位"或"障碍模型"（Kornberg et al, 1988）。（图 2-5）

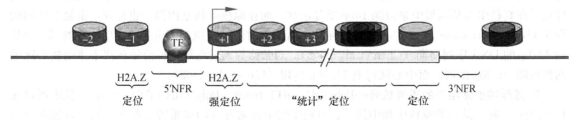

图 2-5 酵母基因核小体结构（引自 Jansen et al, 2011）

调控区核小体缺乏可能是真核生物基因组组织的基本性质。由于核心 DNA 被包装进核小体中，阻断了包括那些负责最基本生命过程的蛋白（如起始 DNA 复制、转录和 DNA 修复的蛋白因子等）与 DNA 的接触机会；而核小体之间的自由区域更有利于这些蛋白因子的进入并与其识别位点相结合，从而保证了转录因子易于接近染色质模板；由 DNA 编码的核小体组装方式（指核小体在基因组上的稀少区或占据区）明显地影响基因的表达水平。

2.3 核小体定位的理论研究

如前所述，核小体定位是一个涉及 DNA、转录因子、组蛋白修饰酶和染色质重塑复合体等分子间相互作用的复杂过程。多年以来，研究者一直在探讨核小体在基因组上的位置是随机分布的还是由 DNA 序列编码。已有许多工作试图解释确定 DNA 特定区域与组蛋白结合并形成核小体的核小体定位机制。多项研究工作显示基因组 DNA 序列与组蛋白的亲和力明显地依赖于序列顺序，表明 DNA 序列顺序的确会影响核小体形成的位置；还有一些工作表明核小体在 DNA 相对组蛋白的方位及其在基因组上的位置依赖于基因组序列顺序（Trifonov, 1980；Trifonov et al, 1980；Drew et al, 1985；Satchwell et al, 1986；Baldi et al, 1996；Ioshikhes et al, 1996；Trifonov et al, 1997；Lowary et al, 1998；Levitsky et al, 1999；Stein et al, 1999；Widom, 2001；Kiyama et al, 2002；Albert et al, 2007）。

2.3.1 从 DNA 序列到核小体定位

基因组核小体图谱提供了理解影响核小体定位因素的宝贵资源，特别是核小体位置信息可以帮助我们理解核小体定位的序列依赖机制。基于序列中核小体定位有关的模体信息发展预测算法是一有效途径，预测模型的能力提供理解核小体定位序列依赖程度的基础。

1. 核小体形成序列 研究发现有些序列模体易于核小体形成，其中 AT/TT/TA 二联体 10bp 周期性是重要信号之一。Satchwell 等早在 1986 年（Satchwell et al, 1986）通过统计发现核小体的核心区 147bp 中每隔约 10bp 重复出现 AA/TT/TA 二联体，DNA 双螺旋的大沟朝内（也就是组蛋白八聚体的方向）；每隔约 10bp 重复出现 CC/CG/GC/GG 二联体，DNA 双螺旋的大沟朝外（也就是背向组蛋白八聚体的方向），两种二联体交替出现，相隔 5bp。Field 等（Field et al, 2008）最新数据统计也显示了同样的结论，Segal（Segal et al, 2006）进一步发现对其他真核生物也有类似规律（图 2-6）。

序列上每 10 个碱基出现的周期性信号有利于 DNA 片段剧烈弯曲，从而紧密缠绕在组蛋白周围形成高度致密的核小体（Bao et al, 2006）。Segal 和他的同事们把这种周期性信号定义为核小体定位密码（nucleosome positioning code）（Segal et al, 2006）。2000 年 Worning 等人发现这种周期性信号在真核生物基因组中是每隔 10bp 重复出现，而在原核生物基因组中也存在，重复出现的周期是 11bp（Worning et al, 2000）。2008 年陈开富等在对阴道滴虫基因组的研究中，检测到一个长约 121bp 的 DNA 序列周期（Chen et al, 2008）。刘弘德等人发现周期性信号在核小体的核心区的两侧每隔 10.3bp 出现，而中心区每隔 11.3bp 出现（Liu et al, 2008）。

2. 排斥核小体组装的重要信号——Poly（dA：dT）tracts Poly（dA：dT）-tracts（长度可以在 10~20bp 之间）是一类原核生物中缺乏、真核生物中普遍存在的多聚脱氧腺甘酸链，可能在真核生物基因组中有基本的功能（Raisner et al, 2005；Iyer et al, 1995；Kaplan et al, 2008；Segal et

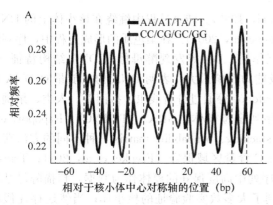
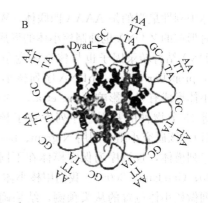

图 2-6　A. AA/AT/TA/TT（及 CC/CG/GC/GG）频数的 10 周期性分布；
B. 推测的核小体三维结构（引自 Field et al, 2008）

al, 2009）。已有证据表明 Poly（dA：dT）-tracts 对转录调控、重组、与转录抑制有关的组蛋白转译后修饰有重要影响，与核小体有较小的亲和力，可以帮助转录因子靠近序列。Poly（dA：dT）-tracts 导致启动子、DNA 复制区起点、基因的 3′ 区核小体缺乏，可能通过排斥核小体而使基因易于表达，核小缺乏对基因有基本的激活作用。图 2-7 纵坐标是核小体缺乏程度，指按照 Field 数据计算的每一碱基对处核小体预期覆盖率与实际覆盖率之比，比值高表示缺乏程度大；横坐标为 poly（dA：dT）片段长度（bp）。四条曲线分别对应相对纯 poly（dA：dT）片段有 0、2、4 或 6 个碱基替换。结果显示核小体缺乏程度随 Poly（dA：dT）片段长度和完整性增加而加强。核小体在 poly（dA：dT）片段区域缺乏最为明显，但其效果会向两侧延伸 100~150bp。

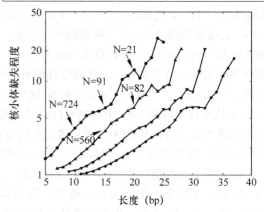

图 2-7　体内 Poly（dA：dT）区域核小体相对缺乏
（引自 Field et al, 2008）

那么，是什么原因导致 poly（dA：dT）片段区域核小体缺乏呢？最简单的假设是与其他 poly（dA：dT）片段结合蛋白的竞争。Datin 是酵母中发现的可能是唯一的与 poly（dA：dT）片段结合的蛋白，但研究显示它并不是核小体缺乏的主要原因。另一种可能是转录因子与 poly（dA：dT）片段附近位点结合导致核小体缺乏，但研究同样表明其也不是体内核小体缺乏的主要原因。再有一种可能是 poly（dA：dT）片段自身对核小体形成的偏好，Lyer 等人的工作（Lyer，1995）倾向于支持 poly（dA：dT）片段区域核小体缺乏主要是其序列内部结构的原因。

3. 与核小体定位有关的保守序列模体信号　Widlund 发现 CA 二联体对核小体定位有重要作用，具有 TATAAACGCC 的序列对组蛋白有高的亲和力，他们用印迹技术分析 TATAAACGCC 序列的物理性质和形成核小体的细节，结果发现序列的 AA 梯阶的小沟朝向组蛋白八聚体、CC 梯阶的小沟背向组蛋白八聚体。环化动力学实验显示这个序列的柔性明显地高于随机序列（Widlund et al，1999）。Cao 等发现 TGGA 破坏核小体形成（Cao et al，1998）。Wang 等发现自然状态下 CTG 三联体重复片段的核小体形成能力最强，poly（dA-dT）片段不利于核小体的形成，256 种四联体中刚性最强的是 AAAA 四联体（Wong et al, 1999）。转录过程中缠绕在核小体上的 DNA 暴露时形成的 Z-DNA 也抑制核小体的形成（Wong et al, 2007）。在染色质的形成过程中，序列特异的 DNA 结合转录因子也与核小体竞争或相互作用。Lee 等发现酵母体内 DNA 结构特征（tip, tilt, propeller twist）对 DNA 序列核小体形成能力影响最大，表明 DNA 构象能量对 DNA 序列核小体形成有显著影响（Lee et al, 2007）。Trifonov 等通过分析线虫、拟南芥、人类、果蝇、酵母等 13 个物种的基因组序列发现了核小体序列定位模体"GRAAATTTYC"（Rapoport et al, 2011）。该研究小组分别用 N-gram、base pair stacking、bendability matrix 三种不同的方法获得了该序列模体，且该序列保守模体在不同的 G+C 含量区域保守（Frenkel et al, 2011；Trifonov, 2010；Gabdank, 2009）。我们用核小体 DNA 序列中高度保守的模体作为判据，扫描酵母基因组序列做核小体位置的从头预测，结果确实找到了大多数实验验证的核小体；当然还存在假阳性（即理论预测为核小体区，实验数据表明为 linker 区）率太高的缺点，可以结合上述相关核小体定位的序列信息发展多信息融合算法解决这一问题。

4. 基于 DNA 序列模式的核小体定位预测模型

（1）基于机器学习算法的模型。Field 等（2008）提出一个基于序列的核小体定位预测模型，结果发现在转录起始位点、翻译终止位点等重要基因表达调控区域模型预测的核小体位置与实验数据非常一致。Ioshikhes（2006）首先以 204 个实验确定的核小体 DNA 数据为基础，统计了 139bp 长度范围内 AA/TT 二联体的标准分布。然后选择酵母基因组中大约 900 个基因起始密码子前 1000bp 到后 800bp 序列，以 139bp 为窗口，1bp 为滑动步长计算 AA/TT 二联体标准分布与实际序列的关联。结果发现：关联曲线峰值对应核小体形成序列中心，而关联曲线谷对应核小体缺乏区。Peckham 等（2007）使用支持向量机（SVM），以 k-mer（$k=1\sim 6$）频率为参数，对由 1000 个核小体形成和 1000 个抑制片段组成的酵母数据集进行训练，发现 SVM 可以较好地区分训练集中的两类片段，其 ROC（受试者操作特征曲线）分数为 95.1%。当用该模型对测试集进行预测时，ROC 分数超过 90%。Gupta（2008）把类似方法应用到人类核小体定位的预测上也取得了一定的效果，预测精度为 88.7%。Gabdank（2009）对线虫的核小体序列结构进行了分析。Zhao 等（2010）采用基因组中 k-mer 频次，使用多样性增量结合二次判别法（IDQD）（Zhang et al, 2003；Zhao et al, 2010）发展核小体定位预测模型，酵母基因组核小体实验图谱与其理论预测结果相关系数达到 0.8，其 ROC 分数为 98.2%。Xing 等（2011）使用称为位置相关打分函数的算法预测酵母核小体定位，也取得不错的效果。这两工作得出富含 AT 区域不易被核小体占据的推论（Zhao et al, 2010；Xing et al, 2011）。Zhang（2008）等人通过对人的 ChIP-Seq 数据的分析，发展了一个新的能有效地识别人的核小体定位和组蛋白修饰的模型。Tillo 和 Hughes（2009）确定了核小体定位与 GC% 及 poly（dA：dT）相关的序列模式，预测结果与 Kaplan（2009）数据的相关系数为 0.86，表明 GC% 及 poly（dA：dT）模式是核小体定位的重要信号。上述一系列工作均表明基因组 DNA 序列至少是体外核小体定位的主要信号。

（2）N-Score 模型。Yuan 和 Liu（2009）提出一个称为 N-Score 的指标结合对数回归模型预测核小体定位。他们分析的数据包含 199 个核小体序列、296 个自由连接序列。首先把每一序列转换成对应于二核苷酸频率的 16 个数字信号，然后用小波变换提取信息。传统的傅里叶变换只能探测整体周期性，而小波变换可在多尺度探测潜在的周期性。把数据集随机分为均等的两份，每一份数据含有等量的核小体和自由连接序列。每一子集轮流用作训练集和测试集，用 ROC 分值测量模型的整体性能。把 199 个核小体序列、296 个自由连接序列按中心对齐，对每一二核苷酸（可称为 D），序列 $S=(s_1, s_2, \cdots, s_{131})$ 首先转换成一个 130 维数字矢量，其第 j 个分量描述（s_j,

s_{j+1}）是否与 D 相同。然后对连续的三个位置平均导致一长度为 128 的矢量。这样，每一序列将产生 16 个 128 维矢量。让 $f_{S,D}(i/128)$，$i=1, 2, \cdots, 128$，为序列 S 和二核苷酸 D 的二核苷酸频率信号，这些函数分解为小波分量的线性组合

$$f_{S,D}(i/128) = \sum_{j,k} c_k^j(S,D)\psi_k^j(i/128) + c_0(S,D)$$

小波函数 $\psi_k^j(x) = 2^{j/2}\psi(2^j x - k)$，$k=0, \cdots, 2^j-1$，$j=0, \cdots, 7$。这里：

$$\psi(x) = \begin{cases} 1 & \text{for } 0 \leqslant x < 1/2 \\ -1 & \text{for } 1/2 \leqslant x \leqslant 1 \\ 0 & \text{otherwise} \end{cases}$$

$$c_k^j(S,D) = \sum_j f_{S,D}(i/128)\psi_k^j(i/128)$$

小波能量 $E^j(S,D) = \sum_k (c_k^j(S,D))^2$，

设 $x_l(S)$，$l=1, 2, \cdots, 128$，为所有二核苷酸全部水平下小波能量集合，用 $p(S)$ 描述 S 为核小体序列的概率，N-Score 为

$$\lg\left(\frac{p(S)}{1-p(S)}\right) = \beta_0 + \sum_l \beta_l x_l(S)$$

用 N-Score 预测核小体富集或缺乏，ROC 值为 88%。研究还发现 N-Score 与实验数据之间有很好一致性，编码区 N-Score 明显高于启动子区。研究还发现 N-Score 与 poly（dA：dT）片段长度负相关，低 N-Score 区富含调控元件等规律。把这一模型用于人类核小体定位预测，也取得不错的效果。

（3）基于隐马尔可夫模型（HMM）的算法。已有工作采用隐马尔可夫模型（HMM）基于芯片数据直接计算核小体位置（Yuan et al，2005；Lee et al，2007）。Segal 和他的同事们（2005）从酵母中分离出 199 个长度为 142~152bp 的核小体 DNA 序列，考虑到空间障碍和核小体竞争，定义了称为表观自由能的函数，进一步利用隐马氏模型提出了"核小体-DNA 相互作用模型"。对给定核小体 DNA 序列集，以中心为基准对齐，计算二核苷酸分布，得到 147bp 长序列的概率由下式计算

$$P(S) = P_1(S_1)\prod_{i=2}^{147} P_i(S_i | S_{i-1})$$

用该公式可以计算基因组 DNA 序列的核小体组装，并已经实验得以验证，利用该模型能准确地预测酵母细胞中 50% 的核小体的位置。

2.3.2 基于 DNA 结构的物理性质预测核小体定位

为什么核小体不喜欢缠绕在 poly（dA：dT）片段区域呢？早期假设 AA 二联体与其他二联体相比较为刚性，但后来的 DNA 和蛋白-DNA 复合物的 X-射线晶体学数据并不支持 AA 二联体内部结构的刚性假设。一系列证据显示 poly（dA：dT）与 AA 二联体基本性质明显不同，比如它的螺旋重复较短、小沟更窄，还有其内部形成特殊的 H 键（分叉 H 键）等。更进一步，poly（dA：dT）的不寻常结构和动力学性质随 poly（dA：dT）长度增加而增加。所有的事实似乎表明：与一般 DNA 序列相比，poly（dA：dT）阻碍核小体形成。但也有工作表明 poly（dA：dT）只是比其他简单序列不易弯曲或扭转，并不能肯定地说它阻碍 DNA 弯曲或扭转。客观地说，poly（dA：dT）与核小体缺乏确实有关，但其机制还尚未搞清楚。

已有大量实验和理论工作表明 DNA 的结构依赖于序列，Tsai 等经过多年的工作，基于 DNA-

蛋白质复合物结构的晶体学实验数据，提出一个由DNA序列预测其动力学结构的统计力学模型，模型表明不同的DNA序列其弯曲度和柔韧性明显不同，基因组中复制起始位点、翻译起始位点区域柔性较小，Poly（dA：dT）片段的确有特殊的结构和动力学性质（弯曲度和柔性最小）（Tsai et al, 2002; Tsai et al, 2001; Tsai et al, 2000）。用这一模型研究酵母基因组，初步工作发现基因组中核小体DNA柔性分布确实存在10bp左右的周期性，说明DNA弯曲和柔性能够在一定程度上反映核小体定位的信息，Poly（dA：dT）由于其不寻常的结构、动力学性质而影响核小体组织，是重要的核小体定位信号（图2-8）。

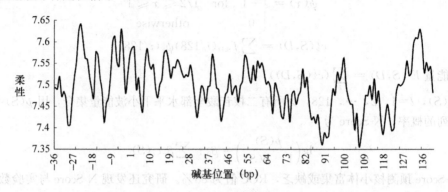

图2-8 核小体DNA柔性分布

已有一些研究组基于DNA结构的物理性质发展了预测核小体定位的模型。物理模型强调DNA弯曲弹性能量的序列依赖性，核小体定位物理模型的优势是能够从理论上解释某一序列为什么形成或不形成核小体，但模型的精度严重依赖于DNA物理数据的质量，迄今为止这类模型的精确度还不能令人满意（Ruscio et al, 2006; Tolstorukov et al, 2007; Vaillant et al, 2007; Akan et al, 2008; Lavery et al, 2009; Miele et al, 2008; Bettecken et al, 2009; Milania et al, 2009; Morozov et al, 2009; Scipioni et al, 2009）。

这一系列工作使我们相信：核小体在基因组上的结合位置并非随机分布的，而是由DNA本身所携带的核小体定位信息所编码的。尽管已有一些基于基因组DNA序列预测酵母核小体定位的工作，用机器学习方法进行核小体定位研究已取得不错的效果，但是这种整体上属于分类预测的方法并不是解决核小体定位问题的根本途径。核小体组织是由包括染色质重塑、与专一性DNA结合蛋白竞争、核小体对DNA结构或序列的偏好等多种因素确定的。依据实验数据，在基因组DNA序列、DNA结构水平研究核小体定位、结合机器学习方法等，发展多信息融合算法，从而更加准确地预测核小体在DNA分子上的位置可能是解决这一问题的可行途径。

2.3.3 核小体定位的反式因子

到目前为止，我们一直在关注核小体定位的顺式因子，即DNA序列上与核小体定位相关的模体或信号。事实上，体内核小体组装单靠DNA序列偏好是无法解释的。其他诸如RNA聚合酶、染色质重塑复合物、转录因子、组蛋白变体等对体内核小体组织有重要影响。

1. RNA聚合酶对核小体定位的影响 RNA聚合酶是影响体内核小体组织的重要因素。聚合酶Ⅱ导致核小体从NFR区的移除，说明聚合酶Ⅱ可能影响核小体滑动。这种移动在缺乏核小体时较弱（约10bp），但在高表达基因中（如核糖体蛋白和氨基酸代谢基因）非常剧烈（Weiner et al, 2010）。当RNA聚合酶在DNA上滑动遇到核小体时，很可能把它作为转录起始的边界。聚合酶

Ⅱ转录延伸如何跨过核小体进行呢？体外实验表明聚合酶Ⅱ能促进组蛋白八聚体通过释放一个H2A/H2B二联体，而剩余的组蛋白六聚体，聚合酶Ⅱ能顺利通过（Hodges，2009；Studitsky et al，1994）。RNA聚合酶可能导致核小体的部分丧失或滑动（Schwabish et al，2004；Studitsky et al，1994）。一系列实验工作表明RNA聚合酶Ⅱ影响启动子、终止子及编码区核小体的组织结构。RNA聚合酶Ⅱ存在时启动子中－1核小体丧失，NFR区宽度与转录水平正相关（Koerber et al，2009；Shivaswamy et al，2008；Venters，2009；Weiner et al，2010）。终止子处RNA聚合酶Ⅱ缺乏导致核小体占据增加，说明RNA聚合酶Ⅱ可以调节3′NFR区的形成（Fan et al，2010）。转录速率会影响编码区核小体的定位。转录速率越高，核小体密度越低（Shivaswamy et al，2008；Koerber et al，2009）。总之，聚合酶Ⅱ在染色质结构形成是发挥积极作用的。

2. 染色质重塑复合物 染色质重塑子是一类依赖ATP水解能量、移动、去除或重构核小体的蛋白复合物（Clapier et al，2009）。研究显示这些复合物可能控制体外核小体之间的距离（Fyodorov et al，2002），并影响核小体的位置（Yang et al，2006；Rappe et al，2007）。染色质重塑复合物包含SWI/SNF（开关/蔗糖-非发酵）、ISWI（起始开关）、INO80（纤维糖必须）和CHD（染色质解旋酶/DNA结合ATP酶）等4类。这部分内容在第3章详细阐述，此处不再赘述。下面仅以Teif和Roppe（2009）工作为例对核小体定位的动力学问题做一简单介绍。Teif和Roppe根据DNA序列与组蛋白的亲和力及ATP依赖的染色质重塑复合物提出预测核小体定位的统计热力学模型，其基本思路如下：一旦重塑子遇到核小体就可以移动它，移动概率P_m依赖核小体、重塑子和DNA序列。核小体可以被向左/右无解离移动或完全将核小体移除（组蛋白与DNA完全分离）。核小体定位可看做核小体解离和沿一维DNA晶格再结合的热力学平衡过程，核小体结合亲和力用$K(n)$表示。单核小体移位模型（模拟细胞外实验）中核小体不允许解离或从末端滑离。模型中有4个参数：重塑概率P_m，基本重塑步长S和向左移动概率P_{-S}和向右移动概率P_{+S}。多核小体移位模型（模拟细胞内核小体重构）与单核小体移位模型的区别是向左/右移动概率依赖于目标位点被核小体的占据率。（图2-9）

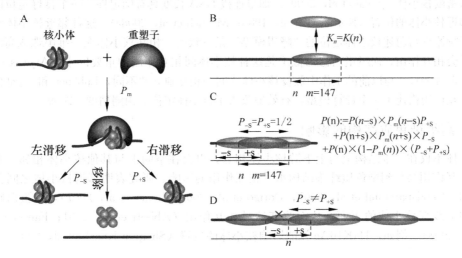

图2-9 重塑行为和理论模型概图（引自Teif et al，2009）

3. 转录因子的影响 体内核小体定位会直接受转录因子的影响。转录因子与DNA模体结合引起DNA弯曲或特殊的DNA构象。转录因子结合的DNA可能不再喜好形成核小体，或者说转录因子使得核小体不易与DNA结合。这样，转录因子与组蛋白与DNA结合形成一种竞争关系，并成为一种影响转录的重要机制。实验工作表明 NFR 区由于缺乏核小体而更加易于转录因子的结合（Goh et al, 2010）。酵母基因组核小体体外组装实验表明转录因子结合位点附近的核小体缺乏与 DNA 序列有关（Kaplan et al, 2009）。

4. 转录后修饰与组蛋白变体的影响 组蛋白八聚体尾巴会经受大量翻译后修饰，引起 DNA 与组蛋白的亲和力的变化。组蛋白尾巴移除或超乙酰化使核小体结构变得不稳定，从而使得其他因子易于接近（Anderson et al, 2001; Polach et al, 2000; Widlund et al, 2000）。不过，组蛋白修饰通过蛋白质-蛋白质相互作用和招募 ATP 依赖重塑复合物间接影响核小体定位也许是更重要机制。除了组蛋白修饰外，核心组蛋白还可以被组蛋白变体（比如常出现在 5′NFR 区的 H2A.Z）替代，具有变体的组蛋白改变其与 DNA 的亲和力（Guillemette et al, 2005; Raisner et al, 2005; Zhang et al, 2005），从而影响核小体结构。

2.4 邻近核小体和染色质高级结构影响核小体定位

除了上述顺式和反式因子之外，邻近核小体和染色质高级结构也会影响核小体定位。这种空间或结构的影响可以是局域的，也可以是长距离的。

2.4.1 核小体串珠

由于核小体不能重叠，一个核小体位置会限制或引导邻近核小体的位置，形成类似串珠的结构。核小体定位的实验图谱表明一般情况下核小体之间的距离是固定的。酵母中约为 18bp，人的连接 DNA 约 40bp，鸡红细胞中约 60bp，多细胞生物连接 DNA 长度更长些（Weintraub, 1978; Lee et al, 2007; Mavrich et al, 2008a; 2008b; Shivaswamy et al, 2008; Barski et al, 2007; Schones et al, 2008; Valouev et al, 2008）。连接 DNA 长度还会受 H1 蛋白的影响，H1 缺乏会导致短的连接 DNA，并形成高密度核小体（Segal et al, 2009）。如果连接 DNA 长度具有确定性，一个良好定位的核小体会影响邻近核小体的位置（Kornberg et al, 1988; Mavrich et al, 2008a）。这种邻近核小体空间障碍的长程影响原理与前述核小体定位的"障碍模型"是一致的。相邻核小体在一维串珠或高级染色质结构水平会相互作用。而组蛋白修饰似乎是这种核小体间相互作用的重要因素（Arya et al, 2009; Bertin et al, 2004）。与以前的工作中假设核小体之间是相互独立的不同，Lubliner 和 Segal 依据邻近核小体相互作用构建了一个计算模型，有效地改善了核小体定位的预测精度（2009）。

2.4.2 高级染色质结构的影响

核小体不仅在一维结构上与上下游核小体相邻，也会在空间上与其他核小体相邻。串珠中的核小体相互作用会受到染色质纤维结构水平相互作用的影响。研究表明邻近核小体之间存在电荷相互作用（Chodaparambil et al, 2007; Dorigo et al, 2004; Luger et al, 2007），组蛋白修饰或组蛋白变体会改变核小体的表面，从而改变这种相互作用（Abbott et al, 2001; Fan et al, 2002; Lu et al, 2008）。例如，H4K16Ac 就能影响核小体的位置（Shogren-Knaak et al, 2006）。

2.5 核小体定位与基因表达调控

在真核生物细胞中，核小体在诸如转录调控、DNA 复制和修复等过程扮演重要作用。核小体定位是一个涉及 DNA、转录因子、组蛋白修饰酶和染色质重塑复合体等分子间相互作用的复杂过程。核小体在基因组上的精确位置如何由这些因素确定仍然是一个悬而未决的问题。核小体的形成及其在染色质上的精确定位除了导致 DNA 在组蛋白上缠绕的足够紧密，便于细胞核的包装作用以外，还会影响涉及 DNA 的所有过程。

研究显示即使不存在转录激活子，核小体缺乏也可导致基因激活（Durrin et al, 1992；Han et al, 1988；Han et al, 1988；Hirschhorn et al, 1992）。启动子中核小体似乎是转录的抑制元，核小体也可对转录实施调控。

核小体也可以动力学方式调控基因表达。比如，在 Pho 基因表达过程中，不同浓度的无机磷会诱导核小体的组装，并进一步影响 Pho4 转录因子的结合，从而影响基因表达水平（Lam et al, 2008）。Field 等（2009）以有明显表型差异的芽殖酵母和人病原体假丝酵母为例，分析基因表达与启动子核小体组织的关系。高葡萄糖浓度下，假丝酵母通过呼吸作用生长，激活了负责 TCA 循环和氧化磷酸化基因的转录；而芽殖酵母主要通过发酵生长，抑制呼吸基因的转录。在特定生长条件下，芽殖酵母的呼吸作用相关基因激活，其启动子区染色质组织松弛（核小体缺乏）；假丝酵母的呼吸基因失活，呼吸基因启动子区染色质致密（核小体占据），这说明表型多样性与负责编码核小体组织的 DNA 序列的变化相关。Lee 等（2004）研究热冲击下全基因组核小体占据数的变化，发现当酵母细胞在最佳温度条件下迅速繁殖，编码核蛋白的大多数基因表达正常，对应于这些基因启动子区的核小体是缺乏的。当酵母细胞受到热冲击后，这些基因表达迅速被抑制，其核小体占据数明显增加。核小体的定位、定位的去稳定或解除，可能是影响基因转录调控的重要因素（Martinez-Campa et al, 2004；Wyrick et al, 1999）。

研究表明，基因表达发生变化的大部分事件可以用染色质重塑解释。染色质重塑包括在不同位置之间移动组蛋白及组蛋白修饰导致的其组分的变化，图 2-10 形象地显示了核小体定位变化对基因转录状态的影响。

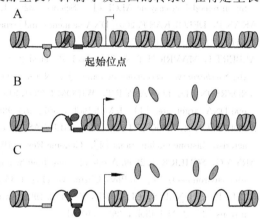

图 2-10 一个典型的酵母基因在不同转录状态下核小体占据变化模型（引自 Ercan, 2004）
A. 不转录时，阻遏蛋白与其 DNA 结合位点结合，核小体沿基因或启动子排列保持抑制态染色质构型；B. 当激活蛋白与其 DNA 元件结合时，它们促进了染色质的变化，从启动子区干扰或移动了核小体，导致基因的转录；C. 转录水平高时，核小体在编码区和启动子区缺乏

2.6 总结与展望

尽管已有一些基于基因组 DNA 序列预测酵母核小体定位的工作，用机器学习方法进行核小体定位研究已取得不错的效果，但是这种整体上属于分类预测的方法并不是解决核小体定位问题的根本途径。核小体组织可由包括染色质重塑、与专一性 DNA 结合蛋白竞争、核小体对 DNA 结构或序列的偏好性等多种因素确定的。依据实验数据，在基因组 DNA 序列、DNA 结构水平研究核小体定位，结合机器学习方法等，发展多信息融合算法，从而更加准确地预测核小体在 DNA 分子上的位置，是解决这一问题的可行途径。今后该领域的研究会集中于以下几个方面：

(1) 各类真核生物核小体定位的精确实验图谱的确定；

(2) 发展基于基因组序列、DNA 结构，融合多种信息的核小体定位（包括平移定位和旋转定位）的理论预测方法；

(3) 核小体定位及变化与基因表达调控关系的实验研究；

(4) 建立核小体定位及变化与基因表达调控关系理论模型。

参 考 文 献

ABBOTT D W, IVANOVA V S, WANG X, et al. 2001. Characterization of the stability and folding of H2A. Z chromatin particles: implications for transcriptional activation [J]. J. Biol. Chem., 276: 41945-41949.

AHEL D, HOREJSI Z, WIECHENS N, et al. 2009. Poly (ADP-ribose) -dependent regulation of DNA repair by the chromatin remodeling enzyme ALC1 [J]. Science, 325: 1240-1243.

AKAN P, DELOUKAS P. 2008. DNA sequence and structural properties as predictors of human and mouse promoters [J]. Gene, 410 (1-2): 165-176.

ALBERT I, MAVRICH T N, Tomsho L P, et al. 2007. Translational and rotational settings of H2A. Z nucleosomes across the *Saccharomyces cerevisiae* genome [J]. Nature, 446: 572-576.

ANDERSON J D, LOWARY P T, WIDOM J. 2001. Effects of histone acetylation on the equilibrium accessibility of nucleosomal DNA target sites [J]. J. Mol. Biol., 307: 977-985.

ANDERSSON R, ENROTH S, RADA-IGLESIAS A, et al. 2009. Nucleosomes are well positioned in exons and carry characteristic histone modifications [J]. Genome Res., 19: 1732-1741.

ARYA G, SCHLICK T. 2009. A tale of tails: how histone tails mediate chromatin compaction in different salt and linker histone environments [J]. J. Phys. Chem. A, 113: 4045-4059.

BALDI P, BRUNAK S, CHAUVIN Y, et al. 1996. Naturally occurring nucleosome positioning signals in human exons and introns [J]. J. Mol. Biol., 263: 503-510.

BAO Y, SHEN X. 2007. Chromatin remodeling in DNA double-strand break repair [J]. Curr. Opin. Genet. Dev., 17: 126-131.

BAO Y, WHITE C L, LUGER K. 2006. Nucleosome core particles containing a poly (dA: dT) sequence element exhibit a locally distorted DNA structure [J]. J. Mol. Biol., 361: 617-624.

BARSKI A, CUDDAPAH S, CUI K, et al. 2007. High resolution profiling of histone methylations in the human genome [J]. Cell, 129: 823-837.

BERNSTEIN B E, LIU C L, HUMPHREY E L. et al. 2004. Global nucleosome occupancy in yeast [J]. Genome Biology, 5: R62.

BERTIN A, LEFORESTIER A, DURAND D, et al. 2004. Role of histone tails in the conformation and interactions of nucleosome core particles [J]. Biochemistry, 43: 4773-4780.

BETTECKEN T, TRIFONOV E N. 2009. Repertoires of the Nucleosome-Positioning Dinucleotides [J]. PLoS ONE 4 (11): e7654.

CAO H, WIDLUND, H R, SIMONSSON T, et al. 1998. TGGA repeats impair nucleosome formation [J]. J. Mol. Biol., 281: 253-260.

CHEN K F, MENG Q S, LIU Q Y, et al. 2008. DNA sequence periodicity decodes nucleosome positioning [J]. Nucleic Acids Res., 36: 6228-6236.

CHODAPARAMBIL J V, BARBERA A J, LU X, et al. 2007. A charged and contoured surface on the nucleosome regulates chromatin compaction [J]. Nat. Struct. Mol. Biol., 14: 1105-1107.

CLAPIER C R, CAIRNS B R. 2009. The biology of chromatin remodeling complexes [J]. Annu. Rev. Biochem., 78: 273-304.

CLARK D J. 2010. Nucleosome positioning, nucleosome spacing and the nucleosome code [J]. J. Biomol. Struct. Dyn., 27: 781-793.

DORIGO B, SCHALCH T, KULANGARA A, et al. 2004. Nucleosome arrays reveal the two-start organization of the chromatin fiber [J]. Science, 306: 1571-1573.

DREW H R, TRAVERS A A. 1985. DNA bending and its relation to nucleosome positioning. J. Mol. Biol., 186: 773-790.

DURANT M, PUGH B F. 2007. NuA4-directed chromatin transactions throughout the *Saccharomyces cerevisiae* genome [J]. Mol. Cell Biol., 27: 5327-5335.

DURRIN L K, MANN R K, GRUNSTEIN M. 1992. Nucleosome loss activates CUP1 and HIS3 promoters to fully induced levels in the *Saccharomyces cerevisiae* [J]. Mol. Cell. Biol., 12: 1621-1629.

EATON M L, GALANI K, KANG S, et al. 2010. Conserved nucleosome positioning defines replication origins [J]. Genes & Development, 24: 748-753.

FAN J Y, GORDO F, LUGER K, et al. 2002. The essential histone variant H2A. Z regulates the equilibrium between different chromatin conformational states [J]. Nat. Struct. Biol., 9: 172-176.

FAN X C, MOQTADERI Z, JIN Y, et al. 2010. Nucleosome depletion at yeast terminators is not intrinsic and can occur by a transcriptional mechanism linked to 3-end formation [J]. Proc. Natl. Acad. Sci., U.S.A. 107: 17945-17950.

FIELD Y, KAPLAN N, FONDUFE-MITTENDORF Y, et al. 2008. Distinct modes of regulation by chromatin encoded through nucleosome positioning signals [J]. PLoS Comput. Biol., 4 (11): e1000216.

FIELD Y, FONDUFE-MITTENDORF Y, MOORE I K, et al. 2009. Gene expression divergence in yeast is coupled to evolution of DNA-encoded nucleosome organization [J]. Nature Genetics, 41: 438-445.

FRENKEL Z M, BETTECKEN T, TRIFONOV E N. 2011. Nucleosome DNA sequence structure of isochors [J]. BMC Genomics, 12: 203.

FYODOROV D V, KADONAGA J T. 2002. Dynamics of ATP-dependent chromatin assembly by ACF [J]. Nature, 418: 897-900.

GABDANK I, BARASH D, TRIFONOV E N. 2009. Nucleosome DNA Bendability Matrix (*C. elegans*) [J]. Journal of Biomolecular Structure & Dynamics, 26 (4): 403-411.

GOH W S, ORLOV Y, LI J, et al. 2010. Blurring of highresolution data shows that the effect of intrinsic nucleosome occupancy on transcription factor binding is mostly regional, not local [J]. PLoS Comput. Biol., 6: e1000649.

GUILLEMETTE B, BATAILLE A R, GEVRY N, et al. 2005. Variant histone H2A. Z is globally localized to the promoters of inactive yeast genes and regulates nucleosome positioning [J]. PLoS Biol., 3: e384.

GUPTA S, DENNIS J, THURMAN R E, et al. 2008. Predicting human nucleosome occupancy from primary sequence [J]. PLoS Comput. Biol., 4: 1-11.

HAN M, GRUNSTEIN M. 1988. Nucleosome loss activates yeast downstream promoters *in vivo* [J]. Cell, 55: 1137-1145.

HAN M, KIM U J, KAYNE P, et al. 1988. Depletion of histone H4 and nucleosomes activates the PHO5 gene in *Saccharomyces cerevisiae* [J]. EMBO J., 7: 2221-2228.

HEINTZMAN N D, STUART R K, HON G, et al. 2007. Distinct and predictive chromatin signatures of transcriptional promoters and enhancers in the human genome [J]. Nat. Genet., 39: 311-318.

HIRSCHHORN J N, BROWN S A, CLARK C D, et al. 1992. Evidence that SNF2/SWI2 and SNF5 activate transcription in yeast by altering chromatin structure [J]. Genes Dev., 6: 2288-2298.

HODGES C, BINTU L, LUBKOWSKA L, et al. 2009. Nucleosomal fluctuations govern the transcription dynamics of RNA polymerase II [J]. Science, 325: 626-628.

IOSHIKHES I P, ALBERT I, ZANTON S J, et al. 2006. Nucleosome positions predicted through comparative genomics [J]. Nat. Genet., 38: 1210-1215.

IOSHIKHES I, BOLSHOY A, DERENSHTEYN K, et al. 1996. Nucleosome DNA sequence pattern revealed by multiple alignment of experimentally mapped sequences [J]. J. Mol. Biol., 262: 129-139.

IYER V, STRUHL K. 1995. Poly (dA: dT), a ubiquitous promoter element that stimulates transcription via its intrinsic DNA structure [J]. EMBO J., 14: 2570-2579.

JIANG C Z, PUGH B F. 2009. A compiled and systematic reference map of nucleosome positions across the *Saccharomyces cerevisiae* genome [J]. Genome Biol., 10: R109.

JOHNSON S M, TAN F J, MCCULLOUGH H L, et al. 2006. Flexibility and constraint in the nucleosome core landscape of *Caenorhabditis elegans* chromatin [J]. Genome Res., 16: 1505-1516.

KAMAKAKA R T, BIGGINS S. 2005. Histone variants: deviants? [J]. Genes Dev., 19: 295-310.

KAPLAN N, MOORE I K, FONDUFE-MITTENDORF Y, et al. 2008. The DNA-encoded nucleosome organization of a eukaryotic genome [J]. Nature, 458: 362-366.

KAPLAN N, MOORE I K, FONDUFE-MITTENDORF Y, et al. 2010. Nucleosome sequence preferences influence in vivo nucleosome organization [J]. Nat. Struct. Mol. Biol., 17: 918-920.

KIYAMA R, TRIFONOV E N. 2002. What positions nucleosomes? —A model [J]. FEBS Lett., 523: 7-11.

KOERBER R T, RHEE H S, JIANG C Z, et al. 2009. Interaction of transcriptional regulators with specific nucleosomes across the *Saccharomyces* genome [J]. Mol. Cell, 35: 889-902.

KORNBERG R D. 1974. Chromatin structure: a repeating unit of histones and DNA [J]. Science, 184: 868-871.

KORNBERG R D, STRYER L. 1988. Statistical distributions of nucleosomes: nonrandom locations by a stochastic mechanism [J]. Nucleic Acids Res., 16: 6677-6690.

KORNBERG R D, NOLL M. 1977. Action of micrococcal nuclease on chromatin and the location of histone H1 [J]. J. Mol. Biol., 109: 393-405.

KORNBERG R D, LORCH Y. 1999. Twenty-five years of the nucleosome, fundamental particle of the eukaryote chromosome [J]. Cell, 98: 285-294.

KOUZARIDES T. 2007. Chromatin modifications and their function [J]. Cell, 128: 693-705.

LAM F H, STEGER D J, O'SHEA E K. 2008. Chromatin decouples promoter threshold from dynamic range [J]. Nature, 453: 246-250.

LAVERY R, ZAKRZEWSKA K, BEVERIDGE D, et al. 2009. A systematic molecular dynamics study of nearestneighbor effects on base pair and base pair step conformations and fluctuations in B-DNA [J]. Nucleic Acids Research, 38 (1): 299-313.

LEE C K, SHIBATA Y, RAO B, et al. 2004. Evidence for nucleosome depletion at active regulatory regions genome-wide [J]. Nat. Genet., 36: 900-905.

LEE W, TILLO D, BRAY N, et al. 2007. A high-resolution atlas of nucleosome occupancy in yeast [J]. Nat. Genet., 39: 1235-1244.

LEVITSKY V G, PONOMARENKO M P, PONOMARENKO J V, et al. 1999. Nucleosomal DNA property database [J]. Bioinformatics, 15: 582-592.

LI B, PATTENDEN S G, LEE D, et al. 2005. Preferential occupancy of histone variant H2A · Z at inactive promoters influences local histone modifications and chromatin remodeling [J]. Proc. Natl. Acad. Sci., U. S. A. 102: 18385-18390.

LIPFORD J R, BELL S P. 2001. Nucleosomes positioned by ORC facilitate the initiation of DNA replication [J]. Molecular Cell, 7: 21-30.

LIU H D, WU J S, XIE J M, et al. 2008. Characteristics of nucleosome core DNA and their applications in predicting nucleosome positions [J]. Biophysical Journal. 94: 1-8.

LOWARY P T, WIDOM J. 1998. New DNA sequence rules for high affinity binding to histone octamer and sequence-directed nucleosome positioning [J]. J. Mol. Biol., 276: 19-42.

LU X, SIMON M D, CHODAPARAMBIL J V, et al. 2008. The effect of H3K79 dimethylation and H4K20 trimethylation on nucleosome and chromatin structure [J]. Nat. Struct. Mol. Biol., 15: 1122-1124.

LUBLINER S, SEGAL E. 2009. Modeling interactions between adjacent nucleosomes improves genome-wide predictions of nucleosome occupancy [J]. Bioinformatics, 25: i348-i355.

LUGER K, HANSEN J C. 2005. Nucleosome and chromatin fiber dynamics [J]. Curr. Opin. Struct. Biol., 15: 188-196.

MARTINEZ-CAMPA C, POLITIS P, MOREAU J L, et al. 2004. Precise nucleosome positioning and the TATA box dictate requirements for the histone H4 tail and the bromodomain factor Bdf1 [J]. Mol. Cell, 15: 69-81.

MAVRICH T N, IOSHIKHES I P, VENTERS B J, et al. 2008 (a). A barrier nucleosome model for statistical positioning of nucleosomes throughout the yeast genome [J]. Genome Res, 18: 1073-1083.

MAVRICH T N, JIANG C, IOSHIKHES I P, et al. 2008 (b). Nucleosome organization in the *Drosophila* genome [J]. Nature, 453: 358-362.

MCGHEE J D, FELSENFELD G, EISENBERG H. 1980. Nucleosome structure and conformational changes [J]. Biophys. J., 32: 261-270.

MIELE V, VAILLANT C, D'AUBENTON-CARAFA Y, et al. 2008. DNA physical properties determine nucleosome occupancy from yeast to fly [J]. Nucleic Acids Res., 36: 3746-3756.

MILANIA P, CHEVEREAUA G, VAILLANTA C. 2009. Nucleosome positioning by genomicexcluding-energy barriers [J]. Proc. Nat. Acad. Sci. USA., 106 (52): 22257-22262.

MILLAR C B, XU F, ZHANG K, et al. 2006. Acetylation of H2A · Z Lys 14 is associated with genome-wide gene activity in yeast [J]. Genes Dev., 20: 711-722.

MOROZOV A V, GAYKALOVA D A, SIGGIA E D, et al. 2009. Using DNA mechanics to predict *in vitro* nucleosome positions and formation energies [J]. Nucleic Acids Res., 37: 4707-4722.

OZSOLAK F, SONG J S, LIU X S, et al. 2007. High-throughput mapping of the chromatin structure of human promoters [J]. Nat. Biotechnol., 25: 244-248.

PECKHAM H E, THURMAN R E, FU Y, et al. 2007. Nucleosome positioning signals in genomic DNA [J]. Genome Res., 17: 1170-1177.

POKHOLOK D K, HARBISON C T, LEVINE S, et al. 2005. Genome-wide map of nucleosome acetylation and methylation in yeast [J]. Cell, 122: 517-527.

POLACH K J, LOWARY P T, WIDOM J. 2000. Effects of core histone tail domains on the equilibrium constants for dynamic DNA site accessibility in nucleosomes [J]. J. Mol. Biol., 298: 211-223.

PUGH B F. 2010. A preoccupied position on nucleosomes [J]. Nat. Struct. Mol. Biol., 17: 923.

RAISNER R M, HARTLEY P D, MENEGHINI M D, et al. 2005. Histone variant H2A. Z marks the 59 ends of both active and inactive genes in euchromatin [J]. Cell, 123: 233-248.

RANDO O J. 2010. Genome-wide mapping of nucleosomes in yeast [J]. Methods Enzymol, 470: 105-118.

RAPOPORT A E, FRENKEL Z M, TRIFONOV E N. 2011. Nucleosome positioning pattern derived from oligonucleotide compositions of genomic sequences [J]. J. Biomol. Struct. Dyn., 28: 567-574.

RICHMOND T J, DAVEY C A. 2003. The structure of DNA in the nucleosome core [J]. Nature, 423: 145-150.

RIPPE K, SCHRADER A, RIEDE P, et al. 2007. DNA sequence- and conformation-directed positioning of nucleosomes by chromatin-remodeling complexes [J]. Proc. Natl. Acad. Sci. U. S. A., 104: 15635-15640.

RUSCIO J Z, ONUFRIEVY A. 2006. A computational study of nucleosomal DNA flexibility [J]. Biophysical Journal, 91: 4121-4132.

SANTISTEBAN M S, KALASHNIKOVA T, SMITH M M. 2000. Histone H2A. Z regulats transcription and is partially redundant with nucleosome remodeling complexes [J]. Cell, 103: 411-422.

SARMA K, REINBERG D. 2005. Histone variants meet their match [J]. Nat. Rev. Mol. Cell Biol., 6: 139-149.

SATCHWELL S C, DREW H R, TRAVERS A A. 1986. Sequence periodicities in chicken nucleosome core DNA [J]. J. Mol. Biol., 191: 659-675.

SCHALCH T, DUDA S, SARGENT D F, et al. 2005. X-ray structure of a tetranucleosome and its implications for the chromatin filbre [J]. Nature, 436: 138-141.

SCHONES D E, CUI K, CUDDAPAH S, et al. 2008. Dynamic regulation of nucleosome positioning in the human genome [J]. Cell, 132 (5): 887-898.

SCHWABISH M A, STRUHL K. 2004. Evidence for eviction and rapid deposition of histones upon transcriptional elongation by RNA polymerase II [J]. Mol. Cell. Biol., 24: 10111-10117.

SCIPIONI A, MOROSETTI S, DE SANTIS P. 2009. A statistical thermodynamic approach for predicting the sequence-dependent nucleosome positioning along genomes [J]. Biopolymers, 91: 1143-1153.

SEGAL E, WIDOM J. 2009. Poly (dA: dT) tracts: major determinants of nucleosome organization [J]. Current Opinion in Structural Biology, 19: 65-71.

SEGAL E, FONDUFE-MITTENDORF Y, CHEN L, et al. 2006. A genomic code for nucleosome positioning [J]. Nature, 442: 772-778.

SEKINGER E A, MOQTADERI Z, STRUHL K. 2005. Intrinsic histone-DNA interactions and low nucleosome density are important for preferential accessibility of promoter regions in yeast [J]. Mol. Cell, 18: 735-748.

SHIVASWAMY S, BHINGE A, ZHAO Y, et al. 2008. Dynamic remodeling of individual nucleosomes across a eukaryotic genome in response to transcriptional perturbation [J]. PLoS Biol., 6: e65.

SHOGREN-KNAAK M A, PETERSON C L, et al. 2006. Histone H4K16 acetylation controls chromatin structure and protein interactions [J]. Science, 311: 844-847.

SIMPSON R T. 1990. Nucleosome positioning can affect the function of a cis-acting DNA element *in vivo* [J]. Nature, 343 (25): 387-389.

STEIN A, BINA M. 1999. A signal encoded in vertebrate DNA that influences nucleosome positioning and alignment [J]. Nucleic Acids Res., 27: 848-853.

STEIN A, TAKASUKA T E, COLLINGS C K. 2009. Are nucleosome positions in vivo primarily determined by histone-DNA sequence preferences? [J]. Nucleic Acids Res., 38: 709-719.

STUDITSKY V M, CLARK D J, FELSENFELD G. 1994. A histone octamer can step around a transcribing polymerase without leaving the template [J]. Cell, 76: 371-382.

STUDITSKY V M, KASSAVETIS G A, GEIDUSCHEK E P, et al. 1997. Mechanism of transcription through the nucleosome by eukaryotic RNA polymerase [J]. Science, 278: 1960-1963.

TEIF V B, RIPPE K. 2009. Predicting nucleosome positions on the DNA: combining intrinsic sequence preferences and remodeler activities [J]. Nucleic Acids Res., 37: 5641-5655.

THASTROM A, BINGHAM L M, WIDOM J. 2004. Nucleosomal locations of dominant DNA sequence motifs for histone-DNA interactions and nucleosome positioning [J]. J. Mol. Biol., 338: 695-709.

THOMA F, BERGMAN L W, SIMPSON R T. 1984. Nuclease digestion of circular TRP1ARS1 chromatin reveals positioned nucleosomes separated by nuclease-sensitive regions [J]. J. Mol. Biol., 177: 715-733.

TILLO D, HUGHES T R. 2009. G-C content dominates intrinsic nucleosome occupancy [J]. BMC Bioinformatics, 10: 442.

TOLSTORUKOV M Y, COLASANTI A V, MCCANDLISH D M, et al. 2007. A novel roll-and-slide mechanism of DNA folding in chromatin: implications for nucleosome positioning [J]. J. Mol. Biol., 371: 725-738.

TRIFONOV E N. 2010. Base pair stacking in nucleosome DNA and bendability sequence pattern [J]. Journal of Theoretical Biology, 263: 337-339.

TRIFONOV E N. 1980. Sequence-dependent deformational anisotropy of chromatin DNA [J]. Nucleic Acids Res., 8: 4041-4053.

TRIFONOV E N, SUSSMAN J L. 1980. The pitch of chromatin DNA is reflected in its nucleotide sequence [J]. Proc. Natl. Acad. Sci. U. S. A., 77: 3816-3820.

TRIFONOV E N. 1997. Genetic level of DNA sequences is determined by superposition of many codes [J]. Mol. Biol. (Mosk), 31: 759-767.

TSAI L, LUO L F. 2000. A statistical mechanical model for predicting B-DNA curvature and flexibility [J]. J. Theor. Biol., 207: 177-194.

TSAI L, SUN Z R. 2001. The dynamic flexibility in *Escherichia coli* genome [J]. FEBS Letters, 507 (2): 225-230.

TSAI L, LUO L F, SUN Z R. 2002. Sequence-dependent flexibility in promoter sequences [J]. J. Biomolec. Struc. Dynam., 20 (1): 127-134.

VAILLANT C, AUDIT B, ARNEODO A. 2007. Experiments confirm the influence of genome long-range correlations on nucleosome positioning [J]. Phys. Rev. Lett., 99: 218-303.

VALOUEV A, ICHIKAWA J, TONTHAT T, et al. 2008. A high-resolution, nucleosome position map of *C. elegans* reveals a lack of universal sequence-dictated positioning [J]. Genome Res., 18: 1051-1063.

VENTERS B J, PUGH B F. 2009. A canonical promoter organization of the transcription machinery and its regulators in the *Saccharomyces* genome [J]. Genome Res., 19: 360-371.

WANG Y H, AMIRHAERI S, KANG S, et al. 1994. Preferential nucleosome assembly at DNA triplet repeats from the myotonic dystrophy gene [J]. Science, 265: 669-671.

WEINER A, HUGHES A, YASSOUR M, et al. 2010. High-resolution nucleosome mapping reveals transcription-dependent promoter packaging [J]. Genome Res., 20: 90-100.

WEINTRAUB. 1978. The nucleosome repeat length increases during erythropoiesis in the chick [J]. Nucleic Acids Res., 5: 1179-1188.

WIDLUND H R, VITOLO J M, THIRIET C, et al. 2000. DNA sequence-dependent contributions of core histone tails to nucleosome stability: differential effects of acetylation and proteolytic tail removal [J]. Biochemistry, 39: 3835-3841.

WIDLUND H R, KUDUVALLI P N, BENGTSSON M, et al. 1999. Nucleosome structural features and intrinsic properties of the TATAAACGCC repeat sequence [J]. J. Biol. Chem., 274: 31847-31852.

WIDOM J. 2001. A genomic code for role of DNA sequence in nucleosome stability and dynamics [J]. Q. Rev. Biophys., 34: 269-324.

WONG B, CHEN S, KWON J A, et al. 2007. Characterization of Z-DNA as a nucleosomeboundary element in *Saccharomyces cerevisiae* [J]. Proc. Natl. Acad. Sci. USA, 104: 2229-2234.

WORNING P, JENSEN L J, NELSON K E, et al. 2000. Structural analysis of DNA sequence: evidence for lateral gene transfer in Thermotoga maritima [J]. Nucleic Acids Res., 28: 706-709.

WYRICK J J, APARICIO J G, CHEN T, et al. 2001. Genome-wide distribution of ORC and MCM proteins in S. cerevisiae: high-resolution mapping of replication origins [J]. Science, 294: 2357-2360.

WYRICK J J, HOLSTEGE F C, JENNINGS E G, et al. 1999. Chromosomal landscape of nucleosome-dependent gene expression and silencing in yeast [J]. Nature, 402: 418-421.

XING Y Q, ZHAO X J AND CAI L. 2011. Prediction of nucleosome occupancy in *Saccharomyces cerevisiae* using position-correlation scoring function [J]. Genomics, 2011 (98): 359-366.

YANG J G, MADRID T S, SEVASTOPOULOS E, et al. 2006. The chromatin-remodeling enzyme ACF is an ATP-dependent DNA length sensor that regulates nucleosome spacing [J]. Nat. Struct. Mol. Biol., 13: 1078-1083.

YIN S Y, DENG W J, HU L D, et al. 2009. The impact of nucleosome positioning on the organization of replication origins in eukaryotes [J]. Biochem. Biophys. Res. Commun., 385: 363-368.

YUAN G C, LIU J S. 2008. Genomic sequence is highly predictive of local nucleosome depletion [J]. PLoS Comput. Biol., 4 (1): e13.

YUAN G C, LIU Y J, DION M F, et al. 2005. Genome-scale identification of nucleosome positions in S. cerevisiae [J]. Science, 309: 626-630.

ZHANG L R, LUO L F. 2003. Splice site prediction with quadratic discriminant analysis using diversity measure [J]. Nucleic Acids Res., 31 (21): 6214-6220.

ZHANG Y, SHIN H J, SONG J S, et al. 2008. Identifying positioned nucleosomes with epigenetic marks in human from ChIP-Seq [J]. BMC Genomics, 9: 537-548.

ZHANG H, ROBERTS D N, CAIRNS B R. 2005. Genome-wide dynamics of Htz1, a histone H2A variant that poises repressed/basal promoters for activation through histone loss [J]. Cell, 123: 219-231.

ZHANG Y, MOQTADERI Z, RATTNER B P, et al. 2009. Intrinsic histone-DNA interactions are not the major determinant of nucleosome positions *in vivo* [J]. Nat. Struct. Mol. Biol., 16: 847-852.

ZHANG Y, MOQTADERI Z, RATTNER B P, et al. 2010. Evidence against a genomic code for nucleosome positioning: reply to "Nucleosome sequence preferences influence *in vivo* nucleosome organization [J]." Nat. Struct. Mol. Biol., 17: 920-923.

ZHAO X J, PEI Z Y, LIU J, et al. 2010. Prediction of nucleosome DNA formation potential and nucleosome positioning using Increment of diversity combined with quadratic discriminant analysis [J]. Chromosome Res., 18: 777-785.

第3章　染色质重塑

3.1　染色质重塑概述

一般意义上的遗传学指基于 DNA 序列改变导致基因表达水平的变化，如基因突变、基因杂合丢失和微卫星不稳定等；表观遗传学则指非 DNA 序列改变所致基因表达水平的变化。这种改变是细胞内除了遗传信息以外的其他可遗传物质发生的改变，即基因型未发生变化而表型却发生了改变，且这种改变在发育和细胞增殖过程中能稳定传递。表观遗传学研究主要包括染色质重塑、组蛋白修饰、DNA 甲基化、X 染色体失活，非编码 RNA 调控等，任何一方面的异常都将影响染色质结构和基因表达，导致复杂综合征、多因素疾病以及癌症的发生。

前面两章已经对染色质及核小体结构作了介绍，真核细胞内线性的 DNA 链必须以染色质形式包装在空间非常狭小的细胞核内，如人类细胞内约 2m 长的 DNA 链必须被压缩在直径为 5～20μm 的细胞核内（Jansen et al, 2011；Felsenfeld et al, 2003）。染色质的结构改变与基因的转录、DNA 复制、DNA 修复、DNA 重组、基因表达等基本生物学过程紧密相关。引起染色质动态变化的主要因素包括 ATP 依赖的染色质重塑以及不依赖于 ATP 水解的 DNA 甲基化、组蛋白修饰、染色质构象变化等（Crusselle-Davis et al, 2010）。

为保证染色质内的 DNA 与蛋白质的动态结合，细胞内进化产生了一系列特定的染色质重塑复合物（亦称重塑子）。重塑子（remodeler）利用水解 ATP 的能量通过滑动、重建、移除核小体等方式改变组蛋白与 DNA 的结合状态，使蛋白质因子易于接近目标 DNA。依据重塑子包含的 ATP 酶中催化亚基的结构域的不同，目前发现的重塑子可分为 SWI/SNF、ISWI、CHD、INO80 四大家族（表3-1）。每类重塑子都具有独特的亚基组成和各自特异的 ATP 酶亚基，ATP 酶亚基中的核心结构域称为 ATP 酶结构域。ATP 酶结构域包含 7 个具有解旋酶（helicase）特征的模体（Bouazoune et al, 2006），因此所有的染色质重塑酶都属于 SF2 家族（helicase superfamily 2）。重塑子可以利用 ATP 水解的能量去改变组蛋白与 DNA 的接触且享有一些相似的 ATP 酶结构域（彩图 1）。所有的重塑子都具有如下特性：①与核小体高度亲和，甚至强于 DNA 序列与组蛋白的亲和性；②拥有识别共价组蛋白修饰的结构域；③拥有相似的依赖于 DNA 的 ATP 酶结构域，该结构域能够破坏组蛋白与 DNA 的接触，也是染色质重塑过程所必需的元件；④拥有可以调控 ATP 酶结构域的蛋白质；⑤拥有可以与其他的染色质或转录因子相互作用的结构域或蛋白质（Clapier et al, 2009）。此外每类重塑子还包含各自独特的 ATP 酶结构域（彩图 1）。所有重塑子家族都包含 SWI2/SNF2-family ATP 酶亚基，该亚基由 DExx（红色）和 HELICc（橙色）两部分组成。各家族由独特的 ATP 酶结构域以及不同的侧翼结构域进一步区分。SWI/SNF，ISWI，以及 CHD 重塑家族的 ATP 酶结构域都包含一个独特的短的插入部分（灰色），而 INO80 家族则包含一个长的插入部分（黄色）。Bromo（浅绿色）和 HAS（深绿色）结构域为 SWI/SNF 家族所特有，SANT-SLIDE 结构域（蓝色）为 ISWI 家族特有，Tandem chromo（洋红色）结构域是 CHD 家族的特征，INO80 家族包含 HAS 结构域（深绿色）。

表 3-1　重塑子组成及直系同源亚基（引自 Clapier et al, 2007）

家族和组分		酵母		果蝇		人类	
	复合物	SWI/SNF	RSC	BAP	PBAP	BAF	PBAF
	ATP 酶	Swi2/Snf2	Sth1	BRM/Brahma		BRM or BRG1	BRG1
SWI/SNF	非催化同源亚基	Swi1/Adr6		OSA/eyelid		BAF250/OSA1	
					Polybromo		BAF180
					BAP170		BAF200
		Swi3	Rsc8/Swh3	MOR/BAP155		BAF155, BAF170	
		Swp73	Rsc6	BAP60		BAF60a or b or c	
		Snf5	Sth1	SNR1/BAP45		SNF5/BAF47/INI1	
				BAP111/dalao		BAF57	
		Arp7, Arp9		BAP55 or BAP47		BAP53a or b	
				Actin		β-actin	
	特有亚基	a	b				
ISWI	复合物	ISW1a	ISW1b	ISW2	NURF	CHRAC	ACF	NURF	CHRAC	ACF
	ATP 酶	ISW1		ISW2	ISW1			SNF2L	SNF2H	
	非催化同源亚基		Itc1		NURF301	ACF1		BPTF	ACF/WCRF180	
						CHRAC16			CHRAC17	
						CHRAC14			CHRAC15	
					NURF55/p55			RbAp46 or 48		
	特有亚基	Ioc3	Ioc2, Ioc4		NURF38					
CHD	复合物	CHD1		CHD1	Mi-2/NuRD		CHD1	NuRD		
	ATP 酶	Chd1		Chd1	Mi-2		Chd1	Mi-2α/Chd3		
								Mi-2β/Ch4		
	非催化同源亚基				MBD2/3			MBD3		
					MTA			MTA1, 2, 3		
					RPD3			HDAC1, 2		
					P55			RbAp46 or 48		
					P66/68			P66α, β		
	特有亚基							Doc-1?		
INO80	复合物	INO80	SWR1	Pho-INO80	Tip60	INO80	SRCAP	TRRAP/Tip60
	ATP 酶	Ino80	Swr1	Ino80	Domino	Ino80	SRCAP	P400
	非催化同源亚基	Rvb1, 2		Reptin, Pontin		RUVBL1, 2/Tip49a, b		
		Arp5, 8	Arp6	Arp5, 8	BAP55	BAF53a		
		Arp4, Actin1	Actin1		Actin87E	Arp5, 8	Arp6	Actin
		Taf14	Yaf9		GAS41	G		AS41
		Ies2, 6				Ies2, 6		
			Swc4/Eaf2		DMAP1			DMAP1
			Swc2/Vps72		YL-1			YL-1
			Bdf1		Brd8			Brd8/TRC/p120
			H2AZ, H2B		H2AV, H2B			H2AZ, H2B
			Swc6/Vps71					ZnF-HIT1
					Tra1			TRRAP
					Tip60			Tip60
								MRG15
					MRG15			MRGX
					DEaf6			FLJ11730
					MRGBP			MRGBP
					E (Pc)			EPC1, EPC-like
					ING3			ING3
	特有亚基	Ies1, Ies3-5, Nhp10	Swc3, 5, 7		Pho			c

a：Swp82, Taf14, Snf6, Snf11, Rtt102.
b：Rsc1 or Rsc2, Rsc3-5, 7, 9, 10, 30, Htl1, Ldb7, Rtt102.
c：Amida, NFRKB, MCRS1, UCH37, FLJ90652, FLJ20309.

SWI/SNF 家族的 ATP 酶亚基 Brahma 包含 Bromo 结构域（Brahma related domain），而 ISWI 家族的 ATP 酶亚基 ISWI 则含有 SANT（SWI3，ADA2，N-CoR and TFⅢB）及 SLIDE 结构域（SANT-like ISWI domain）。CHD 家族的 ATP 酶亚基具有一个 Chromo 结构域（Chromatin organization modifier domain）和 PHD 指（plant homeodomain finger）。INO80 家族的 INO80/SWR1 ATP 酶及其相关酶的亚基具有一个分离的 ATP 酶结构域。这些独特的结构域反映了重塑子选择底物的特异性、作用机制的差别以及可能参与的不同生理过程。各种重塑复合物的功能差别可能由其基本的 ATP 酶亚基活性确定。各种染色质重塑子利用 ATP 的能量改变染色质的结构，显示出不同的现象，如改变组蛋白表面 DNA 超螺旋的构象、使 DNA 结合蛋白容易接近核小体 DNA 以及产生核小体结构的稳定变形等。在各种反应中，并非每种染色质重塑子都具有相同的活性，但都能诱导产生 ATP 依赖的核心组蛋白沿 DNA 的重新定位，称为滑动（sliding）。每种生物均含有多种染色质重塑子，每种重塑子家族由多个不同的复合物组成，这既表明染色质重塑复合物在进化上具有保守性，又显示出不同染色质重塑子在重塑染色质的过程中可能发挥不同的作用。此外，除 ATP 酶亚基作为水解 ATP 提供能量的动力亚基外，重塑复合物还包括许多其他亚基，在重塑染色质过程中也发挥着重要的辅助作用。每类重塑子要依据 ATP 酶亚基和辅助亚基的不同去完成不同的生物学功能（沈玥琲，2006）。

下面将对 4 类重塑子分别作简要介绍。

3.2 SWI/SNF 复合物

3.2.1 SWI/SNF 复合物的组成

染色质重塑子的发现首先从 SWI/SNF 复合物开始，SWI/SNF 是由 8～14 个蛋白质亚基组成的约 1.14MDa 的多亚基复合物（薛京伦，2006）。首先从酵母体内利用遗传筛查和生化净化技术纯化出编码 SWI/SNF 复合物组分的基因。第一个识别的基因是 Snf（Sucrose Nonfermenting），Snf 基因突变会导致酵母转化酶基因 SUC2 表达缺陷，而酵母利用 SUC2 的表达产物代谢蔗糖作为碳源。在葡萄糖含量高时，SUC2 的转录受抑制，在低葡萄糖时则高水平表达。突变使得在低葡萄糖时 SUC2 的表达降低。第二个识别的基因是 Swi（Mating Type Switching），Swi 基因突变会导致生殖类型转换基因 HO 表达缺陷（Sudarsanam et al，2000）。酵母含有 SWI/SNF 和 RSC（remodels the structure of chromatin）两种形式的 SWI/SNF 复合物（表 3-1）。在细胞内，RSC 的含量比 SWI/SNF 更丰富，并且 RSC 是细胞生长所必需的重塑因子，而 SWI/SNF 不是。SWI/SNF 和 RSC 已被证明有明显不同的、非重叠的作用。酵母 SWI/SNF 的 ATP 酶催化亚基是 Swi2 或 Snf2 蛋白，它在 RSC 的横向同源物是 Sth1 亚基。研究发现 RSC 分别以 Rsc1 或 Rsc2 的形式存在于两个功能截然不同的复合物内（Cairns et al，1999）。2004 年，Lee 等通过多维蛋白识别技术确认 Rtt102 为酵母 SWI/SNF 和 RSC 复合物的亚基（Lee et al，2004）。Rtt102 的缺失会造成与其他 SWI/SNF 亚基丢失类似的表型。Swi3 亚基有两个与核小体和 DNA 有亲和性的结构域 SWIRM 和 SANT。SWIRM 是一个分别在 Rsc8、Moria 和 Ada2 亚基内发现的约 85 个残基的保守结构域。Rsc8 和 Moria 分别是 Swi3 的间接和直接同源物，而 Ada2 是组蛋白乙酰转移酶复合物（HAT）和组蛋白去甲基化酶（LSD1/BHC110）的组成部分（Da et al，2006）。SWIRM 结构域在将 Swi3 组装成 SWI/SNF 时不可少，也是在体内维持 SWI/SNF 的活性所必需的。SWIRM 结构域与 DNA 和单核小体具有很强的结合亲和力。SANT 结构域存在于 ATP 依赖的染色质重塑复合物 RSC、

ISWI 和组蛋白修饰酶 Ada2、NcoR 内（Boyer et al, 2002），也存在于其他的一些抑制复合物中，如 MLL、SMRT 和 polycomb 的蛋白质的一些成员，并已被证明能够结合到组蛋白尾巴上（Boyer et al, 2004）。SANT 域包含约 50 个残基，结构上与 C-Myb DNA 结合域相关。它有 3 个包含大芳香残基的 α-螺旋结构。果蝇 ISWI 亚基的 SANT 结构域的结构和生化数据表明，SANT 域可能与组蛋白相结合（Grüne et al, 2003）。

在果蝇中 SWI/SNF 复合物的两种存在形式分别为 BAP（brahma associated proteins）和 PBAP（polybromo-associated BAP），二者都包含相同的催化亚基 BRM（brahma homologue），不同的是 BAP 包含 OSA 亚基而 PBAP 包含 Polybromo 和 BAP170 亚基（Clapier et al, 2009）。复合物 Brahma 的 C 端包含一个 bromo 结构域，该结构域常与乙酰化的组蛋白尾巴结合。组蛋白甲基化介导 Brahma 亚基与染色质的结合。借助 ASH1（absent, small, or homeotic-1）蛋白产生的甲基化可能会形成 Brahma 复合物的结合表面。已有基因方面的证据显示借助转录调控因子与 OSA 亚基相互作用募集的 Brahma 复合物可以调控翅膀 *Apterous* 靶基因和感觉器官发育阶段无刚毛鳞甲的表达（Milan et al, 2004），OSA 可能作为靶模块而发挥作用。

人类和果蝇、酵母的 SWI/SNF 复合物类似，SWI/SNF 家族也包括两种不同形式的复合物，即 BAF（BRG1/hBRM-associated Factors，也被称为 SWI/SNF-A）和 PBAF（polybromo-associated BAF，也被称为 SWI/SNF-B），BAF 与酵母的 SWI/SNF 复合物相似，而 PBAF 更像酵母的 RSC 复合物。BAF 复合物包含亚基 ARID1A（也被称为 BAF250A 或 SMARCF1 或 ARID1B），而 PBAF 包含亚基 BAF180（也被称为 PBRM1）。BAF 复合物以 BRM（brahma homologue，也被称为 SMARCA2）或 BRG1（BRM/SWI2-related gene 1，也被称为 SMARCA4）作为 ATP 酶催化亚基，而 PBAF 复合物仅包含 BRG1 亚基（图 3-1）。二者都包含与该复合物组装和催化活性相关的核心亚基 SNF5（也被称为 SMARCB1，或 INI1 或 BAF47）（Geng et al, 2001）。每一类复合物都包含 10～12 个 BAFs 作为辅助因子。尽管 SWI/SNF 复合物高度异质化，但大多数纯化的复合物都包含 BAF170、BAF155、BAF60、BAF57、BAF53、BAF47 辅助因子。在体外，最小的具有重塑活性的催化单位由 BRG1、BAF155、BAF170、BAF47 组成（Phelan et al, 1999）。这些复合物的功能特异性源于它们的附加组分，这些组分具有组织特异性，例如 HDACs、HMTs（histone methyl transferases，组蛋白甲基转移酶）（Wang, 2003）。

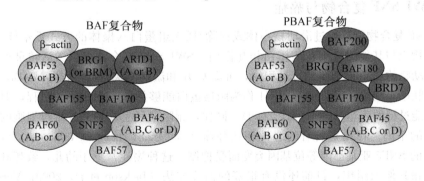

图 3-1 人类 SWI/SNF 复合物的组成（引自 Wilson et al, 2011）

3.2.2 SWI/SNF 复合物的结构域和功能

SWI/SNF 复合物的一些结构域已经被识别，它们具有 DNA 或组蛋白的结合活性，为了有效地重建核小体，它们将协助 SWI/SNF 与核小体结合。SWI/SNF 的 ATP 酶亚基包含一个 bromo

结构域，该结构域能够识别并与组蛋白尾巴的乙酰化赖氨酸相结合。PBAF 特异的亚基 BAF180 包含 6 个 bromo 结构域，被称作 Polybromo 结构域（poly bromodomain）（Goodwin et al, 2001）。BAF57 包含一个高迁移率族蛋白（High-mobility Group，HMG）结构域，该结构域可以接触 DNA 的小沟并引起 DNA 的明显弯曲（Wang et al, 1998）。BAF250 的 N 末端包含一个富含 AT 的结构域（N-terminal AT-rich interaction domain，ARID），它在直系同源的果蝇 OSA 亚基和酵母的 Swi1 亚基内也存在。另外，在酵母 RSC 复合物的 Rsc9 亚基和哺乳动物的 BAF170 亚基内也发现了 ARID 结构域。已有证据显示，ARID 结构域对于通过甾类激素受体启动的转录是必需的（Trotter et al, 2007）。ARID 有序列特异以及不依赖序列的双重 DNA 结合活性。该结构域形成一个偏好于结合富含 AT 的 DNA 序列的螺旋结构。在 Dead ringer 蛋白质内的 ARID 域已被证明有 DNA 序列结合特异性，而果蝇 OSA 亚基内的 ARID 结构域结合 DNA 时没有体现序列特异性（Kim et al, 2004）。酵母 Swi1 的 ARID 结构域不是一个典型的 ARID 家族成员，因为与 DNA 大沟相互作用的关键残基的变化造成它与 DNA 仅有较弱的结合亲和力。DNA 和组蛋白与亚基的结合可能同时完成，保证了 SWI/SNF 复合物与核小体紧密结合，促使染色质的高效重塑。

哺乳动物的 BAF 和 PBAF 执行着不同的生物学功能。*BRM* SWI/SNF 复合物催化蛋白基因敲除小鼠可以存活且细胞增殖方面有细微的变化，而 *BRG*1 SWI/SNF 复合物催化蛋白基因敲除小鼠出现胚胎致死现象。另外，具有单等位基因 *BRG*1 表达的动物易患肿瘤（Bultman et al, 2000）。这些不同可能源于 *BRM* 和 *BRG*1 基因不同的时空特异性表达。

多项研究表明 SWI/SNF 复合物的作用是广泛的（Vradii et al, 2006；Matsumoto et al, 2006；Inayoshi et al, 2006）。在哺乳动物中，它涉及许多发育过程，如肌肉、心脏、血液、骨骼、神经元、脂肪细胞、肝和免疫系统/T-cell 发育。酵母的 SWI/SNF 已被证明与同源重组（Homologous recombination，HR）的早期阶段相关，而 RSC 一种酵母 SWI/SNF 复合物则在链入侵阶段促进同源重组（Chai et al, 2005）。RSC 也与姐妹染色单体的融合和染色体分离相关。SWI/SNF 对可变剪接有影响，因为催化酶 BRM 已被证明借助 RNA 处理酶通过降低 RNA 聚合酶Ⅱ（PolⅡ）的延伸率去促进弱剪接位点的剪接（Batsche et al, 2006）。端粒沉默效应和 rRNA 基因的 RNA 聚合酶Ⅱ转录沉默也需要酵母 SWI/SNF 的参与（Dror et al, 2004）。

3.2.3 SWI/SNF 复合物与癌症

SWI/SNF 复合物能够通过滑动核小体或移除/插入组蛋白八聚体的方式重塑核小体的结构，然而该复合物也与其他许多染色质蛋白相互作用。SWI/SNF 复合物可以激活转录也可以抑制转录。在哺乳动物的 T 淋巴细胞发育过程中，沉默 CD4 和激活 CD8 的表达都需要 BRG1 和 BAF57 的参与。在胚胎干细胞（ES）中，BRG1 作为阻遏蛋白能够抑制分化相关的过程，但它也有利于核心的多潜能过程的表达（Ho et al, 2009）。同样，删除鼠科类动物的纤维母细胞的 *SNF5* 基因会激活更多的基因。在几乎所有的恶性杆状肿瘤（malignant rhabdoid tumours，RTs）内 SWI/SNF 复合物的 SNF5 亚基都因等位基因突变而受抑制。这种癌症常见于幼儿，致死肿瘤常出现在大脑、肾脏和其他软组织，目前还没有很好的治疗方法（Jackson et al, 2009；Versteege et al, 1998；Biegel et al, 1999）。最近的研究发现，肾脏细胞内 41% 的 *PBRM*1 基因（编码 BAF180 亚基的基因）发生突变，*PBRM*1 是继 *VHL* 基因之后的第二易突变基因。部分乳腺癌内亦发现了 BAF180 亚基突变的踪迹（Varela et al, 2011）。大多数人类癌症也存在 SWI/SNF 复合物的 ARID1A 亚基突变。ARID1A 突变是卵巢癌最重要的原因之一，50% 的卵巢透明细胞癌存在 ARID1A 突变，30% 的子宫内膜癌发生 ARID1A 突变。ARID1A 突变也经常发生在成神经管细胞瘤、幼儿恶性脑瘤、肺腺癌细胞内。可见 ARID1A 具有肿瘤抑制活性 (Jones et al, 2010)。15%～50%的人类非小细胞肺癌 (non-small-cell lung cancer, NSCLC) 样本的 BRG1 亚基未表达，35%的 NSCLC 细胞系存在 BRG1 突变。在这些细胞系中，BRG1 突变与 KRAS, LKB1 (也称为 STK11), NRAS, CDKN2A 和 TP53 突变共存，表明它们可能协同促使肿瘤的形成 (Medina et al, 2008)。尽管已有研究发现 SWI/SNF 复合物与癌症的发生相关联，但通过这些复合物突变致癌的基本机制仍不清楚。阐明这些基本机制将有助于理解重塑复合物在转录调控和癌症形成过程中的作用，也可能为发展癌症治疗新方法提供指导。

3.3 ISWI 复合物

3.3.1 ISWI 复合物的组成

染色质重塑复合物 ISWI 的 ATP 酶最早在果蝇胚胎提取物中被发现，该 ATP 酶与酵母的 Swi2/Snf2 酶具有序列同源性，因此被称作 ISWI (imitation of SWI) (Corona et al, 2004)。后来在酵母、人类、小鼠、非洲爪蟾及拟南芥中也发现了 ISWI 家族重塑复合物 (表 3-1)。ISWI 重塑复合物家族的特点是都以 ATP 酶 Iswi 作为催化核心，Iswi 由 N 端的 Swi2/Snf2 ATP 酶结构域、HAND, SANT (switching-defective protein 3 (SWI3), adaptor 2 (ADA2), nuclear receptor co-repressor (N-CoR), transcription factor Ⅲ B (TFⅢB))，SLIDE (SANT-Lilke ISWI) 和 AID (Acf1 interaction domain) 结构域组成，但缺乏 bromo 结构域 (Grune et al, 2003)。SANT 结构域首先在 N-CoR 内被发现，后来在许多染色质重塑复合物的亚基内证实了它的存在。SANT 结构域类似于 ADA HAT 复合物、转录共抑制核受体 N-COR 和转录因子 TFⅢB 的 DNA 结合域。生化分析证实 SANT 结构域主要结合未修饰的组蛋白尾，是连接组蛋白与催化酶的唯一组蛋白作用模块 (Boyer et al, 2004)。SANT 结构域可能负责 ISWI 复合物与 DNA 的非特异性结合且偏好结合包含 linker DNA 的核小体而不是核小体核心颗粒 (Langst et al, 1999)。SANT 和 SLIDE 结构域由一个高度保守的间隔螺旋连接。SLIDE 结构域能够介导复合物 ISWI 的 DNA 结合活性。SANT 或 SLIDE 结构域的删除不影响核小体的形成，而同时删除 SANT 和 SLIDE 结构域则不利于核小体的形成。ISWI 的 C 末端对核小体识别是至关重要的。SLIDE 结构域的删除很大程度上破坏了 ISWI 复合物的 ATP 酶活性。SANT 和 SLIDE 结构域共同构成能够结合未修饰的组蛋白尾和 DNA 的核小体识别模块。ISWI 家族复合物由 2～4 个亚基组成，相对分子质量相对较小 (3×10^5～8×10^5)，而相对分子质量较大的 SNF2, CHD 和 INO80 复合物包含 15 个以上亚基，相对分子质量约 2×10^6。唯一的大 ISWI 复合物是 ISWI-cohesin 复合物。

在酵母中有两个非常相近的 ISWI 蛋白：ISW1 和 ISW2，它们的基因 *ISW1* 和 *ISW2* 与果蝇的 *ISWI* 基因有很高的同源性。在细胞内，ISW1 形成两种截然不同的复合物：ISW1a (由 ISW1, Ioc3 组成) 和 ISW1b (由 ISW1、Ioc2 和 Ioc4 组成)。Ioc3 (imitation switch one complex 3) 没有发现明显的结构域组织，而 ISW1b 复合物的 Ioc2 和 Ioc4 分别含有 PHD 和 PWWP 结构域。ISW1a 拥有较强的核小体的间隔活性而 ISW1b 没有该活性。ISW2 与相对分子质量为 1.4×10^5 的 Itc1 蛋白相关，而 Itc1 与 ACF1 亚基拥有相同的 WAC, WAKZ, PHDfingers, DDT 结构域和 bromo 结构域。ISW2 还有两个额外的小亚基 Dpb4 和 Dls1，Dpb4 和 Dls1 具有组蛋白折叠结构域且分别于人类 CHRAC 复合物的 CHRAC 15/17 亚基和果蝇 CHRAC 复合物 CHRAC 14/16 亚基具有同源性。另外，ISW2 也具有核小体的间隔活性 (Gelbart et al, 2001)。除酵母中不存在 AID 结构域外，酵母的Isw1和Isw2与果蝇的ISWI复合物具有相同的结构域组织。这些相似性表明，ISW2能够看作酵母的CHRAC同系物，反映了不同物种间染色质重塑复合物广泛的组织和功能保守性。

果蝇的ISWI家族包含3类重塑复合物：NURF（nucleosome remodeling factor），ACF（ATP-utilizing chromatin assembly and remodeling factor），CHRAC（chromatin accessibility complex）。NURF是一个由BPTF/NURF301，ISWI，NURF55/p55和NURF38四个亚基组成的复合物。在研究hsp70热激启动子DNA序列与GAGA转录因子的作用时首次发现了NURF复合物（Tsukiyama et al，1995）。NURF复合物也能激活 *fushi tarazu* 基因。NURF复合物的ATP酶活性只能由核小体激活，而SWI/SNF复合物的ATP酶的活性由核小体和DNA都可以激活。NURF复合物可以引起ATP依赖的核心组蛋白相对DNA片段的顺式移动。NURF与组蛋白H4的N-末端尾巴相互作用，这种相互作用对于保证其ATPase活性和核小体的移动必不可少。丙氨酸扫描诱变显示，组蛋白H4的N-末端尾巴16-19（KRHR）位的残基对NURF移动核小体的过程非常重要（Hamiche et al，2001）。NURF复合物利用NURF的最大亚基NURF 301沿着DNA移动核小体去激活转录。核小体移动的方向是由转录因子Gal4调制。NURF已被证明在体外和体内都能激活转录。在幼虫向蛹蜕变时，NURF可能对X染色体形态和类固醇的信号有作用（Badenhorst et al，2005）。

CHRAC复合物由ISWI，ACF1和CHRAC 14及CHRAC 16四个亚基组成。保守亚基CHRAC 14和CHRAC 16具有组蛋白折叠结构域，在哺乳动物中的对应组分为CHRAC15和CHRAC17亚基，爪蟾中为CHRAC17亚基。在体外，人的CHRAC15和CHRAC17促进ACF1-ISWI的核小体滑动活性。CHRAC也能产生规则分布的核小体串。已证明小亚基CHRAC 14和CHRAC 16与果蝇早期发育相关（Corona et al，2000）。

ISWI在果蝇中形成的另一种多亚基复合物为仅由ACF1和ISWI亚基组成的ACF复合物，它参与组装核小体链，能够沿着DNA不断地形成组蛋白八聚体，催化核小体链形成适当的间隔，也可促进核小体与DNA结合蛋白的相互作用。亚基ACF1由WAC（WSTF，Acf1，cbp146p），WAKZ（WSTF，Acf1，KIAA0314，ZK783.4），DDT（DNA binding homeobox and different transcription factors），BAZ，两个PHD指（plant homeodomain finger），以及一个bromo结构域组成。在果蝇中，两个PHD指结构借助ACF增加了核小体移动效率（Eberharter et al，2004）。ACF介导染色质组装也需要组蛋白伴侣NAP1的参与。作为DNA伴侣，HMGB1蛋白（非组蛋白）通过限制DNA分子变形速率可以调控ACF的重塑活性。染色质组装过程中ACF也沿着DNA移动。ACF1在发育过程中起着重要作用，ACF1的无效突变在幼虫向蛹的转变过程中会产生致死现象（Fyodorov et al，2004）。生化实验表明，果蝇的ACF/CHRAC复合物是染色质正确组装所必需的，可显著压缩染色质并保持抑制性的染色质结构。缺乏ACF/CHRAC的细胞由于缺乏源于染色质的阻力而更迅速的通过S期。

人类等哺乳动物的ISWI家族也包含NURF、ACF、CHRAC三类重塑复合物。*SNF2H*和*SNF2L*（sucrose nonfermenting-2 homolog）基因编码两种相关的ISWI直系同源ATP酶亚基。尽管两个亚基具有同源性，但每个蛋白经进化后却执行明显不同的功能且在发育过程中具有不同的表达水平。在祖细胞内，SNF2H是ISWI复合物的主要ATP酶；在终末分化细胞，SNF2L蛋白高度表达。一般来说，SNF2H和SNF2L由2～4个亚基组成。SNF2H存在于6种不同复合物中，包括ACF/WCRF（Williams syndrome transctiption factor-related chromatin remodeling factor）、WICH（Williams syndrome transctiption factor-ISWI chromatin remodeling）、RSF（remodeling and spacing factor）、CHRAC、NURF及NoRC（nucleosome remodeling complex）。此外，SNF2H也

存在于由 cohesin 及 NuRD 复合物（CHD1 超家族的一员，含有 HDAC 的 Mi-2 类染色质重塑复合物）亚基组成的复合物中（Corona et al，2004）。包含 SNF2H 的复合物在复制过程中介导核小体组装和间隔。也有实验发现 SNF2H 与甲状腺调控相关（Alenghat et al，2006）。另外，包含 SNF2L 的复合物对最后分化时期的转录过程存在基因特异性影响。爪蟾卵母细胞中有 4 种不同的 ISWI 复合物，其中前两种与 ACF 和 CHRAC 复合物同源；第三种是 WICH 复合物，组成为 ISWI 和 Williams 综合征转录因子 WSTF（Williams syndrome transcription factor）；第四种复合物尚未确定，没有发现 NURF 的同源物。

3.3.2 ISWI 复合物的功能

ISWI 家族与其他 ATP 依赖的染色质重塑复合物之间具有明显的功能差别以及不同的作用靶点。大多数其他 ATP 依赖的染色质重塑复合物的主要功能是参与转录的激活与抑制，不同的染色质重塑复合物调控各自不同的基因，产生特定的生物学活性，但复合物的基本功能保持不变。数量巨大的亚基类型使得 ISWI 复合物可以靶向于所有可能的位点，可与转录所需的其他因子发生相互作用，包括组蛋白修饰复合物及基础转录机制。所有包含 ISWI 的复合物都具有移动核小体的能力（沈珣珣，2006）。

转录调控仅代表 ISWI 复合物一方面的功能。ISWI 复合物的许多功能不需要位点特异的靶向性：复制和染色质装配可以发生在基因组各处，可促进几乎所有基因的转录延伸，cohesin 结合可能仅需要最低的序列特异性要求，染色体结构的总体变化也不需要 ISWI 位点特异的寻靶作用。ISWI 复合物在臂间异染色质、端粒染色质及核仁处密集，这些都表明 ISWI 是靶向于特定的染色质结构而非识别特定的序列。当然，某些 ISWI 复合物可能具有位点特异识别活性，特别是那些参与特定基因转录调控的复合物，如 NURF（沈珣珣，2006）。

核心 ISWI 亚基可与不同的亚基组成复合物，由于包含的亚基所具有的特定功能，使 ISWI 复合物成为可发挥众多不同功能的多用途复合物。ISWI 可与 cohesin 及 NuRD 组成复合物；也有一些其他的染色质重塑复合物或组蛋白修饰因子包含 ISWI 亚基，因此一共形成了 19 种 ISWI 家族复合物，种类繁多但又精密地调节细胞中的各种生命活动，发挥复杂多样的生物学功能。

3.4 CHD 复合物

3.4.1 CHD 复合物的组成

1993 年，Perry 的实验室首次从小鼠中分离出 Chd1 蛋白（chromodomain-helicase DNA binding protein）。随后，在果蝇等其他真核生物中也发现了相关的蛋白。1997 年，Woodage 等人基于蛋白质序列特征和系统发生分析较详细的描述了 CHD 家族。CHD 复合物的 N 末端拥有一对 chromo 结构域（染色质组织修饰元件）且在蛋白质结构的中间区域有一个 SNF2-like 的 ATP 酶结构域（彩图 1）。SNF2-like 的 ATP 酶结构域是 ATP 依赖的染色质重塑蛋白的主要组成部分，它包含一个涉及染色质组装、转录调控、DNA 修复、DNA 复制、发育和分化等许多细胞过程的保守氨基酸模体。Chromo 结构域是一个涉及染色质结构重塑、基因转录调控过程的进化保守序列模体。该模体最初被识别为一个与果蝇表观阻遏物、异染色质蛋白 1（HP1）以及 Polycomb（Pc）蛋白共享有 37 个同源氨基酸残基的区域。HP1 和 Pc 蛋白参与异染色质的形成。目前，该模体被认定为与上述多肽具有 50 个同源氨基酸残基的区域。另外，在 ATP 依赖的染色质重塑因子、组蛋白乙酰转移酶、组蛋白甲基转移酶中也存在 chromo 结构域。CHD 复合物的不同的序列模体可能执行不同的功能。例如，小鼠 CHD1 复合物解旋酶结构域或 chromo 结构域的突变都会造成细胞核结构的变化。果蝇缺乏 chromo 结构域的 CHD3-CHD4 复合物会影响核小体的结合、移动以及 ATP 酶的功能（Marfella et al，2007）。

Chromo 结构域可以通过直接结合 DNA、RNA 和甲基化组蛋白 H3 的方式与染色质相互作用。基于 Chromo 结构域，酵母的 CHD1 复合物和人类的 CHD1 复合物参与基因转录起始位点发生的 H3K4me 过程。也有研究显示在生长条件欠佳时，酵母 Chd1 蛋白对于增加基因 3′端的 H3K4me3 至关重要。但酵母 Chd1 和人类 Chd1 的 Chromo 结构域是否与甲基化的组蛋白 H3 赖氨酸（H3K4）发生作用还未定论。总之，CHD 复合物独特的结构域组成赋予它参与多种生物学过程的功能（表 3-2）。

表 3-2 CHD 复合物的功能（Concetta et al，2007）

亚基	物种	生化作用	体内功能
	S. cerevisiae	ATP 酶活性、重新定位核小体；以单聚体或二聚体形式存在；SAGA 和 SLIK 复合物的组成部分；与 HAT 活性相关；与 H3K4me 发生作用；与转录延伸相关	转录抑制；与 SSRP1 发生作用；与转录延伸相关
Chd1	D. melanogaster	ATP 酶活性	转录抑制；与 SSRP1 发生作用；与转录延伸相关
	M. musculus	HDAC 活性	转录抑制；转录活化；与 SSRP1 发生作用；与 Pre-mRNA 剪接相关
	人	与 H3K4me 作用	
Chd2	M. musculus		纯合子突变鼠生长迟缓和围生期死亡；降低新生儿生存能力；生长延迟；非肿瘤病变
Chd3	D. melanogaster	激活核小体的 ATP 酶活性；移动核小体	
	人	NURD 复合物的组分	
Chd4	D. melanogaster	依赖 DNA 序列；激活核小体的 ATP 酶活性	与淋巴细胞分化和 T 细胞发育相关
	人	NURD 复合物的组分；与 HDAC1 发生作用	
Chd9	人		成骨分化

依据额外结构域的存在可以将 CHD 家族分为三类亚家族。第一类亚家族包括酵母的 CHD1（酵母唯一的 CHD 家族成员）复合物以及高等真核生物的 CHD1 和 CHD2 复合物。CHD1 和 CHD2 复合物的 C 末端区域包含一个 DNA 结合结构域。DNA 结合结构域偏好于结合富含 AT 的 DNA 模体。尽管各亚家族成员高度同源，但小鼠的 CHD1 是唯一确定有 DNA 结合功能的家族成员。CHD1 和 CHD2 复合物亚家族相互之间同源性很高，但它们的 3′区域存在显著差异，这也导致它们可能具有不同的生物学功能。第二类亚家族没有 DNA 结合域，主要包括 CHD3、CHD4 复合物（有时也称为 Mi-2α 和 Mi-2β）。该亚家族还包括可以编码两个转录本的果蝇 Mi-2（dMi-2）基因。这些蛋白质的 N 末端有一对 PHD（plant homeo domain）锌指结构域，CHD1 和 CHD2 复合物没有发现该结构域。许多参与基于染色质转录调控的核蛋白内存在 PHD 锌指结构域。功能分析显示 PHD 结构域与染色质重塑相关，一些 PHD 结构域可以识别甲基化的组蛋白多肽。酵母和人类 ING 家族（inhibitor of growth，生长抑制因子）的 PHD 结构域偏好于结合二或三甲基化的

H3K4，而CHD3复合物的PHD结构域偏好于结合三甲基化的的H3K36。依据与已知CHD蛋白的结构和序列保守性定义了包括CHD5-CHD9复合物的第三类亚家族。有时也称CHD9复合物为CReMM（chromatin-related mesenchymal modulator）。第三类亚家族的C末端包含一对BRK（Brahma and Kismet）结构域，一个SANT-like结构域，CR结构域以及一个DNA结合结构域（DNA-binding domain）。很多SWI/SNF蛋白的BRK结构域较保守，如果蝇的BRM亚基、人类的BRM、BRG1亚基，但酵母的Swi2/Snf2和Sth1亚基内没有发现BRK结构域。BRK结构域可能与高等真核生物特有的染色质元件互作，且与高等真核生物的功能特异性相关。迄今为止，仅在CHD9复合物中发现CR结构域（Cr1-CR3），它的功能尚不明确。与CHD1和CHD2复合物相同，第三类亚家族的DNA结合结构域也偏好于结合富含AT的DNA模体。然而，只有CHD9复合物的DNA结合活性得到了实验的证实（Shur et al，2005）。

3.4.2　Chd蛋白的位置和组织表达模式

CHD1复合物常存在于特定的基因组染色质区域并且通过保持染色质的转录激活状态而促进基因表达。研究发现果蝇的Chd1蛋白位于染色质解凝区（带间）和高转录活性区（染色质疏松块）。异染色质区域没有发现Chd1蛋白。小鼠的Chd1蛋白在染色质解凝区存在，在分裂间期细胞的着丝粒异染色质区缺乏。人类CHD1和CHD2复合物的表达谱分析证实了这些基因广泛表达。成年小鼠组织的Chd2蛋白的mRNA也得到了广泛表达。除心脏外，不同组织的Chd2蛋白mRNA表达的绝对水平相近。心脏的Chd2 mRNA高度表达。

人类CHD3复合物在每个研究的组织内广泛表达。小鼠的新生儿组织内，Chd4的mRNA在胸腺、肾脏、特定的大脑区域、肝脏的造血区、毛囊、上皮细胞黏膜组织中高水平表达。原位杂交技术显示小鼠Chd3的mRNA在这些组织内有类似的表达模式，但相比Chd4的mRNA表达水平较低（Kim et al，1999）。线虫的Chd3和Chd4在大多数表胚胎细胞内被表达（Zelewsky et al，2000）。在幼虫发育和成虫阶段，许多细胞核内观察到了线虫表达的Chd3和Chd4，包括腹神经索细胞和外阴的前体细胞（VPCs），周边皮下细胞，头部和尾部区域的细胞。果蝇Mi-2的两个转录本的表达模式（Mi-2a和Mi-2b）在果蝇的五个胚胎阶段，三个幼虫阶段，蛹和成虫阶段出现。Mi-2a的mRNA在胚胎发育的前8个小时大量表达，并在以后的发育阶段逐渐下降。而Mi-2b的mRNA在胚胎发育的早期表达水平低下，但在以后的发育阶段逐渐得到大量表达。卵巢内两种mRNA的表达显著提高。

人类的Chd5 mRNA仅在获得性神经组织表达，而Chd7则广泛表达（Vissers et al，2004）。对大鼠和人的Chd9在成骨细胞分化的不同阶段的表达分析显示：培养的大鼠原代骨髓基质细胞Chd9在3月龄大鼠比15月龄大鼠细胞的表达水平高（Marom et al，2006）。同样，人类Chd9的mRNA在原代骨髓基质细胞的表达水平高于骨小梁细胞（TBC）。骨原细胞系的骨髓研究表明，哺乳动物Chd9在增殖细胞中高度表达。对小鼠骨骼系统在胚胎发育阶段Chd9的mRNA和蛋白表达水平的研究发现，小鼠Chd9的表达被限制在骨髓基质干祖细胞和新生与成年鼠的骨髓细胞。

3.4.3　Chd蛋白在染色质组装和重塑过程的作用

SNF2家族的ATP酶与许多细胞过程相关，包括核小体组装，破坏和定位。生化分析表明酵母的Chd1有ATP酶活性，它以不同于SWI/SNF复合物的方式影响核小体内DNA-组蛋白的相互作用。此外，在体外酵母Chd1的染色质组装活性可能会部分损失。最近的研究表明，酵母Chd1偏好于将核小体移到DNA片段的中心（Stockdale et al，2006）。果蝇Chd1可以组装缺失组蛋白

H1 的染色质，却不能装配包含组蛋白 H1 的染色质。这表明果蝇 Chd1 在将转录激活态的 DNA 组装成染色质过程中可能会发挥作用。

在果蝇中，重组的 Mi-2 是一个核小体激活 ATP 酶，它可以沿着线性的 DNA 片段结合和移动核小体。高度纯化的重组人类 Chd4 蛋白具备 DNA 依赖的核小体激活 ATP 酶活性（Wang et al, 2000）。

3.4.4 CHD 家族成员的多亚基复合物

SNF2-like ATP 酶是大多数大型多亚基复合物的组成部分。酵母双杂交筛查和免疫细胞化学分析表明小鼠 Chd1 与核蛋白质 SSRP1（structure specific recognition protein 1）发生参与转录调控的相互作用。小鼠的 Chd1 与 SSRP1 有时会交联成相对分子质量为 7×10^5 的大型复合物。此外，果蝇的 Chd1 与人类 SSRP1 之间存在相互作用。与哺乳动物相反，果蝇的 Chd1 以及重组 Chd1 主要以单体形式存在。同样，酵母的 Chd1 会形成 $1.5\times10^5 \sim 3.4\times10^5$ 的大型复合物，这表明它在一个细胞内可能以单体或二聚体存在。

然而，最近的研究发现酵母 Chd1 是高度同源的 SAGA（SPT-ADA-GCN5 acetyltransferase）和 SLIK（SAGA-like）多亚基 HAT（histone acetyltransferase）复合物的组分。缺失 Chd1 的酵母菌株的 SAGA 和 SLIK 的 HAT 活性会受损。若 Chd1 蛋白被重新导入 Chd1 缺失的酵母菌株，则乙酰化转移酶活性被恢复。因此，酵母 Chd1 对于 SAGA 和 SLIK 复合物的 HAT 活性很重要（Pray-Grant et al, 2005）。

CHD 亚家族 II 的人类 CHD3 和 CHD4 成员会形成具有组蛋白脱乙酰基酶和 ATP 依赖的染色质重塑活性的大蛋白复合物。这些复合物被多个科研小组发现，并被称为 NuRD（nucleosome remodeling and histone deacetylase）。NuRD 包含与转录抑制相关的 7 个蛋白：HDAC1 和 HDAC2（type I histone deacetylases，I 型脱乙酰基酶），RbAp48 或 RbAp46（retinoblastoma-associated proteins，视网膜母细胞瘤相关蛋白），MTA1，MTA2，MTA3（metastasis-associated proteins，转移相关蛋白质）和 MBD3（methyl-CpG binding domain，甲基化 CpG 结合结构域）。目前尚不清楚人类 CHD3 和 CHD4 是否存在于相同或不同的 NuRD 复合物内。在果蝇，非洲爪蟾，线虫的类似 NuRD 复合物内也发现了 Chd3 和 Chd4 的同源物（Solari, 2000）。这些研究表明，人类 CHD3 和 CHD4 会通过染色质重塑影响组蛋白脱乙酰化和 DNA 甲基化过程。

继发现人类 CHD3 和 CHD4 是 NURD 复合物的组分之后，研究发现 CHD 和 HDAC 蛋白存在直接关联，这种关联需要借助人类 CHD4 的 PHD 的锌指状结构域（Zhang et al, 1998）。此外，小鼠 Chd1 可能通过第一个 chromo 结构域影响 HDAC 的活性（Tai et al, 2003）。小鼠 Chd1 的 chromo 结构域也与调控 HDAC 活性的 NCoR 蛋白存在相互作用（co-repressor of nuclear hormone transcription，核激素转录共抑制子）。小鼠 Chd1 的两个 chromo 结构域中至少存在一个参与 Chd1 和 NCoR 的相互作用。上述研究表明：Chd 蛋白通过染色质结构的修饰和重塑能够抑制转录。

3.4.5 Chd 蛋白和转录延伸

转录延伸的控制是基因调控的重要机制。酵母和哺乳动物的转录延伸因子活性以及它们与染色质的联系已经研究的较为清楚。酵母必需的转录延伸因子包括 Spt4-Spt5 和 Spt16 和 Pob3。在哺乳动物细胞中，必需的转录延伸因子包括 DSIF（DRB sensitivity inducing factor）和 FACT（facilitates chromatin transcription）。

利用酵母 Chd1 缺失菌株研究转录延伸。酵母 Chd1 缺失菌株的生长受非标准化生长条件的显著影响，包括含有 6 氮尿嘧啶的培养基（Shen et al，2003）。酵母 Chd1 以及其他与转录延伸有关的蛋白质，共同与酵母的 Spt16 和 Pob3 转录延伸因子作用。此外，也有研究发现酵母 Chd1 与 RNA 聚合酶-Ⅱ 相关的 Paf1 复合物的成员 Rtf1 相互作用，该作用与转录延伸因子 Spt5 共同影响转录延伸（Krogan et al，2003）。这些发现与小鼠 Chd1 与 SSRP1 相互作用的结论一致，因为 SSRP1 是哺乳动物的 Pob3 同源物。此外，果蝇 *kismet*（a thrithorax gene）基因幼虫突变研究发现延伸因子 Spt6、聚乙烯染色体的 Chd1 会导致 RNA 聚合酶Ⅱ 的延伸速率显著降低。总地来说，这些数据表明：Chd1 是一个确定的转录延伸因子。

3.4.6　发育和分化阶段的 Chd 蛋白

酵母 Chd1 具有的基因表达调控作用。遗传分析证实酵母的 Chd1 与 SWI2 相互作用，为了存活酵母细胞需要 Chd1 或 SWI2。同样，酵母 Chd1 也与 Iswi1 和 Iswi2 发生遗传作用，而且 Iswi1，Iswi2，Chd1 三重突变会引起一定的合成生长缺陷。总之，酵母 CHD1 和 SWI/SNF、ISWI 复合物的亚基在细胞生长过程具有一些相似功能。

最近，一项以 Chd2 突变小鼠为模型的研究证实：Chd2 突变显著影响哺乳动物的发育和长期存活。这种 Chd2 突变会导致胚胎发育的纯合子突变后期普遍的生长延迟现象和出生前后的致命损伤。动物基因突变的杂合子研究发现新生儿的生存能力下降且造成大多数初级器官发育的非肿瘤性病变增加。约 85% 的杂合子肾脏明显异常（Marfella et al，2006）。

在哺乳动物细胞中，BCL-6（一个调控 B-淋巴细胞存活的转录抑制子）与 NuRD 复合物的组分存在稳定的相互作用。在淋巴细胞系，MTA3 和 NuRD 复合物作为辅抑制子调控 BCL-6 的转录抑制。此外，转录阻遏物 Ikaros 与小鼠 Chd4 发生物理相互作用并招募小鼠 Chd4 到异染色质区去活化 T 细胞。随后，成人红血球细胞的 Ikaros 和 Chd4 之间的作用也被发现（O'Neill et al，2000）。小鼠 Chd4 至少在 3 个不同的 T 细胞发育阶段是必需的：在双负阶段后期促进向双正阶段的过渡；在双正阶段促进 *CD4* 辅助受体的正常表达；最后在成熟 T 细胞，促进细胞增殖（Williams et al，2004）。值得注意的是，也有人指出小鼠 Chd4 通过与 *CD4* 增强子以及 HEB 蛋白（histone acetyltransferase p300 and the E box binding protein）相互作用参与胸腺分化阶段 *CD4* 基因的正调控。

Mi-2 基因的详细分析表明携带 *Mi-2* 纯合突变的苍蝇在幼虫发育阶段尽管没有发现任何明显的结构性缺陷，但会发生死亡现象。研究人员从 *Mi-2* 突变生殖细胞产生胚胎，发现 *Mi-2* 生殖细胞纯合子不能发育。*Mi-2* 输异基因可以克服上述缺点。这表明，*Mi-2* 对于生殖细胞的发育是必不可少的。

线虫的基因分析显示，线虫的 Chd4 mRNA 会被母系地传递到早期胚胎，这足可以让一些突变胚胎发育到成虫。然而，这些成虫中 98% 是不育的（von Zelewsky et al，2000）。相反，线虫 Chd3 mRNA 没有被母系地传递，该突变的突变胚胎纯合子发育正常，没有观察到明显的表型变化。线虫 Chd4 和 Chd3 在蠕虫发育过程中不可或缺，甚至会产生冗余作用。

3.4.7　Chd 蛋白与人类疾病

编码 SNF2-like 酶的基因突变会引起的一系列疾病症状。识别和描述这些酶的特点对于理解疾病相关的遗传事件很关键。迄今为止，已经发现人类 Chd3-Chd5 和 Chd7 复合物与人类疾病相关。

人类 Chd3 和 Chd4 已被确定为皮肌炎患者的自身抗原，皮肌炎属结缔组织疾病且会引起肌肉和皮肤红肿。皮肌炎的病因更是知之甚少，但这种疾病与上升的癌症发病率存在必然联系（Airio et al，1995）。

最近发现人类 Chd3 与霍奇金淋巴瘤有关。酵母双杂交筛选证实人类 Chd3 和细胞内磷酸化蛋白质 Ki-1/57 以及 mRNA 结合蛋白 CGI-55 之间存在相互作用（Lemos et al，2003）。虽然这些蛋白质的功能是未知的，但 Ki-1/57 可专门用于检测霍奇金淋巴瘤恶性细胞。

人类 Chd5 与神经母细胞瘤相关，神经母细胞瘤是交感神经系统周围的恶性肿瘤，常见于婴儿和儿童。分析患者样本后，在人类神经母细胞瘤中鉴定出 Chd5 的突变体（White，2005）。第四人类综合征 CHARGE（7 种最普遍的疾病的缩写：眼组织残缺，心脏缺陷，chonae 闭锁畸形，肾功能异常，生长和发育迟缓，生殖器畸形，耳异常或耳聋）与人类 Chd7 相关（Williams，2005）。诊断为 CHARGE 综合征的患者样本序列分析发现 17 例患者中的 10 例存在 Chd7 的突变。总之，这些研究结果进一步支持了 Chd 蛋白功能障碍与人类疾病之间的关联。

3.4.8 总结与展望

Chd 蛋白质的特点是其独特的结构域组合。这类酶的特征模体是 N 末端存在一对 chromo 结构域、蛋白质结构的中间区域存在一个 SNF2-like 的 ATP 酶结构域。自从 1993 年发现鼠科 Chd1 以来，到目前为止共 9 个高度保守的来自不同生物 Chd 基因相继被确定。基于结构和序列相似性将 CHD 家家族分为 3 个亚家族。

不断增加的 Chd 基因数量以及这些基因与人类疾病的联系说明了这一类酶的重要性。此外，由于 Chd 基因存在可变剪接事件，可能导致 Chd 蛋白的复杂性，而且我们对 Chd 蛋白和潜在功能的复杂性的认识还远远不够。进一步针对 Chd 蛋白结构域的结构/功能关系以及每类家族成员的功能分析的研究，需要更好地确定这些蛋白质的生理作用。在分子水平我们需要进一步探索 CHD 家族成员如何靶向染色质以及它们如何通过改变染色质结构去激活和抑制基因的表达。

3.5 INO80 复合物

最后一个染色质重塑复合物家族 INO80 包括 INO80 和 SWR1 两种形式的复合物。INO80 和 SWR1 复合物分别由 15 个和 14 个亚基组成（图 3-2）。SNF2 超家族的其他成员的 ATP 酶/解旋酶结构域是连续的，如 Swi2/Snf2 和 ISWI，而 INO80 和 SWR1 的 ATP 酶/解旋酶结构域却被一个长的间隔区域分割。

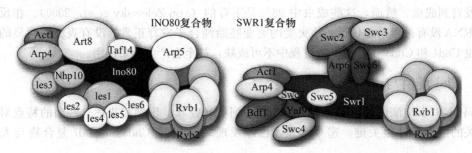

图 3-2　酵母 INO80 复合物的组成（Bao et al，2007；Shen et al，2003）

3.5.1 INO80复合物的组成

研究人员利用免疫沉淀反应首先从酵母中纯化出INO80复合物。凝胶过滤层析显示，大多数INO80复合物处在高分子质量区（1000~1500k）。酵母的INO80复合物由Ino80、Rvb1、Rvb2、Arp4（actin-related protein4）、Arp5、Arp8、actin、Nhp10（nonhistone protein 10）、Anc1/Taf14、Ies1（ino eighty subunit 1）、Ies2、Ies3、Ies4、Ies5、Ies6共15个亚基组成（图3-2）（Shen et al，2000；Shen et al，2003）。其中Rvb1/Rvb2与其他亚基的化学质量比为6∶1。INO80复合物是高度保守的，纯化的人类INO80复合物包含Ino80、Rvb1、Rvb2、Arp4、Arp5、Arp8、Ies2和Ies6的同源物以及5个特有的亚基。与酵母类似，人类的INO80复合物也具有ATP依赖的核小体重塑活性。

Ino80亚基是INO80复合物的组装骨架和ATP酶的核心组成部分且与依赖DNA的Snf2/Swi2 ATP酶相似，它是由1489个氨基酸组成的蛋白质。Ino80 ATP酶结构域（698-1450）的特征是存在一个将保守的ATP酶结构域分割的插入区（1018-1299）。GXGKT是许多ATP酶的一个严格保守的核苷酸结合模体，其中包含了与磷酸盐化的NTP相互作用的赖氨酸。赖氨酸改变为精氨酸（K737R）会造成Ino80功能的尚失。此外，携带K737A氨基酸取代的Ino80复合物也失去了ATP酶活性，DNA解旋酶活性以及Ino80突变表型的挽救能力。总之，这些结果表明，Ino80功能的正确行使对于体内ATP的结合是必不可少的。Ino80的N端结构域包含的TELY模体在人、果蝇、酵母的Ino80蛋白质内是保守的，被认为是actin、Arp4、Arp8和Taf14/Anc1相互作用结构域，而在羧基端的GTIE模体的功能仍不清楚。

从酵母到人类Rvb1和Rvb2都是必需的和高度保守的蛋白，Rvb1和Rvb2在哺乳动物的同源物是Tip49a和Tip49b蛋白（Bao et al，2007）。Rvb蛋白与细菌的RuvB存在一定的同源性，RuvB是由双六聚体组成的霍利迪连接体DNA解旋酶（West et al，1997）。与细菌的RuvB类似，酵母的Rvb1和Rvb2与复合物的其他多肽呈6∶1的化学计量关系（Shen et al，2000）。Rvb六聚解旋酶属于伴侣ATP酶的大AAA+（ATPases associated with various cellular activities）类型，伴侣ATP酶的保守ATP酶结构域组装成低聚环并在核苷酸结合和ATP水解时发生构象变化。新的研究指出所有的AAA+蛋白都通过靶蛋白的去折叠等构象变化或重塑在蛋白质的去折叠、降解蛋白质聚集物和蛋白质复合物的解体等过程中起作用。最近，Dutta小组证实Rvb蛋白是INO80复合物的染色质重塑活性必不可少的亚基。他们进一步发现，Rvb蛋白质的缺失会导致INO80复合物的一个重要亚基Arp5的丢失（Shen et al，2003）。此外，最近的蛋白组学的研究表明Arp5和Rvb1可以互相关联形成一个模块（Gavin et al，2006）。因此，Arp5可能发生与Rvb双六聚体相关的构象变化，并在调控INO80染色质重塑活性方面发挥重要作用。值得注意的是，Rvb也是SWR1复合物的亚基，但SWR1复合物不包含Arp5，表明SWR1复合物可能存在与Rvbs发生关联的其他亚基（如Arp6）或未知的多肽，这对于SWR1复合物的调控是需要的。虽然已发现Sec53（一个磷酸甘露糖变位酶）和Rvb2在体内可以形成模块，而Pih1模块（未知功能的蛋白质）与Rvb和Rvb2存在关联并形成一个Rvb复合物，但它们与染色质重塑功能无关。

传统的肌动蛋白（actin）和与肌动蛋白存在显著序列相似性的肌动蛋白相关蛋白（Arps）已被确定为很多染色质重塑复合物的亚基。INO80复合物含有actin、Arp4、Arp5和Arp8。迄今为止，仅在INO80复合物内发现Arp5和Arp8。Arp5与INO80复合物的关联不依赖于其他任何亚基，而Arp8则依赖于Arp4和actin。Arp5和Arp8的功能对于染色重塑过程是很重要的，因为已发现arp5Δ和arp8Δ的表型与Ino80Δ相似。在体外因突变而缺乏Arp5或Arp8的INO80复合物的DNA结合、核小体移动、ATP酶活性都将受到损害（Shen et al，2003）。虽然所有Arps都包含"肌动蛋白折叠结构域（actin fold domain）"，该结构域包括证实的ATP结合位点，但仅Arp4被证明与可以与ATP结合。此外，Arp7、Arp9（SWI/SNF和RSC的亚基）、Arp5和Arp8的ATP结合位点突变体并没有表型的变化，表明这些Arps的ATP结合位点对于它们的染色质重塑功能是可有可无的。

作为细胞的一个重要组成部分，肌动蛋白在细胞质中通过动态聚合方式以及与其他蛋白质和脂类的相互作用的能力执行许多重要的功能（Olave et al，2002）。尽管越来越多的证据表明，肌动蛋白位于细胞核，并可能在许多细胞核功能方面发挥作用，但由于缺乏细胞核肌动蛋白在体内和体外的功能的明确证据，核肌动蛋白的研究一直停滞不前。研究表明，INO80复合物包含一个由actin、Arp4、Arp8和Taf14组成的亚复合物，该亚复合物与INO80 ATP酶的ΔN结构域相关联（Shen et al，2003）。有趣的是，actin/Arp亚复合物的所有亚基和INO80 ATP酶的ΔN结构域进化上保守，这表明该亚复合物是酵母INO80和高等生物的INO80同源复合物的一个特有的和进化保守的模块。因为INO80，SWR1和NuA4等染色质修饰复合物始终包含actin和Arp4，INO80复合物Arp8的删除会造成actin和Arp4的丢失，所以actin和Arp4可能会形成一个二聚体，并代表一个和肌动蛋白相关的进化上保守的基本模块。Actin/Arp4模块可能会结合其他Arps和染色质修饰复合物而被使用。酵母的actin/Arp4模块也可能进化成在SWI/SNF和RSC染色质重塑物内存在的一个不太保守Arp7/Arp9二聚体。Arp4可以与体外和体内的4个组蛋白结合，而Arp8在体外偏好于结合组蛋白H3和H4，表明染色质修饰复合物的actin/Arp模块可能为组蛋白八聚体提供伴侣功能并介导染色质重塑过程的组蛋白-组蛋白的重排和组蛋白-DNA的接触。INO80复合物内包含肌动蛋白的模块为了解核肌动蛋白机制提供了一个独特的机会。

基于肽测序和蛋白质-蛋白质相互作用图谱确定了INO80复合物的亚基Nhp10。Nhp10属于类HMG-1蛋白，能够结合结构DNA或核小体。删除Nhp10导致Ies3的缺失，表明Nhp10对于Ies3的募集很重要。此外，缺失Nhp10的INO80复合物的DNA结合活性会降低但仍能够移动核小体，表明在染色质重塑过程中Nhp10（和Ies3）的作用较Arps蛋白小一些。也有研究显示Nhp10和Ies3可以通过介导INO80复合物和磷酸化酵母H2A（γH2AX）的相互作用将INO80复合物募集到DNA双链的断裂位置（DNA double-strand break，DSB）（Morrison et al，2004）。

Taf14（也被称为Swp29、Taf30、Tfg3、Anc1和TafⅡ30）是Mediator、TFⅡD、TFⅡF、SWI/SNF、NuA3和INO80复合物的一个亚基。Kabani等利用酵母双杂交筛选发现Taf14与INO80复合物的催化亚基以及上面提到的复合物的关键亚基相互作用，这表明Taf14起着共同的调节作用（Kabani et al，2005）。Taf14蛋白含有一个保守的YEATS结构域，该结构域也在NuA4和SWR1复合物的组分Yaf9以及与染色质沉寂相关的SAS复合物的组分Sas5内发现（Shia et al，2005）。然而，这个结构域的功能仍不清楚。Taf14的无效突变体对热、咖啡因、羟基脲、紫外线照射和甲基磺酸超敏感，并可以使转录下降或造成肌动蛋白组织缺陷（Welch et al，1994）。此外，taf14也与肌动蛋白的功能和Rad53和MEC1细胞周期阻滞功能相关，这可能在DNA损伤反应中起重要作用。

Ies1、Ies3、Ies4、Ies5在进化上并不保守，它们的分子功能仍然不清楚。它们可能会对酵母的INO80复合物产生调控功能。另外，已在人类INO80复合物发现Ies2和Ies6的同源物，表明这些蛋白质对于保守的INO80复合物非常重要。

3.5.2 INO80复合物的功能

在研究影响肌醇生物合成的突变体的遗传筛选过程中识别了*INO80*基因（*YGL150C*）。这个基因的产物与SNF2/SWI2染色质重塑复合物的DNA依赖的ATP酶高度相关。Wu领导的研究小组纯化并描述了INO80复合物。他们的体外生化研究结果证实INO80复合物具有DNA依赖的ATP酶活性，以及$3'-5'$解旋酶活性（Shen et al，2000）。与SWI/SNF复合物类似，INO80复合物还能够以~10nM的结合常数与自由DNA结合（Shen et al，2003）。此外，通过监测来源于果蝇胚胎提取物的重组染色质模板的DNA可接近性（DNA accessibility），可以研究INO80复合物的染色质重塑活性。INO80复合物与果蝇NURF复合物和ISWI类重塑子有相似的重塑活性。借助重组核小体单体可进一步研究INO80复合物的染色质重塑活性。INO80复合物以ATP依赖的方式移动核小体单体，而NURF复合物引起了不同的核小体重新定位模式，这表明不同的重塑子以不同的机制改变DNA-组蛋白的相互作用。然而，INO80复合物的真实重塑机制仍然不清楚。INO80无效突变体会通过UAS、ICRE (inositol/choline-responsive element)元件、多效性表达缺陷的介导去降低基因活性。基因芯片检测发现：在去除INO80复合物后，5602酵母基因中的150个基因的mRNA水平至少改变2倍，且上调和下调的基因数目基本相等。其他一些全基因表达图谱实验也表明，INO80复合物可以对特定的基因进行正或负调控（Attikum et al，2004）。两个磷酸盐调节基因（*PHO* 5和*PHO* 84）被用于研究INO80复合物的启动子调控机制，研究发现INO80复合物对PHO5启动子的表达产生抑制作用，对PHO84启动子的表达产生激活作用，这表明INO80可以调控启动子的活性。此外，体外转录实验发现INO80复合物重塑后的染色质的转录活性会增加10倍（Shen et al，2000）。总之，INO80复合物可以通过其ATP依赖的染色质重塑活性调控基因表达。

除了其转录调控功能，INO80复合物也参与DNA损伤反应。DNA修复和染色质的最新研究进展发现组蛋白修饰和染色质重塑对于DNA损伤的修复很重要，如双链断裂的修复（van Attikum et al，2005）。哺乳动物位于DSB周围染色质重塑区域的组蛋白C末端尾的SQ模体的H2AX组蛋白变体（酵母H2A组蛋白的直系同源物）被迅速磷酸化，而H2AX磷酸化对于DNA损伤的准确修复很关键，有缺陷的H2AX会造成小鼠的基因组不稳定和癌症易感性（Bassing et al，2003）。磷酸化的H2AX（称为γ-H2AX）有助于募集和/或保留一些DNA修复蛋白。最近的研究表明，酵母募集INO80染色质重塑复合物到DSB位点也需要γ-H2AX（Downs et al，2004），从而建立了染色质重塑和DNA修复的联系。鉴于INO80突变体对DNA损伤试剂的超敏感性（Shen et al，2000），Morrison和van Attikum等提出INO80复合物是否直接参与DNA损伤处理？他们通过比较特定的基因和整体表达模式发现：表明INO80复合物参与DNA损伤处理的过程不依赖于转录（Cairns et al，1999）。此外，HO内切酶诱导的DSB系统和芯片检测实验证实Ino80、Arp5、Arp8和Rvbs被直接募集到酵母HO内切酶诱导的DSB。在体外和体内募集INO80复合物都需要γ-H2AX（Morrison et al，2004；Attikum et al，2004）。为更加深刻地理解INO80复合物与γ-H2AX之间的相互作用，Morrison和他的同事使用不同Ino80亚基缺失菌株发现，这个特定的相互作用需要Nhp10和Ies3的参与。有趣的是，它表明，Arp4与γ-H2AX和NuA4 HAT复合物之间的相互作用有关，这表明INO80复合物的Arp4可能具有类似的功能。然而，在缺失actin、Arp4和Arp8情况下的INO80突变体（arp8Δ）复合物与γ-H2AX的相互作用水平显著高于缺失Nhp10和Ies3的INO80突变体（nhp10Δ）复合物与γ-H2AX的相互作用水平，表明Nhp10和Ies3对INO80复合物与γ-H2AX的相互作用的影响力明显高于Arps。为了研究清楚INO80复合物在DSB位点的功能，Gasser小组监测了DSB位点单链DNA（single-stranded DNA，ssDNA）的形成，并发现arp8和非磷酸化的H2A突变体减少了ssDNA的形成，这表明INO80复合物会通过它的染色质重塑活性促进ssDNA的形成，这也是同源重组（HR）的DNA修复途径中关键的一步（Attikum et al, 2004）。此外，最近 Osley 小组证实 INO80 重塑活性介导的 DSB 附近组蛋白的移除依赖于 DNA 损伤传感器 MRX（Mre11-Rad50-Xrs2）复合物，并发现 Rad51 修复蛋白的延迟募集源于组蛋白移除的缺陷（Tsukuda et al, 2005）。INO80 也被证明影响植物同源重组途径。INO80 也参与修复 DSB 的非同源末端连接（nonhomologous end-joining, NHEJ）过程。总之，INO80 复合物通过它调控 DSB 位点附近 DNA 修复蛋白可接近性和核小体重塑能力参与多种 DNA 修复途径。INO80 复合物不仅在转录过程发挥重要作用，最近关于 INO80 复合物参与 DNA 修复反应的研究发现：染色质重塑复合物参与许多明显不同的细胞过程。

3.5.3　SWR1 复合物的组成

多个实验室使用不同的实验方法证实了 SWR1 复合物能够催化核小体组蛋白变体 H2AZ 与 H2A 的交换（Mizuguchi et al, 2004；Krogan et al, 2003）。纯化的酵母 SWR1 复合物包含 14 个多肽：Swr1、Swc2/Vp372、Swc3、Swc4/Eaf2/God1、Swc5/Aor1、Swc6/Vps71、Swc7、Yaf9、Bdf1、Act1/actin、Arp4、Arp6、Rvb1 和 Rvb2（图 3-2）（Mizuguchi et al, 2004）。有趣的是，INO80 复合物也包含 actin、Arp4、Rvb1 和 Rvb2 亚基，而 NuA4 组蛋白乙酰转移酶复合物包含 actin、Arp4、Swc4 和 Yaf9 亚基（Shen et al, 2000）。Htz1/H2AZ 与纯化的 SWR1 复合物的关联启发我们：它们之间是否存在功能和遗传学联系？Swr1 突变体和 htz1 突变体有着相似的表型，如对咖啡因、甲基磺酸（MMS）和紫外线照射的超敏感性。此外，Swr1Δ 细胞和 htz1Δ 细胞的全基因组的转录图谱显示，由 Swr1 和 Htz1 调控的基因存在约 40%的重叠，而 Ino80 和 Htz1 调控的基因只有约 10%的基因重叠。这些数据表明，Swr1 和 H2AZ 存在一些独立功能同时也拥有相同的转录调控功能。

Swr1 是一个 Swi2/Snf2 相关的 ATP 酶，该 ATP 酶含有分隔的保守 ATP 酶结构域。类似 INO80 复合物，SWR1 复合物具有核小体激活的 ATP 酶活性。Swr1 是 SWR1 复合物关键的催化亚基和重要的功能决定因素。Swr1 的催化位点突变体（K727G）不能挽救 swr1 零表型，且包含 Swr1 K727G 突变的 SWR1 复合物不能催化体外 H2AZ 与 H2A 的置换。近日，Wu 等发现 Swr1 ATP 酶结构域前面的 N 末端区域（N2）负责 Arp4、Act1、Swc4、Swc5 和 Yaf9 的结合；而包括插入区域的保守 ATP 酶结构域是其他组分结合的重要因素。这些结果表明，Swr1 是酶复合物 SWR1 必不可少的亚基；INO80 和 SWR1 复合物有明显相似的结构。

Swc2 为酸性亚基（PI＝4.9），且是 SWR1 复合物的第二大亚基。Swc2 亚基与 Swc3 的结合有关，因为去除 Swc2 会导致 SWR1 复合物的 Swc3 亚基的丢失。然而，作为 SWR1 复合物的骨架，Swc2 并不直接与 Swr1 发生相互作用，而需要借助 Swc6 和 Arp6 亚基。Swc2 亚基的 N-末端区域与 Htz1 有强的结合亲和力，且被认定为保守的 H2AZ 结合区，因为该区域在后生动物极为相似的 YL-1 区域与 Htz1 的结合偏好性大于 H2A。Htz1 的重要功能区域 M6（C-端螺旋）是 Htz1 和 SWR1 复合物相关联所必需的区域。Swc2 的酸性和其结合组蛋白的能力表明 Swc2 是 SWR1 复合物的一个类组蛋白伴侣（chaperone-like）亚基。

Swc3 的功能尚不清楚，因为 Swc3 的缺失对 SWR1 复合物其他亚基以及组蛋白间的关联没有影响。此外，Swc3 突变体并不影响 SWR1 的体外组蛋白体交换活性。Swc5 是 SWR1 复合物的另一个亚基，它的缺失不影响 SWR1 的完整性或 Htz1 的结合。然而，人们发现 Swc5 对于 Htz1 的功能改变是必要的。有趣的是，缺乏 Swc5 的纯化 SWR1 复合物的核小体的结合能力增加了，表明：在体内 Htz1 的置换过程中，Swc5 可以调控 SWR1 复合物和染色质间的相互作用。

Swc4（也称为 God1，Eaf2）由必需的基因编码，它的哺乳动物的同源物是 DNA 甲基化转移酶相关蛋白 1（DNA-methyltransferase-associated protein 1，DMAP1）。Swc4 有一个 SANT 结构域，SANT 结构域在一些染色质重塑和 HAT 复合物内存在，且对于它们的功能是至关重要的（Boyer et al，2002；Boyer et al，2004）。然而，Swc4 的功能仍不清楚。酵母双杂交发现 Swc4 直接与 SWR1 复合物的另一亚基 Yaf9 结合。删除 Yaf9 将导致复合物 Swc4 亚基的丢失，说明 Swc4 的作用依赖于 Yaf9。

Yaf9 与引起人白血病的蛋白 AF9 相似（Corral et al，1996）。类似 Taf14（INO80 复合物的组分），Yaf9 也包含一个保守的 YEATS（Yaf9-ENL-AF9-Taf14-Sas5）结构域。YEATS 蛋白家族是酵母必需的，因为虽然单个家族成员并非酵母必需，但 3 个家族成员（Yaf9，Taf14 和 Sas5）同时缺乏的酵母菌株是不能存活的。张等发现 Yaf9 无效突变体对 MMS，cold 和 caffeine，是非常敏感的，YEATS 结构域对 Yaf9 的功能有重要影响（Zhang et al，2004）。此外，也有研究发现：Yaf9Δ 突变体对微管解聚剂超敏感，这表明 Yaf9 是细胞对纺锤体应力反应的重要因素。体外研究指出 Htz1 的移动需要 Yaf9/Swc4，但 Yaf9/Swc4 对 Htz1 和核小体的结合没有影响。Yaf9Δ 菌株的端粒附近基因的 Htz1 明显减少，htz1Δ 突变体的表达谱和表型与此相似。总之，这些数据表明：Yaf9、Swc4、Yaf9/Swc4 在 Htz1 的形成过程中发挥重要作用。另外，NuA4 组蛋白乙酰转移酶（HAT）复合物中也存在 Yaf9 和 Swc4，其中核小体的 H4/H2A 被乙酰化。

虽然缺乏 Yaf9 的 NuA4 复合物具有正常的乙酰转移酶活性和 H4 的特异性，但在端粒特定位点的 H4 乙酰化显著减少。下面将论述 NuA4 与 SWR1 复合物之间的功能关系。

Swc6 和 Arp6 与 Swc2 和 Swc3 相互关联，因为删除 Swc6 或 Arp6 都会造成 SWR1 复合物所有 4 个亚基的丢失。尽管 Swc6 或 Arp6 亚基与 Swr1 的缺失紧密关联，但 Swr1 和 Swc2 的缺乏不会造成 Swc6 或 Arp6 亚基的缺失。Htz1 和核小体的结合以及 Htz1 交换需要 Swc6 和 Arp6。已在芽殖酵母、裂殖酵母、拟南芥、果蝇、鸡和人类中发现 Arp6，这表明 Arp6 是保守的生物功能的重要亚基。芽殖酵母的端粒转录沉默需要 Arp6 亚基。此外，果蝇和脊椎动物的 Arp6 与异染色质蛋白 1（HP1）相互作用，并处于异染色质的近中心点。Tremethick 小组发现，在缺乏 H2AZ 时完整的哺乳动物 HP1α 染色质相互作用会被破坏（Rangasamy et al，2004），且体外研究表明 HP1α 与包含 H2AZ 染色质的亲和力高于正常值 2.5 倍。总之，这些研究结果表明 HP1 和 H2AZ 在染色质形成过程发挥重要的作用。拟南芥 Arp6 无效突变体有众多的缺陷，包括改变叶和花的发育，降低雌性生育能力。随后，人们发现：拟南芥 Arp6 突变会降低主要的花抑制基因 FLC（Flowering Locus C）的表达，且 FLC 的染色质位点的组蛋白 H3 的甲基化和乙酰化需要 Arp6。然而，Arp6 蛋白质的这些功能的实现依靠亚基本身还是作为芽殖酵母中类似于 SWR1 染色质重塑复合物的组分仍然不确定。

Swc7 和 Bdf1 是仅有的两个在 SWR1 复合物没有明确的装配定义的亚基。Bdf1（Bromo domain factor 1）有两个布罗莫结构域（乙酰赖氨酸结合结构域），布罗莫结构域是一个大量存在于参与转录和染色质修饰的蛋白质内的模体。Bdf1 和它的同源物 Bdf2 属基因冗余，但是只有 Bdf1 偏好结合乙酰化的组蛋白 H3 和 H4，并与 TFIID 和 SWR1 复合物相关。Bdf1 被确定为 Swr1 复合物的亚基，因为它与免疫纯化 Swr1 复合物的一些组分相关。迄今为止，主流的 SWR1 复合物募集模型认为 Bdf1 识别特定的乙酰化 H3 和 H4 并募集 SWR1 复合物，并在这些染色质位点形成 Htz1（Zhang et al，2005；Raisner et al，2005）。另外，Bdf1 是被磷酸化的。因此，Bdf1 和乙酰化组蛋白之间的相互作用以及募集 TFIID 和 SWR1 复合物可能受磷酸化的 Bdf1 调控。

3.5.4 SWR1复合物的功能

SWR1复合物的主要功能是在核小体内形成H2AZ-H2B二聚体去置换H2A-H2B。组蛋白变体是核心组蛋白的非等位形式。标准的组蛋白形成于DNA复制期间的染色质内，而组蛋白变体往往在整个细胞周期都会得到表达，组蛋白变体的形成不依赖复制。用相应的组蛋白变体替换核心组蛋白后，会在染色质内形成结构和功能特异的区域。组蛋白H2A的变体H2AZ从酵母到人类是高度保守的，且在果蝇、小鼠和四膜虫中亦至关重要。另外，不同的生物体内含有H2AZ的核小体结构和功能的研究结果存在争议（Raisner et al, 2006）。例如，体外生物物理研究发现小鼠的H2AZ可以稳定组蛋白八聚体（Park et al, 2004）；相比正常释放H2A所需的盐浓度，酵母H2AZ（Htz1）可以在一个较低的盐浓度下从纯化的染色质释放。此外，小鼠的早期胚胎臂间异染色质富含H2AZ，而酵母H2AZ可防止沉寂的染色质扩散到邻近的常染色质。H2AZ组蛋白变体大量参与转录激活、基因沉默和染色体稳定过程。全基因组的研究表明酵母的Htz1大部分位于常染色质内基因的启动子区，且一般存在于单核小体内，该核小体侧翼存在包含转录起始位点的自由区（linker region）。与以前的结论一致，这些研究进一步证实SWR1复合物在基因组内以不依赖复制的方式形成H2AZ。

真核生物的SWR1复合物是保守的。果蝇的组蛋白变体H2Av含H2AZ和H2AX的保守序列，是一个双向功能分子。Kusch等证实染色质内磷酸化的H2Av可以被乙酰化并可以借助Tip60复合物被未修饰的H2Av替代，Tip60是果蝇体内SWR1复合物的同源物。更有趣的是，Tip60复合物可能是酵母SWR1和NuA4复合物的一个融合体，因为Tip60复合物的最大亚基在酵母的SWR1或NuA4复合物内存在同源物。同样，人类Tip60复合物也是SWR1和NuA4复合物的融合体。SRCAP（Snf2-related CREBbinding protein activator protein）复合物是人类的另一个SWR1复合物形式，而且能够用H2AZ-H2B二聚体以ATP依赖的方式取代H2A-H2B（Ruhl et al, 2006）。果蝇的Domino是Swr1的同源物，SRCAP和p400是人类的Swr1同源物。酵母Esa1的同源物Tip60是HAT复合物。

虽然酵母SWR1复合物没有与组蛋白H2A与H4的组蛋白乙酰化酶NuA4复合物共纯化，但越来越多的证据表明，它们共同调控H2AZ的形成。Yaf9是SWR1和NuA4复合物共同拥有的组分。去除Yaf9会导致某些端粒附近的对抗基因沉默缺陷，这与减少的H4乙酰化和Htz1占据率相关。也有报告显示NuA4和SWR1复合物存在相似的表型和遗传相互作用，表明这两种复合物的重要功能联系。此外，全基因组研究发现，有效募集Htz1需要NuA4复合物和Gcn5（HAT for histones H2B and H3），表明特定的组蛋白乙酰化模式在组蛋白变体的形成中发挥重要作用。Bdf1是SWR1和TFIID复合物共同拥有的组分，可以与乙酰化的组蛋白H4选择性的结合。更重要的是，基因组内Bdf1的占据率与Htz1的占据率呈正相关，因为仅删除Bdf1或者Bdf1和它的冗余同源物Bdf2会造成Htz1的显著减少，表明组蛋白变体Htz1的高效形成需要Bdf1。

Htz1、SWR1和NuA4复合物之间的相似性带来了一些值得研究的问题。例如，NuA4也可以乙酰化Htz1吗？如果可以，乙酰化发生在Htz1募集之前还是之后呢？Htz1乙酰化的生理作用是什么？最近有三个小组研究了这些问题。Rine研究小组发现，在SWR1复合物的作用下体内染色质中形成的H2AZ的多个位点被NuA4复合物乙酰化。此外，尽管在SWR1复合物的异染色质边界乙酰化的H2AZ突变体含量丰富，但未被乙酰化的H2AZ突变体拮抗基因沉默的能力会降低，这表明乙酰化H2AZ在异染色质向常染色质的扩散过程中起着重要作用（Babiarz et al, 2006）。Buratowski的实验室发现，依赖SWR1复合物的Htz1在染色质内一旦形成，Htz1的Lys

14 将被 NuA4 复合物乙酰化（Keogh et al，2006）。Grunstein 小组也发现 Htz1 可以被 NuA4 复合物乙酰化（Millar et al，2006）。H2AZ 形成的模型正在逐渐形成：Bdf1 识别一个特定的组蛋白乙酰化模式并募集特定的 SWR1 复合物到基因组位点；H2AZ-H2B 二聚体与 Swc2 和 SWR1 复合物的其他亚基相关联，并依靠 SWR1 复合物的重塑活性被交换到染色质；SWR1 复合物和 NuA4 复合物之间的相互作用可能会募集 NuA4 复合物，并进一步乙酰化形成的 H2AZ；经过适当修饰的 H2AZ 会影响转录激活功能、基因沉默拮抗和染色体的稳定。

与 INO80 复合物类似，新的证据表明 SWR1 复合物也可能在 DNA 修复过程中发挥作用。首先，Swr1 突变体对 DNA 损伤试剂过敏表现为高敏性。第二，Down 等证实在体外纯化的 SWR1 复合物特异的结合 H2A 的磷酸丝氨酸-129 多肽，在体内 NuA4 复合物和包含 Rvb1 的复合物被招募到 DSB 位点。人类 NuA4 和 SWR1 的融合物 Tip60 复合物的 HAT 活性与 ATM 相关，ATM 是 DNA 损伤反应信号通路、激活、DNA 修复过程的重要激酶（Ikura et al，2000；Sun et al，2005）。此外，DNA 损伤位置的磷酸化的 H2Av 被乙酰化后果蝇 Tip60 复合物才能用未修饰的 H2Av 去置换。SWR1 复合物以及相关的 H2AZ 可能被募集到 DSB 位点，并用 H2AZ 去置换 γ-H2AX，这可能会进一步改变局部的染色质结构并促进 DNA 的修复过程。

3.5.5　总结与展望

新出现的证据表明，INO80 和 SWR1 重塑复合物在进化上保守，并在转录和 DNA 修复等基本生物过程中发挥关键作用。这些多蛋白复合物的详细机制仍然不明朗。尽管如此，ATP 依赖的染色质重塑复合物 INO80 亚家族的研究为揭示染色质重塑复合物和多细胞过程之间的联系提供了前所未有的机会。组蛋白变体 H2AZ，NuA4、SWR1 以及 INO80 复合物之间的关联进一步支持了组蛋白变体、组蛋白修饰以及染色质重塑共同调节染色质动力学的新兴主题。未来的研究将阐明 INO80 复合物重塑染色质的详细机制，以及它与 DNA 复制和重组等其他细胞过程的关系。

3.6　染色质重塑模式和机制

染色质重塑复合物可以采用多种不同的重塑模式去重塑染色质结构。重塑子能够滑动核小体、移除组蛋白八聚体、移除和置换 H2A-H2B 二聚物（彩图 2）。这些行为共破坏了 14 个组蛋白-DNA 的接触并需要约 12～14 kcal·mol^{-1} 的能量（Cairs，2007）。所有的染色质重塑 ATP 酶都是 SF2 家族的成员，也都属于 ATP 依赖的 DNA 转位酶。各类重塑子有着共同的属性，但也肩负着特定的任务。下面简要描述各种染色质重塑模式和重塑机制。

3.6.1　染色质重塑模式

1. 核小体滑动　SWI/SNF 复合物的 ATP 酶能够使 DNA 更易于接近转录激活或阻遏蛋白（Gangaraju et al，2007）。SWI/SNF 重塑子促进间隔均匀的核小体串的形成。在这个过程中，SWI/SNF 需要消耗 3 或 4 个 ATP 水解的能量，且很可能作为单体发挥作用，将核小体从其最初位置移动 52bp。有人曾提出 SWI/SNF 通过与核小体 DNA 的进入点到二分轴约 60bp 的大片段 DNA 结合去滑动核小体。酵母 SWI/SNF 复合物可以催化核小体在同一个 DNA 分子上的顺式置换（沿 DNA 分子滑动）。SWI/SNF' 复合物也可以介导反式置换反应，即将核小体转移到其他的 DNA 分子上，发生该反应所需要的 SWI/SNF 复合物浓度较高，因此顺式滑动是染色体重塑复合物主要的催化方式,但可能不是唯一的方式。

ISWI 复合物的功能是通过移动整个核小体建立一个抑制的染色质环境。与 SWI/SNF 复合物类似,许多 ISWI 复合物促进核小体均匀分布,这将有利于染色质高次结构的形成。ISWI 能够将核小体移动 9bp,该过程需要水解 1 个 ATP。ISWI 复合物可作为二聚体重塑染色质(Gangaraju et al, 2007)。Mi-2 型 ATP 酶也能诱发 DNA 片段的核小体滑动。Mi-2 的滑动机制很可能与 ISWI 类似,因为在 CHD 复合物的染色质重塑过程中只有小片段的核小体 DNA 被暴露。

2. 核小体移除 SWI/SNF 家族的所有成员和 ISWI 重塑子的一个亚基能够移除组蛋白二聚体(Bruno et al, 2003)。在酿酒酵母的基因处于激活状态时启动子区缺乏核小体,有利于转录机器与结合位点的结合。因此,核小体的移除可能会降低启动子区核小体的占据率,从而提高基因的表达水平。酵母组蛋白的高效移动依赖于伴侣蛋白 Nap1。SWI/SNF 复合物将缠绕在组蛋白上的 DNA 裸露并使 H2A/H2B 二聚体与 Nap1 结合。目前已提出了几种解释核小体移除过程的机制。SWI/SNF 创建的 DNA 环可能部分破坏核小体和组蛋白伴侣的障碍,从而促进二聚体或整个八聚体的移除。大面积组蛋白八聚体的瞬间暴露以及与 DNA 相互作用的减少会促进八聚体分离成 H2A-H2B 二聚体和 (H3-H4)$_2$ 四聚体(Mizuguchi et al, 2004)。此外,大的 DNA 片段与组蛋白八聚体的分离为其他 DNA 分子与核心组蛋白的结合提供机会。另一种机制指出 DNA 的移动可能造成邻近核小体 DNA 的分离,进而导致组蛋白二聚体或八聚体的释放(Cairns, 2007)。

3. 置换组蛋白 SWR1 复合物催化核小体 H2A 与 H2AZ 变体的交换。已有研究发现 H2AZ 与转录激活的启动子相关(Raisner et al, 2005)。与 SWI/SNF 类似,SWR1 催化 DNA 包装的打开并暴露 DNA 与 H2A-H2B 二聚体的结合表面。此外,SWR1 的亚基可以直接驱动第一个 H2A-H2B 二聚体从八聚体分离。SWR1 复合物作用下 DNA 的打开和 H2AZ-H2B 的释放会导致包含 H2AZ-H2B 或 H2A-H2B 的组蛋白八聚体重组。这将造成结构不相容并促使 SWR1 催化第二个 H2A-H2B 二聚体的交换。

4. 改变核小体构象 滑动为暴露包裹在核小体内的 DNA 提供了一个有效的方法。然而,滑动并不能同时暴露紧密相邻核小体的多个 DNA 位点。SWI/SNF 复合物可引起构象变化而不改变核小体的位置,从而使紧密包装的核小体区域的 DNA 暴露。SWI/SNF 复合物可以通过在核小体范围内产生稳定的 DNA 环去暴露 DNA。该 DNA 环可能由 ATP 酶的转位酶活性创建,而重塑子能够利用 ATP 水解的能量沿着 DNA 移动。核小体模板上 DNA 环的平均大小约 100bp。

5. 组蛋白尾巴的作用 一些染色质重塑子复合物的核小体重塑活性需要组蛋白尾巴的参与。ISWI 识别组蛋白 H4 的一个重要区域 $R_{17}H_{18}R_{19}$,这对于产生 ATP 依赖的均匀间隔的核小体串是必不可少的(Clapier et al, 2002)。SWI/SNF 的重塑活性并不需要组蛋白尾巴,但催化核小体串的翻转时需要组蛋白尾巴。此外,Mi-2 的体外 ATP 酶活性和核小体重塑活性并不依赖于特定的组蛋白 N-端尾巴。

组蛋白尾巴的修饰会影响重塑子复合物的募集和稳定性。H3K9me3 修饰可以促进 ISWI 的募集,而 H3K4me3 修饰可以促进 NURF 的 PHD 结构域的募集(Li et al, 2006)。组蛋白乙酰化会加强 SWI/SNF 与核小体的相互作用的稳定。H4K8 的乙酰化和组蛋白 H3 的球状区域有利于 SWI/SNF 的募集。

3.6.2 染色质重塑机制

1. 核小体的移动步长 ISWI 和 SWI/SNF 都可以改变核小体的水平定位的位置,但它们破坏核小体的能力有所不同。SWI/SNF 能够通过在核小体表面形成 DNA 环使核小体的 DNA 接近核酸内切酶切点。SWI/SNF重塑引起的核小体DNA暴露不需要将整个核小体从特定的DNA位点移动到一个新的位置（该位置可能会位于linker DNA区域）。ISWI复合物则需要将核小体包绕的待暴露DNA位点移动到足够远的linker区域。这些差异可能源于它们在细胞内的不同作用，SWI/SNF重塑使核小体DNA的位点靠近转录激活或阻遏物，而ISWI重塑参与移动核小体是为了建立一个抑制的染色质环境。

有证据表明，这两种复合物通过膨突机制移动核小体，它们可能会在核小体表面创建DNA膨突。因此，重塑结果的不同可能源于这些复合物创建的DNA膨突的大小的差异和DNA膨突在核小体上移动步长的不同。研究表明，ISWI复合物创建了以约10bp步长移动的小膨突，它不易被DNA内切酶分解。也有研究指出NURF复合物以10bp的步长移动核小体（Schwanbeck et al，2004）。值得注意的是：核小体偏好于在与组蛋白八聚体有高亲和力的DNA上重组，上述研究中观察到的10bp的步长可能不能反映NURF的内在移动步长，而是体现这个特定的DNA序列上的核小体定位的热力学偏好性。至今没有证据证明ISW2以1bp为步长移动核小体。

也有实验表明，SWI/SNF重塑分为两个步骤，首先，破坏H2B与DNA的接触，然后与DNA接触的H2B再现在与之前的位置距离52bp的位置。SWI/SNF可能首先从核小体的表面脱落大片段的DNA，可能用来形成一个大的DNA凸起。这个凸起沿着核小体表面移动时，组蛋白H2B与核小体的接触将被修复。ISW2与SHL2（superhelical location 2）位置上约10bp的核小体DNA接触，而SWI/SNF与DNA进入位点到SHL2位置约60bp的核小体DNA接触。

2. ISWI和SWI/SNF复合物的重塑特征 ATP酶水解能量驱动的DNA易位是移动核小体所必需的。最近的研究揭示了DNA易位怎样去破坏100多个涉及核小体结构的组蛋白-DNA相互作用。高分辨率的DNA印迹显示ISW2与核小体的3个不同区域接触：linker DNA、一个处于核小体内进/出位点10bp的区域、远离二分轴的10bp的双螺旋区域（SHL-2）。由缺口DNA构建的一系列核小体被ISW2重塑，并将这些重塑的核小体从没有重塑的核小体中经电泳分离。比较重塑与没有重塑核小体的DNA缺口分布发现没有重塑的核小体具有大量的缺口位置，所以DNA缺口干扰ISW2重塑的活性。NURF（Schwanbeck et al，2004），SWI/SNF（Watanabe et al，2006），和RSC（Saha et al，2005）移动核小体时需要二分轴附近重塑子的易位。酵母的SWI/SNF有3′~5′串特异性易位活性。虽然这些ATP依赖的重塑复合物有不同的核小体破坏结果，但核小体重塑时在二分轴附近它们都具有共同的DNA易位需求。ISW2和SWI/SNF的DNA光亲和标记研究表明，这些复合物的催化亚基与二分轴的DNA双螺旋接触，这与在该位点发生的DNA易位一致（Kagalwala et al，2004）。

两种复合物均可以结合核小体，并且在结合核小体后，复合物的ATP酶活性上升。但是ISW1复合物与核小体具有更强的结合力，而SWI/SNF复合物则与裸DNA具有更强的结合力。所以SWI/SNF复合物的作用机制是通过对DNA的高亲和力从而改变与核小体结合的DNA构型进而产生活性染色质；ISWI复合物则可能是通过与核小体核心组蛋白的相互作用而导致核小体移动，进而激活染色质。组蛋白为ISWI复合物活性所必需，但其不是SWI/SNF复合物活性的必要因素。

3. 核小体移动模型 核小体DNA的易位如何导致核小体移动有两种模型（沈玥琲，2006）。第一种模型提出DNA以1bp的步长从易位点向核小体边缘移动（Saha et al，2005）。这种模型的优点是它允许DNA移动到核小体外而不造成核心核小体任何大的结构变化，并释放易位引起的DNA扭转应变。核小体的晶体学研究发现核小体可以很容易地适应在其表面的过扭曲。尽管如此，也有研究指出核小体的移动步长大于1bp。这种模型也与前面提到的ISW2数据不一致，干预重塑的

1nt 的 DNA 缺口仅在包括内部接触位点约 20bp 的区域和该位点一侧翼的 10nts 区域存在。约 60bp 的区域的 1nt 的 DNA 缺口将干扰 DNA 按 1bp 的步长的易位从起始位置向核小体出/入位置传播。

第二个模型提出重塑子与重塑子-核小体复合物的其他部分协同作用在核小体表面去创建一个至少 10bp 的 DNA 膨突（Zofall et al, 2006）。ISW2 移动核小体时涉及 ISW2 与 linker DNA 的相互作用。SWI/SNF 与 ISW2 的重塑模型基本上一致，仅需做小的调整。SWI/SNF 与核小体 DNA 的相互作用比 ISW2 更广泛，从而为产生一个更大的 DNA 凸起提供了可能性。

虽然上述机制使整个复合物易位，但什么决定易位发生的方向仍然不清楚。首次关于移动方向的研究来自果蝇，果蝇的 ISWI 形成多种具有相同催化亚基的复合物，但其亚基组成不同。在细胞内，ISWI 形成 NURF、ACF 和 CHRAC 复合物。ISWI 亚基能够将核小体从 DNA 片段中心移到末端，而由 ISWI, Acf1 和两个小组蛋白折叠蛋白质组成的 CHRAC 复合物可以把核小体从中心移到末端（Eberharter et al, 2001）。使用位置特异的光亲和标记发现 Itc1p 仅与 linker DNA 相互作用。有效的 ISW2 相互作用需要约 67bp 的 linker DNA，而且这些 linker DNA 大多数与 Itc1p 相接触。因此，很有可能 Itc1 通过与 linker DNA 接触确定了复合物移动的方向。当一个大的膨突进入核小体时，Itc1 通过阻止膨突进入 linker DNA 去帮助确定膨突的移动方向，使膨突从核小体的另一侧出去，进而确定了核小体的移动方向。因此，缺乏 Itc1p 亚基的情况下，可能会破坏重塑复合物的移动方向，使重塑复合物向核小体偏好的方向移动。

核小体的间隔（nucleosome spacing）定义为具有相似 linker DNA 长度的核小体串。只有核小体重塑因子 ISWI 具备核小体的间隔活性。果蝇和人类的 ACF 和 CHRAC 重塑复合物、人类的 RSF（remodeling and spacing factor）、酵母 ISW1a 和 ISW2 复合物都能够调控核小体的间隔（Corona et al, 2000）。ISW2 复合物具有与 ISW1a 不一致的核小体的间隔活性。ISWI 核小体间隔活性的分子基础尚不明确。有趣的是，具有强大的核小体移动方向偏好的 ISWI 复合物，都具有这类间隔活性。例如，ISW1b 可以从中心向 DNA 末端或从 DNA 末端向中心移动核小体，因此不具备核小体的间隔活性。ISW1a 与 ISW1b 具有相同的催化亚基，但存在核小体移动偏好方向和核小体间隔活性。

ISW2 将核小体间隔为 200bp 的重复单位（linker DNA 长度 67bp），而 ISW1a 将核小体间隔为约 175bp 的重复单位（linker DNA 长度 30bp）。ISW2 的核小体的间隔活性取决于副亚基 Itc1 控制的复合物与 linker DNA 的亲和力。Itc1 与 linker DNA 的广泛结合可以防止核小体间距过于接近，ISW2 与 linker DNA 的相互作用程度将决定核小体的间隔活性。最近的研究表明，extranucleosomal DNA（at both the entry and exit sites over nucleosomes）的长度和组蛋白 H4 的尾巴将通过 ISW2 协同调控核小体的滑动。H4 的尾巴可以帮助募集 Isw2p 和 Itc1p 到 SHL2 上，但这也依赖于 extranucleosomal DNA 的长度。Extranucleosomal DNA 的长度为 70~85bp 时，H4 的尾巴将达到最优化募集状态。ISW1a 的核小体间隔活性方式有所不同。当在出/入位置两侧有 30bp 的 extranucleosomal DNA 长度时，ISW1a 同时与出/入位置发生相互作用，这种相互作用将反过来破坏其与 H4 尾巴的相互作用。

3.7 总结与展望

染色质重塑是表观遗传修饰模式中的一种重要机制，其中的任何一个环节发生异常都会影响基因的正常表达，从而引起很多复杂的疾病。SWI/SNF、ISWI、CHD、INO80 四类重塑复合物在结构和组成方面既存在相似性也存在特异性，它们的重塑机制和功能也存在很大差异。迄今为止，各种重塑复合物的重塑机制仍不明朗。阐明各种重塑复合物的重塑机制是理解四种重塑复合物相似和差异性的必经之路；也是进一步揭开基因表达调控复杂机制的重要内容；从而为疾病的诊断和治疗奠定更坚实的遗传学基础。

参 考 文 献

沈珺珺. 2006. 染色质与表观遗传调控 [M]. 北京：高等教育出版社，76-116.

薛京伦. 2006. 表观遗传学——原理、技术与实践 [M]. 上海：上海科学技术出版社，97-107.

AIRIO A，PUKKALA E，ISOMAKI H. 1995. Elevated cancer incidence in patients with dermatomyositis：a population based study [J]. J. Rheumatol.，22（7）：1300-1303.

ALENGHAT T，YU J，LAZAR M A. 2006. The N-CoR complex enables chromatin remodeler SNF2H to enhance repression by thyroid hormone receptor [J]. EMBO J.，25（17）：3966-3974.

BABIARZ J E，HALLEY J E，RINE J. 2006. Telomeric heterochromatin boundaries require NuA4-dependent acetylation of histone variant H2A. Z in *Saccharomyces cerevisiae* [J]. Genes & Dev.，20：700-710.

BADENHORST P，VOAS M，REBAY I，et al. 2002. Biological functions of the ISWI chromatin remodeling complex NURF [J]. Genes Dev.，16：3186-3198.

BADENHORST P，XIAO H，CHERBAS L，et al. 2005. The *Drosophila* nucleosome remodeling factor NURF is required for Ecdysteroid signaling and metamorphosis [J]. Genes Dev.，19：2540-2545.

BAO Y H，SHEN X T. 2007. INO80 subfamily of chromatin remodeling complexes [J]. Mutation Research，618：18-29.

BASSING C H，SUH H，FERGUSON D O，et al. 2003. Histone H2AX：a dosage-dependent suppressor of oncogenic translocations and tumors [J]. Cell，114：359-370.

BATSCHE E，YANIV M，MUCHARDT C. 2006. The human SWI/SNF subunit Brm is a regulator of alternative splicing [J]. Nat. Struct. Mol. Biol.，13：22-29.

BOUAZOUNE K，BREHM A. 2006. ATP-dependent chromatin remodeling complexes in *Drosophila* [J]. Chromosome Research，14：433-449.

BOYER L A，LANGER M R，CROWLEY K A，et al. 2002. Essential role for the SANT domain in the functioning of multiple chromatin remodeling enzymes [J]. Mol. Cell，10：935-942.

BOYER L A，LATEK R R，PETERSON C L. 2004. The SANT domain：a unique histone-tail-binding module？ [J]. Nat. Rev. Mol. Cell Biol.，5：158-163.

BRUNO M，FLAUS A，STOCKDALE C，et al. 2003. Histone H2A/H2B dimer exchange by ATP-dependent chromatin remodeling activities [J]. Mol. Cell，12：1599-1606.

BULTMAN S，GEBUHR T，YEE D，et al. 2000. A Brg1 null mutation in the mouse reveals functional differences among mammalian SWI/SNF complexes [J]. Mol. Cell，6：1287-1295.

CAIRNS B R，SCHLICHTER A，ERDJUMENT-BROMAGE H，et al. 1999. Two functionally distinct forms of the RSC nucleosome-remodeling complex，containing essential AT hook，BAH，and bromodomains [J]. Mol. Cell，4：715-723.

CAIRNS B R. 2007. Chromatin remodeling：insights and intrigue from single-molecule studies [J]. Nat. Struct. Mol. Biol.，14：989-996.

CHAI B，HUANG J，CAIRNS B R，et al. 2005. Distinct roles for the RSC and Swi/Snf ATP-dependent chromatin remodelers in DNA double-strand break repair [J]. Genes & Dev.，19：1656-1661.

CLAPIER C R，CAIRNS B R. 2009. The Biology of Chromatin Remodeling Complexes [J]. Annu. Rev. Biochem.，78：273-304.

CLAPIER C R，NIGHTINGALE K P，BECKER P B. 2002. A critical epitope for substrate recognition by the nucleosome remodeling ATPase ISWI [J]. Nucleic Acids Res.，30：649-655.

CORONA D F, EBERHARTER A, BUDDE A, et al. 2000. Two histone fold proteins, CHRAC-14 and CHRAC-16, are developmentally regulated subunits of chromatin accessibility complex (CHRAC) [J]. EMBO J., 19: 3049-3059.

CORONA D F, TAMKUN J W. 2004. Multiple roles for ISWI in transcription, chromosome organization and DNA replication [J]. Biochim. Biophys. Acta., 1677: 113-119.

CORRAL J, LAVENIR I, IMPEY H, et al. 1996. AnMll-AF9 fusion gene made by homologous recombination causes acute leukemia in chimeric mice: a method to create fusion oncogenes [J]. Cell, 85: 853-861.

CRUSSELLE-DAVIS V J, ARCHER T K. 2010. Comprehensive Toxicology (Second Edition) (M), Elsvier, 2: 359-375.

DA G, LENKART J, ZHAO K, et al. 2006. Structure and function of the SWIRM domain, a conserved protein module found in chromatin regulatory complexes [J]. Proc. Natl. Acad. Sci. U.S.A, 103: 2057-2062.

DROR V, WINSTON F. 2004. The Swi/Snf chromatin remodeling complex is required for ribosomal DNA and telomeric silencing in Saccharomyces cerevisiae [J]. Mol. Cell Biol., 24: 8227-8235.

EBERHARTER A, FERRARI S, LANGST G, et al. 2001. Acf1, the largest subunit of CHRAC, regulates ISWI-induced nucleosome remodelling [J]. EMBO J., 20: 3781-3788.

EBERHARTER A, VETTER I, FERREIRA R, et al. 2004. ACF1 improves the effectiveness of nucleosome mobilization by ISWI through PHD-histone contacts [J]. EMBO J., 23: 4029-4039.

FELSENFELD G, GROUDINE M. 2003. Controlling the double helix. Nature, 421: 448-453.

FYODOROV D V, BLOWER M D, KARPEN G H, et al. 2004. Acf1 confers unique activities to ACF/CHRAC and promotes the formation rather than disruption of chromatin in vivo [J]. Genes & Dev., 18: 170-183.

GANGARAJU V K, BARTHOLOMEW B. 2007. Mechanisms of ATP Dependent Chromatin Remodeling [J]. Mutat Res., 618 (1-2): 3-17.

GAVIN A C, ALOY P, GRANDI P, et al. 2006. Proteome survey reveals modularity of the yeast cell machinery [J]. Nature, 440: 631-636.

GENG F, CAO Y, LAURENT B C. 2001. Essential roles of Snf5p in Snf-Swi chromatin remodeling in vivo [J]. Mol. Cell. Biol., 21: 4311-4320.

GOODWIN G H, NICOLAS R H. 2001. The BAH domain, polybromo and the RSC chromatin remodelling complex [J]. Gene, 268: 1-7.

GRUNE T, BRZESKI J, EBERHARTER A, et al. 2003. Crystal structure and functional analysis of a nucleosome recognition module of the remodeling factor ISWI. Mol. Cell, 12: 449-460.

HAMICHE A, KANG J G, DENNIS C, et al. 2001. Histone tails modulate nucleosome mobility and regulate ATP-dependent nucleosome sliding by NURF [J]. Proc. Natl. Acad. Sci. U.S.A, 98: 14316-14321.

HO L, JOTHI R, RONAN J L, et al. 2009. An embryonic stem cell chromatin remodeling complex, esBAF, is an essential component of the core pluripotency transcriptional network [J]. Proc. Natl. Acad. Sci. USA, 106: 5187-5191.

INAYOSHI Y, MIYAKE K, MACHIDA Y, et al. 2006. Mammalian Chromatin Remodeling Complex SWI/SNF Is Essential for Enhanced Expression of the Albumin Gene during Liver Development [J]. J. Biochem (Tokyo), 139: 177-188.

JANSEN A, VERSTREPEN K J. 2011. Nucleosome Positioning in Saccharomyces cerevisiae [J]. MMBR, 75: 301-320.

JONES S, WANG T L, SHIH L M, et al. 2010. Frequent mutations of chromatin remodeling gene ARID1A in ovarian clear cell carcinoma [J]. Science, 330: 228-231.

KABANI M, MICHOT K, BOSCHIERO C, et al. 2005. Anc1 interacts with the catalytic subunits of the general transcription factors TFIID and TFIIF, the chromatin remodeling complexes RSC and INO80, and the histone acetyltransferase complex NuA3 [J]. Biochem. Biophys. Res. Commun., 332: 398-403.

KAGALWALA M N, GLAUS B J, DANG W, et al. 2004. Topography of the ISW2-nucleosome complex: insights into nucleosome spacing and chromatin remodeling [J]. EMBO J., 23: 2092-2104.

KEOGH M C, MENNELLA T A, SAWA C, et al. 2006. The Saccharomyces cerevisiae histone H2A variant Htz1 is acetylated by NuA4 [J]. Genes & Dev., 20: 660-665.

KIM J, SIF S, JONES B, et al. 1999. Ikaros DNA-binding proteins direct formation of chromatin remodeling complexes in lymphocytes [J]. Immunity, 10: 345-355.

KIM S, ZHANG Z, UPCHURCH S, et al. 2004. Structure and DNA-binding sites of the SWI1 AT rich interaction domain (ARID) suggest determinants for sequence-specific DNA recognition [J]. J. Biol. Chem., 279: 16670-16676.

KROGAN N J, KEOGH M C, DATTA N, et al. 2003. A Snf2 family ATPase complex required for recruitment of the histone H2A variant Htz1 [J]. Mol. Cell, 12: 1565-1576.

KROGAN N J, KIM M, TONG A, et al. 2003. Methylation of histone H3 by Set2 in *Saccharomyces cerevisiae* is linked to transcriptional elongation by RNA polymerase II [J]. Mol. Cell. Biol., 23: 4207-4218.

LANGST G, BONTE E J, CORONA D F, et al. 1999. Nucleosome movement by CHRAC and ISWI without disruption or trans-displacement of the histone octamer [J]. Cell, 97: 843-852.

LEE K K, PROCHASSON P, FLORENS L, et al. 2004. Proteomic analysis of chromatin-modifying complexes in *Saccharomyces cerevisiae* identifies novel subunits [J]. Biochem. Soc. Trans., 32: 899-903.

LEMOS T A, PASSOS D O, NERY F C, et al. 2003. Characterization of a new family of proteins that interact with the C-terminal region of the chromatin-remodeling factor CHD-3 [J]. FEBS Lett., 533: 14-20.

LI H, ILIN S, WANG W, et al. 2006. Molecular basis for site-specific read-out of histone H3K4me3 by the BPTF PHD finger of NURF [J]. Nature, 442: 91-95.

LODEN M, VAN STEENSEL B. 2005. Whole-genome views of chromatin structure [J]. Chromosome Res., 13: 289-298.

MARFELLA C G A, IMBALZANO A N. 2007. The Chd family of chromatin remodelers [J]. Mutation Research, 618: 30-40.

MARFELLA C G, OHKAWA Y, COLES A H, et al. 2006. Mutation of the SNF2 family member Chd2 affects mouse development and survival [J]. J. Cell. Physiol, 209: 162-171.

MATSUMOTO S, BANINE F, STRUVE J, et al. 2006. Brg1 is required for murine neural stem cell maintenance and gliogenesis [J]. Dev. Biol., 289: 372-383.

MAVRICH T N, IOSHIKHES I P, VENTERS B J, et al. 2008. A barrier nucleosome model for statistical positioning of nucleosome throughout the yeast genome [J]. Genome Res., 18: 1073-1083.

MEDINA P P, ROMERO O A, KOHNO T, et al. 2008. Frequent BRG1/SMARCA4-inactivating mutations in human lung cancer cell lines [J]. Hum. Mutat., 29, 617-622.

MILAN M, PHAM T T, COHEN S M. 2004. Osa modulates the expression of Apterous target genes in the *Drosophila* wing [J]. Mech Dev., 121: 491-497.

MILLAR C B, XU F, ZHANG K, et al. 2006. Acetylation of H2AZ Lys 14 is associated with genome-wide gene activity in yeast [J]. Genes Dev., 20: 711-722.

MIZUGUCHI G, SHEN X T, LANDRY J, et al. 2004. ATP-driven exchange of histone H2AZ variant catalyzed by SWR1 chromatin remodeling complex [J]. Science, 303: 343-348.

MORRISON A J, HIGHLAND J, KROGAN N J, et al. 2004. INO80 and γ-H2AX interaction links ATP-dependent chromatin remodeling to DNA damage repair [J]. Cell, 119: 767-775.

O'NEILL D W, SCHOETZ S S, LOPEZ R A, et al. 2000. An ikaros-containing chromatin-remodeling complex in adult-type erythroid cells [J]. Mol. Cell. Biol., 20: 7572-7582.

OLAVE I A, RECK-PETERSON S L, CRABTREE G R. 2002. Nuclear actin and actin-related proteins in chromatin remodeling [J]. Annu. Rev. Biochem., 71: 755-781.

PARK Y J, DYER P N, TREMETHICK D J, et al. 2004. A new fluorescence resonance energy transfer approach demonstrates that the histone variant H2AZ stabilizes the histone octamer within the nucleosome [J]. J. Biol. Chem., 279: 24274-24282.

PHELAN M L, SIF S, NARLIKAR G J, et al. 1999. Reconstitution of a core chromatin remodeling complex from SWI/SNF subunits [J]. Mol. Cell, 3: 247-253.

PRAY-GRANT M G., DANIEL J A, SCHIELTZ D, et al. 2005. Chd1 chromodomain links histone H3 methylation with SAGA-and SLIK-dependent acetylation [J]. Nature, 433: 434-438.

RAISNER R M, HARTLEY P D, MENEGHINI M D, et al. 2005. Histone variant H2A. Z marks the 5′ ends of both active and inactive genes in euchromatin [J]. Cell, 123: 233-248.

RAISNER R M, MADHANI H D. 2006. Patterning chromatin: form and function for H2A. Z variant nucleosomes [J]. Curr. Opin. Genet. Dev., 16: 119-124.

RANGASAMY D, GREAVES I, TREMETHICK D J. 2004. RNA interference demonstrates a novel role for H2A. Z in chromosome segregation [J]. Nat. Struct. Mol. Biol., 11: 650-655.

RICHMOND T J, DAVEY C A. 2003. The structure of DNA in the nucleosome core [J]. Nature, 423: 145-150.

RUHL D D, JIN J, CAI Y, et al. 2006. Purification of a human SRCAP complex that remodels chromatin by incorporating the histone variant H2A. Z into nucleosomes [J]. Biochemistry, 45: 5671-5677.

SAHA A, WITTMEYER J, CAIRNS B R. 2005. Chromatin remodeling through directional DNA translocationfrom an internal nucleosomal site [J]. Nat. Struct. Mol. Biol., 12: 747-755.

SCHWANBECK R, XIAO H, WU C. 2004. Spatial contacts and nucleosome step movements induced by the NURF chromatin remodeling complex [J]. J. Biol. Chem., 279: 39933-39941.

SHEN X T, MIZUGUCHI G., HAMICHE A, et al. 2000. A chromatin remodelling complex involved in transcription and DNA processing [J]. Nature, 406: 541-544.

SHEN X T, RANALLO R, CHOI E, et al. 2003. Involvement of actin-related proteins in ATP dependent chromatin remodeling [J]. Mol. Cell, 12: 147-155.

SHIA WJ, OSADA S, FLORENS L, et al. 2005. Characterization of the yeast trimeric-SAS acetyltransferase complex [J]. J. Biol. Chem., 280: 11987-11994.

SHUR I, BENAYAHU D. 2005. Characterization and functional analysis of CReMM, a novel chromodomain helicase DNA-binding protein [J]. J. Mol. Biol., 352: 646-655.

SOLARI F, AHRINGER J. 2000. NURD-complex genes antagonise Rasinduced vulval development in *Caenorhabditis elegans* [J]. Curr. Biol., 10: 223-226.

STOCKDALE C, FLAUS A, FERREIRA H, et al. 2006. Analysis of nucleosome repositioning by yeast ISWI and CHD1 chromatin remodeling complexes [J]. J. Biol. Chem., 281: 16279-16288.

SUDARSANAM P, WINSTON F. 2000. The Swi/Snf family nucleosome-remodeling complexes and transcriptional control [J]. Trends Genet., 16: 345-351.

TAI H H, GEISTERFER M, BELL J C, et al. 2003. CHD1 associates with NCoR and histone deacetylase as well as with RNA splicing proteins [J]. Biochem. Biophys. Res. Commun., 308: 170-176.

TROTTER K W, ARCHER T K. 2007. Nuclear receptors and chromatin remodeling machinery [J]. Mol. Cell. Endocrinol., 265-266, 162-167.

TSUKIYAMA T, WU C. 1995. Purification and properties of an ATP-dependent nucleosome remodeling factor [J]. Cell, 83: 1011-1020.

TSUKUDA T, FLEMING A B, NICKOLOFF J A, et al. 2005. Chromatin remodelling at a DNA double-strand break site in *Saccharomyces cerevisiae* [J]. Nature, 438: 379-383.

VAN ATTIKUM H, FRITSCH O, HOHN B, et al. 2004. Recruitment of the INO80 complex by H2A phosphorylation links ATP-dependent chromatin remodeling with DNA double-strand break repair [J]. Cell, 119: 777-788.

VAN ATTIKUM H, GASSER SM. 2005. The histone code at DNA breaks: a guide to repair [J] Nat. Rev. Mol. Cell Biol., 6: 757-765.

VARELA I, TARPEY P, RAINE K, et al. 2011. Exome sequencing identifies frequent mutation of the SWI/SNF complex gene PBRM1 in renal carcinoma [J]. Nature, 469: 539-542.

VISSERS L E, VAN RAVENSWAAIJ C M, ADMIRAAL R, et al. 2004. Mutations in a new member of the chromodomain gene family cause CHARGE syndrome [J]. Nat. Genet., 36: 955-957.

VON ZELEWSKY T, PALLADINO F, BRUNSCHWIG K, et al. 2000. The *C. elegans* Mi-2 chromatin-remodelling proteins function in vulval cell fate determination [J]. Development, 127: 5277-5284.

VRADII D, WAGNER S, DOAN D N, et al. 2006. Brg1, the ATPase subunit of the SWI/SNF chromatin remodeling complex, is required for myeloid differentiation to granulocytes [J]. J. Cell Physiol., 206: 112-118.

WANG H B, ZHANG Y. 2001. Mi2, an auto-antigen for dermatomyositis, is an ATP-dependent nucleosome remodeling factor. Nucl. Acid Res. , 29: 2517-2521.

WANG W, CHI T, XUE Y, et al. 1998. Architectural DNA Binding by a High-Mobility-Group/ Kinesin-like Subunit in Mammalian SWI/SNF-Related Complexes [J]. Proc. Natl. Acad. Sci. USA, 95: 492-498.

WANG W. 2003. The SWI/SNF family of ATP-dependent chromatin remodelers: similar mechanisms for diverse functions [J]. Curr. Top. Microbiol. Immunol. , 274: 143-169.

WELCH M D, DRUBIN D G. 1994. A nuclear protein with sequence similarity to proteins implicated in human acute leukemias is important for cellular morphogenesis and actin cytoskeletal function in *Saccharomyces cerevisiae* [J]. Mol. Biol. Cell, 5: 617-632.

WEST S C. 1997. Processing of recombination intermediates by the RuvABC proteins [J]. Annu. Rev. Genet. , 31: 213-244.

WHITE P S, THOMPSON P M, GOTOH T, et al. 2005. Definition and characterization of a region of 1p36.3 consistently deleted in neuroblastoma [J]. Oncogene, 24: 2684-2694.

WILLIAMS M S. 2005. Speculations on the pathogenesis of CHARGE syndrome [J]. Am. J. Med. Genet. A. , 133: 318-325.

WILSON B G, ROBERTS C W. 2011. SWI/SNF nucleosome remodelers and cancer [J]. Nat. Rev. Cancer, 11 (7): 481-492.

ZHANG H, RICHARDSON D O, ROBERTS D N, et al. 2004. The Yaf9 component of the SWR1 and NuA4 complexes is required for proper gene expression, histone H4 acetylation, and Htz1 replacement near telomeres [J]. Mol. Cell Biol. , 24: 9424-9436.

ZOFALL M, PERSINGER J, KASSABOV S R, et al. 2006. Chromatin remodeling by ISW2 and SWI/SNF requires DNA translocation inside the nucleosome [J]. Nat. Struct. Mol. Biol. , 13 (4): 339-346.

第 4 章 　组蛋白修饰

4.1　组蛋白修饰概述

4.1.1　组蛋白的分类和性质

真核生物基因的转录是一个高度调控的过程，染色质结构（DNA 在真核细胞中的包装方式）对基因转录有重大影响。在细胞里，DNA 以染色质的形式存在，核小体是染色质的基本结构单位。核小体是由核心组蛋白八聚体（2 个拷贝的 H2A、H2B、H3、H4）及缠绕其外周长度为 146bp 碱基对的 DNA 组成，组蛋白 H1 与核小体间的 DNA 结合。核小体是染色质组织的第一个层次，它们又被组织成更加复杂的高级结构（Kornberg et al.，1999）。染色质中的组蛋白与 DNA 的含量之比为 1∶1。

早在 1888 年德国化学家科塞（A. Kossel）已从细胞核中分离出组蛋白，并认识到它们作为碱性物质应在核中与核酸结合，但直到 1974 年才了解组蛋白的作用。一些实验室随后证明组蛋白以独特的方式构成核小体。

组蛋白（histones）是真核生物体细胞染色质中的碱性蛋白质，富含精氨酸和赖氨酸等碱性氨基酸，精氨酸和赖氨酸加起来约为所有氨基酸残基的 1/4。因为组蛋白富含带正电荷的碱性氨基酸，所以能够同 DNA 中带负电荷的磷酸基团相互作用，形成 DNA-组蛋白复合物。组蛋白依据氨基酸成分和相对分子质量的不同，主要分为 5 类：H1、H2A、H2B、H3、H4，表 4-1 列出了小牛胸腺五种组蛋白的基本参数。

表 4-1　小牛胸腺五种组蛋白的基本参数

组蛋白类型	赖氨酸	精氨酸	氨基酸数量	相对分子质量
H1	29	1	215	23 000
H2A	11	9	129	14 000
H2B	16	6	125	13 800
H3	10	13	135	15 300
H4	11	14	102	11 200

组蛋白的基因非常保守。亲缘关系较远的种属中，4 种组蛋白（H2A、H2B、H3、H4）氨基酸序列都非常相似。如海胆组织组蛋白 H3 的氨基酸序列与来自小牛胸腺 H3 的氨基酸序列间只有 1 个氨基酸的差异，小牛胸腺组蛋白 H3 的氨基酸序列与豌豆的也只有 4 个氨基酸不同。人类和豌豆组蛋白 H4 氨基酸序列只有两个不同，人类和酵母组蛋白 H4 氨基酸序列也只有 8 个不同。核心组蛋白高度保守的原因可能有两个：其一是核心组蛋白中绝大多数氨基酸都与 DNA 或其他组蛋白相互作用，可置换而不引起致命变异的氨基酸残基很少；其二是在所有的生物中与组蛋白相互作用的 DNA 磷酸二脂骨架都是一样的。

H1 属于另一类组蛋白，它不参加核小体的组建，在构成核小体时起连接作用，并赋予染色质以极性。H1 有一定的组织和种属特异性。H1 的相对分子质量较大，在进化上也较不保守，由 200 多个氨基酸残基组成。不同生物的 H1 序列变化较大。在某些组织中，H1 被特殊的组蛋白所取代。如成熟的鱼类和鸟类的红细胞中 H1 被 H5 所取代，精细胞中则由精蛋白代替。

染色体中组蛋白以外的蛋白质成分称非组蛋白。绝大部分非组蛋白呈酸性，因此也称酸性蛋白质或剩余蛋白质。

为了查找不同物种的组蛋白序列以及结构信息，可以访问组蛋白序列数据库（http://genome.nhgri.nih.gov/histones/），如图 4-1 所示。

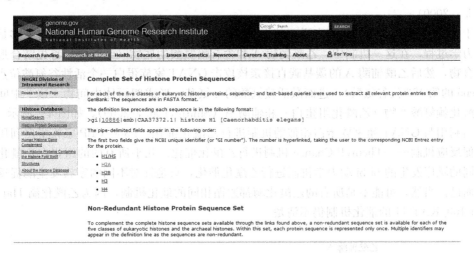

图 4-1　组蛋白序列数据库

4.1.2　组蛋白修饰的种类

目前已知某些酶和蛋白质复合体通过多种机制影响染色质的状态。至少有两类物质参与了染色质构型重建。一类称为 ATP 依赖的染色质重塑复合物，含有 4 个家族：SWI2/SNF2 家族、ISWI 家族（人类包括 RSF、hACF/WCRF 和 hCHRAC 等）、CHD 家族和 INO80 家族，它们能利用 ATP 水解产生的能量使染色质构型改变或核小体滑动（详见第 3 章）；另外一类是染色质改变因子，它们通过组蛋白共价修饰发挥生物学作用（Bradbury，1992；Kingston et al.，1996；Imbalzano，1998）。

每个核心组蛋白都有两个结构域：组蛋白的球形折叠区和氨基末端（N 末端）结构域。组蛋白的折叠区与组蛋白间相互作用及缠绕 DNA 有关；氨基末端结构域像一条"尾巴"，位于核小体的球形核心结构以外（伸出核小体），可同其他调节蛋白和 DNA 发生相互作用。染色体的高级结构和基因的转录调控都与组蛋白密切相关，核心组蛋白的"尾巴"可以发挥"信号位点"的作用，这些位点常被组蛋白乙酰转移酶、组蛋白甲基转移酶和组蛋白磷酸转移酶等作用，发生各种共价修饰。常见的组蛋白修饰包括乙酰化、甲基化、磷酸化、ADP 核糖基化、泛素化和羧基化等等（van Holde，1988）。彩图 3 显示了 4 种组蛋白 N 末端发生的一些修饰，图中显示的数字表示从 N 末端开始计算的氨基酸计数。

1. 组蛋白乙酰化　乙酰化修饰是通过组蛋白乙酰化酶的催化作用实现的。组蛋白乙酰化酶将乙酰 CoA 的乙酰基转移到组蛋白 N 末端尾区内赖氨酸侧链的 ε-氨基（Loidl，1994）。组蛋白通过电荷相互作用（组蛋白尾巴带正电荷；DNA 带负电荷）结合 DNA 或调节核小体之间的相互作用

(Fletcher et al., 1995; Luger et al., 1997)。而从组蛋白的球状域伸出的组蛋白 N 末端赖氨酸发生的乙酰化修饰可以通过电荷中和的方式削弱组蛋白-DNA 或核小体-核小体的相互作用，或引起构象的变化，破坏稳定的核小体结构。乙酰化修饰后的组蛋白也可以募集其他相关因子（如转录复合物）进入到一个基因位点，影响转录（Hebbes et al.，1988）。最近的工作相继报道了发挥乙酰化功能的蛋白质和复合物。另外，某些乙酰化酶还特异乙酰化与转录相关的其他蛋白赖氨酸残基，而不是组蛋白。

组蛋白乙酰化酶被分成 3 个主要家族：GNAT 超家族、MYST 家族和 P300/CBP 家族（Sterner et al.，2000）。

对于 GNAT 超家族乙酰化酶来说，其蛋白的初始结构和动力学数据揭示乙酰基转移是顺序发生的动力学过程。在这一机制中，乙酰辅酶 A 和含有赖氨酸的底物（组蛋白）首先结合形成一个三元复合物，然后乙酰辅酶 A 的羰基碳直接亲核攻击 GNAT 家族蛋白一个活性谷氨酸位点（比如酵母 Gcn5 的第 173 位谷氨酸），进而激活赖氨酸的 ε-氨基，形成四面体中间物。这一中间物再分解成乙酰化赖氨酸产物（乙酰化组蛋白）和辅酶 A（Smith et al.，2009），如图 4-2 所示。MYST 家族蛋白利用与 GNAT 超家族蛋白相似的机制进行乙酰化催化。P300/CBP 家族蛋白利用一个有序的酶促反应机制——Theorell-Chance 机制进行乙酰化催化。几乎所有的的组蛋白乙酰化酶家族遵循相同的顺序发生的 bi-bi 动力学机制进行乙酰化催化，只是针对不同的家族发生酶促反应的底物不同而已。当然，可能不是所有的乙酰化酶都遵循相同的催化机制，因为乙酰化酶 Hat 1/KAT 1 和 Rtt 109/KAT 11 的催化机制仍不清楚。

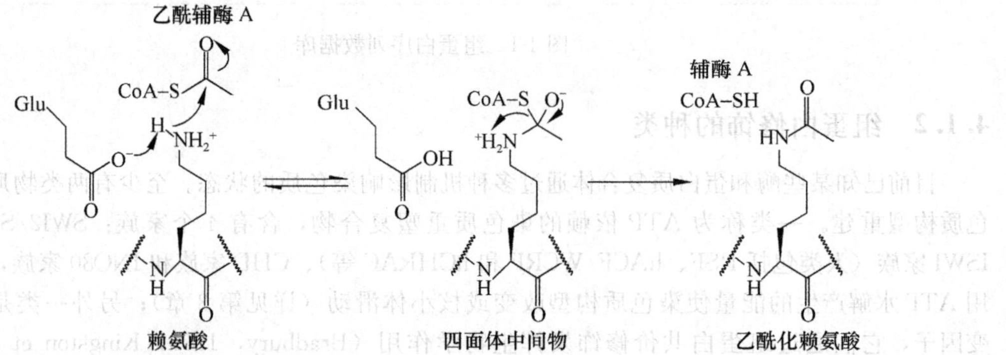

图 4-2 组蛋白赖氨酸乙酰化（引自 Smith et al.，2009）

2. 组蛋白甲基化 甲基化修饰不同于其他的组蛋白修饰，它可以发生在精氨酸和赖氨酸的侧链，每个残基侧链的氨基氮可单独或多次被甲基化。

以精氨酸为例，侧链的胍基可以发生对称或不对称的单甲基化、二甲基化，而赖氨酸的 ε-氨基可以发生单、双或三甲基化（Berger，2007），如图 4-3 所示。在核小体中，精氨酸甲基化只发生在组蛋白 H3 和 H4 的 N 末端尾巴。此外，参与 mRNA 加工和细胞质运输的蛋白质，如异构核糖核蛋白、核仁蛋白、纤维蛋白、多聚腺嘌呤结合蛋白和剪接体小核糖核蛋白都可以在精氨酸丰富的地区发生甲基化。其他精氨酸甲基化的目标核蛋白包括 STAT-1 转录因子、尤文肉瘤蛋白、白细胞介素增强子结合因子 3、转录延伸因子 SPT5、高相对分子质量成纤维细胞生长因子 2 和 p300/CBP 的组蛋白乙酰转移酶。这些催化甲基化的酶统称蛋白质精氨酸甲基转移酶（PRMTs，protein arginine methyltransferases）（Sterner et al.，2000）。

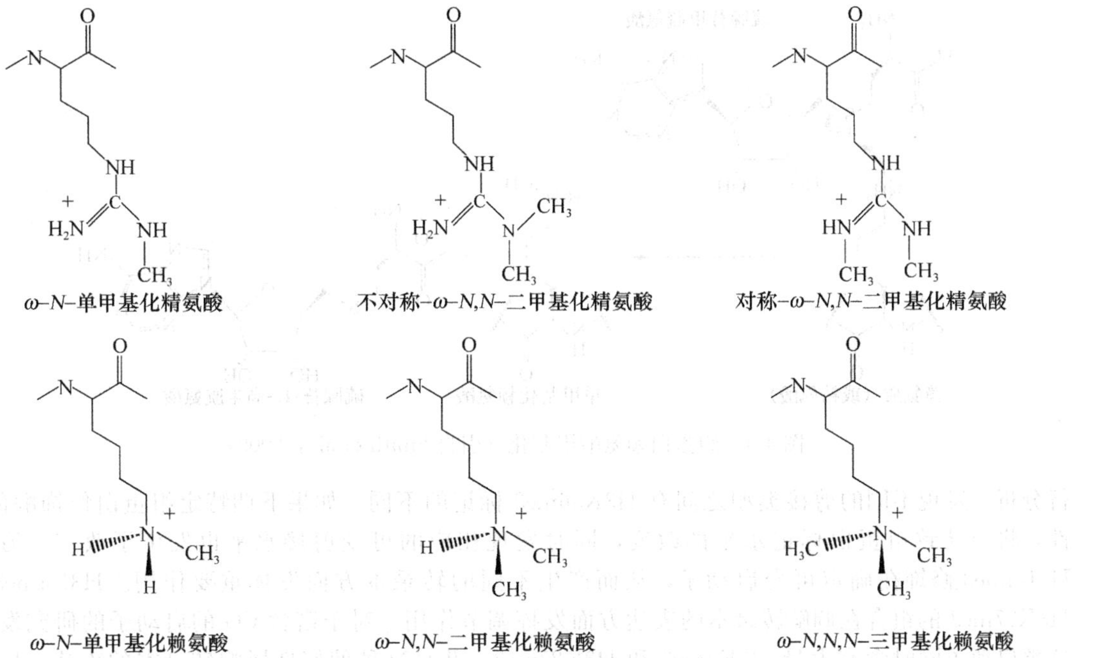

ω-N-单甲基化精氨酸　　　不对称-ω-N,N-二甲基化精氨酸　　　对称-ω-N,N-二甲基化精氨酸

ω-N-单甲基化赖氨酸　　　ω-N,N-二甲基化赖氨酸　　　ω-N,N,N-三甲基化赖氨酸

图 4-3　赖氨酸和精氨酸的甲基化修饰

组蛋白赖氨酸甲基转移酶以硫腺苷甲硫氨酸（AdoMet）依赖的方式催化赖氨酸的 ε-氨基发生单、双或三甲基化修饰。组蛋白赖氨酸甲基转移酶包括两大类：包含 SET 结构域的家族和非 SET 结构域的 DOT1 家族（Qian et al., 2006）。

SET 结构域甲基化转移酶能够催化单、双或三甲基赖氨酸。该类甲基化转移酶活跃位点残基的大小和结合模式最终决定酶是否进行单、双或三甲基化催化。在活性位点，一个保守的天冬氨酸或谷氨酸与硫腺苷甲硫氨酸两个核糖羟基之间形成氢键。此外，一个保守的精氨酸或赖氨酸（甲基化酶 Set7/9/hKMT7 的赖氨酸-294）与硫腺苷甲硫氨酸羧基形成盐键。这些相互作用可以把硫腺苷甲硫氨酸固定在一个 U 形构象之中，甲基锍基团位于一个疏水通道的底部，在这里它结合赖氨酸底物（组蛋白）。以甲基转移酶 SET7/9 为例，其酪氨酸 245 和酪氨酸-305 的侧链羟基结合到组蛋白赖氨酸的 ε-氨基，指导未配对电子朝向硫腺苷甲硫氨酸的甲基基团。硫腺苷甲硫氨酸的甲基基团通过甲基和酪氨酸 335 的侧链羟基、甘氨酸 264 和组氨酸 293 的主链羧基的 C—H...O 之间的氢键进行定位和激活。在 SET 结构域甲基化转移酶中，这些 C—H...O 氢键定位两个底物，以便于硫腺苷甲硫氨酸的硫、被转移甲基的碳和赖氨酸的 ε 氮处于共线性状态。这种几何状态允许 ε-氨基对硫腺苷甲硫氨酸的甲基进行亲核攻击，进而形成甲基化的赖氨酸和硫腺苷-L-高半胱氨酸（Guo et al., 2007；Trievel, 2004），如图 4-4 所示。

不同位点的甲基化对于基因的表达可以起到抑制或促进的作用。比如，H3K9 甲基化在编码区和启动区就有不同的功能，在启动区抑制基因表达，在编码区激活基因表达。另外，H3K9 甲基化是否激活或者抑制基因表达也存在基因的依赖性（Martin et al., 2005）。在同一位点，甲基化数目的不同也可以对基因的表达产生不同的影响（Zhang et al., 2001）。甲基化还可能作用于 DNA 的一定区域。比如，H3K27me3（三甲基化，me：methylation）可以阻止 DNA 的调节序列发挥一定的生物学功能。甲基化还能够影响可变剪接。通过染色质免疫沉淀技术，对纤维母细胞生长因子受体 2（Fibroblast Growth Factor Receptor 2，FGFR2）基因上的几种组蛋白修饰标记进

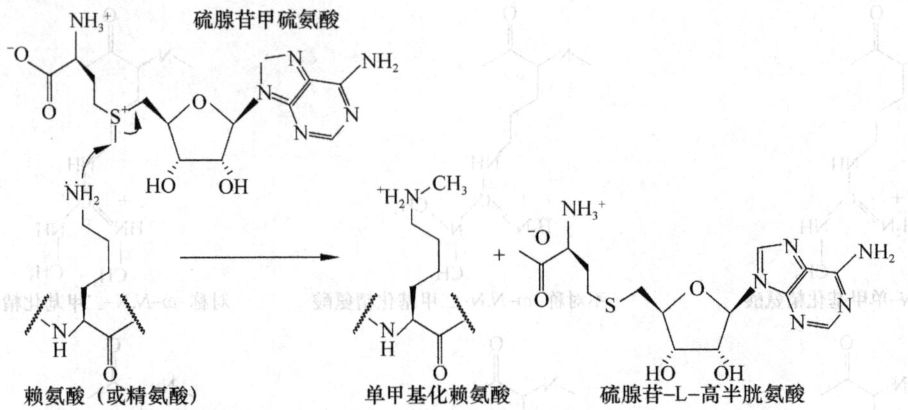

图4-4 组蛋白赖氨酸甲基化（引自 Smith et al., 2009）

行分析，发现不同的剪接类型之间有 H3K36me3 标记的不同。如果下调特定组蛋白修饰酶的活性，将会导致组蛋白标记水平的改变，同时发现相应的可变剪接水平也发生了改变。另外，H3K4me3 修饰在确定可变启动子，从而产生不同的转录本方面发挥重要作用。H3K4me3 和 H3K27me3 的组合在调解转录本的表达方面发挥调节作用。对于富含 CG 的启动子的研究发现，这类启动子同时含有大量 H3K4me3 和 H3K27me3，并且这种偏好性影响转录本的表达（Pal et al., 2011）。

3. 组蛋白磷酸化 组蛋白磷酸化修饰指在磷酸激酶等相关酶的作用下，ATP 水解后的磷酸基团与组蛋白 N 末端丝氨酸或苏氨酸残基的缩水结合，如图 4-5 所示。组蛋白 H3 的 S10（第 10 位丝氨酸）、S28、T3（第 3 位苏氨酸）和 T11 都可以发生磷酸化修饰。目前对组蛋白 H4 磷酸化的研究主要集中在 S1 上，H2A 的磷酸化修饰发生在 S1 和 S10（Barber et al., 2004）。组蛋白 H2B 的 S32 在细胞的有丝分裂期也能够发生磷酸化修饰。

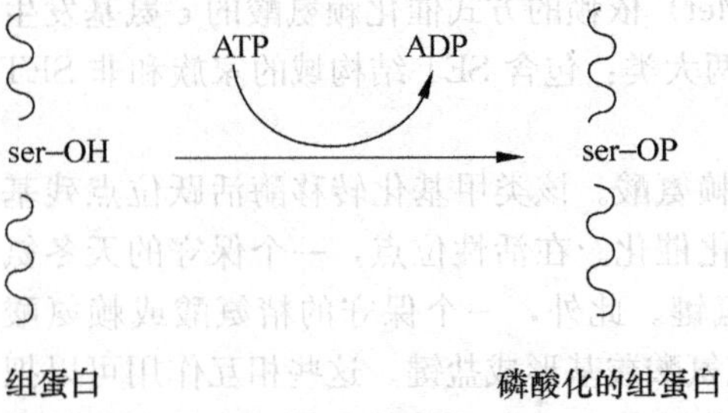

图4-5 组蛋白磷酸化

激酶 Haspin 可以使 H3 的 T3 位点磷酸化。在有丝分裂期间，组蛋白 H3T3 位点的磷酸化，决定了激酶 Aurora B 在染色体上的定位。而 Aurora B 的定位对细胞完成正确的分裂是至关重要的。如果定位出现错误，细胞分裂就会出现障碍，甚至染色体无法平均分配到子代细胞，从而产生异倍体子代细胞，进而转化为肿瘤细胞。T3 位点的去磷酸化激酶是蛋白磷酸酶 PP1，相应的亚单位蛋白 Repo-Man 对 PP1 的去磷酸化作用进行调控。我们不难发现，组蛋白 H3 的 T3 磷酸化状态受到激酶 Haspin 和蛋白磷酸酶 PP1/Repo-Man 共同调控，只有两者互相协调，T3 才会以适当的程度被磷酸化在适当的位置，从而调控 Aurora B 的定位，以准确的方式完成有丝分裂。

Aurora 激酶家族是一组调节中心体、微管功能的丝氨酸和苏氨酸激酶。哺乳动物细胞 Aurora 激酶家族成员的结构和功能在进化上保守，根据该家族各成员在细胞内的定位可分为 3 种：Aurora-A、Aurora-B 和 Aurora-C2。Aurora-B 是有丝分裂中组蛋白 H3 的第 10 位丝氨酸磷酸化所必需的激酶，组蛋白 H3 磷酸化主要由 Aurora-B 激酶控制。此外，丝裂原和应激激活的蛋白激酶（mitogen and stress-activated protein kinase，MSK），即蛋白激酶 MSK1 和 MSK2 与 H3S28 的磷酸化有关。当 DNA 损伤发生时，组蛋白 H4S1 可以被酪蛋白激酶 CK2（Casein kinase 2）磷酸化，从而抑制 NUA4 复合体对 H4 组蛋白 N 末端的乙酰化修饰，并使染色质发生浓缩。

组蛋白磷酸化修饰和其他表观遗传修饰一样也可能是通过两种机制影响染色体的结构和功能：①磷酸基团携带的负电荷中和了组蛋白上的正电荷，造成组蛋白与 DNA 之间亲和力的下降；②修饰能够产生与蛋白质识别模块结合的表面，与特异的蛋白质复合物相互作用。组蛋白的磷酸化可能会改变组蛋白与 DNA 结合的稳定性，在细胞信号、有丝分裂、细胞死亡、DNA 损伤修复、DNA 复制、转录和重组过程中发挥重要作用（Berger，2010；Pérez-Cadahía，2010）。

组蛋白 H3S 10 在 G2 期初始阶段会发生磷酸化，从而进一步影响基因转录的起始和有丝分裂期染色体浓缩时形态结构的改变。H3 磷酸化（S10、S28、T3 和 T11）的缺乏使得减数分裂 I 期和减数分裂 II 期的 X 染色体的着丝粒失活，造成减数分裂期 X 染色体的不分离。H3S28 的磷酸化还可以调节依赖于 RNA 聚合酶Ⅲ的转录。在芽殖酵母中，H3T45 磷酸化修饰与 DNA 的复制相关联。此外，组蛋白磷酸化修饰可以影响核小体的装配。H4S47 磷酸化可以显著调节含有组蛋白变体 H3.3 和 H3.1 的核小体的装配。H3T 118 磷酸化可以通过 SWI/SNF 染色质重塑子影响核小体的装配。组蛋白 H2AS 10 突变的四膜虫在细胞分裂时表现出异常的染色质凝集和分离。最近发现，酵母中的 Ipl 1 激酶和构巢曲霉中的 NIMA 激酶与 H2A 的第 10 位丝氨酸的磷酸化有关。

4. 组蛋白泛素化　泛素（ubiquitin，Ub）是高度保守的、含 76 个氨基酸的蛋白质，相对分子质量为 8500，在真核生物体内广泛存在。泛素分子氨基端 1～72 位点的氨基酸残基形成一个紧密折叠的球状结构，紧靠羧基端的 4 个氨基酸残基是随机盘绕的。

组蛋白的泛素化修饰就是组蛋白赖氨酸残基与泛素分子羧基末端的相互结合。泛素的羧基末端为甘氨酸，该甘氨酸上的羧基可以与组蛋白赖氨酸的氨基形成异构肽键，如图 4-6 所示。泛素还含有多个赖氨酸残基，可以作为内部受体，与其他泛素羧基末端的甘氨酸结合。因此底物蛋白的一个赖氨酸残基可能结合多个泛素分子。

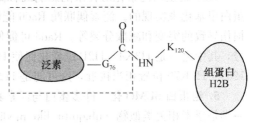

图 4-6　组蛋白 H2B 的第 120 位赖氨酸泛素化示意图

进行泛素化修饰需要 3 类催化酶：泛素激活酶（ubiquitin-activatingenzyme，E1），泛素接合酶（ubiquitin conjugating enzyme，E2）和泛素-蛋白质连接酶（ubiquitinprotein ligase，E3）（Glickman et al.，2002）。泛素激活酶（E1）利用以 ATP 形式存在的能量，与泛素结合形成高能硫酯键，即 E1 的半胱氨酸残基与泛素的羧基末端甘氨酸残基形成高能硫酯键，构成泛素-E1 偶联物并将泛素激活。然后通过转酯作用将活化的泛素转移到泛素结合酶（E2）的活性半胱氨酸残基上，接着 E2 将活化的泛素转移至相应泛素连接酶（E3）上形成高能量 E3-泛素偶联物，E2 也可以直接将泛素转移到靶蛋白的 Lys 残基上，但一般靶蛋白的泛素化需要一个特异的泛素连接酶 E3，最后 E3 可直接或间接地促使泛素转移到特异靶蛋白，使泛素的羧基末端羧酸酯与靶蛋白赖氨酸的 ε-氨基形成异肽键，或转移到已与靶蛋白相连的泛素上形成多聚泛素链。E3 对靶蛋白的特异性识别在泛素调节路径中起决定作用。多聚泛素化需要以上 3 种酶的共同作用，而单泛素化一般仅需要前两种酶。

泛素连接酶 E3 是泛素与靶蛋白结合所需要的第三个酶，它选择性地识别并结合特异的靶蛋白。根据识别靶蛋白序列中结构域不同，E3 可分为两大类型：① HECT 结构域（homologous to E6-associated protein carboxyl terminus，HECT）家族的泛素连接酶（HECT E3s）；HECT 泛素连接酶有 1 个相对分子质量约 40 000 的羧基末端催化结构域，即 HECT 结构域。HECT 结构域包含带有保守的半胱氨酸残基的 350 个氨基酸，该结构域上的半胱氨酸残基通过硫酯键与泛素形成共价中间体，进而将泛素传递给底物；HECT 泛素连接酶的氨基末端不具有保守性，容易变化，这一特点可能决定底物的特异性识别。② RING（the really interesting new gene，RING）结构域家族的泛素连接酶（RING E3s）：RING 结构域家族最典型的特点是具有环指结构域，也是该家族具有泛素连接酶作用的重要因素。RING 结构域的氨基酸序列为 Cys-X2-Cys-X 9-39-Cys-X 1-3-His-X 2-Cys-X2-Cys-X-C，其中 X 为任何氨基酸，每一环指结构域连有两个锌离子。RING E3s 的泛素连接酶活性依赖于此环指结构域，该结构域介导泛素从泛素结合酶到靶蛋白底物。HECT 结构域主要通过与泛素形成催化作用所必需的硫酯键发挥作用，而 RING 结构域为 E2 和底物提供结合位点，从而使 E2 催化泛素转移到底物上。

组蛋白 H2A 在 1975 年被首次发现有泛素化修饰（oldknopf et al.，1975），其泛素化修饰位点是高度保守的第 119 位点赖氨酸残基（K119）。研究发现，在大量高等真核生物中 H2A 总量的 5%～15% 被泛素化，除了在芽殖酵母中没有发现泛素化的组蛋白 H2A（ubiquitinated-H2A，uH2A）以外，在许多组织和细胞中都发现有多聚泛素化（polyubiquitination）的 H2A。组蛋白 H2A 的泛素化能够促进组蛋白 H1 与核小体的结合，促进多聚梳群蛋白（polycomb group protein）的沉默。除了 H2A 以外，组蛋白 H2B 也可以被泛素化修饰。尽管染色质中泛素化的组蛋白 H2B 量并不多，约占 1%～2%，但是在从芽殖酵母到人类的真核生物中广泛分布。H2B 的泛素化位点也定位于羧基端的赖氨酸残基，比如哺乳动物的 K120 位点和芽殖酵母的 K123 位点。

H2B 组蛋白泛素化对转录的影响既有促进方面的，又有抑制方面的，这主要是通过其调控的组蛋白甲基化来实现的。泛素偶联酶 Rad6 能够参与许多细胞活动，如基因沉默、DNA 修复、DNA 损伤导致的突变和减数分裂等。Rad6 可促使 H2BK 123 发生泛素化，这也是 H3 发生甲基化的信号，其中之一是 H3K4。H2B 泛素化促使 H3 发生甲基化的另一个位点是 K79。在核小体上 H2BK 123 与 H3K79 位置相当接近，这可能是 H2BK 123 泛素化促进 H3K79 甲基化的一个原因。

5. 组蛋白 SUMO 化 许多蛋白与泛素具有序列同源性，这些类似于泛素的蛋白被分为两类：一类是泛素相关类似物（ubiquitin-like modifiers，UBLs），如 Rub1（Nedd8）、Apg8、Apg12 和小泛素相关修饰物（small ubiquitin-related modifier，SUMO）等，它们具有类似于泛素化的修饰功能；另一类是泛素结构域蛋白（Ubiquitin-domain proteins，UDPs），如 Parkin、RAD23 和 DSK2，这些蛋白具有与泛素蛋白相近的结构域，但与 UBL 不同，UDP 不与其他蛋白共价连接。

SUMOs 是一类高度保守的蛋白质家族，相对分子质量约为 11000，在结构上与泛素存在一定相似性。它们的一级结构虽然只有 18% 的序列相似性，但二级、三级结构惊人地相似。三维结构都包含一个 β 折叠缠绕一个 α 螺旋的球状折叠，而且参与反应的羧基端双甘氨酸残基位置也十分相似。不同的是，SUMO 的氨基端还有一个 10～25 氨基酸长度的柔韧延伸，而泛素没有。并且二者的表面电荷分布也完全不同，这提示它们可能具有不同的功能。

SUMO 蛋白分布广泛，存在于各种真核生物细胞中，在芽殖酵母、线虫、果蝇及培养的脊椎动物细胞中都有表达。1995 年在酿酒酵母（*Saccharomyces Cerevisiae*）中首次发现该家族的第一个成员 SMT3。但酵母、线虫、果蝇只存在一种 SUMO 基因，而植物和脊椎动物体内包含几种不同的 SUMO 基因。人类基因组就编码了 4 种不同的 SUMO 蛋白，分别为 SUMO1（又称 PIC1、UBL1、sentrin、GMP1 或 SMT3C）、SUMO2（又称 SMT3A 或 sentrin-3）、SUMO3（又称 SMT3B 或 sentrin-2）和 SUMO4（Guo et al.，2004）。

同泛素化类似，SUMO 化修饰的结果也是在修饰蛋白羧基端的甘氨酸残基和底物蛋白赖氨酸的 ε-氨基之间形成一个异肽键。修饰的具体路径也与泛素化修饰十分相似，涉及多个酶的级联反应：E1 活化酶、E2 结合酶以及 E3 连接酶，但二者反应途径中涉及的酶完全不同。

SUMO 化修饰过程包括活化、结合、连接、修饰等过程（Dohmen，2004），如图 4-7 所示。SUMO 前体分子带有短 C 末端，经加工蛋白酶 Ulp1 切去 C 末端后成熟。SUMO 分子是以前体形式合成的，其伸展的 C 端需要进一步加工以暴露双糖，此功能是由前体加工酶完成的。前体加工酶是一种双功能酶，除加工 SUMO 前体外，它还可以将 SUMO 分子从底物上解离出来（即去 SUMO 化），重新进入 SUMO 化循环。

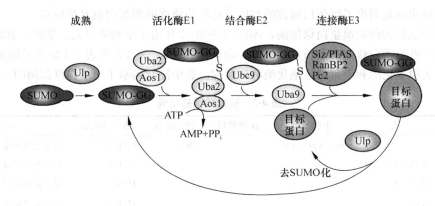

图 4-7　SUMO 化示意图

成熟的 SUMO 分子由 SUMO 活化酶（E1）（由 Uba2 和 Aos1 组成的异源二聚体）通过 ATP 依赖的 SUMO-腺苷酸中间体介导，与 SUMO 活化酶 Uba2 亚单位的半胱氨酸残基通过硫酯键相连而活化。随后活化的 SUMO 通过转酯反应转移至 SUMO 特异性结合酶（E2）Ubc9 的半胱氨酸残基上，形成 SUMO-Ubc9 硫酯中间体。Ubc9 将 SUMO 分子结合到靶蛋白完成 SUMO 化。SUMO 连接酶（E3）识别底物，促进某些底物的 SUMO 化。底物的去 SUMO 化是由两个异构酶 Ulp1 和 Ulp2 介导的，去 SUMO 化后 SUMO 分子重新进入循环。

虽然体外实验显示，E1、E2 足以使各种底物 SUMO 化，但是体内实验表明，绝大多数 SUMO 定位到靶分子的过程还需要连接酶（E3）的参与。现已发现 3 类 SUMO 连接酶（即 PIAS、RanBP2 和 PC2）均可与 Ubc9 作用，促进体内外的 SUMO 化过程。

在哺乳动物中，SUMO 化的核内底物多数是转录调节因子或共调节因子。大量研究证实，SUMO 化对转录因子 Elk-1、Sp-3、SREBPs、STAT-1、SRF、c-myb、C/EBPs、转录共激活因子 p300 以及雄激素受体（androgen receptor，AR）和孕激素受体（progesterone receptor，PR）均起到负性调控的作用。SUMO 化修饰与多个参与 DNA 损伤反应、维持基因组稳定的蛋白相关，有可能参与肿瘤的发生和发展。受 SUMO 直接作用的 DNA 修复蛋白是胸腺嘧啶 DNA 糖基化酶（thymine DNA glycosylase，TDG）。TDG 是碱基切除修复的关键酶，通过转移胸腺嘧啶和尿嘧啶对 G/T 和 G/U 的错误配对进行修复。该酶在从 AP 位上释放的过程中需要 SUMO 化，而 TDG 过早释放将会在 DNA 上留下易发生突变的机会。与维持基因组稳定有关的 SUMO 化底物还有 RecQ 样 DNA 依赖的解旋酶 Bloom（RecQ-like DNA-dependent helicases Bloom，BLM）、拓扑异构酶 Ⅰ（topoisomerase Ⅰ，topo Ⅰ）和拓扑异构酶 Ⅱ（topo Ⅱ）等。植物 SUMO 化途径参与脱落酸与水杨酸的信号转导。过量表达的 *SUM1* 基因，提高了 SUMO 化水平，进而导致拟南芥的根对 ABA 介导的生长抑制作用的敏感性降低。相反，如果通过共抑制 SUMO 结合酶 SCE1 来阻碍 SUMO 化修饰，则会增强 ABA 介导的生长抑制作用，显著地抑制拟南芥根的生长。一些研究发现，SUMO 化修饰途径中的连接酶 SIZ1 可以调节水杨酸介导的信号转导，通过改变水杨酸的积累量而提高植物的抗病能力。

4.2 组蛋白修饰酶及其相关复合物

彩图 4 较全面地列出了组蛋白修饰酶类以及这些酶修饰的组蛋白氨基酸位点。

为了便于认识和研究组蛋白修饰酶，Allis 等于 2007 年对 4 个物种（人、果蝇、酿酒酵母和裂殖酵母）的一些组蛋白修饰酶重新进行了统一命名，表 4-2、表 4-3 和表 4-4 显示了组蛋白甲基化酶、组蛋白去甲基化酶和组蛋白乙酰化酶的新名称。表中同时列举了组蛋白修饰酶的一些功能。

表 4-2 赖氨酸甲基化酶

新名称	人	黑腹果蝇	酿酒酵母	裂殖酵母	特异性底物	功能
KMT1		Su（Var）3-9		Clr4	H3K9	异染色质形成/基因沉默
KMT1A	SUV39H1				H3K9	异染色质形成/基因沉默
KMT1B	SUV39H2				H3K9	异染色质形成/基因沉默
KMT1C	G9a				H3K9	异染色质形成/基因沉默
KMT1D	EuHMTase/GLP				H3K9	异染色质形成/基因沉默
KMT1E	ESET/SETDB1				H3K9	转录抑制
KMT1F	CLL8					
KMT2			Set1	Set1	H3K4	转录激活
KMT2A	MLL1	Trx			H3K4	转录激活
KMT2B	MLL2	Trx			H3K4	转录激活
KMT2C	MLL3	Trx			H3K4	转录激活
KMT2D	MLL4	Trx			H3K4	转录激活
KMT2E	MLL5				H3K4	转录激活
KMT2F	hSET1A				H3K4	转录激活
KMT2G	hSET1B				H3K4	转录激活
KMT2H	ASH1	Ash1	Set2	Set2	H3K4	转录激活
KMT3					H3K36	转录激活
KMT3A	SET2				H3K36	转录激活
KMT3B	NSD1				H3K36	
KMT3C	SYMD2				H3K36（p53）	转录激活
KMT4	DOT1L		Dot1		H3K79	转录激活
KMT5				Set9	H4K20	DNA 损伤应答
KMT5A	Pr-SET7/8	PR-set7			H4K20	转录抑制
KMT5B	SUV4-20H1	Suv4-20			H4K20	DNA 损伤应答
KMT5C	SUV4-20H2					
KMT6	EZH2	E（Z）			H3K27	多梳蛋白沉默
KMT7	SET7/9				H3K4（p53 和 TAF10）	
KMT8	RIZ1				H3K9	转录抑制

表 4-3 赖氨酸去甲基化酶

新名称	人	黑腹果蝇	酿酒酵母	裂殖酵母	特异性底物	功能
KDM1	LSD1/BHC110	Su (var) 3-3		SpLsd1/Swm1/Saf110	H3K4me1/2, H3K9me1/2	转录激活抑制异染色质形成
KDM2			Jhd1		H3K36me1/2	转录延长
KDM2A	JHDM1a/FBXL11				H3K36me1/2	
KDM2B	JHDM1b/FBXL10				H3K36me1/2	
KDM3A	JHDM2a				H3K9me1/2	男性激素受体基因激活 精子发生
KDM3B	JHDM2b				H3K9me	
KDM4				Rph1	H3K9/K36me2/3	转录延长
KDM4A	JMJD2A/JHDM3A				H3K9/K36me2/3	转录抑制 基因组整合
KDM4B	JMJD2B				H3K9/ H3K36me2/3	异染色质形成
KDM4C	JMJD2C/GASC1				H3K9/K36me2/3	假定的癌基因
KDM4D	JMJD2D				H3K9me2/3	
KDM5		Lid	Jhd2	Jmj2	H3K4me2/3	
KDM5A	JARID1A/RBP2				H3K4me2/3	眼癌-相互作用蛋白
KDM5B	JARID1B/PLU-1				H3K4me1/2/3	转录抑制
KDM5C	JARID1C/SMCX				H3K4me2/3	X 连锁的智力延迟
KDM5D	JARID1D/SMCY				H3K4me2/3	雄性特应性抗原
KDM6A	UTX				H3K27me2/3	转录激活
KDM6B	JMJD3				H3K27me2/3	转录激活

表 4-4 赖氨酸乙酰化酶

新名称	人	黑腹果蝇	酿酒酵母	裂殖酵母	特异性底物	功能
KAT1	HAT1	CG2051	Hat1	Hat1/Hag603	H4 (5, 12)	组蛋白沉积 DNA 修复
KAT2		dGCN5/PCAF	Gcn5	Gcn5	H3 (9, 14, 18, 23, 36) / H2B; yHtzl (14)	转录激活 DNA 修复
KAT2A	hGCN5				H3 (9, 14, 18) /H2B	转录激活
KAT2B	PCAF				H3 (9, 14, 18) /H2B	转录激活
KAT3		dCBP/NEJ			H4 (5, 8); H3 (14, 18)	转录激活 DNA 修复
KAT3A	CBP				H2A (5); H2B (12, 15)	转录激活
KAT3B	P300				H2A (5); H2B (12, 15)	转录激活
KAT4	TAF1	dTAF1	Taf1	Taf1	H3>H4	转录激活
KAT5	TIP60/PLIPP	dTIP60	Esa1	Mst1	H4 (5,8,12,16); H2A (yeast4, 7; chicken5, 9, 13, 15); dH2Av/yHtzl (14)	转录激活 DNA 修复

续表

新名称	人	黑腹果蝇	酿酒酵母	裂殖酵母	特异性底物	功能
KAT6		(CG1894)	Sas3	(Mst2)	H3 (14, 23)	转录激活和延长 DNA 复制
KAT6A	MOZ/MYST3 T3	ENOK			H3 (14)	转录激活
KAT6B	MORF/ MYST4				H3 (14)	转录激活
KAT7	HBO1/ MYST2	CHM		(Mst2)	H4 (5, 8, 12) >H3	转录, DNA 复制
KAT8	HMOF/ MYST1	dMOF (CG1894)	Sas2	(Mst2)	H4 (16)	染色质边界, 剂量补偿, DNA 修复
KAT9	ELP3	dELP3/ CG15433	Elp3	Elp3	H3	
KAT10			Hap2		H3 (14); H4	
KAT11			Rtt109		H3 (56)	基因组稳定性, 转录延长
KAT12	TFⅢC90				H3 (9, 14, 18)	RNA 聚合酶Ⅲ转录
KAT13A	SRC1				H3/H4	转录激活
KAT13B	ACTR				H3/H4	转录激活
KAT13C	P160				H3/H4	转录激活
KAT13D	CLOCK				H3/H4	转录激活

4.2.1 乙酰化酶及其复合物

1964 年，Allfrey 发现组蛋白乙酰化修饰影响基因的活性，但未找到乙酰化酶或去乙酰化酶。后来的研究显示这些乙酰化酶通常属于两类：A 型，位于细胞核；B 型，位于细胞质中。B 型组蛋白乙酰化酶被认为有一定的细胞管家作用。在细胞质中，乙酰化新合成的游离组蛋白，然后这些乙酰化的组蛋白被运输到细胞核内，在那里它们可能会脱乙酰化并参与染色质的组成。A 型组蛋白乙酰化酶乙酰化细胞核内的核小体染色质组蛋白，这些组蛋白乙酰化酶与转录有关，因此也是研究关注的重点。1995 年，发现一种能使刚合成的没有进入细胞核的组蛋白发生乙酰化的酶，这种酶称为细胞质乙酰基转移酶 (histone acetyltransferase type B, HATB)。乙酰化酶通过传统的蛋白质分类方法是很难找到的。直到 Allis 和 Brownell 研究出了一种新的蛋白质分离方法，并以四膜虫的核提取物为实验对象，最终找到了乙酰化酶，并命名为 HATA (histone acetyltransferase type A)。此后，开始在基因库中寻找那些序列与 HATA 基因相似的基因。结果发现酵母基因 $Gcn5p$ 与四膜虫的 HATA 基因非常相似，实验也证明 $Gcn5p$ 产物在酵母中的作用就相当于 HATA 在四膜虫所起的作用。

最早，Nakatani 在研究 EIA (EIA 是一种由腺病毒产生的癌蛋白，可以通过改变基因的转录而使哺乳动物的细胞无限制地增殖) 时发现哺乳动物中也有类似酵母 HATA 的蛋白，且此蛋白和细胞的增殖调控有关。Nakatani 的研究表明 EIA 必须与 p300/CBP 结合才能发挥其刺激增殖的作用。但 EIA 与 p300/CBP 结合的机理仍不清楚。后来，在寻找该机制的过程中发现了 p300/CBP 的协同蛋白 PCAF (p300/CBP associated factor)，PCAF 也是一种乙酰基转移酶。之后，又发现另一种组蛋白乙酰基转移酶 TAFⅡ230/250。TAFⅡ是一群 TBP (TATA box-binding protein) 相关因子，是转录因子复合体 TAFⅡD 的组成部分。基因转录时，TAFⅡD 首先结合到 DNA 上，然后其他转录因子再依次结合。TAFⅡD 是前起始复合物中唯一能够特异性结合到启动子上的成分。

许多转录辅激活因子具有内源性的 A 型组蛋白乙酰化酶 (histone acetyltransferases, HATs)

活性。目前已被鉴定的 HATs 有 20 多种，这些 HATs 主要包含以下几个家族：GNAT（Gcn5-related N-acetyltransferases superfamily）超家族，其主要成员有 Gcn5、PCAF、Elp3、Hat1 和 Hpa2 等；MYST（MOZ、Ybf2/Sas3、SAS2 和 TIP60）家族，成员主要为 Sas2、Sas3 和 Esa1 等；P300/CBP 家族；另外还有一些转录因子，如 TAFⅡ250；核受体辅助激活物，如 ACTR、SRC1 等（Brownell et al., 1996），这些乙酰化酶见表 4-5。

表 4-5 已知的组蛋白乙酰化酶

组蛋白乙酰化酶（HAT）	包含 HAT 的有机体	与转录相关的功能	体外 HAT 活性	体外酶的特异性组蛋白	HAT 复合物和核小体特异性组蛋白
GNAT 超家族					
Hat1	多种生物（酵母到人）	无（组蛋白沉积相关的B型乙酰化酶）	是	H4	酵母 HAT-B, HAT-A3（不能乙酰化核小体）
Gcn5	多种生物（酵母到人）	共激活子（转接子）	是	H3/H4	酵母 ADA, SAGA(H3/H2B) 人 Gcn5 复合物, STAGA, TFTC (H3)
PCAF	人、小鼠	共激活子	是	H3/H4	人 PCAF 复合物（H3/弱 H4）
Elp3	酵母	转录延长	是	不确定	延长子，RNA 聚合酶Ⅱ全酶（H3/弱 H4）
Hap2	酵母	未知	是	H3/H4	
MYST 家族					
Sas2	酵母	沉默	不确定		
Sas3	酵母	沉默	是	H3/H4/H2A	NuA3 (H3)
Esa	酵母	细胞周期过程	是	H3/H4/H2A	NuA4 (H4H2A)
MOF	果蝇	剂量补偿	是	H3/H4/H2A	MSL 复合物 (H4)
Tip60	人	HIV Tat 相互作用	是	H3/H4/H2A	Tip60 复合物
MOZ	人	引起白血病染色体异位	不确定		
MORF	人	未知（与 MOZ 的高同源物）	是	H3/H4/H2A	
HBO1	人	ORC 相互作用	是	不确定	HBO1 复合物
p300/CBP	不同的多细胞有机体	共激活子	是	H3/H4/H2A/H2B	
核受体共激活子 SRC-1	人、小鼠	核受体共激活子（转录应答到激素信号）	是	H3/H4	
ACTR	人、小鼠		是	H3/H4	
TIF2	人、小鼠		不确定		
TAFⅡ250	多种生物（酵母到人）	TBP 相关因子	是	H3/H4	TFⅡD
TFⅢC		RNA 聚合酶Ⅲ			TFⅢC (H2A/H3/H4)
TFⅢC220	人	延长起始	是	不确定	
TFⅢC110	人		是	不确定	
TFⅢC90	人		是	H3	

1. 组蛋白乙酰化酶

(1) GNAT 超家族。GNAT 超家族成员是我们了解得比较清楚的组蛋白乙酰化酶，一些研究在几个同源区域和乙酰化相关模体相似性的基础上对超家族成员进行了分类。这一超家族包括组蛋白乙酰化酶 Gcn5，还有与它序列接近的至少三个组蛋白乙酰化酶 Hat1、Elp3 和 Hpa2。该类超家族也包含了各种能够乙酰化不同底物的其他真核和原核乙酰化酶，表明这种类型乙酰化酶的乙酰化机制在进化方面具有保守性，该类酶在不同的物种中具有广泛的应用。

图 4-8 显示了超家族中 4 个序列模体（A、B、C 和 D），图中的实心黑圈表示此类氨基酸残基在整个超家族中是特别保守的；星号表示谷氨酸残基对于酵母 Gcn5 的组蛋白乙酰化酶催化活性是至关重要的。模体 A 是一个是最高度保守的区域，GNAT 超家族和另一个组蛋白乙酰化酶家族-MYST 蛋白，都含有这一模体。此外，它还含有精氨酸/谷氨酰胺-XX-甘氨酸-X-甘氨酸/丙氨酸片段，这一片段能够被特异的乙酰 CoA 底物识别和结合 (Wolf et al., 1998)。

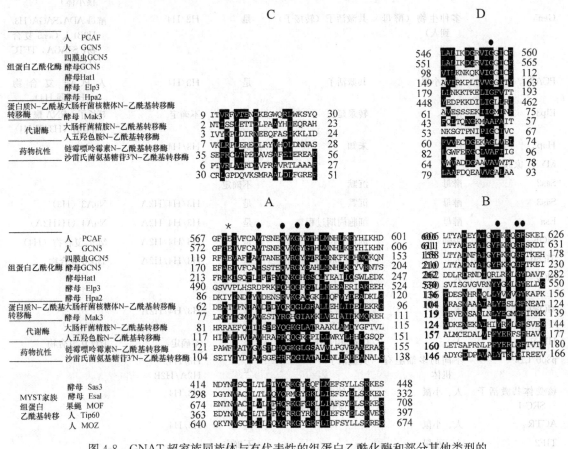

图 4-8 GNAT 超家族同族体与有代表性的组蛋白乙酰化酶和部分其他类型的
乙酰基转移酶模体 A、B、C 和 D 的比对（引自 Sterner et al., 2000）

1) Gcn5。Gcn5 是在嗜热四膜虫中首先发现的与转录相关的 A 型组蛋白乙酰化酶。通过十二烷基硫酸钠聚丙烯酰胺凝胶电泳（SDS-PAGE）发现它是一个相对分子质量约 55 000 的多肽，它对游离的组蛋白能够发挥乙酰化作用。随后的蛋白质测序表明，它是酿酒酵母 Gcn5 的同源物 (Georgakopoulos et al., 1992)。以前被认为是转录共激活因子，涉及某一种激活子和转录复合物之间的相互作用。最近，来自多个物种（人、鼠、裂殖酵母、果蝇、拟南芥和变形虫）的 Gcn5 的同源物被克隆和测序，结果表明其功能在整个真核生物中高度保守。

迄今为止，无论是在体内还是体外，酵母 Gcn5（yGcn5）是组蛋白乙酰化酶中，结构、功能了解最为透彻的。许多研究已经描述了酵母 Gcn5 的功能域，如图 4-9 所示。其中包括 C 末端 bromo 结构域、Ada2 相互作用结构域和 HAT 结构域。相关研究显示，这些结构域在体内对于转接子（adaptor）介导的转录活性是必须的。丙氨酸突变扫描技术可以分析 Gcn5 的组蛋白乙酰化酶功能域，同时确定组蛋白乙酰化酶活性至关重要的保守残基。Gcn5 的乙酰化酶活性与细胞的生长、体内转录、体内 Gcn5 依赖的 HIS3 启动子的组蛋白乙酰化有直接的关系。进一步的研究表明，Gcn5 的组蛋白乙酰化酶活性对于体内 PHO5 启动子区域的染色质重塑有一定影响。

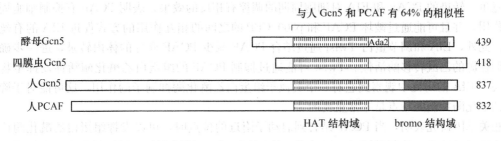

图 4-9 GNAT 超家族 Gcn5 亚类的比较（仿自 Sterner et al.，2000）

此外，一些研究分析了 Gcn5 的底物特异性。在体外，通过研究游离的组蛋白，发现重组 Gcn5 可以强烈乙酰化组蛋白 H3，但是对核小体组蛋白 H4 的乙酰化能力较弱（虽然单独乙酰化组蛋白 H4 的能力较强）。序列分析发现，乙酰化的主要位点在组蛋白 H3 的第 14 位赖氨酸和组蛋白 H4 的第 8、16 位赖氨酸（如彩图 4 所示）。虽然重组 Gcn5 可以有效乙酰化游离组蛋白，但是无法乙酰化核小体组蛋白，除非在特殊条件下或酶浓度很高的情况下。其次，在体内的多亚基复合物，如 SAGA 和 ADA 存在的条件下，Gcn5 能够有效乙酰化核小体，这些研究表明其他相关蛋白的影响对于 Gcn5 发挥乙酰化核小体的功能是必需的。

在哺乳动物（人类和小鼠）中，乙酰化酶 Gcn5 子类包括有代表性的两个密切相关的蛋白质 Gcn5 和 p300/CREB-binding 蛋白相关因子 PCAF。通过序列比对发现这些蛋白质具有相当高的同源性（约 70% 的同一性和 80% 的相似性）。另外一个显著特点是它们的氨基末端区域存在一个与酵母 Gcn5 不同的约 400 个氨基酸残基的序列，该特点与果蝇 Gcn5 相同。同时针对人类体外和体内 Gcn5（hGcn5）也进行了研究，研究结果表明 hGcn5 发挥的转录转接子作用类似于酵母 Gcn5。hGcn5 在体外有组蛋白乙酰化酶的活性，并有类似于酵母体内 Gcn5 的乙酰化结构域，这些都显示出它们在组蛋白乙酰化酶方面进化的保守性（Wang et al.，1997）。

hGcn5 的组蛋白乙酰化酶域是其乙酰化功能所必需的。但是，其他两个存在于酶之中的结构域似乎对它的组蛋白乙酰化酶活性以及对底物的作用能够产生影响。相关研究显示 hGcn5 经过选择性剪接后存在不同类型。在构建 Gcn5 基因过程中，初始 cDNA 克隆缺乏 N 末端区域。这种重组的简易格式（不含 N 末端区域）hGcn5 只能乙酰化游离组蛋白 H3（以及较小程度的乙酰化 H4）。完整的人类和小鼠 Gcn5 能够完全乙酰化核小体组蛋白，表明 N 末端区域对 Gcn5 在染色质底物识别方面具有重要作用。C 末端 bromo 结构域是另一个对 Gcn5 组蛋白乙酰化酶功能有影响的区域，它可以与 DNA 依赖的蛋白激酶全酶相互作用，通过磷酸化的方式抑制 Gcn5 的组蛋白乙酰化酶活性（Barlev et al.，1998）。

2）PCAF。PCAF 基因（也称为 P/CAF）最初是以人类 cDNA 数据库为媒介，在与 Gcn5 同源性的基础上发现的。因为酵母激活子Gcn4（与转接蛋白复合物相互作用）和高等真核生物激活子c-Jun（与共激活因子p300和CREB结合蛋白CBP（CREB-binding protein）的相互作用）之间具有功能的相似性，所以与酵母Gcn4近似的人类Gcn5可能参与p300/CBP调节的激活。在克隆和研究PCAF后，发现PCAF与p300和CBP都发生相互作用，并因此得名。p300和CBP是关系非常密切的能够调节许多基因转录的共激活因子，同时也含有组蛋白乙酰化酶功能。像完整的Gcn5一样，PCAF乙酰化游离核小体组蛋白，主要作用于组蛋白H3第14位赖氨酸，对组蛋白H4的第8位赖氨酸的乙酰化作用较弱（Schiltz et al.，1999）。

PCAF跟腺病毒癌蛋白EIA相似，能够结合到p300/CBP上的相同位点，这两种蛋白质之间存在竞争。转染的PCAF和EIA对细胞周期的调控有相反的效果，表明PCAF有抑制细胞周期进程的作用，并且可能通过破坏PCAF和p300/CBP的之间的相互作用的方式促进EIA的有丝分裂活性。此外，EIA和调节蛋白Twist通过结合PCAF减少PCAF介导的体内转录，进一步确定其作为调控源的乙酰转移酶活性。Twist可能通过抑制PCAF的组蛋白乙酰化酶活性发挥生物学功能。关于EIA的研究中观察到它有一个类似于组蛋白乙酰化酶抑制子的作用，这可能对于确定组蛋白乙酰化酶抑制的特点是非常重要的。

相关基因研究表明，当PCAF结合到启动子附近的位点时，可以发挥组蛋白乙酰化酶依赖的共激活因子的功能，并刺激转录（Krumm et al.，1998）。虽然PCAF最初是作为一个组蛋白乙酰化酶被发现的，但是一些相关的工作侧重于它对于各种非组蛋白转录相关蛋白乙酰化的功能，包括染色质蛋白HMG 17、HMGI、激活子P53、MyoD和人类免疫缺陷病毒（HIV）Tat蛋白，以及转录因子TFIIE和TFIIF。

在PCAF和Gcn5之间有几个值得注意的相似和相异之处。一个相似之处是，在人类细胞中，它们都参与多亚基复合物SAGA形成。此外，比如PCAF、人类和小鼠Gcn5都可以结合p300/CBP，显示了功能的相似性，虽然准确的结合位点可能不同。PCAF和Gcn5之间的区别是，虽然两者都在老鼠体内广泛表达，但是表达水平在许多组织中还是大不相同的，进一步的研究需要明确PCAF和Gcn5功能是否冗余或有差异。

3）Hat1、Elp3、Hpa2和其他乙酰化酶。Gcn5的同源物和PCAF具有很高的序列相似性。但是，通过序列模体的研究发现，作为GNAT超家族的成员，它们也与其他组蛋白乙酰化酶和许多非组蛋白乙酰化酶是相关的，甚至一些原核生物体内的酶，其中包括酵母组蛋白乙酰化酶（Hat1、Elp3和Hpa2）、蛋白的N-乙酰化酶（修饰N端）、代谢酶以及涉及耐药性和降解毒性的乙酰化酶，还有多种与其他未知功能相关的蛋白质。此外，在几个已知的转录因子中也观察到GNAT同源性，例如酵母Spt 10。Spt 10影响多种基因的表达，包括某些组蛋白基因（Dollard et al.，1994）。

酵母Hat1是最早被确定的组蛋白乙酰化酶蛋白，最初把它归为B型组蛋白乙酰化酶。Hat1涉及细胞质组蛋白乙酰化，这些组蛋白与DNA共同参与细胞核中染色质的形成。Hat1在酿酒酵母中主要发挥细胞质组蛋白乙酰化酶活性，其基因突变没有产生相应表型的改变，表明其功能可能与其他组蛋白乙酰化酶是冗余的。在纯化Hat1后，发现Hat1与另外一个亚单位Hat2关联。Hat2对于Hat1与组蛋白H4能够有较强的结合是必需的，并且有利于Hat1结合特异性底物。Hat2是依据RbAp48确定的蛋白家族中的一员，RbAp48是一个与视网膜母细胞瘤（Rb）相互作用的蛋白，它能够作为组蛋白H4分子伴侣，也是人类染色质组装因子CAF-1（249）和组蛋白去乙酰化酶HDAC1的亚基（Taunton et al.，1996）。

在体外，Hat1可以乙酰化组蛋白H4的N端第12位赖氨酸，第12位赖氨酸也是之前发现的新合成的组蛋白乙酰化过程中的主要位点。Hat1 和 Hat2 具有游离组蛋白乙酰化酶活性。在复制叉或沉默的端粒，能够参与染色质的装配（Ruiz-Garcı́a et al., 1998）。此外，最近发现源自人类 S 期细胞核的组蛋白乙酰化酶复合物包含 Hat1 和 Hat2 同源物，表明其在整个真核生物中功能的保守性。

Elp3 是酵母 A 型乙酰化酶，似乎可以直接影响转录起始和延伸，因为它是 RNA 聚合酶Ⅱ全酶的组成部分。在酿酒酵母中，包含 3 个亚基的延伸蛋白复合物紧密结合 RNA 聚合酶Ⅱ的磷酸化 C 末端重复域（C-terminal repeat domain, CTD），参与全酶的延伸，Elp3 是其中最小的延伸蛋白亚基，通过肽质谱分析发现它有 GNAT 的同源性。遗传研究显示，一个 *elp3* 无效突变体显示出的缺陷表现型类似于以前的延伸蛋白 *elp*1 无效突变。在凝胶电泳可以测试 Elp3 的组蛋白乙酰化酶活性，Elp3 能够乙酰化全部 4 个核心组蛋白。

虽然 Elp3 的组蛋白乙酰化酶的具体功能和其在体内的作用仍然需要研究和分析，但是从对于 Gcn5 的研究结果分析，我们可以建立一个关于 Elp3 作用机制的清晰模型。因为 Gcn5 的组蛋白乙酰化酶活性可以导致启动子 DNA 重塑，同时协助转录起始，那么 Elp3 也可能会通过修饰一个基因内的染色质帮助转录延伸，从而为全酶的移动扫清障碍。Elp3 的作用机制可能与 Gcn5 类似。Elp3 在多种真核生物中的同源性以及进化保守性说明它是非常重要的。

Hpa2 是另一个组蛋白乙酰化酶。作为 GNAT 超家族的成员，在体外针对这一酵母蛋白也进行了研究，发现它像 Gcn5 亚群蛋白一样，能够乙酰化组蛋白 H3 和 H4，尤其偏好 H3K 14（Durant et al., 2006）。Hpa2 与另一个酵母 GNAT 蛋白 Hpa3 具有高度同源性，Hpa3 在体外实验中显示了非常弱的组蛋白乙酰化酶活性。Hpa2 可以在体外形成二聚体或四聚体，目前已经分析了四聚体的晶体结构。

一些研究从乙酰化作用机制的角度分析了几个 Gcn5 相关蛋白的结构。首先是两个 GNAT 超家族成员：酵母 Hat1 和沙雷菌氨基糖苷类 N-乙酰基转移酶，沙雷氏菌氨基糖苷类 N-乙酰基转移酶是通过乙酰化使某些抗生素失活的细菌酶。随后，研究了组蛋白乙酰化酶 Gcn5 亚群-四膜虫和酵母 Gcn5、人类 PCAF 和组蛋白乙酰化酶 Hpa2 的结构域。这些蛋白的结构域中部都有着非常相似的拓扑结构，它们都含有 GNAT 乙酰化酶的基本结构。四膜虫 Gcn5 的组蛋白乙酰化酶域如彩图 5 所示。该图显示 Gcn5 带有一个组蛋白 H3 的 N 末端多肽（红色）和辅酶 A（绿色），这两部分分别结合到蛋白结构深裂的上端和下端。在活性位点，与酵母的 173 位谷氨酸残基一样的第 122 位的谷氨酸残基（浅绿色）催化一个乙酰基基团转移到 H3 的第 14 位赖氨酸残基（桔黄色）上。彩图 5 显示的 Gcn5 和 H3 的 N 末端在左侧，C 末端在右侧。这个蛋白由 N 末端和深裂的疏水性的 C 末端域组成。一个保守的核心是由三股 β 折叠片层和一个 α 螺旋以及环绕的 GNAT 模体 A 和 D 组成。乙酰辅酶 A 结合到深裂的一部分，位于模体 A 和 B 之间。对四膜虫 Gcn5 的研究显示了包含 H3 组蛋白 N 末端、组蛋白乙酰化酶域和辅酶 A 的复杂结构，提供了有关组蛋白乙酰化酶作用机制的更多信息。

结构测定和基因突变分析方法揭示了 Gcn5 催化部位和乙酰化组蛋白的机制，酵母 Gcn5 深裂区域内的酸性残基可能起到催化功能。这些酸性残基对于 Gcn5 和 PCAF 类似物来说，只有第 173 位谷氨酸是保守的。另外，它也具有其他重要的功能。如果同时用丙氨酸替代 173 位谷氨酸和 171 位苯丙氨酸将导致 Gcn5 催化功能的重大缺陷。进一步针对酵母的研究显示，如果用谷氨酰胺（与谷氨酸相比，有类似的侧链结构，但无酸性基团）替换谷氨酸，将会导致其体外组蛋白乙酰化酶活性和与体内转录功能的严重缺陷。因此，有质子化赖氨酸底物功能的 173 位谷氨酸的羧基基团是组蛋白乙酰化酶催化作用和 Gcn5 发挥功能的关键。不过，我们也应该注意到，关键的谷氨酸残基仅仅对于 Gcn5 同源物和 PCAF 是保守的，但对其他的 GNAT 组蛋白乙酰化酶来说不是保守的。对于非 Gcn5 乙酰基转移酶，催化可能会通过其他侧链与底物之间的亲核攻击发生。

对于 Gcn5 另一个布罗莫结构域（名称源自果蝇蛋白）的研究显示，其参与了组蛋白乙酰化酶的催化作用。布罗莫结构域是一个保守的序列模体。PCAF 的布罗莫结构域与多种其他的转录相关蛋白一样和 Gcn5 同源。体外实验发现重组酵母 Gcn5 乙酰化游离的组蛋白，但不需要布罗莫结构域。然而，删除 Gcn5 的布罗莫结构域可以导致部分生长缺陷，同时在体内的某些基因转录异常。另外，这也会引起体外核小体乙酰化程度降低，表明布罗莫结构域确实有组蛋白乙酰化酶的相关功能。一些相关研究表明，这种影响可能涉及组蛋白的相互作用。体外结合研究显示，酵母 Gcn5 的布罗莫结构域直接与组蛋白 H3 和 H4 的 N 末端尾部作用。PCAF 布罗莫结构域的结构测定研究显示，它形成了一个具有疏水性口袋的四螺旋束，这个螺旋束结合组蛋白 H3 或 H4 的乙酰赖氨酸。以上分析显示组蛋白乙酰化酶布罗莫结构域能够促进底物的相互作用（Hassan et al., 2007）。

（2）MYST 家族。MYST 家族是另一类具有组蛋白乙酰化酶活性的相关蛋白。最初家族成员包括：MOZ、Ybf2/Sas3、SAS2 和 TIP60。相继确定的其他成员有酵母 Esa1、果蝇 MOF 和人类 HBO1、MORF。这些蛋白因为序列相似性被聚为一个家族，如图 4-10 所示。图中用一个深色的框盒表示 MYST 同源区域，这一区域是与 GNAT 家族模体 A 相对应的区域。"Z" 表示锌指模体，"C" 表示在 Esa1、MOF 和 TIP60 中发现的类似于 Chromo 结构域的结构。虽然包含序列相似的区域，但是 MYST 家族成员涉及多种生物调节功能。

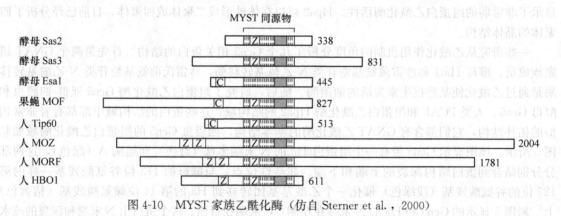

图 4-10　MYST 家族乙酰化酶（仿自 Sterner et al., 2000）

1) Sas2 和 Sas3。在酿酒酵母中，两个与转录沉默相关的 MYST 家族蛋白是 Sas2 和 Sas3。Sas2 基因最初是在 *sir*1 表观遗传沉默缺陷的背景下发现的，*sir*1 无效突变导致在沉默的 HM 交配型位点上大多数细胞交配的缺失。然而，Sas2 的添加突变导致交配的情况下，一个 Sas2 单突变表型正常。

Sas3 是第二个与基因沉默相关的酵母 MYST 家族蛋白（Osada et al., 2001），研究发现 Sas3 与 Sas2 同源。单一的 Sas3 突变表型正常，随后的突变体研究表明 Sas3 比 Sas2 有更弱的影响。Sas3 是一种组蛋白乙酰化酶，谷胱甘肽-S-转移酶（GST）融合的 Sas3 能够强烈乙酰化游离的组蛋白 H3 和 H4，但是对 H2A 的乙酰化程度较弱。Sas3 是乙酰化核小体 H3 的乙酰化酶复合物 NuA3 的催化亚基。

2) Esa1。第三个酵母 MYST 家族蛋白是 Esa1（essential Sas family acetyltransferase 1）。Esa1 是细胞周期进程所需的重要组蛋白乙酰化酶。Esa1 最初是因为与 Sas2、Sas3 和其他的 MYST 家

族蛋白具有同源性而被发现的，也因此而得名。Esa1作为重组蛋白，能够在体外乙酰化游离的组蛋白H2A、H3以及H4，对H4的乙酰化活性最强，尤其是H4的赖氨酸（Clarke et al.，1999）。然而，它无法乙酰化体外的核小体。在体内，Esa1缺失将导致组蛋白乙酰化功能缺乏和生长缺陷。当Esa1温度敏感突变体在限制性的温度下生长，组蛋白H4第5位赖氨酸的乙酰化程度降低。

3）MOF。MOF蛋白也是MYST家族的成员。在果蝇中，MOF蛋白在转录调控、剂量补偿中发挥重要的生物学功能。一些研究显示MOF有组蛋白乙酰化酶活性，能够乙酰化果蝇组蛋白H4。在体外，MOF的重组片段有组蛋白修饰特异性，这一点类似于Esa1。它能够强烈乙酰化H4，但乙酰化H2A和H3的功能较弱（Smith et al.，2000）。

4）Tip60。Tip60（Tat-interactive protein，60kDa）是第一个被发现的人类MYST家族蛋白。Tip60的作用显示了基因激活与组蛋白乙酰化之间的关系，Tip60能够与HIV-1的转录激活蛋白Tat的激活结构域相互作用。一个缺乏N末端的40%、但包含MYST家族域同源区的Tip60重组结构具有体外组蛋白乙酰化酶活性，能够乙酰化游离的组蛋白H2A、H3和H4的特异赖氨酸，但是乙酰化核小体的能力很弱。

5）MOZ和MORF。MOZ（monocytic leukemia zinc finger protein）是另一个MYST家族蛋白，它参与另一个特定人类疾病-致癌基因转化导致的白血病。当一个特定的急性髓系白血病染色体易位时，人们发现两个组蛋白乙酰化酶蛋白MOZ和CBP的融合。这造就了一个由MOZ（包括其MYST家族和锌指域）N末端四分之三融合到CBP的C末端90%的嵌合蛋白，其中CBP的C末端90%包含组蛋白乙酰化酶域和激活相互作用区域。

另一个人MYST家族蛋白是MORF（MOZ related factor）。MORF与MOZ具有序列相似性。从整个序列来看，MORF与MOZ具有很高的同源性，不仅仅局限于MYST家族的共同区域。昆虫细胞和细菌产生的重组全长MORF都能够乙酰化游离的组蛋白，特别喜好乙酰化H3和H4。此外，源自昆虫的蛋白也能够乙酰化核小体，特别是核小体组蛋白H4。另一个发现是，MORFN末端包含抑制乙酰化的区域（包括两个锌指），删除这个区域将导致体外组蛋白乙酰化酶活性增加。此外，MORFC末端包含激活结构域，在组蛋白乙酰化酶域缺乏时它仍然能够发挥功能。

6）HBO 1。第四个人类MYST家族蛋白是HBO 1（histone acetyltransferase bound to ORC），它是在与初始识别复合物ORC的ORC 1亚单元相互作用的基础上被发现的。ORC在整个真核生物中都是保守的，它能够结合DNA复制起始位点并且对于复制的起始非常关键。ORC也有与转录相关的功能，针对酿酒酵母的研究发现，MYST家族蛋白Sas2能够与ORC发生相互作用。

基于HBO 1克隆体和它的MYST家族同源体研究了其组蛋白乙酰化酶功能。通过HBO 1特异抗体，从核提取物中分离出包含HBO 1的复合物，结果发现它能够很好的乙酰化游离的组蛋白H3和H4，乙酰化核小体的功能较弱。虽然没有发现重组HBO 1能够乙酰化游离组蛋白，但它表现出一定的组蛋白乙酰化酶活性，因为能够观察到非常微弱的核小体组蛋白的乙酰化。

（3）p300/CBP。多细胞真核生物中共激活因子P300和它的同源物CBP是组蛋白乙酰化酶。p300和CBP通常是作为一个单一实体，因为这两种蛋白质结构和功能具有同源性。p300/CBP是被广泛表达的转录共激活因子，在多种细胞过程发挥重要的作用，包括细胞周期调控、分化和凋亡（Wang et al.，2012）。p300和CBP的突变与某些癌症和其他人类疾病的进程相关。

p300/CBP是相对分子质量约300k、超过2400氨基酸残基的蛋白（p300包含2414个氨基酸残基，CBP包含2442个氨基酸残基），有至少4个结构域，这些结构域能够通过特定氨基酸序列与不同的因子相互作用。它的中心区域包含一个布罗莫结构域模体，这个模体也存在于组蛋白乙酰化酶 Gcn5、PCAF 和 TAFII250 中。p300/CBP 通过与众多的结合启动子的转录因子（如 CREB、核激素受体和癌蛋白相关激活子（如 c-fos、c-Jun 和 c-myb））相互作用或者直接通过辅助因子刺激特定基因的转录，p300/CBP 还结合乙酰化酶 PCAF 和 GCN5。

p300/CBP 代表独特的乙酰转移酶类，它可能与其他组蛋白乙酰化酶相关性较弱（Marek et al.，2011）。详细的序列分析发现它们与 GNAT 模体 A、B 和 D 有有限同源的区域。另外，发现一个与 PCAF 和 Gcn5 共享的短模体。定点突变证明，所有这 4 类模体都有助于 CBP 的组蛋白乙酰化酶功能。此外，p300/CBP 的组蛋白乙酰化酶功能和体内转录存在关联，p300/CBP 的组蛋白乙酰化酶功能对于核受体介导的体内激活也是必需的。它们的组蛋白乙酰化酶活性明显受其他因素调节。病毒蛋白 EIA 和调节蛋白 Twist 能够结合到 P300，并抑制其组蛋白乙酰化酶活性。然而，通过 EIA 对 CBP 的组蛋白乙酰化酶的刺激作用发现，p300 和 CBP 之间可能存在功能的差异。

在人 HeLa 细胞核提取物中首次发现了 p300/CBP 的组蛋白乙酰化酶活性。用重组蛋白 p300 和 CBP 进行的体外研究证实，它们能够强烈乙酰化所有 4 个核心组蛋白 N 末端，但是特异性不强，而其他的组蛋白乙酰化酶具有较强的修饰特异性。重组 p300/CBP 也能够乙酰化游离的组蛋白。

2. 组蛋白乙酰化酶复合物　大多数已知的组蛋白乙酰化酶能够乙酰化游离的体外组蛋白。然而，许多乙酰化酶，比如 Gcn5，在体外标准条件下都不能乙酰化它们的生理底物-核小体组蛋白。这一现象表明，这些乙酰化酶发挥功能仍然需要其他的因子。相关研究试图找出能够乙酰化核小体的组蛋白乙酰化酶复合物。通过对酿酒酵母提取物的分离和核小体组蛋白乙酰化酶活性的测定，发现了 4 种不同的乙酰化酶复合物，它们包括：SAGA、ADA、NuA4 和 NuA3（Yousef et al.，2009）。

（1）SAGA 复合物。最初通过免疫印迹杂交法和无效突变技术研究了它的核小体乙酰化酶活性，实验结果显示其中的两个乙酰化核小体组蛋白 H3/H2B 特异复合物都包含亚基 Gcn5，这一亚基作为这两种复合物的组蛋白乙酰化酶催化亚单元，复合物中还有其他两个转录接头蛋白 Ada2 和 Ada3。这些复合物之一也包含几个 Spt 蛋白。因此，这种复合物被命名为 SAGA（Spt-Ada-Gcn5 Acetyltransferase）。另一复合物，包括 Ada 蛋白，但没有 Spt 蛋白，所以被称为 ADA。在这些已知的组蛋白乙酰化酶复合物中，酵母 SAGA 是研究最多的，它是一个大型复合物，相对分子质量约 1.8 M。

SAGA 包含约 15 个亚基，图 4-11 显示了酵母 SAGA 复合物的组成，酵母 SAGA 包含的转录接头蛋白有 Ada1、Ada2、Ada3、Ada5 和 Gcn5，包含的 Spt 蛋白包括 Spt3、Spt7、Spt8 和 Spt20。此外，酵母 SAGA 包含转录调控因子 Sin4，这也是 RNA 聚合酶Ⅱ全酶的 SRB 亚复合体的一个组成部分。至今还有几个 SAGA 亚基有待确定。值得关注的是，SAGA 将先前所描述的 4 个不同的转录相关蛋白汇集在一个复合物中，这些蛋白包括：转录接头蛋白（ADA 蛋白质）、Spt 蛋白的一个子类、TafⅡs 的一个子类和 Tra 1。人类组蛋白乙酰化酶复合物也被分离出来，它包含了以上群体的同源物，如图 4-12 所示，表明了 SAGA 功能的进化保守性。

SAGA 发现之前，有一个 Ada-Spt 关系的证据。在这一证据中，Ada5 和 Spt20 表示相同的基因，这是在独立的遗传筛选中发现的。最近，SAGA 亚基突变表型分析和 SAGA 的组成、功能表明：SAGA 中的 Ada 和 Spt 蛋白可以分成 3 类，反映了它们在复合物中的结构和功能方面具有不同的角色。

编码 Ada 1、Spt7 或 Spt20/Ada5 基因的无效突变导致了 SAGA 结构的破坏，说明这些亚基对

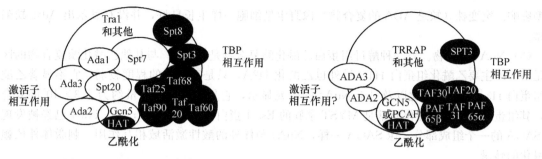

图 4-11 酵母 SAGA 复合物　　　　图 4-12 人 PCAF/GCN5 复合物

于 SAGA 结构的完整性是必需的。Ada2/Ada3/Gcn5 和 Spt3/Spt8 的突变，没有影响 SAGA 的整体结构，只是适度的削弱了外在表型，表明它们作为外围亚基发挥作用。这些作用包括激活因子相互作用、针对 Ada2/Ada3/Gcn5 的核小体的乙酰化和针对 Spt3/Spt8 的 TBP 相互作用。

体内和体外实验表明，SAGA 复合物及其组成部分对某一类型的转录是至关重要的。在体外，纯化 SAGA 能通过结合的组蛋白乙酰化酶活性以及与酸性激活因子的相互作用方式激活转录。SAGA 内部组成成分的重要作用已经通过突变得到证明，这些成分在一类基因的转录激活方面发挥重要生物学功能，这类基因包括 gal 1、trp3 和 his3 等，然而具体的调节机制可能不同。Gcn5/SAGA 和染色质重塑复合物 SWI-SNF 显示了明显的遗传相互作用和互补性以及在某些基因的激活方面功能的部分冗余，这表明这两种复合物可能被募集到某一些启动子并有助于通过改变染色质构象激活转录。SAGA 赋予 Gcn5 乙酰化核小体的能力，并且具有一定的特异性，主要乙酰化组蛋白 H3，乙酰化 H2B 的特异性较弱。这种识别特异性的能力显然是由复合物中的其他亚基赋予的，这一功能也涉及 Gcn5 的 bromo 结构域，如果删除这一结构域会显著降低 SAGA 乙酰化核小体的程度。SAGA 和 ADA 显著乙酰化核小体 H3 的第 14 位赖氨酸残基（Helmlinger，2012）。酵母和人 SAGA 复合物的乙酰化模式是重叠的，但却有所不同，进一步说明其他亚基在 Gcn5 功能上的影响。

以前的研究显示 TafⅡ具有组蛋白乙酰化酶活性，而 SAGA 不包含 TafⅡ145/130，但含有一种组蛋白相关的 TafⅡ亚群（TafⅡ20、−25、−60、−68 和−90），这些成分对于体外 SAGA 的乙酰化和转录刺激功能是非常重要。Tra 1 是相对分子质量约 400k 的蛋白质，它可能对于 SAGA 的整体结构是重要的。从功能上看，它的酵母同源物 TRRAP 有共激活因子的功能，与激活子 c-Myc 蛋白和 E2F 相互作用。一些证据表明 SAGA 的组成和功能可能是动态变化的，这样的动态变化依赖于细胞条件。

（2）ADA 复合物。其他已知的含有 Gcn5 的复合物是 ADA，ADA 相对分子质量约 8×10^5。与 SAGA 类似，ADA 复合物主要乙酰化体外核小体的组蛋白 H3 和 H2B。这一复合物包含 Ada2 和 Ada3，但没有其他的 SAGA 亚基。多肽分析显示，ADA 含有一种新的亚基，表明它是一个独特的复合物，而不是 SAGA 的亚复合物。这一新的亚基 Ahc 1（ADA HAT complex component 1）对于 ADA 结构完整性是必需的。虽然 ADA 包含 Gcn5 和其他两个接头蛋白，但是它不像 SAGA，似乎不直接参与转录或体内其他功能。

尽管 ADA 拥有 Ada2，Ada2 是与酸性活化因子相互作用蛋白，但是 ADA 不能与体外活性结构域作用，而 SAGA 可以。另一个 ADA 和 SAGA 之间的功能差异表现在它们的组蛋白 H3 赖氨酸在体外的特异性。ADA 乙酰化少数氨基酸残基（组蛋白 H3 的第 14 和 18 位赖氨酸），而 SAGA 修饰的残基数量较多（组蛋白 H3 的第 9、14、18 和 23 位赖氨酸）。此外，ahc 1 突变没有明显的表型影响。突变株（缺乏 ADA 的复合物）像野生型细胞一样生长良好，并没有显示出 Ada2 缺陷表型。

(3) NuA4 复合物。另一种酵母组蛋白乙酰化酶复合物是 NuA4。与其他乙酰化酶复合物的区别是 NuA4 主要乙酰化组蛋白 H4，另外也乙酰化 H2A，只是乙酰化的程度较弱，它不显著乙酰化组蛋白 H3。进一步纯化以及对于 NuA4 的研究显示，它是相对分子质量约为 1.3×10^6 的复合物，其组蛋白乙酰化酶催化亚基是 MYST 家族的 Esa 1 蛋白。它还包含 Tra 1，Tra 1 已经被发现是 SAGA 的一个组成部分。像 SAGA 一样，NuA4 与体外的酸性激活域相互作用，刺激体外依赖乙酰化的转录。

由 NuA4 引起的核小体上广泛的乙酰化导致转录激活，在这一过程中几乎没有其他类型的激活因子与 NuA4 相互作用。在 SAGA 复合物，没有发现这一现象。这种通常由 H4/H2A 引起的激活与 H3/H2B 乙酰化引起的激活说明，核小体蛋白特异性对于转录的影响。NuA4 复合物对 H4 的 N 末端乙酰化修饰使染色质变得更疏松而易于使相关蛋白结合。

(4) NuA3 复合物。第四个酵母组蛋白乙酰化酶复合物是 NuA3，相对分子质量约为 5×10^5。它特异乙酰化核小体组蛋白 H3。其催化亚基是 Sas3，Sas3 是涉及基因沉默的 MYST 家族蛋白。一些针对 NuA3 的体外研究表明，像 ADA 一样，它不能与激活域相互作用，可能以一种特殊的方式激活转录。

以上我们介绍了酵母乙酰化酶复合物，下面介绍在人细胞中存在的乙酰化酶复合物。对一些已知的已经从核提取物中分离出来的带有组蛋白乙酰化酶亚基的蛋白复合物的研究发现，它们中的一些成分明显与酵母的组蛋白乙酰化酶复合物类似。

(5) Gcn5/PCAF 复合物。Gcn5/PCAF 复合物是从 HeLa 细胞的核提取物纯化出来的、通过 N 末端抗原表位标记 PCAF 和 Gcn5 方式确定的人类乙酰化酶复合物。通过考马斯染色的聚丙烯酰胺凝胶上进行的可视化分析，确定了两个复合物亚基的结合模式。两种复合物除了组蛋白乙酰化亚基之外，其他组成成分也是类似的。免疫化学方法证实 Gcn5 复合物的其中两个亚基与 PCAF 复合物一致。

PCAF 复合物包含 20 多个多肽。其中 11 个亚基与酵母 SAGA 的组成部分同源，显示这种复合物具有很强的进化保守性（Jin et al., 2011）。复合物还含有人类接头蛋白同源物 hAda2 和 hAda3、Spt 蛋白 hSpt3、转录辅因子 TRRAP 和五个 TafⅡ或 TafⅡ相关蛋白。这些在 SAGA 复合物中也含有的亚基显示了 PCAF 复合物会对转录发挥影响，如接头蛋白（通过 hAda2 和 hAda3）和 TBP 相互作用（通过 hSpt3）。c-Myc 蛋白和 E2F 的相互作用亚基 TRRAP 是 ATM 超家族的成员，进一步表明了这些复合物与转录相关的共激活因子作用。PCAF 复合物和 TFⅡD 之间共有的亚基是 TafⅡ20/15，－30 和－31，它是酵母 SAGA 亚基 TafⅡ68，－25 和－17 的同源物。虽然 PCAF 复合物不包含 TFⅡD 特异的人类同源物-酵母 TafⅡ60 和－90，但是它包含两个密切相关的蛋白质-PAF65a 和 PAF65b（PCAF-associated factors）。

在酿酒酵母中，含有许多类似于组蛋白的 TafⅡs，这可能表明在染色质重塑的过程中 TafⅡs 能够取代核小体组蛋白形成类似于组蛋白八聚体结构。Spt3 也是它的同源物，和相关的 TafⅡ18 一样含有组蛋白折叠模体，这进一步表明 TFⅡD、SAGA/PCAF 复合物和组蛋白八聚体之间具有结构相似性。重组 PCAF 能够乙酰化核小体组蛋白，主要是对组蛋白 H3 的乙酰化。像 Gcn5 一样，PCAF 需要其他亚基的帮助，这些亚基可以使得它能够最大限度的发挥生物学功能。

(6) Tip60 复合物。人类含有另一种类型的 MYST 家族组蛋白乙酰化酶-Tip60 复合物。这种复合物是在 N 端抗原表位标记的基础上分离出来的，它包含约 12 个亚基，这些亚基的相对分子质量为 29 000～400 000。虽然重组 Tip60 能够乙酰化游离的组蛋白，但不能乙酰化核小体组蛋白。Tip60 复合物可以乙酰化以上两种底物。

Tip60 复合物最大的亚基是 TRRAP，在人类 Gcn5 和 PCAF 复合物中也发现了这一转录调控蛋白。TRRAP 的酵母同源物是 Tra 1，它是酵母乙酰化酶复合物 SAGA 和 NuA4 的一个组成部分，在转录激活方面能够发挥作用。TRRAP 同源物目前至少存在于酿酒酵母和人的两类不同复合物中，因此 PCAF/Gcn5 复合物与 SAGA 明显类似。这导致了 Tip60 复合物可能类似于 NuA4 的说法，因为 Tip60 复合物中两个催化亚基（Esa 1 和 Tip60）是 MYST 家族蛋白。

4.2.2 组蛋白甲基化酶

组蛋白甲基转移酶包括两大类：包含 SET 结构域的家族和非 SET 结构域的 DOT 1 家族。

1. SET 结构域甲基化转移酶 2000 年，Jenuwein 等人描述了第一个组蛋白赖氨酸甲基转移酶。他们发现了几个果蝇蛋白 SU（VAR）3-9 的同源物，包括哺乳动物的 SUV39H 1 和裂殖酵母的 CLR4，它们都可以作为组蛋白 H3 第 9 位赖氨酸的甲基转移酶。这些同源物是通过识别植物二磷酸核酮糖羧化酶大亚基甲基转移酶（Rubisco large subunit methyltransferases，LSMTs）和拥有 SET 结构域（因果蝇蛋白 SU（VAR）3-9、E（Z）和 TRX 而命名）的基因调节子之间序列同源性而发现的。LSMT 催化二磷酸核酮糖羧化酶全酶复合物的大亚基 N 末端第 14 位赖氨酸的三甲基化。

发现 LSMT 和 SET 结构域蛋白共享的序列是识别第一个组蛋白赖氨酸甲基转移酶的关键。自识别 SUV39H 1 和 CLR4 以来，人们相继分离了许多其他 SET 结构域组蛋白赖氨酸甲基转移酶，包括果蝇 E（Z）和 TRX，它们代表了 SET 结构域家族的初始成员。不同于其他显示广泛底物特异性的组蛋白修饰酶（如组蛋白乙酰基转移酶），大多数的 SET 结构域修饰酶对组蛋白 H3 或 H4 单一赖氨酸甲基化都具有高度的特异性。然而，也有几个 SET 结构域修饰酶具有广泛的组蛋白甲基化特异性的例子，这几个甲基化酶能够甲基化两个或两个以上的赖氨酸。一个引人关注的扩大甲基化特异性的例子是果蝇的 ASH 1，它可以甲基化组蛋白 H3 的第 4 位和第 9 位赖氨酸以及组蛋白 H4 的第 20 位赖氨酸。相关研究已经表明，这三个赖氨酸的甲基化可以帮助果蝇 ATP 依赖的重塑复合物的募集，这也许可以解释这种特殊三甲基化刺激转录的倾向。然而，目前还不清楚为什么有些 SET 结构域甲基转移酶有扩大的修饰特异性，而另一些 SET 结构域甲基化转移酶没有。

此外，对于赖氨酸底物特异性，不同的 SET 结构域酶可以催化单、双或三甲基化蛋白底物。例如酵母 SET 1 甲基化酶复合物能够对组蛋白 H3 的第 4 赖氨酸进行二或三甲基化修饰，而人类 SET7/9 只能单甲基化这个残基。另外，由一些甲基化酶执行的甲基化多样性是彼此依赖的。例如，哺乳动物 ESET/SETDB 1 可以对组蛋白 H3 的第 9 位赖氨酸进行二甲基化修饰，但在 mAM（a murine ATFa-associated factor）存在的情况下，ESET/SETDB 1 被激活，使其能够三甲基化第 9 位赖氨酸。

自发现组蛋白赖氨酸甲基转移酶以来，逐渐鉴定了几个 SET 结构域蛋白的结构，包括人类 SET7/9、孢霉的 DIM-5、裂殖酵母的 CLR4、豌豆的 LSMT 和来自绿球藻病毒的能进行组蛋白 H3 的第 27 位赖氨酸甲基化修饰的 SET 结构域甲基转移酶。总地来说，这些结构已揭示了 SET 结构域的整体折叠，也阐明了一些新的结构域或模体结构。这些结构域分布于 SET 结构域的 N 和 C 末端两侧，分别被作为 nSET 和 cSET 结构域。图 4-13 显示了组蛋白甲基化酶 SET7/9 的结构。SET 结构域本身是一种新型的 β 折叠，其间插入一个可变长度的模体，因此被分成 N 端和 C 端部

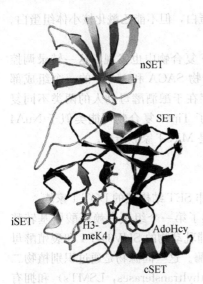

分，插入的模体称为 iSET 区域。SET 结构域的 β 折叠架构颇为曲折，在 N 和 C 末端分别由 5 个和 7 个 β-折叠片组成。对于 SET 结构域折叠来说，单圈 3_{10}-螺旋是唯一保守的螺旋单元。

序列比对发现，iSET 结构域由 20 至 360 残基组成，在序列和结构方面有很大的变化。iSET 结构域可变性在 SET7/9、DIM-5 和 LSMT 结构研究中得到证实。SET7/9、DIM-5、CLR4 和病毒 SET 结构域有相对较短的 iSET 结构域，这个结构域带有一个混合的 α/β 拓扑结构。然而 LSMT 的 iSET 结构域包含约 110 残基，是完全的 α-螺旋。我们很容易推测，iSET 结构域存在结构分化，以调节不同的 SET 结构域酶的底物特异性。

然而，一些 SET 结构域甲基化酶有完全不同的 iSET 结构域，但它们可以甲基化相同的底物。例如，SUV39H 1 和 ES-ET/SETDB 1 都可以甲基化组蛋白 H3 的第 9 位赖氨酸，但显然有不同的 iSET 结构域，这一 iSET 结构域含有的氨基酸残基数量为 21～361。对于不同的 SET 结构域蛋白来说，nSET 和

图 4-13 组蛋白甲基化酶 SET7/9 的结构（引自 Trievel，2004）

cSET 区域有很大的变化。在 DIM-5 和 CLR4 中，nSET 和 cSET 区域经常被称作 PreSET 和 PostSET 结构域，分别是由富含半胱氨酸的 Zn^{2+} 结合区域组成。SET7/9 和 LSMT 的 cSET 模体在结构上颇为相似，由一个单一的邻近 SET 结构域的活性位点的 α-螺旋组成。cSET 区域对于 SET 结构域酶的活性是至关重要的，DIM-5 的 PostSET 区域和 SET7/9 的 cSET 区域基因突变或删除后，会使得相应的甲基化酶活性丧失（Schapira，2011）。

2. 非 SET 结构域甲基化转移酶 核心组蛋白的翻译后修饰曾经被认为只发生在 N 或 C 末端尾部。然而，2002 年几个研究小组报道，从酵母到人类的组蛋白 H3 第 79 位赖氨酸能够被甲基转移酶 DOT 1（disruptor of telomeric silencing-1）进行甲基化修饰。第 79 位赖氨酸位于组蛋白 H3 的球状、α-螺旋结构域之中，这一修饰第一次显示了翻译后修饰的核小体核心结构内部能够发生组蛋白修饰。组蛋白 H3 第 79 位赖氨酸的甲基化是一种在真核生物的常染色质广泛发生的修饰，但在异染色质区域是显著缺乏的，如端粒和交配型位点。芽殖酵母的 DOT 1 敲除和过表达研究显示，H3 第 79 位赖氨酸的修饰水平和分布模式与甲基化酶 DOT 1 的表达水平有着密切的关系。

DOT 1 敲除和过表达会导致端粒沉默的中断，这一令人费解的现象是因为 DOT 1 和 SIR 蛋白之间有一种共享的反向关系，SIR 蛋白在酵母中维持异染色质的沉默。SIR 蛋白特异结合染色质组蛋白 H3 第 79 位赖氨酸的低甲基化区域，从而限制了这种修饰向异染色质区域延伸。在 DOT 1 被敲除时，大范围的常染色质呈现 79 赖氨酸的低甲基化状态，导致 SIR 蛋白在细胞核中与大范围常染色质不适宜的结合。SIR 蛋白的这种结合形式，使得它在异染色质和长染色质的分布比较分散，从而减少了它在异染色质区域的集中程度，使其在端粒等基因沉默的区域的影响进一步变小。相反，DOT 1 过表达导致异染色质区域的 H3 第 79 位赖氨酸超甲基化，进而使得 SIR 蛋白在这些超甲基化位置的结合被阻塞。

DOT 1 是非 SET 结构域的赖氨酸甲基转移酶，基因序列分析后，将这种蛋白归为 I 类甲基转移酶超家族蛋白质，人类 DOT 1 晶体结构研究进一步证实了这一归类的正确性。DOT 1 的结构包含两个结构域，一个是 N 末端的 α-螺旋结构域，另一个是 C 末端的催化结构域。

虽然DOT 1的N端结构域与儿茶酚O-甲基转移酶和L-异天冬胺酰甲基转移酶在结构方面有一些弱的相似性，但与其他Ⅰ类甲基转移酶超家族蛋白相比，DOT 1的N端结构域是不保守的。相反，在Ⅰ类甲基转移酶，C末端催化结构域具有相同的混合α-螺旋/β-折叠结构域，这类转移酶包括精氨酸甲基转移酶。

在以硫腺苷甲硫氨酸为甲基供体进行甲基化修饰的过程中，硫腺苷甲硫氨酸的羧基与第139位苏氨酸的侧链羟基和骨架氨基氨团以及第168位谷氨酰胺酰的侧链氨基氮通过氢键结合，而甲硫氨酸的氨基团与第161位的天冬氨酸羧基以及第163位甘氨酸的羟基相互作用通过一系列的氢键结合。此外，硫腺苷甲硫氨酸核糖羟基侧链参与与第186位谷氨酸羧基的氢键结合，而腺嘌呤N1和N6氮氢分别与第223位的苯丙氨酸骨架氨氮、第222位的天冬氨酸侧链羧基结合。硫腺苷甲硫氨酸的腺苷基团和DOT 1的氢键结合模式在其他Ⅰ类甲基转移酶中也能被观察到。催化结构域的分子表面的结构显示了一个通道，通道结束于硫腺苷甲硫氨酸不稳定的δ-甲基，这个通道就是DOT 1的赖氨酸结合部分。该通道由许多疏水和亲水的残基组成，这些残基包括第135位缬氨酸、第139位苏氨酸、第241位天冬酰胺、第243位苯丙氨酸、第244位丙氨酸、第269位丝氨酸和第312位酪氨酸。第241位天冬酰胺和第312位酪氨酸在DOT 1同源物中是保守的，并且这些残基的变异会消除酶的活性（Schapira，2011）。

DOT 1能够专一甲基化核小体组蛋白H3，但是不能甲基化游离的组蛋白H3，说明对围绕组蛋白H3的第79位赖氨酸的核小体表面进行特异性的识别对甲基化是非常重要的。另外，DOT 1甲基化酶的第390到第416位残基对于核小体的结合以及第79位赖氨酸的甲基化是必需的。

组蛋白H3与H4的甲基化修饰在DNA损伤修复过程中起到重要作用。酿酒酵母DOT 1对组蛋白H3K79甲基化修饰可以募集Rad9到DNA损伤位点，形成DNA损伤检验点，使细胞周期阻滞，以待DNA损伤修复完成。

4.3 组蛋白变体及其修饰

4.3.1 组蛋白变体概述

在多数有机体中，编码核心组蛋白的基因有多个拷贝。这些基因有很高的序列相似性，它们主要在细胞周期的S期被表达。虽然组蛋白是众所周知的保守性很强的蛋白质，但是核心组蛋白有不同的变体。通过氨基酸序列比较，发现这些变体与核心组蛋白有不同的差异。一些变体能显著改变核小体的生物学特征，而另一些变体则定位到基因组的特定区域，发挥生物学功能。

组蛋白变体的表达不一定严格限制于S期，也可发生在整个细胞周期。与主要的核心组蛋白亚单位不同，变体基因包含内含子，转录本常常含有多聚腺苷酸。这些特征对于基因的转录后调节是非常重要的。一些变体在发育和分化阶段，与已存在的核心组蛋白发生交换。

在真核生物的5种组蛋白中，组蛋白H4是最保守的，组蛋白H1有许多序列变体。组蛋白H2A是最不保守的，变体也最多。H2B的变体也有多种，比如在精细胞中发现的变体包括TH2B、TSH2B和H2BFWT。已发现的组蛋白H3的变体有着丝粒特异的CenH3和转录激活的核小体H3.3，还有精巢特异的H3t（Rohinton et al.，2005）。表4-6和4-7显示了部分物种的组蛋白变体及其功能。

表 4-6 几个代表性物种的组蛋白 H2A 和 H3 变体

组蛋白变体	鼠	人	果蝇	四膜虫	酿酒酵母	裂殖酵母
H3.3	h3f3	H3.3 H3F3	His3.3	Hv2	H3	hht3
CenH3	Cenpa	CENPA	Cid	TetCENPA?	Cse4	cnp1 sim2
H2A.Z	H2afz H2afv	H2A.Z H2AF/Z	H2AvD	hv1	Htz1	pht1
H2A.X	H2afx	H2A.X H2AF/X	H2AvD	H2A.X	H2A.	H2A
H2A-Bbd	H2a-bbd	H2ABbd H2AF/B				
MacroH2A	H2afy	MacroH2A H2AF/Y				

表 4-7 部分组蛋白变体的功能

组蛋白变体	物种	对染色质的影响	生物学功能
H1⁰	鼠	染色质浓缩	转录抑制
H5	鸡	染色质浓缩	转录抑制
SpH1	海胆	染色质浓缩	染色质包装
H1t	鼠	染色质打开	组蛋白交换,重组
MacroH2A	脊椎动物	染色质浓缩	X 染色体失活
H2ABbd	脊椎动物	染色质打开	转录激活
H2A.X	多个物种	染色质浓缩	DNA 修复/重组/转录抑制
H2A.Z	多个物种	染色质打开或闭合	转录激活/抑制,染色体分离
SpH2B	海胆	染色质浓缩	染色体包装
CenH3	多个物种		对着丝粒形成/发挥功能
H3.3	多个物种	染色质打开	转录

1. H1 变体 组蛋白 H1 富含赖氨酸，H1 上有一小段 N 末端、一个高度保守的中心球体区域以及一段长的 C 末端。对于大多数 H1 来说，核心组蛋白亚单位和变体之间的序列差别发生在蛋白质非球状的 N 和 C 末端尾部区域。脊椎动物中组蛋白 H1 是一群紧密联系的、由单个基因编码的蛋白质，没有核心组蛋白那么保守。在哺乳动物中，包括多种亚型。

H1 变体是组织特异的或是发育时期特异的，包括体细胞中的 H1a、H1b、H1c、H1d、H1e、H10 和 H5；精细胞特异的 H1t、H1t2、HILS1；卵巢特异的鼠 H1foo 和爪蟾的 B4。精细胞特异的 H1 变体 H1t、H1t2 和 HLS1 的 C 端都加上了 α 螺旋，可能有助于精核染色质高度凝缩。卵母细胞特异的 H1foo 含有大量的赖氨酸，是甲基化或乙酰化的潜在位点，这些修饰利于染色质的凝缩。H1foo 能抑制转录，因此 H1foo 存在时，卵母细胞转录水平很低，而当合子基因开始转录时，H1foo 被快速的去掉。在核移植实验中也发现 H1foo 的替换，供体核在受体细胞内，连接组蛋白 H1 会迅速被卵巢特异的 H1foo 替换，可以迅速改变基因表达的方式，从体细胞类型变为卵母细胞类型，引发细胞核的再程序化。精细胞中的组蛋白变体大都与核小体包装密切相关，以利于鱼精蛋白的组装。

几个组蛋白 H1 变体看起来在分化时对于基因转录发挥重要的作用，特别对于基因的抑制。例如鸡红血球的组蛋白 H5。在红血球分化后期，这个变体进入染色质，它的进入是与基因的转录抑制同时发生的。在体内，当 H5 变体减少时，基因转录激活。在体外，这个变体的出现抑制转录起始。某些 H1 变体可能成为一般的转录抑制因子，其他 H1 变体可能在基因转录调节的过程中是可选择的（Martianov et al., 2005）。

在人的脂肪细胞发现 5 个组蛋白 H1 变体，它们是：HIST 1H 1E (H 1.4)、HIST 1H 1T (H1t)、H1F0 (H 1.0)、H1FOO (H 1oo) 和 H1FNT (testis-specific H 1)。HISTH 1E 也被称为丰富组蛋白 H 1.4。在针对人脂肪细胞研究的 6 个人中的 5 个含有 H1F0。在每个人的脂肪细胞中发现了 HIST 1H 1T、H1FOO 和 H1FNT，它们被认为是卵母细胞和睾丸特异的（Jufvas et al., 2011）。

在基因组内，核心组蛋白和变体有明显不同的生物物理学特征和不同的分布模式。与在细胞周期、分化和发育阶段一样，在不同的细胞类型中，这些变体的冗余数量是变化的。连接组蛋白 H1 变体通过调整与 DNA 的相互作用，直接影响核小体的包装的松紧程度和染色体的高级结构。与核小体包装相关的 H1 变体的 C 端变化很大，影响其结合染色质的能力。

2. H2A 变体 在核心组蛋白之中，组蛋白 H2A 是最不保守的，有大量的变体存在。H2A 组蛋白变体家族中包括：H2A1、H2A2、H2AX、H2AZ、MacroH2AX1、MacroH2AX2 和 H2ABbD。在人的脂肪细胞，确定了组蛋白 H2A 的 6 个不同变体：H2AFZ（H2A.Z）、H2AFX（H2A.X）、H2AFY（H2A.1）、HIST1H2AC（H2A type 1-B/E）、组蛋白 H2A (fragment) 和与 H2AFY2 相似的蛋白（未命名蛋白）。

H2A 变体与核心 H2A 组蛋白的差别是在于 C 末端尾部的长度和序列变化，还有它们在基因组中的分布。一些 H2A 变体，比如 H2A.Z，在进化上是保守的。H2A.Z 广泛分布于真核生物的染色体中，刚好组装在启动子附近区域，其功能主要是调节基因的转录。它可以稳定核小体结构，防止基因沉默异常地蔓延到相邻的常染色体。H2A.Z-H2B 二聚体对核小体的缠绕相对松弛，H2A.Z 使染色体不稳定，这对转录激活很重要。在酵母端粒附近许多基因的表达需要组蛋白 H2A.Z 代替组蛋白 H2A。在组蛋白 H2A.Z 突变的酵母，如果发生组蛋白去乙酰化酶的突变，则可以逆转大部分基因的抑制。这个理论提示，只需一个大的染色质结合物，就可以简单的通过在染色质上中断核小体的连续排列方式，终止异染色质结构的扩展。

MacroH2A 和 H2ABbd 仅存在于脊椎动物或哺乳动物中。MacroH2A 主要定位于失活的 X 染色体，其 C 尾端很长，形成球状的结构域，能抑制转录因子结合，并能抑制染色质重塑复合物 SWI/SNF 对染色质的作用。MacroH2A 是两个非等位基因 MacroH2A 1 和 MacroH2A2 的产物。MacroH2A 1 和 MacroH2A2 在雌性哺乳动物中与 X 染色体失活有关。

衰老细胞能够装配成被称作细胞老化相关异染色质位点（senescence-associated heterochromatic foci, SAHF）的特殊结构。异染色质被认为是无转录活性的，而且 SAHF 含有与细胞生长有关的基因。MacroH2A 在 SAHF 中尤其丰富。两种染色质结构调节因子 HIRA 和 ASF 1a 在 SAHF 的形成过程中起到关键作用。当人工激活人类细胞中的 HIRA 和 ASF 1a 时，这些细胞就会装配 SAHF 并且表现出衰老的迹象。如果 ASF 1a 的活性降低，则含有 MacroH2A 的 SAHF 细胞数量就会极大减少。因此，这些结果将细胞增殖的变化与染色质结构的变化联系在了一起。最近，研究发现组蛋白变体 MacroH2A 在很多黑素瘤中表达水平降低。MacroH2A 的缺失通过 CDK8 的转录促进肿瘤生长和转移，而 CDK8 是一个已知的致癌基因。

H2ABbd 和常规的 H2A 只有 48% 是一致的，H2ABbd 比其他的 H2A 变体都短，所以相比其他的变体具有更远的亲缘关系。H2ABbd 缺乏一条大的 C 末端尾巴，这一现象预示尾部的缺乏会使得核小体变得不稳定。H2ABbd 的存在导致核小体的结构不稳定是因为在含有 H2ABbd 的核小体中，只有 118bp 的 DNA 缠绕其上而不是常规的 146bp。在转录过程中，核小体替代能够发生在这类核小体上。这一角色显示 H2ABbd 可以定位到活性 X 染色体和常染色体。H2ABbd 是与组蛋白 H4 的乙酰化形式同时出现的，它的出现标志着染色体的转录激活，而在失活的 X 染色体内缺乏 H2ABbd。

在大多数哺乳动物组织和细胞中，H2AX 基因的含量占总 H2A 的 2%～10%，而在低等真核生物中 H2AX 的含量较高，特别是在芽殖酵母中几乎可达到 100%。H2AX 的 N 端含有 120 个氨基酸残基，C 端的 22 个残基序列与一些低等真核生物的 H2A 蛋白的 C 端序列具有同源性，这段同源序列在进化上高度保守，其中包括一个 139 位的丝氨酸残基的丝氨酸-谷氨酰胺-谷氨酸（Ser-Gln-Glu，SQE）结构域。SQE 结构域中的 Ser 残基可被磷脂酰肌醇 3-激酶（phosphatidylinositol 3-kinase，PI3K）、Rad3 相关蛋白（ATM（ataxia telangiectasia mutated gene）and Rad3 related protein，ATR）和 DNA 依赖性蛋白激酶（DNA-dependent protein kinase，DNA-PK）等磷酸化。近几年的研究表明，组蛋白 H2AX 在 DNA 损伤修复、细胞周期检测点调控、基因组稳定性的维持和肿瘤抑制中起重要的作用。H2A.X 是在 DNA 出现断裂时，替代 H2A 的一种 H2A 变体，所以，它对 DNA 修复有重要作用。在很多细胞生物学研究中发现 DNA 的断裂可引起 H2A.X 转录后的磷酸化修饰。另外，H2A.X 的高磷酸化是细胞凋亡的特征之一。DNA-PK 可能在 DNA 重组的部分特异性磷酸化 H2A.X。

酿酒酵母和粟酒裂殖酵母（*Schizosaccharomyces pombe*）的核心 H2A 蛋白质与哺乳动物的 H2A 变体相比，与哺乳动物的 H2A.X 变体更相似。

3. H2B 变体 核心组蛋白 H2B 的变体在精子中可以发现，H2B 变体包括 TH2B、TSH2B 和 H2BFWT。在人的脂肪细胞确定了组蛋白 H2B 的 4 个不同变体：HIST 1H2BM、HIST 1H2BA、HIST 1H2BN 和 HIST 1H2BJ。

人精子中的 H2B 的变体都比体细胞中的 H2B 含有更多的精氨酸，并都在 N 末端含有脯氨酸残基。海胆精子 H2B 变体赖氨酸与精氨酸的比例有所下降，并有类似于鱼精蛋白的氨基酸序列的位点。体细胞 H2B 和 HTSH2B 之间的氨基酸序列明显不同。近来另一个被确定的哺乳动物的 H2B 变体是 H2BFWT，H2BFWT 和正常的 H2B 的同源性很低。N 末端尾部结构分析也证明，它和 H2B 有最低的亲缘关系。

4. H3 变体 已发现的组蛋白 H3 的变体有着丝粒特异的着丝粒 H3（CenH3）和转录激活的核小体 H3.3，还有精巢特异 H3t，哺乳动物的睾丸组织特异性组蛋白 H3 变体被称为 H3.4。在人的脂肪细胞发现的组蛋白 H3 的变体包括：HIST 1H3I 和 H3F3A/H3F3B（H3.3）。H3.3 和 H3.4 是变异最少的变体，与果蝇 H3 比较，仅仅有 4 个氨基酸差异。C 端球状结构域存在 3 个氨基酸差异，还有一个是 N 端 Ser31，可能与 H3.3 的磷酸化有关。在活跃的核仁组织者中，H3.3 仅在转录活跃的核小体内替换 H3。在果蝇中，H3.3 在转录的位点发生强烈的核小体去组装与重组装。

CenH3 是结合着丝点的保守蛋白质，指导动粒蛋白结构的形成，动粒蛋白结构的形成可以调节真核细胞染色体的分离。尽管与核心组蛋白折叠域相似，但是所有 CenH3 蛋白在 N 尾端有高度多样性。CenH3 的 C 端球状结构域是很保守的，甚至可以用酵母的 CenH3 替代人的 CenH3 功能。CenH3 是在着丝粒区域被发现，与异染色质和染色体失活有关。作为着丝粒的标志 CenH3 比卫星 DNA 更好，甚至在没有卫星 DNA 的着丝粒中也有 CenH3。人类的 CenH3（即 CENP-A）在精子里没有被鱼精蛋白替代，说明它是着丝粒遗传必需的。

5. H4 变体 虽然组蛋白 H4 是进化最慢的蛋白质之一，但最近在人的脂肪细胞，发现了组蛋白 H4 变体，这些变体包括 HIST2H4B 和 HIST 1H4A-L/HIST2H4A-B/HIST4H4。HIST2H4B 变体与经典的组蛋白 H4 仅仅在 N 末端的两个氨基酸残基有差异，HIST2H4B 变体是 VW（缬氨酸和色氨酸），而 H4 组蛋白是 SG（丝氨酸和甘氨酸）。

4.3.2 组蛋白变体修饰

在脂肪细胞中发现了 78 种组蛋白变体修饰，其中 68 种修饰是第一次发现（Jufvas et al., 2011）。

在人的脂肪细胞，发现多种组蛋白变体修饰。H1 变体修饰包括：H1FOO 在 199 位赖氨酸发生一甲基化修饰和在 215 位精氨酸发生二甲基化修饰。而 HIST1H 1T 的 159 位苏氨酸发生磷酸化修饰。H1FNT 在 184 位赖氨酸发生二甲基化修饰。HISTH1E 的起始氨基酸并不是甲硫氨酸，并且 N 末端丝氨酸发生了乙酰化。H1F0 也有上述现象。

H2A 变体修饰有：H2AFZ 变体赖氨酸 12（第 12 位赖氨酸）泛素化、赖氨酸 16、精氨酸 20 和精氨酸 23 的二甲基化；H2AFX 赖氨酸 6 泛素化或一甲基化、苏氨酸 7 和丝氨酸 17 磷酸化、赖氨酸 10 和赖氨酸 16 泛素化、精氨酸 12 和精氨酸 14 的一甲基化、精氨酸 12 和精氨酸 14 以及赖氨酸 16 的二甲基化；H2AFY 丝氨酸 3 和苏氨酸 10 的磷酸化、赖氨酸 7 和精氨酸 12 的乙酰化/三甲基化、赖氨酸 7/8/9/12 和精氨酸 15 一甲基化、赖氨酸 8 和精氨酸 15 二甲基化、赖氨酸 7/8/9 泛素化；H2A（fragment）赖氨酸 6 乙酰化/三甲基化；与 H2AFY2 相似的蛋白发生精氨酸 4 单甲基化和丝氨酸 11 磷酸化。这些修饰中，只有 H2AFX 的第 6 位赖氨酸乙酰化曾经在人的骨髓性白血病细胞系研究中有过报道。

在人的脂肪细胞确定了组蛋白 H2B 的四个不同变体：HIST 1H2BM、HIST 1H2BA、HIST 1H2BN 和 HIST 1H2BJ。这些变体包含了 7 个新的修饰，这些修饰涉及到磷酸化、乙酰化、泛素化和二甲基化。HIST 1H2BM 的 30 个氨基酸长的 N 末端可以发生 8 个修饰：赖氨酸 6 的乙酰化/三甲基化、丝氨酸 7 的磷酸化、赖氨酸 12/13/30 的单甲基化、赖氨酸 17 的二甲基化和赖氨酸 27/28 的泛素化。在人的骨髓性白血病中曾经发现了赖氨酸 6 乙酰化。

HIST 1H2BM 的 C 末端可以发生赖氨酸 121/126 的乙酰化和三甲基化修饰，另外，精氨酸 130 也能被进行二甲基化修饰。以前并未报道过这些修饰。变体 HIST 1H2BA 是睾丸或精细胞特异的组蛋白 H2B 替换体。在这种变体中发现的修饰有：精氨酸 81 二甲基化、丝氨酸 86 磷酸化、赖氨酸 87 乙酰化/三甲基化和精氨酸 88 单甲基化以及赖氨酸 94 一甲基化。

组蛋白 H3 变体 HIST 1H3I 和 H3F3A/H3F3B（H3.3）中都发现了赖氨酸 24 乙酰化/三甲基化，仅在变体 H3F3A/H3F3B 中发现了赖氨酸 28 和赖氨酸 37 二甲基化。

组蛋白 H4 变体中可以发生的修饰有：赖氨酸 8/16 泛素化、赖氨酸 8 一甲基化和赖氨酸 16 二甲基化。HIST 1H4A-L/HIST2H4A-B/HIST4H4 变体可以发生的修饰包括：赖氨酸 21 二甲基化、赖氨酸 9 乙酰化、赖氨酸 6/18 二甲基化以及赖氨酸 6/17 泛素化。

4.4 组蛋白密码

不同的组蛋白修饰在基因的表达中起着不同的作用，研究人员提出了包括组蛋白密码、信号网络和电荷中和模型等不同模型来说明组蛋白修饰的功能（Schreiber et al., 2002; Turner, 2000; Wade et al., 1997; Strahl et al., 2000）。信号网络模型认为受体酪氨酸激酶传播细胞外信号和组蛋白传播核信号的原理是相似的。电荷中和模型认为乙酰基作为带负电的基团能够中和组蛋白上的正电，而DNA是带负电荷的，因此组蛋白的乙酰化可以降低组蛋白与DNA之间的亲和作用。因此在一般情况下组蛋白的高乙酰化代表了染色质的松散和转录的活跃，反之则代表异染色质的形成和转录的抑制。2000年，Strahl和Allis提出"组蛋白密码假设"。该假设认为单一组蛋白的修饰往往不能独立地发挥作用，一个或多个组蛋白尾部的不同共价修饰依次发挥作用或组合在一起，形成一个修饰的级联，它们通过协同或拮抗来共同发挥作用，影响基因的表达。组蛋白密码被提出后，在调节基因表达过程中，组蛋白修饰组合模式成为该领域研究热点。

一些相关的研究已经显示了组蛋白修饰之间存在关联关系并且影响基因表达。当修饰共同出现的时候，影响基因的表达。H3K27me3和H3K4me3在启动子区共存比较常见。在胚胎干细胞基因组研究中发现，5252个含有H3K27me3的基因启动子区同时具有H3K4me3修饰。H3K9me3和H3K36me3在基因的启动子区共同抑制基因的转录，而在其他适当的区域激活基因的转录。

不同位点的甲基化与泛素化之间形成了不同的组合关系。Set1催化的H3K4甲基化依赖于H2B的第123位赖氨酸泛素化，但是该泛素化对Set2催化的H3K36甲基化则没有影响。H2BK123泛素化后可以募集H3K4甲基转移酶Set1，而延长复合体PAF能够与Set1结合。当RNA聚合酶Ⅱ（PolⅡ）的C末端结构域（carboxy-terminal domain, CTD）中第5位丝氨酸呈现磷酸化状态时，就可以与PAF一起开启基因转录。然后，SAGA复合体（Spt-Ada-Gcn5乙酰化酶复合物）的成分Ubp8可以发挥去泛素化作用。去泛素化后，可以募集H3K36甲基转移酶Set2，当H3K36甲基化与RNA聚合酶ⅡCTD区第2位丝氨酸磷酸化同时发生时，就可以激活基因转录。此外，H2B的123位赖氨酸的泛素化还能影响H3K79的甲基化。

不同位点及修饰程度的组蛋白甲基化与乙酰化间也有一定关系。组蛋白H3K4的双甲基化和三甲基化、H3K36和K79的双甲基化与高乙酰化相关，而组蛋白H3K9双甲基化及三甲基化与组蛋白的低乙酰化存在关联。精氨酸的甲基化与乙酰化之间也存在关联。组蛋白H4R3的甲基化促进P300催化H4K8和H4K12发生乙酰化，即H4R3的甲基化有助于H4K8和H4K12的乙酰化。其次，H4K5、K8、K12和K16位任意一点的乙酰化也会限制H4R3的甲基化。有90%的含有H3K4甲基化的位点都发生了K9/K14的乙酰化，H3K9/K14ac（acetylation）与H3K4me2和H3K4me3关联，其中与H3K4me3关联更好（Bernstein et al., 2005）。

组蛋白磷酸化与甲基化、乙酰化、泛素化之间存在关联。这些修饰能够通过协同和拮抗机制影响基因的表达。组蛋白H3S10的磷酸化促进H3K9及H3K14的乙酰化，但是抑制H3K9的甲基化。H3K9的甲基化还受到H3K14的乙酰化以及H3K4的甲基化的抑制。相反H3K9的甲基化也可抑制H3S10的磷酸化和H3K9、H3K14的乙酰化，H3K9的甲基化的抑制作用可以致使基因沉默。H3S28磷酸化能够诱导邻近的K27产生甲基化-乙酰化开关机制。H2AXSer139和Ser16（一个新的磷酸化位点）的磷酸化能够减少H2AX的泛素化，并且抑制细胞转化。在转录延长的过程中，组蛋白H3S57和K56能够相互影响，继而发挥一定的生物学功能。当K56发生乙酰化后，S57磷酸化能够促进核小体转移。H3T6磷酸化能够影响H3K4二甲基化。免疫血清诱导PIM1激酶磷酸化FOSL1增强子的已经发生乙酰化的H3组蛋白，然后衔接蛋白14-3-3结合到磷酸化的核小体，同时募集乙酰化酶MOF，MOF引发H4K16的乙酰化。这种组蛋白修饰的交联产生核小体识别码（H3K9acS10ph/H4K16ac），此识别码能够使得含有bromo结构域的蛋白BRD4结合到核小体。进一步，增强转录的调节因子b（positive transcription elongation factor b,

P-TEFb）通过 BRD4 诱导激活转录延伸。

乙酰化之间关系的研究显示，在基因间区域和编码区，H4K8ac 和 H4K 12ac、H4K8ac 和 H3K 14ac、H2BK 11ac 和 H2BK 16ac 之间都存在强关联。

多个修饰之间关系的研究也产生了有意义的结果。Liu 等（2005）通过组蛋白尾部的突变实验发现，只有很少数目的组蛋白修饰组合在体内发生（Liu et al.，2005）。其所研究的 12 个组蛋白修饰只涉及两个强相关群体，分别是群体 A（H2AK7ac、H3K 14ac、H3K9ac、H4K5ac、H3K18ac、H4K 12ac 和 H3K4me3）和群体 B（H3K4me 1、H2BK 16ac、H3K4me2、H4K 16ac 和 H4K8ac）。Wang 等根据 39 个组蛋白修饰（甲基化和乙酰化）数据信息研究了人 $CD4^+$ T 细胞中组蛋白修饰组合（Wang et al.，2008），发现组蛋白修饰可能彼此协同增强基因的转录活性。研究结果显示，在启动子和增强子存在大量的修饰组合模式。该研究在 3286 个启动子发现一个由 17 个组蛋白修饰组成的组合模式，这 17 种组蛋白修饰在基因组关联紧密。与这种组合相关的基因表达水平较高。此外，在此修饰模式的基础上增加修饰能够进一步增强基因的表达。Fischer 等通过对实验数据的统计发现基因转录水平强烈依赖于 4 种组蛋白修饰的组合（H4ac、H3ac 和 H3K4me2/3），并且认为组蛋白尾部的修饰可以形成密码导致不同的转录水平（Fischer et al，2008）。但是该研究没有明确究竟哪些单一的修饰才能够形成组合。以上工作通过相关分析能够明确修饰之间有无关联关系，如何通过理论或实验方法揭示修饰之间由于修饰酶或相关调节蛋白的作用产生的因果关系是研究修饰组合发生的关键，从而使得人们对于组蛋白修饰组合以及组合发生的分子生物学机理产生更深刻的认识。

Yu 等（2008）在 PcG 复合物和 H3K27me3 的数据测试的基础上，利用贝叶斯网络推测了启动区组蛋白各种不同甲基化修饰之间的因果关系，从而明确了组蛋白修饰相互之间形成的逻辑因果关系（Yu et al.，2008），如图 4-14 所示。该研究显示 H3K4me3 与 Pol Ⅱ 之间存在因果关系。同时，H3K4me3 可能抑制 H3K36me3 和 H4R3me2 的形成。相关的实验结果也支持这一发现。另外，H3K27me3 和涉及 DNA 修复的 H4K20me3 与 H3K9me3 存在因果关系（H3K27me3 和 H4K20me3 共同影响 H3K9me3），它们之间的因果关系可能影响 H3K9me2。目前的研究结果已经表明这种关系是合理的。比如，在四膜虫体内的研究显示 H3K27me3 能够调节 H3K9 甲基化。在该网络，H3K4me3 和 H3K27me3 处于网络的中心，并且与 Pol Ⅱ 直接关联。这两种修饰类似于蛋白质相互作用网络中的 Hub。其他修饰与 Pol Ⅱ 的关系是间接的，可能只是为了稳定这两个主要的修饰发挥生物学功能。该网络也发现了一些新的修饰关联。比如，H2BK5me 1（一种被很少研究的修饰）对于 H3K27me3 和 H3K4me 1 与 H4K20me 1 之间的应答关系方面发挥重要的作用。

目前，为了研究组蛋白修饰组合模式，已经尝试了多种计算方法（Won et al.，2008；Hon et al.，2008；Jaschek et al.，2009；Ernst et al.，2010）。Won 等以一部分基因启动子和增强子的组蛋白修饰数据为训练集训练隐马尔科夫模型（Hidden Markov models，HMMs），然后利用训练的模型研究启动子和增强子修饰模式。结果显示训练后的模型能够捕捉启动子和增强子复杂的组蛋白修饰组合模式信号，甚至是很弱的信号。虽然该方法能够发现不同的组蛋白修饰模式，但是不能识别其他的 DNA 功能元件的特异修饰模式。Hon 等将 ChromaSig（一种非监督式学习方法）应用于 Hela 细胞基因组的 9 种染色质修饰标记，确定了 8 类不同的组蛋白修饰模式。其中的 5 类与转录的启动子和增强子关联，这些特异的修饰组合模式可以鉴别结合不同转录因子和激活因子的增强子。2009 年，Jaschek 和 Tanay 提出一种空间聚类算法（基于 HMM 的算法），并将其应用于人 T 细胞和纤维原细胞。彩图 6 显示了空间聚类结果以及每一类在转录起始位点上下游 1Kb 范围内（TSS±1Kb）的丰度。该算法根据类的属性（20 种甲基化修饰、Pol Ⅱ、组蛋白变体 H2A.Z

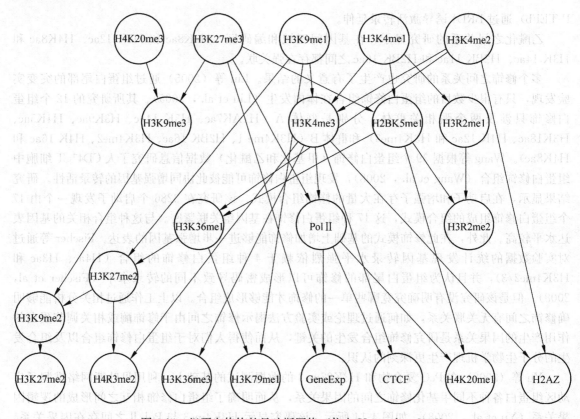

图 4-14　组蛋白修饰的贝叶斯网络（仿自 Yu et al., 2008）

以及 CTCF（CCCTC-binding factor）等）共聚为 16 类。其中，唯一含有高水平 PolⅡ的是类 15，同时该类还含有高水平的 H3K4me3、H2A.Z 和 H3K9me1，另外在类 15 中也具有一定的 CTCF 含量，而 CTCF 以前被报道过发生于可变启动子。该类偏好于靠近 TSS 的区域。类 12 和类 10 显示了多个单甲基化（H3K4me1，H3K36me1，H3K9me）的组合，这两类偏好存在于 TSS 两侧。更偏好于 TSS 下游区域的类 12 含有非常高水平的 H4K20me1 和 H2BK5me1。而类 10 的 H4K20me1 和 H2BK5me1 水平则不高，在 TSS 下游存在的偏好不如类 12。H3K36me3 修饰与转录延长关联，类 8 含有高水平的 H3K36me3，该类的其他修饰或因子相对于其他类没有明显的区别。类 12 在转录区的下游比较集中。类 11 显示了隔离子模式，该类含有相对高水平的 CTCF 和 H2A.Z，而且该类偏好于 TSS 的上游。类 5 和类 13 含有相对高水平的 H3K27me3 和 H3K27me2，但是在 TSS 上下游没有明显的偏好区域，主要存在于基因间区域。以上结果显示，在 DNA 的不同区域或位置，以多种组蛋白修饰为组合的表观遗传标签是有差异的，并且这些标签存在位置偏好性。

不论 ChromaSig 还是基于 HMM 的算法，都是以所研究的所有修饰为属性进行聚类，研究产生的组合修饰模式结果都包含所研究的全部修饰。但是，多方面的研究已经证明一种修饰模式只包含几种组蛋白修饰，不是全部修饰都参与一种修饰组合模式的形成（Schones et al., 2008）。因此，如何在众多的修饰中选择重要的或有标志性的修饰进行聚类是研究修饰组合模式的关键，特别是针对有功能的 DNA 元件或区域。

为了克服上述算法的缺点，Ucar 等（2011）提出了 CoSBI（coherent and shifted bicluster identification）算法（一种子空间聚类算法），并将其应用于人 CD4⁺ T 细胞的 39 种组蛋白修饰数据，研究修饰的组合模式（Ucar et al, 2011）。该工作在全基因组范围确定了包含 19 种修饰的 873 种组蛋白修饰组合模式，一半以上的组合模式包含了其中的 10 种修饰（H2BK5ac、H2BK 120ac、H3K4ac、H3K9ac、H3K 18ac、H3K27ac、H3K36ac、H4K5ac、H4K8ac 和 H3K4me3）。组蛋白变体 H2AZ 也倾向于与这些修饰形成组合。通过研究基因组合修饰的总体特征，发现三对修饰（H3K27ac 和 H3K4me3、H2AZ 和 H2BK 120ac、H3K9ac 和 H3K36ac）中，每一对的两个修饰都几乎同时伴随发生，其中 H3K27ac 和 H3K4me3 修饰伴随发生结果已经被报道过。

不同 DNA 功能元件常显示具有不同的组蛋白修饰标签。Ucar 等针对 4 类 DNA 功能元件（CpG 岛、增强子、隔离子和启动子）进行了修饰组合模式的研究，表 4-8 显示了每种 DNA 功能元件的核心组合修饰标签。在这 4 类功能元件中，基因启动子区域的组蛋白修饰组合模式最为复杂，包含的修饰种类最多。CpG 岛的修饰标签相比较启动子区域是不明显的，主要有 4 种组合模式。除了 H3K4me2 和 H3K9me 1，与 CpG 岛关联的几种修饰在启动子区域同样存在。在隔离子，乙酰化是非常有意义的修饰。一部分隔离子的修饰模式显示了乙酰化与 H3K4 甲基化共存的现象。同时，该研究还在沉默基因的启动子发现了两个不同的抑制基因活性的甲基化修饰 H3K27me3 和 H4R3me2。很有趣的是，这两个修饰几乎不同时发生。它们与不同的修饰形成各异的核心组合修饰标签。H3K27me3 与乙酰化形成组合修饰标签，而 H4R3me2 与 H3K36me 1 组合。这一结果显示这两种修饰可能采用不同的机制保持目标基因的沉默。此外，还发现了 122 个与之前核心修饰标签不同的组合修饰模式，这些组合修饰可能表示还没有被发现的 DNA 元件的表观遗传标签。

表 4-8　与功能 DNA 元件关联的核心组蛋白修饰标签（Ucar et al., 2011）

基因组特征	核心组蛋白修饰标签
隔离子	<H3BK20ac, H3K36ac, H3K9ac> <H3K27ac, H2BK5ac> <H3K4me2, H3K4me3>
增强子	<H2BK 120ac, H3K27ac, H3K36ac, H4K8ac, H3K4me2, H3K4me3>
启动子	<H2AZ, H2BK5ac, H2BK120ac, H3K36ac, H4K5ac, H3K9ac, H3K27ac, H4K8ac, H3K4ac, H3K 18ac, H3K4me3, H2BK20ac, H4K91ac>
CpG 岛	<H2BK5ac, H3K9ac, H3K4me2, H4K91ac> <H2BK 120ac, H3K4ac> <H2BK20ac, H3K27ac> <H2AZ, H3K4me3, H3K9me 1>

虽然 Ucar 等在克服其他算法缺点的基础上提出了 CoSBI 算法，并将其应用于人基因不同的 DNA 功能元件，而且在修饰组合模式的研究方面取得一定进展。但是这种方法仍然脱离不了通过以几种修饰为属性进行聚类来确定究竟哪些修饰能够形成组合的本质。而 Yu 等（2008）通过构建修饰的贝叶斯网络研究修饰之间具有的因果关系，从而揭示修饰组合模式的方法为人们认识不同组蛋白修饰之间的复杂关系提供了一个新的视角。这种研究方法不仅明确了具有相关性的修饰之间的关联，更重要的是，揭示了因为相关调节因子或修饰酶的作用而产生的修饰之间的因果关系。Yu 等构建的网络可以非常直观地显示这种关系。

基因的表达是一个复杂的过程。基因表达过程中，相关调节蛋白因子的募集是非常重要的，这些蛋白因子趋向于共同发挥作用，所以相关蛋白因子导致的修饰是相关的。Yu 等的研究结果已经显示修饰不仅相关，而且具有因果关系。其他相关的研究也显示出修饰之间可能存在的因果关系。例如，在酵母中，甲基化酶 Set 1 可以修饰 H3K4 位点成三种甲基化形式，Set 1 与相关蛋白的相互作用可以引起该酶的催化构象的发生改变，从而从一甲基化酶向三甲基化酶转变。因此，酵母的三种 H3K4 甲基化之间具有因果关系。其次，酵母甲基化酶 Set 1 的募集需要与 TFⅡH 关联的激酶 Kin28。Kin28 能够磷酸化 PolⅡ 的 C 末端的结构域第 5 位丝氨酸，而磷酸化的 PolⅡ 能够与 Set 1 相互作用。这些说明由 Set1 催化的 H3K4me3 与 PolⅡ 之间可能有因果关系。此外，H3K4 甲基化修饰能够作为 SAGA 和 SLIK（SAGA-like）募集的结合位点，SAGA 和 SLIK 复合物能够通过自身的一个亚单位 Chd 1 的 chromo 结构域与甲基化的 H3K4 产生特异的相互作用，进一步由 SAGA 修饰的乙酰化导致基因具有转录活性。而 SAGA 主要乙酰化 H3K 14 位点。所以，H3K 14ac 与 H3K4me3 之间可能存在因果关联。此外，甲基化的残基可以作为许多蛋白质的结合位点，这些蛋白质通过 chromo 结构域、PHD 和 Tudor 结构域与之结合。使得不同的甲基化修饰与其他能够结合到甲基化的修饰酶或修饰酶复合物（蛋白因子）催化的修饰之间建立关联，从而进一步募集相关的调节因子发挥对基因表达的调节作用。大多数的乙酰化酶还含有 bromo 结构域，bromo 结构域又能够与乙酰化的位点结合。例如酵母的 Gcn5，这种乙酰化酶自身能够乙酰化 H3，而且能够通过此结构域结合 H3 的乙酰化。因此会发生 H3 乙酰化的彼此依赖或 H3 乙酰化与 H4 乙酰化之间的因果关系。

  Yu 等的工作为组蛋白修饰组合模式的研究提供了一种十分重要的研究方法，是破译复杂的"组蛋白编码"研究方面的重要研究手段。该方法不仅仅适用于研究组蛋白修饰之间的关联关系，而且也可以被用于研究 DNA 甲基化、非编码 RNA 以及相关蛋白之间的因果关联分析。但是对于大规模因果推断问题，使用贝叶斯因果推断方法，还面临有限的数据资源与急剧增大的网络搜索空间的矛盾。为了降低贝叶斯网络结构的复杂度，又能够得到一个直观表示节点（组蛋白修饰、DNA 甲基化等）之间因果关系的贝叶斯网络，可以考虑在局部构建多个网络，然后将多个网络整合的方法。不论是基于整体数据构建的单一网络，还是基于局部数据构建的多个子网络整合的网络，其表示的节点之间的关联和因果关系都需要详尽的分子生物学水平分析。此外，节点之间的关联也可以进一步应用 Ucar 等提出的 CoSBI 算法验证。这些研究或许能够使人们对于组蛋白密码产生机制产生更深刻的认识。

参 考 文 献

BARBER C M, TURNER F B, WANG Y, et al. 2004. The enhancement of histone H4 and H2A serine 1 phosphorylation during mitosis and S-phase is evolutionarily conserved [J]. Chromosoma, 112 (7): 360-371.

BARLEV N A, POLTORATSKY V, OWEN-HUGHES T, et al. 1998. Repression of GCN5 histone acetyltransferase activity via bromodomain-mediated binding and phosphorylation by the Ku/DNA-PKcs complex [J]. Mol. Cell. Biol., 18: 1349-1358.

BERGER S L. 2007. The complex language of chromatin regulation during transcription [J]. Nature, 447: 407-412.

BERGER S L. 2010. Cell Signaling and Transcriptional Regulation via Histone Phosphorylation [J]. Cold Spring Harb Symp. Quant. Biol., 75: 23-26.

BERNSTEIN B E, KAMAL M, LINDBLAD-TOH K, et al. 2005. Genomic maps and comparative analysis of histone modifications in human and mouse [J]. Cell, 120 (2): 169-181.

BRADBURY E M. 1992. Reversible histone modifications and the chromosome cell cycle [J]. Bioessays, 14: 9-16.

BROWNELL J E, ALLIS C D. 1996. Special HATs for special occasions: linking histone acetylation to chromatin assembly and gene activation [J]. Curr. Opin. Genet. Dev., 6: 176-184.

CLARKE A S, LOWELL J E, JACOBSON S J, et al. 1999. Esa1p is an essential histone acetyltransferase required for cell cycle progression [J]. Mol. Cell. Biol., 19: 2515-2526.

DOHMEN R J. 2004. SUMO protein modificaion SUMO protein modification [J]. Biochim. Biophys Acta., 1695 (13): 113-131.

DOLLARD C, RICUPERO-HOVASSE S L, NATSOULIS G, et al. 1994. *SPT*10 and *SPT*21 are required for transcription of particular histone genes in *Saccharomyces cerevisiae* [J]. Mol. Cell. Biol., 14: 5223- 5228.

DURANT M, PUGH B F. 2006. Genome-wide relationships between TAF1 and histone acetyltransferases in *Saccharomyces cerevisiae* [J]. Mol. Cell Biol., 26 (7): 2791-2802.

ERNST J, KELLIS M. 2010. Discovery and characterization of chromatin states for systematic annotation of the human genome [J]. Nat. Biotechnol., 28: 817-825.

FISCHER J J, TOEDLING J, KRUEGER T, et al. 2008. Combinatorial effects of four histone modifications in transcription and differentiation [J]. Genomics, 91: 41-51.

FLETCHER T M, HANSEN J C. 1995. Core histone tail domains mediate oligonucleosome folding and nucleosomal DNA organization through distinct molecular mechanisms [J]. J. Biol. Chem., 270: 25359-25362.

GEORGAKOPOULOS T, THIREOS G. 1992. Two distinct yeast transcriptional activators require the function of the GCN5 protein to promote normal levels of transcription [J]. EMBO J., 11: 4145-4152.

GLICKMAN M H, CIECHANOVER A. 2002. The ubiquitin proteasome proteolytic pathway: destruction for the sake of construction [J]. Physiol. Rev., 82 (2): 373-428.

GOLDKNOPF I L, TAYLOR C W, BAUM R M, et al. 1975. Isolation and characterization of protein A24, a "histone-like" non-histone chromosomal protein [J]. J. Biol. Chem., 250 (18): 7182-7187.

GUO D, LI M, ZHANG Y, et al. 2004. A funct ional variant of SUMO4, a new I kapp a B alpha modifier, is associated with type 1 diabetes [J]. Nat. Genet., 36: 837-841.

GUO H B, GUO H. 2007. Mechanism of histone methylation catalyzed by protein lysine methyltransferase SET7/9 and origin of product specificity [J]. Proc. Natl. Acad. Sci. U S A, 104 (21): 8797-8802.

HASSAN A H, AWAD S, AL-NATOUR Z, et al. 2007. Selective recognition of acetylated histones by bromodomains in transcriptional co-activators [J]. Biochem. J., 402 (1): 125-133.

HEBBES T R, THORNE A W, CRANE-ROBINSON C. 1988. A direct link between core histone acetylation and transcriptionally active chromatin [J]. EMBO J., 7: 1395-1402.

HELMLINGE R D. 2012. New insights into the SAGA complex from studies of the Tra1 subunit in budding and fission yeast [J]. Transcription, 3 (1): 13-18.

HON G, REN B, WANG W. 2008. ChromaSig: a probabilistic approach to finding common chromatin signatures in the human genome [J]. PLoS Comput. Biol., 4: e1000201.

IMBALZANO A N. 1998. Energy-dependent chromatin remodelers: complex complexes and their components [J]. Crit. Rev. Eukaryot. Gene Expression, 8: 225-255.

JASCHEK R, TANAY A. 2009. Spatial clustering of multivariate genomic and epigenomic information [C]. Proceedings of the 13th Annual International Conference on Research in Computational Molecular Biology, Springer-Verlag.

JIN Q, YU L R, WANG L, et al. 2010. Distinct roles of GCN5/PCAF-mediated H3K9ac and CBP/p300-mediated H3K18/27ac in nuclear receptor transactivation [J]. EMBO J., 30 (2): 249-262.

JUFVAS A, STRALFORS P, VENER A V. 2011. Histone variants and their post-translational modifications in primary human fat cells [J]. PLoS One, 6 (1): e15960.

KINGSTON R E, BUNKER C A, IMBALZANO A N. 1996. Repression and activation by multiprotein complexes that alter chromatin structure [J]. Genes Dev., 10: 905-920.

KORNBERG R D, LORCH Y. 1999. Twenty-five years of the nucleosome, fundamental particle of the eukaryote chromosome [J]. Cell, 98: 285-294.

KRUMM A, MADISEN L, YANG X J, et al. 1998. Long-distance transcriptional enhancement by the histone acetyltransferase PCAF [J]. Proc. Natl. Acad. Sci. U S A, 95: 13501-13506.

LIU C L, KAPLAN T, KIM M, et al. 2005. Single-nucleosome mapping of histone modifications in S. cerevisiae [J]. PLoS Biol., 3 (10): 1753-1769.

LOIDL P. 1994. Histone acetylation: facts and questions [J]. Chromosoma, 103: 441-449.

LUGER K, MADER A W, RICHMOND R K, et al. 1997. Crystal structure of the nucleosome core particle at 2.8 Å resolution [J]. Nature, 389: 251-260.

MAREK R, COELHO C M, SULLIVAN R K, et al. 2011. Paradoxical enhancement of fear extinction memory and synaptic plasticity by inhibition of the histone acetyltransferase p300 [J]. J. Neurosci., 31 (20): 7486-7491.

MARTIANOV I, BRANCORSINI S, CATENA R, et al. 2005. Polar nuclear localization of H1T2, a histone H1 variant, required for spermatid elongation and DNA condensation during spermiogenesis [J]. Proc. Natl. Acad. Sci. U S A, 102: 2808-2813.

MARTIN C, ZHANG Y. 2005. The diverse functions of histone lysine methylation [J]. Nat. Rev. Mol. Cell Biol., 6: 838-849.

OSADA S, SUTTON A, MUSTER N, et al. 2001. The yeast SAS (something about silencing) protein complex contains a MYST-type putative acetyltransferase and functions with chromatin assembly factor ASF1 [J]. Genes Dev., 15 (23): 3155-3168.

PAL S, GUPTA R, KIM H, et al. 2011. Alternative transcription exceeds alternative splicing in generating the transcriptome diversity of cerebellar development [J]. Genome Res., 21 (8): 1260-1272.

PÉREZ-CADAHÍA B, DROBIC B, KHAN P, et al. 2010. Current understanding and importance of histone phosphorylation in regulating chromatin biology [J]. Curr. Opin. Drug Discov. Devel., 13 (5): 613-622.

QIAN C, ZHOU M M. 2006. SET domain protein lysine methyltransferases: Structure specificity and catalysis [J]. Cell Mol. Life Sci., 63 (23): 2755-2763.

ROHINTON T, KAMAKAKA, BIGGINS S. 2005. Histone variants: deviants? [J]. Genes Dev., 19: 295-316.

RUIZ-GARCI'A B, SENDRA R, GALIANA M, et al. 1998. HAT1 and HAT2 proteins are components of a yeast nuclear histone acetyltransferase enzyme specific for free histone H4 [J]. J. Biol. Chem., 273: 12599-12605.

SCHAPIRA M. 2011. Structural Chemistry of Human SET Domain Protein Methyltransferases [J]. Curr. Chem. Genomics, 5 (1): 85-94.

SCHILTZ R L, MIZZEN C A, VASSILEV A, et al. 1999. Overlapping but distinct patterns of histone acetylation by the human coactivators p300 and PCAF within nucleosomal substrates [J]. J. Biol. Chem., 274: 1189-1192.

SCHONES D E, ZHAO K. 2008. Genome-wide approaches to studying chromatin modifications [J]. Nat. Rev. Genet., 9: 179-191.

SCHREIBER S L, BERNSTEIN B E. 2002. Signaling network model of chromatin [J]. Cell, 111 (6): 771-778.

SMITH B C, DENU J M. 2009. Chemical mechanisms of histone lysine and arginine modifications [J]. Biochim Biophys Acta., 1789 (1): 45-57.

SMITH E R, PANNUTI A, GU W, et al. 2000. The Drosophila MSL complex acetylates histone H4 at lysine 16, a chromatin modification linked to dosage compensation [J]. Mol. Cell. Biol., 20: 312-318.

STERNER D E, BERGER S L. 2000. Acetylation of histones and transcription-related factors [J]. Microbiol. Mol. Biol. Rev., 64 (2): 435-459.

STRAHL B D, ALLIS C D. 2000. The language of covalent histone modifications [J]. Nature, 403: 41-45.

TAUNTON J, HASSIG C A, SCHREIBER S L. 1996. A mammalian histone deacetylase related to the yeast transcription regulator Rpd3p [J]. Science, 272: 408-411.

TRIEVEL R C. 2004. Structure and function of histone methyltransferases [J]. Crit. Rev. Eukaryot. Gene Expr., 14 (3): 147-169.

TURNER B M. 2000. Histone acetylation and an epigenetic code [J]. Bioessays, 22: 836-845.

UCAR D, HU Q, TAN K. 2011. Combinatorial chromatin modification patterns in the human genome revealed by subspace clustering [J]. Nucleic Acids Res., 39 (10): 4063-4075.

VAN HOLDE K E. 1988. Chromatin. (ed. Rich, A.) [M]. New York: Springer.

WADE P A, PRUSS D, WOLFFE A P. 1997. Histone acetylation: chromatin in action [J]. Trends Biochem. Sci., 22: 128-132.

WANG L, MIZZEN C, YING C, et al. 1997. Histone acetyltransferase activity is conserved between yeast and human GCN5 and required for complementation of growth and transcriptional activation [J]. Mol. Cell. Biol., 17: 519-527.

WANG W, PAN K, CHEN Y, et al. 2012. The acetylation of transcription factor HBP1 by p300/CBP enhances p16INK4A expression [J]. Nucleic Acids Res., 40 (3): 981-995.

WANG Z B, ZANG C Z, ROSENFELD J A, et al. 2008. Combinatorial patterns of histone acetylations and methylations in the human genome [J]. Nat. Genet., 40: 897-903.

WOLF E, VASSILEV A, MAKINO Y, et al. 1998. Crystal structure of a GCN5-related N-acetyltransferase: Serratia marcescens aminoglycoside 3-N-acetyltransferase [J]. Cell, 94: 439-449.

WON K J, CHEPELEV I, REN B, et al. 2008. Prediction of regulatory elements in mammalian genomes using chromatin signatures [J]. BMC Bioinformatics, 9: 547.

YOUSEF A F, BRANDL C J, MYMRYK J S. 2009. Requirements for EIA dependent transcription in the yeast Saccharomyces cerevisiae [J]. BMC Mol. Biol., 10: 32.

YU H, ZHU S, ZHOU B, et al. 2008. Inferring causal relationships among different histone modifications and gene expression [J]. Genome Res., 18: 1314-1324.

ZHANG Y, REINBERG D. 2001. Transcription regulation by histone methylation: interplay between different covalent modifications of the core histone tails [J]. Genes Dev., 15: 2343-2360.

第 5 章　DNA 甲基化

5.1　DNA 甲基化概况

DNA 甲基化是一种 DNA 的天然修饰方式。在真核生物中，甲基化只发生在胞嘧啶第 5 位的碳原子上，是由 DNA 甲基转移酶所催化，以 S-腺苷甲硫氨酸（S-adenosylmethionine，SAM）作为甲基供体，将甲基转移到胞嘧啶上，生成 5-甲基胞嘧啶的一种反应（图 5-1）。在哺乳动物中，DNA 甲基化主要发生在 CpG 双核苷酸序列的胞嘧啶上。其反应过程：当 DNA 甲基化酶结合 DNA 后，目的碱基 C 从 DNA 双螺旋中翻转，进而突出于双螺旋结构之外，并嵌入酶的袋形催化结构域里。与此同时，碱基对氢键断裂，邻近碱基间堆积作用缺失。DNA-C_5 甲基转移酶活性部位的保守序列 PCQ 中，半胱氨酸残基的巯醇基对底物 C_6 位碳进行亲核作用，并形成共价键激活。由于 S-腺苷甲硫氨酸（SAM）的甲基基团结合于 S 原子上，分子极不稳定，在酶的作用下甲基从 SAM 转移至被激活的 C_5，随着 C_5 位上质子的释放与共价中间物的转变，最终完成 DNA 甲基化修饰过程（Sulewska et al，2007）。

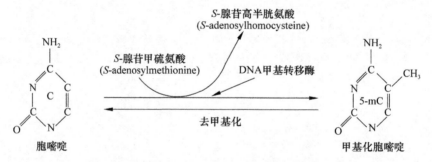

图 5-1　胞嘧啶和 5-甲基胞嘧啶的化学结构

根据作用方式和参与反应的酶的不同，甲基化反应可分为两种：维持甲基化（maintenance methylation）和从头甲基化（de novo methylation）（Robertson et al，2000；王志刚等，2009）（图 5-2C）。前者与 DNA 的复制相关联，当甲基化的双链 DNA 被复制生成两条新的双链 DNA 后，只有亲代链是甲基化的，而新合成的子代链是非甲基化的。DNA 甲基化转移酶 1（DNA methylation transferase 1，DNMT1）以非对称甲基化 DNA 为底物，识别新生成的 DNA 双链中亲代单链上已经甲基化的 CpG 位点，然后催化互补单链相应位置的胞嘧啶（C）发生甲基化，以维持甲基 DNA 甲基化。从头甲基化则是对 DNA 上甲基状态的重新构建，它不依赖 DNA 复制，在完全非甲基化的 DNA 碱基位点上引入甲基，是甲基化的建立机制。一般认为，维持甲基化的主要参与酶是 DNMT1，从头新甲基化则依赖于 DNMT3a 和 DNMT3b 的活性。DNA 甲基化可能存在于所有高等生物中，基因组中 60%~90% 的 GC 序列都存在甲基化现象，但甲基化的 DNA 在整个基因组中所占比例通常很少，同时不同生物中甲基化胞嘧啶的含量也有较大差异，如线虫中无甲基化的胞嘧啶，哺乳类和鸟类中约占 5%，鱼类和两栖类中约占 10%，昆虫中占 0~3%，而有些植物中约占 30%；对

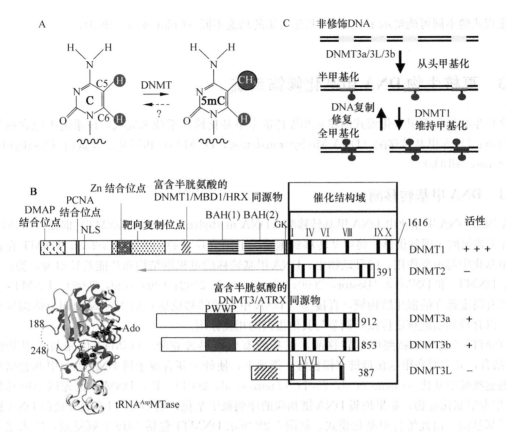

图 5-2 DNA 甲基化示意图（引自 Cheng et al, 2008）
A. 胞嘧啶在 DNMT 催化下生成 5-甲基胞嘧啶；B. 哺乳动物的 DNA 甲基化酶家族；
C. DNA 甲基化模式示意图 DNA 甲基化分为从头甲基化和维持甲基化。DNMT3a/3b
负责使非甲基化的胞嘧啶建立甲基化模式，而在复制阶段，
DNMT1 识别半甲基化的母链，并催化子链对应的胞嘧啶甲基化，
使 DNA 甲基化在复制过程中得以维持

于同种生物而言，不同组织中或同一组织处于不同发育阶段，其 DNA 甲基化程度也可能存在差异。可见，DNA 甲基化的分布存在种属特异性和组织特异性，并且可能随生物发育阶段的不同而改变（Kim et al, 2009；Wang et al, 2009；Meilinger et al, 2009）。

5.2 真核生物 DNA 甲基化分布模式

真核生物基因组中 DNA 甲基化修饰的分布有多种模式（Jones et al, 2002；Bird, 2002）。在较为低等的秀丽线虫基因组中没有 5mC，甚至没有甲基转移酶的编码序列；果蝇基因组中胞嘧啶的甲基化程度很低，仅有一个甲基转移酶类似基因，而且这个酶的识别位点与哺乳动物中主要的甲基化位点 CpG 不同，它主要识别 CpT（Gowher et al, 2000）。无脊椎动物海鞘（*Ciona intestinalis*）基因组中的高度甲基化 CpG 和非甲基化的 CpG 被分隔开，局限在一定区域内（Simmen et al, 1999）。而脊椎动物和植物中甲基化 CpG 在整个基因组中均有分布。真核生物基因组中 DNA

甲基化模式的不同可能暗示了 DNA 甲基化系统的功能不同（Colot et al，1999）。

5.3 真核生物 DNA 甲基化修饰系统

真核生物细胞中甲基化模式的建立和维持依靠甲基化修饰系统来完成，该系统中包含两类重要蛋白质：DNA 甲基转移酶（DNA Methyltransferase，DNMTs）和甲基结合蛋白（Methyl-bindingproteins，MBDs）。

5.3.1 DNA 甲基转移酶

基因组 DNA 甲基化由 DNA 甲基转移酶（DNA methyltransferase，DNMT）催化，DNMT 以 S-腺苷甲硫氨酸为甲基供体，将甲基转移到胞嘧啶的第 5 位碳原子上（图 5-2A）。DNMT 在调节基因甲基化中起重要作用。哺乳动物中，DNA 甲基转移酶可根据结构和功能差异归为 3 类：DNMT1、DNMT2 和 DNMT3（Bestor，2000；Chedin et al，2002；Chen et al，2006）。DNMTs 家族 C-末端有高度保守的催化结构域，直接参与 DNA 甲基的转移反应；而 N-末端的调节结构域存在差异，以介导其细胞核定位以及调节与其他蛋白的相互作用。

DNMT1 全称为维持型甲基转移酶，该基因家族最早被克隆。DNMT1 优先与半甲基化的 DNA 结合，并主要在甲基化母链（模板链）指导下，使处于新合成子链 DNA 上与甲基胞嘧啶相对应的胞嘧啶甲基化（Cheng et al，2001；Fatemi et al，2001）。即：DNMT1 优先以半甲基化的 DNA 作为甲基化底物，如果模板 DNA 链相应的序列被甲基化，则 DNMT1 在新合成的 DNA 链中引入甲基基团，由此维持甲基化模式。如图 5-2B 所示 DNMT1 包括 1616 个氨基酸，N-末端参与细胞内定位及催化活性的调节，包括带电结构域（结合 DMAP 转录抑制蛋白）、核定位信号（NLS）、PCNA 结合位点、复制叉作用位点、锌离子结合域 CXXC（ZnD）以及 BAH 结构域。C-末端的催化结构域（CatD），包含 6 个甲基转移酶高度保守的识别位点，模体 I、IV、VI、VIII、IX、X 等。模体 I、X 一起形成 SAM 结合位点，模体 IV 中的 Pro-Cys 二肽提供活性位点中的甲醇基。CatD 优先作用于半甲基化底物，ZnD 优先识别甲基化 CpG，ZnD 与甲基化 DNA 结合可以引发 DNMT1 催化中心的异构激活，从而催化甲基化的发生。DNMT1 存在 4 种变体（图 5-3）。DNMT 浓度的增加对胚胎发育早期基因组印迹的维持起重要作用，但在成体细胞中 DNMT1s 浓度的增加

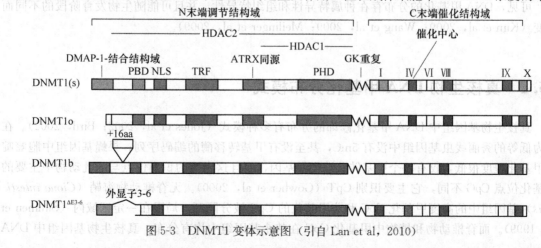

图 5-3 DNMT1 变体示意图（引自 Lan et al，2010）

会导致癌变的发生（Biniszkiewicz et al，2002）。DNMT1o 与 DNMT1 相比 N 末端缺少 118 个氨基酸，在胚胎发育的第四次 S 期复制中维持印记基因的甲基化（Lan et al，2010）。DNMT1b 比 DNMT1s 多 16 个氨基酸，表达量虽然低，但酶的催化活性非常高，最早在人的肿瘤细胞中发现（Bonfils et al，2000）。DNMT1$^{\Delta E3-6}$ 丢失了 DMAP 结合结构域的部分序列及 PCNA 结合结构域的 3~6 外显子，DNMT1$^{\Delta E3-6}$ 不能与 PCNA 相结合，但保留了 DNMT1 酶的特性（Spada et al，2007）。

DNMT2 分布广泛，在人类和小鼠的很多组织中都已检测出它的存在（Dong et al，2001；Goll et al，2006）。DNMT2 结构比较特殊，它缺乏 N 端的调节结构域，仅含有 C 端保守的催化模体（图 5-2B），这可能与 DNMT2 较弱的甲基转移活性有关。它包括 391 个氨基酸，含有 10 个高度保守的 DNA 甲基转移酶模体，在模体Ⅷ-Ⅸ区有 41 个保守的氨基酸，其中包 Cys-Phe-Thr 三肽和 Asp-Ile 二肽，这个区域与原核生物 DNA 甲基转移酶的 TRD 结构域同源（Dong et al，2001）。近期发现 DNMT2 的底物是天冬氨酸转运 RNA（tRNA^{Asp}）（Goll et al，2006），催化位点为反密码子环的 38 位胞嘧啶（图 5-2B）。敲除掉斑马鱼胚胎中的 DNMT2 编码基因，可导致肝脏、视网膜等分化缺陷，神经形成异常，而将人 DNMT2 编码基因导入该基因缺陷的斑马鱼中，可使功能缺陷得以恢复，显示了 DNMT2 具有功能上的保守性（Rai et al，2007）。

DNMT3 家族包括 DNMT3a、DNMT3b 和调节因子 DNMT3L，参与对未甲基化 DNA 的全新甲基化过程（Gowher et al，2005）。DNMT3a 包括 912 个氨基酸、DNMT3b 包括 853 个氨基酸。DNMT3a、DNMT3b 有类似的结构：N-末端包括 PWWP 位点，锌离子结合域 CXXC（ZnD）（含有多个 Cys，6 个 CXXC 结构），C 末端具有催化功能的保守模体（Vogt et al，2008）。DNMT3L 本身无催化活性（Gold et al，1964），它是甲基化的一个调节因子。DNMT3L 包括 387 个氨基酸，N-末端仅有 PHD 结构域，C-末端缺乏有效的催化结构域。由于 DNMT3a、DNMT3b 的 DNA 结合位点均较小，大约 50 个残基左右，DNMT3 常以二聚体形式存在（彩图 7C-D），在一次作用过程中可以同时甲基化两个 CpG 位点（Lyko，2001）（彩图 7E）。

DNMT3a 主要位于异染色质，而 DNMT3a2 是胚胎发育中的主要酶，定位于常染色质，主要存在于胚胎干细胞中，是基因组印记所必需的。DNMT3b 能够甲基化着丝粒远端具有高密度的 CpG 位点的重复序列，它是以进行性方式行使甲基化功能的，这种方式有利于短时间的甲基化。DNMT3L 在睾丸和胎盘的绒毛膜中高度表达，协同 DNMT3 从头甲基化（Hata et al，2002）。在结构上，DNMT3a 与 DNMT3L 形成一个四聚体，DNMT3a 二聚体位于中间位置，DNMT3L 二聚体位于外侧，两者通过 C-端相接触。通过 C-端的 G718-L719-Y720 结构，DNMT3L 能够稳定 DNMT3a 活性位点的构象，包括亲核基团 Cys706。DNMT3a-DNMT3L 的结合发挥了稳定而广泛的极性作用，增强了 DNMT3a 与 SAM 结合（Jia et al，2007）。完整 DNMT3L 能与 H3 N 端尾巴形成复合体，将有活性的 DNMT3a2 锚定于核小体上（彩图 8），这有利于 DNMT3 参与染色质重塑（Lyko，2001；Cheng et al，2008）。

DNMT3 家族有多个变体（图 5-4）。与 DNMT1 的变体一样，DNMT3 的不同变体在生物体发育的不同阶段起着重要作用。

5.3.2 甲基化结合蛋白

哺乳动物中重要的甲基结合蛋白包括：MBD1、MBD2、MBD3、MBD4、MeCP2，除了 MBD3 以外其他的甲基结合蛋白均包含甲基结合域（methyl-binding domain，MBD），通过该结构域特异性地与甲基化的 DNA 分子结合，从而改变染色质结构，以保证基因表达的表观遗传调控

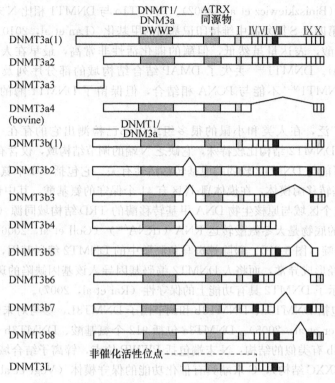

图 5-4 DNMT3 变体示意图（引自 Lan et al, 2010）

(Bird et al, 1999; Ng et al, 1999)。

MeCP1 (methyl-CpG-binding protein 1, 甲基化 CpG 结合蛋白 1), 它可以识别 12 个或更多的对称性的 CpG 位点。MeCP1 是一个很大的多亚单位复合物, 包括 MBD2、NuRD (nucleosome remodeling and histone deacetylase, 核小体重塑和组蛋白去乙酰化酶) 复合物和 Mi-2 复合物 (Mi-2 是一种参与特殊染色质结构的发育调节因子), 其中 MBD2 介导了此复合物与甲基化 DNA 的识别 (Bird et al, 2002)。

MeCP2 是第一个被发现的 MBD, MeCP2 有两个重要的结构域: 甲基化结合结构域 (methyl-binding domain, MBD) 和转录抑制结构域 (transcriptional repression domain, TRD)。MeCP2 与甲基化的 CpG 结合时需要 CpG 侧翼序列中有 A/T 的存在 (Klose et al, 2005), MeCP2 是 DNMT1 复合物的一部分, 参与 DNA 的维持甲基化 (Kimura et al, 2003)。

MBD1 有 3 个重要的结构域: MBD、CXXC 和 TRD。MBD 和 CXXC 分别和甲基化的和非甲基化的 DNA 结合 (Jorgensen et al, 2004), TRD 结合的转录抑制因子能够促进 MBD 和甲基化 DNA 结合后使基因表达抑制的过程 (Fujita et al, 2003)。目前发现至少 4 种变体: MBD1v1、MBD1v2、MBD1v3 和 MBD1v4 (Nakao et al, 2001)。

在 MBD 家族中 MBD2 与 MBD3 结构上最相似, MBD2 比 MBD3 的 N 末端多了 140 个氨基酸。招募 NuRD/Mi2 及其他的蛋白, 共同组成 MePC1 复合物, 研究发现 MBD2 与肿瘤细胞中抑癌基因的失活有关 (Masquelet et al, 2008)。

MBD3 是一种特殊的甲基化结合蛋白, 将它的 MBD 结构域的 His30 和 Phe34 位点更换为另外两个氨基酸, 使得 MBD 失活, MBD3 不能与甲基化的 DNA 结合, 但 MBD3 仍然能与 HDAC1 和 MTA2 结合 (NuRD/Mi2 复合物的一部分)。虽然 MBD3 不能与 DNA 直接作用, 但它能通过

NuRD/Mi2 复合物对基因表达起到抑制作用（kaji et al，2007）。另外发现 MBD3 是多能干细胞进行分化时不可缺少的因子（Kaji et al，2007）。

MBD4 与原核细胞中起修复作用的糖基化酶（glycosylases）有同源性，负责甲基化 CpG 位点突变的校对功能（Bellacosa et al，1999）。一旦 MBD4 发生突变，细胞内 CpG 突变增加，致使整体甲基化水平降低，导致癌变的发生（Millar et al，2002）。

新近发现的另一个甲基结合蛋白 Kaiso，可通过其锌指结构（Zinc-finger，ZF）与至少两个连续的甲基化的 CpG 结合，如：5′-CGCG-3′序列。Kaiso 也能与非甲基化的 5′-TNGCAGGA-3′结合，但结合的能力比其和甲基化 DNA 结合的能力低 100 倍。最近发现，Kaiso 在胚胎发育的早期起到重要的调控作用（Ruzov et al，2004）。

除了这 5 类基本的 MBD 蛋白外，在其他的蛋白分子上也发现了 MBD 的结构域。根据蛋白结构域的不同，MBD 蛋白家族可以分为 3 大类（Chen et al，2011）：第一类蛋白质仅含有 MBD 结构域，包括 MBD1、MBD2、MBD3、MBD4、MeCP1 5 类（图 5-5）；第二类蛋白质除了 MBD 结构域外，其 C 端还有 DDT、PHD、bromodomain 3 种蛋白质结构，这一类蛋白质包括人类的 BAZ2a 和 BAZ2b 以及小鼠 TiIP5 等；第三类蛋白质在 MBD 的 C 端有 Pre-SET 和 SET 的结构域，如人类的 SETDBI 和 CLLD8。

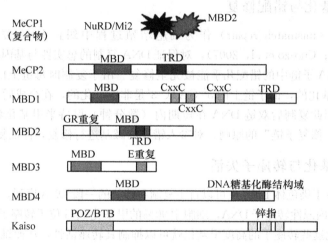

图 5-5　MBD 蛋白结构域（引自 Chen et al，2011）

5.4　DNA 甲基化与遗传物质的稳定性

基因组的遗传稳定性是维持细胞正常增殖和分化的关键，也是维持生物有机体正常生理活动的基础。DNA 复制和细胞编程错误、基因表达调控异常、DNA 损伤修复失败都会影响基因组的稳定性。这种基因组的不稳定性通常会引起遗传物质发生改变（如：核苷酸突变、染色体畸变等），进而引发多种疾病，尤其是肿瘤和癌症。细胞采用多种机制来保证 DNA 复制的忠实性，如DNA 的双螺旋结构与半保留复制模式为遗传物质的稳定提供了物质基础；DNA 聚合酶除了具有DNA 聚合酶活性外还具有 5′到 3′的核酸外切酶活性，可及时去除错配掺入的碱基；DNA 复制后存在多种修复机制进一步保证了遗传物质的稳定性。DNA 甲基化在 DNA 复制起始、错配修复以及转座子的失活等过程中对维持遗传信息的稳定性发挥着重要的作用（郑小梅，2009）。

5.4.1　DNA 甲基化与 DNA 复制起始

研究发现，原核生物细菌中 DNA 复制起始与 DNA 甲基化以及 DNA 与细菌质膜的相互作用相关。大肠杆菌中 Dam 甲基化酶识别 oriC 位点中的 11 个 4 碱基回文序列 GATC，使该序列中的腺嘌呤第 6 位 N 上甲基化。当 DNA 起始复制后，oriC 位点的亲代链保持甲基化修饰，而新合成链上没有甲基化修饰，大约经过几分钟后才会被甲基化，处于半甲基化状态的起点不能再发生复制起始。但基因组中其余部位的 GATC 在复制后通常很快就可被甲基化。实验证明，半甲基化的 oriC 位点可与细胞膜相互结合，但全甲基化的就无法与细胞膜结合。由此推测，oriC 位点与膜的结合阻碍了 Dam 对其 GATC 位点的甲基化作用从而使 oriC 位点处于无活性的状态。DNA 半甲基化作为一种标签决定了复制起点与细胞膜的结合，控制了复制起始，使得 DNA 复制与细胞分裂保持一致。真核细胞中复制初期的复制复合物较小，除了 DNA 复制的基本成分，还有 DNMT1 和 DMAP1（DNA methyltransferase associated protein 1）结合到复制复合物上，抑制可能伴随发生的基因的转录，并且催化实现 DNA 的维持甲基化。而在复制的后期，DNA 复制复合物逐渐变大，HDAC2、DNMT3a/3b、MBD2-MBD3 等都参与了复制复合物的形成，并促进异染色质结构的形成。

5.4.2　DNA 甲基化与错配修复

DNA 错配修复（mismatch repair）作为细胞增殖过程中纠正 DNA 复制错误的重要手段（Kunkel et al，2005；Cuozzo et al，2007），对保证 DNA 复制的忠实性与基因组的稳定性起重要作用。在大肠杆菌 DNA 子链中的错配几乎能被完全修复。由于复制时母链上的 $5'$-GATC-$3'$ 中的腺嘌呤第 6 位 N 是甲基化的，而子链上的 $5'$-GATC-$3'$ 是非甲基化的，在合成后 2~5min 才会被 Dam 甲基化酶甲基化。因此复制后双链 DNA 在短期内（数分钟）保持半甲基化状态，错配修复系统会依据"保存母链，修复子链"的原则，对参入错误的碱基进行修复，保证复制的忠实性。

5.4.3　DNA 甲基化与转座子失活

转座子是指存在于染色体 DNA 上可以自主复制和移位的一段 DNA 序列，在人类基因组中，约 1/3 的序列为散乱的内源性转座子 DNA，细胞中 90% 的甲基化 CpG 位于转座子中，呈高度甲基化的转录沉默状态。因此这些转座子的高度甲基化就可以抑制其转座活性，从而维持基因组的稳定性并保证正常基因的表达。当环境或其他因素导致 DNMTs 活性降低时，基因组出现低甲基化状态，甲基化不足引起众多转座元件的激活，从而出现基因组不稳定，能导致细胞的死亡或诱发癌变的发生。

5.5　DNA 甲基化与基因表达调控

DNA 甲基化虽然未改变核苷酸顺序及其组成，但可在转录水平调控基因的表达，尤其是转录起始阶段，是表观遗传学领域的热点问题之一。目前研究普遍认为，DNA 甲基化对基因的抑制活性是多方面的作用导致的，DNA 甲基化可能直接影响一些转录因子的结合活性，或 DNA 甲基化结合蛋白抑制了转录因子的结合。

5.5.1　DNA 甲基化直接影响一些转录因子的结合活性

在细胞中有些转录因子的特异的结合位点中有 CpG 位点，当这些位点发生甲基化的时候，就降低了转录因子与启动子结合的效率,从而降低基因的转录率。有研究表明,E2F,AP2,MYC 和 YYI 要求 CpG 提供结合位点。这些是甲基化依赖的转录因子,于是启动子区的甲基化就通过阻碍转录因子与启动子结合的方式降低基因转录(Bender,2004)。同时,DNA 的大沟内,是众多转录因子与 DNA 结合的部位,由胞嘧啶甲基化生成的 5-甲基胞嘧啶会伸入 DNA 双螺旋的大沟,从而影响转录因子的结合。

5.5.2 DNA 甲基化结合蛋白与转录抑制

前面已经介绍大部分 MBD 家族蛋白都含有两类结构域,一类是 MBD 结构域,可以与甲基化或半甲基化的 DNA 相互结合;另一类是与转录抑制相关的结构域(TRD 结构域),这一结构域可以与多种转录抑制因子相互结合以发挥抑制基因表达的活性(图 5-6)。这些转录抑制因子大部分都能与染色质重塑复合物相结合,改变染色体组蛋白活性的功能,例如 MeCP2,MBD1,MBD2,MBD3 都被报道可以与含有 HDAC 活性的复合物相互结合,后者通过组蛋白去乙酰化的作用使局部染色质结构变得紧密,以排斥其他转录因子和 RNA 聚合酶与靶序列的结合(Turek-Plewa,2005)。

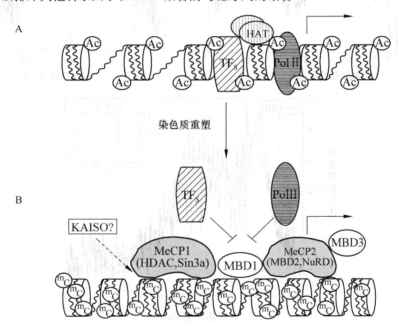

图 5-6　DNA 甲基化结合蛋白抑制转录因子的结合(Turek-Plewa et al,2005)

5.6　DNA 甲基化与其他表观遗传修饰的关系

真核生物的基因表达受到各种表观遗传信息的调控。通常,DNA 甲基化、组蛋白甲基化和染色质的紧密程度与 DNA 的不可接近性以及基因处于抑制和静息状态相关;而 DNA 的去甲基化、组蛋白的乙酰化和染色质压缩状态的开启,则多与转录的启动、基因活性相关。

5.6.1　DNA 甲基化与核小体定位

核小体是真核生物染色质的基本结构单位,核小体在基因组上的排布及其稳定影响基因的表达。Chodavarapu（2010）等对拟南芥基因组中的核小体定位和 DNA 甲基化进行了测定，发现 DNA 甲基化修饰程度与核小体序列中有相似的 10 周期性，并且，核小体占据区甲基化的程度明显高于核小体缺乏区（图 5-7，横坐标 0 表示核小体的起始位点），表明基因组核小体定位强烈影响其甲基化模式，DNA 甲基转移酶倾向于把核小体序列作为靶序列。在人类基因组中发现了同样的规律，说明 DNA 甲基转移酶和核小体相互作用的保守性。

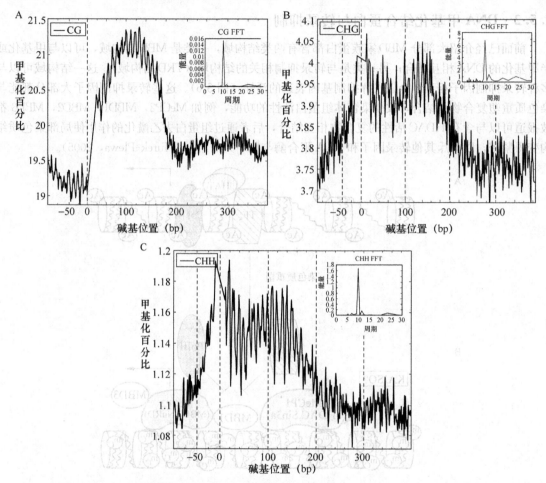

图 5-7　拟南芥核小体区甲基化的分布（引自 Chodavarapu et al, 2010）
A. 由 MET1 催化的 CG 位点的甲基化；B. 由 CMT3 催化的 CHG 位点的甲基化；
C. 由 DRM2 催化的 CHH 位点的甲基化

5.6.2　DNA 甲基化与组蛋白修饰

组蛋白的甲基化和乙酰化修饰对染色体活性的调节有重要作用。组蛋白的甲基化对 DNA 甲基化有一定的指导作用。一方面，H3K9 三甲基化被认为是 DNA 甲基化的必要条件。有报道称在粗糙脉孢菌中，突变的 dim-5（H3K9 特异性甲基化酶）可以导致基因组低甲基化，且这种低甲基化是由于 H3K9 的三甲基化而不是二甲基化减少所导致的，由此推断该菌中组蛋白 H3K9 的甲基化可以指导 DNA 甲基化（Tamaru et al, 2001）。另一方面，引起 H3K27 甲基化的复合物 EZH2 可与 DNA 甲基转移酶结合，引起相应位点 DNA 的甲基化，即组蛋白甲基化引起 DNA 甲基化

(Kondo，2009)。如前文所述，识别甲基化 CpG 位点的 MBD 蛋白可以与 HDAC 家族相互作用（图 5-6），从而抑制基因的表达（Kim et al, 2009)。另外，甲基转移酶也被发现可与 HDAC 相互作用。此外，组蛋白乙酰化的改变还可能影响 DNA 甲基化的状态，目前已经发现一些蛋白质兼有 DNA 甲基转移酶和组蛋白乙酰化识别的结构域，暗示这些蛋白质具有通过识别组蛋白的活性状态来调节 DNA 甲基化的功能。

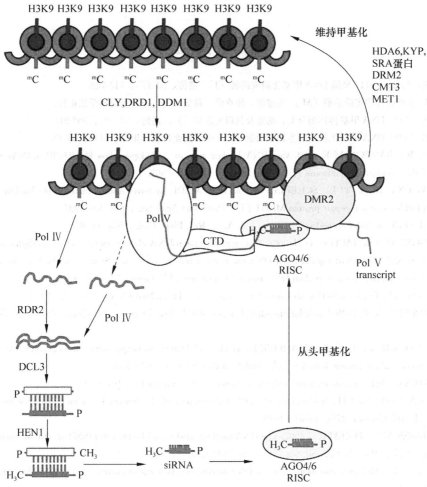

图 5-8 RNA 介导的 DNA 甲基化示意图（Chinnusamy et al，2009）

5.6.3 DNA 甲基化与非编码 RNA

多项研究表明非编码 RNA 参与了对 DNA 甲基化的调控。在拟南芥的 HD-ZIP 基因启动子区域 CpG 岛的甲基化过程需要 miRNA 的参与（Bao et al, 2004），非编码 RNA 可以通过调节 DNMT 的表达进而调节 DNA 的甲基化。Ng 等（2009）研究甲基化转移酶以及细胞甲基化的关系时发现 miR-143 将 DNMT3a 作为直接作用靶点，而抑制 DNMT3a 的表达。还有研究表明 miRNA 可以通过其他靶点而间接作用于 DNMT，从而调节 DNA 的甲基化。Dicer 是 RNA 干扰过程中必需的酶，Dicer 的缺乏在小鼠胚胎干细胞中会导致 miR-290 表达下调，可以引起其下游靶点 *Rbl2* 的表达上调，*Rbl2* 是甲基化转移酶 DNMT3a 和 DNMT3b 的抑制因子，抑制了这两种酶的表达，进而导致细胞基因组甲基化水平降低（Benetti et al, 2008）。

miRNA 还可作用于组蛋白修饰过程中的甲基化转移酶而调节组蛋白氨基酸基团的甲基化，影响基因的表达（图 5-8）。Varambally 等（Varambally et al, 2008；Guilet al, 2009）发现，miR-101 的下调导致组蛋白甲基转移酶 EZH2 的表达增加，后者介导靶基因启动子组蛋白 H3 的赖氨酸 27（H3K27）的甲基化。除了对甲基化转移酶的作用，miRNA 还可以通过其他机制调节 DNA 的甲基化。

参 考 文 献

郭欣欣，叶海燕，张敏. 2011. 果蝇 DNA 甲基化研究进展 [J]. 遗传，33（7）：713-719.

托尔夫波. 2007. 表观遗传学实验手册 [M]. 吴超群，薛京伦，黄蔚，等，译. 上海科学出版社.

王志刚，吴建新. 2009. DNA 甲基转移酶分类、功能及其研究进展 [J]. 遗传，31（9）：903-912.

郑小梅，伍宁丰. 2009. DNA 甲基化作用的生物学功能 [J]. 中国农业科技导报，11（1）：33-39.

BAO N, LYE K W, BARTON M K. 2004. MicroRNA binding sites in Arabidopsis class Ⅲ HD-ZIP mRNAs are required for methylation of the template chromosome [J]. Dev Cell., 7（5）：653-662.

BELLACOSA A, CICCHILLITTI L, SCHEPIS F, et al. 1999. MED1, a novel human methyl-CpG-binding endonuclease, interacts with DNA mismatch repair protein MLH1 [J]. Proc Natl Acad Sci., 96：3969-3974.

BENDER J. 2004. DNA methylation and epigenetics [J]. Annu. Rev. Plant Biol., 55：41-68.

BENETTI R, GONZALO S, JACO I, et al. 2008. A mammalian microRNA cluster controls DNA methylation and telomere recombination via Rbl2-dependent regulation of DNA methyltransferases [J]. Nat. Struct. Mol. Biol., 15：268-279.

BESTOR T H. 1988. Cloning of a mammalian DNA methyltransferase [J]. Gene, 74（1）：9-12.

BESTOR T H. 2000. The DNA methyltransferases of mammals [J]. Hum. Mol. Genet., 9：2395-2402.

BIRD A P, WOLFFE A P. 1999. Methylation-induced repression-belts, braces, and chromatin [J]. Cell, 99（5）：451-454.

BINISZKIEWICZ D, GRIBNAU J, RAMSAHOYE B, et al. 2002. Dnmt1 overexpression causes genomic hypermethylation, loss of imprinting, and embryonic lethality [J]. Mol. Cell Biol. 22（7）：2124-2135.

BIRD A. 2002. DNA methylation patterns and epigenetic memory [J]. Genes Dev. 16：6-21.

BONFILS C, BEAULIEU N, CHAN E, et al. 2000. Characterization of the human DNA methyltransferase splice variant Dnmt1b [J]. J. Biol. Chem., 275：10754-10760.

CHEDIN F, LIEBER M R, HSIEH C L. 2002. The DNA methyltransferase like protein DNMT3L stimulates de novo methylation by Dnmt3a [J]. Proc. Natl. Acad. Sci., 99：16916-16921.

CHEN T, LI E. 2006. Establishment and maintenance of DNA methylation patterns in mammals [J]. Curr. Top. Microbiol. Immunol., 301：179-201.

CHEN Z X, RIGGS A D. 2011. DNA methylation and demethylation in mammals [J]. J. Biol. Chem., 286（21）：18347-18353.

CHENG X, BLUMENTHAL R M. 2008. Mammalian DNA methyltransferases: a structural perspective [J]. Structure, 16 (3): 341-350.
CHENG X, ROBERTS R J. 2001. AdoMet-dependent methylation, DNA methyltransferases and base flipping [J]. Nucleic Acids Res., 29: 3784-3795.
CHINNUSAMY V, ZHU J K. 2009. A-directed DNA methylation and emethylation in plants [J]. Life Sciences, 52 (4), 331-343.
CHODAVARAPU R K, FENG S, BERNATAVICHUTE Y V, et al. 2010. Relationship between nucleosome positioning and DNA methylation [J]. Nature, 466 (7304): 388-392.
CUOZZO C, PORCELLINI A, ANGRISANO T, et al. 2007. DNA damage, homology directed repair, and DNA methylation [J]. PLoS Genet., 3 (7): e110.
DONG A P, YODER J A, ZHANG X, et al. 2001. Structure of human DNMT2, an enigmatic DNA methyltransferase homolog that displays denaturant-resistant binding to DNA [J]. Nucleic Acids Res., 29: 439-448.
FATEMI M, HERMANN A, PRADHAN S, et al. 2001. The activity of the murine DNA methyltransferase Dnmt1 is controlled by interaction of the catalytic domain with the N-terminal part of the enzyme leading to an allosteric activation of the enzyme after to methylated DNA [J]. J. Mol. Biol., 309: 1189-1199.
FUJITA N, WATANABE S, ICHIMURA T, et al. 2003. MCAF mediates MBD 1-dependent transcriptional repression [J]. Mol. Cell Biol., 23 (8): 2834-2843.
GOLD M, HURWITZ J. 1964. The enzymatic methylation of ribonucleic acid and deoxyrihonucleic acid [J]. J. Biol. Chem., 239 (11): 3866-3874.
GOLL M G, BESTOR T H. 2005. Eukaryotic cytosine methyltransferases [J]. Annu. Rev. Biochem., 74: 481-514.
GOLL M G, KIRPEKAR F, MAGGERT K A, et al. 2006. Methylation of tRNA^{Asp} by the DNA methyltransferase homolog DNMT2 [J]. Science, 311 (5759): 395-398.
GOWHER H, LEISMANN O, JELTSCH A. 2000. DNA of *Drosophila* melanogaster contains 5-methylcytosine [J]. EMBO J., 19: 6918-6923.
GOWHER H, LIEBERT K, HERMANN A, et al. 2005. Mechanism of stimulation of catalytic activity of DNMT3A and DNMT3B DNA- (cytosine-C5) -methyltransferases by DNMT3L [J]. J. Biol. Chem., 280: 13341-13348.
GOYAL R, REINHARDT R, JELTSCH A. 2006. Accuracy of DNA methylation pattern preservation by the DNMT1 methyltransferase [J]. Nucleic Acids Res., 34 (4): 1182-1188.
GUIL S, ESTELLER M. 2009. DNA methylomes, histone codes and miRNAs: Tying it all together [J]. Int. J. Biochem. Cell Biol., 41 (1): 87-95.
HATA K, OKANO M, LEI H, et al. 2002. DNMT3L cooperates with the DNMT3 family of de novo DNA methyltransferases to establish maternal imprints in mice [J]. Development, 129: 1983-1993.
JIA D, JURKOWSKA R Z, ZHANG X, et al. 2007. Structure of DNMT3a bound to DNMT3L suggests a model for de novo DNA methylation [J]. Nature, 449: 248-251.
JONES P A, BAYLIN S B. 2002. The fundamental role of epigenetic events in cancer [J]. Nat. Rev. Genet., 3 (6): 415-428.
JORGENSEN H F, BEN-PORATH I, BIRD A P. 2004. Mbd1 is recruited to both methylated and nonmethylated CpGs via distinct DNA binding domains [J]. Mol. Cell. Biol., 24: 3387-3395.
JUSTYNA T P, PAWER W P. 2005. The role of mammalian DNA methyltransferases in the regulation of gene expression [J]. Cellular and Molecular Biology Letters, 631-647.
KAJI K, NICHOLS J, HENDRICH B. 2007. Mbd3, a component of the NuRD co-repressor complex, is required for development of pluripotent cells [J]. Development, 134: 1123-1132.
KIM J K, SAMARANAYAKE M, PRADHAN S. 2009. Epigenetic mechanisms in mammals [J]. Cell Mol Life Sci., 66 (4): 596-612.
KIMURA H, SHIOTA K. 2003. Methyl-CpG-binding protein, MeCP2, is a target molecule for maintenance DNA methyltransferase, DNMT1 [J]. J. Biol. Chem., 278: 4806-4812.
KLOSE R J, SARRAF S A, SCHMIEDEBERG L, et al. 2005. DNA binding selectivity of MeCP2 due to a requirement for A/T sequences adjacent to methyl-CpG [J]. Mol. Cell., 19: 667-678.
KONDO Y. 2009. Epigenetic cross-talk between DNA methylation and histone modifications in human cancers [J]. Yonsei

Med. J., 50 (4): 455-463.

KUNKEL T A, ERIE D A. 2005. DNA mismatch repair [J]. Annu. Rev. Biochem., 74: 681-710.

LAN J, HUA S, HE X, ZHANG Y. 2010. DNA methyltransferases and methyl-binding proteins of mammals [J]. Acta Biochim Biophys Sin (Shanghai), 42 (4): 243-252.

LANDE-DINER L, ZHANG J, BEN-PORATH I. 2007. Role of DNA methylation in stable gene repression [J]. J. Biol. Chem., 282: 12194-12200.

LYKO F. 2001. DNA methylation learns to fly [J]. Trends Genet., 17 (4): 169-172.

MARTIENSSEN R A, COLOT V. 2001. DNA methylation and epigenetic inheritance in plants and filamentous fungi [J]. Science, 293 (5532): 1070-1073.

MASQUELET A, AURIOL E, BOUGEL S, et al. 2008. The methyl-CpG binding domain protein 2 (MBD2), a specific interpret of methylated loci in cancer cells [J]. B Cancer., 95: 79-89.

MEILINGER D, FELLINGER K, BULTLNANN S, et al. 2009. Np95 interacts with de novo DNA methyltransferases, Dnmt3a and Dnmt3b, and mediates epigenetic silencing of the viral CMV promoter in embryonic stem cells [J]. EMBO Rep., 10 (11): 1259-1264.

MILLAR C B, GUY J, SANSOM O J, et al. 2002. Enhanced CpG mutability and tumorigenesis in MBD4-deficient mice [J]. Science, 297: 403-405.

NAKAO M, MATSUI S-I, YAMAMOTO S, et al. 2001. Regulation of transcription and chromatin by methyl-CpG binding protein MBD1 [J]. Brain Dev-Jpn, 23: 174-176.

NG E K, TSANG W P, NG S S, et al. 2009. MicroRNA-143 targets DNA methyltransferases 3A in colorectal cancer [J]. Br J Cancer., 101 (4): 699-706.

NG H H, ADRIAN B. 1999. DNA methylation and chromatin modification [J]. Curr. Opin. Genet. Dev., 9 (2): 158-163.

OKANO M, XIE S P, LI E. 1998. Dnmt2 is not required for de novo and maintenance methylation of viral DNA in embryonic stem cells [J]. Nucl. Acids Res., 26 (11): 2536-2540.

PONGER L, LI W H. 2005. Evolutionary diversification of DNA methyltransferases in eukaryotic genomes [J]. Mol. Biol. Evol., 22 (4): 1119-1128.

RAI K, CHIDESTER S, ZAVALA C V, et al. 2007. Dnmt2 functions in the cytoplasm to promote liver, brain, and retina development in zebra fish [J]. Genes Dev., 21 (3): 261-266.

ROBERTSON K D, JONES P A. 2000. DNA methylation: past, present and future directions [J]. Carcinogenesis, 21: 461-467.

RUZOV A, DUNICAN D S, PROKHORTCHOUK A, et al. 2004. Kaiso is a genome-wide repressor of transcription that is essential for amphibian development [J]. Development, 131: 6185-6194.

SPADA F, HAEMMER A, KUCH D, et al. 2007. DNMT1 but not its interaction with the replication machinery is required for maintenance of DNA methylation in human cells [J]. J. Cell Biol., 176: 565-571.

SULEWSKA A, NIKLINSKA W, KOZLOWSKI M, et al. 2007. DNA methylation in states of cellphysiology and pathology folia histochemical cytobiologica/polish aeademy of sciences [J]. Folia Histochem Cytobiol., 45 (3): 149-158.

TAMARU H, SELKER E V. 2001. A histone H3 methyltransferase controls DNA methylation in neurospora crassa [J]. Nature, 414 (6861): 277-283.

TING A H, SUZUKI H, COPE L, et al. 2008. A requirement for DICER to maintain full promoter CpG island hypermethylation in human cancer cells [J]. Cancer Res., 68 (8): 2570-2575.

TUREK-PLEWA J, JAGODZIŃSKI P P. 2005. The role of mammalian DNA methyltransferases in the regulation of gene expression [J]. Cell Mol. Biol. Lett., 10 (4): 631-647.

VARAMBALLY S, CAO Q, MANI R S, et al. 2008. Genomic loss of microRNA-101 leads to overexpression of histone methyltransferase EZH2 in cancer [J]. Science, 322 (5908): 1695-1699.

VOGT G, HUBER M, THIEMANN M, et al. 2008. Production of different phenotypes from the same genotype in the same environment by developmental variation [J]. J. Exp. Biol., 211 (4): 510-523.

WANG Z G, WU J X. 2009. DNA methyltransferases: Classification, functions and research progress [J]. Yi Chuan, 31 (9): 903-912.

第6章　RNA可变剪接的表观遗传学机制

6.1　引言

人类基因组计划的完成建立了研究细胞内遗传信息组织、传递和表达的基础，多年来分子生物学领域公认的中心法则遇到了前所未有的挑战。基因组携带有两类遗传信息：一类提供生命必须的蛋白质的模板，称为遗传编码信息；另一类提供基因选择性表达（何时、何地、何种方式）的指令，称为表观遗传信息。基因表达调控机制的研究一直是遗传学研究的中心问题，表观遗传信息将大大丰富遗传学研究内容。只有将遗传编码信息和表观遗传信息的组织、传递和表达机制研究清楚，才有可能真正解读细胞内的生命过程。表观遗传信息（包括非编码 RNA、DNA 甲基化、组蛋白修饰、染色质重塑等）对于细胞组织特异性分化、发育、疾病发生发挥决定性作用。

不断发现的 RNA 可变剪接复杂性使我们强烈感受到：过去我们关注的剪接顺式或反式因子等信号远不足以精确区分内含子与外显子，或者说还有另外的调控层，特别是引导组织特异性剪接的调控机制未被发现。可变剪接显著影响人的发育，错误的调控会导致许多疾病。对细胞的组织特异性分化、发育及疾病的发生机制的关注使我们越来越感受到选择性表达遗传信息的重要性，其中表观遗传信息势必会发挥关键作用。那么，表观遗传信息又是如何决定细胞的命运、个体发育及疾病的发生的呢？近期的一些工作使我们相信表观遗传信息调控下的 mRNA 可变剪接可能是关键的环节（Lim et al，2001；Schwartz et al，2009a；Chen et al，2009；Blencowe et al，2007；Schwartz et al，2010；Luco et al，2011）。虽然近几年可变剪接的表观遗传机制研究逐渐成为新的热点，但总体上还处于起步阶段。

虽然目前已有大量探测蛋白质相互作用的实验工作和理论预测算法，并且全基因组水平的蛋白质相互作用网络构建、网络模体及动力学分析也引起研究人员的极大兴趣（Raman，2010；Pavlopoulos et al，2008），但与可变剪接相关生物大分子相互作用网络的研究还只是有少量、零星实验工作（Chen et al，2009；Moore et al，2010；Leeman et al，2008），未见生物信息学领域的系统工作。建立各种可变剪接方式的大分子相互作用网络，进一步在此网络层面探究其普遍规律也许是深刻理解可变剪接机制的有效途径。也许正是在诸多与环境有关的表观遗传信息控制下，通过复杂的蛋白质、DNA 及 RNA 相互作用的网络，使得剪接体最终识别 mRNA 前体的不同位点，产生了复杂的剪接变体，进而引起细胞的组织特异性分化、个体的发育乃至疾病的发生。

6.2　可变剪接的基本机制

6.2.1　可变剪接的基本概念

哺乳动物 RNA 由长度约 140 核苷酸的外显子及中间穿插长度约上千核苷酸的非编码内含子组成。RNA 剪接是指依据 RNA 顺式和反式元件，在包括表观遗传信息在内的剪接指令指导下，剪接体正确识别、连接短外显子并精确去除长内含子，从而加工为成熟 mRNA 的过程。其中由于可变剪接的存在使得剪接机制变得异常复杂（Smith et al, 2000；Black 2003；Nilsen et al, 2010）。可变剪接是指从一个 mRNA 前体通过不同的剪接方式（选择不同的剪接位点组合）产生不同的 mRNA 剪接异构体的过程。基于深度测序技术估计，至少 95% 的人多外显子基因会经受可变剪接（Black, 2003；Wahl et al, 2009），mRNA 前体的可变剪接是真核生物基因表达调控的重要方式和产生蛋白质组多样性的重要机制（Croft et al, 2000；Pan et al, 2008；Wang et al, 2008）。

6.2.2 可变剪接的基本类型

可变剪接可分为 7 个主要类别。第一类是外显子跳跃，中间盒式外显子可与两侧内含子序列一起被剪去。高等真核生物中外显子跳过约占整个剪接事件的 40%，但在低等生物中却很稀少（彩图 9A）。第二、三类是可变 3′、5′剪接位点（彩图 9B、C）。这两类事件常发生于外显子后有多个剪接位点情形，在高等生物中分别占 18.4% 和 7.9%。第四类是内含子保留（彩图 9D）。在脊椎和非脊椎动物中最少发生，仅占不到 5%，但在植物及真菌中却非常普遍。第五类是互斥外显子（彩图 9E），第六类是第一外显子可变（彩图 9F）。第七类是最后外显子可变（彩图 9G）。上述剪接模式还可以组合产生更加复杂的可变剪接事件。图中组成性外显子用蓝色框表示，可变剪接外显子用黄色框表示，内含子用波浪实线表示，虚线表示可变剪接的选择方式。

6.2.3 可变剪接的基本机制

剪接是由剪接体实现的，剪接体由 5 种小核糖核蛋白颗粒（snRNPs）及大约 200 个辅助蛋白组成，每一 snRNP 由一系列蛋白和一个小核 RNA（snRNA）组成。传统上理解剪接调控机制的工作主要关注前体 mRNA 分子，研究人员寻求识别外显子的顺式和反式因子。发现 4 种能使剪接体精确识别外显子的剪接信号：内含子两端的剪接位点（5′ss 和 3′ss），3′ss 上游的多聚嘧啶序列（polypyrimidine tract，PPT），PPT 上游的分支位点（branch site，BS）（彩图 10A）。

剪接是由剪接体控制的保守过程，人们对剪接体的基本组装机制理解较为深入（彩图 10B）。首先，U1 snRNP 与前体 mRNA 结合并识别 5′剪接位点，剪接因子 1（splicing factor 1，SF1）结合到分支位点（Berglund et al, 1997）。这一过程不需要 ATP 帮助，形成 E′复合物。通过 U2 辅助因子 U2 AF 与多聚嘧啶序列及 3′剪接位点邻近区域结合转换成 E 复合物（Nelson et al, 1989）。然后通过 U2 snRNP 替换 SF1 后转化成 ATP 依赖型，成为前剪接体 A 复合物。紧接着是 U4/U5.U6 snRNP 的结合，并形成 B 复合物，进一步在构象变化后成为具有催化活性的 C 复合物并催化剪接反应（Hnilicová et al, 2011）。

彩图 10C 显示除了彩图 10A 中所示剪接信号外，还有大量外显子和内含子中的剪接调控元（splicing regulation elements，SREs）一起指导剪接体到外显子-内含子边界并识别外显子。SREs 分为外显子剪接增强子（Exonic splicing enhancers，ESE）、内含子剪接增强子（Intronic splicing enhancers，ISE）、外显子剪接沉默子（Exonic splicing silencers，ESS）和内含子剪接沉默子（Intronic splicing silencers，ISS）4 类，是位于外显子或内含子中的长度约为 10 核苷酸的保守 RNA 序列，通过与富含丝氨酸/精氨酸蛋白（serine/arginine，SR 蛋白）或核不均一性核糖核蛋白（hnRNP）等调控蛋白的结合促进（增强子）或抑制（沉默子）剪接位点的使用（Chasin 2007；Long et al, 2009；Han et al, 2010；Keren et al, 2010）。ESE 一般与 SR 蛋白家族结合，SR 蛋白通过与 ESE 和目标蛋白结合募集 U1 和 U2 snRNAP 到 5′ss 和 3′ss 剪接位点。SR 蛋白也可通过与 Transformer2（Tra2）及 SR 相关核矩阵蛋白 SRm160 和 SRm300 结合形成大的剪接复合物。也可通过内含子结合蛋白如T细胞限制性细胞间抗原1（TIA1）、有丝分裂中Src相关68KDa（SAM68）完成结合或招募。ESS和ISS通常与hnRNP结合，ISE可能与包括hnRNP、神经-肿瘤腹侧抗原1（NOVA1）、NOVA2、FOX1和FOX2（也称RBM9）在内的蛋白因子结合（Chen et al，2009）。高通量实验表明大于50%的人可变剪接受到组织特异性调控，人们已经识别了一批像nPTB、NOVA、NOVA2和Hu/Elav等脑组织专一性因子（Coutinho-Mansfield et al，2007；Ule et al，2005；Soller et al，2008）。通过ESS、ISS及Hu/ELAV、FOX1、FOX2等抑制子结合均可抑制剪接位点的识别，这两种机制存在着协作和竞争（Zhu et al，2008；Zhou et al，2008）。此外，RNA的茎或环式等二级结构也会影响剪接的结果（Grover et al，1999；Hiller et al，2007；Camats et al，2008）。

6.3 转录与剪接同时进行的机制

越来越多的证据表明剪接与转录不是相互独立的过程，并将这种现象称为共转录现象。共转录基本含义是子代RNA剪接在RNAPII延伸过程或释放之前发生。共转录现象是在果蝇胚胎子代转录本的电镜实验中被首次发现的（Beyer et al，1988），后来的人肌营养不良蛋白基因实验直接证实共转录现象的存在（Tennyson et al，1995）。c-Src和纤维连接蛋白mRNA的定量研究显示，大多数内含子在染色质束缚下有效剪接，进一步证实剪接的共转录机制（Pandya-Jones et al，2009）。图6-1形象地显示了剪接和转录同时进行的机制，图中RNA聚合酶II募集RNA处理因子如5′帽结合复合物（CAP）、剪接因子和多聚嘧啶复合物。RNAPII借助C末端域（c-terminal domain，CTD）募集RNA处理因子，剪接和转录可同时进行。RNAPII作为"着陆点"帮助剪接因子结合从而影响剪接。特别是RNAPII的C端亚单位（CTD）通过募集包括剪接因子在内的大量蛋白到子代转录本发挥重要作用（Bird et al，2004；Misteli et al，1999；de la Mata et al，2006），CTD的删除导致带帽、多聚嘧啶和β球蛋白转录本剪接的失败（McCracken et al，1997），由此推测剪接因子可能是通过RNAPII的CTD被募集到剪接位点。有实验表明人U1 snRNP与RNAPII相互作用（Das et al，2007；Damgaard et al，2008；Lacadie et al，2005），SR蛋白也与RNAPII互作（Ram et al，2007；Long et al，2009；Yuryev et al，1996；Das et al，2007）进一步支持这一模型。

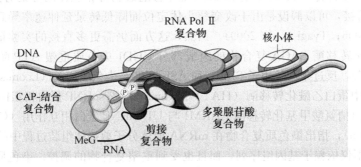

图6-1 转录和RNA处理的耦合（引自Luco et al. 2011）

6.4 可变剪接受RNA聚合酶II延伸速率的控制

按照上述模型，RNAPII起着联系转录和剪接的纽带作用。实际上，有工作发现缺少RNAPII时剪接效率低下，可见 RNAPⅡ不仅是转录，而且也是剪接过程最重要的因子（Bird et al, 2004；Das et al, 2006; Hicks et al, 2006）。研究发现降低延伸速率的 RNAPⅡ突变会影响内含子识别效率或增加某种可变外显子的插入水平（de la Mata et al, 2003; Kornblihtt 2006; Lacadie 2006; Schor et al, 2009）；结合到 RNAPⅡ上的拓扑异构酶Ⅰ抑制子增加共转录剪接因子的积累和剪接（Listerman et al, 2006）；增加 RNAPⅡ延伸速率的因子如剪接增强子，会导致外显子跳过的机会增加；促进转录起始的因子 sp1 对纤维连接蛋白外显子 E33 保留没有影响，而促进起始和延伸的因子 VP16 的活化可增加 E33 跳过的机会。抑制转录延伸的药物如 DRB、细胞周期蛋白依赖性蛋白激酶抑制剂 flavopiridol 或喜树碱可以增强外显子插入的机会（Kadener et al, 2001; Nogues et al, 2002; Kornblihtt et al, 2004; de la Mata et al, 2010）；UV 损伤使 CDT 超磷酸化导致转录速率降低，引起剪接模式的改变（Munoz et al, 2009）。据此提出可变剪接的 RNAPⅡ与剪接因子动力学耦合模型认为：改变转录延伸速率（延缓或加快）会导致弱外显子的可变剪接（保留或跳过）。

6.5 可变剪接的表观遗传学机制

剪接与转录耦合指出调控转录的因子也可调控剪接。事实上，剪接位点的选择远比想象中的复杂。RNA 结合元件、RNAPⅡ延伸速率均不足以解释可变剪接的精巧机制。换句话说，还有其他机制影响可变剪接。最近的主要发现是染色质结构、组蛋白修饰等也可调控可变剪接。

6.5.1 可变剪接与核小体定位

染色质结构参与可变剪接调控的第一个证据是发现纤维连接蛋白外显子 E33 保留与染色质状态和组蛋白去乙酰化抑制剂 TSA 有关（Kadener et al, 2001; Nogue's et al, 2002）。人 ATP 依赖的染色质重塑复合物 SWI/SNF 亚单位 Brahma 诱导 CD44 基因可变外显子中心 RNAPⅡ的积累，可以导致外显子保留机会增大（Auboeuf et al, 2002）。另外的证据来自染色质重塑复合物对剪接的作用。例如重塑复合物 SWI/SNF 的 Brahma 亚单位通过物理相互作用募集剪接因子 snRNP U1 和 U5 影响可变剪接，可以假设是由于改变核小体定位而降低转录延伸速率导致弱外显子的保留（Batsche et al, 2006; Tyagi et al, 2009）。当然，这方面仍需更多直接的实验证据。还有实验表明，组蛋白乙酰化转移酶 SAGA 复合物的组成部分 CHD1 染色质重塑 ATP 酶在剪接中起作用（Sims et al, 2007），反过来剪接因子 SRp20 和 ASF/SF2 与染色质相关（Loomis et al, 2009）。编码 SAGA 复合物中蛋白乙酰化转移酶（HAT）的 Gcn5 与 U2 snRNP 蛋白相互作用（Gunderson et al, 2009），组蛋白精氨酸甲基化转移酶 CARM1 与 U1 snRNP 蛋白相互作用（Cheng et al, 2007; Ohkura et al, 2005），指出染色质复合物在 mRNA 前体分子剪接体组装过程中的重要作用。

核小体定位不仅依赖于基因组序列，而且也受到重塑复合物的调控。染色质结构的基因组尺度图谱的实验及理论分析发现核小体在基因组上非随机分布，在内含子-外显子连接处占据较高。核小体也许起外显子'标记'作用，有趣的是哺乳类外显子尺度与核小体 DNA 尺度相近，揭示核小体的确具有外显子标记的功能，进一步支持可变剪接中染色质结构的作用（蔡禄 等，2009；Andersson et al, 2009; Chodavarapu et al, 2010; Dhami et al, 2009; Kolasinska-Zwierz et al, 2009; Nahkuri et al, 2009; Ponts et al, 2008; Schwartz et al, 2009b; Spies et al, 2009; Tilgner et al, 2009; Choi et al, 2009）。还有研究显示 RNAPⅡ沿基因分布也是不均匀的，外显子中

RNAPⅡ密度较内含子中高（Brodsky et al，2005；Chodavarapu et al，2010；Schwartz et al，2009b）。核小体可能表现为一种 RNAPⅡ 延伸障碍而调节外显子处 RNAPⅡ 密度，进而影响剪接效率（Hodges et al，2009a）。

6.5.2 组蛋白修饰诱导可变剪接

过去几年，理解组蛋白修饰在剪接中的作用取得了很大进展。研究发现42种组蛋白修饰沿基因组非随机分布，外显子一侧化学修饰高于两侧内含子，而且组成性外显子比可变外显子中更高（Kolasinska-Zwierz et al，2009；Spies et al，2009；Andersson et al，2009；Schwartz et al，2009b）。研究显示用组蛋白去乙酰化酶抑制剂 TSA 处理，可以增加人神经细胞黏接分子（NCAM）18号外显子 H3K9 乙酰化和 H3K36 甲基化水平，引起 NCAM 18号外显子可变剪接（Nogue's et al，2002；Allo' et al，2009；Schor et al，2009）。HDAC 抑制引起可变剪接大多与离子通道及细胞周期或凋亡的调控等能对变化快速反应的基因有关。与 H3K4me3 结合的 CHD1 染色质-重塑 ATP 酶也与剪接体组分结合，CDH1 的敲除或 H3K4me3 水平的降低均可改变剪接的效率（Sims et al，2007）。

最近，Luco 等（2010）在建立组蛋白修饰与剪接模式关系方面做了出色工作。他们的工作表明组蛋白修饰可影响人纤维原细胞生长因子受体2（FGFR2）基因的可变剪接。FGFR2 包含 FGFR2-Ⅲb 和 FGFR2-Ⅲc 两个外显子。叶间细胞的剪接区域若富含 H2K36me3 和 H3K4me1 组蛋白修饰，则保留外显子Ⅲc，而上皮细胞中富含 H3K27me3 和 H3K4me3 区域剪接后保留Ⅲb。Luco 等发现多聚嘧啶序列结合蛋白（PTB）受多种组蛋白修饰调控。这些修饰包括 H3K36me3 和 H3K4me1 及起相反作用的 H3K27me3，H3K4me3 和 H3K9me1。通过调节 SET2 和 ASH2 及负责 H3K36me3 和 H3K4me3 修饰的甲基化转移酶的水平，证实了组蛋白修饰与剪接的联系。进一步他们揭示了通过组蛋白尾结合蛋白 MRG5，将 PTB 募集到 H3K36me3 修饰的染色质上的机制。

上述工作指出染色质构像的局部变化和组蛋白修饰能改变可变剪接结果。需要指出：这一研究并没有测试核小体占据情况，使得染色质修饰反映核小体占据的程度问题仍悬而未决。不同组蛋白修饰是组合还是独立起作用仍是需要进一步解决的问题。

6.5.3 可变剪接与 DNA 甲基化

已有研究指出 DNA 甲基化沿基因组也有明显的10bp周期性，内含子/外显子交界处外显子一侧核小体占据率高，并且 DNA 甲基化与 RNAPⅡ、核小体占据率正相关。推测内含子/外显子交界可能是核小体结合或 DNA 甲基化转移酶作用的目标，进一步募集重塑复合物 SWI/SNF 产生核小体障碍，延缓 RNAPⅡ 延伸速率，通过前面提及的 RNAPⅡ 的动力学耦合影响可变剪接（Chodavarapu et al，2010；Choi et al，2009）。也可能是 DNA 甲基化减小 DNA 弯曲柔性，因此影响核小体定位，进而通过染色质结构影响可变剪接。

研究表明 DNA 甲基化与组蛋白修饰有广泛的联系。例如 DNA 甲基化沿基因组非随机分布，与 H3K36me3 正相关，与 H3K4me2 负相关（Hodges et al，2009）。还有如早期胚胎发育，DNA 甲基化在 H3K4 甲基化缺乏区域产生，因为它的存在抑制了 DNA 甲基化转移酶。Polycomb 目的基因和 X 染色体失活是另外的 DNA 甲基化受组蛋白修饰诱导的例子（Cedar et al，2009）。人们相信存在相反机制：DNA 甲基化诱导抑制组蛋白修饰（Eden et al，1998；Hashimshony et al，2003）。这样，如果外显子中核小体定位及组蛋白修饰与内含子不同，它们的甲基化方式也可能不同。探究 DNA 甲基化与染色质结构的关系将非常有价值。

6.5.4 可变剪接与组蛋白变体

尽管组蛋白修饰是改变核小体化学性质的方式之一，使用不同组蛋白变体也可达到类似效果。大部分核心组蛋白有一系列变体（如 H2B.1，H2A.Z，H2A.Bbd，H3.3 和 CENP-A）。探究外显子和内含子与组蛋白变体的结合力是否不同，进而影响可变剪接将非常有趣。

6.5.5 RNA 与可变剪接

1. RNA 结构与可变剪接 有机体内前体 mRNA 通常以复杂的二级和三级结构形式存在，这种结构很可能是剪接体的作用对象（Luco et al, 2011）。目前，我们对 RNA 在体内的结构认识很有限，要搞清 RNA 结构对可变剪接的影响机制还有很长的路要走。目前已有初步工作，Buratti 和 Baralle 指出 RNA 结构主要通过阻止剪接体识别 5′、3′ 剪接位点和分支位点影响可变剪接（Buratti et al, 2004）。Shepard 和 Hertel 发现二级结构保守的可变剪接位点附近富集着剪接因子，表明这些结构可能影响基因的可变剪接调控（Shepard et al, 2008）。最近，Zhang 等研究指出可变剪接位点的 GC 含量较高且具有稳定的 RNA 的二级结构，该二级结构影响 RNA 的剪接过程（Zhang et al, 2011）。ESE 和 ESS 元件募集 SR 蛋白的功能也受 RNA 结构的影响（Muro et al, 1999；Buratti et al, 2004）。RNA 远程结构也对可变剪接产生影响（McManus et al, 2011；Raker et al, 2009）。当 RNA 的结构因结合调控蛋白和小分子而改变时，可变剪接过程也可能会发生变化（Bocobza et al, 2007）。

2. 非编码 RNA 与可变剪接 非编码 RNA 主要包括 tRNA，rRNA，microRNA，siRNA，snRNA，snoRNA，gRNA，eRNA，SNP RNA 等。神经元特异性 microRNA miR-124 可直接调控剪接抑制子 PTB 的表达。发育过程中，降低 PTB 含量会引起由起源细胞向成熟神经元分化时必须的神经元特异性剪接（Makeyev et al, 2007）。MicroRNA miR-23a/b 抑制剪接调控因子 CELF 的蛋白水平，该因子会调控心脏发育过程中约 50% 的剪接过程（Kalsotra et al, 2010）。也有研究发现 siRNA 会通过改变可变剪接基因的构像影响可变剪接（Allo et al, 2009）。研究人员还发现长非编码 RNA MALAT-1 能够对核浆中与剪接相关的 SR 蛋白的使用起到缓冲作用（Tripathi et al, 2010）。非编码 RNA 调控可变剪接的直接方式可能是将其互补配对接合到前体 mRNA 上。例如，脑特异核仁小 RNA HB-52Ⅱ被处理成更小的变体 psnoRNAs 后从核仁进入核浆，通过碱基互补结合到血清素前体 mRNA 的受体外显子 Vb 的剪接沉默子上，这种结合这很可能会干扰剪接抑制蛋白因子和剪接沉默子的结合，造成可变外显子进入到成熟 mRNA 中（Kishore et al, 2006；Kishore et al, 2010）。

6.5.6 可变剪接的新模型

Luco 等（2010）研究显示可变剪接区域的组蛋白修饰与剪接结果有强烈相关性。依赖 PTB 基因可变剪接区富含 H3K36me3，缺乏 H3K4me3。这些组蛋白修饰的调节足以控制依赖 PTB 外显子的保留或剪切。H3K36me3 作用的机制似乎不是调节 RNAPII 延伸速率，而是借助适配器蛋白 MRG15 将 PTB 募集到 pre-RNA 上（图 6-2）。PTB 借助适配器蛋白 MRG15 专一性识别 H3K36me3（Zhang et al, 2006）。MRG5 是染色质修饰复合物的组成成分，这一复合物包含组蛋白乙酰化酶 Tip60 和 hMOF，组蛋白去乙酰化酶 HDAC1、HDAC2 和组蛋白去甲基化酶。特殊基因上的 H3K36me3 水平影响 PTB 的募集，高 H3K36me3 吸引 MRG15，进一步与 PTB 相互作用结合到新生 RNA 上。相反，低水平 H3K36me3 细胞中 PTB 难以募集到新生 RNA 链上从而导致

PTB 依赖外显子的保留（Luco et al，2010）。这样，H3K36me3，MRG15 和 PTB 建立了染色质剪接适配器系统。

U2 snRNP 借助与 H3K4me3 结合的染色质重塑蛋白 CHD1 结合到染色质上（Sims et al，2007），研究还发现 U2 snRNP 还可通过组蛋白乙酰化转移酶 Gcn5 被募集到转录区（Gunderson et al，2009），表明 H3K4me3/CHD1/U2 snRNP、H3Ac/Gcn5/U2 snRNP 适配系统的存在。H3K9me 募集 HP1，对异染色质形成和保持有重要作用。H3K9me 分别与 HP1α 及 HP1γ 一起专一性识别 hnRNP 引起纤维连接蛋白基因及 CD44 基因的可变剪接（Allo et al，2009；Saint-André et al，2011），H3K9me 3/HP1/hnRNP 的发现进一步支持组蛋白修饰通过适配器蛋白募集剪接因子到 RNA，从而引起可变剪接的机制。

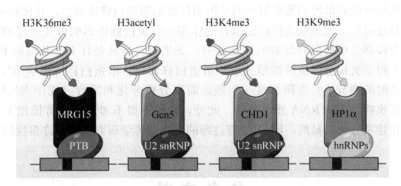

图 6-2　染色质适配器复合物

组蛋白修饰结合染色质蛋白与剪接因子相互作用（引自 Lucoet al，2011）

当我们考虑 RNA 转录过程与剪接耦合时，剪接机制变得异常复杂。RNA 剪接的最重要步骤显然是募集剪接体到目标 RNA 上。但是，何时、何地发生募集不仅依赖 RNA 模体的结合、剪接因子的组织或发育专一性模式，而且受到染色质结构和组蛋白修饰的影响。Luco 等（2010）提出"可变剪接位点选择的整合模型"认为转录调控元和组蛋白修饰作用有二。一方面，重塑或打开染色质便于激活 RNA 延伸因子的募集。另一方面，沿外显子的核小体定位加上组蛋白修饰可能调节剪接调节子的募集（Kolasinska-Zwierz et al，2009；Schwartz et al，2009b；Spies et al，2009）。这一过程可以通过 RNAPⅡ 的停止（de la Mata et al，2006；Listerman et al，2006）或借助适配器复合物募集剪接因子到弱 RNA 结合位点而实现（Luco et al，2010；Sims et al，2007；Gunderson et al，2009；Piacentini et al，2009）（彩图 11）。

6.5.7　可变剪接相关生物大分子（蛋白质、DNA 和 RNA）相互作用网络

仔细分析就会发现，可变剪接无不涉及包括蛋白质、DNA 和 RNA 在内的生物大分子相互作用（Wahl et al，2009）。剪接体复合物与其他信号通路有广泛的联系，仅列举 3 个工作作为实例。Benderska 等人工作表明可以通过蛋白 DARPP-32 与剪接因子 tra2-β1 结合复合物把 cAMP 信号转导通路与蛋白磷酸酶 1（PP1）联系起来，影响 tau 10 号外显子和 tra2-β1 报告基因结构（Benderska et al，2010）。Leeman 和 Gilmore 工作表明 TNF 和 TIR 通路中包括肿瘤坏疽因子受体 2（TNFR2）、TNFR2 相关因子（TRAF2）、圆柱瘤病蛋白（CYLD）在内的多个基因的可变剪接方式会影响核因子 NF-κB 的表达（Leeman et al，2008）。Moore 等研究了可变剪接网络与控制细胞凋亡的细胞循环的联系（Moore et al，2010）。可变剪接相关生物大分子相互作用网络中必然携带者丰

富的遗传信息，建立各种可变剪接相关生物大分子相互作用网络，包括拓展该局域网络与其他信号通路的联系，进一步在网络层面探究其普遍规律也许是深刻理解可变剪接机制的有效途径，而这方面工作目前对我们来说仍然是巨大挑战。

6.6 总结与展望

染色质和组蛋白修饰可以影响 RNA 处理，特别是可变剪接与表观遗传修饰的关系已经成为遗传学的热点领域，同时也提出了许多值得深入研究的问题。组蛋白修饰如何与可变剪接结果联系？为此，需要尽可能获得跨细胞和组织的基因组尺度的组蛋白修饰图谱，并比较可变剪接模式。组蛋白修饰单独还是与其他表观遗传标记组合起作用？组蛋白修饰影响可变剪接的程度如何？是全部可变剪接事件都受组蛋白修饰影响还是部分？如果是，特征是什么？非编码 RNA 可能会影响可变剪接吗？可变剪接会以负反馈形式影响组蛋白修饰吗？组蛋白修饰影响 RNA 处理是否可遗传或仅仅是暂时的调节子？为回答这一问题，需要分析分化和发育过程中 RNA 的处理模式，也需要探究大量疾病相关的 RNA 处理过程。此外，我们不得不考虑可变剪接相关生物大分子相互作用网络的构建及分析。显然，RNA 处理过程的表观遗传学研究提供了许多挑战和机遇。

参 考 文 献

蔡禄，赵秀娟. 2009. 核小体定位研究进展 [J]. 生物物理学报，25 (6)：385-395.

ALLO M, BUGGIANO V, FEDEDA J P, et al. 2009. Control of alternative splicing through siRNA-mediated transcriptional gene silencing [J]. Nat. Struct. Mol. Biol., 16：717-724.

ANDERSSON R, ENROTH S, RADA-IGLESIAS A, et al. 2009. Nucleosomes are well positioned in exons and carry characteristic histone modifications [J]. Genome Res., 19：1732-1741.

AUBOEUF D, HONIG A, BERGET S M, et al. 2002. Coordinate regulation of transcription and splicing by steroid receptor coregulators [J]. Science, 298：416-419.

BATSCHE E, YANIV M, MUCHARDT C. 2006. The human SWI/SNF subunit Brm is a regulator of alternative splicing [J]. Nat. Struct. Mol. Biol., 13：22-29.

BENDERSKA N, BECKER K, GIRAULT J A, et al. 2010. DARPP-32 binds to tra2-beta1 and influences alternative splicing [J]. Biochim. Biophys. Acta., 1799 (5-6)：448-453.

BERGLUND J A, CHUA K, ABOVICH N, et al. 1997. The splicing factor BBP interacts specifically with the pre-mRNA branchpoint sequence UACUAAC [J]. Cell, 89：781-787.

BEYER A L, OSHEIM Y N. 1988. Splice site selection, rate of splicing, and alternative splicing on nascent transcripts [J]. Genes Dev., 2：754-765.

BIRD G, ZORIO D A, BENTLEY D L. 2004. RNA polymerase II carboxyterminal domain phosphorylation is required for co-transcriptional pre-mRNA splicing and 30-end formation [J]. Mol. Cell. Biol., 24：8963-8969.

BLACK D L. 2003. Mechanisms of alternative pre-messenger RNA splicing [J]. Annu. Rev. Biochem., 72：291-336.

BLENCOWE B J, RAVELEY B R, EDITORS. 2007. Alternative Splicing in the Postgenomic Era [M]. Springer (Netherlands).

BOCOBZA S, ADATO A, MANDEL T, et al. 2007. Riboswitch-dependent gene regulation and its evolution in the plant kingdom [J]. Genes Dev., 21：2874-2879.

BRODSKY A S, MEYER C A, SWINBURNE I A, et al. 2005. Genomic mapping of RNA polymerase II reveals sites ofcotranscriptional regulation in humancells [J]. Genome Biol. , 6: R64.

BURATTI E, BARALLE F E. 2004. Influence of RNA secondary structure on the pre-mRNA splicing process [J]. Mol. Cell Biol. , 24: 10505-10514.

BURATTI E, MURO A F, GIOMBI M, et al. 2004. RNA folding affects the recruitment of SR proteins by mouse and human polypurinic enhancer elements in the fibronectin EDA exon [J]. Mol. Cell Biol. , 24: 1387-1400.

CAMATS M, GUIL S, KOKOLO M, et al. 2008. P68 RNA helicase (DDX5) alters activity of cis- and trans-acting factors of the alternative splicing of H-Ras [J]. PLoS ONE, 3: e2926.

CEDAR H, BERGMAN Y. 2009. Linking DNA methylation and histone modification: patterns and paradigms [J]. Nat. Rev. , 10: 295-304.

CHASIN L A. 2007. Searching for splicing motifs [J]. Adv. Exp. Med. Biol. , 623: 85-106.

CHEN M, MANLEY J L. 2009. Manley Mechanisms of alternative splicing regulation: insights from molecular and genomics approaches [J]. Nat. Rev. Mol. Cell. Biol. , 10 (11): 741-754.

CHENG D H, COTE J, SHAABAN S, et al. 2007. The arginine methyltransferase CARM1 regulates the coupling of transcription and mRNA processing [J]. Mol. Cell, 25: 71-83.

CHODAVARAPU R K, FENG S, BERNATAVICHUTE Y V, et al. 2010. Relationship between nucleosome positioning and DNA methylation [J]. Nature, 15: 388-392.

CHOI J K, BAE J B, LYU J Y, et al. 2009. Nucleosome deposition and DNA methylation at coding region boundaries [J]. Genome Biology, 10: R89.

COUTINHO-MANSFIELD G C, XUE Y, ZHANG Y, et al. 2007. PTB/nPTB switch: a post-transcriptional mechanism for programming neuronal differentiation [J]. Genes Dev. , 21: 1573-1577.

CROFT L, SCHANDORFF S, CLARK F, et al. 2000. ISIS, the intron information system, reveals the high frequency of alternative splicing in the human genome [J]. Nat. Genet. , 24: 340-341.

DAMGAARD C K, KAHNS S, LYKKE-ANDERSEN S, et al. 2008. A 50 splice site enhances the recruitment of basal transcription initiation factors in vivo [J]. Mol. Cell, 29: 271-278.

DAS R, DUFU K, ROMNEY B, et al. 2006. Functional coupling of RNAP II transcription to spliceosome assembly [J]. Genes Dev. , 20: 1100-1109.

DAS R, YU J, ZHANG Z, et al. 2007. SR proteins function in coupling RNAP II transcription to premRNA splicing [J]. Mol. Cell, 26: 867-881.

de la Mata M, ALONSO C R, KADENER S, et al. 2003. A slow RNA polymerase II affects alternative splicing in vivo [J]. Mol. Cell, 12: 525-532.

de la Mata M, KORNBLIHTT A R. 2006. RNA polymerase II C-terminal domain mediates regulation of alternative splicing by SRp20 [J]. Nat. Struct. Mol. Biol. , 13: 973-980.

de la Mata M, LAFAILLE C, KORNBLIHTT A R. 2010. First come, first served revisited: factors affecting the same alternative splicing event have different effects on the relative rates of intron removal [J]. RNA, 16: 904-912.

DHAMI P, SAFFREY P, BRUCE A W, et al. 2009. Complex exon-intron marking by histone modifications is not determined solely by nucleosome distribution [J]. PLoS One, 5: e12339.

EDEN S, HASHIMSHONY T, KESHET I, et al. 1998. DNA methylation models histone acetylation [J]. Nature, 394: 842.

GROVER A, HOULDEN H, BARKER M, et al. 1999. 5' splice site mutations in tau associated with the inherited dementia FTDP-17 affect a stem-loop structure that regulates alternative splicing of exon 10 [J]. J. Biol. Chem. , 274: 15134-15143.

GUNDERSON F Q, JOHNSON T L. 2009. Acetylation by the transcriptional coactivator Gcn5 plays a novel role in co-transcriptional spliceosome assembly [J]. PLoS Genet. , 5: e1000682.

HAN S P, TANG Y H, SMITH R. 2010. Functional diversity of the hnRNPs: past, present and perspectives [J]. Biochem. J. , 430: 379-392.

HASHIMSHONY T, ZHANG J, KESHET I, et al. 2003. The role of DNA methylation in setting up chromatin structure during development [J]. Nat. Genet., 34: 187-192.

HICKS M J, YANG C R, KOTLAJICH M V, et al. 2006. Linking splicing to Pol Ⅱ transcription stabilizes pre-mRNAs and influences splicing patterns [J]. PLoS Biol., 4: e147.

HILLER M, ZHANG Z, BACKOFEN R, et al. 2007. Pre-mRNA secondary structures influence exon recognition [J]. PLoS Genet., (3): e204.

HNILICOVÁ J, STANĚK D. 2011. Where splicing joins chromatin [J]. Nucleus, 2 (3): 182-188.

HODGES C, BINTU L, LUBKOWSKA L, et al. 2009a. Nucleosomal fluctuations govern the transcription dynamics of RNA polymerase II [J]. Science, 325: 626-628.

HODGES E, SMITH A D, KENDALL J, et al. 2009b. High definition profiling of mammalian DNA methylation by array capture and single molecule bisulfite sequencing [J]. Genome Res., 19: 1593-1605.

KADENER S, CRAMER P, NOGUES G, et al. 2001. Antagonistic effects of T-Ag and VP16 reveal a role for RNA pol Ⅱ elongation on alternative splicing [J]. EMBO J., 20: 5759-5768.

KALSOTRA A, WANG K, LI P F, et al. 2010. MicroRNAs coordinate an alternative splicing network during mouse postnatal heart development [J]. Genes Dev., 24: 653-658.

KEREN H, LEV-MAOR G, AST G. 2010. Alternative splicing and evolution: diversification, exon definition and function [J]. Nature Rev. Genet., 11 (5): 345-355.

KISHORE S, KHANNA A, ZHANG Z, et al. 2010. The snoRNA MB Ⅱ-52 (SNORD 115) is processed into smaller RNAs and regulates alternative splicing [J]. Hum. Mol. Genet., 19: 1153-1164.

KISHORE S, STAMM S. 2006. The snoRNA HB Ⅱ-52 regulates alternative splicing of the serotonin receptor 2C [J]. Science, 311: 230-232.

KOLASINSKA-ZWIERZ P, DOWN T, LATORRE I, et al. 2009. Differential chromatin marking of introns and expressed exons by H3K36me3 [J]. Nat. Genet., 41: 376-381.

KORNBLIHTT A R, de la Mata M, FEDEDA J P, et al. 2004. Multiple links between transcription and splicing [J]. RNA, 10: 1489-1498.

KORNBLIHTT A R. 2006. Chromatin, transcript elongation and alternative splicing [J]. Nat. Struct. Mol. Biol., 13: 5-7.

LACADIE S A, ROSBASH M. 2005. Cotranscriptional spliceosome assembly dynamics and the role of U1 snRNA: 5'ss base pairing in yeast [J]. Mol. Cell, 19: 65-75.

LACADIE S A, TARDIFF D F, KADENER S, et al. 2006. In vivo commitment to yeast cotranscriptional splicing is sensitive to transcription elongation mutants [J]. Genes Dev., 20: 2055-66.

LEEMAN J R, GILMORE T D. 2008. Alternative splicing in the NF-κB signaling pathway. Gene, 423 (2): 97-107.

LIM L P, BURGE C B. 2001. A computational analysis of sequence features involved in recognition of short introns [J]. Proc. Natl. Acad. Sci. USA, 98: 11193-11198.

LISTERMAN I, SAPRA A K, NEUGEBAUER K M. 2006. Cotranscriptional coupling of splicing factor recruitment and precursor messenger RNA splicing in mammalian cells [J]. Nat. Struct. Mol. Biol., 13: 815-822.

LONG J C, CACERES J F. 2009. The SR protein family of splicing factors: master regulators of gene expression [J]. Biochem. J., 417: 15-27.

LOOMIS R J, NAOE Y, PARKER J B, et al. 2009. Chromatin binding of SRp20 and ASF/SF2 and dissociation from mitotic chromosomes is modulated by histone H3 serine 10 phosphorylation [J]. Mol. Cell, 33: 450-461.

LUCO R F, ALLO M, SCHOR I E, et al. 2011. Epigenetics in Alternative Pre-mRNA Splicing [J]. Cell, 144: 16-26.

LUCO R F, MISTELI T. 2011. More than a splicing code: integrating the role of RNA, chromatin and non-coding RNA in alternative splicing regulation [J]. Current Opinion in Genetics & Development, 21: 336-372.

LUCO R F, PAN Q, TOMINAGA K, et al. 2010. Regulation of alternative splicing by histone modifications [J]. Science, 327: 996-1000.

MAKEYEV E V, ZHANG J, CARRASCO M A, et al. 2007. The MicroRNA miR-124 promotes neuronal differentiation by triggering brain-specific alternative pre-mRNA splicing [J]. Mol. Cell, 27: 435-448.

MCCRACKEN S, FONG N, YANKULOV K, et al. 1997. The C-terminal domain of RNA polymerase Ⅱ couples mRNA processing to transcription [J]. Nature, 385: 357-361.

MCMANUS C J, GRAVELEY B R. 2011. RNA structure and the mechanisms of alternative splicing [J]. Current Opinion in Genetics & Development, 21: 373-379.

MISTELI T, SPECTOR D L. 1999. RNA polymerase II targets pre-mRNA splicing factors to transcription sites in vivo [J]. Mol. Cell, 3: 697-705.

MOORE M J, WANG Q Q, KENNEDY C J, et al. 2010. An Alternative Splicing Network Links Cell Cycle Control to Apoptosis [J]. Cell, 142 (4): 625-636.

MUNOZ M J, PEREZ SANTANGELO M S, PARONETTO M P, et al. 2009. DNA damage regulates alternative splicing through inhibition of RNA polymerase II elongation [J]. Cell, 137: 708-720.

MURO A F, CAPUTI M, PARIYARATH R, et al. 1999. Regulation of fibronectin EDA exon alternative splicing: possible role of RNA secondary structure for enhancer display [J]. Mol. Cell Biol., 19: 2657-2671.

NAHKURI S, TAFT R J, MATTICK J S. 2009. Nucleosomes are preferentially positioned at exons in somatic and sperm cells [J]. Cell Cycle, 8: 3420-3424.

NELSON K K, GREEN M R. 1989. Mammalian U2 snRNP has a sequence-specific RNA-binding activity [J]. Genes Dev., 3: 1562-1571.

NILSEN T W, GRAVELEY B R. 2010. Expansion of the eukaryotic proteome by alternative splicing [J]. Nature, 463: 457-463.

NOGUES G, KADENER S, CRAMER P, et al. 2002. Transcriptional activators differ in their abilities to control alternative splicing [J]. J. Biol. Chem., 277: 43110-43114.

OHKURA N, TAKAHASHI M, YAGUCHI H, et al. 2005. Coactivator-associated arginine methyltransferase 1, CARM1, affects premRNA splicing in an isoform-specific manner [J]. J. Biol. Chem., 280: 28927-28935.

PAN Q, SHAI O, LEE L J, et al. 2008. Deep surveying of alternative splicing complexity in the human transcriptome by high-throughput sequencing [J]. Nat. Genet., 40: 1413-1415.

PANDYA-JONES A, BLACK D L. 2009. Co-transcriptional splicing of constitutive and alternative exons [J]. RNA, 15: 1896-1908.

PAVLOPOULOS G A, SECRIER M, MOSCHOPOULOS C N, et al. 2011. Using graph theory to analyze biological networks [J]. BioData Mining, 4: 10.

PAVLOPOULOS G A, WEGENER A L, SCHNEIDER R. 2008. A survey of visualization tools for biological network analysis [J]. BioData Mining, 1: 12.

PIACENTINI L, FANTI L, NEGRI R, et al. 2009. Heterochromatin protein 1 (HP1a) positively regulates euchromatic gene expression through RNA transcript association and interaction with hnRNPs in *Drosophila* [J]. PLoS Genet., 5: e1000670.

PONTS N, YANG J F, CHUNG D W D, et al. 2008. Deciphering the ubiquitin-mediated pathway in apicomplexan parasites: A potential strategy to interfere with parasite virulence [J]. PLoS ONE, 3: e2386.

RAKER V A, MIRONOV A A, GELFAND M S, et al. 2009. Modulation of alternative splicing by long-range RNA structures in *Drosophila* [J]. Nucleic Acids Res., 37: 4533-4544.

RAM O, AST G. 2007. SR proteins: a foot on the exon before the transition from intron to exon definition [J]. Trends Genet., 23: 5-7.

RAMAN K. 2010. Construction and analysis of protein-protein interaction networks [J]. Automated Experimentation, 2 (1): 2.

SAINT-ANDRÉ V, BATSCHÉ E, RACHEZ C, et al. 2011. Histone H3 lysine 9 trimethylation and HP1γ-favor inclusion of alternative exons [J]. Nat. Struct. Mol. Biol., 18: 337-344.

SCHOR I E, RASCOVAN N, PELISCH F, et al. 2009. Neuronal cell depolarization induces intragenic chromatin modifications affecting NCAM alternative splicing [J]. Proc. Natl. Acad. Sci. USA, 106: 4325-4330.

SCHWARTZ S, AST G. 2010. Chromatin density and splicing destiny: on the cross-talk between chromatin structure and splicing [J]. EMBO J., 1-8.

SCHWARTZ S, GAL-MARK N, KFIR N, et al. 2009a. Alu exonization events reveal features required for precise recognition of exons by the splicing machinery [J]. PLoS Comput. Biol., 5: e1000300.

SCHWARTZ S, MESHORER E, AST G. 2009b. Chromatin organization marks exon-intron structure [J]. Nat. Struct. Mol. Biol. 16: 990-995.

SHEPARD P J, HERTEL K J. 2008. Conserved RNA secondary structures promote alternative splicing [J]. RNA, 14: 1463-1469.

SIMS Ⅲ R J, MILLHOUSE S, CHEN C F, et al. 2007. Recognition of trimethylated histone H3 lysine 4 facilitates the recruitment of transcription postinitiation factors and pre-mRNA splicing [J]. Mol. Cell, 28: 665-676.

SMITH C W, VALCARCEL J. 2000. Alternative pre-mRNA splicing: the logic of combinatorial control [J]. Trends Biochem Sci., 25: 381-388.

SOLLER M, LI M, HAUSSMANN I U. 2008. Regulation of the ELAV target ewg: insights from an evolutionary perspective [J]. Biochem Soc. Trans., 36: 502-504.

SPIES N, NIELSEN C B, PADGETT R A, et al. 2009. Biased chromatin signatures around polyadenylation sites and exons [J]. Mol. Cell, 36: 245-254.

TENNYSON C N, KLAMUT H J, WORTON R G. 1995. The human dystrophin gene requires 16 hours to be transcribed and is cotranscriptionally spliced [J]. Nat. Genet., 9: 184-190.

TILGNER H, NIKOLAOU C, ALTHAMMER S, et al. 2009. Nucleosome positioning as a determinant of exon recognition [J]. Nat. Struct. Mol. Biol., 16: 996-1001.

TRIPATHI V, ELLIS J D, SHEN Z, et al. 2010. The nuclear-retained noncoding RNA MALAT1 regulates alternative splicing by modulating SR splicing factor phosphorylation [J]. Mol. Cell, 39: 925-938.

TYAGI A, RYME J, BRODIN D, et al. 2009. SWI/SNF associates with nascent pre-mRNPs and regulates alternative pre-mRNA processing [J]. PLoS Genet., 5: e1000470.

ULE J, ULE A, SPENCER J, et al. 2006. An RNA map predicting Nova-dependent splicing regulation [J]. Nature, 444 (7119): 580-586.

WAHL M C, WILL C L, LUHRMANN R. 2009. The spliceosome: design principles of a dynamic RNP machine [J]. Cell, 136: 701-718.

WANG E T, SANDBERG R, LUO S, et al. 2008. Alternative isoform regulation in human tissue transcriptomes [J]. Nature, 456: 470-476.

WANG Z F, BURGE C B. 2008. Splicing regulation: From a parts list of regulatory elements to an integrated splicing code [J]. RNA, 14: 802-813.

YURYEV A, PATTURAJAN M, LITINGTUNG Y, et al. 1996. The C-terminal domain of the largest subunit of RNA polymerase Ⅱ interacts with a novel set of serine/argininerich proteins [J]. Proc. Natl. Acad. Sci. USA, 93: 6975-6980.

ZHANG J, KUO C J, CHEN L. 2011. GC content around splice sites affects splicing through pre-mRNA secondary structures [J]. BMC Genomics, 12: 90.

ZHANG P, DU J, SUN B, et al. 2006. Structure of human MRG15 chromo domain and its binding to Lys36-methylated histone H3 [J]. Nucleic Acids Res., 34: 6621-8.

ZHOU H L, LOU H. 2008. Repression of prespliceosome complex formation at two distinct steps by Fox-1/ Fox-2 proteins [J]. Mol. Cell Biol., 28: 5507-5516.

ZHU H, HINMAN M N, HASMAN R A, et al. 2008. Regulation of neuron-specific alternative splicing of neurofibromatosis type 1 pre-mRNA [J]. Mol. Cell Biol., 28: 1240-1251.

第 7 章　　非编码 RNA 研究进展

当人们说人类基因组约有 3 万个基因的时候，这个数字事实上是指编码蛋白质的基因。果蝇的编码基因比蛔虫的少，水稻的却比人的还多。这些信息告诉我们基因数量与物种的复杂性没有直接联系。然而，非编码 DNA 的含量却与物种的复杂性成比例。物种越复杂，非编码 DNA 的比例越高。越来越多的证据表明，非编码 DNA 虽不表达蛋白质，但可以通过转录成 RNA 进而发挥功能。在真核基因组中，编码蛋白质的 DNA 所占比例很小（对人约 3%），而剩下的非编码序列在基因表达调控中起着非常复杂而重要的作用。高等生物基因组的非编码序列中，只有少量被确认为是与基因表达有关的调控序列，剩下绝大部分，过去都被归于在中性或近中性进化中产生的废物或垃圾（junk）。而如今，昔日废物已成为众所关注的宝藏（Wickelgren，2003）。对非编码 DNA 的重要性有如下比喻：在基因组中，蛋白质编码基因在信息含量上相当单一，如同盖楼所需砖块；而真正的信息和功能复杂性却在于基因组非编码部分，犹如如何将砖块摆放的盖楼蓝图一样，基因组非编码部分直接指导何时将编码蛋白质的砖块放到何处，对所盖楼的整体结构和最终用途起到决定性作用。

非编码序列中包括非编码基因、启动子等顺式作用元件、内含子、5′非翻译区（UTR）、3′非翻译区（UTR）和基因间区。其中基因间区包括移动元件的缺陷拷贝、假基因等详细注释的序列片段以及剩余部分。非编码序列不仅在 DNA 水平上有所作为，其转录产物，即非编码 RNA（ncRNA）的功能更是多种多样。非编码 RNA 是不参与蛋白质编码的 RNA 的总称，除 rRNA、tRNA、snRNA、snoRNA 等 ncRNA 外（Mattick et al，2006），近年来还发现了 siRNA、miRNA 和 piRNA 等调控型的小分子非编码 RNA（Ghildiyal et al，2009），它们作为细胞的调控因子，在调控细胞活动方面有着巨大潜力，它们在基因的转录和翻译、细胞分化和个体发育、遗传和表观遗传等生命活动中发挥着重要的组织和调控作用（冷方伟，2010；于红，2009），形成了细胞中高度复杂的 RNA 网络。基因表达在 DNA 和 RNA 水平上均受到 RNA 的调控，而且染色体结构也受RNA 信号的调节。ncRNA 可通过 RNA-DNA/染色体、RNA-RNA、RNA-Protein 相互作用的途径控制细胞的分化和发育。几乎所有表观遗传行为，如 DNA 甲基化、印迹、转位、位置效应斑花、染色体重建域的活化，组蛋白甲基化、乙酰化等，都受反式作用 RNA 介导。非编码 RNA 的深入研究可能揭示一个全新的由 RNA 介导的遗传信息表达调控网络，从而以不同于蛋白质编码基因的角度来注释和阐明人类基因组的结构与功能，也将为人类疾病的研究和治疗提供新的技术和思路。

随着人类基因组计划完成和后基因组时代的开始，掀起了从非编码 RNA 基因角度解读遗传信息的新组成及其表达调控的高潮（于红，2009）。2006 年，Fire 和 Mello 由于在 RNAi（RNA interference，RNAi）及基因沉默现象研究领域的杰出贡献而获得诺贝尔医学奖。2002 年，参与 RNAi 的小 RNA 被评为国际十大科技新闻之首并被《科学》杂志评为年度分子。在现在看来，RNAi 的发现是 RNA 组学中的大爆炸（Big Bang）。自 1993 年报道第一例小干扰 RNA 以来，迄今为止，已发现多种不同类型的小 RNA，包括 miRNAs、siRNAs 和 piRNAs。新的或已存在的小沉默 RNA 仍在被继续发现。这些不同类别的小 RNA 在发生机制、对靶标的调控和他们所调控的生物学过程等方面都有所不同。目前人们已认识到，尽管他们有很多差异，但他们却相互关联，相互竞争或协作，以调控基因表达并保护基因组免受来自细胞内外的威胁。

小沉默 RNA 可由以下特征来定义：序列较短（20～30nt），且能够指导 Argonaute 蛋白识别靶分子并导致基因沉默。不同的类型的小沉默 RNA 其产生途径是不同的，如 siRNAs 由双链 RNA 产生，而 piRNA 却不是。不同的类型的小沉默 RNA 其参与基因调控的方式也是不同的。了解细胞中数千基因表达水平怎样被调控，ncRNA 在这过程中起什么作用，是分子生物学的挑战性课题。本章主要介绍小分子 RNA 的研究进展，包括小分子 RNA（miRNA、endo-siRNA 和 piRNA）的产生过程、结构与特征、基因表达调控作用、与疾病的关系，以及 RNA 技术及其应用。最后一节介绍长链非编码 RNA（lncRNA）的研究进展。

7.1 RNA 干扰

RNA 干扰（RNA interference, RNAi）现象是指内源性或外源性双链 RNA（dsRNA）介导细胞内 mRNA 发生特异性降解，导致靶基因的表达沉默，产生相应的功能表型缺失。这一现象属于转录后的基因沉默机制（post-transcriptional gene silencing, PTGS）。RNA 干扰作用下的基因沉默是表观遗传学的重要内容。

Fire 等于 1998 年首次报道 RNAi 现象（Fire et al, 1998）。他们分别将正义 RNA、反义 RNA 以及双链 RNA（dsRNA）注入线虫，研究 unc22、fem1、unc54 和 hlh1 等基因的功能，发现双链 RNA 诱发了比单独注入正义链或者反义链都要强得多的特异的基因沉默。这个实验推翻了当时反义 RNA 与正义 mRNA 相配对结合，阻止其翻译成蛋白质的观点。实际上每个细胞只要有几个分子的双链 RNA 就足够完全阻断同源基因的表达。后续的实验表明，导致基因沉默的效果还可以持续到子代细胞，即注入双链 RNA 不仅可以阻断整个线虫的同源基因表达，还会导致其第一代子代的同源基因沉默。Fire 等将这种现象称之为 RNA 干扰（RNA interference, RNAi）。

随后，人们发现，RNAi 广泛存在于从真菌到植物，从无脊椎动物到哺乳动物的各种生物细胞中（Voinnet, 2005）。在植物中的研究显示，关闭基因表达的小干扰 RNA（siRNA）能从一个植物转移到另外的植物体内。siRNA 也能在离注入区很远的地方大量引起目标 mRNA 的降解。之后关于植物和真菌的研究证实了 RNA 依赖性 RNA 聚合酶能将 siRNA 作为引物在目标 mRNA 上合成长链 dsRNA。这种 dsRNA 可以被切割酶降解并产生有新 siRNA 的复合物，以降解目标 mRNA。

之前认为，哺乳动物细胞中不存在 RNAi 现象，因为长链 dsRNA 通过以下两种途径引起非特异性的基因沉默（Gitlin et al, 2002）：① 较长的 dsRNA 在哺乳动物细胞中能诱导 IFN（干扰素）生成，并激活 PKR（dsRNA 依赖性蛋白激酶），PKR 继而磷酸化翻译起始因子 eIF2a 使之失活，最终非特异性地终止蛋白质合成。dsRNA 本身与 PKR 结合也能令其激活，进一步导致非特异性的蛋白质合成障碍；② dsRNA 又能诱导细胞产生多种抗病毒蛋白的 $2'$, $5'$-寡腺苷酸聚合酶，生成 $2'$-$5'$ 腺苷酸，并激活非特异性干扰素诱导的核糖核酸酶 RNaseL，从而发生非特异性的 RNA 降解效应。现在发现只要 dsRNA 短于 30nt 就不会引起干扰素效应，同时又能通过 RNAi 机制特异性地降解 mRNA，引起基因沉默，说明 dsRNA 在哺乳动物细胞中也能通过 RNAi 发挥作用，为以后的基因治疗等 RNAi 应用领域提供了新的研究方向。

RNAi 现象的分子机制已基本被阐明。2000 年，Zamore 等发现，在 RNAi 中长链 dsRNA 首先被降解成 21～23nt 的小片段，随后相应的 mRNA 也在与双链 RNA 同源的区域内按同样的间隔被降解成 21～23nt 的小片段，首次显示了 dsRNA 介导的基因沉默是两步反应（Zamore et al，2000）。随后，Elbashir 等在 2001 年用人工合成的 21～23nt 的小干扰 RNA（small interference RNA，siRNA）进行尝试，结果发现 siRNA 不仅能有效介导培养的哺乳动物细胞的 RNAi，而且可以避免长链 dsRNA 在脊椎动物中普遍引起的非特异性反应（Elbashir et al，2001）。近年来，脊椎动物的 siRNA 研究实验也获得了成功。RNAi 现象存在的广泛性远远超过了研究人员最初的预期。这种广泛性揭示 RNAi 很可能是出现于生命进化的早期阶段，是生物调控基因表达及抵御病毒侵染或转座子诱导 DNA 突变的一种共有的古老生理机制。

7.2 siRNA 的研究进展

7.2.1 siRNA 的简介

1. siRNA 的结构特征　siRNA 呈双链结构，长为 21～23nt，序列与所作用的靶 mRNA 具有同源性。siRNA 两条链的末端均为 5′端磷酸和 3′羟基，且 3′端各有 2～3 个突出的核苷酸，即悬臂（图 7-1），这是细胞赖以区分真正的 siRNA 和其他 dsRNA 的结构基础。siRNA 的 3′末端 2-nt 的突出对靶点识别的特异性起一定的作用。

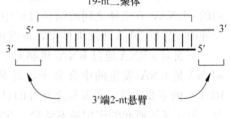

图 7-1　siRNA 的结构

对于体外人工合成的 siRNA 来说，其活性发挥需要其双链中与靶 RNA 互补的一条链 5′端磷酸化，有时也需要与靶 RNA 序列一致的另一条链 5′端磷酸化。5′端磷酸化的 siRNA 其活性明显高于非磷酸化的 siRNA。特异性激酶只保持真正 siRNA 的 5′端磷酸化状态，而对其他 dsRNA 不起作用，从而保证只有真正的 siRNA 才能进入 RNAi 途径并引发靶 mRNA 的降解。靶 RNA 中的裂解位点受 siRNA 中互补链 5′端序列的影响，该链 5′端的额外序列将导致靶 RNA 中裂解位点的改变，而 3′端的额外序列对靶 RNA 中的裂解位点无明显影响。因此，siRNA 5′磷酸可能充当靶 RNA 裂解位点的一种分子参照。siRNA 识别靶序列的过程有很高的特异性，但有证据表明不同的点突变合成 siRNA 仅使其基因沉默功能下降，提示基因沉默机制虽然要求一定的序列特异性，但并不过分严格。最初的研究证明，在 siRNA 双链内，一个碱基的突变就足以阻断 RNAi 过程。但后来发现，siRNA 允许其分子中心部位存在单个碱基突变，siRNA 完全失活需要大于 3 个碱基的突变，在 Mangeot 的研究中（Mangeot et al，2004），对照 siRNA 序列中含有 6 个精确定位的突变碱基，也证明了这点。Kim 等的研究表明（Kim et al，2005），在 27 nt 的 siRNA 中，有 3 个碱基错配的对照 siRNA 序列可以在不同的浓度下阻断针对靶基因的 RNAi 过程，而单个碱基错配的 siRNA 仅在相对高的浓度下才可阻断 RNAi 过程，所以多碱基错配比单碱基错配的 siRNA 阴性对照序列具有更高的实际应用价值。此外，并非 siRNA 中的每一个位点对靶序列的识别均具有同等作用，在阻断 RNAi 方面，位于 siRNA 序列中部的碱基错配比位于 siRNA 序列尾部的碱基错配更有效。

2. siRNA 的作用　siRNA 是 RNAi 现象中的重要成分，它的作用主要体现在以下几方面。

（1）抗病毒功能：Voinnet 和 Li 等分别在植物和果蝇中发现了通过 RNAi 实现的抗外源核酸机制。被大多数 RNA 病毒启动的 RNAi 可导致病毒基因组降解。例如在果蝇细胞中，Flock house virus（FHV）就能引发果蝇内部的 RNAi 反应，产生 FHV 特异性的 siRNA 来降解感染的 FHV。

(2) 基因调控：在人、蠕虫，果蝇和植物等生物体中都发现了小 RNA，有的通过结合 3′非翻译区（UTR）和靶 mRNA 抑制 mRNA 翻译，有的作为 siRNA 通过 RNAi 机制破坏靶基因转录本，对基因表达水平进行调控。

(3) 染色质浓缩：内源的 siRNA，一些小 RNA 可能通过使染色质浓缩调节基因表达。一些研究小组发现 dsRNA 结合到植物启动子区域，能通过一种使 DNA 甲基化的作用导致基因沉默；在蠕虫体内检测到许多 Polycomb 蛋白（能结合染色质）是 RNAi 过程所必需的；裂殖酵母中内源 siRNA 可介导中心粒区染色质浓缩，导致这个位点的基因转录沉默。这些结果都提示一些内源性的 siRNA 通过导致染色质浓缩来调节基因水平。

(4) 转座子沉默：两方面的证据提示转座子沉默涉及 siRNA。其一，发现蠕虫 *mut-7* 基因参与 RNAi，并且与转座子的抑制有关。其二，从裂殖酵母的中心粒区也分离出 siRNA，并检测到这些 siRNA 介导此区内组蛋白甲基化。由于中心粒区包含重复序列（含转座子），在一些减数分裂基因中也发现了通过其附近的逆转录转座子 LTR（长末端重复序列）介导的 RNAi，推测在 siRNA 介导的中心粒区域的组蛋白甲基化可能源于古老的转座子沉默作用。

(5) 基因组重组：siRNA 可能参与纤毛虫，四膜虫虫体间结合时的基因重组。结合到重组序列的 siRNA，在虫体之间的结合过程中介导 DNA 缺失和染色体断裂。有趣的是，在这些 siRNA 介导的程序性 DNA 删除事件中，也发现需要重组区域组蛋白的甲基化。

下面对 siRNA 通过 RNAi 机制对基因表达进行调控的作用（薛京伦，2006）进行详细说明。siRNA 是 RNAi 发生的中介分子，是 RNA 诱导的沉默复合物（RNA-induced silencing complex，RISC）的主要成员，激发与之互补的目标 mRNA 的裂解。siRNA 的反义链与靶 mRNA 特异性结合，但正义链所起的作用尚不清楚。在线虫中发现，siRNA 参与形成基因沉默复合物后卸下的正义 RNA 链并不是完全没有功能的，与反义 RNA 链的直接作用相比，它很有可能以间接地方式参与 RNAi 过程，比如在反义链与靶 mRNA 结合前起到保护反义链免受 RNA 酶的破坏等。也有研究表明，siRNA 与非靶基因结合而导致非靶基因沉默的脱靶现象中，siRNA 通过正义链起到干扰作用。siRNA 必须在有关协同因子，如核酸酶 Dicer、RdRp、解旋酶、激酶等存在的条件下才能有效地介导靶 RNA 的裂解。siRNA 本身并无催化活性，其最主要的作用可能在于充当向导 RNA，或作为所谓 siRNA 引物在 RdRp 的作用下以靶 RNA 为模板合成同源的长 dsRNA，从而激活或引导相应的核酸酶对靶 RNA 进行切割。人工合成的 siRNA 导入靶细胞后必须通过模拟天然 siRNA 在细胞内的处理进程才能最终发挥作用，而不可能直接产生 RNAi 效应。siRNA 可以是外源性的，也可以是内源性的。外源性 siRNA 来自细胞外，可通过人为导入。内源性 siRNA 来自细胞核内，在核内可以自身折叠形成发夹 RNA，被细胞酶剪切成 21～23 nt 的 siRNA，随后释放入胞质。内源性 siRNA 使细胞能够抵御转座子、转基因和病毒的侵略。siRNA 在细胞内可能与某种保护性蛋白结合，也就是说细胞内可能存在天然的稳定 siRNA 的机制，因此 siRNA 在细胞内可能具有相对的稳定性。不同的生物系统 siRNA 介导的 RNAi 效应存在很大差别，在某些生物系统（如蠕虫）中这种效应并不持久，仍需借助一定的手段来提高 siRNA 的稳定性和延长其介导的 RNAi 效应。siRNA 介导的 RNAi 具有一定的可遗传性。

7.2.2 siRNA 的作用机制

siRNA 介导的 RNAi 的机制目前已经清楚。RNAi 的第一步是，长双链 RNA（dsRNA）在内切核酸酶（RNase Ⅲ 家族的核糖核酸酶）作用下加工形成 3′端带有两个突出碱基的 21～23 nt 的由正义和反义序列组成的干扰型小 dsRNA，即 siRNA。siRNA 二聚体中，与靶 mRNA 互补的、能指导其沉默的反义链叫做"向导",另一条链(正义链)叫"旅客"(Ghildiyal et al,2009)。细胞中 dsRNA 可通过多种途径形成,例如,转录本的分子内互补配对形成 dsRNA 的结构座、互补的两个转录本、两个反向转座子的通读转录本、双向转录本、以及假基因均能产生 dsRNA(图 7-2)。果蝇中 dsRNA 是在 Dicer——dsRNA 特异的 RNaseⅢ家族的核糖核酸酶——的作用下被切割成 siRNA。Dicer 酶属 RNase Ⅲ家族中不常见的成员,具有高度的保守性,在包括线虫、果蝇、拟南芥和哺乳动物等大多数的生物体内都能找到它的同源物。Dicer 含有解旋酶(helicase)活性以及 dsRNA 结合域和 PAZ 结构域。RNAi 的第二步是,由 siRNA 中的反义链指导形成一种核蛋白体,该核蛋白体称为 RNA 诱导的沉默复合物(RISC),由 RISC 介导切割靶 mRNA 分子中与 siRNA 反义链互补的区域,从而达到干扰基因表达的作用。RISC 是包含 Argonaute 蛋白和小 RNA 的复合物。除此之外,RISC 还包含其他能够扩展和修饰其功能的辅助蛋白,例如内切核酸酶、外切核酸酶、解旋酶、重新引导 mRNA 至目的场所进行降解的输运蛋白等。siRNA 与 RNA 诱导的基因沉默复合物 RISC 结合,在 ATP 参与下,RISC 内的 siRNA 解链成单链,引导 RISC 寻找互补的 mRNA,在内切酶的作用下,使 mRNA 降解,起到特异的抑制基因表达的效果(具体过程如彩图 12)。

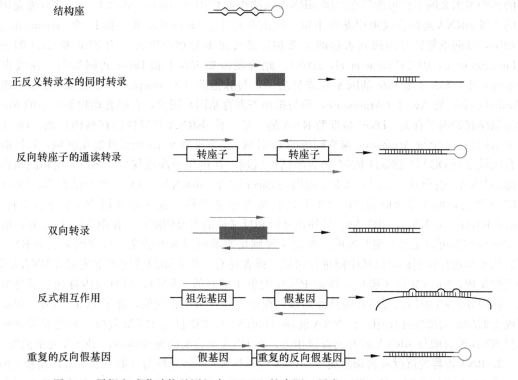

图 7-2 果蝇和哺乳动物基因组中 dsRNA 的来源(引自 Ghildiyal et al,2009)

1. siRNA 的产生阶段 siRNA 在 Dicer 的作用下由长链 dsRNA 产生。线虫和哺乳动物只有一种 Dicer,能产生 miRNA 和 siRNA。而果蝇中有两种 Dicer,其中 DCR-1 负责产生 miRNA,DCR-2 负责产生 siRNA。果蝇中 RNAi 可防御外来 dsRNA 的侵染,Dicer 的专化能减弱其对 pre-miRNA 和病毒 dsRNA 的竞争性选择,或 DCR-2 和 Ago2 的专化可能是因为选择压力使生物体抵抗病毒的快速进化避免其逃脱 RNAi 而导致的。与此相吻合的是,果蝇 DCR-2 和 Ago2 是由快速进化的基因编码的。线虫虽仅有一种 Dicer,但可能会获得相似的专化,例如用一种 dsRNA 结合蛋白

（RDE-4）特异性选择发生 RNAi 的 siRNA。不同的是，哺乳动物拥有一套准确无误的基于蛋白质的免疫系统，而可能不会用 RNAi 途径抵御病毒侵染。

siRNA 的两条链的 5′端的相对热力学稳定性决定其角色是"向导"还是"旅客"（Schwarz et al, 2003; Khvorova et al, 2003）。在果蝇中，上述热力学稳定差异被 dsRNA 结合蛋白 R2D2 识别。R2D2 是 DCR-2 的搭档，也是 RISC 装配复合物 RLC 的成分（Liu et al, 2003; Tomari et al, 2004）。RLC 招募 Ago2，并转运 siRNA 至 Ago2。然后，Ago2 对"旅客"链进行切割。Ago2 通常是在"旅客"链第 10 和 11 位之间磷酸二酯键的位置进行切割（Elbashir et al, 2001）。切割完后"旅客"链的释放就意味着 RISC 的成熟。成熟的 RISC 中只有单链"向导"RNA。在果蝇中，向导链 3′端在甲基转移酶 HEN1 的作用下进行 2′-O 甲基化，并完成 RISC 的装配（Horwich et al, 2007; Pelisson et al, 2007）。在植物中，miRNAs 和 siRNAs 的末端均是甲基化的，这种修饰对其稳定性是至关重要的（Yu et al, 2005; Ramachandran et al, 2008; Li et al, 2005）。

植物的小 RNA 种类及其产生所需的蛋白质具有很高的多样性。在动物中，RNA 沉默蛋白的数量变化也很大，例如线虫有 27 个 Argonaute 蛋白，而果蝇只有 5 个。系统发生数据表明，线虫中的那些多出来的蛋白可能是在二级 siRNA 通路中起作用（Tolia et al, 2007），这可能是因为内源的二级 siRNA 通路在线虫中非常丰富。拟南芥有 4 个 Dicer-like 蛋白和 10 个 Argonaute 蛋白。植物中，反向重复转基因或共表达的正义和反义转录本分别产生大小为 21nt 和 24nt 的 siRNA（Hamilton et al, 2002; Tang et al, 2003），此阶段需要 *Rde*-1 和 Dicer 共同参与。在线虫（*C. elegans*）中，*Rde*-1 是 *Rde* 基因家族成员之一，与脉孢菌（Neurospore）中的 *qde*-2 和拟南芥中（Arabidopsis）的 Ago-1（Argonaute，参与拟南芥发育基因）同源，在哺乳动物细胞中的 *Rde*-1 可能与翻译起始因子有关。Dicer 是Ⅲ型 RNA 酶，是一种 dsRNA 特异性的核酸内切酶。Dicer 具有以下结构域：1 个与 Argonaute 家族同源的 PAZ 域，2 个Ⅲ型 RNA 酶活性催化区域，1 个 dsRNA 结合区域以及 DEAH/DExH RNA 解旋酶活性区域，在进化中高度保守。*Rde*-1 编码的蛋白识别外源 dsRNA，引导 dsRNA 与 DCR-1 编码的 Dicer 结合。dsRNA 与 Dicer 结合结合后，Dicer 先将 dsRNA 解旋，再将其裂解为 21～23 个核苷酸大小的片段。这些小片段 RNA 为小干扰 RNA（small interfering RNA，siRNA）。另外正义链和反义链的主要切割位点在距 5′端 10nt 处，提示 21～23nt 的切割可能是从末端开始的。少数不规则切割的原因尚不清楚，可能因为长 dsRNA 不仅可以从末端进行切割还可以从中间进行切割，或者还有一些未知的特定因素决定 dsRNA 的切割。经实验发现，Dicer 定位于胞质，提示 RNAi 发生于成熟的 mRNA，后自核内移出。另外研究发现，核内 mRNA 剪切修饰后在向核外运输过程中也存在 RNAi 现象，除了 Dicer 以外，可能还有其他类似功能的酶发挥作用。但 RNA 前体（hnRNA）则能抵抗 RNAi 效应。最近又发现植物中的核 RNA 聚合酶与 siRNA 的形成直接相关，在 RNA 聚合酶的突变体中，siRNA 完全消失。

2. RNA 诱导的沉默复合物形成　　siRNA 与一些 RNAi 特异性酶（如 Ago-2 等）及相关因子共同组成 RNA 引导的沉默复合物 RISC，具有序列特异性的核酸内切酶活性，能特异性降解与 siRNA 同源的靶 mRNA。虽然 Ago-2 与 Dicer 都具有 PAZ 区，但实验证明 Dicer 过程与 RISC 过程之间是独立的，RISC 并不能介导 dsRNA 生成 siRNA，表明 Dicer 并不参与 RISC 的形成过程。RISC 中具体涉及的催化亚基还有待进一步探究。

3. 效应阶段　　在 ATP 的作用下，解旋酶将 siRNA 的双链解开，使 RNA 引导的沉默复合物转变成活性形式（薛京伦，2006）。卸下正义链，反义链仍结合在复合物上，并引导 RISC 与同源的靶 RNA 结合，在核酸内切酶的作用下，从 siRNA 中点位置将靶 mRNA 切断，从而阻断了其翻译成蛋白质的活性。siRNA 识别靶序列是具有高度特异性的，但并不是反义链上所有的碱基都对发挥这种特异性起到相同的作用。由于降解过程首先发生在与 siRNA 相应的中央位置，这些碱基位点就显得格外重要，一旦发生错配，就会严重抑制 RNAi 效应。相对而言，3′端的核苷酸序列并不要求与靶 mRNA 完全匹配。此外，RISC 与靶 mRNA 结合时，3′末尾倒数第二个碱基起了极为重要的作用，因此该处也不能出现错配现象。

4. 扩增阶段 实验发现，在新生的 siRNA 中，有一部分不是直接来自于 dsRNA 的裂解，而是通过一种 RNA 聚合酶的链式反应产生。在植物和线虫等生物中 RNAi 过程存在 RNA 依赖 RNA 聚合酶（RdRp）参与的 siRNA 扩增维持机制（彩图 13）。RdRp 在扩增 RNAi 中起着关键性的作用。Lipardi 等（Lipardi et al, 2001）通过对果蝇胚胎提取物的研究提出一种 RNA 循环扩增机制——随机降解 PCR 模型（random degradative PCR model），即以 siRNA 为引物，靶 mRNA 为模板，在 RdRp 作用下扩增靶 mRNA，产生双链 dsRNA，新生 dsRNA 可被降解形成新的 siRNA（即二级 siRNA），新生成的 siRNA 又可进入下一个循环。如此少数几个 dsRNA 便可导致靶 mRNA 的完全降解。该循环机制赋予了 RNAi 高效性和持久性，小剂量的 dsRNA 就能诱发强烈的基因沉默效应。RdRp 不仅能增加 siRNA 的拷贝数，而且能将异常的单链 RNA（single strand RNA, ssRNA）转变为 dsRNA。由上述可知，RNAi 引起基因沉默的首要步骤是由触发性的 dsRNA 在 Dicer 酶活性作用下变为 siRNA，接下来是包含 RdRp 反应的扩增步骤，也就是维持反应。但在果蝇和哺乳动物细胞中却没有发现 RdRp 同源物，提示存在另外的 RNA 聚合酶参与扩增反应，或发生 RNAi 的 siRNA 的阈值较低，初始浓度的 siRNA 便足以引发强大的 RNAi 效应。

在不同的生物中，RNAi 现象可能具有不同的机制，表现的行为也不一样。此外，最近又有研究表明，除了诱导 PTGS 之外，dsRNA 还可能通过引起同源基因或启动子的甲基化来介导转录水平的基因沉默（transcriptional gene silencing, TGS），甚至在染色质水平影响基因的表达。因此，RNAi 实际上可能存在着多个水平的作用机理，要全面地对其进行了解尚有待于更深入的研究。

最新的研究进一步揭示，ATP 在 siRNA 介导的 RNAi 中具有重要作用。较长的 dsRNA 向 siRNA 的转变需要有 ATP 参与。siRNA 与蛋白因子形成一个无活性的约 360kD 的蛋白 PRNA 复合体；随之，siRNA 双链结构解旋并形成有活性的蛋白 PRNA 复合体（RISC），此步骤具有 ATP 依赖性，但 RISC 活性复合体对靶 mRNA 的识别和切割过程中，可能不需 ATP 参与。此外，ATP 使 siRNA 5′端带上磷酸分子，且对 siRNA 的功能具有重要作用。上述过程中，siRNA 双链结构解旋很可能是一种稳定的结构改变，因为 siRNA 二聚体与细胞裂解物、ATP 等孵育后再除去 ATP 及其他辅助因子，含有 siRNA 的活性复合体仍能识别和切割靶 mRNA 分子。

7.2.3 siRNA 的特点

1. 高效性和浓度依赖性 一方面，siRNA 是 dsRNA，其干扰 mRNA 翻译的效率比单纯反义或正义 RNA 的抑制效率提高了上百倍，siRNAi 可在低于反义核酸几个数量级的浓度下，使靶基因表达降低到很低水平甚至完全"剔除"而产生缺失突变体表型。另一方面，siRNA 诱发的 RNAi 效应的强度随着其浓度的增高而增强。较高浓度的 siRNA，不仅能增强反应体系的效应，而且还能抵消 ADARs（RNA 依赖的腺苷脱氨酶）的作用。ADARs 能不规则的脱去 dsRNA 中腺苷酸上的氨基，腺嘌呤（A）就变成了次黄嘌呤（I），改变了 dsRNA 上的碱基序列，次黄嘌呤（I）易被识别成鸟嘌呤（G），增加了错配概率，进而抑制 RNAi 效应。但若 siRNA 浓度过高，细胞分裂后就会有较多的 siRNA 残留在细胞中，与其他 dsRNA 竞争与 RNAi 特异性酶的结合（该酶的序列识别特异性不高），干扰其他细胞的 RNAi 反应。同时过量的 siRNA 首先会激活 ADARs

的活性，通过脱氨基作用而抑制 RNAi。

2. 特异性 Elbashir 等发现在 21～23 个碱基对中有 1～2 个碱基错配会大大降低对靶 mRNA 的降解效果（Elbashir et al, 2001），这表明 siRNA 识别靶序列具有高度特异性。然而，并不是 siRNA 反义链上所有碱基对这种特异性起到相同的作用。研究表明，碱基错配位置不同，对靶 mRNA 的降解效果不同。降解过程首先发生在 siRNA 的中央位置，因此 siRNA 的中央位置的碱基若发生错配，就会严重降低 RNAi 效应，而 3′端的碱基错配对 RNAi 效应的影响较小（Elbashir et al, 2001）。此外，3′末尾倒数第二个碱基在 RNA 引导的沉默复合物 RISC（由 siRNA 与一些 RNAi 特异性酶组成）与靶 mRNA 结合时起到极为重要的作用，因此该处不能出现错配现象。

3. 位置效应 Holen 等（Holen et al, 2002）根据人 TF（human tissue factor）不同的位置各合成了 4 组双链 RNA 来检测不同位置的双链 RNA 对基因沉默效率的影响。在不同浓度和不同类型的细胞中，hTF167i 和 hTF372i 能够抑制 85%～90% 的基因活性，hTF562i 只能抑制部分基因活性，而 hTF478i 则几乎没有抑制基因的活性。他们还以 hTF167 为中心依次递减。特别是 hTF158i 和 hTF167i 只相距 9 个和 6 个碱基，但他们几乎没有抑制该基因的活性的能力。结果还表明双链 RNA 对 mRNA 的结合部位有碱基偏好性，相对而言，GC 含量较低的 mRNA 被沉默效果最好。

4. 时间效应 1998 年 Fire 等就发现在线虫中 RNAi 可以传代，以后 Worby 等（Worby et al, 2001）在果蝇的培养细胞中也发现了类似的现象。线虫中的 RNAi 遗传性需要 *Rde-1* 和 *Rde-2* 来启动，子代中这两个基因的效应很快就消失了，而 RNAi 效应主要依赖 *Rde-3*、*Rde-4* 和 *mut-7* 来维持。这些效应子可能编码与靶 mRNA 的选择过程相关的蛋白。在线虫中，人工合成的 siRNA 通过注射或浸泡的途径可把此现象传给第 2 代，但不能继续传给第 3 代。在哺乳动物细胞中，siRNA 干扰一般只能维持一段时间，在注入 dsRNA 后的 2～3 天，RNAi 的作用明显，而后 1～2 天内，靶 mRNA 的丰度就能回复到注入 RNAi 之前的水平，产生 siRNA 抵抗。可能的原因是 siRNA 活性降低，特异识别的序列发生点突变或产生抗 siRNA 的抗体，并且推测在 mRNA 生成与降解之间存在动态平衡。RNAi 也会由于 ADARs 脱氨基活性的逐步增高导致 siRNA 的生成减少而受到抑制。

5. 细胞间 RNAi 的可传播性 RNAi 效应可以在细胞间扩散，具体的信号传递机制以及信号分子等尚未阐明。有实验发现，染色体上存在某些位点，这些位点在对 RNAi 敏感细胞里表达一种具有跨膜结构的膜表面蛋白，推测可能与细胞间 RNAi 信号相互传递而引起 RNAi 效应有关。其中研究最多的是 *SID1* 基因（系统性 RNAi 缺陷基因），编码一种 11 次跨膜蛋白。Feinberg 和 Hunter 发现线虫细胞膜上的 *SID1* 可以将双链 RNA 转运出细胞，因此双链 RNA 可以从起始位置传播到远的地方，甚至于全身。提示线虫 *SID1* 跨膜蛋白参与细胞间 RNAi 信号传递过程，并进一步发现其中可能还有序列特异性成分如核酸等的参与。但在果蝇上并未发现此基因的同源物，在果蝇上通过注射产生的 RNAi 不能扩散。

6. 多基因参与及 ATP 依赖性

（1）参与的相关基因：利用遗传突变体（genetic mutant）的筛选策略，即筛选 PTGS 功能丧失的突变基因，鉴定出多种 RNAi 所必需的基因，如 *Rde-1*、*Rde-2*、*Rde-3*、*Rde-4*、*mut-7* 和 *ego-1*（线虫），*qde-1/qde-2*（链孢霉），Ago1、SGS2、SGS3（拟南芥）等。同时发现不同生物中描述的 PTGS、共抑制和 RNAi 可能具有共同的作用机制。例如，线虫中 *mut-7* 基因所发生的抑制 RNAi 的遗传突变也抑制了共抑制，表明两者具有相同的生化机制。随后证实，*mut-7* 的编码产物实际是细胞中切割 RNA 的核酸酶。进一步的研究显示，*Rde-1*、*qde-2* 和 *ego-1* 都是上述不同生物中基因沉默所需要,而 qde-1、SGS2 和 ego-1 则编码另一类与 PTGS 和 RNAi 相关的蛋白质,这些蛋白质与植物中的 RNA 聚合酶同源,它们能扩增出更多的短片段 RNA(dsRNA),这些 dsRNA 作为引导序列指引核酸酶对 mRNA 的降解。最近研究人员又发现果蝇 R2D2(线虫 Rde-4 的同源物)不仅参与 siRNA 的形成,更是连接 RNAi 起始和执行的关键蛋白。

(2) ATP 依赖性:在去除 ATP 的样品中 RNAi 现象降低或消失,显示 RNAi 是一个 ATP 依赖的过程。Dicer 和 RISC 的酶切反应可能需由 ATP 提供能量。在体外合成 RNAi 需要 ATP,且外源性 ATP 对此无促进作用。人的 Dicer 酶优先在 dsRNA 的终末端剪切 dsRNA 而不需要 ATP 的参与。研究还发现,如果 ATP 参与哺乳动物细胞的 Dicer 酶反应,它可能参与该酶的多重反复利用所需的产物的释放。

7.2.4 RNAi 的应用

1. 基因功能的研究 RNAi 是一种高效的特异性的基因阻断技术,是功能基因组研究的有力工具(薛京伦,2006)。通过实验手段将 dsRNA 分子导入细胞内,特异性地降解细胞内与其序列同源的 mRNA,关闭内源性基因表达,获得功能丧失的表型,从反向遗传的角度研究人类或其他生物基因组中未知基因的功能。近来 RNAi 成功用于构建转基因动物模型的报道日益增多,已利用 RNAi 技术对几乎全部线虫基因(约 19000 个基因)和果蝇的全部基因组序列进行分析,发现大量功能未知的新基因,RNAi 将大大促进对这些新基因功能的研究。Wianny 也(Wianny et al,2000)报道用 dsRNA 来阻断小鼠早期胚胎特异基因,包括卵母细胞的 c-mos 和早期胚胎 E-钙依赖细胞粘附分子(E-cadherin)及 GFP 转基因的表达。已有研究表明 RNAi 能够在哺乳动物中抑制或降低特异性基因的表达,制作多种表型,而且抑制基因表达的时间可以随意控制在发育的任何阶段,产生类似基因敲除的效应。与传统的基因敲除技术相比,这一技术具有投入少,周期短,操作简单,特异性更高,作用更迅速,副反应小,在有效地沉默靶基因的同时对细胞本身的调控系统也没有影响等优势。最近在人类体细胞里已经成功地对近 20 种基因功能进行了敲除,尤其是因此而了解了人类空泡蛋白 Tsg101 对 HIV 在人体内增值的作用,进一步深化了对 HIV 的研究。

2. 信号传导通路的研究 RNAi 技术与传统的缺失突变技术结合使用可以容易地确定复杂的信号传导途径中不同基因的上下游关系。Clemens 等(Clemens et al,2000)应用 RNAi 分离了果蝇细胞系中胰岛素信息传导途径中的各种成分,取得了与已知胰岛素信息传导通路完全一致的结果,在此基础上分析了 DSH3PX1 与 DACK 之间的关系,证实了 DACK 是位于 DSH3PX1 磷酸化的上游激酶。也有报道用 RNAi 技术研究了细胞内脂质平衡过程中涉及的各种途径。

3. 疾病的基因治疗 由于 RNAi 是针对转录后阶段的基因沉默,相对于传统的基因治疗对基因水平上敲除,整个过程设计更简便,快速且重复性好,为基因治疗开辟了新的途径。其总体思路是通过加强关键基因的 RNAi 效应,控制疾病中出现异常蛋白合成进程或外源致病核酸的复制及表达。目前利用 RNAi 技术开展了病毒性疾病、肿瘤和遗传性疾病等的基因治疗试验,取得了令人兴奋的结果。

(1)病毒性疾病的治疗:McCaffrey 等(McCaffrey et al,2002)将荧光酶 RNA 融合到 HCV 病毒的 NS5B 区,与病毒特异性 siRNA 共转染到成年小鼠体内,成功地抑制了荧光酶的表达,同时发现虽然在小鼠全身的细胞内都有 RNAi 的发生,但是 RNAi 的效果具有组织特异性,不同的组织器官其干扰率并不相同。另外该实验还发现 RNAi 对细胞有很强的毒性作用,因此目前并不适用于人类。在 HeLaS3 细胞实验中,Gitlin 等(Gitlin et al,2002)用特异性 siRNA 抑制了脊髓灰质炎病毒的感染。Jacque 等(Jacque et al,2002)对 HIV-1 病毒的研究中,用 siRNA 作用于

HIV-1 基因组中的 LTR（长末端重复）、vif、nef 基因，抑制了 HIV-1 病毒的复制。Lee 等（Lee et al，2002）应用 RNAi 技术把 HIV-1 pNL 4-3 前病毒 DNA 和 siRNA 共转染到 293 细胞，从而有效且特异性地抑制了 HIV-1 病毒的复制。Novina 等（Novina et al，2002）还通过 siRNA 作用于 HIV-1 的细胞受体 CD4，从而降低 HIV-1 病毒进入细胞的能力。对于易突变的病毒，可设计多种靶向病毒基因保守区的 dsRNA，减少它对 dsRNA 的抵抗。这些研究表明，siRNA 可以在感染的不同阶段（包括病毒尚脆弱的早期）抑制 HIV-1 病毒的复制，通过作用于病毒生命周期中的病毒基因或宿主基因均可阻断感染，这将为 HIV 的治疗带来希望。最近，Chang 等（Chang et al，2005）通过 Lentiviral 载体的 siRNAs 转染长期慢性 HIV-1 感染的人淋巴瘤细胞系，稳定地抑制了 HIV-1 的复制，提示针对 HIV-1 序列多个保守区的慢病毒 siRNAs 有望成为治疗 HIV-1 感染的有效途径。2004 年，Zhang 等（Zhang et al，2004）报道 RNAi 用于防治重急性呼吸综合征（SARS）感染。他们针对 S 基因设计的 siRNA 能够有效特异地抑制感染 SARS-CoV 的细胞中 Spike 蛋白的表达。RNAi 将成为抑制 SARS-CoV 的工具。2005 年，Morrissey 等（Morrissey et al，2005）发明了一种可将小分子 RNA 靶向送达 B 型乙肝病毒的方法：将小分子干扰 RNA 放入脂质颗粒中，保护它们不会接触到血液中的消化酶，从而增加其在小鼠体内的稳定性，减少了获得治疗效果所需的剂量。通常情况下这些酶会降解细胞或血液循环中的 RNA 分子。以前的研究推测，在人体中取得治疗效果所需 siRNA 的剂量远远超过了安全水平。武汉大学吴建国等建立了双 siRNA 表达系统来抑制乙型肝炎病毒复制。他们设计的双 siRNA 表达系统可以同时表达两种不同的 siRNA，作用于 HBV 的两个基因来特异性地抑制 HBV 的复制。研究结果表明，双 RNAi 对 HBs 和 HBx 基因的抑制作用分别达到 83.7% 和 87.5%。此外，该表达系统还可以明显减少 HBV DNA 量。这一表达系统的进一步研究可能有助于解决乙肝患者再感染后治疗的难题。研究还表明，有可能把 siRNA 作为阴道杀菌剂的活性成分来防止病毒（如生殖器单纯疱疹病毒-2）传播。

（2）肿瘤的治疗：肿瘤是一种多基因疾病，针对单个基因的治疗一般不能取得好效果，RNAi 技术可以针对多个基因或基因族的共有序列来抑制多个基因的表达，从而能更有效地抑制肿瘤的生长。Wilda 等（Wilda et al，2002）在白血病细胞 K562 试验中，用特异 siRNA 转染 K562 细胞，发现 K562 细胞中相应的 RNA 被清除，并出现强烈的细胞凋亡现象。Verma 等（Verma et al，2003）利用 RNAi 技术使突变后引起细胞增殖的 β—连环蛋白基因和 APC 基因的表达降低，在细胞和裸鼠中都能抑制肿瘤细胞的增值。最近一项研究显示，针对 bcl-2 基因的 siRNA 可有效抑制胰腺癌细胞的生长。

（3）遗传性疾病的治疗：RNAi 可特异地抑制致病的突变等位基因，但又不影响正常等位基因，因此利用 RNAi 可进行遗传性疾病的基因治疗。Oh 等将 RNAi 应用于 Wilson 病等先天性遗传疾病的体外实验获得了令人满意的结果。亨廷顿病（HD）是常染色体显性遗传的神经退行性疾病，它是由多聚谷氨酸盐累积在相应的蛋白 huntingtin（htt）中造成的。因此抑制大脑神经中 htt 基因的表达可以推迟亨廷顿病的发病时间以及减轻疾病症状。Wang 等发现，针对 htt 基因的小干扰 RNA 可以抑制转基因突变的 R6/2 小鼠模型中的 htt 基因的表达。

（4）药物开发：RNAi 技术的应用，不仅能大大推动人类后基因组计划的发展，还可能设计出 RNAi 芯片，高通量地筛选药物靶基因，逐条检测人类基因组的表达抑制情况，并且还将它应用于新药开发、生物医学研究等领域。目前，总部位于旧金山的生物技术公司 Sirna Therapeutics Inc.（RNAI）与总部位于加州 Irvine 的药品开发商 Allergan Inc.（AGN）签署了一份为期多年的 siRNA-027 一期临床药物开发协议。该药物主要用于治疗与年龄相关的黄斑变性病。至今，第一个临床病例，使用靶向血管内皮生长因子（VEGF）或者其受体之一的 siRNAs，在治疗与年龄相关的黄斑变性病中已取得初步进展。人工合成的dsRNA寡聚药物的开发将可能成为极具发展前途的新兴产业。

7.3 miRNA的研究进展

自1993年首次报道发现miRNA以来（Lee et al, 1993），miRNA迅速成为生物学领域的研究热点。近年来，国际生物学顶级杂志连续将miRNA的研究进展列入"十大科技突破"，对miRNA的系统研究正在加深我们对RNA世界的了解和认知。miRNA在细胞分化与发育过程，如胚胎早期发育、神经发育、肌肉发育和淋巴细胞发育中发挥着重要的作用。研究还表明，miRNA不仅在多种生理过程中发挥重要作用，也与多种癌症的发生密切相关。本章介绍miRNA的产生机制、基因调控机制以及miRNA在多种细胞过程中行使的功能。

7.3.1 miRNA的简介

1. miRNA的发现 第一个miRNA——*lin*-4是在线虫中发现的（Lee et al, 1993）。1993年，Lee、Feinbaum和Ambros等人发现在线虫体内存在一种RNA（*lin*-4），是一种不编码蛋白但可以生成一对小的RNA转录本，每一个转录本能在翻译水平通过抑制一种核蛋白LIN-14的表达而调节线虫的幼虫发育进程。科学家们推测这是由于基因*lin*-14的mRNA的3'UTR区与*lin*-4之间有部分的序列互补造成的。在第一幼虫阶段的末期降低*lin*-14的表达将启动发育进程进入第二幼虫阶段。2001年研究人员发现了第二个miRNA——*let*-7，*let*-7相似于*lin*-4，同样可以调节线虫的发育进程（Lagos-Quintana et al, 2001; Lee et al, 2001; Lau et al, 2001）。同年，利用RNA克隆和测序技术，在人、果蝇和线虫细胞里发现了数十个miRNAs，从此确定miRNAs是一种新的小干扰RNAs。自从*let*-7发现以来，应用随机克隆和测序、生物信息学预测的方式，又分别在众多生物体如病毒、家蚕和灵长类动物中发现了成千的miRNAs。miRBase（release 12.0）数据库中目前已有1638个植物miRNA基因和6930个动物及其病毒miRNA基因（Griffiths-Jones et al, 2008）。miRNA是大约22 nt长度的内源性RNA分子，由茎环结构的前体加工而成，而且在进化过程中一般比较保守。*lin*-4和*let*-7 RNA正是我们现在所熟知的、大量存在的一类小的调控RNA分子——miRNA的最初成员。

2. miRNA的结构特征 微小RNA（microRNA或miRNA）是在真核生物中发现的一类内源性的具有转录后调控功能的非编码RNA。这一类调控因子是长度约21-25核苷酸的单链RNA片段，并且广泛存在于开花植物、蠕虫、果蝇、鱼、蛙和哺乳动物等多种真核生物体内。microRNA由基因编码，从DNA转录而来，但不翻译成蛋白，由初级转录产物形成的发夹结构单链RNA前体经过Dicer酶加工而成（Lee et al, 2002; Lee et al, 2004; Cai et al, 2004; Birney et al, 2007）。

7.3.2 miRNA的产生机制

miRNA在其产生过程中经历了三种形式的变化：pri-miRNA、pre-miRNA、成熟的miRNA。miRNA的生成至少经过两个步骤：首先在细胞核内，miRNA基因转录后加工，由长的内源性转录本pri-miRNA生成约70 nt的miRNA前体pre-miRNA；其次，pre-miRNA被运送出核，在细胞质中被Dicer切割生成成熟的miRNA（彩图14）。

1. 细胞核中由 pri-miRNA 产生 pre-miRNA　miRNAs 产生的第一步是由初级转录前体 pri-miRNAs 产生 pre-miRNA（Lee et al, 2002；Lee et al, 2004；Cai et al, 2004；Birney et al, 2007）。pri-miRNAs 是在 RNA 聚合酶 II 的作用下转录产生。大多数 miRNA 是由基因间 DNA 序列编码的，转录方向与相邻的基因往往相反，被认为是与基因表达不同的独立单位。基因组 DNA 在 RNA 聚合酶 II 的作用下产生初级 miRNA 转录本（primary transcripts, pri-miRNA）。pri-miRNA 在 5′端具有甲基化的鸟嘌呤，而 3′端具有多聚腺嘌呤碱基。另外一类 miRNA 是位于基因的内含子中，并会随着信使 RNA 转录，包含在 mRNA 的前体中。这一类 miRNA 的转录方向是和对应的 mRNA 转录方向一致的，因此一般认为此类 miRNA 的表达和对应的 mRNA 一样具有组织特异性。

在基因组上聚集呈"簇"的几个 miRNAs 可能来自同一个 pri-miRNA 转录本。从 pri-miRNA 释放出 20～24nt 的 miRNA 的过程需要两个 RNase III 内切酶和 dsRNA 结合域搭档蛋白（dsRBD）参与。首先，在哺乳动物中，pri-miRNA 在细胞核里被 Drosha 和 dsRBD 搭档蛋白 DGCR8（果蝇中是 Pasha, partner of Drosha）加工成 60～70nt 的 pre-miRNA（precusor of miRNA）（Lee et al, 2003；Denli et al, 2004；Gregory et al, 2004；Han et al, 2004；Landthaler et al, 2004）。产生的 pre-miRNA 有一个发夹结构（即茎环结构）。pre-miRNA 的 3′端有一个 2nt 的悬臂，5′端是磷酸基，说明它们是在 RNase III 的作用下产生的。Drosha 的主要作用是剪切 pri-miRNA 形成 3′端 2nt 悬垂的 pre-miRNA，Pasha 为 dsRNA 结合蛋白，参与 Drosha 对底物的识别。人类 DGCR8 是由位于染色体 22q11.2 上的 DiGeorge 综合征关键区域基因 8 编码的，对 miRNA 在发育过程中有重要调节作用。

在果蝇、线虫和哺乳动物中，有少量的 pre-miRNAs 不是由 Drosha 产生，而是由核内 pre-mRNA 剪切途径产生（Okamura et al, 2007；Ruby et al, 2007；Glazov et al, 2008；Berezikov et al, 2007；Babiarz et al, 2008）。这些像 pre-miRNAs 的内含子叫 mirtrons，它们由 mRNA 的前体剪切产生。这些剪切后的内含子首先像套索产物一样在细胞内累积，随后在套索-脱支酶的作用下进行 2′-5′脱支后产生真正的 pre-miRNA，从此进入标准的 miRNA 生物合成通路。

2. pre-miRNA 转运出核　pre-miRNA 在 Ran-GTP 依赖的核质/细胞质转运蛋白 Exportin 5 的作用下，从核内运输到细胞质中。Ran 是一个能带动 RNA 和蛋白并顺利通过核孔（nuclear pore）的 GTPase。Exportin 5 与 Ran-GTP 以及 pre-miRNA 形成异三聚体，通过核孔到达胞浆，然后，Ran-GTP 转变为 Ran-GDP，释放 pre-miRNA。

3. 细胞质中由 pre-miRNA 产生成熟的 miRNA　细胞质中，Dicer 酶识别 pre-miRNA 双链的 5′末端磷酸及 3′末端突出，在距茎环大约两个螺旋转角处切断螺旋体的双链，产生一个结构类似于 siRNA 的、长度为 21～25 个核苷酸的二聚体 miRNA：miRNA*（双链 miRNA）（Park et al, 2002；Reinhart et al, 2002）。切割过程中还有其他蛋白的参与。Dicer 与其 dsRBD 搭档蛋白 TRBP 或 LOQS（哺乳动物中是 TRBP，果蝇中是 LOQS）切割 pre-miRNA（Bernstein et al, 2001；Hutvágner et al, 2001；Ketting et al, 2001）。Dicer-like Argonaute 蛋白（但不像 Drosha）包含一个 PAZ 结构域。pre-miRNA 被 Dicer 切割后产生的 duplex 中的两个链分别叫 miRNA 和 miRNA*，分别对应于发夹结构茎的两个臂。miRNA 和 miRNA* 的选择取决于其热力学稳定性，这与 siRNA 的向导链和旅客链的选择类似。miRNA 可从 pre-miRNA 茎的任一臂产生，而且有些 pre-miRNAs 的两个臂都能产生成熟的 miRNAs。然而，有些 pre-miRNAs 在产生成熟 miRNA 方面表现出很强的链（臂）不对称性，以至于即使在高通量测序实验中也很少发现 miRNA*。miRNA：miRNA*

二聚体在 RNA 解旋酶作用下，其中 miRNA 进入核蛋白复合物形成 RNA 诱导的沉默复合物（miRNP/RNA-induced silencing complex，miRNP/RISC），该复合物会结合到靶 mRNA 上，从而引起靶 mRNA 的降解或者翻译抑制。

在 miRNA：miRNA* 二聚体中，只有其中一条单链可以选择性结合到 RISC 上去而成为成熟 miRNA，然后另一条立即被降解。尽管从理论上来说成熟 miRNA 的产生是随机选择的结果，但由于两条链的稳定性有所不同，导致的机会不等。如图 7-3 所示，miRNA：miRNA* 双螺旋结构中两条链的 3′端均有 2 个游离核苷酸。此外，它的两条链是不完全对称的：miRNA 链上靠近 5′端有一个不与 miRNA* 链相应位置配对的小突起。这个小突起显著地减弱了 miRNA 5′端的稳定性。由于成熟的 miRNA 产生总是趋向于选择更不稳定的 5′端，因此 miRNA 链被选中的机会要大大多于 miRNA* 链（大约 100 倍）。结果往往是双链解开后 miRNA 链结合到 RISC，而 miRNA* 则被迅速降解。这样极度不对称的选择性的好处是，不会因为 miRNA* 链结合到 RISC 中的比例过多而显著降低 miRNA 对翻译的抑制效率（Ghildiyal et al，2009）。

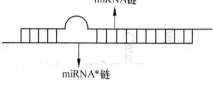

图 7-3 miRNA：miRNA* 二聚体结构示意图

值得注意的是，在植物中，DCL1 履行了 Drosha 和 Dicer 的双重功能（Park et al，2002；Reinhart et al，2002；Papp et al，2003），在它的作用下细胞核内的 pri-miRNAs 产生 miRNA-miRNA* 二聚体。DCL1 在 dsRBD 搭档 HYL1 的协助下在细胞核内将 pri-miRNAs 转化为 miRNA-miRNA* 二聚体，然后在运输蛋白 Exportin 5 的同源物 HASTY 的作用下将 miRNA-miRNA* 二聚体输运到细胞质（Papp et al，2003；Vazquez et al，2004；Park et al，2005）。与动物 miRNAs 不同，植物 miRNAs 的 3′端被 HEN1 进行 2′-O-甲基化。HEN1 保护植物 miRNA 免受被认为是降解信号的 3′尿苷化。HEN1 可能是 miRNA 与 Ago1 结合之前起作用，因为 miRNA* 和 miRNA 链在植物中均被修饰。

7.3.3 miRNA 的作用机制

miRNA 与靶 mRNA 之间的配对程度决定了 miRNAs 指导 miRNP/RISC 复合物抑制靶 mRNA 的方式（郑永霞和焦炳华，2010；赵爽和刘默芳，2009）（图 7-4）：当 miRNA 与靶 mRNA 之间不完全配对（例如最早发现的 miRNAs——lin-4 和 let-7 被认为是通过不完全互补结合到靶 mRNA 的 3′非翻译区）时，miRNAs 可能是通过翻译抑制发挥作用（Lee et al，1993）；当 miRNA 与靶 mRNA 之间完全配对互补（以拟南芥 miR-171 为代表）时，通过类似于 siRNA 干扰的机制导致靶 mRNA 的切割和降解。动物中大部分 miRNA 与靶 mRNA 之间不完全配对，采用的是第一种方式，这种方式只影响蛋白表达水平，并不影响 mRNA 的稳定性。完全互补在植物中是常见的，因为在植物中靶标的切割被认为是调控靶标的最主要的模式。然而，在果蝇和哺乳动物中多数 miRNA 只是通过其 5′端的被称作"seed region"的小区域与其靶 mRNA 互补配对。这种 miRNA 引导其靶 mRNA 的降解，同时抑制其翻译。所有小沉默 RNAs 与其靶标的结合能都来自"seed region"。因此，"seed region"是靶标选择的最主要的特异性。"seed region"很窄，表明仅仅一个 miRNA 就能调控多至上百个基因的表达。由于植物的 miRNA 与其 mRNA 靶标的互补性较高，它们能引导 mRNA 靶标的切割。然而，装配到 Ago1 的植物 miRNA 也能阻遏翻译，这表明虽然在动植物两个生物界没有共同的特异的 miRNAs，但其 miRNA 作用的机制是相同的。

miRNA 在转录水平上也会调控基因的表达。miRNP/RISC 复合物与染色质相结合时导致其组蛋白修饰，继而沉默该区染色质，抑制了该区基因的转录（图7-4）。

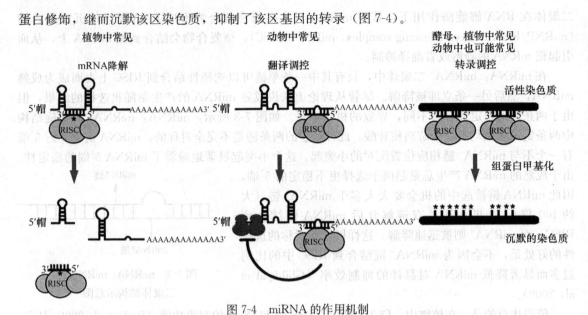

图 7-4 miRNA 的作用机制

在转录后调控中，当 miRNA 与靶 mRNA 之间不完全配对时，miRNA 可能翻译抑制，
当 miRNA 与靶 mRNA 之间完全配对时，miRNA 导致靶 mRNA 的切割和降解。
miRNA 在转录水平上也有调控基因表达的作用

对 miRNA 如何抑制靶基因的表达，目前有下述好几种解释模型。但对 miRNA 准确的作用机制，目前还没有统一的观点。

1. miRNA 的翻译抑制作用

（1）miRNA 翻译起始抑制作用。关于 miRNA 的翻译起始抑制作用目前主要有 3 种观点。第一种观点认为 miRNA 可能通过抑制全能性核糖体的组装而阻断翻译起始（Pillai et al, 2005）。研究发现被 miRNA 沉默的 mRNA 没有或很少有偶联完整的核糖体，提示 miRNA 可能抑制全能性核糖体的组装。至少两个证据支持这种观点：Thermann 等人（Thermann et al, 2007）在体外研究中发现，果蝇的 miR-2 抑制全能性核糖体的前体-48S 组装翻译复合物。该复合物添加 60S 亚基后即形成全能性核糖体；Chendrimada 等人（Chendrimada et al, 2007）发现，EIF6 是阻断 80S 全能性核糖体形成的蛋白，能与 Ago/RISC 直接相互作用，并且在哺乳动物和线虫中 EIF6 的缺失会影响 miRNA 介导的基因沉默。但 RISC 是否通过与 EIF6 相互作用的方式阻断 80S 全能性核糖体形成还有待于进一步检验。第二种观点是，miRISC 可能抑制翻译起始复合物的形成（Humphreys et al, 2005）。一个体外研究发现，eIF4F 复合物（含有 m^7G 帽子结合蛋白、翻译起始因子 eIF4E）的增加影响 miRNA 的翻译抑制（Mathonnet et al, 2007）。Ago 蛋白有一个与 eIF4E 的 m^7G 帽结合基序类似的高度保守基序。当 Ago 蛋白被人工结合到 mRNA 3′ UTR 时，可抑制翻译。然而，在 m^7G 帽结合基序中有突变的 Ago2 变种时不再抑制翻译，这说明 Ago 蛋白与 mRNA 帽结构的相互作用是翻译抑制所必需的。根据这些观察，研究人员提出一个 miRNA 指导的翻译起始干扰模型。在该模型中，Ago 蛋白与 eIF4E 竞争结合 mRNA 的 m^7G 帽（Kiriakidou et al, 2007）。一旦 Ago 蛋白与 m^7G 帽结合，eIF4E 不能再与该帽结合，阻止翻译起始复合物的形成，由此造成翻译起始抑制。

此外，研究人员（Wu et al, 2006；Wakiyama et al, 2007）指出 miRNA 还可能引起靶 mRNA

脱腺苷化（deadenylation），导致 mRNA 的 polyA 尾巴缩短，但 mRNA 的稳定性似乎并不受影响，只是 polyA 尾巴缩短使 PABP（polyA binding protein）与 mRNA 的结合受阻，从而抑制翻译起始。Wu 等以 *miR-125b* 和 *let-7* 两种代表性的 miRNA 为研究对象（Wu et al, 2006），在哺乳动物细胞中发现它们能够促进 mRNA 聚腺苷酸尾巴的去除。他们用 3′组蛋白茎-环结构取代聚腺苷酸尾巴，结果发现不但可以消除 *miR-125b* 对 mRNA 含量的影响，还可以降低蛋白质合成。可见，miRNA 极有可能是通过加快靶 mRNA 脱腺苷化的方式介导了翻译起始抑制。

（2）miRNA 翻译起始后抑制作用。虽然有些证据支持 miRNA 抑制翻译起始，但也有研究发现，一些被 miRNA 抑制的 mRNA 与具有翻译活性的多核糖体偶联，说明有一些 miRNA 的抑制作用不是发生在翻译起始环节（Olsen et al, 1999；Nottrott et al, 2006）。此外，Petersen 等人发现，经内部核糖体进入位点（Internal Ribosome Entry Site，IRES）起始、不依赖于 mRNA/m^7G 帽子的翻译也可以被 miRNA 抑制，这进一步证明 miRNA 抑制是发生在翻译起始之后。虽然这些研究证明了 miRNA 沉默作用确实是发生在翻译起始后、新生多肽完成前，但关于 miRNA 究竟如何在翻译起始后发挥抑制作用，目前还没有一致的结论。研究者推测，miRNA 可能引起新生多肽链的翻译同步降解（Nottrott et al, 2006），或者是在翻译延伸过程中，miRNA 阻碍核糖体在信使 RNA 上的移动，引发核糖体脱落及高频次的翻译提前终止，产生的不完整多肽产物则迅速被降解（Petersen et al, 2006）。

2. miRNA 介导完全配对 mRNA 的降解　当 siRNA 和 miRNA 与靶 mRNA 序列完全互补时，靶 mRNA 单链的磷酸二酯键将被直接切断。被切断的化学键通常位于互补 siRNA 从 5′端算起的第 10 至第 11 个核苷酸残基。这一切割特点属于 RISC 的"Slicer"活性。RISC 的核心蛋白是 Ago，它高度保守，约 100 kDa，其成员在太古菌和真菌中均有发现。它们包含标志性的 PAZ 和 PIWI 结构域。Ago 的 PAZ 结构域中存在一个寡核苷酸结合位点，它能锚定单链 miRNAs 的 3′端。更重要的是，两个太古菌中发现的蛋白质，其 PIWI 结构域与 RNase H 的相似。该蛋白酶能切断 DNA-RNA 杂合双链中的 RNA 单链。这一发现提示 Ago 蛋白极有可能具有切割 mRNA 的"Slicer"活性。研究还发现，PIWI 结构域具有一个保守的能够与 miRNAs 的 5′-磷酸基结合的口袋结构。总结以上研究得出一个相互作用模型：miRNA 能嵌入 Ago 蛋白的 PAZ 和 PIWI 结构域，并能将靶 mRNA 易断裂的化学键定位于靠近催化中心的位置。

尽管人的所有 Ago 蛋白都能与 miRNA 和 siRNA 结合，但仅有包含 Ago-2 的复合物才能进行 mRNA 的切割。Ago-2 的突变分析证实该酶 PIWI 结构域中的一系列三 DDH 氨基酸残基的催化作用与 RNase H 中的 DDE 氨基酸残基参与催化相关。在对细菌表达的 Ago-2 蛋白与单链 siRNA 相互结合的研究中发现，两者一旦结合，便可引导 mRNA 链的断裂，因此人的 Ago-2 是具有这一活性的唯一蛋白。哺乳动物的 *mir-196* 与 *Hoxb8* 的 mRNA 3′ UTR 序列完全互补，两者结合后导致 mRNA 链的直接断裂和靶 mRNA 的降解。哺乳动物中，其他与靶 mRNA 部分互补的 miRNA 则可能通过翻译抑制或 RNA 降解起作用。

3. miRNA 介导不完全配对 mRNA 的衰退　曾一度认为动物 miRNA 与靶标若不完全互补则不影响 mRNA 的水平，然而最近这一观点也遭到质疑。芯片数据表明哺乳动物的 miRNA 能够影响细胞中大多数转录物的 mRNA 水平；许多 miRNA 与他们的靶标仅存在"seed"序列的互补，但能下调相应的 mRNA 水平。研究指出，这种 miRNA 对 mRNA 水平的影响并不是通过 RISC 切割途径介导的。这就是说，miRNA 可以诱导与之不完全配对靶 mRNA 的衰退，下调靶 mRNA 的水平（Wu et al, 2006）。这种 miRNA 诱导 mRNA 降解的作用机制被随后的证据所支持（Wu et al, 2008）。例如，在斑马鱼的早期胚胎发育中，*miR-430* 控制母本 mRNA 的代谢，表明 miRNA 介导的 mRNA 衰退机制具有生物学意义（Giraldez et al，2006）；let-7 miRNA 对 mRNA 的 IRES 介导的翻译没有任何抑制效应；lin-4 miRNA 对靶标 lin-14 和 lin-28 mRNA 的作用以前认为是在翻译水平上的抑制，现在研究表明，lin-4 miRNA 通过不完全互补来识别靶 mRNA，进而介导它们的降解；与之一致的是，Ago 蛋白被发现定位于细胞中降解 mRNA 的 RNA 颗粒（RNA granules），如 P 小体（processing bodies，PB）中，这些 RNA 颗粒中包含常规的 mRNA 降解酶，如脱腺嘌呤酶、脱帽酶、核酸外切酶等，提示这些 mRNA 降解酶可能参与 miRNA 介导的 mRNA 降解（Liu et al，2005；Sen et al，2005）。此外，miRISC 的核心成分——Ago 家族蛋白有多种异构体，其中一些成员的内切酶活性也可能协助 miRNA 介导的 mRNA 的切割和/或衰退（Wu et al，2008；Filipowicz et al，2008）。总之，这些证据都表明，miRNA 可以直接或间接介导靶 mRNA 的降解，这改变了最初认为的不完全配对的 miRNA 仅调控翻译抑制的观点。

4. 靶 mRNA 的翻译抑制、扣押、降解或贮存 胞浆的 RNA 颗粒，如细胞质加工小体（cytoplasmic processing bodies，PB）和胁迫颗粒（Stress Granules，SG），在许多转录后调控途径中具有重要作用。PB 是胞浆中的一定区域，富含参与多种转录后过程如 mRNA 降解（mRNA degradation）、无义介导 mRNA 衰退（nonsense-mediated mRNA decay，NMD）、转录抑制及 RNA 介导的基因沉默（RNA-mediated gene silencing）的蛋白质，被认为是细胞的 mRNA 代谢场所（Anderson et al，2006）。PB 还为那些既不翻译，也不降解的 mRNA 提供储存空间，这对维持细胞内蛋白质表达水平有积极意义。PB 最先在酵母细胞中发现，随后在哺乳动物、拟南芥和烟草细胞中也发现。SG 颗粒特异性地在受胁迫条件下形成，因此被命名为胁迫颗粒（stress granule）（Mazroui et al，2007）。PB 和 SG 均具有暂时贮存处于翻译抑制状态 mRNA 的功能。PB 和 SG 中翻译抑制的靶 mRNA，一旦抑制效应被逆转，它们可重新进入翻译过程；或者，一旦这些 RNA 被认为无用，它们将被引导进入凋亡降解途径而从细胞中清除。

从组成成分看来，SG 颗粒更倾向于抑制 mRNA 翻译，而不降解 mRNA。一些证据表明，在 miRNA 存在的情况下，miRISC 中的核心组分及与 miRISC 结合的 mRNA 定位于 P 小体和 SG 颗粒中（Liu et al，2005；Sen et al，2005；Leung et al，2006）。而且，PB 的形成与 RNA 沉默相关联，抑制 PB 的形成将抑制 miRNA 介导的翻译抑制，反过来，抑制 RISC 也同样抑制 PB 的形成；一些研究还证明，siRNA/miRNA 都可以在哺乳动物细胞和果蝇细胞中诱导 PB 的形成。

PB 和 SG 颗粒可能执行相互关联但又不同的功能。miRNA 和靶 mRNA 共同聚集于 PB 中，这增加了一种可能性，即靶 mRNA 的重新定位可能是获得抑制或维持被抑制状态的一种途径，因为在 PB 中有翻译抑制子，缺少核糖体和翻译起始因子。扣押的 mRNA 接下来有两种命运：衰退或贮存。尽管不少的证据支持 miRNA 介导靶 mRNA 的衰退，但也发现，在很多情况下，miRNA 仅降低了靶基因的蛋白表达水平，靶基因的 mRNA 水平却无明显变化。因此可以推测，在靶 mRNA（可能有翻译抑制或没被抑制）被扣押到 RNA 颗粒翻译抑制后，可能随即会进行一个 mRNA 衰退或贮存的分拣步骤。PB 和 SG 颗粒有可能分工执行 mRNA 降解和贮存功能：SG 是一个 mRNA 的分选机构，从解体的多核糖体中释放出来的 mRNA 或 miRNA 通路中翻译抑制的靶 mRNA 在该结构中贮存起来，确定要降解的 mRNA 被转运到 PB 中进行降解。有些 mRNA 根据其存在状态（翻译、降解或贮存）的不同在细胞质不同亚细胞结构（PB、SG 和多核糖体）之间运转。贮存状态的 mRNA 被运送到 SG 等待活化后被利用。但也有研究表明，酿酒酵母的翻译起始时被抑制的 mRNA 被扣押到 PB，并且又可从 PB 退出而重新进入翻译过程，提示 PB 除了在 mRNA 衰退中的作用外，同时也是贮存被抑制的 mRNA 分子的场所。研究指出，PB 有关的这些结构中，可能存在一个功能区域划分，一部分区域的功能是贮存，另一部分区域的功能则是 mRNA 的降解衰退。

值得注意的是，siRNA 介导的 mRNA 降解是经由 Ago 蛋白的"slicer"核酸外切酶活性进行切割的，这一作用机制在 miRNA 完全或接近完全互补于靶 mRNA 的情况下才存在。当 miRNA 与靶 mRNA 不完全互补时，翻译抑制的 mRNA 重新定位至 PB 后仍可能会被降解。下面的证据说明了靶 mRNA 降解途径：根据 mRNA 的降解中间物的聚集地判断，PB 可能是 mRNA 衰退的场所；随后的证据将细胞内脱帽酶的活性与 PB 的大小和数量联系在一起，更支持了这一结论；当线虫的 5′→3′核酸外切酶敲除后，全长靶 mRNA 累积量的增加提示它们可能通过脱帽和随后的核酸外切消化进行降解。哺乳动物的 PB 富含这些核酸外切酶的同源物，并且这些同源物都包含 miRNA 的靶点；这些敲除的株系中对靶 mRNA 切割位点的定位分析可知，切割通常发生在 miRNA 结合区域的外围，表明 miRNP 复合物的结合有可能保护了靶序列免受核酸外切酶的消化；在果蝇细胞株中的研究发现，Dcp1；Dcp2 脱帽复合物的缺失，将导致原本受 miRNA 介导抑制的 mRNA 明显的去抑制。有研究发现，一些诱导 SG 颗粒形成的胁迫作用确实减少了 PB 的形成和 mRNA 衰退（Mazroui et al，2007）。但目前还不清楚 miRISC 偶联 mRNA 在胁迫条件下聚积到 SG 颗粒中的生理作用是什么。PB 成分在 mRNA 翻译抑制及衰退中起重要作用，但 PB 可能不是介导基因沉默所必需的。阻断 siRNA 或 miRNA 基因沉默途径的任何一步都会阻碍 PB 的形成，表明 PB 是基因沉默的结果。

5. 内源 miRNA 对病毒的作用　对植物和果蝇的早期研究显示 RNAi 途径有抗病毒的功能，在 RNAi 机制中病毒的 RNA 通常成为 miRNA 分子，作用于其靶标病毒的基因组。近期一个研究报告显示了脊椎动物 RNAi 的抗病毒功能，即一个内源 miRNA，mir-32 在人体细胞中能限制一个初级逆转录酶 PFV-1 的增值。miRNA 通过一个不完全互补的单一位点结合至病毒的转录物上，从而抑制其翻译。究竟是哪个基因被下调还不清楚，因为 mRNA 3′UTR 区的靶序列对所有病毒都是一样的。不同细胞系 miRNA 对病毒 RNA 的任何偶然性碱基配对都能保护我们免受病毒的感染。

C 型肝炎病毒（HCV）需要结合肝脏特异性的 miRNA—mir-122，以便更高效的复制。miRNA 在病毒 RNA 的 5′非编码区有一个保守的结合位点，其互补区限制在 seed 序列内部。mir-122 的扣押或者病毒 RNA 上 mir-122 结合位点的突变可以减少细胞中病毒 RNA 的数量。研究表明，mir-122 与 HCV RNA 是直接结合的。病毒究竟从这种相互作用中如何获益还不十分清楚；也许得益于 RNA 折叠或重新募集至复制复合物中。

6. miRNA 的正调控和去抑制　最近研究发现了一些 miRNA 新型的作用方式，如 miRNA 正调控和去抑制等。首先，Vasudevan 实验室（Vasudevan et al，2007；Vasudevan et al，2007；Vasudevan et al，2008）发现，miRNA 不总是基因表达的负调控因子，在一些条件下，miRNA 也上调基因表达。他们发现，在细胞周期过程中，miRNA 效应在抑制作用和活化作用间摆动。在静态细胞中（G0 期），miRNA 激活翻译并上调基因表达，而在其他细胞循环/增殖期则继续发挥抑制作用（Vasudevan et al，2008）。miRNA 激活作用与富含腺嘌呤/尿嘧啶元件（AU rich element，ARE）相关。ARE 是 miRNA 激活翻译的信号，在 miRNA 指导下，miRISC 复合物成员如 Ago，FXRP 被招募到 ARE 上，激活翻译。ARE 元件是一种 mRNA 不稳定元件，位于 mRNA 3′UTR，严重影响其宿主 mRNA 的稳定性。研究已发现 ARE 元件介导的 mRNA 衰退调控与 miRNA 介导的 mRNA 衰退调控有多种联系（von Roretz et al，2008）。另外，最近研究发现，在一些条件下，miR-10a 也正调控基因表达。miR-10a 结合到核糖体蛋白 mRNA 5′UTR，促进其翻译，提高核糖体蛋白合成，从而刺激核糖体生成，进而正调控总蛋白质的合成（φrom et al，2008）。

研究发现，miRNA 对靶 mRNA 的抑制作用是可逆的（Kedde et al, 2008）。例如，在人体细胞中胁迫条件下被 miRNA 抑制的 mRNA 可以去抑制，并重新进入翻译机器。HuR 是一个与 ARE 元件结合的蛋白，它可能通过促进 miRISC-靶 mRNA 复合体解离和 P 小体解聚，起到去除 miRNA 的翻译抑制作用（Bhattacharyya et al, 2006）。RNA 结合蛋白 Dnd1 可能通过结合在 mRNA 的 U 丰富区（U-rich mRNA region），屏蔽 miR-430 家族的结合位点，阻止其接近靶 mRNA 进行表达抑制。最近，Sandberg 等人（Sandberg et al, 2008）还发现一种逃避 miRNA 抑制的新方式：一些在增殖细胞中表达的 mRNA 3′UTR 保守性地缩短，导致 miRNA 的靶位点减少，从而减弱了 miRNA 的负调控作用。

7.3.4 miRNA 的功能

成熟的 miRNAs 组装进 RNA 诱导的沉默复合物后通过碱基互补配对的方式识别靶 mRNA，并根据互补程度的不同指导沉默复合物降解靶 mRNA 或者阻遏靶 mRNA 的翻译（Neilson et al, 2008）。miRNA 的多样性与进化保守性决定了其在生理生化功能上的重要性与普遍性。miRNA 的组织特异性和时序性（即只在特定的组织和发育阶段表达）意味着 miRNA 在细胞生长和发育过程中起多种调节作用。例如，miRNA 参与发育、病毒防御、细胞增殖和凋亡、脂肪代谢、激素分泌、肿瘤形成等等各种各样的细胞过程。然而，研究显示这些功能还只是冰山一角。本书中对 miRNA 功能这一庞大内容只做简单介绍，详细内容读者可参阅综述（Stefani et al, 2008；Yekta et al, 2008；Bartel et al, 2004）。

目前只有少数 miRNA 的功能已经明确，许多 miRNA 的功能还尚待深入研究。表 7-1 列出了几种功能已知的 miRNA。

表 7-1 已知功能的 miRNA

miRNA 名称	物种	生物学功能	靶基因
lin-4	线虫	发育时序调节	lin-14, lin-28
let-7	线虫	发育时序调节	lin-41, hbl-1
lsy-6	线虫	神经细胞化学感受器，不对称性调节	cog-1
miR-273	线虫	神经细胞化学感受器，不对称性调节	die 1
miR-165/166	拟南芥	叶子近轴与离轴细胞的分化	PHV/PHB
miR-172	拟南芥	花朵发育	APETALA2（AP2）
Bantam	果蝇	调节细胞增殖和凋亡	hid
miR-14	果蝇	调节细胞凋亡和脂类代谢	caspase Ice
miR-15a/	哺乳动物	B 细胞慢性淋巴细胞白血病	Bcl-2
miR-16-1	哺乳动物	B 细胞慢性淋巴细胞白血病	Bcl-2
miR-196	哺乳动物	脊椎动物发育	Hox-B8
miR-143	哺乳动物	脂肪细胞分化	erk5
miR-375	哺乳动物	胰岛素分泌调节	mtpn
miR-1	哺乳动物	心脏细胞的生长和分化	Hand2

1. miRNA 与生物体的发育分化　在动物中发现，Dicer 或 miRNA 相关的 Argonaute 蛋白的缺失往往是致死的，而且不论在动物还是植物中，这种突变体表现出严重的发育缺陷（Bernstein et al,2003)。在果蝇中，DCR-1突变体的种系干细胞克隆分裂较慢；在拟南芥中DCR-1突变体的胚胎发育异常；在线虫中DCR-1突变体的种系细胞发育和胚胎形态都出现异常；缺失母系Dicer和合子Dicer斑马鱼在胚胎发育方面出现异常（Wienholds et al，2005）；缺失Dicer的小鼠在早期的胚胎阶段就死掉等等。

在线虫中除了最早发现的 *lin-4、let-7* 参与线虫的形态转换，还发现两个与神经模式发生有关的miRNA：*lsy-6* 和 *mir-273*，证据已经表明，*lsy-6* 和 *mir-273* 能影响左右神经系统内某一特定化学感受器受体的水平，这部分解释了神经系统功能的非对称性（Giraldez et al，2005）。另外，研究发现另一种重要的发育相关基因 *miR-196* 和靶基因 *Hox-B8* 匹配的非常完美，并导致靶mRNA的降解。

在植物中，大多数miRNA介导其靶mRNA的降解。植物中的miRNA与相应的靶mRNA近似完全配对，并且互补区域散布在靶mRNA的转录区域内而非仅仅局限在3′UTR，使得miRNA会结合到包括编码区域在内的多个位点上去，从而直接降解mRNA而非抑制其翻译。例如 *mir-172*，它在拟南芥的花朵发育中介导翻译抑制。与动物miRNA不同的是，*mir-172* 的互补位点与其靶基因 *APETALA2*（AP2）的互补位点落在编码区域而非3′UTR。因此，植物中的miRNA功能与siRNA的功能非常相似。

2. miRNA与细胞分化 在鼠骨髓、胸腺的B淋巴细胞中 *miR-181* 特异表达，参与增强哺乳动物B淋巴细胞分化，*miR-181* 过表达引起B淋巴细胞减少，T淋巴细胞增加，但目前 *miR-181* 作用的靶mRNA还未发现。此外，有人鉴定了干细胞和已分化细胞的miRNA（Hatfield et al，2005），发现有些miRNA是干细胞特有的，例如，小鼠干细胞特异表达 *miR*290～295，人干细胞特异表达 *miR*371～373，推测是维持细胞全能性所必需的并参与细胞分化过程。一些miRNA呈组织特异性表达，似乎表明它们与维持分化细胞的功能有关。

近期有研究表明miRNAs在心脏细胞的生长和分化过程中，也扮演着极为重要的平衡角色。*miR-1* 家族包括 *miR-1-1* 和 *miR-1-2*，在心肌、骨骼肌中特异表达。*miR-1* 能够与Hand2基因的mRNA结合，而Hand2基因是心脏形成的一种关键调节因子，*miR-1* 能适时关闭Hand2蛋白制造，以促使心脏正常发育。因为Hand2蛋白是一种重要的调节因子，所以发现这种miR-1对控制Hand2及其他蛋白具有重要意义。

3. miRNA与细胞增殖和凋亡 果蝇中的 *bantam* 与细胞凋亡和生长控制有关，这是第一个被鉴定的与增殖相关的miRNA基因。*bantam* 的靶基因 *hid* 已被证实是一种凋亡诱导基因，*bantam* 与 *hid* mRNA的3′UTR互补结合，阻止 *hid* mRNA的翻译，抑制蛋白的表达，最终表现为促进细胞增殖的作用。相反，如果敲除 *bantam*，*hid* 的表达水平将上调，诱导凋亡的发生，抑制细胞增殖。*bantam* 似乎扮演了一种癌基因的角色。

Xu等在果蝇体内发现了另一种凋亡抑制miRNA：*miR-14*，它通过调节凋亡效应因子半胱天冬酶Drice而参与细胞凋亡和脂肪代谢。目前还不清楚 *miR-14* 的靶基因，但发现 *miR-14* 的突变，会导致凋亡效应因子caspase Ice水平的增高，这可能是 *miR-14* 的作用靶点。

2002年，Calin等首先发现，*miR-15a* 和 *miR-16-1* 在约65%的B细胞慢性淋巴细胞白血病（B-CLLs）病人中表达水平下降。随后不久，Cimmino等又发现，在B-CLLs细胞中 *miR-15a* 和 *miR-16-1* 直接与BCL2的3′-UTR序列相互作用调控BCL2蛋白的表达，并与之成负相关，而BCL2作为抗凋亡基因参与细胞凋亡过程，这里 *miR-15a* 和 *miR-16-1* 发挥了类似抑癌基因的作用，而且 *miR-15a* 和 *miR-16-1* 还可能激活外源性APAF-1-胱天蛋白酶-9（caspase-9）-PARP凋亡途径，参与凋亡过程。

4. miRNA 与激素分泌 美国洛克菲洛大学的研究人员从糖诱导的鼠胰岛 β 及 α 细胞系的 RNA 中克隆出大量长度为 21~23 个核苷酸长度的 RNA, 其中, *miR*-375 含量最多, 研究发现, *miR*-375 能够抑制 β 细胞系分泌胰岛素, 进一步研究结果表明, *miR*-375 通过与靶基因 *mtpn* 的 mRNA 3′ UTR 不完全互补配对, 在转录后水平抑制了靶蛋白的表达, 从而抑制了胰岛素分泌的出胞过程。这一研究发现为机体如何调节胰岛素分泌过程开辟了新路, 同时也为一些疾病（如糖尿病）的治疗奠定了基础。组织特异性 miRNAs, 如 *miR*-375, 将可能成为一些疾病治疗药物新的作用靶点。

5. miRNA 与肿瘤发生及治疗 研究表明, miRNAs 在肿瘤发生过程中起至关重要的作用, 其表达水平在许多肿瘤中发生改变, 起到类似原癌基因和抑癌基因的功能。Calin 等发现 *miR*-15a 和 *miR*-16-1 定位于染色体 13q14, 而这一区域在一半以上的 B-CLLs 病人中缺失; 而且这一缺失在约 50% 的外套细胞淋巴瘤 (mantle cell lymphoma, MCL)、16%~40% 的多发性骨髓瘤和 60% 的前列腺癌中出现。推测他们可能起着肿瘤抑制基因的角色。随后, Calin 等又惊奇地发现, 超过一半的 miRNA 位于和肿瘤发生相关的区域和脆性位点、杂合型丢失区 (minimal regions of loss of heterozygosity)、扩增区 (minimal amplicons) 或断裂点区 (common breakpoint region)。

此外, Iorio 和 Michael 等发现, *miR*-143、*miR*-145 在结肠癌、直肠癌、乳腺癌、前列腺癌、宫颈癌和淋巴瘤中的表达下调, 这两个基因位于 5q32-33。He 等研究发现, *miR*-221、*miR*-222 和 *miR*-146 的表达水平在乳头状甲状腺癌中显著上调。Ciafre 和 Chan 等发现, *miR*-21 可作为一种抗凋亡因子, 在恶性胶质瘤和乳腺癌中的表达是上调的。Metzler 等在儿童的 Burkitt 淋巴瘤中发现 *miR*-155/BIC 的前体高表达。Johnson 等发现肺癌中 *let*-7 的表达通常是下调的, *let*-7 的靶点是 *Ras* 癌基因, RAS 信号通路在哺乳动物中调控细胞的正常生长和恶性增殖, RAS 蛋白过表达会引起细胞的恶性增殖, *let*-7 表达水平的降低可增加其靶点癌基因 *Ras* 表达并促进肿瘤生长。

可见, miRNA 表达水平的变化导致了肿瘤基因或抑癌基因转录后的异常调控, 从而导致肿瘤的发生。若 miRNA 的靶基因是癌基因, 且此 miRNA 的表达低于正常水平, 则意味着它对癌基因的抑制作用减小, 癌基因编码的蛋白增加, 最终导致肿瘤发生; 反之, 若 miRNA 的靶基因是抑癌基因, 且此 miRNA 的表达高于正常水平, 则意味着它对抑癌基因的抑制作用增强, 抑癌基因编码的蛋白减少, 最终导致肿瘤发生。从这种意义上理解, 一些 miRNA 可能是潜在的癌基因或者抑癌基因, 通过寻找具有癌基因和抑癌基因性质的 miRNA, 可以为肿瘤的诊断和生物治疗提供新的靶标。

许多 miRNA 的异常表达都与癌症或其他一些疾病有关 (Mudhasani et al, 2008; Landgraf et al, 2007; Wienholds et al, 2005), 最新研究发现, miRNA 成熟过程的总体抑制促进了细胞转化和肿瘤形成, 但目前对调节 miRNA 表达的因子却知之甚少。Lee 等在 miRNA 基因上游鉴定了大量调节元件, 这些元件可能在 miRNA 的转录及转录后水平的调节上起重要作用。研究中他们提出了一种可能, 认为一些与疾病有关的蛋白质编码基因的转录因子导致了疾病（如肿瘤）中 miRNA 的异常表达。经进一步研究分析提出假设, 包括 c-Myb、NF-Y、Sp-1、MTF-1 和 AP-2alpha 在内的转录因子 (TFs) 是 miRNA 表达的主调节子 (master-regulators)。因此, 对调节 miRNA 的转录因子的研究将为 miRNA 关联疾病的治疗提供有效帮助。

7.3.5 总结与展望

近年来, 有许多关于动物 miRNA 功能的研究。一直持有的观点认为动物 miRNA 当与其靶标部分互补时, mRNA 的稳定性将不会受到影响, 现这一观点已被推翻。miRNA 对翻译的影响在起始步骤前后都存在。位于胞质内的 PB 与 miRNA 途径有关，提示对翻译起始的阻遏是一个原初起始事件，而抑制的 mRNA 重新定位至 PB 才是导致 mRNA 稳定性受影响的原因。细胞内的 miRNA 只影响病毒的复制，而不影响其靶 RNA 的稳定性和翻译产物。所有这些发现都提出了一个问题：我们能否把得到的所有不同观察结果都纳入一个统一的模型解释 miRNA 的功能？也许在实际环境中存在多种作用机制，最终，mRNA 的命运是由作用于它的力量总和决定的，miRNA 可能是这些力量中的一个而已。目前，miRNA 的作用机制中还有很多问题模糊不清，现已阐明的 miRNA 的功能也许只是冰山一角。

7.4 piRNA 的研究进展

小沉默 RNA 主要有 siRNA、miRNA 和 piRNA 3 大类。piRNA 是最近发现的一种新型小 RNA 分子，长度约 26～31 个核苷酸，在生殖细胞中表达，并且可以和 Piwi 蛋白结合形成 piRNA 复合物，调控基因的沉默。本节对 piRNA 的产生机制、结构特征、作用机理及其功能进行较全面的介绍。

7.4.1 piRNA 的发现

2006 年，*Nature* 和 *Science* 等杂志几乎同时报道了哺乳动物睾丸组织中特异表达的内源性非编码小 RNA，大小集中在 26～31nt，发现它们与生殖细胞发育密切相关（Girard et al, 2006；Aravin et al, 2006；Lau et al, 2006；Grivna et al, 2006）。因为这种 RNA 能与 Argonaute 家族的 Piwi 亚家族蛋白质相结合，故命名为 Piwi-interacting RNA，简称 piRNA。Lau 等（Lau et al, 2006）从大鼠睾丸中纯化出一种蛋白复合体，方法是通过制备将大鼠睾丸粗提物进行离子交换柱分离，获流出物和洗脱物两部分，同时监控小 RNA，构建 cDNA 文库后再进行测序，发现流出物中的 RNA 主要是 miRNA，洗脱物中大约 69% 的 RNA 主要来自通常被认为在基因组中不能表达的区域，在洗脱物的复合体中含有一类特殊的小 RNA 分子，虽然它们长度是 25～31nt，但是 29～31nt 的 RNA 分子占绝大部分。随后该研究小组又分析了这种核糖核蛋白复合体的组成成份，发现大鼠体内存在着 Miwi 和 rRecQ1，分别为人类 Piwi 及 RecQ1 蛋白同源体，因此科学家将这群新发现的小 RNA 命名为 piRNA，同时将纯化的复合体命名为 piRC（Piwi-interacting RNA complex）。

不同 Miwi 亚类成员在生殖细胞发育的不同阶段发挥不同的生理作用。Aravin 等（Aravin et al, 2006）使用抗 Mili 抗体，通过免疫共沉淀方法研究发现 26～28nt 的 RNA 可与 Mili（Miwi 亚族成员）产生相互作用，而 29～31nt 的 RNA 却不能与 Mili 产生相互作用。Girard 等（Girard et al, 2006）采用同样的方法证实 29～31nt 的 RNA 可与 Miwi 相互作用但却不能与 Mili 产生相互作用。Mili 和 Miwi 均是 Miwi 家族的亚类成员，二者在精子发生过程的不同阶段先后表达。据此 piRNA 可分为两个亚簇：长度为 26～28nt 的 piRNA 与长度为 29～31nt 的 piRNA。科学家推测这两个亚簇可能是由相同位点通过差异剪切而形成。Aravin 等使用探针杂交发现针对 29～31nt 的 piRNA 探针在另一个簇中也出现阳性结果；而用 cDNA 末端快速扩增法发现 piRNA 的 5′ 端却没有发生变化，但与 Mili 相关的 piRNA 3′ 端则缺失了 2 个 nt。虽然 piRNA 最早在哺乳动物中发现，但以果蝇为材料进行的研究显示该类小 RNA 分子也存在于无脊椎动物中。piRNA 潜在的功能和产生机制与 miRNA 和 siRNA 有着明显的不同，piRNA 基因经某种未知的 RNA 聚合酶转录后，被精确切割成26～31nt的单链分子，然后与rRecQ1和Miwi结合形成piRC而发挥其生物学功能。

7.4.2　piRNA的结构特征

piRNA是一类长度为26～31nt的单链小RNA，与miRNA和ra-siRNAs一样，大多数piRNA的5′端有单磷酸化基团且具有强烈的尿嘧啶偏好性（约86%），3′端有2′-O甲基修饰，这可能对piRNA的稳定性及功能至关重要。虽然ra-siRNA和piRNA的大小相似，但有两点不同：首先，piRNA在基因组DNA上的分布具有很高的链接异性，相反，ra-siRNA没有链接异性，它们似乎是由长dsRNA前体随机产生的；其次，piRNA是单链RNA，ra-siRNA是双链RNA。piRNA的表达具有组织特异性，调控着生殖细胞和干细胞的生长发育。piRNAs在细胞减数分裂Ⅰ时含量丰富，然后在精子成熟前一定程度地消失。哺乳动物piRNA根据其在减数分裂过程的哪一阶段表达分为粗线前期（pre-pachytene）piRNA和粗线期（pachytene）piRNA（Watanabe et al, 2006）。粗线前期piRNA的长度约26～28nt，出现于减数分裂前的生殖细胞，主要是对应于重复序列，并且与转座子（如L1和IAP）的沉默有关（Aravin et al, 2007）。粗线期piRNA的长度约29～31nt，出现于减数分裂的粗线期，持续表达至单倍体精子细胞阶段，主要来源于基因组中非转座子的未注释区域，而且其功能尚不清楚。目前在老鼠、果蝇、斑马鱼等哺乳动物的生殖细胞中发现了piRNA的存在。在果蝇中有一类ra-siRNAs（repeat-associated siRNAs），其中一些小分子RNAs现在看来也是piRNAs。与miRNA和siRNA不同的是这些piRNAs的产生并不需要DCR-1或DCR-2的参与。最近的研究还表明，之前在线虫中发现的种系"21U" RNAs是piRNAs（Batista et al, 2008; Das et al, 2008; Wang et al, 2008）。这些小RNA最初是被高通量测序发现的，其长度是严格的21nt，5′端由尿嘧啶开始并带有单磷酸基团，3′端被修饰。所有21U-RNA都有一个相同的上游模体序列，提示每个21U-RNA可能是被单独转录的。与果蝇piRNA一样，21U-RNA对维持种系和配子发育起着重要作用。

7.4.3　piRNA的分布

piRNA在染色体上的分布极不均匀（Grivna et al, 2006），例如小鼠17号染色体序列仅占全基因组的3.1%，却编码了17.6%的piRNA，X染色体代表了5.5%的全基因组序列，却只含有2个piRNA序列（0.4%）。在小鼠中piRNA主要分布于17、5、4、2号染色体上，而很少于1、3、16、19和X染色体上，基本不分布于Y染色体上。piRNAs基因几乎遍布于整个基因组，但呈不连续性分布，大部分簇分布在1～100kb相对较窄的区域，间隔范围50～100kb。迄今为止在果蝇中发现了150万以上的piRNA，在基因组上却只对应于几百个"簇"（Ruby et al, 2007; Brennecke et al, 2007; Nishida et al, 2007）。另外，piRNA主要分布于基因间区，而很少存在于基因或重复序列区（Aravin et al, 2006）。piRNA通常只沿着基因组的一条链分布，或有时不规则地分布在两条链上，但是相互分开，而不重叠在一起。由于piRNA成簇分布，且每一个几乎都具有同一取向，说明同一簇piRNA可能来源于同一长初始转录物，但有一部分成簇的piRNA会突然改变取向，说明这些双向的成簇piRNA可能由相同的启动子按不同的方式转录而来。

研究发现，大鼠第17号染色体上分布的piRNA双向簇对应于人类第6号染色体和小鼠第20号染色体的相类似的双向簇。piRNA基因簇在物种间有明显的同源性，如在大鼠基因组中可发现与小鼠piRNA基因簇对应的同源簇，二者在正、负链转录的特异性及表达丰度方面非常相似，然而同源簇序列出现高度多样性,序列在同一物种内却高度保守。

7.4.4 piRNA 的产生机制

piRNAs 来自于长单链 RNA 前体,或者是两股非重叠的双向转录前体,而 miRNAs 和 siRNAs 分别由双链、短发夹 RNA 前体衍生而来。piRNAs 的生成与 Dicer 无关,这是其区别于 siRNA 和 miRNA 的另一个特征。piRNA 是由某种核酸内切酶从长单链 RNA 前体 pre-piRNA 加工而来。果蝇中起作用的核酸内切酶是 Piwi、Aub 和 Ago3,它们具有 RNA 剪接活性。piRNAs 的第三个特点是它们在 Hen1 介导下完成 3′末端的 2′氧甲基化修饰,可能在其生成循环机制中有一定作用。

果蝇中研究最为透彻的簇是 *flamenco* 座。*Flamenco* 抑制 *gypsy*、ZAM 和 *Idefix* 转座子的表达(Prud'lhomme et al,1995;Desset et al,2003;Mevel-Ninio et al,2007)。与 siRNA 不同,*flamenco* piRNA 以反义 RNA 为主。在 *flamenco* 座的 5′端附近插入 P-element 后发现距离 168kb 以外的远端 piRNA 的产生受到了抑制,这表明由 *flamenco* 座产生的 piRNAs 很有可能是从一个巨大的 ssRNA 转录本加工生成的。

当前关于 piRNA 发生的模型是由与 piwi、AUB 和 Ago3 结合的 piRNAs 序列推断出的(Brennecke et al,2007;Gunawardane et al,2007)。与 Aub 和 Piwi 相结合的反义链 piRNA 的 5′末端均偏爱尿嘧啶,而同 Ago3 相结合的正义链 piRNAs 的 5′末端第 10 位核苷酸有腺嘌呤保守性,同反义链 piRNA 的 5′端尿嘧啶互补。反义 piRNA 与被切割转座子 mRNA 相互补,而装配到 Ago3 的 piRNA 对应于转座子本身。而且,反义 piRNAs 的前 10 个核苷酸与 Ago3 里的正义 piRNA 互补的情况较多。这种出乎意料的序列互补性可能是反映了循环扩增机制,即所谓的"乒乓模型"(图 7-5)(Brennecke et al,2007;Gunawardane et al,2007)。

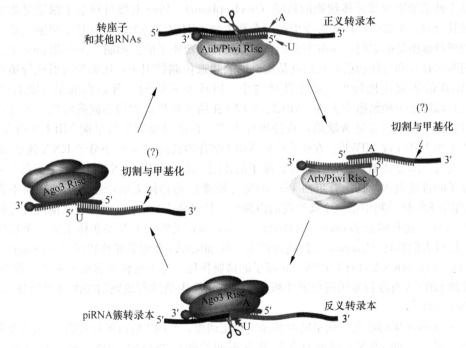

图 7-5 piRNA 循环扩增的"乒乓模型"(引自 Seila et al,2008)

"乒乓模型"：第一步，反义 piRNA 结合到 Piwi 或 Aubergine 蛋白上，包含 Piwi/Aub 和反义 piRNA 的 RSIC（即 Piwi/Aub—piRNA 复合物）对初级正义 piRNA 转录物进行切割，产生正义 piRNA 的 5′端，其中初级正义 piRNA 可能是来自转座子的转录本；第二步，正义 piRNA 的 3′端被加工出来并在 2′羟基上被甲基化，产生新的正义 piRNA 分子；第三步，Ago3 结合正义 piRNA，然后正义 piRNA—Ago3 蛋白复合物识别来自 piRNA 基因簇或反义转座子的初级反义 piRNA 转录物，并通过 5′端切割和 3′端加工的方式生成新的成熟反义 piRNA，并结合到 Piwi 或 Aub 蛋白，至此完成了 piRNA 扩增的一个循环过程。接下来新产生的成熟反义 piRNA 再开始新的循环。基于脊椎动物高通量 piRNA 的测序，同样得出一个相似的扩增循环，暗示这种"循环"是在进化中保守的（Houwing et al, 2007; Aravin et al, 2008）。"乒乓模型"的很多方面都只是推测。Ago3 复合物、piwi 复合物和 Aub 复合物识别并剪接靶 mRNA 的具体机制需要哪些酶、以及 piRNA 的 3′端的产生机制仍是未阐明的问题。

7.4.5 piRNA 的功能

研究表明，piRNA 主要存在于哺乳动物的生殖细胞和干细胞中，通过与 Piwi 亚家族蛋白结合形成 piRNA 复合物（piRC）来调控基因沉默途径。对 Piwi 亚家族蛋白的遗传分析以及 piRNA 积累的时间特性研究发现，piRNA 在基因转录水平调控、转录后调控和配子发生过程中发挥着十分重要的作用（Cox et al, 1998; Cox et al, 2000; Klattenhoff al, 2007; 黄文强和邢万金, 2009; 成佳 等, 2010; 李培旺 等, 2007; 郭艳合 等, 2008）。

1. piRNA 在种系细胞中的功能 果蝇的 Piwi 亚家族蛋白成员有 piwi、Aubergine（AUB）和 Ago3，小鼠的有 MILI、MIWI 和 MIWI2（又称 PIWIL1、PIWIL2 和 PIWIL4），人的有 HIL1、HIWI1、HIWI2 和 HIWI3（又称 PIWIL2、PWIL、PIWIL4 和 PIWIL3）。果蝇中，Piwi 家族蛋白成员局限于种系细胞和邻近体细胞的核质（nucleoplasm）。Piwi 对维持种系干细胞是必需的，而且能促进其分裂。果蝇中，Piwi 突变引起不育和生殖干细胞的丢失，Aub 对生殖细胞系产生有正常功能的卵母细胞是必需的，Aub 突变也会导致反转录转座子的去抑制。Aub 和 piwi 不仅在生殖系组织细胞中存在和行使功能，它们也是重要的表观遗传调控因子，比如参与形成异染色质。目前，对 Ago3 的研究还比较少。在哺乳动物中，Piwi 亚家族的三种蛋白成员 MILI、MIWI 和 MIWI2 主要局限于生殖细胞中表达，MILI、MIWI 在精子发生过程的不同阶段先后表达，三者的突变会引起精子发生出现显著缺陷，致使雄性不育。在卵母细胞生长早期 MILI 蛋白大量表达，但是检测不到 MIWI 或 MIWI2。在卵巢中同 MILI 结合的长约 26nt 的小分子 RNA 就是 piRNA。

研究发现，piRNA 具有抑制反转录转座子的作用。所有涉及 piRNA 通路的突变都显著导致反转录转座子的过量表达，其结合蛋白 Piwi 的突变使雄性动物体无法产生成熟精子而不育。果蝇 gypsy 元件是无脊椎动物中第一个被发现的内源性逆转录病毒，gypsy 元件与其他两种逆转录元件 Idefix 和 ZAM 一起共同受 *flamenco* 元件调控。*flamenco* 元件位于 X 染色体上的一个特殊异染色质座位。最近人们发现 *flamenco* 元件通过产生一些 piRNAs 来调节那些转座子（gypsy、*Idefix*、ZAM）。这表明，piRNA 具有对逆转录转座子的抑制作用。鉴于反转录转座子的活动将引发 DNA 损伤，推测 piRNA 有维持基因组稳定性和参与调节雄性生殖细胞成熟的功能（李培旺 等, 2007; 郭艳合 等, 2008）。

Piwi 和 Aub 在果蝇胚胎分化早期对翻译进行正调控，MIWI 蛋白促进它的靶 mRNA 分子的稳定和翻译，所以一些 piRNA 可能对翻译具有正调控作用和稳定 mRNA 的功能（郭艳合 等, 2008）。减数分裂粗线前期出现的 piRNA 同 MILI 结合，粗线期出现的 piRNA 同 MIWI 结合，这些行为可能对细胞减数分裂的精确行进具有调控作用,确保具有正常功能的精子生成。在雄小鼠中,交配后的第14.5天配子DNA中出现甲基化。在这个阶段,MILI和MIWI2均表达,缺乏MILI和MIWI2的小鼠则丢失了转座子上的DNA甲基化标记。因此,与MIWI2和MILI相结合的粗线前期piRNA可能作为向导引导转座子的甲基化。Brennecke等在生长的哺乳动物卵巢中也发现了25~27nt的piRNA。在卵母细胞生长初期即有大量piRNA从少数有限的中心体和末端着丝粒位置上出现,这些位置上有丰富的反转录转座子序列。他们的实验数据表明,小鼠卵巢里的piRNA和siRNA均能抑制反转录转座子。Nishida等证实,在体外试管条件下,不管是来自果蝇卵巢还是精巢的Aub-piRNA复合物均对其互补的靶RNA具有剪接活性。Tam等甚至指出,在小鼠卵巢中一些piRNA基因簇可能既产生piRNA也产生siRNA,且在雌性体内某些关于piRNA通路的突变并不会明显影响卵的形成和成熟。据此他们推测,在卵巢中piRNA和siRNA通路可能都具有抑制转座子活性的功能,因此在保证siRNA通路不出现问题的情况下,piRNA通路的突变并不会明显影响卵的发育。这似乎也可以解释piRNA最初在雄性睾丸中发现而没有在雌性生殖系发现。

位置效应花斑(position-effect variegation,PEV)是一种转录水平的沉默形式,由于扩增中心体周围和末端着丝粒区域的异染色质而形成,piRNA途径中的相关基因的突变能引起PEV的破坏,因此piRNAs可能通过促进汇编异染色体来沉默基因的表达,这是直接抑制转录的行为。新近的研究指出,Piwi促进常染色体组蛋白的修饰和第3染色体右臂的端粒相关序列(3R-TAS)异染色质化并活化此处的piRNA转录。Piwi的这种性质同已知的Piwi角色和在表观遗传沉默中的RNA干扰途径不同,推测这种行为可能源于同某些piRNA(如3R-TAS piRNA)相作用的结果,对生殖干细胞的稳定是必需的。Lin等最近又提出一个Piwi-piRNA引导假说(Piwi-piRNA guidance hypothesis),以解释果蝇体细胞中Piwi-piRNA介导的表观遗传过程,认为Piwi-piRNA复合体作为识别基因组特殊位点序列的机器招募诸如HP1a(heterochromatin protein 1a)等的表观遗传效应物到此处执行表观遗传调控。

2. 种系细胞以外的piRNAs　　piRNA在果蝇体细胞中的功能是备受争议的问题。目前尚不清楚piRNA是否如同种系细胞中一样能在体细胞中产生,或在种系发育过程中存在的piRNA是否贮存长期染色质标记,以便日后发挥其作用(Ghildiyal et al, 2009)。

在种系细胞中,piRNA和endo-siRNA均抑制转座子的表达。种系细胞中转座导致的突变能遗传到下一代。由RNAi通路产生的siRNA可能对种系中引进的新的转座子做出迅速反应。相反,piRNA系统似乎是对转座子的获得提供一个长期的解决方案,如在体细胞阶段对转座子的表达进行调控。然而在体细胞中,endo-siRNA是最主要的一类转座子来源小RNA,其在DCR-2和Ago2突变体中的缺失会提高转座子的表达。在果蝇Ago2突变体的体细胞中发现像piRNA的小RNA。没有endo-siRNA的条件下,piRNA可能在体细胞中产生,并重启转座子监督。这种模型暗示piRNA和产生endo-siRNA的机器之间的交互作用。

3. 相互关联的通路　　RNAi、miRNA和piRNA通路最初被认为是相互独立且不同的。然而,区别它们的界限已经越来越模糊。这些通路在好几个水平上对靶标、相关蛋白的竞争结合与共同使用等方面相互作用,相互依赖(Ghildiyal et al, 2009)。

(1) 装配过程中对底物的竞争结合。siRNA和miRNA通路均装配~19-nt的双链核心区被3′端2-nt的悬臂包围的dsRNA二聚体。siRNA二聚体包括向导链和旅客链,二者在核心区互补。miRNA-miRNA*二聚体包含错配、突起和GU摆动(wobble pairs)。在果蝇中,小RNA二聚体的产生与其装配到Ago1或Ago2的过程并非偶联在一起。相反,装配由二聚体的结构控制:有突起和错配的二聚体依次进入 miRNA 通路并因此装配到 Ago1；有较大双链区的二聚体与 RNAi 相关的 Argonaute 蛋白 Ago2 结合。

小 RNA 在 Ago1 和 Ago2 之间的分配对靶调控有所启示。Ago1 主要抑制翻译，而 Ago2 以靶标切割的方式抑制翻译，表明 Ago2 对靶标的切割速率较快。排序（sorting）导致两个通路对底物的竞争（Tomari et al，2007；Förstemann et al，2007）。在果蝇中，小 RNA 二聚体进入某一通路就意味着它与另一通路的远离。

不同的 dsRNA 前体需要蛋白质之间不同的组合去产生小沉默 RNAs。例如，果蝇中由结构座产生的 endo-siRNA 需要 LOQS 而非 R2D2 的参与。由此研究人员推测，在有些条件下 endo-siRNA 和 miRNA 通路可能对 LOQS 产生竞争性选择。

与果蝇相反，植物中根据小 RNA 的 5'端的同源性将小 RNA 装配到 Argonautes（Mi et al，2008）。Ago1 对 miRNA 来说是起主要作用的 Argonaute 蛋白。绝大多数 miRNA 由尿嘧啶起始。Ago4 是在异染色质化通路中起主要作用的蛋白，并主要与嘌呤 A 起始的小 RNA 装配在一起。Ago2 和 Ago5 在植物中却没有特别典型的功能。将 5'端的嘌呤 A 改变成嘧啶 U 后会使得植物小 RNA 与 Ago2 装配的倾向性转变为与 Ago1 装配的倾向性，反之亦然。与此类似，拟南芥 Ago4 与嘌呤 A 开头的小 RNA 相结合，而 Ago5 却倾向于与嘧啶 C 开头的小 RNA 结合。

与 AUB 和 piwi 结合的 piRNA 趋向于由嘧啶 U 开头，而与 Ago3 结合的 piRNA 却没有 5'端碱基的倾向性。目前尚不确定这是反映与植物 Argonautes 相似的 5'端碱基的倾向性，还是反映我们尚未发现的 piRNA 装配机制的某种特征。

（2）交互作用（cross talk）。多种小 RNA 通路经常纠缠在一起。拟南芥 ta-siRNA 的发生是多个通路之间交互作用的典型例子。miRNA 引导的产生 ta-siRNA 转录本的切割起始了 ta-siRNA 的产生过程及后续的对 ta-siRNA 靶的调控（Vazquez et al，2004；Peragine et al，2004；Yoshikawa et al，2005；Williams et al，2005；Allen et al，2005）。在线虫中，有线索表明至少一个 piRNA 起始了 endo-siRNA 的产生过程。在果蝇中，endo-siRNA 通路可能抑制 piRNAs 在体细胞中的表达（Ghildiyal et al，2008）。而且，小 RNA 的丰度可能会受到某种负反馈的缓和作用。例如，从某一通路产生的小 RNA 可能会影响在同一通路或另一种通路中起作用的 RNA 沉默蛋白的表达水平（Tokumaru et al，2008；Forman et al，2008；Xie et al，2003；Vaucheret et al，2004；Vaucheret et al，2006）。

7.4.6　piRNA 的总结与展望

piRNA 作为一种全新的基因调控途径在转录前水平、转录后水平、表观遗传学水平上调控基因表达，对生物的遗传和生殖发育至关重要。尽管目前还有很多不甚明了的地方，但它的发现拓展了我们关于小 RNA 调控的视野，意义重大。研究 piRNA 家族的起源和功能机制有助于阐述小分子 RNA 的功能和基因干扰作用的机制，为人类有目的地关闭或抑制某些基因的表达或治疗某些疾病提供方法手段，为研究生物体的发育调控开辟了新的途径。piRNA 途径中的 Piwi 蛋白、piRNA 和 piRC（piRNA complex）的研究使我们进一步认识到生物体存在着更复杂的生理调节机制，需要蛋白质、核酸小分子和它们的复合体的参与，相互作用，共同完成某种生物学功能。

7.4.7　小 RNA 的总结与展望

由于小 RNA 对基因的沉默作用，又称其为小沉默 RNA。小沉默 RNA 的进化历史使小 RNA 的研究未来变得格外扑朔迷离，因为新发现的步伐已经到了瓶颈，且发现的每一个新的 RNA 机制或功能都在迫使我们对目前受欢迎的模型或"事实"进行重新评估。下面几个长久以来却未得到回答的问题值得人们关注。第一，若将 RNAi 看作是 siRNA 引导的对外界核酸威胁（如病毒）的抵御，则这种 RNAi 在哺乳动物中是否存在？第二，miRNA 如何抑制基因表达？在体内是否有些机制是共存的？当前关于 miRNA 引导的翻译抑制和 mRNA 降解的几种相互抵触的模型最终可以统一起来？第三，miRNA 调控的基因能否单纯地基于计算方法识别？或者，在给出 miRNA 与其调控靶标的关系方面，预测算法最终会让位给高通量实验方法？相互作用网络分析是否会涉及 miRNA 与其靶标之间关系的主题？第四，piRNA 是如何产生的？正反馈扩增的"乒乓模型"是吸引人的，但可能低估了 piRNA 的产生机制的复杂性。目前仍不清楚 piRNA 的 3′端是如何产生的，也没有一个一致的模型来解释来自 piRNA 簇的反义转录本中多大的转录本被切割成 piRNA 片段。第五，小 RNA 携带表观遗传信息且世代遗传的例子日益增多，这最终迫使我们重新审视孟德尔遗传定律？

小沉默 RNAs 的重要性已经远远跨越了 RNA 沉默的领域，关于多能性（pluripotency）、肿瘤发生、细胞凋亡、信元识别等等的分子基础是长久以来未能解决的问题，目前人们正在努力从小 RNA 找出这些问题的答案。

7.5 长链非编码 RNA 的研究进展

长链非编码 RNA（long noncoding RNAs，lncRNAs）是一类长度超过 200 核苷酸的 RNA 分子，它们并不编码蛋白，而是以 RNA 的形式在多种层面上（表观遗传调控、转录调控以及转录后调控等）调控基因的表达水平。研究人员经过详细分析，发现一些长链非编码 RNAs 能使基因沉默，并在 X 染色体失活和基因印记过程中发挥作用。研究还发现，有些长链非编码 RNAs 激活或增强基因的表达，例如，在细胞发育和分化相关的转录激活过程中扮演重要角色。近期有多个研究小组发现，有些长链非编码 RNA 在肿瘤癌症调控中发挥着重要作用。本章介绍 lncRNAs 的产生机制、功能及其在医学方面的研究进展。

7.5.1 lncRNA 的产生机制

长链非编码 RNA（lncRNA）首先是在大鼠全长 cDNA 文库的分析中发现的。2002 年 Okazaki 等在对小鼠全长互补 DNA（cDNA）文库的大规模测序过程中首次发现了一类新的转录物，即 lncRNAs（Okazaki et al, 2002）。lncRNAs 是一类转录本长度超过 200 nt 的 RNA 分子，不能编码蛋白质，位于细胞核或细胞质内，以 RNA 形式在多种层面上调控基因的表达。长链非编码 RNA 在基因组上的座位没有严格的分布规律，有的与编码蛋白质的转录本或非编码转录本相重叠，有的分布在多个编码转录本或非编码转录本之间（图 7-6）。这就是说，一段基因组 DNA 序列可能会转录成正义或反义 RNA，也可能会转录成编码或非编码 RNA。根据长链非编码 RNA 在基因组上相对于编码基因的位置，可大致将其分为以下几类（彩图 15）(Ponting et al, 2009)：正义（或重叠）lncRNAs、反义 lncRNAs、双向 lncRNAs、内含子 lncRNAs 和基因间 lncRNAs，其所在的位置与其功能有一定的相关性。实际上，有些 lncRNAs 不属于上述任何一类，而是具有上述几种 lncRNAs 的多种特征。还有一些特殊的 lncRNAs，如反式剪接 RNA 转录本和 macroRNA 在基因组上跨越较大的区域，跨越多个基因甚至整个染色体，这使得 lncRNAs 的分类难上加难。

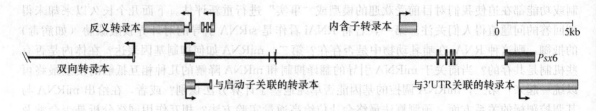

图 7-6 编码和非编码转录本在基因组上的位置

此图表明了与 Pax6 基因相关的长链非编码 RNA（橘黄色）的位置复杂性（引自 Okazaki et al, 2002）

据统计，哺乳动物蛋白编码基因占总 RNA 的 2%，长链非编码 RNA 占总 RNA 的比例可达 4%~9%，这些长链非编码 RNA 是基因功能研究的又一座宝库（余良河 等，2010）。目前发现的许多 lncRNA 都具有保守的二级结构，一定的剪切形式以及亚细胞定位。lncRNAs 的保守性差一些，但并非所有 lncRNAs 的保守性都差。

lncRNA 主要有以下 5 种来源（图 7-7）：① 蛋白编码基因的结构中断从而形成一段 lncRNA；② 染色体重排：即两个未转录的基因与另一个独立的基因串联，从而产生含多个外显子的 lncRNA；③ 非编码基因在复制过程中的反移位产生 lncRNA；④ 局部的复制子串联产生 lncRNA；⑤ 基因中插入一个转座成分而产生有功能的非编码 RNA。虽然 lncRNA 来源不一，但研究显示它们在基因表达的调控方面有相似的作用。

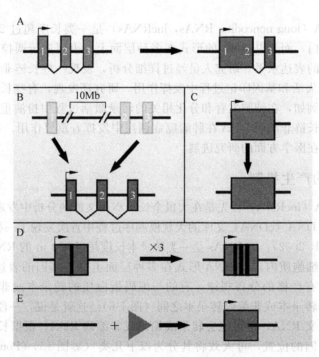

图 7-7 长链非编码 RNA 的 5 种来源（引自 Ponting et al. 2009）

7.5.2 lncRNA 的功能

lncRNAs 异常丰富，因此一开始被认为是 RNA 聚合酶对转录起始的不严格性所致的转录"噪音"，不具有生物学功能（Taft et al, 2009）。然而，有很多 lncRNAs 的表达仅限于特定的生长发育阶段（Amaral et al，2008），大量 lncRNAs 在大鼠胚胎干细胞的分化过程中表达（Dinger ME et al，2008），而且 lncRNAs 在大脑中多表现出精确的亚细胞定位（Ravasi et al，2006）。转录因子与非编码基因座的相结合、非编码 RNA 启动子的纯化选择都证实 lncRNAs 的表达受到了精确调控，而不是 RNA 聚合酶Ⅱ转录的副产物。研究表明，lncRNA 参与了 X 染色体沉默、基因组印记以及染色质修饰、转录激活、转录干扰、核内运输等多种重要的调控过程。哺乳动物基因组序列中 4%～9%的序列产生的转录本是 lncRNA。不同于 microRNA 或蛋白质，根据长链非编码 RNA 的序列或结构特征推断其功能比较难，因为 lncRNA 呈现出巨大多样性。

lncRNA 主要有以下几个方面的功能：① 通过在蛋白编码基因上游启动子区发生转录，干扰下游基因的表达（如酵母中的 *SER3* 基因）。② 通过抑制 RNA 聚合酶Ⅱ或者介导染色质重构以及组蛋白修饰，影响下游基因表达（如小鼠中的 *p15AS*）。③ 通过与蛋白编码基因的转录本形成互补双链，进而干扰 mRNA 的剪切，从而产生不同的剪切形式。④ 通过与蛋白编码基因的转录本形成互补双链，进一步在 Dicer 酶作用下产生内源性的 siRNA，调控基因的表达水平。⑤ 通过结合到特定蛋白质上，lncRNA 转录本能够调节相应蛋白的活性。⑥ 作为结构组分与蛋白质形成核酸蛋白质复合体。⑦ 通过结合到特定蛋白上，改变该蛋白的胞质定位。⑧ 作为小分子 RNA，如 miRNA，piRNA 的前体分子。

1. lncRNAs 的转录调控（彩图16）　　lncRNAs 可以通过许多机制调节 RNA 聚合酶Ⅱ的活性，包括通过干扰起始复合物的形成，影响启动子的选择性。在人 DHFR 位点上，一条长链非编码链起源于主要 DHFR 启动子上游区，可以抑制下游蛋白编码基因表达（Blume et al，2003）。PcG 蛋白已被证实与 1000 多种哺乳动物基因的表达与沉默相关（Boyer et al，2006），但 PcG 蛋白是如何作用于特定的靶点上尚未明确。有研究提示 PcG 蛋白和特定基因位点结合可能是通过 lncRNAs 完成的。有研究发现 PcG 蛋白复合物中的 Ezh2 基因直接结合一长度为 1.6 kb 的 lncRNAs（RepA）。在 RepA 的作用下，PcG 蛋白结合于特定的基因位点。内源性 RepA 非编码 RNA 链是由 Xist 基因的重复 A 区转录的，对哺乳动物早期 X-染色体失活起着关键作用。源自 Hox 基因的特定非编码 RNA 在体内直接与组蛋白甲基转移酶 Ash1 结合，其目的是使 TrxG 蛋白特异结合染色质。虽然没有报道发现 lncRNAs 的特异性表达和转录激活间的伴随作用，但也有文献报道非编码 RNA 的转录可能抑制相邻 *Hox* 基因的表达。虽然尚有争议，但已证实特定非编码 RNA 通过结合 PcG 和 TrxG 蛋白靶点，对维持基因表达的活性或非活性状态起关键作用。现已证实包括 Airn 和 Kcnqlot1 在内的大量 lncRNAs 表达印记基因位点在等位基因的表达过程中起关键作用，最新研究证实单簇的印记基因能通过不同机制沉默。大鼠胎盘中，以顺式方式沉默含有 *Slc22a3*、*Slc22a2* 和 *Igf2r* 基因（Horwich et al，2007）在内长 400kb 的一区域，需要不到 108kb 的非编码 RNA 链 *Airn*。类似于 *Xist*，*Airn* 停留在细胞核内（Pelisson et al，2007），并表达在子代染色体的印记基因外侧。*Airn* 并非是一成不变的分布在印记结构域，而是首先聚集在 *Slc22a3* 启动子，然后与组蛋白 H3-赖氨酸-9-甲基-转移酶 G9a 相互作用，导致 *Slc22a3* 启动子的甲基化和沉默。去除 G9a 导致 *Slc22a3* 的缺失，但对 *Igf2r* 无影响，*Igf2r* 仍保持单个等位基因表达。因此，即使子代染色体上的 *Slc22a3* 和 *Igf2r* 的基因沉默都需要 *Airn*，也必定是通过不同机制完成的。

有不少基因间长链非编码 RNAs 在哺乳动物基因组中高度保守，表明这些 lncRNAs 可能在多种生物学过程中发挥重要作用。研究人员找出了一些被 *p53* 调控的基因间 lncRNAs，发现其中一个 lncRNA（lincRNA-p21）在 *p53* 依赖的转录应答过程中起到抑制转录的作用（Huarte et al，2010）。lincRNA-p21 的表达阻遏会导致上百个基因的表达受影响，其中以被 *p53* 调控的基因为主。lincRNA-p21 的转录抑制功能受到其与 hnRNP-K 的物理相互作用的介导。lincRNA-p21 与

hnRNP-K 的物理相互作用参与到 hnRNP-K 在基因组上被抑制基因处的定位，p53 的调控会介导细胞凋亡。

研究发现 lncRNAs 还可以增强基因的表达（φrom et al, 2010）。研究人员用人类基因组 GEN-CODE 注释获得了 1000 多条长链非编码 RNAs 在多个细胞系中的表达情况，并且从中发现了一类具有类似增强子功能的长链非编码 RNAs（φrom et al, 2010）。一些 ncRNA 的缺失能够导致其附近编码基因，包括造血作用的主调控因子 SCL（也称 TAL1）、Snai1 和 Snai2 的表达下降。这项研究结果表明，基因的激活需要长链非编码 RNAs 的参与，长链非编码 RNAs 在细胞发育和分化过程中可能扮演着关键调控因子的角色。

2. lncRNAs 调节蛋白质活性　蛋白质通过形成不同基序与 RNA 结合，起调节加工、分布及稳定 RNA 的功能（Dreyfuss et al, 2002）。反过来，RNA 也可以影响与其结合的蛋白的活性和分布。如 lncRNAs 在转录调节中可作为关键蛋白的共激活因子。有报道表明只有在 *Evf-z* 非编码 RNA 链存在的条件下，*DLX2* 基因才起转录增强子作用（Feng et al, 2006）。同样，在细胞热休克应激中，非编码 RNA 链 *HSR*1（热休克 RNA-1）与 HSF1（热休克转录因子 1）和一种有转录共激活因子的激素受体功能的非编码 RNA 异构体 SRA（激素受体 RNA 激动剂）共同形成一复合物，使转录因子介导热休克蛋白表达（Shamovsky et al, 2006）。相反，在热休克反应中，由 SINEs（短散置元）产生的非编码链结合 RNA 聚合酶 Ⅱ，阻止其他 mRNA 的转录，如抑制肌动蛋白的 mRNA 转录。最近已证实从细胞周期蛋白 D1（CCND1）启动子区域产生的非编码 RNA 脂肪肉瘤易位-TLS，有改变 RNA 结合蛋白构象的功能。TLS 蛋白与非编码 RNA 链结合后，发生蛋白构象变化，从抑制状态变为激活状态，这样它结合并抑制组蛋白乙酰转移酶 CBP 和 P300 的活性，从而沉默 CCND1 基因的转录。lncRNAs 能通过调节亚细胞定位来调整蛋白质的活性。转录因子 NFAT（活化 T 细胞的核因子），在钙依赖信号作用下，从胞质转入胞核里，在核内 NFAT 激活靶基因启动转录。NFAT 发生核转运的一个关键调节子是 NRON（即 NFAT 的非编码抑制子），它是长为 0.8～3.7kb 的非编码 RNA。NRON 可以特异性抑制核中 NFAT 的表达。

有些 lncRNA 招募染色质重构复合体到特定位点进而介导相关基因的表达沉默。例如来源于 *HOXC* 基因座的 lncRNA *HOTAIR*，它能够招募染色质重构复合体 PRC2 并将其定位到 *HOXD* 位点，进而诱导 *HOXD* 位点的表观遗传学沉默。同样，*Xist*、*Air*、*Kcnq1ot*1 这些 lncRNA 都能够通过招募相应的重构复合体，利用其中的甲基转移酶如 Ezh2 或者 G9a 等实现表观遗传学沉默。

3. lncRNAs 可作为小 RNA 的前体　最近全基因组研究表明，lncRNAs 的功能之一可能是作为长度小于 200 nt 的小 RNA 的前体（Lau et al, 2001；Griffiths-Jones et al, 2008）。例如，由 Dicer 和 Drosha 酶通过序列剪切一 lncRNAs 链产生 microRNA（Cai et al, 2004；Lee et al, 2004），而且有可能通过加工 lncRNAs 产生 piRNAs（Aravin et al, 2007）。更有研究发现许多蛋白质编码 RNA 和 lncRNAs 可能转录后加工成 5′端帽状结构的小 RNA。研究表明，lncRNAs 被加工成许多小 RNA 后可分布于不同亚细胞结构，并行使其独特的功能。RNA 干扰是 miRNA 和 siRNA 调节转录后水平的基因表达。然而，在大鼠一段未剪接的长度为 2.4 kb 的非编码 RNA，即 *mrh*1，由 Drosha 酶加工生成长为 80-nt 小 RNA。有趣的是，80-nt 小 RNA 链在体内通过 Dicer 酶不再进一步加工，可能是因为它与染色质一起留在核内。最近发现，两条 lncRNAs 链通过甲基化和去甲基化之间的转换调节哺乳动物 X-染色体失活，其中可能也产生长为 25～42nt 小 RNA，进一步调节甲基化和去甲基化基因位点配对。因为在体内甲基化和去甲基化时形成一小RNA杂交双链，在Dicer酶去除时小RNA表达减少，所以这表明双链RNA加工产生小RNA，但是目前产生长度为25～42nt的小RNA链的机制还不清楚。另外，最近有文章报道X染色体失活不依赖Dicer酶。lncRNAs链加工生成许多其他类别的小RNA，此类小RNA可能有独特的功能。

最近，倪等人发现长链非编码RNA以小RNA前体分子形式参与调节精子成熟。她们利用大鼠附睾cDNA文库，筛选克隆到一个附睾特异的新长链非编码RNA分子（*HongrES2*）。该RNA分子全长1.6kb，有两个外显子，并且两个外显子来源于两个不同的染色体；具有类似mRNA分子的5′端帽子和3′端poly（A）结构，但却没有开放读码框。其3′端序列与另一个附睾特异的编码基因——羧基酯酶CES7的3′端序列完全同源，并能够在细胞水平下调CES7的蛋白表达。进一步的研究表明，*HongrES2*能够生成一个23 nt的小RNA分子*mil-Hongres*2（microRNA like *HongrES2*）。而体内外实验都证明，*HongrES2*对CES7的调节作用即为*mil-Hongres*2对CES7的直接靶向作用所致。另外，该小RNA分子的表达量在正常生理水平很低，受到附睾炎症刺激后短时间内激增，表明其从前体到成熟体的过程受到严格调控；同时观察到，如果整体过表达其小分子成熟体，大鼠精子的成熟过程就受到影响。这些初期研究结果提示，*HongrES2*以小分子调节RNA（small modulatory RNA，smRNA）的前体形式稳定存在于大鼠附睾组织中，参与维持附睾精子成熟所需特定的微环境，而其是否会在附睾炎中发挥保卫基因的作用还有待于后续的研究证实。

4. lncRNAs影响其他RNA的加工 lncRNAs能加工生成小RNA，但它们是如何影响其他链的加工？通过调整切割小RNA或pre-mRNA剪接位点，线虫非编码RNArncs-1，以反式方式抑制另外一链，从而抑制小RNA生成（Hellwig et al，2008）。在体内，发现随着*rncs*-1基因过分表达或缺失，特定siRNA的表达水平呈减少或增加，并伴随着mRNA水平相应的靶基因表达发生变化。因此，有人认为*rncs*-1结合Dicer酶，或与其他双链RNA竞争，辅助双链RNA-结合蛋白参与基因沉默。

有研究发现长链非编码RNA通过与miRNA相互作用，能够竞争性抑制miRNAs结合其靶位点，类似于人工合成miRNA的功能（Ebert et al，2007）。这个特定模仿机制用的是拟南芥的*IPS*1（磷饥饿诱导1），它是一lncRNAs链，长度不到550-nt，在进化中保守性很差。非编码RNA链*IPS*1有一短23-nt基序与*miR*-399配对较强，可通过在miRNA的预期切割点上错配进行干扰。这种碱基配对使lncRNAs链*IPS*1不可切割，而且导入*miR*-399序列后，*miR*-399靶基因表达并不下降。

最近发现来自RNA链的假基因能引起mRNA的功能蛋白编码基因加工成小RNA。这是因为假基因产生的长反义链能够杂交相应的剪切mRNA，形成dsRNA，通过Dicer酶分解成内源性小干扰RNA，即endo-siRNAs。编码mRNA产生内源性小干扰RNA，可能导致RISC（诱导RNA沉默的复合物）降解其他mRNA链，进一步导致编码基因下调。因此假基因是lncRNAs链转录时基因表达的关键调节子。一些天然的反义链（NATs）和假基因一样，也能杂交重叠基因，并产生内源性小干扰RNA。NATs有许多调节重叠基因的可变剪切位点的例子，例如在*Zeb2/sip*1基因位点上，*Zeb2/sip*1是一种转录E-钙黏连蛋白的抑制子，E-钙粘连蛋白的转录表达是受到严密调控的（Thermann et al，2007）。在上皮细胞中，内部核糖体进入位点序列IRES是从成熟mRNA剪切的。NTA的加工是与5′-端剪切位点的内含子互补配对的，所以，阻断剪切小体从成熟mRNA移至IRES，可使*Zeb2/sip*1蛋白表达增加。

7.5.3 lncRNA 与疾病

在分化和发育过程中，由于非编码 RNA 功能的异常往往导致一些疾病的发生（Taft et al，2009）。研究发现有些 lncRNAs 在肿瘤中非常敏感，可作为肿瘤特异标志物，如前列腺癌中的 DD3（de Kok et al，2002）。目前尚不清楚这些 lncRNAs 链通过什么机制影响肿瘤形成或进展，因此 lncRNAs 在疾病研究中仍是一个相对未开发领域，可能为我们提供新的治疗靶点。最近对阿尔茨默病的研究发现 β-分泌酶基因（*BACE1*）的一非编码 RNA 反义链，可产生不溶性淀粉样蛋白 β（Aβ），可能导致疾病的发生（Faghihi et al，2008）。此长度不超过 2kb 非编码 RNA 链介导许多细胞应激反应，通过增加 *BACE1* mRNA 的稳定性，产生更多的 Aβ 肽，从而促进疾病进一步恶化。用 siRNA 干扰非编码 RNA 链，可使 Aβ 肽表达减少。所以有人认为这种非编码链可能成为治疗阿尔茨默病的十分有前景的靶向药物。

非编码 RNA 错误调节相关的蛋白编码基因的表达能够导致疾病发生，如果对疾病有临床意义的基因下调，这可能有助于疾病治疗。例如，由 *p15* 肿瘤抑制基因转录的一反义非编码 RNA 链，使局部染色质和 DNA 甲基化状态发生变化，从而调节 *p15* 基因的表达。在癌症中通过表观遗传机制，许多抑癌基因常被反义非编码 RNA 沉默。通过疾病相关基因多态性和染色体在非编码区的改变，可能重新评估 lncRNAs 的功能。例如，通过易位和反义 lncRNAs 的表达，导致相邻的 α-珠蛋白基因表观遗传沉默，导致 α-地中海贫血。

7.5.4 总结与展望

目前已经知道的长链非编码 RNA 的功能有很多，包括调节转录、调节蛋白活性、作为小 RNA 的前体和改变 RNA 加工、维持细胞结构和保持其有序性等。但 lncRNAs 的作用机制中还有许多模糊的地方，而且目前识别的 lncRNAs 只是一小部分的 lncRNAs，随着对 lncRNAs 深入研究，将会揭示 lncRNAs 的更多生物学功能以及作用机制。lncRNA 还与很多疾病有关，lncRNAs 作用机制的阐明可能为治疗包括癌症在内的疾病提供新的思路。

参 考 文 献

成佳，肖丙秀，周辉，等. 2010. 新型非编码小 RNA—piRNA 的生物学功能研究进展［J］. 中国细胞生物学学报，32：465-470.

郭艳合，刘立，蔡荣，等. 2008. 小 RNA 家族的新成员—piRNA［J］. 遗传，30：28-34.

黄文强，邢万金. 2009. piRNA 的生物学功能［J］. 中国生物化学与分子生物学报，25：783-788.

冷方伟. 2010. 非编码 RNA 与 RNA 组学研究现状及发展态势［J］. 生物化学与生物物理进展，37：1051-1053.

李培旺，卢向阳，李昌珠. 2007. 新型非编码小 RNA——Piwi-interacting RNA（piRNA）［J］. 生物化学与生物物理进展，34：233-235.

薛京伦. 2006. 表观遗传学—原理、技术与实践［M］. 上海：上海科学技术出版社，120-152.

于红. 2009. 表观遗传学：生物细胞非编码 RNA 调控的研究进展［J］. 遗传，31：1077-1086.

余良河，李楠，程树群. 2010. 长链非编码 RNA 的功能及其研究［J］. 中国细胞生物学学报，32：350-356.

赵爽，刘默芳. 2009. MicroRNA 作用机制研究的新进展［J］. 中国科学 C 辑：生命科学，39：109-113.

郑永霞，焦炳华. 2010. miRNA 的生物形成及调控基因表达机制［J］. 生命的化学，30：821-826.

ALLEN E, XIE Z, GUSTAFSON A M, ARRINGTON J C. 2005. microRNA-directed phasing during trans-acting siRNA biogenesis in plants［J］. Cell, 121：207-221.

AMARAL P P, MATTICK J S. 2008. Noncoding RNA in development [J]. Mamm Genome, 19: 454-92.

ANDERSON P, KEDERSHA N. 2006. RNA granules [J]. J. Cell Biol, 172: 803-808.

ARAVIN A A, BOURC'HIS D, SCHAEFER C, et al. 2008. A piRNA pathway primed by individual transposons is linked to de novo DNA methylation in mice [J]. Mol. Cell, 31: 785-799.

ARAVIN A, GAIDATZIS D, PFEFFER S, et al. 2006. A novel class of small RNAs bind to MILI protein in mouse testis [J]. Nature, 442: 203-207.

ARAVIN A A, HANNON G J, BRENNECKE J. 2007. The Piwi-piRNA pathway provides an adaptive defense in the transposon arms race [J]. Science, 318: 761-764.

ARAVIN A A, SACHIDANANDAM R, GIRARD A, FEJES-TOTH K, HANNON G J. 2007. Developmentally regulated piRNA clusters implicate MILI in transposon control [J]. Science, 316: 744-747.

BABIARZ J E, RUBY J G, WANG Y, BARTEL D P, BLELLOCH R. 2008. Mouse ES cells express endogenous shRNAs, siRNAs, and other Microprocessorindependent, Dicer-dependent small RNAs [J]. Genes Dev. , 22: 2773-2785.

BARTEL D P, CHEN C Z. 2004. Micromanagers of gene expression: the potentially widespread influence of metazoan microRNAs [J]. Nature Rev. Genet, 5: 396-400.

BATISTA P J, et al. 2008. PRG-1 and 21U-RNAs interact to form the piRNA complex required for fertility in C. elegans [J]. Mol. Cell 31, 67-78.

BEREZIKOV E, CHUNG W J, WILLIS J, CUPPEN E, LAI E C. 2007. Mammalian mirtron genes [J]. Mol. Cell, 28: 328-336.

BERNSTEIN E, CAUDY A A, HAMMOND S M, HANNON G J. 2001. Role for a bidentate ribonuclease in the initiation step of RNA interference [J]. Nature, 409: 363-366.

BERNSTEIN E, KIM S Y, CARMELL M A, et al. 2003. Dicer is essential for mouse development [J]. Nature Genet, 35: 215-217.

BHATTECHARYYA S N, HABERMACHER R, MARTINE U, et al. 2006. Relief of microRNA-mediated translational repression in human cells subjected to stress [J]. Cell, 125: 1111-1124.

BIRNEY E, et al. 2007. Identification and analysis of functional elements in 1% of the human genome by the ENCODE pilot project [J]. Nature, 447: 799-816.

BLUME S W, MENG Z, SHRESTHA K, SNYDER R C, EMANUEL P D. 2003. The 59-untranslated RNA of the human dhfr minor transcript alters transcription pre-initiation complex assembly at the major (core) promoter [J]. J. Cell Biochem, 88: 165-80.

BOYER L A, PLATH K, ZEITLINGER J, BRAMBRINK T, MEDEIROS L A, Lee TI , et al. 2006. Polycomb complexes repress developmental regulators in murine embryonic stem cells [J]. Nature, 441: 349-53.

BRENNECKE J, ARAVIN A A, STARK A, et al. 2007. Discrete small RNA-generating loci as master regulators of transposon activity in *Drosophila* [J]. Cell, 128: 1089-1103.

CAI X, HAGEDORN C H, CULLEN B R. 2004. Human microRNAs are processed from capped, polyadenylated transcripts that can also function as mRNAs [J]. RNA, 10: 1957-1966.

CHANG L J, LIU X, HE J. 2005. Lentiviral siRNAs targeting multiple highly conserved RNA sequences of human immunodeficiency virus type 1 [J]. Gene Ther. , 12: 1133-1144.

CHENDRIMADA T P, FINN K J, JI X, et al. 2007. MicroRNA silencing through RISC recruitment of eIF6 [J]. Nature, 447: 823-828.

CLEMENS J C, WORBY C A, SIMONSON-LEFF N, HEMMINGS B A. 2000. Use of double-stranded RNA interference in Drosophila cell lines to dissect signal transduction pathways [J]. Proc. Natl. Acad Sci. U. S. A, 197: 6499-6503.

COX D N, CHAO A, LIN H. 2000. piwi encodes a nucleoplasmic factor whose activity modulates the number and division rate of germline stem cells [J]. Development, 127: 503-514.

CON D N, BAKER J, CHANG L, et al. 1998. A novel class of evolutionarily conserved genes defined by piwi are essential for stem cell self-renewal [J]. Genes Dev. , 12: 3715-3727.

DAS P P, BAGIJN M P, GOLDSTEIN L D, et al. 2008. Piwi and piRNAs act upstream of an endogenous siRNA pathway

to suppress Tc3 transposon mobility in the Caenorhabditis elegans germline [J]. Mol. Cell 31: 79-90.
de Kok J B, VERHAGEH G W, ROELOFS R W, HESSELS D, KIEMENEY L A, AALDERS T W, et al. 2002. DD3 (PCA3), a very sensitive and specific marker to detect prostate tumors [J]. Cancer Res., 62: 2695-2698.
DENLI A M, TOPS B B, PLASTERK R H, KETTING R F, HANNON G J. 2004. Processing of primary microRNAs by the Microprocessor complex [J]. Nature, 432: 231-235.
DESSET S, MEIGNIN C, DASTUGUE B, VAURY C. 2003. COM, a heterochromatic locus governing the control of independent endogenous retroviruses from Drosophila melanogaster [J]. Genetics, 164: 501-509.
DINGER M E, AMARAL P P, MERCER T R, PANG K C, BRUCE S J, GARDINER B B, et al. 2008. Long noncoding RNAs in mouse embryonic stem cell pluripotency and differentiation [J]. Genome Res., 18: 1433-1445.
DREYFUSS G, KIM V N, KATAOKA N. 2002. Messenger-RNA-binding proteins and the messages they carry [J]. Nat Rev. Mol. Cell Biol., 3: 195-205.
EBERT M S, NEILSON J R, SHARP P A. 2007. MicroRNA sponges: Competitive inhibitors of small RNAs in mammalian cells [J]. Nat Methods, 4: 721-726.
ELBASHIR S M, LENDECKEL W, TUSCHL T. 2001. RNA interference is mediated by 21- and 22-nucleotide RNAs [J]. Genes Dev., 15: 188-200.
ELBASHIR S M, MARTINEZ J, PATKANIOWSKA A, LENDECHEL W, TUSCHL T. 2001. Functional anatomy of siRNAs for mediating efficient RNAi in Drosophila melanogaster embryolysate [J]. EMBO J., 20: 6877-6888.
FAGHIHI M A, MODARRESI F, KHALIL A M, WOOD D E, SAHAGAN B G, MORGAN T E, et al. 2008. Expression of a noncoding RNA is elevated in Alzheimer'ls disease and drives rapid feed-forward regulation of β-secretase [J]. Nat Med, 14: 723-730.
FENG J, BI C, CLARK B S, MADY R, SHAH P, KOHTZ J D. 2006. The Evf-2 noncoding RNA is transcribed from the Dlx-5/6 ultraconserved region and functions as a Dlx-2 transcriptiona coactivator [J]. Genes & Dev., 20: 1470-1484.
FEINBERG E H, HUNTER C P. 2003. Transport of dsRNA into cells by the transmembrane protein SID-1 [J]. Science, 301: 1545-1547.
FILIPOWICZ W, BHATTACHARYYA S N, SONENBERG N. 2008. Mechanisms of post-transcriptional regulation by microRNAs: are the answers in sight [J]. Nat. Rev. Genet., 9: 102-114.
FIRE A, XU S, MONTGOMERY M K, et al. 1998. Potent and specific genetic interference by double-stranded RNA in Caenorhabditis elegans [J]. Nature, 391: 806-811.
FORMAN J J, LEGESSE-MILLER A, COLLER H A. 2008. A search for conserved sequences in coding regions reveals that the let-7 microRNA targets Dicer within its coding sequence [J]. Proc. Natl. Acad. Sci. USA, 105: 14879-14884.
FÖRSTEMANN K, HORWICH M D, WEE L M, TOMARI Y, ZAMORE P D. 2007. Drosophila microRNAs are sorted into functionally distinct Argonaute protein complexes after their production by Dicer-1 [J]. Cell, 130: 287-297.
GHILDIYAL M, SEITZ H, HORWICH M D, et al. 2008. Endogenous siRNAs derived from transposons and mRNAs in Drosophila somatic cells [J]. Science, 320: 1077-1081.
GHILDIYAL M, ZAMORE P D. 2009. Small silencing RNAs: an expanding universe [J]. Nat Rev Genet, 10: 94-108.
GIRARD A, SACHIDANANDAM R, HANNON G J, et al. 2006. A germline-specific class of small RNAs binds mammalian Piwi proteins [J]. Nature, 442: 199-202.
GIRALDEZ A J, CINALLI R M, GLASNER M E, et al. 2005. MicroRNAs regulate brain morphogenesis in zebrafish [J]. Science, 308: 833-838.
GIRALDEZ A J, MISHIMA Y, RIHEL J, et al. 2006. Zebrafish MiR-430 promotes deadenylation and clearance of maternal mRNAs [J]. Science, 312: 75-79.
GITLIN L, KARELSKY S, ANDINO R. 2002. Short interfering RNA confers intracellular antiviral immunity in human cells [J]. Nature, 418: 430-434.
GITLIN L, KARELSKY S, ANDINO R. 2002. Short interfering RNA confers intracellular antiviral immunity in human cells [J]. Nature, 418: 430-434.
GLAZOV E A, COTTEE P A, BARRIS W C, et al. 2008. A microRNA catalog of the developing chicken embryo identified

by a deep sequencing approach [J]. Genome Res., 18: 957-964.

GREGORY R I, YAN K, AMUTHAN G, et al. 2004. The Microprocessor complex mediates the genesis of microRNAs [J]. Nature, 432: 235-240.

GRIFFITHS-JONES S, SAINI H K, VAN DONGEN S, ENRIGHT A J. 2008. miRBase: tools for microRNA genomics [J]. Nucleic Acids Res., 36: D154-D158.

GRIVAN S T, BEYRET E, WANG Z, et al. 2006. A novel class of small RNAs in mouse spermatogenic cells [J]. Genes & Dev., 20: 1709-1714.

GUNAWARDANE L S, SAITO K, NISHIDA K M, et al. 2007. A Slicer-mediated mechanism for repeat-associated siRNA 5′ end formation in Drosophila [J]. Science, 315: 1587-1590.

HAMILTON A, VOINNET O, CHAPPELL L, BAULCOMBE D. 2002. Two classes of short interfering RNA in RNA silencing [J]. EMBO J., 21: 4671-4679.

HAN J, LEE Y, YEOM K H, et al. 2004. The Drosha-DGCR8 complex in primary microRNA processing [J]. Genes Dev., 18: 3016-3027.

HATFIELD S D, SHACHERBATA H R, FISCHER K A, et al. 2005. Stem cell division is regulated by the microRNA pathway [J]. Nature, 435: 974-978.

HELLWIG S, BASS B L. 2008. A starvation-induced noncoding RNA modulates expression of Dicer-regulated genes [J]. Proc. Natl. Acad. Sci., 105: 12897-12902.

HOLEN T, AMARZGUIOUI M, WIIGER M T, BABAIE E, PRYDZ H. 2002. Positional effects of short interfering RNAs targeting the human coagulation trigger Tissue Factor [J]. Nucleic Acids Research, 30: 1757-1766.

HORWICH M D, LI C, MATRANGA C, et al. 2007. The Drosophila RNA methyltransferase, DmHen1, modifies germ-line piRNAs and single-stranded siRNAs in RISC [J]. Curr. Biol., 17: 1265-1272.

HOUWING S, KAMMINGA L M, BEREZIKOV E, et al. 2007. A role for Piwi and piRNAs in germ cell maintenance and transposon silencing in zebrafish [J]. Cell, 129: 69-82.

HUTVÁGNER G, MCLACHLAN J, PASQUINELLI A E, et al. 2001. A cellular function for the RNAinterference enzyme Dicer in the maturation of the let-7 small temporal RNA [J]. Science, 293: 834-838.

HUMPHREYS D T, WESTMAN B J, MARTIN D I, et al. 2005. MicroRNAs control translation initiation by inhibiting eukaryotic initiation factor 4E/cap and poly (A) tail function [J]. Proc. Natl. Acad. Sci. USA, 102: 16961-16966.

JACQUE J M, TRIQUES K, STEVENSON M. 2002. Modulation of HIV-1 replication by RNA interference [J]. Nature, 418: 435-438.

KEDDE M, AGAMI R. 2008. Interplay between microRNAs and RNA-binding proteins determines developmental processes [J]. Cell Cycle, 7: 899-903.

KETTING R F, FISCHER S E, BERNSTEIN E, et al. 2001. Dicer functions in RNA interference and in synthesis of small RNA involved in developmental timing in C. elegans [J]. Genes Dev., 15: 2654-2659.

KHVOROVA A, REYNOLDS A, JAYASENA S D. 2003. Functional siRNAs and miRNAs exhibit strand bias [J]. Cell, 115: 209-216.

KIM D H, BEHLKE M A, ROSE S D, et al. 2005. Synthetic dsRNA Dicer substrate enhance RNAi potency and efficiency [J]. Nat. Biotechnol, 23: 222-226.

KIRIAKIDOU M, TAN G S, LAMPRINAKI S, et al. 2007. An mRNA m7G cap binding-like motif within human Ago2 represses translation [J]. Cell, 129: 1141-1151.

KLATTENHOFF C, BRATU D P, MCGINNIS-SCHULTZ N, et al. 2007. Drosophila rasiRNA pathway mutations disrupt embryonic axis specification through activation of an ATR/Chk2 DNA damage response [J]. Dev. Cell, 12: 45-55.

LAGOS-QUINTANA M, RAUHUT R, LENDECKEL W, TUSCHL T. 2001. Identification of novel genes coding for small expressed RNAs [J]. Science, 294: 853-858.

LANDGRAF P, RUSU M, SHERIDAN R, et al. 2007. A mammalian microRNA expression atlas based on small RNA library sequencing [J]. Cell, 129: 1401-1414.

LANDTHALER M, YALCIN A, TUSCHL T. 2004. The human DiGeorge syndrome critical region gene 8 and its D. melanogaster homolog are required for miRNA biogenesis [J]. Curr. Biol. , 14: 2162-2167.

LAU N C, LIM L P, WEINSTEIN E G, BARTEL D P. 2001. An abundant class of tiny RNAs with probable regulatory roles in Caenorhabditis elegans [J]. Science, 294: 858-862.

LAU N C, SETO A G, KIM J, et al. 2006. Characterization of the piRNA complex from rat testes [J]. Science, 313: 363-367.

LEE R C, AMBROS V. 2001. An extensive class of small RNAs in Caenorhabditis elegans [J]. Science, 294: 862-864.

LEE R C, FEINBAUM R L, AMBROS V. 1993. The C. elegans heterochronic gene lin-4 encodes small RNAs with antisense complementarity to lin-14 [J]. Cell, 75: 843-854.

LEE N S, DOHJIMA T, BAUER G, et al. 2002. Expression of small interfering RNAs targeted against HIV-1 rev transcripts in human cells [J]. Nat. Biotechnol, 20: 500-505.

LEE Y, AHN C, HAN J, et al. 2003. The nuclear RNase Ⅲ Drosha initiates microRNA processing [J]. Nature, 425: 415-419.

LEE Y, KIM M, HAN J, et al. 2004. MicroRNA genes are transcribed by RNA polymerase Ⅱ [J]. EMBO J. , 23: 4051-4060.

LEE Y, JEON K, LEE J T, KIM S, KIM V N. 2002. MicroRNA maturation: stepwise processing and subcellular localization [J]. EMBO J. , 21: 4663-4670.

LEE Y, KIM M, HAN J, YEOM K H, LEE S, BAEK S H, et al. 2004. MicroRNA genes are transcribed by RNA polymerase II [J]. EMBO J. , 23: 4051-4060.

LEUNG A K, CALABRESE J M, SHARP P A. 2006. Quantitative analysis of Argonaute protein reveals microRNA-dependent localization to stress granules [J]. Proc. Natl. Acad. Sci. USA, 103: 18125-18130.

LIPARDI C, WEI Q, PATERSON B M. 2001. RNAi as random degradative PCR: siRNA primers convert mRNA into dsRNAs that are degraded to generate new siRNAs [J]. Cell, 107: 297-307.

LI J, YANG Z, YU B, LIU J, CHEN X. 2005. Methylation protects miRNAs and siRNAs from a 3′-end uridylation activity in Arabidopsis [J]. Curr Biol. , 15: 1501-1507.

LINDBERG J, LUNDEBERG J. 2010. The plasticity of the mammalian transcriptome [J]. Genomics, 95: 1-6.

LIU J, VALENCIA-SANCHEZ M A, HANNON G J, et al. 2005. MicroRNA dependent localization of targeted mRNAs to mammalian P bodies [J]. Nat. Cell Biol. , 7: 719-723.

LIU Q, RAND T A, KALIDAS S, et al. 2003. R2D2, a bridge between the initiation and effector steps of the Drosophila RNAi pathway [J]. Science, 301: 1921-1925.

MANGEOT P E, COSSET F L, COLAS P, et al. 2004. A universal transgene silencing method based on RNA interference [J]. Nucleic Acids Res, 32: e102.

MATHONNET G, FABIAN M R, SVITKIN Y V, et al. 2007. MicroRNA inhibition of translation initiation in vitro by targeting the cap-binding com-plex eIF4F [J]. Science, 317: 1764-1767.

MATTICK J S, MAKUNIN Ⅳ. 2006. Non-coding RNA [J]. Human Molecular Genetics, 15: R17-R29.

MAZROUI R, DI MARCO S, KAUFMAN R J, et al. 2007. Inhibition of the ubiquitin-proteasome system induces stress granule formation [J]. Mol. Biol. Cell, 18: 2603-2618.

MCCAFFREY A P, MEUSE L, PHAM T T, et al. 2002. RNA interference in adult mice [J]. Nature, 418: 38-39.

MEVEL-NINIO M T, PELISSON A, KINDER J, CAMPOS A R, BUCHETON A. 2007. The flamenco locus controls the gypsy and ZAM retroviruses and is required for Drosophila oogenesis [J]. Genetics, 175: 1615-24.

MORRISSEY D V, LOCKRIDGE J A, SHAW L, et al. 2005. Potent and persistent in vivo anti-HBV activity of chemically modified siRNAs [J]. Nat. Biotechnol, 23: 1002-1007.

MI S, CAI T, HU Y, et al. 2008. Sorting of small RNAs into Arabidopsis Argonaute complexes is directed by the 5′ terminal nucleotide [J]. Cell, 133: 116-127.

MUDHASANI R, ZHU Z, HUTVAGNER G, et al. 2008. Loss of miRNA biogenesis induces p19Arf-p53 signaling and senescence in primary cells [J]. J. Cell Biol. , 181: 1055-1063.

NEILSON J R, SHARP P A. 2008. Small RNA regulators of gene expression [J]. Cell, 134: 899-902.

NISHIDA K M, SAITO K, MORI T, et al. 2007. Gene silencing mechanisms mediated by Aubergine piRNA complexes in Drosophila male gonad [J]. RNA, 13: 1911-1922.

NOTTROTT S, SIMARD M J, RICHTER J D. 2006. Human let-7a miRNA blocks protein production on actively translating polyribosomes [J]. Nat. Struct. Mol. Biol., 13: 1108-1114.

NOVINA C A, MURRAY M F, DYKXHOORN D M, et al. 2002. siRNA-directed inhibition of HIV-1 infection [J]. Nature Medicine, 8: 681-686.

OKAMURA K, HAGEN J W, DUAN H, TYLER D M, LAI E C. 2007. The mirtron pathway generates microRNAclass regulatory RNAs in Drosophila [J]. Cell, 130: 89-100.

OKAZAKI Y, FURUNO M, KASUKAWA T, et al. 2002. Analysis of the mouse transcriptome based on functional annotation of 60, 770 full-length cDNAs [J]. Nature, 420: 563-573.

OLSEN P H, AMBROS V. 1999. The lin-4 regulatory RNA controls developmental timing in Caenorhabditis elegans by blocking LIN-14 pro-tein synthesis after the initiation of translation [J]. Dev. Biol., 216: 671-680.

ΦROM UA, NIELSEN F C, LUND A H. 2008. MicroRNA-10a binds the 5′UTR of ribosomal protein mRNAs and enhances their translation [J]. Mol. Cell, 30: 460-471.

ΦROM U A, DERRIEN T, BERINGER M, et al. 2010. Long noncoding RNAs with enhancer-like function in human cells [J]. Cell, 143: 46-58.

PAPP I, METTE M F, AUFSATZ W, et al. 2003. Evidence for nuclear processing of plant micro RNA and short interfering RNA precursors [J]. Plant Physiol., 132: 1382-1390.

PARK M Y, WU G, GONZALEZ-SULSER A, VAUCHERET H, POETHIG R S. 2005. Nuclear processing and export of microRNAs in Arabidopsis [J]. Proc. Natl. Acad. Sci. USA, 102: 3691-3696.

PARK W, LI J, SONG R, MESSING J, CHEN X. 2002. CARPEL FACTORY, a Dicer homolog, and HEN1, a novel protein, act in microRNA metabolism in Arabidopsis thaliana [J]. Curr. Biol., 12: 1484-1495.

PELISSON A, SAROT E, PAYEN-GROSCHENE G, BUCHETON A. 2007. A novel repeat-associated small interfering RNA-mediated silencing pathway downregulates complementary sense gypsy transcripts in somatic cells of the Drosophila ovary [J]. J. Virol., 81: 1951-1960.

PERAGINE A, YOSHIKAWA M, WU G, ALBRECHT H L, POETHIG R S. 2004. SGS3 and SGS2/SDE1/RDR6 are required for juvenile development and the production of trans-acting siRNAs in Arabidopsis [J]. Genes Dev., 18: 2368-2379.

PETERSEN C P, BORDELEAU M E, PELLETIER J, et al. 2006. Short RNAs repress translation after initiation in mammalian cells [J]. Mol. Cell, 21: 533-542.

PILLAI R S, BHATTACHARYYA S N, ARTUS C G, et al. 2005. Inhibition of translational initiation by Let-7 MicroRNA in human cells [J]. Science, 309: 1573-1576.

PONTING C P, OLIVER P L, REIK W. 2009. Evolution and functions of long noncoding RNAs [J]. Cell, 4: 629-641.

PRUD'HOMME N, GANS M, MASSON M, TERZIAN C, BUCHETON A. 1995. flamenco, a gene controlling the gypsy retrovirus of Drosophila melanogaster [J]. Genetics, 139: 697-711.

RAMACHANDRAN V, CHEN X. 2008. Small RNA metabolism in Arabidopsis [J]. Trends Plant Sci., 13: 368-374.

RAVASI T, SUZUKI H, PANG KC, KATAYAMA S, FURUNO M, OKUNISHI R, et al. 2006. Experimental validation of the regulated expression of large numbers of non-coding RNAs from the mouse genome [J]. Genome Res, 16: 11-19.

REINHART B J, WEINSTEIN E G, RHOADES M W, BARTEL B, BARTEL D P. 2002. MicroRNAs in plants [J]. Genes Dev., 16: 1616-1626.

RUBY J G, STARK A, JOHNSTON W K, et al. 2007. Evolution, biogenesis, expression, and target predictions of a substantially expanded set of Drosophila microRNAs [J]. Genome Res., 17: 1850-1864.

RUBY J G, JAN C H, BARTEL D P. 2007. Intronic microRNA precursors that bypass Drosha processing [J]. Nature, 448: 83-86.

SANDBERG R, NEILSON J R, SARMA A, et al. 2008. Proliferating cells express mRNAs with shortened 3′untranslated regions and fewer mi-croRNA target sites [J]. Science, 320: 1643-1647.

SCHWARZ D S, HUTVÁGNER G, DU T, et al. 2003. Asymmetry in the assembly of the RNAi enzyme complex [J]. Cell, 115: 199-208.

SEILA A C, SHARP P A. 2008. Small RNAs tell big stories in Whistler [J]. Nature Cell Biology, 10: 630-633.

SEN G L, BLAU H M. 2005. Argonaute 2/RISC resides in sites of mammalian mRNA decay known as cytoplasmic bodies [J]. Nat. Cell Biol., 7: 633-636.

SHAMOVSKY I, IVANNIKOV M, KANDEL E S, GERSHON D, NUDLER E. 2006. RNA-mediated response to heat shock in mammalian cells [J]. Nature, 440: 556-60.

STEFANI G, SLACK F J. 2008. Small non-coding RNAs in animal development [J]. Nature Rev. Mol. Cell Biol., 9: 219-230.

STRUHL K. 2007. Transcriptional noise and the fidelity of initiation by RNA polymerase II [J]. Nature Structural & Molecular Biology, 14: 103-105.

TAFT R J, PANG K C, MERCER T R, et al. 2009. Non-coding RNAs: regulators of disease [J]. J. Pathol., 2: 126-139.

TANG G, REINHART B J, BARTEL D P, ZAMORE P D. 2003. A biochemical framework for RNA silencing in plants [J]. Genes Dev., 17: 49-63.

THERMANN R, HENTZE M W. 2007. *Drosophila* miR-2 induces pseudo-polysomes and inhibits translation initiation [J]. Nature, 447: 875-878.

TOKUMARU S, SUZUKI M, YAMADA H, NAGINO M, TAKAHASHI T. 2008. let-7 regulates Dicer expression and constitutes a negative feedback loop [J]. Carcinogenesis, 29: 2073-2077.

TOLIA N H, JOSHUA-TOR L. 2007. Slicer and the Argonautes [J]. Nature Chem. Biol., 3: 36-43.

TOMARI Y, DU T, ZAMORE P D. 2007. Sorting of *Drosophila* small silencing RNAs [J]. Cell, 130: 299-308.

TOMARI Y, MATRANGA C, HALEY B, MARTINEZ N, ZAMORE P D. 2004. A protein sensor for siRNA asymmetry [J]. Science, 306: 1377-1380.

VASUDEVAN S, STEITZ J A. 2007. AU-rich-element-mediated upregulation of translation by FXR1 and Argonaute 2 [J]. Cell, 128: 1105-1118.

VASUDEVAN S, TONG Y, STEITZ J A. 2007. Switching from repression to activation: microRNAs can up-regulate translation [J]. Science, 318: 1931-1934.

VASUDEVAN S, TONG Y, STEITZ J A. 2008. Cell-cycle control of microRNA-mediated translation regulation [J]. Cell Cycle, 7: 1545-1549.

VAUCHERET H, MALLORY A C, BARTEL D P. 2006. AGO1 homeostasis entails coexpression of MIR168 and AGO1 and preferential stabilization of miR168 by AGO1 [J]. Mol Cell, 22: 129-136.

VAUCHERET H, VAZQUEZ F, CRETE P, BARTEL D P. 2004. The action of ARGONAUTE1 in the miRNA pathway and its regulation by the miRNA pathway are crucial for plant development [J]. Genes Dev., 18: 1187-1197.

VAZQUEZ F, VAUCHERET H, RAJAGOPALAN R, et al. 2004. Endogenous trans-acting siRNAs regulate the accumulation of Arabidopsis mRNAs [J]. Mol. Cell, 16: 69-79.

VAZQUEZ F, GASCIOLLI V, CRETE P, VAUCHERET H. 2004. The nuclear dsRNA binding protein HYL1 is required for microRNA accumulation and plant development, but not posttranscriptional transgene silencing [J]. Curr. Biol., 14: 346-351.

VERMA U N, SURABHI R M, SCHMALTIEG A, et al. 2003. Small interfering RNAs directed against β-Catenin inhibit the in vitro and in vivo growth of colon cancer cells [J]. Clin. Cancer Res., 9: 1291-1300.

VOINNET O. 2005. Non-cell autonomous RNA silencing [J]. FEBS Lett, 579: 5858-5871.

VON ROETZ C, GALLOUZI I E. 2008. Decoding ARE-mediated decay: is microRNA part of the equation? [J]. J. Cell Biol., 181: 189-194.

WAKIYAMA M, TAKIMOTO K, OHARA O, et al. 2007. Let-7 microRNA-mediated mRNA deadenylation and translational repression in a mam-malian cell-free system [J]. Genes Dev., 21: 1857-1862.

WANG G, REINKE V. 2008. A *C. elegans* Piwi, PRG-1, regulates 21U-RNAs during spermatogenesis [J]. Curr. Biol., 18: 861-867.

WATANABE T, TAKEDA A, TSUKIYAMA T, MISE K, OKUNO T, SASAKI H, MINAMI N, IMAI H. 2006. Identification and characterization of two novel classes of small RNAs in the mouse germline: retrotransposon-derived siRNAs in oocytes and germline small RNAs in testes [J]. Genes Dev., 20: 1732/1743.

WIANNY F, ZERNICKA-GOETZ M. 2000. Specific interference with gene function by double-stranded RNA in early mouse development [J]. Nat. Cell Biol., 2: 70-75.

WICKELGREN I. 2003. Spinning junk into gold [J]. Science, 300: 1646-1649.

WIENHOLDS E, et al. 2005. MicroRNA expression in zebrafish embryonic development [J]. Science, 309: 310-311.

WIENHOLDS E, PLASTERK R H. 2005. MicroRNA function in animal development [J]. FEBS Lett., 579: 5911-5922.

WILDA M, FUCHS U, WOSSMANN W, et al. 2002. Killing of leukemic cells with a BCR/ABL fusion gene by RNA interference (RNAi) [J]. Oncogene, 21: 5716-5724.

WILLIAMS L, CARLES C C, OSMONT K S, FLETCHER J C. 2005. A database analysis method identifies an endogenous trans-acting short-interfering RNA that targets the Arabidopsis ARF2, ARF3, and ARF4 genes [J]. Proc. Natl. Acad. Sci. USA, 102: 9703-9708.

WORBY C A, SIMONSON-LEFF N, DIXON J E. 2001. RNA interference of gene expression (RNAi) in cultured Drosophila cells [J]. Sci. STKE, p01.

WU L, BELASCO J G. 2008. Let me count the ways: mechanisms of gene regulation by miRNAs and siRNAs [J]. Mol. Cell, 29: 1-7.

WU L, FAN J, BELASCO J G. 2006. MicroRNAs direct rapid deadenylation of mRNA [J]. Proc Natl Acad Sci USA, 103: 4034-4039.

XIE Z, KASSCHAU K D, CARRINGTON J C. 2003. Negative feedback regulation of Dicer-like1 in Arabidopsis by microRNA-guided mRNA degradation [J]. Curr. Biol., 13: 784-789.

YEKTA S, TABIN C J, BARTEL D P. 2008. MicroRNAs in the Hox network: an apparent link to posterior prevalence [J]. Nature Rev. Genet, 9: 789-796.

YOSHIKAWA M, PERAGINE A, PARK M Y, POETHIG R S. 2005. A pathway for the biogenesis of trans-acting siRNAs in Arabidopsis [J]. Genes. Dev., 19: 2164-2175.

YU B, YANG Z, LI J, et al. 2005. Methylation as a crucial step in plant microRNA biogenesis [J]. Science, 307: 932-935.

ZAMORE P D, TUSCHL T, SHARP P A, BARTEL D P. 2000. RNAi: double-stranded RNA directs the ATP dependent cleavage of mRNA at 21 to 23 nucleotide intervals [J]. Cell, 101: 25-33.

ZHANG Y, LI T, FU L, et al. 2004. Silencing SARS-CoV Spike protein expression in cultured cells by RNA interference [J]. FEBS Letters, 560: 141-146.

第 8 章　假基因研究进展

假基因是功能基因的缺陷拷贝，它在序列结构上与功能基因非常相似，但已丧失了正常的蛋白质编码功能。假基因曾被认为是一类典型的非编码"垃圾 DNA"，而如今人们发现假基因在基因表达调控和基因组进化过程中发挥着重要作用。本章从假基因的起源、序列结构特征、假基因的识别、假基因在染色体上的分布、分子进化规律，以及假基因功能等几个方面较为全面地介绍了该领域的最新研究进展。

8.1　假基因

8.1.1　假基因的发现

假基因的概念最初由 Jacq 等人于 1977 年提出（Jacq et al，1977）。他们克隆了非洲爪蟾（*Xenopus laevis*）的一个 5S rRNA 相关基因，与 5S rRNA 基因比较后发现，在 5′端有 16bp 的缺失以及 14bp 的错配，在非洲爪蟾体内检测不出这段序列的 mRNA 分子，说明它没有表达活性，于是就将这个截短的 5S rDNA 的同源物称之为假基因。假基因是功能基因的缺陷拷贝，它源于蛋白质编码基因、与起源基因非常相似，但是不能编码蛋白质。假基因的形成，即基因正常活性的丧失是由对基因表达有阻断作用的突变导致的。这些变化主要包括消除起始转录的信号，阻止外显子/内含子连接点的剪接或过早地终止翻译等。产生假基因的渠道主要有以下两种（Balakirev et al，2003；Vanin，1985）（图 8-1）：一是基因组 DNA 重复或染色体不均等交换过程中基因编码区或调控区发生突变（如碱基置换、插入或缺失），导致复制后的基因丧失正常功能而成为假基因，这种假基因称为重复假基因（duplicated pseudogene）；二是 mRNA 转录本反转录成 cDNA 后重新整合到基因组，由于插入位点不合适或序列发生突变而失去正常功能，这样形成的假基因称为加工假基因或返座假基因（processed pseudogene or retropseudogene）。

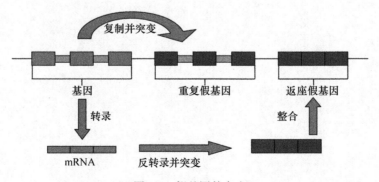

图 8-1　假基因的产生

核基因组中还发现从线粒体 DNA 转移过来的假基因（Zhang et al，2003），这些假基因的祖先基因是线粒体 DNA 中的基因，这使得基因注释等工作更加复杂化。由于线粒体和核基因组基因的蛋白质编码方式（即遗传密码）有所不同，有些线粒体基因转移到核基因组后便丧失蛋白质编码功能，从而成为假基因。线粒体基因向核基因组转移时有两种可能的转移方式：DNA 水平上的转移（Lopez et al, 1994）和 RNA-介导的转移（Nugent et al, 1991），实验数据倾向于支持 DNA 水平上转移的假说（Woischinik et al, 2002）。研究发现，假基因存在于大肠杆菌、酵母、拟南芥、水稻、线虫、果蝇、小鼠、人等多种基因组中（Zhang et al, 2003；Torrents et al, 2003；Lerat et al, 2005；Ochman et al, 2006；Harrison et al, 2002；Harrison et al, 2001；Harrison et al, 2003；Zhang et al, 2004；Thibaud-Nissen et al, 2009；Karro et al, 2007），在细菌、酵母菌等单细胞生物中分布较少（Lawrence et al, 2001），在哺乳动物基因组中分布较多，尤其在人类基因组中存在上万条假基因（Zhang et al, 2003；Torrents et al, 2003），其中多数为加工假基因（Karro et al, 2007）。

8.1.2 假基因的结构特征

重复假基因具有与功能基因非常相似的结构，在相应的位置上还有相当于外显子和内含子的序列，而且倾向于出现在其祖先基因的侧翼。这些特征均归因于重复假基因的产生机制——DNA 水平上的片段重复（segmental duplication）。值得一提的是片段重复是新基因（即重复基因）产生的主要途径。在这种重复过程中基因的启动子很可能被一起复制，因此重复假基因的上游可能有调控序列，这一点与加工假基因不同。由于加工假基因是 mRNA（没有内含子，很少有启动子）反转录后随机插入到基因组形成的，所以加工假基因一般没有启动子等调控元件，更没有内含子。加工假基因以序列中终止密码子的提前出现（premature stop codon）、移码突变（frameshift）和没有启动子为主要的缺陷特征（Balakirev et al, 2003；Vanin, 1985；D'lErrico et al, 2004；Mighell et al, 2000）。加工假基因的长度和多聚腺嘌呤尾提示着它由 RNA 聚合酶 II 转录而来。有证据表明加工假基因是在活性长散置元 LINE-1（L1）编码的逆转录酶的辅助下进行转座的非自主性反转录转座子（Esnault et al, 2000；Kazazian 2004；Skowronski et al, 1986；Goncalves et al, 2000）。Mathias 等认为有自主返座能力的长散置重复序列 L1 产生的蛋白质能够作用于 Alu 转座子及细胞的 mRNA 并促进其返座。Luan 等在对昆虫非长末端重复元件（non-LTR element）的研究基础上，提出了目标引导反转录（target-primed reverse transcription，TPRT）的返座机制。由于返座机制，年轻加工假基因两侧一般存在正向重复序列，3′ 端有 poly（A）尾（Balakirev et al, 2003；Vanin, 1985）。对于无功能的假基因来说，随着序列的中性进化（Li et al, 1981），这些特征将逐渐消失，随之出现的是在随机突变的累积过程中产生的移码突变、终止密码子的提前出现和散置重复序列的插入（Zhang et al, 2003；Torrents et al, 2003）。真核基因组中假基因通过 DNA 重复和返座两种方式产生，而原核基因组却没有 L1 元件，所以在原核基因组中还没有以返座的方式产生假基因的报道。研究表明，基因的横向转移、DNA 水平上的重复以及单拷贝基因的退化是原核基因组中产生假基因的主要途径（Liu et al, 2004）。

8.2 探讨假基因的生物学意义

8.2.1 假基因是 Junk DNA？

基因组 DNA 与表观遗传语言一起构成了生命进化、个体发育、基因表达调控、生物大分子的结构和功能的所有信息。后基因组时代的主要任务就是要解读海量的基因组数据（Wickelgren

2003)。目前，我们已从基因组 DNA 序列获取了大量信息，但仍然有庞大的未知信息有待挖掘。人类基因组中仅仅~2%的 DNA 是用来编码蛋白质的，而剩余98%的序列则一度被认为是近中性进化过程中产生的没有功能的"Junk DNA"。所谓"垃圾 DNA"主要包括内含子、简单重复序列、移动元件（mobile element）及其遗留物。移动元件分为三大类：以 DNA 为基础的移动元件（DNA-based transposable element）、自主的返座子（autonomous retrotransposon）以及非自主的返座子（non-autonomous retrotransposon）。通常所说的假基因就属于一种非自主的返座子。过去，不论从序列特征上还是其表现功能上，假基因称得上是最典型的"垃圾 DNA"。随着研究的深入，人们觉察到所谓的"垃圾 DNA"其实是人们尚未认识的宝藏（Balakirev et al, 2003）。由于假基因与功能基因的紧密相关性以及它在基因组进化过程中的重要性，在过去10年，假基因一直是"非编码 DNA"领域的研究热点之一。假基因在脊椎动物基因组中比较常见，尤其在哺乳动物基因组中比较"泛滥"。据估计，人类基因组中有2万个左右假基因及其片段。随着人类以及一些模式生物基因组测序的完成，对假基因的研究已从单个基因扩大到整个基因组范围。同时，人们对假基因的概念及其意义也有了更新的思考，并成为基因组学研究的一个热点。

8.2.2 假基因的生物学意义

假基因的生物学意义体现在以下几方面：第一，由于假基因是保留了祖先功能基因特征的残余拷贝，为基因组动态学研究（genome dynamics）和进化研究提供了非常宝贵的材料及重要线索。在长期的进化过程中，不同的生物如何适应选择压力获得生存竞争的优势，是基因组进化研究探讨的主要问题。假基因的演化过程对于此类问题的研究非常重要，因为假基因精确地记录了基因组 DNA 在进化选择压力下怎样改变的"痕迹"，保留了数百万年前祖先功能基因的分子记录。从这种意义上来讲，假基因是基因组"化石"。通过同源假基因的比较基因组学分析，可以绘制基因组突变谱（碱基置换，插入/缺失突变），也可以判断假基因在各物种中出现的时间顺序及进化方向。有些假基因是有功能的，但多数假基因可能没有功能。没有功能的假基因是基因组中理想的中性进化标签，因此可通过假基因一级序列的比对分析获得分子的中性进化速率时标，并将其用于分子进化模型中的参数标准化。假基因序列中包含了很多信息，包括假基因产生的驱动力、机制及特点均可在假基因的序列结构特征中找到线索。从假基因的一级序列变化（如非同义、同义突变率的比值 Ka/Ks）中能够判断出假基因所受的选择压力。如果说假基因的一级序列是从分子水平上记录选择压力的"精细"标签，那么，假基因在基因组中的丰度和分布则是从"宏观"层面上反映与群体动态（population dynamics）相联系的众多进化选择压力的重要参数。例如，由假基因的年代和数量分析，可获得 DNA 重复（duplication）和返座（retrotransposition）事件（产生假基因的两种主要途径）的活跃度在进化时间轴上的分布情况。第二，研究表明有些假基因是有功能的。功能主要包含以下两方面的内容：① 有些假基因对基因的表达调控发挥着重要作用。层出不穷的假基因转录的证据表明假基因可能在 RNA 水平上参与基因的表达调控。部分假基因在进化过程中的高度保守性也启示这些假基因可能具有人们尚未知晓的功能。② 曾"死去"的假基因有时可重获新生，对新基因的产生及功能扩展有所贡献。第三，由于与功能基因之间的相似性，假基因在分子实验中容易引起基因与假基因的混淆，并且对基因注释和遗传疾病的诊断与治疗带来了很多麻烦。因此，全基因组范围的假基因识别对于基因的正确注释以及在临床医学上也是非常重要的。

8.3 假基因的识别

假基因的鉴别是假基因相关研究的基础,而且它对基因注释的精确度也有很大影响。尤其是基因与重复假基因之间的区分是很有挑战性的问题。假基因的识别工作主要是由耶鲁大学 Gerstein 实验室研究小组完成的(Zhang et al, 2003; Zhang et al, 2003; Harrison et al, 2002; Harrison et al, 2001; Harrison et al, 2003; Zhang et al, 2004)。他们从果蝇、线虫、小鼠、人等很多物种基因组中系统地搜索识别假基因,并创建了专门的假基因数据库(Karro et al, 2007)(http://www.pseudogene.org),可供研究人员免费下载使用。表 8-1 中列举了目前国际上几个通用的假基因数据库(Karro et al, 2007; Bischof et al, 2006; Khelifi et al, 2005)和假基因识别程序(Zhang et al, 2006; Ortutay et al, 2008; van Baren et al, 2006)。

表 8-1 假基因数据库及假基因识别软件

假基因数据库	假基因识别软件
Pseudogene. org (Karro et al, 2007): http://www.pseudogene.org	PseudoPipe (Zhang et al, 2006): http://www.pseudogene.org/downloads/pipeline_codes/
UI Pseudogenes (Bischof et al, 2006): http://genome.uiowa.edu/pseudogenes/	PseudoGeneQuest (Ortutay et al, 2008): http://bioinf.uta.fi/PseudoGeneQuest/index.html
Hoppsigen (Khelifi et al, 2005): http://pbil.univ-lyon1.fr/databases/hoppsigen.html	PPFINDER (van Baren et al, 2006): http://mblab.wustl.edu/software/ppfinder/

在全基因组范围内识别人类假基因的代表性工作还包括 Torrent(称为 Bork 假基因数据集)和 Khelifi(称为 Hoppsigen 假基因数据集)等人的工作(Torrents et al, 2003; Khelifi et al, 2005)。这些工作采取的策略是基本相同的,那就是基于与已知功能基因的序列相似性搜索方法识别假基因,其中查询序列(query sequences)可以是基因的 DNA 序列,也可以是对应的蛋白质序列。假基因与其相应的功能基因具有很高的相似性。人的假基因,特别是加工假基因,与同源的功能基因的 DNA 序列一致性高达 86% 以上,与编码的蛋白质氨基酸序列的一致性为 75% 以上,而与同源基因的编码区域存在 94% 的一致性。当然,相似性搜索方法中参数标准(如 E 值)和外加条件(如序列结构特征或演化特征信息)以及所使用的基准基因库的不同都会造成所识别出的假基因在数量和结构上都有较大差别。例如,Gerstein 小组识别出的人类加工假基因大约有 8000 条(Zhang et al, 2003),而 Bork 人类加工假基因却多达 17000 余条(Torrents et al, 2003),Hoppsigen 人类加工假基因却只有 5000 条左右(Khelifi et al, 2005)。Hoppsigen 假基因库是人和小鼠基因组的加工假基因数据库,其中不含重复假基因。由于使用的方法比较严格(Khelifi et al, 2005),Hoppsigen 库中的假基因多数是可信的,但数量上最少。相比之下,Bork 假基因的识别程序是最不严格的,它对序列相似性(或保守性)的要求并不高,导致识别出的假基因在数量上最多,但可信度却值得怀疑。Bork 假基因的识别中还使用同义/非同义突变率的比值(Ks/Ka)作为"无功能"的判别标准,这一点与其他组的做法不同。不同数据集间的比较结果显示,50%(以小样本数据集为标准)以上的加工假基因是不同数据集间所共有的(Khelifi et al, 2005)。

Gerstein 小组于 2006 年改进了其假基因识别程序,主要是对查询序列进行了细化(Zheng et

al,2006)。先前的程序是以完整的 CDS 序列或蛋白质一级序列作为查询序列后用 Blast 软件在基因组上扫描,筛选出相似序列作为假基因候选序列。若候选序列中有较长的插入片段(>60 bp),则这个插入片段就被认为是内含子,从而这条序列被归类为重复假基因。事实上,这条序列有可能是转座子插入其中的加工假基因。为克服这一缺陷,Gerstein 小组 Zheng 等人(Zheng et al,2006)改用以左右两侧各延长 50 bp 的延长外显子作为查询序列后在基因组序列上扫描。这一程序的优点在于以基因的内含子——外显子结构作为基因重复的标记,从而能够精确地鉴别出重复假基因。用这种方法,他们从 ENCODE 计划的 44 个序列片段中共找出 164 个假基因,其中 16 个为重复假基因。不同的假基因识别程序识别出来的假基因数量和结构上都有很大差异。Zheng 等人于 2007 年又发展了一种融合各种假基因识别方法的主要优点的假基因注释方法(Zheng et al,2007),并应用于 ENCODE 区域的假基因注释,发现了 201 个假基因,其中 2/3 的假基因是加工假基因,约 80%的加工假基因是灵长类特异假基因,表明灵长类细胞中返座活性的持续增强趋势。保守性和进化分析发现,ENCODE 区域的假基因多数经历着中性进化。转录活性分析发现,约 1/5 的 ENCODE 区域假基因是转录的。

由非长末端重复返座机制(non-long terminal repeat retrotransposition)产生的返座序列有两种显著的特征:序列末端有 poly(A)尾巴,序列两侧有相同的靶位点重复片段(TSD)。返座假基因就是由这种机制所产生(Esnault et al,2000;Kazazian 2004)。基于这种特征,Terai 等人编写了鉴别返座假基因的程序 TSDscan,扫描人类基因组后发现了 654 个长度较短(<300 bp)的假基因(Terai et al,2010)。分析这些假基因及其对应的 mRNA 的长度后发现,与短 mRNA 相比,较长的 mRNA 能够产生更短的假基因。为解释这种现象,他们提出假说:多数长 mRNA 在反转录之前被切断,切断的 mRNA 片段在反转录过程中迅速被降解,这样,已经反转录并插入到基因组的小片段就成为了短假基因。

假基因遍布于低等细菌到高等生物的多个基因组(Zhang et al,2003;Torrents et al,2003;Lerat et al,2005;Ochman et al,2006;Harrison et al,2002;Harrison et al,2001;Harrison et al,2003;Zhang et al,2004;Thibaud-Nissen et al,2009;Karro et al,2007)。据估计大肠杆菌基因组可能有上百个假基因(Lerat et al,2005;Ochman et al,2006),人和小鼠基因组各有约 2 万个假基因(Zhang et al,2003;Torrents et al,2003;Zhang et al,2004)。目前,除了人类基因组以外,对果蝇、线虫、小鼠、大鼠、酵母和水稻等基因组的全基因组范围的假基因识别工作也已完成,假基因数量信息列于表 8-2。值得一提的是,我们所看到的只是在目前种群中幸存下来的假基因,而不少假基因在过去可能早已被淘汰(Zhang et al,2003;Torrents et al,2003)。淘汰是指假基因在选择压力或突变的作用下退出基因组舞台或变得不可识别。

表 8-2 基因组中基因和假基因的数量[a] (April 2010)

生物体名称	基因组大小	基因[b]	加工假基因	重复假基因	可疑假基因
Homo sapiens(human)	3.1 Gb	22320	8502	2499	5930
Pan troglodytes(chimp)	3.35 Gb	19829	7505	2598	6664
Mus musculus(mouse)	2.72 Gb	22931	8652	2112	8248
Rattus norvegicus(rat)	2.72 Gb	22938	7099	1596	5258
Canis familiaris(dog)	2.53 Gb	19305	6126	1522	5198
Gallus gallus(chicken)	1.1 Gb	16736	691	1568	3277
Danio rerio(zebrafish)	1.48 Gb	24147	1837	5315	9200

续表

生物体名称	基因组大小	基因[b]	加工假基因	重复假基因	可疑假基因
Tetraodon nigroviridis	358 Mb	19602	368	1255	1527
Anopheles gambiae (mosquito)	273 Mb	12604	417	942	2658
C. elegans (worm)	100 Mb	20158	363	729	1348
Drosophila melanogaster (fruitfly)	168 Mb	14076	665	235	1304
Saccharomyces cerevisiae (yeast)	12 Mb	6698			缺陷 ORF, 211
Arabidopsis thaliana	119.6 Mb	31280	704	1144	2412
Oryza sativa ssp. japonica (Japonica rice)	374 Mb	57995	189	627	
Plasmodium falciparum	23.2 Mb	5487	436	1215	392
Escherichia coli K12	4.73 Mb	4263			224

[a]除了 Japonica rice 的数据来自参考文献（Thibaud-Nissen et al, 2009）以外，表中其余数据来自 Pseudogene.org 假基因数据库（Karro et al, 2007）；[b]代表 Ensembl 蛋白质编码基因数量

8.4 假基因的进化

假基因是丧失蛋白质编码能力的基因拷贝，是基因组 DNA 进化的"遗迹"，它从分子水平上记录了基因组序列数百万年的进化路线，为基因组进化研究提供了理想的材料。假基因的进化研究包括假基因进化年代（或距离）的估计、进化特征、进化过程中所受选择压力分析等几方面（Zhang et al, 2003；Zhang et al, 2003；Echols et al, 2002）。从假基因与其祖先功能基因的比较中可以获得和判断假基因产生的时间（Zhang et al, 2003）、突变（碱基置换、插入/缺失突变）谱（Zhang et al, 2003）、演化方向（Echols et al, 2002）等。比如对细胞色素 C 基因（*cytochrome c*）假基因的分析表明，在功能基因从灵长类演化出人类的过程中有快速的序列改变。通过计算已加工假基因的核苷酸替代率，发现已加工假基因和 Alu 重复序列有着相似的同时期进化特征，但与 LINE1 相比较，则大不相同，尽管这三类基因组上的"junk DNA"都有着相同的逆转座机制。LINE1 是哺乳类特有的，Alu 是灵长类特有的。研究表明，目前所识别出的绝大部分人类加工假基因是哺乳动物辐射（mammalian radiation）之后（即约 7500 万年前啮齿类和灵长类分歧之后）产生的（Zhang et al, 2003）。从这个时期起，已加工假基因开始在人类基因组中开始积累。随后 LINE 和 Alu 的积累放慢，加工假基因的增长速率在 4 千万年前也开始减慢。随着进化进程的推进，假基因在组分（包括 GC 含量、假想密码子和氨基酸组分）上呈现出向基因间序列漂移的趋势（Echols et al, 2002）。通过人类加工假基因的研究，人们还发现假基因序列中发生的碱基置换突变对其紧邻碱基存在依赖性（Zhang et al, 2003）。

加工假基因在基因组中的总数量受到三种因素的约束：转座活动（transposition activity）的频率、假基因受到的选择压力和基因组背景突变速率。加工假基因是在相关酶的作用下反转录转座而产生的，因此转座活动越频繁，加工假基因数量越多。然而，并不是所有产生的假基因都能在基因组中长期存留下来，这取决于基因组背景突变速率和根据假基因的利弊对其施加的选择压力。基因组背景突变速率影响假基因丰度的典型例子是果蝇基因组（Harrison et al, 2003），果蝇基因组较频繁发生的点突变和缺失突变（Petrov et al, 1998），导致假基因迅速退化并不可辨认。

选择压力是影响假基因丰度的重要因素。例如，若一个假基因在染色体上的插入是个选择有害的突变，则进化过程中这个假基因受到较大的负选择，从而很快地退出基因组舞台。基于大尺度的基因组研究表明，真核基因组中删除假基因的选择压力弱于原核生物（Harrison et al, 2002）。在进化过程中，假基因所受的选择压力可从其同义突变率和非同义突变率的比值中判断。如果假基因一产生就失去了活性，那么其同义位点和非同义位点应该具有相同的趋异度，因为只有翻译对基因置换位点产生选择压力时，这两种位点上的趋异度才会不同。但实际上，非同义置换率要比同义置换率小，这有可能是方法上的缺陷造成的（Zhang et al, 2003），也有可能是反映淘汰非同义置换突变的真实的选择作用（Balakirev et al, 2003）。假基因即使受到这种选择压力，与真基因相比这种选择压力还是比较微弱的（Zhang et al, 2003）。

不同的基因对应的加工假基因数量也有很大差异，这种不均匀性有以下几方面的原因：首先，种系细胞、受精卵或早期胚胎细胞是产生加工假基因的决定性阶段，因为只有在那些早期发育阶段产生的假基因才可能遗传，并在后代基因组中固定下来（Zhang et al, 2003）。因此，在早期发育阶段具有较高转录活性（mRNA 丰度较高）的基因更易发生反转录转座并产生加工假基因。由人类核糖体蛋白基因产生的高丰度的加工假基因验证了这种假说（Zhang et al, 2003；Zhang et al, 2002）。无独有偶，在人和小鼠基因组中不仅富含核糖体蛋白返座假基因，而且还富含核糖体蛋白返座基因（Yu et al, 2007）。除了转录活性以外，基因的 GC 含量、mRNA 的长度和稳定性也与加工假基因的丰度有关（Zhang et al, 2003；Pavlicek et al, 2006）。GC 含量较低、长度较短的基因，对应的加工假基因丰度也高，前者可能与加工假基因的退化速率有关，而后者可能涉及到反转录转座效率与 mRNA 转录本的长度间的关系（Zhang et al, 2003；Zhang et al, 2002）。

8.5 假基因的分布

揭示加工假基因分布中所隐藏的进化压力对加工假基因群体动态研究和基因组进化研究具有重要意义。在长期的进化过程中，不同的生物如何适应选择压力获得生存竞争的优势，是基因组进化研究探讨的主要问题。假基因的演化过程对于此类问题的研究非常重要，因为它们提供了基因组 DNA 在进化选择压力下怎样改变的"痕迹"。"痕迹"不仅在 DNA 分子水平上反映出来，在假基因的数量、分布中也有所体现。研究表明加工假基因在染色体上的分布与染色体局域 GC 含量（Zhang et al, 2003）、DNA 更换率（turnover rate）（Harrison et al, 2003）、转座机制的插入偏好性（Kazazian 2004）、染色体结构稳定性（Pavlicek et al, 2001）、卵子发生时间长短（Drouin 2006）以及功能元件的分布和染色体重组频率（刘国庆，李宏 2008；Liu et al, 2010）都有联系。

假基因普遍存在于各种生物的基因组中，假基因与其功能基因在染色体上的排列并非共线性关系，而是散布于有活性的功能基因之间。线虫基因组中占总数 53% 的假基因集中在染色体短臂末端，而这个区域只有 30% 的基因。在果蝇基因组中，靠近染色体中心的着丝粒附近假基因的分布密度明显增加，预示染色体上可能存在假基因的热点（hotspot）。假基因在人类染色体上的分布与染色体长度成比例。重复假基因倾向于坐落在其相应功能基因的两侧，而加工假基因在染色体上的位置却与其功能基因的位置并没有多大关系。

从加工假基因的产生机制来看，它在染色体上分布应该与转座机制的插入偏好性紧密相关。加工假基因和 Alu 重复序列是非自主转座子，灵长类基因组中这两种元件被认为是由 L1 重复序列编码酶的作用下进行转座的（Esnault et al, 2000；Kazazian 2004）。研究表明 L1 重复序列转座时通常以富含 AT 的区域作为靶位点（Kazazian 2004）。据此可以推测三者在染色体上应该具有相似的、在富含 AT 区分布的偏好性。然而事实表明三者在染色体上的分布偏好性各不相同：L1 偏好分布在 AT 富含区，Alu 偏好分布在 GC 富含区，加工假基因则偏好分布在 GC 含量中等区（Zhang et al，2003）。这种差别可能是在转座后的进化过程中出现的。一种可能性是 Alu、L1 和加工假基因在染色体上的分布可能与序列组分变化有关的负选择理论有关（Zhang et al，2003；Pavlicek et al，2001）。具体来说，这些序列在染色体上与自身核苷酸组分相似区域更加稳定，否则在自然选择压力下序列发生快速突变，突变的方向是序列组分在进化过程中逐步趋向基因间序列或其侧翼序列（flanking sequences），从而变得不能用相似性搜索方法识别这些序列。这可能就是高 GC 含量的 Alu 序列偏好分布在高 GC 含量区，高 AT 含量的 L1 序列偏好分布在高 AT 含量区，而加工假基因则偏好分布在中等 GC 含量区（40%～46%）的原因。另一种可能性是 L1、Alu 和加工假基因在染色体上的分布可能会随时间的推移向功能密集区（如基因密集区，同样是高 GC 含量区）偏移，而这种偏移是异位重组过程在基因分布较少的区域相对频繁地发生并导致序列删除的被动结果（Abrusan et al，2006）。加工假基因密度与基因密度正相关（刘国庆 等，2008；Liu et al，2010），这可能是由较容易发生在基因稀少区的异位重组事件对假基因的删除所致。

卵子发生时间的长短（length of oogenesis）可能与加工假基因的丰度有关（Drouin 2006）。卵母细胞减数分裂过程中形成的灯刷染色体的侧环是转录活性较高的区域，而且 mRNA 的丰度又与加工假基因的产生数量成正比，因此加工假基因在基因组中的丰度应与灯刷染色体的持续时间成正比。因为灯刷染色体是对卵母细胞而言的，所以加工假基因在某一染色体上的丰度与该染色体的宿主性别有关（Drouin，2006）。从生命的延续过程来看，X 染色体、常染色体和 Y 染色体在女性和男性细胞中存在的时间比值分别是 2/1、1/1 和 0/1（Miyata et al，1987）。可见，X 染色体在女性细胞中存在的时间较长，这很可能是导致加工假基因较多地分布在 X 染色体上的原因（Drouin 2006）。加工假基因在人 Y 染色体上非常少，其中一些可能是通过假常染色体区的同源重组过程从 X 染色体转移过来的（Drouin，2006）。研究还发现，人类基因组中保守的、转录的、加工假基因富含于 X 染色体上（Khachane et al，2009），这可能与哺乳动物 X 染色体上基因的双向返座运输（trafficking）机制有关（Emerson et al，2004），即 X 染色体向其他染色体输送返座基因和从其他染色体接受返座基因的频率均高于常染色体。染色体重组频率的高低也会影响加工假基因在染色体上的分布（刘国庆，李宏 2008；Liu et al，2010）。从转座元件（包括 DNA 转座子和反转录转座子）分布与重组率的相关性（Jensen-Seaman et al，2004；Hua-Van et al，2005）得到启发，研究人员发现人类加工假基因密度与重组率负相关（刘国庆，李宏 2008）。通过进一步研究，证实了加工假基因在低重组区的分布偏好性是由高重组区同源加工假基因之间异位重组事件的负选择作用造成的（Liu et al，2010）。研究还表明较长的加工假基因更加偏好分布于低重组区（Liu et al，2010）。

8.6 假基因的功能

在假基因研究中，假基因功能始终是人们关注的一大焦点。假基因与正常基因有相似的序列，但是与正常基因存在结构上的差异。这些差异包括在不同部位上程度不等的核苷酸缺失或插入，在基因内含子和外显子连接区发生序列变化，在编码序列当中含有终止密码子，或在转录启动区出现缺陷等。这些变化使此类基因不能转录或翻泽，或者产生有缺陷的蛋白质从而失去了原有的生物学功能。长期以来，人们认为假基因是貌似正常、却没有功能的"死亡基因"，是基因组进化的"化石记录"（Harrison et al, 2002）。但是近年来，关于假基因的讨论日益增多，越来越多的试验证实至少一部分假基因能够转录并参与基因的表达调控，其作用机制可能与 RNA 水平上发挥功能的反义转录本类似（Vanhée-Brossollet et al, 1998; Militello et al, 2008）。现在已经知道，大约有 5%～20% 的人类假基因能够转录，在小鼠体内也发现有大量的假基因转录产物。在现在看来，"假基因没有功能"的观点至少是对一部分假基因是不成立的。在实验条件下没有观察到假基因表达物（RNA 或蛋白质）并不能说明假基因在生物体中永远都如此。而且，即使不能编码对生物体有用的蛋白质，也不能排除假基因具有其他功能的可能性。此外，短散置元 Alu 序列（可以称其为一种假基因）参与基因调控的证据也越来越多（Batzer et al, 2002），例如，增强或抑制基因表达，或作为受体位点供基因调控因子的结合，这无疑提示着假基因也很有可能具有类似的功能。随着研究的深入，人们发现在某些情况下，假基因在基因表达调控、基因组进化和基因多样性等方面发挥着一些重要作用（Balakirev et al, 2003; Hirotsune et al, 2003; Svensson et al, 2006; 刘国庆 等, 2010）。例如，Healy 等证实了假基因 *Est-*6 对功能基因表达的重要调控作用（Healy et al, 1996）；Troyanovsky 和 Leube 的实验表明，一个功能基因与假基因共同协作编码人类 cytokeratin 17 的表达（Troyanovsky et al, 1994）；小鼠 *Makorin-p*1 假基因调控其对应功能基因的表达。下面列举假基因功能的例子。

8.6.1 一氧化氮合酶（NOS）假基因的功能

早在 1999 年，研究人员在静水椎实螺（snail *Lymnaea stagnalis*）中就发现一氧化氮合酶（NOS）基因的一个假基因能够转录形成反义 RNA（Korneev et al, 1999; Korneev et al, 2002; Korneev et al, 2005），与 NOS 正常基因的转录物 mRNA 形成杂合体，进而抑制神经元型一氧化氮合酶的合成。

8.6.2 *Makorin*1-*p*1 假基因的功能及作用机制

1. *Makorin*1-*p*1 假基因的功能　关于假基因的争论焦点是：假基因具备正常功能，还是进化残留物？遗传学家曾在很长一段时间都相信进化残留物一说，但 2003 年一个日本研究小组发现了一个有功能的假基因。Hirotsune 等在研究随机插入到小鼠基因组中的果蝇基因的表达时，发现这个外来基因在大多数小鼠身上并没有产生显著影响，但在某一个品系中所有的小鼠在幼年时就死了。研究结果表明，在该品系的小鼠中，转基因插入到一个叫 *Makorin*1-*p*1 的假基因序列中，这个假基因是 *Makorin*1 基因的变异体，比 *Makorin*1 基因要短很多，不编码蛋白质，而且当 *Makorin*1-*p*1 假基因受到破坏后，对应的真基因也不工作，从而引起小鼠的多囊肾病和严重骨畸形。Hirotsune 等人提出，可转录的 *Makorin*1-*p*1 假基因在 RNA 水平上对其同源编码基因的表达具有调节作用（Hirotsune et al, 2003）。Podlaha 等人还指出，*Makorin*1-*p*1 假基因的进化并不是中性进化（Podlaha et al, 2004）。

*Makorin*1-*p*1 假基的功能受到智能设计论拥护者的高度评价，被认为是智能设计论的有力证明，驳斥了生物进化论（即假基因是进化残留物，不受选择压力，在长期的随机突变作用下"老"假基因最终会退出基因组）。智能设计论者认为，假基因的存在本身就意味着它的活性。这对进化论来讲是一个很严重的挑战，因为无功能却存在于基因组付出的代价是细胞的能耗，假基因如果没有功能的话自然选择会有效地将其从基因组中删除，而不会将它在如此长的时间尺度内（数千万年）保留在基因组中。

假基因有一个或多个损伤致使其丧失原来基因的功能。分析发现与 Makorin1 基因相比，Makorin1-p1 假基因序列有多种损伤，如插入突变、缺失突变和多个点突变。Makorin1-p1 假基因还有框内终止密码子，3′端缺失等明显的缺陷。根据假基因无功能的传统观点，Makorin1-p1 假基因绝对是满足无功能条件的一个。然而 Hirotsune 等人偶然地发现，就是这样一种假基因能够调控 Makorin1 基因的转录本的稳定性。Makorin1 是线虫、果蝇和哺乳动物基因组中保守的、比较古老的基因，编码 RNA 结合蛋白。它是 Makorin 基因和假基因大家族的祖先，位于小鼠第 6 号染色体上。Hirotsune 等发现的假基因 Makorin1-p1 位于小鼠第 5 号染色体上。假基因 Makorin1-p1 与其亲本基因一样均能转录成 mRNA，但由于进化过程中发生了一些突变其 mRNA 无法翻译成蛋白质。Makorin1-p1 假基因 mRNA 中只包含了 Makorin1 基因 mRNA 的前 700 个核苷酸片段。由于可变剪接，Makorin1 基因有两种 mRNA 转录本，一个较短（1.7 kb），一个较长（2.9 kb），编码相同的蛋白质，二者的差别只在于 3′尾端的非翻译区的长度。在两条同源染色体上，Makorin1 基因的两个等位基因拷贝均能转录，但 Makorin1-p1 假基因却带有父本印记（paternal imprinting），在来自父本的同源染色体上的那个拷贝才能转录。

当 Makorin1-p1 假基因遭到破坏时，Makorin1 基因的表达将显著下降，表明 Makorin1 基因的高表达离不开 Makorin1-p1 假基因。有趣的是，当 Makorin1-p1 假基因受损时只有 Makorin1 基因的短 mRNA 转录本的表达量受到下调，而长转录本的表达不受影响，表明长转录本 3′尾端的非翻译区能保护其高表达。Hirotsune 等人对 Makorin1-p1 假基因的基因调控功能提出了一种 RNA 介导的调控模型。与此同时，Lee 对 Makorin1-p1 假基因的基因调控功能提出了一种 DNA 介导的调控模型（Lee 2003）。

2. Makorin1-p1 假基因的作用机制　假基因的作用有序列专一性，只影响与基因本身相似的一些序列。由假基因介导的基因调控有两种可能的作用机制：DNA 介导的调控和 RNA 介导的调控（图 8-2）。

（1）RNA 调控机制：Makorin1-p1 假基因与它类似的活性基因 Makorin1 的 mRNA 相互竞争，与一种去稳定蛋白质结合（图 8-2），这种去稳定蛋白质是一种 RNA 消化酶，与 mRNA 的起始端附近 700 个核苷酸区域结合。Makorin1 和 Makorin1-p1 的 mRNA 前 700 个核苷酸都含有一个去稳定因子的识别位点，因此假基因转录后通过直接竞争的方式剔除去稳定因子，避免 Makorin1 的 mRNA 在去稳定因子的影响下降解，从而保证其继续翻译成蛋白质。这个模型中，Makorin1 基因的长 mRNA 转录本受 3′尾端非翻译区的保护，不受去稳定蛋白因子的降解作用，得以在 Makorin1-p1 假基因无法工作的情况下仍能高表达。

无独有偶，肿瘤抑制基因的假基因 PTENP1 也有与 Makorin1-p1 假基因类似的作用方式。众所周知，miRNA 通过与一个目标信使 RNA（mRNA）中的不完全互补序列相互作用来调控基因表达。但真实情况是否相反呢？即 mRNA 表达水平是否会影响 miRNA 的分布呢？一项新的研究表明，一个假基因（肿瘤抑制因子假基因 PTENP1）的 3′未翻译区域（UTR）能与相关的蛋白编码基因 PTEN 结合相同的 miRNA。这表明，假基因具有一个作为"诱饵"的生物功能，螯合 miRNA，从而影响它们对所表达的基因的调控。

（2）DNA 调控机制：在 DNA 水平上，Makorin1-p1 假基因和 Makorin1 基因的前 700 核苷酸区域的调控元件竞争结合转录抑制剂（图 8-2），Makorin1-p1 假基因对转录抑制剂的招募直接减少转录抑制剂与 Makorin1 基因的结合，从而保证基因的高表达。

很明显，Makorin1-p1 假基因发挥着"开关"功能。上述两种机制均涉及假基因作为"海绵

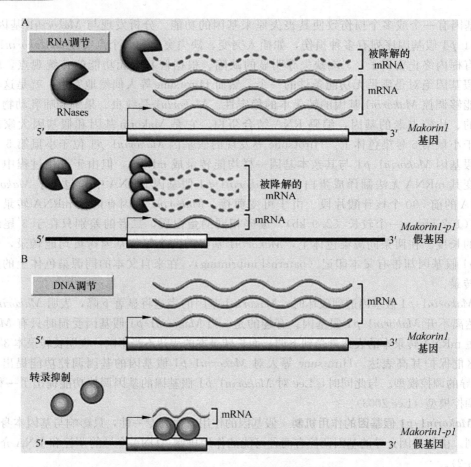

图 8-2 Makorin1-p1 假基因的作用机制
A. 表示 RNA 调控机制，B. 表示 DNA 调控机制（引自 Lee 2003）

体"吸收表达抑制物，否则表达抑制物将吞没基因阻遏其表达。这种作用机制与上述 antiNOS 假基因的作用方式不同，Makorin1-p1 假基因不产生反义 RNA，Makorin1 基因（或其转录本）和 Makorin1-p1 假基因（或其转录本）也不发生直接相互作用。

但是美国一研究小组对 Makorin1-p1 假基因的功能提出了质疑。他们的研究表明，一直有争议的假基因并不会导致疾病发生（Gray et al, 2006），相反，它只是丧失活性的基因复制品，是进化遗留下来的痕迹，这一发现与之前被广泛接受的进化残留物学说是一致的，同时挑战了 2003 年的假基因致病说。

3. 小结 Makorin1-p1 假基因不能编码蛋白质，而是在 RNA 水平上发挥作用。Makorin1-p1 假基因对 Makorin1 基因的转录本的保护功能很容易在几个细胞系的表达系统和转基因小鼠中重复发现，暗示着假基因的这种调控功能可能是普遍现象。Makorin1-p1 假基因 mRNA 转录本的只有前 700 个核苷酸大致对应于 Makorin1 基因的转录本。然而，这种能转录的、由碎片组成的假基因却足够履行其功能，表明序列上断断续续的假基因不一定缺乏功能。传统的观点将假基因的功能局限在表达蛋白质上，这是研究者给自己上紧箍的做法，假基因的功能还可体现在其他方面。例如，蜗牛的假基因可以指导合成一种有用的、短的多肽。这种截断的多肽能与其并系同源基因表达的全长多肽结合成复合物，起到调控全长蛋白质丰度的作用。蜗牛的 antiNOS 假基因产生反义

RNA 与蛋白质编码基因 NOS 的 mRNA 杂交,从而调控其表达。这些都说明蛋白质编码基因对应的假基因为了发挥功能必须被翻译成多肽的假定是不正确的。*Makorin*1-*p*1 假基因更有力地证明假基因有功能,而且可以通过与蛋白质编码功能完全无关的方式发挥作用。假基因序列上的"损伤"表面上看似阻碍蛋白质合成,实际上与其功能完全无关。基于 RNA 的功能也不再是老一套的作用方式,小鼠 *Makorin*1-*p*1 假基因的基于 RNA 的功能截然不同于蜗牛的 antiNOS 假基因,说明了假基因功能的不可预测性。

迄今为止,假基因已知的和潜在的功能暗示假基因可能具有非常广泛的、人们未曾想到的功能。有人指出,在基因组中可能存在人们从未想到的有关 RNA 功能的"隐秘世界"。*Makorin*1-*p*1 假基因的基于 RNA 的功能发现打开了这一长期隐蔽世界的另一扇门。决然抛弃进化论的"假基因是死去的基因拷贝"的观点,在比以往更系统、更大尺度上进行假基因功能研究是今后的方向。

8.6.3 假基因干预细胞的基因沉默机制

Frank 等(Frank et al,2002)的研究结果表明,有些假基因包含着许多重复的 DNA 序列,这种重复的 DNA 序列能够激发某种反应,最终阻止特定的基因的转录,干预细胞的基因沉默机制,进而影响到疾病。强直性肌营养不良和弗里德赖希型共济失调(共济失调指四肢与躯体活动不协调引起的走路、持物不稳,口齿不清等现象)是人类两种与 DNA 异常有关的疾病。科学家以携带与这两种疾病相关的不正常的重复 DNA 的试验鼠为对象,通过对这些不正常的重复 DNA 进行操作,调整了基因沉默状况,达到了影响这两种疾病严重程度的目的。

8.6.4 假基因产生 siRNAs

1. 水稻假基因产生 siRNAs 基于 RNA 文库的深度测序(deep sequencing)的研究表明,有不少假基因是发生功能革新的基因组仓库,例如假基因可能是产生调控小 RNAs 的素材。动植物基因组中目前已发现有三种小 RNAs:microRNAs(miRNAs)、小干扰 RNAs(siRNAs)和 Piwi-interacting RNAs(piRNAs)。miRNAs 长度一般为 20~24nt,与靶 mRNA 相互作用调控其表达。siRNAs 长度一般是 21 nt,由病毒或内源性转座子等双链 RNA 前体产生。植物中,主要有五种 siRNAs:反式作用 siRNAs(ta-siRNAs)、天然的反义转录本来源的 siRNAs(nat-siRNAs)、重复序列相关的 siRNAs(ra-siRNAs)、异染色质 siRNAs 和长 siRNAs(lsi-RNAs)。小 RNA 对基因的表达调控作用非常广泛。例如在动物中,由重复元件通过 Dicer-无关的途径产生的 piRNAs 能抑制基因组中移动元件的活性;在果蝇中由长发夹 RNAs(hp-RNAs)产生的 siRNAs 也能抑制内源性靶 mRNA 的表达。

在植物中,一个植物特异的 siRNA 产生途径可能参与了假基因来源的 siRNAs 的产生及其功能。拟南芥中由假基因产生的 siRNAs 依赖于 RNA-dependent RNA 聚合酶(RDR2)和 Dicer-like 蛋白 3(DCL3)。这些 siRNAs 长度为 24 nt,被认为是与由转座子产生的顺式作用 siRNAs 相同的方式抑制基因的转录。由转座子产生的顺式作用 siRNAs 能介导 RNA-directed DNA 甲基化(Rd-DM)和异染色质的形成,从而影响基因的表达。上述假基因产生的 siRNAs 的基因调控假设虽然与拟南芥中的很多发现相吻合,但目前还不明确假基因(尤其由基因重复产生的假基因)如何维持可能对串接重复序列最有效的 RDR2 和 DCL3 的活性。

最近,Guo 等人在全基因组范围内用 PseudoPipe 程序注释了水稻(*japonica*)基因组的假基因,并仔细分析了其产生 siRNAs 的潜能。发现水稻基因组约有 11956 条假基因,41046 条蛋白质编码基因中约 12% 的基因至少有一条对应的假基因,并确定至少有 145 条假基因极有可能产生小干扰 RNA，且其中多数可能作为 nat-siRNAs，调控假基因并系同源基因的表达（Guo et al，2009）。水稻基因组中转录的假基因产生长度约为 24bp 的小 RNA，这些小 RNA 可能会与其起源基因的 RNA 转录本或与邻近的同源假基因的 RNA 转录本相结合，从而影响基因的表达（Guo et al，2009）。Guo 等人还指出，特异的假基因 siRNAs 可能是在特定的发育阶段和生长环境中产生。

许多水稻假基因 siRNAs 的特征与 ra-siRNAs 有差异。通过更细致地分析小 RNA 的长度后发现，在水稻基因组中假基因 siRNAs 除了以顺式作用方式抑制基因的表达外，可能还有其他的调控作用。在植物中，反式作用 siRNAs（ta-siRNAs）或 nat-siRNAs 的长度范围是与重复序列相关的 siRNAs（ra-siRNA）不同的。例如，水稻 nat-siRNAs 的长度范围是 17～31nt，集中于 21nt，而由重复序列（LINE，SINE，LTR 和 DNA 转座子）产生的小 RNAs（ra-siRNA）其长度集中于 24nt。可见，长度为 21nt 和 24nt 的两组小 RNAs 可能由不同的机制产生，且其功能也可能是大有不同。当然也有个例，如拟南芥中发现的第一例通过 RDR6/DCL2 的作用产生的反式作用 nat-siRNAs 的长度为 24nt。水稻基因组中分开分析长度为 21nt 和 24nt 的两组小 RNAs 后发现，出乎预料的是 24nt 的 siRNAs 并不是集中分布在富含重复元件的着丝粒区和近着丝粒区。这表明假基因的长度为 24nt 的 siRNAs 不一定是由单一的重复序列相关的 RDR2 途径产生，同时暗示其功能可能不局限于导致异染色质的形成。

有关小鼠 siRNAs 的研究发现，来自亲本基因的有义链小 RNAs 和来自相应假基因互补区的无义链小 RNAs 的同时产生为假基因来源的 siRNAs 的功能提供了线索。水稻基因组中还发现，有 38 个"基因—假基因对"能产生反式作用 nat-siRNAs，其中 32 个为重复假基因，这与之前的重复假基因产生反式作用小 RNAs 的发现相吻合。同时还发现，水稻基因组中上述反式作用 nat-siRNAs 是由距离较近的"基因—假基因对"产生的。同一染色体上的并系同源（由同一亲本基因产生）的两条假基因转录后可能形成 RNA 发夹结构，并由此进一步产生 siRNAs。研究还指出，假基因通过 siRNAs 发挥基因调控作用的功能在动植物中可能是保守的。

2. 布氏锥虫假基因产生 siRNAs　RNA 干扰（RNAi）是真核生物 RNA 调控途径的重要组成之一。RNAi 过程中特异的双链 RNA（dsRNA）被切割成 siRNAs 或 miRNA 后进一步以 RNase 介导的方式降解其同源 mRNA。在原生寄生虫中，RNAi 被证实并被用作成熟的功能分析工具。Mallick 等人基于计算生物学方法暗示非洲布氏锥虫（*Trypanosoma brucei*）中存在 miRNA，但没有提供实验证据。据研究表明，siRNAs 是布氏锥虫的关键调控因子。

假基因在布氏锥虫基因组中非常普遍：约 10% 的被预测为基因的序列（900 条）事实上是假基因。早在 1989 年，关于 *T. equiperdum*（亲缘关系与 *Trypanosoma brucei* 非常近）假基因的研究发现可变的表面糖蛋白（VSG）基因与其假基因发生重组（Thon et al，1989）。从那以后，锥体虫中的假基因被看作是嵌合基因，并通过重组与抗原的多样性相联系起来。后来随着假基因新功能（如以 siRNA 的方式起作用）的发现人们不禁提出这样的问题：在单细胞生物体中假基因是不是小 RNAs 的来源？小 RNAs 是否能够作为 siRNA 调控基因的表达？在这些问题的鞭策下，Wen 和 Zheng 等人用高通量深度测序技术分析了血液中的布氏锥虫的小非编码 RNAs（Wen et al，2011）。结果发现，16% 的小 RNA 是由假基因产生的。这些假基因来源的小 RNA 的长度集中在 23～26 nt 范围，这与布氏锥虫的 siRNA 的特征相吻合。另外，与拟南芥 siRNA 一样，这些小 RNA 的 5′端第一个核苷酸是尿嘧啶 U。这些现象都表明 *T. brucei* 中假基因产生的小 RNA 符合 siRNA 的特征。进一步的实验分析发现这些小 RNA 确实是 siRNAs，这些 siRNAs 至少一部分是依赖于 Dicer-like 蛋白 TbDCL1。小鼠和水稻基因组中至少一部分 siRNAs 是亲本基因的有义链 RNAs 和相应假基因互补区的无义链小 RNAs 相配对形成 RNA 双链体而产生的。如出一辙，

T. brucei 中同样发现，有 9 个"基因—假基因对"产生了 siRNAs。用相同的分析方法还发现，有 2 个"假基因—假基因对"产生了 siRNAs。Wen 等人指出，假基因产生的 siRNAs 可能参与了布氏锥虫发育和分化。

3. 小鼠假基因产生 siRNAs 最近研究发现，在小鼠卵母细胞中转录的假基因能够进一步产生小干扰 RNA（siRNA），从而调控其同源基因的表达（Tam et al, 2008；Watanabe et al, 2008）。其中有些假基因产生的 siRNAs 是经历过 Dicer 的处理，Dicer 的缺乏可导致 siRNAs 数量的减少，进而上调对应靶基因的表达。与 siRNA 相比，在较早的时候研究人员就发现动物的生殖细胞系中存在 miRNA 和 piRNA。miRNA 偏向于在各种组织中普遍表达，但 piRNA 主要在种系细胞和性腺体细胞中表达。最初的研究发现，所有涉及 piRNA 途径的突变都显著导致反转录转座子的过量表达，其结合蛋白 Piwi 基因的突变（纯合突变）导致雄性不育和性腺发育不全。鉴于反转录转座子的活动将引发 DNA 损伤，初步推测 piRNA 有维持基因组稳定性和参与调节雄性生殖细胞成熟的功能。Tam 等根据他们的实验结果甚至指出，在卵母细胞中一些 piRNA 基因簇可能既产生 piRNA 也产生 siRNA，且在雌性体内的某些 piRNA 途径的突变并不会明显影响卵的形成和成熟，推测在小鼠卵母细胞中 piRNA 和 siRNA 途径均抑制转座子的活性，这似乎也可以解释 piRNA 是最初在雄性睾丸发现而没有在雌性生殖系发现。Tam 等人的研究还发现，小鼠卵母细胞中有的 siRNAs 对应于蛋白质编码基因的有义链，有的则对应于无义链。通过分析发现，对应于无义链的 siRNAs 是来自蛋白质编码基因产生的假基因。产生机制如下：编码基因的成熟的 mRNA 与其对应的转录假基因的 mRNA 转录本相杂交后成为 Dicer 的靶，进而在 Dicer 的切割下产生 siRNAs。还有一种假基因产生 siRNAs 的特殊例子：Ran-GTP（GTPase-激活蛋白）对应的 siRNAs 是由包含倒置重复片段（两臂各为 300bp、间隔序列为 800bp）的假基因产生的。包含倒置重复片段的假基因转录后在 RNA 水平上形成茎环结构，siRNAs 则在 Dicer 的作用下从配对的双链茎部分产生。

假基因与其对应功能基因的同源性与随机突变累积的时间长短有关。Tam 等人发现有很多假基因起源的 siRNAs 与其对应基因 mRNA 之间的匹配度还是非常高的，有的完全匹配，有的只有少量位于 slicer 切割范围外的错配。由此可见，这些假基因起源的 siRNAs 很有可能参与了对功能基因的表达调控。进一步的实验研究发现，从细胞中去除 Dicer 的时候基因（有相应的假基因起源 siRNAs 的基因）的表达量增加，说明假基因起源 siRNAs 确实参与了对应基因的表达调控。这里，假基因起源的 siRNAs 有两种可能的途径影响对应基因的表达：第一，假基因起源 siRNAs 以传统的 RNA 干扰（RNAi）的机制抑制对应基因 mRNA 的表达；第二，假基因 siRNAs 是编码基因的 mRNA 与其对应假基因的 mRNA 杂交后在 Dicer 的切割下产生的，即假基因 siRNAs 的产生本身就用掉一部分功能基因 mRNA，这可能会降低此基因的表达量。有证据表明第一种可能性较大：*Hdac*1 假基因起源的 siRNAs 以基于 RNA 介导的沉默复合物的机制切割 *Hdac*1 基因的 mRNA 转录本。

8.6.5 假基因保护 snoRNA 的作用

可转录的假基因还可以作为小分子核仁 RNA（snoRNA）的载体而起到保护 snoRNA 的作用（Mitrovich et al, 2005；Weischenfeldt et al, 2005）。真核细胞中，无义介导的 mRNA 降解机制（nonsense-mediated mRNA decay，简称 NMD）会使提前出现终止密码子的 mRNA 降解掉，以免表达出有害的不完整蛋白。Mitrovich 等人在线虫基因组中发现，含有终止密码子的假基因转录本受到 NMD 的作用（Mitrovich et al, 2005）。他们还发现有一 snoRNA 是从假基因内含子转录而来的。由于 NMD 只作用于成熟的 mRNA 上，包含在内含子里的 snoRNA 会躲过 NMD 的降解。从这个意义上来讲，假基因是 snoRNA 的载体，且起到了保护 snoRNA 的作用。

8.6.6 假基因的转录与保守性

一般而言，假基因由于缺乏合适的启动子和调控元件而无法转录。但最近关于假基因转录的证据愈来愈多，基于不同的实验方法，例如 RACE（Rapid Amplification of cDNA Ends）、微阵列分析和高通量测序方法等，发现人类基因组中至少有 1/5 的假基因具有不同程度的转录活性。与此相独立的研究同样发现 5%～20% 的人类假基因有转录证据。基于 100000 条全长 cDNA 的分析发现，小鼠基因组中的不少假基因能产生稳定的 RNA 转录本。寻找假基因转录证据的研究潮流证实了很多基因组（如人、小鼠、植物和酵母等基因组）中有些假基因确实是转录的（Harrison et al，2005；The ENCODE Project Consortium 2007；Yano et al，2004；Yamada et al，2003；Harrison et al，2002；Fujii et al，1990；Fürbass et al，1995），而且有些转录的假基因在不同基因组中具有同源性和保守性（Khachane et al，2009；Svensson et al，2006；Balasubramanian et al，2009）。转录不局限于重复假基因，加工假基因也可以转录（Harrison et al，2005；The ENCODE Project Consortium 2007）。ENCODE 计划研究表明，人类基因组可能在整个基因组范围内广泛转录（The ENCODE Project Consortium 2007），其中功能未知的转录事件偏好发生于包括假基因在内的传统"垃圾 DNA"区（Willingham et al，2006）。转录并不意味着肯定有功能。序列保守性是推断基因组序列有无功能的重要指标。假基因保持高度保守的例子较多（Balakirev et al，2003；Khachane et al，2009；Svensson et al，2006；Mighell et al，2000；Matters et al，1992）。Svensson 等人通过比较基因组学方法发现，有 30 个可转录的假基因在人、黑猩猩和小鼠基因组之间是保守的（Svensson et al，2006）。假基因在进化过程中的高保守性及高同义突变率均意味着这些假基因可能承受着一定的功能约束（Balakirev et al，2003）。Khachane 等人发现，剔除同一数据库和不同数据库中相互重叠的冗余数据后，人类基因组约含有 15000 个假基因，其中转录假基因约占 11.5%（1750 个）（Khachane et al，2009）；只有极少部分（3%～6%）的假基因在反义方向（antisense direction）上转录，这可能是阻止假基因转录本与其同源基因转录本之间互补杂交的选择压力所致；相比人类基因组，小鼠假基因中可转录假基因所占的比例较少（<2%）。通过同源性搜索结合共线性（synteny）分析，发现一些人类转录假基因在进化过程中保持保守；一半以上的人类转录假基因在人和猕猴之间保持共线保守，而只有 3% 的转录假基因在人和小鼠之间保持保守，表明多数人类转录假基因是灵长类特异的；在不同物种之间，转录假基因的保守性显著强于其侧翼序列，意味着转录假基因经受着显著的选择压力（Khachane et al，2009）。Balasubramanian 等人通过对人、黑猩猩、小鼠和大鼠基因组的分析发现（Balasubramanian et al，2009），核糖体蛋白加工假基因的数量与其对应的 mRNA 的丰度并无关联，这一点与之前的发现（Zhang et al，2002）相矛盾；共线区的假基因在人和黑猩猩之间表现出较高的保守性，但灵长类和啮齿类之间没有保守性；共线区假基因的序列突变率低于侧翼基因间序列；与表达序列标签（EST）进行比对，发现有两个在人和小鼠之间保持保守的假基因可以转录，并且其中之一 RPS27 假基因（核糖体蛋白 S27 的假基因）可能会表达成蛋白质，这一点与人类基因组包含 80 个（而非 79 个）核糖体蛋白基因的假说相吻合。某些假基因转录可能比其同源功能基因转录更为常见，但空间表达及转录时的剪切方式可能与功能基因不同。例如，肿瘤抑制基因 PTEN 和假基因 PTENP1 在不同组织中的转录有差异。

假基因转录本的生物学意义还远未挖掘出来，但已有证据表明至少有一些假基因在基因表达调控中起着非常重要的作用。例如，小鼠 *Makorin*1-*p*1 假基因转录本对其同源编码基因的表达具有重要的"开关"调节作用，*L. stagnalis* 神经系统中一氧化氮合酶（NOS）假基因转录本以反义 RNA 的形式影响神经元型一氧化氮合酶的表达，人类 X 染色体灭活的关键启动因子——XIST 非编码基因也同样来源于假基因。

8.6.7 假基因产生基因多样性

假基因是产生基因多样性的源泉之一，因而在基因组进化过程中可能将起到重要的作用。假基因常常与它们的同源功能基因发生基因转换产生抗原多样性（Li et al，1981；Thon et al，1989；Benatar et al，1993；McCormack et al，1993；McCormack et al，1990；Thon et al，1989）。可能正因为如此，假基因序列及其特有特征通过自然选择得到了保留，而不是迅速退化。反过来，由于同源重组或基因转换强烈依赖于序列同源性（Borts et al，1987；Chambers et al，1996；Godwin et al，1994），假基因与基因之间的转换机率受其同源性或突变率影响。有报道证实一些细菌病原体存在着在表达抗原基因的时候产生序列多样性的机制，如在赫姆斯氏包柔氏螺旋体假基因在复发发烧的过程中就起到产生抗原多样性的作用（Restrepo et al，1994）。此外，人类的嗅觉接受器假基因可能对于产生和维持接受器多样性方面起到重要的作用（Glusman et al，2000；Sharon et al，1999）。美国杜克大学的科研人员给基因型相同的老鼠在胎生期间喂食维生素，发现食物中假基因含量的高低能够影响老鼠出生后的身体颜色。

8.6.8 假基因的命运

除了与基因表达调控有关以外，假基因在基因组进化过程中可能扮演着重要角色。假基因是不是大自然事先在基因组中储备好的用于发展新功能的素材呢？现在普遍认为产生大量加工假基因的返座作用作为一种进化的动力，通过促进序列连续性复制、散置和重组，保持着真核生物基因组流动性（Kazazian 2004；Weiner et al，1986）。假基因、转座子、微卫星等序列中发生的看起来无用的遗传变异可能为物种进化的正选择、负选择及中性突变提供了丰富的材料（Kazazian 2004；Weiner et al，1986）。有时假基因可以重获新生，丰富生物细胞的功能多样性。从这种意义上讲，假基因并不是进化的死末端，而是基因组创建更好的遗传信息表达方式的备用素材，是产生新基因、扩增新功能的又一源泉。研究还指出，假基因介导的基因转换（gene conversion）可能有助于提高生物体的免疫力，促进适应性进化（Hansen et al，2000；Hayakawa et al，2005）。某些功能基因可使其假基因转化成有功能的基因。人 16 号染色体上的一球蛋白基因簇由基因复制和转化产生，该基因簇基因和其并系同源假基因序列基本相同，但假基因启动子无功能，在某些情况下，通过基因转化可导致假基因启动子功能恢复，从而产生有功能的假基因。哺乳动物精液核酶基因及其假基因的进化过程也支持假基因向功能基因转化的观点。但某些功能基因转化假基因的意义目前尚不明确，如长效的牛乳球蛋白假基因 3′端被其功能基因转化；牛 H2 假基因 3′端被功能基因 H2 转化。

假基因来源于基因复制或者反转座，并在进化过程中逐渐丧失功能或沉默；但它们仍处在不停的变化中，有可能通过 DNA 突变、转染、重组等机制恢复为原来的功能基因或者其他功能基因（Benevolenskaya et al，1997；Seiser et al，1990；Zhang et al，1992），继续行使功能，如牛基因组中与精液核糖核酸酶相关的假基因和人类等多细胞动物中的与嗅觉有关的假基因，这些假基因如同基因备份序列存在于基因组中。果蝇中有功能的 *jingwei* 基因也可能具有假基因来源（Long et al，1993；Long et al，2003）。在鸡基因组中，也发现了与免疫球蛋白有关的功能基因由假基因形成（Benatar et al，1993；McCormack et al，1993；McCormack et al，1990）。加工假基因在染色体上的位置比较随机，与其祖先基因的位置没有必然的联系。不同的是重复假基因常位于其祖先基因的两侧，并且它们大多与环境互作的蛋白质相关。因此，有人推测这些重要基因的复制备份也许有助于生物抵抗不利环境的影响。假基因的这种特性通常造成基因组中基因的大范围随机漂移。由于基因组中存在与其相似的功能完备的祖先基因，假基因拷贝可能不受选择压力，积累突变而对生物体不产生负面影响。随机突变在重复的拷贝上随时间积累后有两种结果，一种是具有新功能的新基因的诞生，另一种则是变成快速衰退的假基因（Graur et al，1989）。当然，有些假基因与其功能基因一样，受到同样的选择压力而保持保守（Schiff et al，1985）。假基因还有可能形成新的蛋白质折叠结构变异，从而为新基因的产生提供另外的途径。

8.6.9 假基因的弊端

除了积极的一面以外，假基因还有一些负面影响。例如，血友病A、B，脆性X综合征，X连锁免疫缺陷综合征等疾病由加工假基因返座插入所致。假基因也有可能通过基因转换把自身的缺陷部位传递给功能基因或与非等位位点上的同源基因发生重组，从而导致疾病的发生（Bischof et al，2006；Roesler et al，2000），如由于 *IDS*、*CYP21* 及 *GBA* 功能基因的部分序列通过基因转换分别被相应假基因序列代替，导致Ⅱ型粘多糖病、先天性肾上腺皮质缺乏症和高雪氏病的发生。另外，由于同源重组依赖序列同源性，假基因的插入突变可能会导致重组频率的改变（Balakirev et al，2003），其自然选择层面上的利弊关系还不是很清楚。因为假基因和功能基因的序列高度同源，在功能基因研究中，PCR和原位杂交实验结果常会受到干扰。在某些情况下，有一些已加工假基因可以偶然获得5′上游启动子序列而转录，甚至可以重新恢复为功能基因，一些在医学中非常重要的人类基因也有假基因，这可能会干扰疾病诊断和治疗。下面两个实例说明了假基因对疾病诊断与治疗的干扰。① *Cytokeratin* 19（*CK19*）是人17号染色体上的多外显子基因，编码40kD细胞骨架蛋白，该基因在乳腺、肺和前列腺肿瘤细胞中转录表达，因此被用于RT-PCR的标记检测上皮型肿瘤，然而有报道指出 *CK19* 的假基因在这种检测方法中也被检出，因而影响了肿瘤诊断的准确性。Zhang等发现在人4、6、10和12号染色体也存在加工假基因，这些假基因和CK19非常相似，有62%~85%的DNA序列一致率。② *PTEN* 基因是功能比较清楚的肿瘤抑制基因，位于染色体10q23，其假基因 *YPTEN* 在9号染色体上，研究指出这个假基因可能已经获得了5′启动子，能够在许多种细胞和组织中表达，从而可能误导 *PTEN* 基因的表达研究。*YPTEN* 与 *PTEN* 编码区98%同源，所以，在分析 *PTEN* 基因突变时，必需排除假基因 *PTEN* 的干扰。尤其是以肿瘤 cDNA 为模板来研究该肿瘤 *PTEN* 突变率时，一定要避免基因组 DNA 的污染，否则会出现假阳性结果。研究者应该充分理解在实验设计和结果解释中假基因的关联。假基因的存在对基因的注释也带来了影响。系统和准确地对基因组上假基因进行分类有助于功能基因的预测和注释，因为往往有一些假基因被错误预测为未知的功能基因。研究指出，在国际人类基因组测序委员会（International Human Genome Sequencing Consortium，IHGSC）2001年预测的基因中约有22%可能是假基因"污染"。在线虫基因组也有把假基因误作为功能基因的报道。在过去，批量获取人类 cDNA 的过程中，我们就碰到了许多的这种情况，在 GenBank 收录和预测的基因序列中，有相当一部分可以被确认为是假基因的非表达序列。所以要区分一个表达基因和假基因，要先严格按照假基因的特点加以排除，这样在获取功能基因的时候往往可以避免一些混淆带来的负面影响而提高效率。

随着"基因"的重新定义（Pearson 2006；Gerstein et al，2007）和假基因潜在功能的发现，有人指出重新定义"假基因"已迫在眉睫。据新的定义，假基因是源于功能基因，但不能够表达成与原有基因相同类型的产物（如蛋白质、tRNA，rRNA等）的基因组序列（Zheng et al，2007）。

8.7 总结与展望

本章从假基因的起源与序列特征、假基因的识别、假基因在染色体上的分布及其分子进化规律，以及假基因功能等几个方面较为全面地介绍了该领域最新研究进展。假基因的识别是基础性工作。在假基因的识别中已不再把"无功能"作为假基因的必要条件。这是合乎情理的假设，因为你可以证明一条序列有功能，却很难证明一条序列肯定没有功能。基于目前的假基因识别程序，我们可以非常便捷地从基因组中搜索出自己所需的、不同特征的假基因。假基因在基因组进化研究中的意义是不言而喻的，它是迄今为止人们发现的最令人振奋的记录基因组进化脚印的分子化石。当前，"假基因功能"在该研究领域中备受瞩目。学术界已经从实验上发现了有些假基因在基因表达调控网络中以RNA干扰的方式起作用，然而这种调控作用是凤毛麟角还是司空见惯？还有待进一步的实验和理论工作去检验。

参 考 文 献

刘国庆，李宏. 2008. 人类基因组中加工假基因分布与重组率和基因密度的关系［J］. 生物物理学报，24：371-378.

刘国庆，白音宝力高，邢永强. 2010. 假基因研究进展［J］. 生物化学与生物物理进展，37：1165-1174.

ABRUSAN G, KRAMBECK H J. 2006. The distribution of L1 and Alu retroelements in relation to GC content on human sex chromosomes is consistent with the ectopic recombination model［J］. J. Mol. Evol.，63：484-492.

BALAKIREV E S, AYALA F J. 2003. Pseudogenes：are they "junk" or functional DNA?［J］. Annu. Rev. Genet.，37：123-151.

BALASUBRAMANIAN S, ZHENG D, LIU Y J, et al. 2009. Comparative analysis of processed ribosomal protein pseudogenes in four mammalian genomes［J］. Genome Biol.，10：R2.

BATZER M A, DEININGER P L. 2002. Alu repeats and human genomic diversity［J］. Nat. Rev. Genet.，3：370-380.

BENATAR T, RATCLIFFE M J H. 1993. Polymorphism of the functional immunoglobulin variable region genes in the chicken by exchange of sequence with donor pseudogenes［J］. Eur. J. Immunol, 23：2448-53.

BENEVOLENSKAYA E V, KOGAN G L, TULIN A V, PHILIPP D, GVOZDEV V A. 1997. Segmented gene conversion as a mechanism of correction of 18S rRNA pseudogene located outside of rDNA cluster in D. melanogaster［J］. J. Mol. Evol.，44：646-651.

BISCHOF J M, CHIANG A P, SCHEETZ T E, et al. 2006. Genome-wide identification of pseudogenes capable of disease-causing gene conversion［J］. Human Mutation，27：545-552.

BORTS R H, HABER J E. 1987. Meiotic recombination in yeast：alteration by multiple heterozygosities［J］. Science 237：1459-65.

CHAMBERS S R, HUNTER N, LOUIS E J, BORTS R H. 1996. The mismatch repair system reduces meiotic homeologous recombination and stimulates recombinationdependent chromosome loss［J］. Mol. Cell. Biol.，16：6110-6120.

D'LERRICO I, GADALETA G, SACCONE C. 2004. Pseudogenes in metazoa：origin and features［J］. Brief Funct Genomics Proteomics，3：157-167.

DROUIN G. 2006. Processed pseudogenes are more abundant in human and mouse X chromosomes than in autosomes［J］. Mol. Biol. Evol.，23：1652-1655.

ECHOLS N, HARRISON PM, BALASUBRAMANIAN S, et al. 2002. Comprehensive analysis of amino acid and nucleotide composition in eukaryotic genomes comparing genes and pseudogenes [J]. Nucleic. Acids Res., 30: 2515-2523.

EMERSON J J, KAESSMANN H, BETRAN E, et al. 2004. Extensive gene traffic on the mammalian X chromosome [J]. Science, 303: 537-540.

ESNAULT C, MAESTRE J, HEIDMANN T. 2000. Human LINE retrotransposons generate processed pseudogenes [J]. Nat. Genet., 24: 363-367.

FRANK A C, AMIRI H, ANDERSSON S G E. 2002. Genome deterioration: loss of repeated sequences and accumulation of junk DNA [J]. Genetica, 115: 1-12.

FUJII G H, MORIMOTO A M, BERSON A E, BOLEN J B. 1990. Transcriptional analysis of the PTEN/MMAC1 pseudogene, 9PTEN [J]. Oncogene 18: 1765-69.

FURBASS R, VANSELOW J. 1995. An aromatase pseudogene is transcribed in the bovine placenta [J]. Gene 154: 287-91.

GERSTEIN M, BRUCE C, ROZOWSKY J S, et al. 2007. What is a gene, post-ENCODE? History and updated definition [J]. Genome Res., 17: 669-681.

GLUSMAN G, SOSINSKY A, BEN-ASHER E, AVIDAN N, SONKIN D, et al. 2000. Sequence, structure, and evolution of a complete human olfactory receptor gene cluster [J]. Genomics 63: 227-245.

GODWIN A R, LISKAY R M. 1994. The effects of insertions on mammalian intrachromosomal recombination [J]. Genetics 136: 607-617.

GONCALVES I, DURET L, MOUCHIROUD D. 2000. Nature and structure of human genes that generate retropseudogenes [J]. Genome Res., 10: 672-678.

GRAUR D, SHUALI Y, LI W H. 1989. Deletions in processed pseudogenes accumulate faster in rodents than in humans [J]. J. Mol. Evol., 28: 279-85.

GRAY T A, WILSON A, FORTIN P J, et al. 2006. The putatively functional Mkrn-p1 pseudogene is neither expressed nor imprinted, nor does it regulate its source gene in trans [J]. Proc. Natl. Acad. Sci. USA, 103: 12039-12044.

GUO X, ZHANG Z, GERSTEIN M, et al. 2009. Small RNAs Originated from pseudogenes: cis- or trans-acting? [J]. PLoS Comput. Biol., 5: e1000449.

HANSEN T F, CARTER A J, CHIU C H. 2000. Gene conversion may aid adaptive peak shifts [J]. J. Theor. Biol., 207: 495-511.

HARRISON P M, ECHOLS N, GERSTEIN M. 2001. Digging for dead genes: an analysis of the characteristics of the pseudogene population in the Caenorhabditis elegans genome [J]. Nucleic. Acids. Res., 29: 818-830.

HARRISON P M, et al. 2002. Molecular fossils in the human genome: identification and analysis of the pseudogenes in chromosomes 21 and 22 [J]. Genome Res., 12: 272-280.

HARRISON P M, GERSTEIN M. 2002. Studying genomes through the aeons: protein families, pseudogenes and proteome evolution [J]. J. Mol. Biol., 318: 1155-1174.

HARRISON P M, KUMAR A, LAN N, et al. 2002. A small reservoir of disabled ORFs in the yeast genome and its implications for the dynamics of proteome evolution [J]. J. Mol. Biol., 316: 409-419.

HARRISON P M, MILBURN D, ZHANG Z, et al. 2003. Identification of pseudogenes in the *Drosophila melanogaster* genome [J]. Nucleic. Acids. Res., 31: 1033-1037.

HARRISON P M, ZHENG D, ZHANG Z, et al. 2005. Transcribed processed pseudogenes in the human genome: an intermediate form of expressed retrosequence lacking protein-coding ability [J]. Nucleic. Acids. Res., 33: 2374-2383.

HAYAKAWA T, ANGATA T, LEWIS A L, et al. 2005. Human-specific gene in microglia [J]. Science, 309: 1693.

HEALY M J, DUMANCIC M M, CAO A, OAKESHOTT J G. 1996. Localization of sequences regulating ancestral and acquired sites of esterase 6 activity in *Drosophila melanogaster* [J]. Mol. Biol. Evol., 13: 784-797.

HIROTSUNE S, YOSHIDA N, CHEN A, et al. 2003. An expressed pseudogene regulates the messenger-RNA stability of its homologous coding gene [J]. Nature, 423: 91-96.

HUA-VAN A, ROUZIC A L, MAISONHAUTE C, et al. 2005. Abundance, distribution and dynamics of retrotransposable elements and transposons: similarities and differences [J]. Cytogenet Genome Res., 110: 426-440.

JACQ C, MILLER J R, BROWNLEE G G. 1977. A pseudogene structure in 5S DNA of Xenopus laevis [J]. Cell, 12: 109-20.

JENSEN-SEAMAN M I, FUREY T S, PAYSEUR B A, et al. 2004. Comparative recombination rates in the rat, mouse, and human genomes [J]. Genome Res., 14: 528-538.

KARRO J E, YAN Y, ZHENG D, et al. 2007. Pseudogene. org: a comprehensive database and comparison platform for pseudogene annotation [J]. Nucleic. Acids. Res., 35: D55-D60.

KAZAZIAN H H. 2004. Mobile elements: drivers of genome evolution [J]. Science, 303: 1626-1632.

KHACHANE A N, HARRISON P M. 2009. Assessing the genomic evidence for conserved transcribed pseudogenes under selection [J]. BMC Genomics, 10: 435.

KHELIFI A, DURET L, MOUCHIROUD D. 2005. HOPPSIGEN: a database of human and mouse processed pseudogenes [J]. Nucleic. Acids. Res., 33: D59-D66.

KORNEEV S A, PARK J H, O'SHEA M. 1999. Neuronal expression of neural nitric oxide synthase (nNOS) protein is suppressed by an antisense RNA transcribed from an NOS pseudogene [J]. J. Neurosci., 19: 7711-7720.

KORNEEV S A, O'SHEA M. 2002. Evolution of nitric oxide synthase regulatory genes by DNA inversion [J]. Mol. Biol. Evol., 19: 1228-1233.

KORNEEV S A, STRAUB V, KEMENES I, et al. 2005. Timed and targeted differential regulation of nitric oxide synthase (NOS) and anti-NOS genes by reward conditioning leading to long-term memory formation [J]. J. Neurosci., 25: 1188-1192.

LAWRENCE J G, HENDRIX R W, CASJENS S. 2001. Where are the pseudogenes in bacterial genomes? [J] Trends Microbiol, 9: 535-940.

LEE J T. 2003. Molecular biology: Complicity of gene and pseudogene [J]. Nature, 423: 26-28.

LERAT E, OCHMAN H. 2005. Recognizing the pseudogenes in bacterial genomes [J]. Nucleic. Acids. Res., 33: 3125-3132.

LIU G, LI H, CAI L. 2010. Processed pseudogenes are located preferentially in regions of low recombination rates in the human genome [J]. J. Evol. Biol., 23: 1107-1115.

LIU Y, HARRISON P M, KUNIN V, et al. 2004. Comprehensive analysis of pseudogenes in prokaryotes: widespread gene decay and failure of putative horizontally transferred genes [J]. Genome Biol., 5: R64.

LI W H, GOJOBORI T, NEI M. 1981. Pseudogenes as a paradigm of neutral evolution [J]. Nature, 292: 237-239.

LOPEZ J V, YUHKI N, MASUDA R, et al. 1994. Numt, a recent transfer and tandem amplification of mitochondrial DNA to the nuclear genome of the domestic cat [J]. J. Mol. Evol., 39: 174-190.

LONG M, LANGLEY C H. 1993. Natural selection and the origin of jingwei, a chimeric processed functional gene in *Drosophila* [J]. Science, 260: 91-95.

LONG M, BETRA'N E, THORNTON K, WANG W. 2003. The origin of new genes: glimpses from the young and old [J]. Nat. Rev. Genet., 4: 865-874.

MATTERS G L, GOODENOUGH U W. 1992. A gene/pseudogene tandem duplication encodes a cysteine-rich protein expressed during zygote development in Chlamydomonas reinhardtii [J]. Mol. Gen. Genet., 232: 81-88.

MCCORMACK W H, HURLEY E A, THOMPSON C B. 1993. Germ line maintenance of the pseudogene donor pool for somatic immunoglobulin gene conversion in chickens [J]. Mol. Cell. Biol., 13: 821-830.

MCCORMACK W H, THOMPSON C B. 1990. IgL variable gene conversion display pseudogene donor preference and 5' to 3' polarity [J]. Genes. Dev., 4: 548-558.

MIGHELL A J, SMITH N R, ROBINSON P A, MARKHAM A F. 2000. Vertebrate pseudogenes [J]. FEBS Lett., 468: 109-114.

MILITELLO K T, REFOUR P, COMEAUX C A, DURAISINGH M T. 2008. Antisense RNA and RNAi in protozoan parasites: Working hard or hardly working? [J]. Mol. Biochem. Parasitol., 157: 117-126.

MITROVICH Q M, ANDERSON P. 2005. mRNA Surveillance of expressed pseudogenes in *C. elegans* [J]. Curr. Biol., 15: 963-967.

MIYATA T, HAYASHIDA H, KUMA K, et al. 1987. Male-driven molecular evolution: a model and nucleotide sequence analysis [J]. Cold Spring Harbor Symp Quant Biol, 52: 863-867.

NUGENT J M, PALMER J D. 1991. RNA-mediated transfer of the gene COX Ⅱ from the mitochondrion to the nucleus during flowering plant evolution [J]. Cell, 66: 473-481.

OCHMAN H, DAVALOS L M. 2006. The nature and dynamics of bacterial genomes [J]. Science, 311: 1730-1733.

ORTUTAY C, VIHINEN M. 2008. PseudoGeneQuest-Service for identification of different pseudogene types in the human genome [J]. BMC Bioinformatics, 9: 299.

PAVLICEK A, GENTLES A J, PACES J, et al. 2006. Retroposition of processed pseudogenes: the impact of RNA stability and translational control [J]. Trends Genet, 22: 69-73.

PAVLICEK A, JABBARI K, PACES J, et al. 2001. Similar integration but different stability of Alus and LINEs in the human genome [J]. Gene, 276: 39-45.

PEARSON H. 2006. Genetics: what is a gene? [J]. Nature, 441: 398-401.

PETROV D A, HARTL D L. 1998. High rate of DNA loss in the Drosophila melanogaster and Drosophila virilis species groups [J]. Mol. Biol. Evol., 15: 293-302.

PODLAHA O, ZHANG J. 2004. Non-neutral evolution of the transcribed pseudogene Makorin1-p1 in mice [J]. Mol. Biol. Evol., 21: 2202-2209.

RESTREPO B I, CARTER C J, BARBOUR A G. 1994. Activation of a vmp pseudogene in Borrelia hermsii: an alternate mechanism of antigenic variation during relapsing fever [J]. Mol. Microbiol, 13: 287-99.

ROESLER J, CURNUTTE J T, RAE J, et al. 2000. Recombination events between the p47-phox gene and its highly homologous pseudogenes are the main cause of autosomal recessive chronic granulomatous disease [J]. Blood, 95: 2150-2156.

SCHIFF C, MILILI M, FOUGEREAU M. 1985. Functional and pseudogenes are similarly organized and may equally contribute to the extensive antibody diversity of the IgVHII family [J]. EMBO J., 4: 1225-1230.

SEISER C, BECK G, WINTERSBERGER E. 1990. The processed pseudogene of mouse thymidine kinase is active after transfection [J]. FEBS Lett, 270: 123-26.

SHARON D, GLUSMAN G, PILPEL Y, KHEN M, GRUETZNER F, et al. 1999. Primate evolution of an olfactory receptor cluster: Diversification by gene conversion and recent emergence of pseudogenes [J]. Genomics 61: 24-36.

SKOWRONSKI J, SINGER M F. 1986. The abundant LINE-1 family of repeated DNA sequences in mammals: genes and pseudogenes [J]. Cold Spring Harbor Symp Quant Biol, 51: 457-464.

SVENSSON O, ARVESTAD L, LAGERGREN J. 2006. Genome-wide survey for biologically functional pseudogenes [J]. PLOS Comput. Biol., 2: 358-369.

TAKLE G B, O'CONNOR J, YOUNG A J, CROSS G A. 1992. Sequence homology and absence of mRNA defines a possible pseudogene member of the Trypanosoma cruzi gp85/sialidase multigene family [J]. Mol. Biochem. Parasitol., 56: 117-128.

TAM O H, ARAVIN A A, STEIN P, et al. 2008. Pseudogene-derived small interfering RNAs regulate gene expression in mouse oocytes [J]. Nature, 453: 534-538.

TERAI G, YOSHIZAWA A, OKIDA H, et al. 2010. Discovery of short pseudogenes derived from messenger RNAs [J]. Nucleic. Acids. Res., 38: 1163-1171.

THE ENCODE PROJECT CONSORTIUM. 2007. Identification and analysis of functional elements in 1% of the human genome by the ENCODE pilot project [J]. Nature, 447: 799-816.

THIBAUD-NISSEN F, OUYANG S, BUELL C R. 2009. Identification and characterization of pseudogenes in the rice gene complement [J]. BMC Genomics, 10: 317.

THON G, BALTZ T, EISEN H. 1989. Antigenic diversity by the recombination of pseudogenes [J]. Genes. Dev. 3: 1247-1254.

TORRENTS D, SUYAMA M, ZDOBNOV E, et al. 2003. A genome-wide survey of human pseudogenes [J]. Genome. Res., 13: 2559-2567.

TROYANOVSKY S M, LEUBE R E. 1994. Activation of the silent human cytokeratin 17 pseudogene-promoter region by cryptic enhancer elements of the cytokeratin 17 gene [J]. Eur. J. Biochem. , 223: 61-69.

VAN BAREN M J, BRENT M R. 2006. Iterative gene prediction and pseudogene removal improves genome annotation [J]. Genome. Res. , 16: 678-685.

VANHÉE-BROSSOLLET C, VAQUERO C. 1998. Do natural antisense transcripts make sense in eukaryotes? [J]. Gene, 211: 1-9.

VANIN E F. 1985. Processed pseudogenes: characteristics and evolution [J]. Annu. Rev. Genet. , 19: 253-272.

WATANABE T, TOTOKI Y, TOYODA A, et al. 2008. Endogenous siRNAs from naturally formed dsRNAs regulate transcripts in mouse oocytes [J]. Nature, 453: 539-543.

WEINER A M, DEININGER P L, EFSTRATIADIS A. 1986. Nonviral retroposons: genes, pseudogenes, and transposable elements generated by the reverse flow of genetic information [J]. Annu. Rev. Biochem. , 55: 631-661.

WEISCHENFELDT J, LYKKE-ANDERSEN J, PORSE B. 2005. Messenger RNA surveillance: Neutralizing natural nonsense [J]. Curr. Biol. , 15: R559-R562.

WEN Y Z, ZHENG L L, LIAO J Y, et al. 2011. Pseudogene-derived small interference RNAs regulate gene expression in African *Trypanosoma brucei* [J]. Proc. Natl. Acad. Sci. U S A, 108: 8345-8350.

WICKELGREN I. 2003. Spinning junk into gold [J]. Science, 300: 1646-1649.

WILLINGHAM A T, GINGERAS T R. 2006. TUF love for 'junk' DNA [J]. Cell, 125: 1215-1220.

WOISCHINIK M, MORAES C T. 2002. Pattern of organization of human mitochondrial pseudogenes in the nuclear genome [J]. Genome. Res. , 12: 885-893.

YAMADA K, LIM J, DALE J M, et al. 2003. Empirical analysis of transcriptional activity in the Arabidopsis genome [J]. Science, 302: 842-846.

YANO Y, SAITO R, YOSHIDA N, et al. 2004. A new role for expressed pseudogenes as ncRNA: regulation of mRNA stability of its homologous coding gene [J]. J. Mol. Med. , 82: 414-422.

YU Z, MORAIS D, IVANGA M, et al. 2007. Analysis of the role of retrotransposition in gene evolution in Vertebrates [J]. BMC Bioinformatics, 8: 308.

ZHANG Y, NELSON M, VAN ETTEN J L. 1992. A single amino acid change restores DNAcytosine methyltransferase activity in a cloned Chlorella virus pseudogene [J]. Nucleic. Acids. Res. , 20: 1637-1642.

ZHANG Z, CARRIERO N, GERSTEIN M. 2004. Comparative analysis of processed pseudogenes in the mouse and human genomes [J]. Trends Genet, 20: 62-67.

ZHANG Z, CARRIERO N, ZHENG D, et al. 2006. PseudoPipe: an automated pseudogene identification pipeline [J]. Bioinformatics, 22: 1437-1439.

ZHANG Z, HARRISON P M, GERSTEIN M. 2002. Identification and analysis of over 2000 ribosomal protein pseudogenes in the human genome [J]. Genome. Res. , 12: 1466-1482.

ZHANG Z, HARRISON P M, LIU Y, et al. 2003. Millions of years of evolution preserved: a comprehensive catalog of the processed pseudogenes in the human genome [J]. Genome. Res. , 13: 2541-2558.

ZHANG Z, GERSTEIN M. 2003. Identification and characterization of over 100 mitochondrial ribosomal protein pseudogenes in the human genome [J]. Genomics, 81: 468-480.

ZHENG D, FRANKISH A, BAERTSCH R, et al. 2007. Pseudogenes in the ENCODE regions: Consensus annotation, analysis of transcription, and evolution [J]. Genome. Res. , 17: 839-851.

ZHANG Z, GERSTEIN M. 2003. Patterns of nucleotide substitution, insertion and deletion in the human genome inferred from pseudogenes [J]. Nucleic Acids Res, 31: 5338-5348.

ZHENG D, GERSTEIN M. 2006. A computational approach for identifying pseudogenes in the ENCODE regions [J]. Genome. Biol. , 7: S13.

ZHENG D, GERSTEIN M. 2007. The ambiguous boundary between genes and pseudogenes: the dead rise up, or do they ? [J]. Trends. Genet. , 23: 219-224.

第9章　表观遗传学研究实验技术简介

9.1　染色质免疫共沉淀技术

染色体免疫共沉淀（chromatin immunoprecipitation，ChIP）是基于体内分析发展起来的方法，也称结合位点分析法，在过去10年已经成为表观遗传信息研究的主要方法。这项技术可用于测定体内结合在特定DNA序列上的蛋白质（Kuo and Allis，1999）。随着表观遗传学的深入研究，该方法主要应用于体内核小体定位、DNA甲基化、组蛋白修饰等方面的研究（Virginia et al，2003；Han et al，2006；Grainger et al，2007；Alexiadis et al，2007）。

9.1.1　ChIP技术的原理

染色质免疫沉淀技术的原理是：在生理状态下把细胞内的DNA与蛋白质交联在一起，超声破碎将染色质随机切断为一定长度范围内的染色质片段，用所要研究的目的蛋白特异性抗体沉淀交联复合体，再经过蛋白质与DNA解除偶联，纯化目的片段并检测。主要分以下几个步骤进行。

（1）细胞固定：在活细胞状态下，用甲醛固定蛋白质—DNA复合物，甲醛能有效地使体内的蛋白质-蛋白质、蛋白质-DNA、蛋白质-RNA产生交联。通常ChIP技术中采用甲醛作为交联剂，其关键优势在于甲醛交联反应是完全可逆的，便于在后续步骤中分别对DNA和蛋白质进行分析。交联所用的甲醛终浓度约为1%，交联时间通常为5分钟~1小时，可以随时加入甘氨酸来终止交联反应。也可以使用紫外光作为交联剂来固定细胞，它比化学交联剂产生更少的干扰，但难以广泛应用。

（2）化学（微球菌酶）或者超声破碎断裂染色质：通常采用超声波打断染色质，使其成一定大小的片段。目前一般认为500~1000bp的大小范围是比较合适的。

（3）染色质的免疫沉淀：利用目的蛋白质特异抗体通过抗原-抗体反应形成DNA—蛋白质—抗体复合体，然后沉淀此复合体，特异性地富集目的蛋白结合的DNA片段；抗体的量要进行优化，防止非特异的结合，同时要设立相应的阴性对照，以验证抗体的有效性和抗原抗体反应的特异性。

（4）解除交联和纯化DNA：在免疫沉淀复合体中加入不含DNase的RNase和蛋白酶K（也可以不加蛋白酶K，解除交联后回收DNA，蛋白还可用于做进一步的分析），65℃保温6小时使交联解除，得到DNA，并进行DNA的纯化。

（5）DNA的检测：可以采用PCR、Southern杂交、ChIP克隆、DNA芯片等方法进行DNA的检测。

9.1.2　ChIP on chip

ChIP on chip将ChIP操作与基因芯片技术分析法（chip）相结合，是研究目的蛋白质与基因组中DNA相互作用位点的一种全基因组定位方法。实验过程：依次用甲醛固定细胞、超声破碎细胞、特异抗体通过免疫沉淀富集与目的蛋白质交联的DNA片段、解交联；然后，用LM-PCR

扩增富集的 DNA 片段并用荧光染料（Cy5）进行标记；未经免疫沉淀富集的 DNA 片段也用 LM-PCR 扩增，但是用另一种荧光染料（Cy3）标记扩增产物。然后，将这两组标记的 DNA 与一张含有全基因序列的 DNA 芯片进行杂交。从 3 次独立的实验获得的免疫沉淀富集的荧光强度与未经免疫沉淀富集的荧光强度的比值用加权平均分析法计算目的蛋白质与芯片中的每一段序列的相对结合度。

9.1.3 ChIP-Seq

ChIP-Seq 技术将 ChIP 与第二代测序技术相结合，能够高效地在全基因组范围内检测与组蛋白、转录因子等互作的 DNA 区段。ChIP-Seq 的原理是：首先通过染色质免疫共沉淀技术（ChIP）特异性地富集目的蛋白结合的 DNA 片段，并对其进行纯化与文库构建；然后对富集得到的 DNA 片段进行高通量测序。研究人员通过将获得的数百万条序列标签精确定位到基因组上，从而获得全基因组范围内与组蛋白、转录因子等互作的 DNA 区段信息。

9.2 全基因组定位技术

染色质免疫沉淀和基因表达系列分析相结合的技术，称为全基因组定位技术（genome-wide mapping technique，GMAT）。该方法首先通过 ChIP，获得细胞中与这种修饰的组蛋白相结合的全部 DNA 片段；然后利用基因表达系列分析（SAGE）技术构建文库并进行测序和生物信息学分析，从而获得这种组蛋白在全基因组中分布状况的信息。

9.2.1 基因表达系列分析的原理和实验路线

GhIP 技术前面已经叙述，这里主要介绍 SAGE 技术。基因表达系列分析（SAGE）是通过快速和详细分析成千上万个 EST（express sequenced tags）来寻找出表达丰富度不同的 SAGE 标签序列。在此方法中，通过限制性酶切可以产生非常短的 cDNA（10-14bp）标签，并通过 PCR 扩增和连接，随后对连接体进行测序。SAGE 是一个"开放"的系统，可以发现新的未知的序列，实验操作上简化和加快了 3′端表达序列标签的收集和测序。在进行标本的比较之前，SAGE 在 cDNA 的产生和处理上需要较多步骤。由于 SAGE 是一个依赖 DNA 测序的基因计量方法，它对基因表达的测定更加量化，但是费用因素使其应用受到限制。

SAGE 主要基于如下两点考虑。第一，一个 9~10 碱基的短核苷酸序列标签包含有足够的信息，能够唯一确认一种转录物。例如，一个 9 碱基序列能够分辨 262144 个不同的转录物，而人类基因组估计仅能编码 80000 种转录物，所以理论上每一个 9 碱基标签能够代表一种转录物的特征序列。第二，如果能将 9 碱基的标签集中于一个克隆中进行测序，并将得到的短序列核苷酸顺序以连续的数据形式输入计算机中进行处理，就能对数以千计的 mRNA 转录物进行分析。

一个完整的 SAGE 实验过程大致包含下列几个步骤。

(1) 以生物素化的胸腺嘧啶寡核苷酸片段为引物反转录合成 cDNA，以一种限制性内切酶（也称锚定酶，Anchoring Enzyme，AE）酶切。锚定酶要求至少在每一种转录物上有一个酶切位点，一般 4 碱基限制性内切酶能达到这种要求，因为大多数 mRNA 要长于 256 碱基。通过链霉抗生物素蛋白珠收集 cDNA 的 3′端部分，对每一个 mRNA 只收集其 polyA 尾与最近的酶切位点之间的片段。

(2) 将 cDNA 等分为 A 和 B 两部分，分别连接接头 A 或接头 B。每一种接头都含有标签酶 (Tagging Enzyme TE) 酶切位点序列（标签酶是一种Ⅱ类限制酶，它能在距识别位点约 20 碱基的位置切割 DNA 双链）。接头的结构为引物 A/B 序列、标签酶识别位点以及锚定酶识别位点的连接物。

(3) 用标签酶酶切产生连有接头的短 cDNA 片段（约 9～10 碱基），混合并连接两个 cDNA 池的短 cDNA 片段，构成双标签后，以引物 A 和 B 扩增。

(4) 用锚定酶切割扩增产物，抽提双标签片段并克隆、测序。一般每一个克隆最少有 10 个标签序列，克隆的标签数处于 10～50 之间。

(5) 对标签数据进行处理。

SAGE 是一项快捷、有效的基因表达研究技术，任何具备 PCR 和手动测序的实验室都能使用这项技术，结合自动测序技术能够在 3 个小时内完成 1000 个转录物的分析，若使用不同的锚定酶（识别 5～20 碱基的Ⅱ类核酸内切酶），则这项技术更具灵活性，主要优势表现为下列几个方面。首先，SAGE 可应用于人类基因组研究。其次，SAGE 可用于定量比较不同状态下的组织细胞的特异基因表达。第三，由于 SAGE 能够同时最大限度的收集一种基因组的基因表达信息，转录物的分析数据可用来构建染色体表达图谱 (chromosomal expression map)。另外 SAGE 能够接近完整地获得基因组表达信息，能够直接读出任何一种类型细胞或组织的基因表达信息。SAGE 技术的应用将大大加快基因组研究的进展，但必须和其他技术相互融合、互为补充，才能最大可能地进行基因组基因表达的全面研究。

9.2.2 全基因组定位技术原理与步骤

将 ChIP 与长标签 SAGE (long SAGE，SAGE 的一种改进方法) 相结合建立的 GMAT，可用于测定全基因组中组蛋白修饰的分布状态。首先用抗某种修饰的组蛋白尾端的抗体进行 ChIP，获得细胞中与这种修饰的组蛋白相结合的全部 DNA 片段；然后，利用 SAGE 技术构建文库并进行测序及生物信息学分析就可获得这种修饰组蛋白在全基因组中分布状况的信息（图 9-1）(Saha et al, 2002)。

GMAT 实验主要步骤如下（沈珝琲，2006）：

(1) 交联：用甲醛处理细胞，使 DNA 与组蛋白稳定结合。

(2) 超声断裂染色质：使染色质断裂成 300～500bp 的片段。

(3) 免疫沉淀：用特异抗体富集结合了 DNA 片段的修饰的组蛋白。

(4) 解交联。

(5) 富集的 DNA 片段用 Klenow 酶补平，再与生物素标记的通用连接子连接。

(6) 用链霉抗生物素蛋白 (streptavidin) 珠子分离标记的 DNA。

(7) 用 Nla Ⅲ 消化，使 DNA 产生 3′突出的粘端 (3′-GTAC)。

(8) 与 SAGE 连接子 A 和 B 相连接：将样品 DNA 平分为两组，分别与均含有第二类限制性内切酶 Mme Ⅰ识别位点、并具有 3′-GTAC 粘末端的 SAGE 连接子 A 和 B 连接。

(9) Mme Ⅰ消化：用 Mme Ⅰ消化两组样品，获得一系列含 21～22bp 样品 DNA 序列标签的片段。

(10) 将两组样品混合、连接。标签片段连接形成两端分别为连接子 A 和 B 的二联体。

(11) 以连接子 A 和 B 上的序列为引物，PCR 扩增。

(12) 用 Nla Ⅲ 切割，分离二联体标签，再连接形成 500～1500bp 的多联体标签。

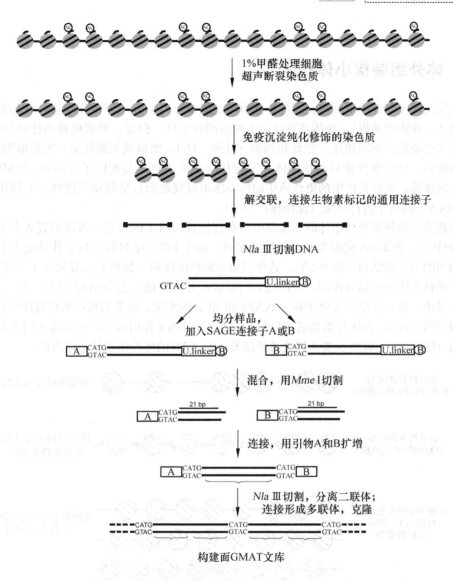

图 9-1　GMAT 原理示意图（引自 Roh et al，2004）

（13）将多联体标签克隆到测序载体中，构建成 GMAT 文库。

（14）测序及软件分析：使用 SAGE 软件将 21~22bp 的标签序列从测序数据中提取出来，与基因组序列比对。GMAT 文库中某标签出现的频率代表了结合在基因组对应位置上组蛋白抗原表位被抗体识别的多少，即目的修饰组蛋白在该段 DNA 序列上出现的频率。

9.2.3　应用

GMAT 具有高分辨率，结果可信度高的优点，尤其适用与全基因组水平的组蛋白修饰的定量测定。它与 ChIP-on-chip 相比，不依赖于预先选择的序列，并可进行全基因组扫描。对各种修饰组蛋白 GMAT 分析，将有助人们进一步认识组蛋白密码，具有广阔的应用前景。

9.3 体外组装核小体技术

根据装配因子来源的不同可将体外染色质装配体系分为4类：① 应用组蛋白转运装置提供组蛋白（例如，盐浓度透析），此体系可以产生规范的核小体，但是，形成的核小体的分布不规则，而且缺乏天然染色质的周期性。② 使用细胞（蛙卵、HeLa 细胞或果蝇胚胎）粗提取物进行装配，可获得伸展的、呈周期性排列的核小体。③ 应用纯化的染色质装配因子（例如，NAP-1、ACF）建立的装配体系，该体系产生的染色质中的核小体不仅规范而且呈周期性排列。④ 使用正在复制的病毒 DNA 中的因子进行装配（沈珝琲，2006）。

盐透析方法体外组装核小体时，体系中没有其他蛋白因子的作用，所以组装效率主要取决于 DNA 序列特性，若 DNA 模板为非周期性的序列，由于 DNA 序列形成核小体的能力不同，则会产生不均匀的染色质结构（图 9-2A）；若序列为周期性的序列（如周期重复的 601 序列），则每个重复单位的核小体定位信号相同，所以组装后形成的是规律的染色质结构（图 9-2B）。ATP 依赖的组装体系中，核小体定位主要依赖于 NAP1 和 ACF 的作用，组装后可以形成规律的念珠状的染色质结构（图 9-2C），在体外组装后可以加入一些其他 DNA 作用因子，考察这些因子对染色质结构的影响（图 9-2D）。这里主要介绍盐透析法及依赖 ATP 的体外组装核小体方法。

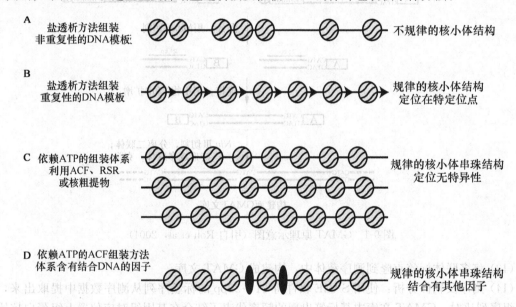

图 9-2 体外重组核小体实验产生的不同染色质结构类型（引自 Lusser et al, 2004）

9.3.1 盐透析法体外组装核小体

应用盐透析法可以在短时间内获得大量均一的、含有特定 DNA 序列的染色质复合物。在 2mol/L 盐溶液中组蛋白 H3、H4、H2A 及 H2B 形成规整的组蛋白八聚体结构，甚至在未与 DNA 结合时也是如此。当盐浓度低于 2 mol/L 时，组蛋白八聚体解离成一个 H3/H4 四聚体及两个 H2A/H2B 二聚体，而且，在此浓度四聚体开始与 DNA 结合；盐浓度降至 0.8 mol/L 时，一个

H2A/H2B 二聚体与一个 H3/H4 四聚体结合；当盐浓度为 0.6 mol/L 时完成核小体装配。由于不需要加入特殊的蛋白质，因此在获得的核小体溶液中不存在可能对进一步机制研究产生影响的外加因子的干扰。

该方法在体外组装核小体时，主要依赖于 DNA 序列的信息，不同的 DNA 序列形成核小体的能力有很大区别，所以在研究核小体定位中序列因素时，应用该方法具有很大的优势。目前实验中常用的 DNA 序列有 601 序列和 5s RNA 基因序列片段，其中 601 序列是 Widom 实验室（Lowary et al, 1998）在 1998 年发现的一种体外组装核小体的 DNA 序列，现在已经成为国际上研究染色质结构相关的课题中应用最为广泛的 DNA 序列。研究核小体定位中的序列等因素，DNA 的选择可以多样化。当然，具体问题具体分析，DNA 序列的不同，组装效果会产生很大的区别。

梯度盐透析基本步骤如下（注意：所有过程均在 4℃下操作）。① 制备 $20\mu l$ 至数毫升装配反应体系。表 9-1 是利用 177 bp 601DNA 序列组装单个核小体 $25\mu l$ 的反应体系。将表中所列组分依次加入透析管中，使盐终浓度为 2mol/L。② 将透析管放入含有高盐缓冲液（含有 2 mol/L NaCl 的 TE 缓冲液）的烧杯中部，开启蠕动泵，在 4℃透析。③ 在透析时，利用泵将 TE 缓冲液缓慢打入到烧杯中，计算时间，整个过程控制在 16h 以上，使烧杯中 TE 缓冲液的 NaCl 浓度逐步从 2mol/L 降到 0.6mol/L。④ 在无盐 TE 缓冲液中至少透析 3 小时。⑤ 收集样品后，调整体积，进行后续各种方法检测分析。

表 9-1 盐透析组装反应体系（μl）

比例（八聚体/DNA）	1	1.5	2
3.77mg/ml 八聚体	1.7	2.5	3.4
1.28mg/ml DNA	3.9	3.9	3.9
5M NaCl	10	10	10
TE（pH=8.0）	8.5	7.5	6.6

9.3.2 依赖于 ATP 的体外组装核小体方法

1997 年 Takashi Ito 等详细报告了 ACF 蛋白介导体外组装核小体或染色质的方法，该方法主要依赖于组蛋白伴侣 NAP1 和染色质组装重塑因子 ACF 的作用，反应的进行依赖于 ATP（Ito et al, 1997）。现在一般认为 NAP1 有助于组蛋白八聚体与 DNA 的结合和缠绕以形成核小体结构，而 ACF 则提供一种滑动作用，使核小体在 DNA 序列模板上整齐排列成念珠状的染色质结构。

下面介绍该方法的一种反应体系。由 $60\mu l$ 缓冲液 [10 mmol/L HEPES，pH 7.6，50 mmol/L KCl，5mmol/L $MgCl_2$，5%（V/V）甘油、1%（wt/v）聚乙烯醇及 1%（wt/v）聚乙二醇，4mmol/L ATP，ATP 再生体系（30 mmol/L 磷酸肌酸，$1\mu g/ml$ 磷酸肌酸激酶及 120ng 牛血清白蛋白）] 组成的体系中含有 $1\mu g$ 线性 DNA、$1.4\mu g$ 纯化的 HeLa 细胞核心组蛋白、$6.0\mu g$ 纯化的 NAP1 及 ACF（$0.1\mu g$ ACF1 及 $0.16\mu g$ ISWI）。

该体系中的全部成分（除外 ACF、ATP、ATP 再生体系、$MgCl_2$ 及 DNA）均需要预先混合，并在冰浴中预保温 30 分钟，再依次加入 ACF、ATP、ATP 再生体系、$MgCl_2$ 及 DNA。用 HEG 缓冲液（25 mmol/L HEPES，pH 7.6，0.1 mmol/L EDTA，10% 甘油）调整反应体积。然后，将反应混合液在 27℃保温 3～5h。在标准体系中 ACF 与核心组蛋白八聚体的分子数比为 1∶150。

装配体系中最关键参数是核心组蛋白与模板 DNA 的比例。如果比例低至 5%～10% 将抑制反应或装配成的染色质的质量较低。用分光光度计或比色方法测定获得的 DNA 浓度的准确性不足以用于获得正确的组蛋白/DNA的比值。因此，必须通过预实验确定每一对组蛋白及DNA之间的比例。设立一组核心组蛋白与DNA的质量比例分别从0.7~1.4的装配反应体系，其中组蛋白与NAP-1的比例保持恒定。一般地讲，低组蛋白含量所获得的染色质装配不完全及转录抑制不充分；经微球菌核酸酶消化后产生较短的核小体"梯子"。过量的组蛋白将完全抑制装配反应，并产生不能被微球菌核酸酶有效消化的组蛋白-DNA聚合体。

装配反应对NAP 1的浓度很不敏感，所以加过量的组蛋白伴侣对装配反应比较安全。如果NAP 1与核心组蛋白的比例降至3.8~4以下，过多的游离组蛋白则形成不能作为ACF的底物的组蛋白-DNA聚合体。但ACF浓度过高并不影响装配反应（沈珋琲，2006；Ausbel et al, 2003）。

9.3.3 体外组装单个核小体的检测方法

短片段的DNA序列体外组装后可以形成单个核小体，根据研究目的不同，可以选择多种方法进行检测，下面介绍几种常用的检测手段。

1. EB染色直接检测 短的DNA序列与组蛋白八聚体组装形成单个核小体后，最为简单的一种检测方法是EB染色。在上述的反应体系中DNA序列存在两种形式，一种为游离态，一种结合到组蛋白上，经电泳可以分离开（图9-3）。电泳后经EB染色，在凝胶成像仪下观察，可以清晰的观察到两条带，分别是形成核小体的条带与对照DNA的条带，如图9-3所示，D为游离的DNA序列，N为形成的单个核小体。如果需要进一步分析，还可以利用软件将这两条带相对定量进行比较。EB染色方法比较简单，操作也方便，但是该方法不能很准确的反映出序列组装核小体的能力，因为一般实验条件下EB染色最高只能检测到20ng的DNA量，且由于DNA序列缠绕到组蛋白八聚体后会严重影响EB嵌入到DNA双链的效率，所以我们观察到的形成核小体的N条带实际上并不能严格反映出其质量，也有实验手册上建议将N条带的量乘以2.5的系数进行修正。

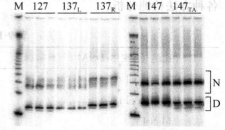

图9-3 EB染色单个核小体组装效率
（引自 Thåström et al, 2004）

2. 生物素标记检测 在DNA标记技术中，生物素（biotin）是较为常用的一种。利用生物素检测体外组装核小体时，首先将DNA末端标记生物素，体外组装后进行电泳、转膜、紫外交联、封闭后，利用特异性识别生物素的抗体streptravidin-AP检测，加入CDP-star底物，显影后量化。标记生物素的方法有两种，一是在PCR引物上标记，经PCR扩增过程引入；另一种是酶切DNA片段产生粘性末端，利用酶催化补齐末端时加入标记生物素的ATP或是UTP。经过抗体检测和底物反应，在X线胶片上显影后可以反映出组装核小体的效果（图9-4）。生物素标记要远比EB染色检测灵敏，而且没有同位素的放射性，实验条件要求也相比简单，所以现在也越来越受到研究人员的重视。

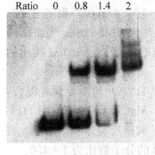

图9-4 生物素检测组装核小体的显影结果

3. 放射性标记检测 放射性示踪物已经使用了几十年而且容易检测，放射性示踪物可以检测到极其微量的物质。该方法与EB染色或者是生物素标记相比，可以直接定量且灵敏，在实验条件允许的情况下，目前利用同位素标记仍然是国际上研究体外组装核小体的首选检测技术。

利用^{32}P标记目的DNA片段后，在体外应用上面的方法组装形成核小体，电泳分离，通过检测 DNA 中的放射性同位素的量，对电泳中的游离 DNA 和形成核小体的 DNA 定量分析。

放射性标记可以通过放射性自显影、磷屏成像和液体闪烁计数器检测。

放射性自显影（autoradiography）是使用照相感光乳剂检测放射性复合物的一种方法。现在实验室中常用的是 X 线胶片。组装后的样品经凝胶电泳分离放射性标记的 DNA 片段，然后让凝胶与 X 线胶片接触并一起置于暗室中几分钟或数小时甚至数天（时间与放射量有关）。从 DNA 条带发出的放射性就像可见光一样可使 X 线胶片曝光。胶片冲洗之后，与凝胶上的 DNA 条带对应的黑色条带就显现出来。实际上是 DNA 条带给自己拍了照，这就是为什么将这种技术称为放射自显影的原因。采用增感屏（intensifying screen）可提高放射性自显影的灵敏度，至少是对 ^{32}P 的灵敏度。这是一种涂有荧光复合物的屏板，荧光复合物在低温时能被 β 电子激发（β 电子是分子生物学常用的放射性同位素 ^{3}H、^{14}C、^{35}S 和 ^{32}P 等发出的射线）。因此，照相底片的一面放上具有放射性的凝胶（或其他介质），另一面放上增感屏。β 电子就可直接曝光底片，若没有增感屏则大多数 β 电子会直接穿过底片而丢失。当这些高能电子撞击增感屏时可产生荧光，这种荧光能被底片检测到。

如何对一个 DNA 片段的放射性进行精确定量呢？可以观察放射自显影胶片上条带的亮度进行粗测，也可使用光密度计（densitometer）扫描放射自显影图片，进行较精确的测定。这种装置能使光束穿过样品（这里是指一张放射自显影照片），然后检测样品的光吸收。如果条带很黑就会吸收大量的光线，则光密度计会记录一个高的光吸收峰；如果条带比较弱，则大部分光会透过条带，光密度计记录到低的光吸收峰。通过测量每个峰的面积就可估算出每个条带的放射性。当然，这仍是间接检测放射性的方法，要想真正精确读出每个条带的放射性，可以用磷屏成像仪扫描凝胶或对 DNA 进行液体闪烁计数。

磷屏成像在某些方面胜过常规的放射性自显影，最主要的是它能更精确地定量放射性，它对放射性的感应比 X 线片线性化得多。常规放射性自显影的 50 000dpm（每分钟蜕变量 disintegration per minute）条带可能看上去并不比 10 000dpm 的条带黑，因为感光胶片在 10 000dpm 已经饱和。而磷屏成像仪（phosphorimager）是在电子水平对放射性进行检测与分析，所以 10 000dpm 与 50 000dpm 的区别是很明显的。该技术的工作原理：从放射性样品如一块组装后经聚丙烯酰胺凝胶分离的游离 DNA 和形成核小体 DNA 条带的印迹膜开始，然后将其放到一个吸收 β 电子的磷屏成像板上。β 电子激发成像板上的分子，这些分子就一直保持激发状态直到磷屏成像仪用光束扫描成像板。此时，成像板捕获的 β 电子能被释放出来并被微机化检测仪监控。计算机将检测到的能量转换成图像模式。

另一种常用的直接定量同位素的方法是液体闪烁计数（liquid scintillatlon counting）。该方法是利用了放射性样品发出的射线产生的一种能被光电倍增管检测到的可见光光子。为此，将放射性样品（如从凝胶上将目的条带分别切下）放到含有闪烁液（scintillation fluid）的小瓶中，闪烁液含有化合物氟石（fluor），被放射线轰击后可发出荧光，从而将非可见的放射线转换成可见光。将小瓶放到带有光电倍增管的暗室中，光电倍增管可检测到放射线激发荧光物所发出的光。仪器计数光的突发或闪烁（scintillation），单位是每分钟的次数（counts per minute，cpm）。但这与每分钟的蜕变不一样，因为液体闪烁计数不是 100% 有效的。一般实验室常用的放射性同位素是 ^{32}P，由这种同位素发出的 β 电子能量极高甚至不需要荧光就能产生光子，可用液体闪烁计数器直接计数，但比用闪烁液时的效率要低些（Weaver，2010）。

4. 吉布斯自由能计算评定 吉布斯自由能是由热力学第二定律给出的一个自然过程自发运动方向的判据。由热力学第二定律给出的过程熵判据适用于体积不变的孤立系统，而大部分生物过程是在恒温和恒压的条件下进行的。对于这种情形中系统处于平衡的准则就是吉布斯自由能。其定义：

$$G = H - TS$$

式中，H 是焓，T 是绝对温度，S 是熵。

当一个恒温恒压系统达到平衡时，必定有吉布斯自由能达到极值，且该极值是极小（若利用熵判据，则是熵达到极大值）。对于决定生物过程的方向和平衡位置，吉布斯自由能极为重要。如果某一过程计算的自由能变化是负的，则这过程是自发过程，因为它导向平衡方向。G 是 H 和 S 的函数，因此对决定平衡位置来说，能量（焓）的极小化和熵（无序性）的极大化都在起作用（李庆国 等，1992）。

体外组装核小体后，进行电泳分离，可以分开两条条带，分别为游离的 DNA 条带 D 和形成核小体的 DNA 条带 N，利用 EB 染色量化、生物素检测量化或同位素标记量化后，这两条条带的值分别定义为 V_D 和 V_N，在定义反应过程的表观平衡常数 K_{eq}，定义如下：

$$K_{eq} = \frac{V_N}{V_D}$$

反应过程中吉布斯自由能的变化为：

$$\Delta G^0 = -RT\ln(Keq)$$

式中，ΔG^0 越小，则过程越倾向于自发进行，说明该序列与组蛋白八聚体的亲和力越强。

在实际计算时，常以某一序列（如 601 序列）为对照，计算该过程的相对吉布斯自由能变化，用来表示目的序列与对照序列形成核小体能力的相对强弱。相对吉布斯自由能变化定义为：

$$\Delta\Delta G^0 = \Delta G_{sample}^0 - \Delta G_{reference}^0$$

利用上述公式计算时，如果 $\Delta\Delta G^0$ 小于 0，则说明目的序列比对照序列更加容易形成核小体，且该值越小，与对照序列相比，目的序列对组蛋白的亲和力越强；相反，若大于 0，则目的序列形成核小体的能力没有对照序列强。

5. 荧光共振能量转移技术分析　荧光共振能量转移（fluorescence resonance energy transfer，FRET）是单分子荧光标记技术的一种，在蛋白质-蛋白质和蛋白质-DNA 相互作用、分子马达、生化反应过程及动力学等方面得到了广泛的应用。近几年，科学家们在研究体外组装核小体时应用该技术也取得了良好的效果。

在吸收入射光的过程中，物质分子吸收了光子的能量，在约 10^{-15} 秒的时间内，其电子从低能级的基态跃迁到较高能级的激发态，根据其电子是否全部自旋配对，激发态可分为单重态和三重态。处于激发态的分子不稳定，它可能通过辐射跃迁和非辐射跃迁的衰变而返回到基态。辐射跃迁的衰变伴随着光子的发射，即产生荧光和磷光。由于非辐射跃迁能量被损失，发射光子的能量一般小于吸收光子的能量，故而荧光物质的发射光谱波长要大于吸收光谱波长。

如果两个荧光团相距在 1~10nm 之间，且一个荧光团（供体，Donor）的发射光谱与另一个荧光团（受体，acceptor）的吸收光谱有重叠，当供体被入射光激发时，可通过偶极-偶极耦合作用将其能量以非辐射方式传递给受体分子，供体分子衰变到基态而不发射荧光，受体分子由基态跃迁到激发态，再衰变到基态同时发射荧光。这一过程称为荧光共振能量转移。作用原理如图 9-5 所示，当供体分子与受体分子距离大于 10nm 时，不会产生 FRET 现象，若二者距离小于 10nm，激发供体分子时，受体便会产生相应的荧光，通过检测图中红色示意的波段荧光，即可反映出二者的作用。

荧光共振能量转移其实包含两种主要机制。一种指的是供体单重态与受体单重态之间的共振

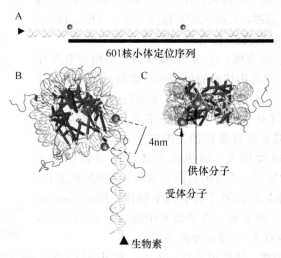

图 9-5　601 DNA 序列形成核小体结构后的
FRET 检测示意图（引自 Koopmans et al，2007）

能量转移，其机制最早由 Förster 阐明，因此被称为 Förster 共振能量转移（Förster resonance energy transfer），由于其缩写也是 FRET，且 Förster 共振能量转移是荧光共振能量转移的最主要机制，故这两个概念易被混淆。另一种机制是供体三重态与受体单重态之间的共振能量转移，其机制被称为德克斯特电子传递机制。但其有效范围在 1.0~1.5nm，就发生概率而言，1~10nm 的距离中，Förster 共振能量转移是主要途径，目前文献中的 FRET，其含义多是用 Förster 共振能量转移指代了荧光共振能量转移。（张志毅 等，2007）

基于组蛋白的晶体结构数据，在 601 序列分子上分别选择一定位置标记供体分子和受体分子，如图 9-5 所示，当没有和组蛋白结合时，两个分子的距离大于 10nm，不会产生荧光共振能量转移现象，若与组蛋白作用后，缠绕在组蛋白八聚体上形成一个核小体结构，二者的距离将小于 10nm，通过检测反应体系中受体分子发射的荧光，便可计算出反应体系中形成核小体的 DNA 数量。

9.3.4　长片段 DNA 序列体外组装染色质的检测方法

以上内容介绍的几种方法适用于较短的 DNA 序列组装形成单个核小体结构，下面这几种方法可用于分析长片段的 DNA 序列体外组装染色质（核小体）的结构。

1. 微球菌核酸酶酶切检测方法　微球菌核酸酶（micrococcal nuclease）是一种从微球菌分离出的核酸内切酶，催化 DNA 和 RNA 中磷酸二酯键的水解，产物为 3′-磷酸单核苷酸或寡核苷酸。此酶不作用于与蛋白质相接触的 DNA，因此可在核小体之间的部位将真核细胞染色质 DNA 切断。

长片段 DNA 在体外组装形成染色质结构后（或是体内提取的染色质），利用微球菌核酸酶酶切可以形成 150~200bp 左右的片段，可进行电泳检测。同样条件下，染色质结构越紧密，微球菌核酸酶越不容易作用，梯度中的大条带越多；相反，序列越难形成核小体，酶切后梯度中小片段越多。

根据组装后的样品体积，计算其中的 DNA 的含量，取相当于 1~2μg DNA 量的样品，加入微球菌核酸酶进行酶切反应。微球菌核酸酶活性很高，所以在实验初期根据研究的样品和实验目的不同，应大量地摸索酶量和酶切时间等实验条件，一般处理 1~2μg DNA 样品需要 10~100mU，时间控制在

5～30分钟的范围。酶切后加入微球菌核酸酶终止液，依次用酚∶氯仿∶异戊醇（25∶24∶1）抽提，乙醇沉淀并洗涤后溶于 TE（pH8.0）缓冲液中，于1.8%的琼脂糖凝胶进行电泳（图9-6）。

该检测方法应该注意的事项：① 由于微球菌核酸酶对装配体系中的蛋白质非常敏感，因此用核酸酶处理前，必须对反应体系进行最高比例的稀释。② 电泳速度太快会造成凝胶发热不均匀及DNA带发生倾斜，将干扰对"梯子"顶部条带的分析；电泳速度太慢则将使"梯子"底部条带过度扩散。溴酚蓝泳动速度与大约250 bp 的 DNA 的泳动速度相当，而单核小体带的位置相当于150～170bp DNA 所在的位置。当溴酚蓝前沿泳动至离凝胶底部1/4处时中止电泳。电泳结束后将胶置于含有两个胶体积的 $0.75\mu g/ml$ 溴化乙锭溶液中染色15～20分钟。在蒸溜水中脱色1～3小时后，从胶底部往上观察，至少有7～8条核小体条带。

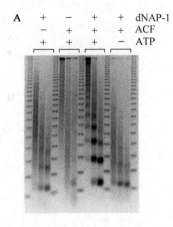

图9-6 微球菌核酸酶酶切染色质样品（引自 Ito et al, 1997）

2. 透射电子显微镜观察 体外组装核小体后，利用透射电镜、冷冻电镜等可以直接观察到核小体串珠状的结构以及染色质的高级结构，是研究染色质结构的基本方法之一。组装后的样品按照一定的比例稀释，取 $20\mu l$ 的样品，加入终浓度为 0.4% 的戊二醛固定30分钟。用于吸附固定样品的铜网需要事前进行喷碳和辉光放电处理。在戊二醛固定的样品中加入精胺终止，将样品铺到辉光放电处理的铜网上吸附，然后分别用乙醇浓度梯度递增的水/乙醇漂洗脱水，自然晾干后用于透射电镜观察。在电镜下可以清晰的看到串珠状的染色质结构，见图9-7，左为形成的比较松散的染色质结构，右为形成均匀的串珠状的染色质结构。若体外组装时加入组蛋白过多或是存在其他作用因子，电镜下可以观察到团聚的染色质高级结构。

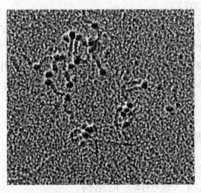 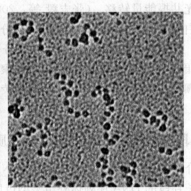

图9-7 电镜直接观察体外组装后形成的核小体或染色质结构

3. 分析超速离心法检测 利用体外组装核小体的方法，一定长度的 DNA 序列与组蛋白八聚体结合后会形成核小体结构或是染色质结构，利用分析超速离心技术可以检测出样品中染色质的团聚或松散状态。比如研究发现 Mg^{2+} 在体外可以引起染色质聚集时，就是应用分析超离技术检测 Mg^{2+} 加入前后，其染色质在离心场中沉降速率的变化，便可计算出 Mg^{2+} 对染色质结构的影响。另外，近年来人们常用分析超离技术研究组蛋白变体，通过检测组蛋白变体与常规组蛋白与 DNA 组装形成的核小体结构的变化，探讨组蛋白变体对染色质结构调控的可能机制。

4. 蔗糖梯度密度离心检测 密度梯度离心是指用一定的介质在离心管内形成一系列连续或不连续的密度梯度，将样品置于介质的顶部，通过重力或离心力场的作用使样品分层、分离的方法。

在检测体外组装核小体样品时，蔗糖密度梯度离心更为常用一些。一定长度的 DNA 与组蛋白八聚体结合后，会形成染色质结构，由于 DNA 序列及组蛋白特性或是组装时所用组蛋白和 DNA 比例不同，形成的染色质结构也会有所区别，有的比较松散，有些比较聚集，而且可能有的 DNA 序列局部缺少核小体的定位信号，会产生核小体缺乏区。通过蔗糖梯度离心分离后，可以检测体外组装的效率或状态，同时对组装后的样品起到了分离的效果。见图 9-8，利用 3kb 的环状质粒体外盐透析方法组装核小体后，分别采用不同的组蛋白和 DNA 比例，每个样品离心后从上到下取 17 层进行检测（图中 1、2……17 表示梯度中从上到下依次取出的样品），当体系中组蛋白比例增高后，DNA 上形成核小体的效率明显增加而且聚集。

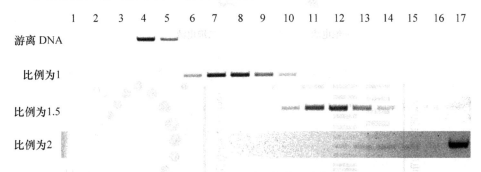

图 9-8 蔗糖梯度密度离心检测体外组装核小体样品

5. 特定位点限制性内切酶酶切分析　DNA 序列上存在一些限制性内切酶酶切位点，若该位点被核小体占据，则限制性内切酶不能作用，否则该位点就可以被酶切，利用这个特性可以分析 DNA 序列上一些限制性内切酶酶切位点的核小体的占据情况。图 9-9 所示为限制性内切酶分析特定位点的核小体占据情况。左图是在 2.7KB 的环状质粒体外组装核小体后的某酶切位点的分析，组装样品酶切后，抽提蛋白，电泳后可以清晰的分成两条带。上面条带为酶切后质粒变成线性，下方的条带为该位点被核小体占据，受到组蛋白的保护，内切酶不能作用，通过计算这二者的比例以及与对照样品比较，就可以得到该位点的核小体占据率。右图为一条长度为 2.7kb 的线状 DNA 体外组装核小体后的酶切分析，泳道中存在三条条带，上方为 2686bp，没有被酶切，说明该位点受到组蛋白的保护，下面两条分别为酶切后产生条带，通过量化条带后，根据已知序列的长度和酶切位点的位置，就可以计算得到该位点的核小体占据率。

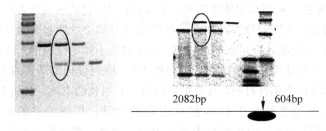

图 9-9 限制性内切酶分析特定位点的核小体占据情况

6. 超螺旋分析　在体外组装体系中加入拓扑异构酶后，环状质粒上每形成一个核小体会引入一个负超螺旋，当样品组装完成去除组蛋白后，1-D 电泳时会区分开多条条带或是利用 2-D 琼脂糖凝胶电泳也可以区别开不同的超螺旋状态（图 9-10）。基于这个原理可以分析环状质粒上结合组蛋白形成核小体的效率,该方法最好与微球菌核酸酶酶切实验结合起来。

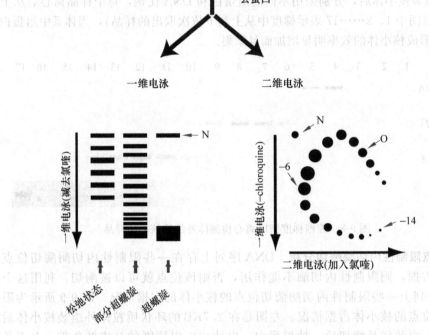

图 9-10　环状超螺旋分析原理示意图〔引自 Lusser et al, 2004〕

7. Southern blotting 分析　Southern 印迹杂交是 1975 年英国爱丁堡大学的 E. M. Southern 首创的,因此而得名,该技术是进行 DNA 特定序列定位的通用方法。将一定长度的 DNA 片段经过体外组装形成核小体或染色质结构后,利用微球菌核酸酶酶切,抽提去除蛋白后,可以得到一定梯度的被核小体占据的 DNA 电泳条带。将胶上的 DNA 变性并在原位将单链 DNA 片段转移至尼龙膜或其他固相支持物上,经干烤或者紫外线照射固定,再与相对应结构的标记探针进行杂交,用放射自显影或酶反应显色,从而检测体外组装时 DNA 序列中目的区域是否有核小体的覆盖。

8. Tilling PCR 分析　Tilling PCR 是在定量 PCR 方法基础上发展起来的一种检测核小体定位的方法。该方法比较适合于绘制几百到上千 bp 长度 DNA 的核小体定位图谱。体外组装的染色质结构(或提取体内染色质)经微球菌核酸酶酶切后,根据 DNA 序列设计滑动式的引物进行定量 PCR 扩增,以没有酶切的 DNA 作为阳性对照,计算扩增的每一对引物的丰度,分析 PCR 目的片段核小体占据的情况。该方法关键之处在于 PCR 扩增引物的设计,扩增的目的片段长度可以控制在 100～120bp 范围内,选择 20～50bp 的窗口为滑动距离,当然,滑动距离越小,实验数据的分辨率也越高。目前已有一些在线软件可以帮助设计 Tilling PCR 扩增引物,如 Gervais 等发展的在线 Tilling PCR 引物设计软件 (http://pcrtiler.alaingervais.org:8080/PCRTiler) (Gervais et al, 2010)。

9. 原子力显微镜观察　原子力显微镜 (Atomic Force Microscope,AFM) 近年来已经广泛应用于生物样品的检测。研究两个或多个核小体竞争实验时采用原子力显微镜观察较为形象。利用不同长度的 601 DNA 序列体外组装形成核小体后，非变性电泳分离，电洗脱后收集样品，取 $2\mu l$ 溶于 $10\mu l$ 15mM Hepes 溶液中，加入 $2\mu l$ 1%（v/v）的戊二醛 15 分钟，在终浓度为 5mmol/L 的 $MgCl_2$ 溶液中固定，固定后立即取 $2\mu l$ 铺在新鲜剥离的云母片上，用 milli-Q 水冲洗，放在液氮中干燥后，用于原子力显微镜观察。

  10. 体外转录体系检测 体外转录体系主要用于重组染色质转录活性的检测。应用体外转录体系比较重组染色质及未经装配的相应 DNA 的转录效率。必须注意，应根据实验目的严格设计对照组。体外重组染色质后，按照转录过程所需的因子分别加入（整个过程前后需要加入几十种蛋白因子，也可以直接用核抽提物），用同位素标记转录时所用的 dUTP 检测转录活性。该方法比较复杂，目前国际上能完成该实验的实验室也是屈指可数。

9.4 核小体相位分析

  分析染色质结构时，有必要确定目的调控区是否装配在核小体上，其次要确定在细胞水平上核小体定位是否一致。在研究该问题时，较为常用的方法是利用微球菌核酸酶消化没有组蛋白保护的基因组 DNA 的连接区域，在操作时严格控制消化细胞核的酶量，含有核小体的染色质将被切成大约 150～200bp 梯度的条带，抽提后，可以通过琼脂糖电泳及溴化乙锭染色检测核小体的梯度条带。然后利用 Southern 印迹法分析感兴趣的 DNA 片段是否形成核小体，所以该方法也称为微球菌核酸酶- Southern 印迹法（Travers et al，1997；Vermaak et al，1998）。

9.4.1 基本原理

  微球菌核酸酶是一种小蛋白质，可以快速扩散进入细胞核。由于核小体对 DNA 的保护作用，微球菌核酸酶只能切割核小体之间的 DNA，使连接区 DNA 发生双链断裂。利用这一特性，先用微球菌核酸酶处理细胞核，分离并纯化基因组 DNA，再选择酶切位点邻近待分析区域的限制性内切酶消化，从而产生一系列具有相同末端序列、长度不等的 DNA 片段，然后用一段含有与这些 DNA 末端序列相同的 DNA 片段作探针，进行 Southern 杂交，即可根据自显影的结果判断待分析区是否都在核小体内。如果目的区域序列对形成核小体没有倾向性，则它在核小体上的位置是随机的，微球菌核酸酶在很多位点上切割，自显影后形成一系列弥散状的条带；如果目的区域上发生定位（positioning），则它在核小体上的位置是固定的，微球菌核酸酶在每隔 160～200bp 位点上切割，形成一系列大小相差 160～200bp 的梯状条带。

  尽管整个实验过程相对简单，但是必须注意两个问题。首先，由于在凝胶上显示的条带基本上都是形成核小体的 DNA 片段，所以在设计杂交探针时必须注意其特异性，要求实验通过多次独立的核抽提制备样品来尽量避免。第二，以前的实验中只是观察到了微球菌核酸酶不能消化一些被蛋白紧密缠绕的 DNA 片段，所以当利用微球菌核酸酶消化染色质结构时，在组蛋白八聚体上缠绕相对松弛的 DNA 片段也可能被消化（Verdin et al，1993）。

  在具体实验时，常用修正的 MNase-Southern 印迹法。微球菌核酸酶消化后，加入蛋白酶 K 及终止缓冲液终止反应，然后抽提蛋白质，在电泳前，先用一定的限制性内切酶酶切，再进行电泳以及 Southern 杂交。如果目的区域可以形成核小体结构，不经过限制性内切酶消化的对照样品，通过杂交检测会出现大约 200bp 的梯状条带；如恰好在定位条带中有限制性酶切位点，则经过限制性内切酶酶切消化的样品条带会与对照产生一定的错位。比如，限制性酶切位点若在核小体占据的中心位置，不经过限制性内切酶消化的对照样品的条带应该是 200 bp、400 bp、600bp，而消化样品的条带在 100 bp、300 bp、500bp 的位置（过程见图 9-11）。

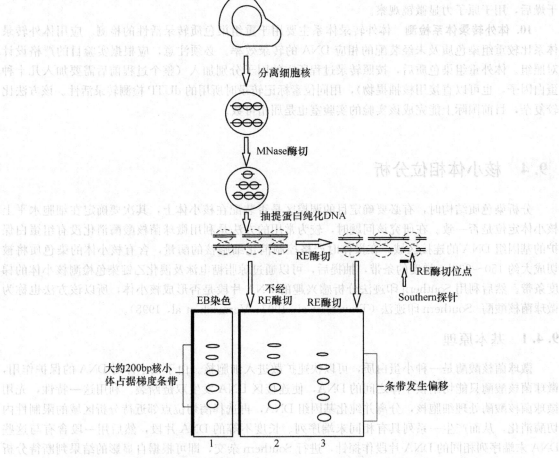

图 9-11 微球菌核酸酶-Southern 印迹法原理示意图（引自 Carey et al，2000）

9.4.2 主要步骤

（1）主要缓冲液。NP-40 裂解缓冲液：10mmol/L Tris-HCl（pH 7.4）、10mmol/L NaCl、3mmol/L MgCl$_2$、0.5% NP-40（Nonidet P-40）、0.15mmol/L 精胺、0.5mmol/L 亚精胺。MNase 消化缓冲液：10 mmol/L Tris-HCl（pH 7.4）、15mmol/L NaCl、60mmol/L KCl、0.15mmol/L 精胺、0.5mmol/L 亚精胺。MNase 终止缓冲液：100mmol/L EDTA、10mmol/L EGTA，pH 7.5。变性液：0.5mol/L NaOH、1.5mol/L NaCl。抑制液：1mol/L Tris-HCl（pH 8）、1.5mol/L NaCl。

（2）收集细胞核。将细胞离心收集后，用 PBS 缓冲液清洗后重悬到 NP-40 裂解缓冲液中冰浴 5 分钟，1000 r/min、4℃离心 10 分钟收集细胞核。

（3）MNase 消化。用 MNase 消化缓冲液清洗细胞核后重悬，加入一定的微球菌核酸酶，消化 5 分钟，加入终止缓冲液终止反应，加入蛋白酶 K 孵育过夜。

（4）纯化 DNA。用酚氯仿抽提、氯仿异戊醇抽提，加入 RNase A 孵育 2 小时，酚氯仿、氯仿异戊醇抽提，无水乙醇、醋酸铵沉淀，重悬于 TE。

(5) 限制性内切酶消化。测定回收的 DNA 浓度后，加入一定量的限制性内切酶消化完全。

(6) 琼脂糖凝胶电泳及转膜。将上述样品进行琼脂糖凝胶电泳，EB 染色观察拍照。切下目的区域后紫外照射，变性液中孵育，清洗后抑制液中孵育，转膜，紫外交联。

(7) 准备放射性标记的 Southern 探针。

(8) Southern 印记预杂交和杂交。

(9) 洗膜、曝片或液体闪烁计数器测量 (Carey et al，2000)。

9.4.3 注意事项

(1) 为精确确定核小体的位置，最大程度的减少对染色质结构的破坏是非常重要的。因此，分离细胞染色质时要特别小心，一般要轻柔地裂解细胞，保持细胞核完整。

(2) 用不同浓度的微球菌核酸酶处理细胞核是为了确定最佳的反应浓度，使微球菌核酸酶对大多数细胞基因组 DNA 中的目的区域只切割一次。

(3) DNA 探针越靠近限制性酶切位点越好。如果选用多种限制性内切酶进行试验，应将探针设计在所有酶切位点的同侧。

9.4.4 应用

微球菌核酸酶-Southern 印迹法首先可以用于确定目的调控区域是否在核小体结构中。如果能形成梯状条带，说明该区域位于核小体结构中；如果条带弥散，说明这段序列与组蛋白结合是随机的。另外，根据最短的梯状条带的长度及所用的限制性内切酶在目的 DNA 中的作用位点就可分析目的片段在核小体内的位置。

这种方法的局限性是分辨率较低，由于琼脂糖凝胶的低分辨率以及微球菌核酸酶在 DNA 连接区的切割位点不止 1 个，核小体的边界只能被确定在大约 40 bp 的范围内。如果要求更精确的分析，可结合使用 LM-PCR 及 DNase I 足迹法等。

9.5 DNA 甲基化分析技术

DNA 甲基化是表观遗传学的重要组成部分，在维持正常细胞功能、遗传印记、胚胎发育以及人类肿瘤发生中起着重要作用。随着对甲基化研究的不断深入，其检测方法也层出不穷。这些方法针对不同研究目的，运用不同的处理方法，几乎涵盖了从基因到基因组各个层次水平的研究。根据研究目的，这些方法分为：基因组整体水平的甲基化检测，特异位点甲基化的检测和新甲基化位点的寻找（见表 9-2）（顾婷婷 等，2006）。根据研究方法可以分为：基于限制性内切酶的甲基化分析方法、基于重亚硫酸盐的甲基化分析方法等。

1. 甲基化敏感的限制性内切酶法　一些限制性内切酶的识别位点中含有 CpG 双核苷酸序列，它们往往只能结合非甲基化的识别序列，而对发生甲基化的序列则没有结合活性。这类酶中比较重要的有 Bst UI、Not I Sma I。这样就可以帮助我们判断 DNA 序列中是否发生了甲基化。这种方法不仅可以用来检测某个基因或 DNA 序列的甲基化状态，而且可以用作整个基因组甲基化状态的筛查。在这个基本原理的基础上，结合不同的通量研究的手段，已经设计出了多种研究方法，例如 RLGS（restriction landmark genome scanning，限制性标志物全基因组扫描）、DMH（differential methylation hybridization for methylation analysis，差异性甲基化杂交分析）、MCA（methylation CpG island amplification for methylation analysis，甲基化 CpG 岛扩增子分析）等。

2. 重亚硫酸盐的甲基化分析方法 重亚硫酸氢钠法（sodium bisulfite）的原理是用重亚硫酸氢钠在碱性条件和氢醌的催化下处理 DNA 可使非甲基化的胞嘧啶发生脱氨基反应，从而转变成尿嘧啶（U），而甲基化的胞嘧啶不能发生脱氨基反应，因而仍保留为胞嘧啶。在随后的聚合酶链式反应（PCR）过程中，由于底物只有 A、T、C、G 四种核苷酸，第一轮扩增时 DNA 链上的尿嘧啶（原本是非甲基化的胞嘧啶）与底物中的腺嘌呤（A）结合，而甲基化的胞嘧啶在扩增中丢失了甲基（由于 PCR 反应中没有 DNMT1，即维持甲基化的酶），但仍然保持为胞嘧啶（C），因此将发生了甲基化和未发生甲基化的胞嘧啶区分开，即发生了甲基化的胞嘧啶仍然是胞嘧啶（C），而未发生甲基化的胞嘧啶全部转变为（T）。在此基础上，我们可以通过 DNA 直接测序、限制性内切酶分析（COBRA）以及设计不同引物（处理前和处理后）的 PCR 扩增（MS-PCR）等方法测出相应序列的甲基化情况。

表 9-2 DNA 甲基化检测方法列表

应用		甲基化分析技术	对 DNA 的处理	PCR 使用	参考文献
基因组整体甲基化分析		HPLC	酶	是	Kuo 等 1980
		Sssi 甲基转移酶法	无	否	Wu 等 1993
		免疫化学法	变性脱嘌呤	否	Oakelele 等 1997
		氯乙醛法	重亚硫酸盐	否	Oakelele 等 1999
		HPCE	酶	否	Fraga 等 2002
特异位点的甲基化分析	单 CpG 位点的定位分析	MS-RE-Southern	酶	否	Southern 等 1975
		MS-RE-PCR	酶	是	Single-Sa 等 1990
		直接基因组测序	重亚硫酸盐	是	Frommer 等 1992
		甲基特异性的 PCR	重亚硫酸盐	是	Herman 等 1996
		COBRA	重亚硫酸盐	是	Xiong 等 1997
	单 CpG 位点的定量分析	Ms-SnuPE	酶	是	Gonzalgo 等 1997
		COBRA	酶	是	Xiong 等 1997
		MethyLight	重亚硫酸盐	是	Eads 等 2000
		MethyQuant	重亚硫酸盐	是	Helene 等 2004
	单 CpG 位点的甲基化分析	直接基因组测序	重亚硫酸盐	是	Frommer 等 1992
		MS-DGGE	重亚硫酸盐	是	Aggerholm 等 1999
		MS_SSCA	重亚硫酸盐	是	Maekawa 等 1999
		MethyLight	重亚硫酸盐	是	Eads 等 2000
		MS_MCA	重亚硫酸盐	是	Worm 等 2001
		MS_DHPLC	重亚硫酸盐	是	Baumer 等 2001
		MSO	重亚硫酸盐	是	Gitan 等 2002
		MBD 柱层析	无	否	Msahiko 等 2004
		MS_MLPA	酶	是	Ander 等 2005
		MS_DB	重亚硫酸盐	否	G Clemnt 等 2005
		COMPARE-MS	酶	是	Srinivasan 等 2006

续表

应用	甲基化分析技术	对 DNA 的处理	PCR 使用	参考文献
新甲基化位点寻找	MS-AP-PCR	酶	是	Gonzalgo 等 1997
	MSRF	酶	是	Huang TH 等 1997
	DMH	酶	是	Huang 等 1999
	MCA-RDA	酶	是	Toyota 等 1999
	RLGS	酶	否	Costello 等 2000
	ALMS	酶	是	Frigola J 等 2002
	MBD 柱层析	无	否	Masahiko 等 2004
	COMPARE-MS	酶	是	Srinivasan 等 2006

9.5.1 基因组整体水平甲基化分析

1. 高效液相色谱柱（HPLC）及相关方法　HPLC 法能够定量测定基因组整体 DNA 甲基化水平（Kuo et al, 1980）。将 DNA 样品先经盐酸或氢氟酸水解成碱基，水解产物通过色谱柱，结果与标准品比较，测量 254nm 处的吸收峰值，计算 $5^mC/(5^mC+5C)$ 的积分面积就得到基因组整体的甲基化水平。这是一种检测 DNA 甲基化的标准方法，但它需要较精密的仪器。Fraga 等运用高效毛细管电泳法（HPCE）处理 DNA 水解产物，以确定 5^mC 的水平（2002）。与 HPLC 相比，HPCE 更加简便、快速、经济。HPLC 及 HPCE 测定基因组整体 DNA 甲基化水平的敏感性均较高。Oefner 等提出变性高效液相色谱法（DHPLC）用于分析单核苷酸和 DNA 分子（1992）。邓大君等将其改进与 PCR 联用建立了一种检测甲基化程度的 DHPLC 分析方法（2001）。将重亚硫酸盐处理后的产物进行差异性扩增，由于原甲基化的碱基在重亚硫酸盐处理时仍被保留为胞嘧啶，因此原甲基化的碱基在 PCR 扩增时，其变性温度也相应上升，使 PCR 产物在色谱柱中保留的时间明显延长，这样就可以测定出 PCR 产物中甲基化的情况。

这种方法的最明显优点是：可用于高通量混合样本检测，能够明确显示目的片段中所有 CpG 位点甲基化的情况。但存在的问题是不能对甲基化的 CpG 位点进行定位。

2. 免疫化学法　免疫化学法基于单克隆抗体能够与 5^mC 发生特异性反应的原理。应用荧光素标记抗体使之与预先已固定在 DEAE 膜上的样品 DNA 特异性结合，对 DEAE 膜上的荧光素进行扫描得到 5^mC 的水平，其荧光素强度与 5^mC 水平成正比（Oakeley et al, 1997）。这种方法较为灵敏但需要精密的仪器。

3. Sssi 甲基转移酶法　Sssi 甲基转移酶法的原理：S-腺苷甲硫氨酸（SAM）在 Sssi 甲基转移酶催化作用下使基因组 DNA 的 CpG 位点发生甲基化，在体系中加入一定量的 3H-S-腺苷甲硫氨酸（3H-SAM）及 Sssi 甲基转移酶反应后，测定剩余的放射性标记的 SAM 即可得到原基因组整体甲基化水平，即测到的放射性强度与所测 DNA 甲基化水平成反比（Wu et al, 1993）。这种方法的缺点是 Sssi 甲基转移酶不稳定，结果不够精确，另外这种方法也是对 DNA 的整体 CpG 位点的甲基化情况检测，不能精确定位。

4. 氯乙醛法　Oakeley 等描述了这种使用氯乙醛和荧光标记的方法（1999）。首先，将 DNA 经重亚硫酸盐处理使未甲基化的胞嘧啶全部转变为尿嘧啶，而甲基化的胞嘧啶保持不变（Frommer et al, 1992），然后经过银或色谱柱去除 DNA 链上的嘌呤，再将样品与氯乙醛共同孵育，这样 5^mC 就转变为带有强荧光的乙烯胞嘧啶，荧光的强度与原 5^mC 的水平成正比。这种方法可以直接

测定基因组整体 5^mC 水平。其优点是所用试剂价格低廉且稳定性好，避免了放射性污染，但缺点是费时费力，而且氯乙醛是一种有毒的物质。

9.5.2 特异性位点的 DNA 甲基化的检测

1. 甲基化敏感扩增多态性（methylation sensitive amplification polymorphism，MSAP） MSAP 技术是在扩增片段长度多态性（amplified fragment length polymorphism，AFLP）技术的基础上建立起来的。实验原理：由于 Hpa Ⅱ 和 Msp Ⅰ 的识别序列相同（5'-CCGG-3'），但对甲基化的敏感程度不同，即 Hpa Ⅱ 不能切割双链甲基化的 5^mCCGG、C5^mCGG 和 5^mC5^mCGG，但能切割单链甲基化的序列，而 MspI 能切割 C5^mCGG 但不能切割 5^mCCGG 序列，因此 CCGG 发生甲基化后将导致 EcoRI/HpaⅡ 和 EcoRI/MspI 的酶切、扩增产物产生多态性。通过比较电泳谱带的差异，可以推测出 CCGG 的甲基化情况（图 9-12）。但用这种方法分析 DNA 甲基化水平的变化存在一个不能克服的弊端，即不能区分非甲基化的 5'-CCGG-3'序列与单链的胞嘧啶甲基化序列（黄琼晓等，2004）。

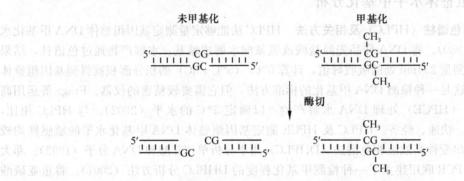

图 9-12 限制酶消化过程示意图（引自 Dahl et al, 2003）
注：胞嘧啶未甲基化的 DNA 能被酶消化，胞嘧啶发生了甲基化的 DNA 不能被消化

2. 重亚硫酸盐直接测序法 Frommer 等提出重亚硫酸盐直接测序的原理：重亚硫酸盐使 DNA 中未发生甲基化的胞嘧啶脱氨基转变成尿嘧啶，而甲基化的胞嘧啶保持不变（图 9-13），之后进行 PCR 扩增所需片段，则尿嘧啶全部转化成胸腺嘧啶，最后，对 PCR 产物进行测序并且与未经处理的序列比较，判断是否 CpG 位点发生甲基化（Frommer et al, 1992）。此方法是一种可靠性及精确度很高的方法，能明确目的片段中每一个 CpG 位点的甲基化状态，但需要大量的克隆测序，过程较为繁琐、昂贵（沈佳尧等，2003）。

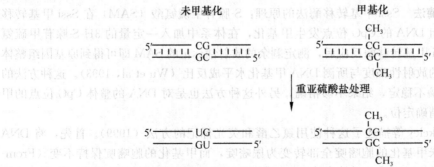

图 9-13 重亚硫酸盐处理过程示意图（引自 Frommer et al, 1992）
注：DNA 经重亚硫酸盐处理后，甲基化的胞嘧啶不变，未甲基化的胞嘧啶转变为尿嘧啶

3. 甲基化特异性的 PCR（methylation-specific PCR，） Herman 等使用重亚硫酸盐处理的基础上建立的 MS-PCR 是一种简便、特异的、敏感的检测单基因甲基化的方式（Herman et al，1996）。其基本原理是用重亚硫酸氢钠处理基因组 DNA，未甲基化的胞嘧啶变成尿嘧啶，而甲基化的胞嘧啶不变，然后用 3 对特异性引物对所测基因的同一核苷酸序列进行扩增（朱燕，2005）。扩增产物用 DNA 琼脂糖凝胶电泳，凝胶扫描观察分析结果。此原理的关键在于 3 对特异引物的设计。引物序列设计在富含胞嘧啶区域以区别重亚硫酸氢钠处理后转化的非甲基化的 DNA 与未转化的甲基化的 DNA，在引物的 3′端，至少含有 3 个 CpG 位点，以保证区别甲基化与非甲基化 DNA。野生型引物对直接根据基因组的待测序列设计。甲基化引物对与非甲基化引物对分别根据待测序列的 CpG 位点甲基化与非甲基化时，经重亚硫酸氢钠转化后的序列设计。野生型引物对只能扩增出未经重亚硫酸氢钠处理的基因片段，甲基化引物对与非甲基化引物对只能分别扩增甲基化与非甲基化的基因片段，由此达到检测基因甲基化的目的（图 9-14）。

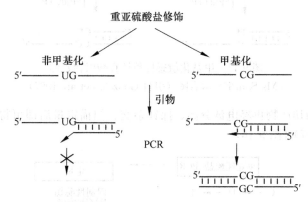

图 9-14 甲基特异性的 PCR 扩增
（MS-PCR）示意图（引自 Herman et al，1996）

4. 甲基化敏感性单核苷酸引物延伸（methylation-sensitive single nucleotide primer extension，Ms-SnuPE） Gonzalgo 等 1997 年提出了结合重亚硫酸盐处理和单核苷酸引物延伸（Kuppuswamy et al，1991）的 Ms-SnuPE 方法（1997），用于定量检测已知序列中特异位点的甲基化水平。原理是：先将研究序列用重亚硫酸盐处理，未甲基化的胞嘧啶全部转化为尿嘧啶，而甲基化的胞嘧啶不变。进行 PCR 扩增，然后取等量扩增产物置于 2 管中，分别作为 Ms-SnuPE 单核苷酸引物延伸的模板。设计用于 Ms-SnuPE 延伸的引物的 3′端紧邻待测碱基。同时于 2 个反应体系中加入等量的 Taq 酶、引物、同位素标记的 dCTP 或 dTTP。这样，如果待测位点被甲基化，则同位素标记的 dCTP 会在反应延伸时连于引物末端；若是未被甲基化，则标记的 dTTP 参与反应。末端延伸产物经电泳分离和放射活性测定后可得出 C/T 值，即为甲基化与非甲基化的比值，从而分析得到待测片段中 CpG 位点甲基化情况（图 9-15）。同理也可以用 dGTP 或 dATP。而且，若需研究一条链上不同位点 CpG 甲基化情况，可通过设计不同的引物在同一反应中完成。

5. 结合重亚硫酸盐的限制性内切酶法（combined bisulfite restriction analysis，COBRA） DNA 样本经亚硫酸氢盐处理后，利用 PCR 扩增，扩增产物纯化后用限制性内切酶（$BstU$ I）消化。若其识别序列中的 C 发生完全甲基化（5^mCG5^mCG），则 PCR 扩增后保留为 CGCG，$BstU$ I 能够识别并进行切割；若待测序列中，C 未发生甲基化，则 PCR 后转变为 TGTG，$BstU$ I 识别位点丢失，

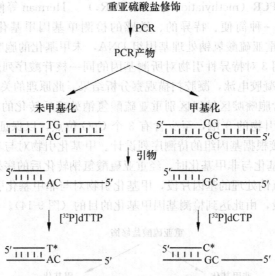

图 9-15 甲基化敏感性单核苷酸引物延伸
(Ms-SnuPE) 示意图（引自 Gonzalgo et al, 1997）

不能进行切割。这样酶切产物再经电泳分离、探针杂交、扫描定量后即可得出原样本中甲基化的比例 (Xiong et al, 1997)（图 9-16）。

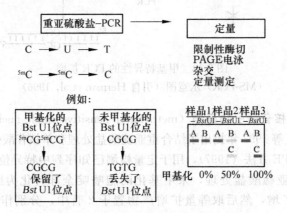

图 9-16 结合重亚硫酸盐的限制性内切酶法
(COBRA) 示意图（引自 Xiong et al, 1997）

这种方法相对简单，可快速定量几个已知 CpG 位点的甲基化，且需要的样本量少。然而，它只能获得特殊酶切位点的甲基化情况，因此检测呈阴性不能排除样品 DNA 中存在甲基化的可能。

6. 甲基化敏感性单链构象分析（methylation-specific single-strand conformation analysis, MS-SSCA） 甲基化敏感性单链构象分析（MS-SSCA）又称重亚硫酸盐甲基化-PCR-SSCP（Single-Strand Conformation Polymorphism, SSCP)（Bianco et al, 1999; Maekawa et al, 1999; Burri and Chaubert, 1999），原理：先用重亚硫酸盐处理待测片段，针对非 CG 二核苷酸区设计引物进行 PCR 扩增，扩增产物变性后进行非变性的聚丙酰胺凝胶电泳，由于 DNA 电泳时的迁移率取决于其二级结构即 DNA 的空间构象，而后者又由 DNA 碱基的序列决定。因此，经处理后变性的单链 DNA 将停留在聚丙酰胺膜的不同位置上，这样甲基化与非甲基化的就被分离开，随后进行单链构象多态性分析加以明确（图9-17）。

7. 甲基化敏感性变性梯度凝胶电泳（methylation-specific denaturing gradient gel electrophoresis, MS-DGGE） 变性梯度凝胶电泳其原理是：DGGE是利用长度相同的双链DNA片段解链温度不同的原理，通过梯度变性胶将DNA片段分离开来的电泳技术。在由低到高的变性梯度胶中，双链DNA片断依据其序列的特异变性点溶化解链，单独的序列将在各自具特征的变性点开始解链。当双链DNA片段迁移到变性凝胶的一定位置，达到解链浓度时，开始部分解链，当迁移阻力与电场力平衡时，DNA片段在凝胶中基本上停止了迁移，这样不同序列的DNA片段就被DGGE有效分离。理论上讲，只要选择的电泳条件（如变性剂梯度、电泳时间、电压等）足够精细，仅有一个碱基差异的DNA片段都可被分开。Aggerholm等将其用于甲基化的检测，先用重亚硫酸盐处理DNA使甲基化的胞嘧啶转变为尿嘧啶引起点突变，这样再结合使用DGGE分离、分析该片段的甲基化状况（Aggerholm et al, 1999）。

8. 甲基化敏感性解链曲线分析（methylation-specific melting curve analysis, MS-MCA） 将DNA经重亚硫酸盐处理后用荧光素标记然后与Lightcycle联用检测DNA序列甲基化的方法（Worm et al, 2001）。这种方法根据检测到的荧光度对应的解链温度，判断分析研究序列中甲基化的情况。在

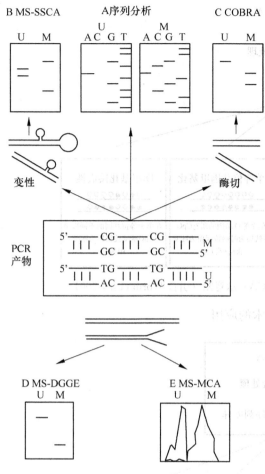

图9-17 甲基化敏感性单链构象分析（MS-SSCA）示意图（引自 Maekawa et al, 1999）

Lightcycle过程中，随着温度升高，逐渐达到DNA双链各解链区域的解链温度（T），DNA呈区域性逐渐解链，一般说来，序列中CG含量越高，对应的解链温度越高。由于非甲基化的胞嘧啶经重亚硫酸盐处理后变为尿嘧啶、PCR后变为胸腺嘧啶，故其所在序列中的CG含量降低，热稳定性降低，解链温度降低。而甲基化的由于其CG含量高，故其解链温度高。所得结果与标准曲线对照，根据这种特性就可以明确研究序列中CpG的分布区及甲基化程度（图9-18）。

9. 荧光法（Methylight） 荧光法利用实时定量PCR（Real-time PCR）测定特定位点甲基化的情况（Eads et al, 2000）（图9-19）。原理：DNA样本先用重亚硫酸盐处理，设计一个能与待测位点互补的探针，探针的5′端连接报告荧光，3′端连接淬灭荧光，随后进行实时定量PCR。如果探针能够与DNA杂交，则PCR过程中在引物延伸时，TaqDNA聚合酶5′到3′端的外切酶活性会将探针序列上5′端的报告荧光切下，淬灭荧光不能再对报告荧光进行抑制，这样报告荧光发光，测定每个循环报告荧光的强度即可得到该位点的甲基化情况及水平；同理，若标记的探针未能与DNA杂交，则引物延伸不能跳过未甲基化位点，报告荧光不被切下，不发光。同样方法，也可对引物进行荧光标记，并通过不同标记的组合，检测多个位点的甲基化水平（范保星，2002）。

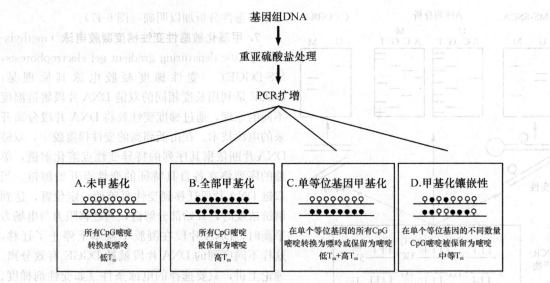

图 9-18 甲基化敏感性解链曲线分析（MS-MCA）示意图（引自 Worm et al, 2001）

甲基化荧光技术的应用

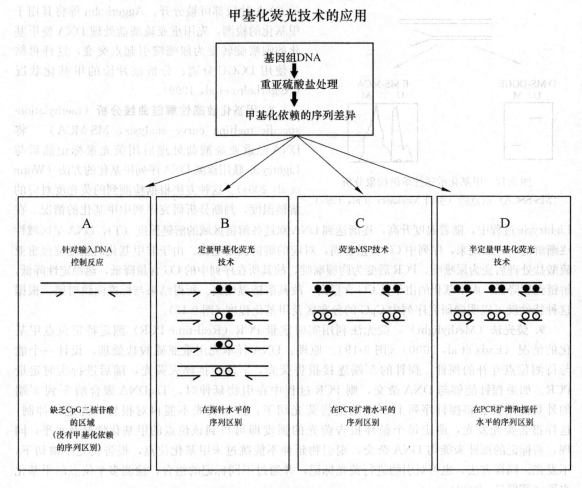

图 9-19 荧光法示意图（引自 Eads et al, 2000）

10. 甲基化敏感性斑点分析（methylation sensitive dot blotassay，MS-DBA） G Clément 等报道甲基化敏感性斑点分析，这种方法能够定量或半定量分析样本中的甲基化水平（2005）（图9-20）。这个方法的过程：待测 DNA 样本经重亚硫酸盐处理后，以非 CG 区的引物进行 PCR 扩增，扩增产物经变性后转移到尼龙膜上，用 3′端 DIG 标记的含有 2 个 CG（或 TG）的双核苷酸探针与 DNA 杂交，随后用带有荧光标记的抗 DIG 抗体与之反应。与双 CG 的探针获得杂交的标本含有甲基化，而与 TG 探针杂交的标本未被甲基化。通过比较斑点上荧光的强度测定甲基化水平。

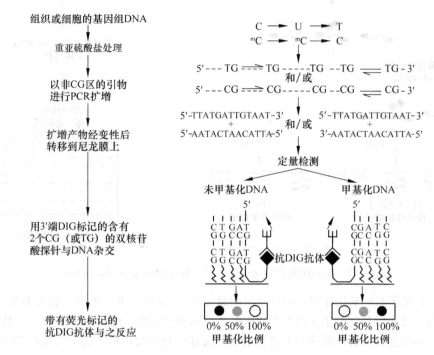

图 9-20 甲基化敏感性斑点分析法示意图（引自 G Clément et al，2005）

11. DNA 甲基化微阵列法 DNA 微阵列法是以分子杂交为基础的，基于样本前期处理过程分为两类：一、样本先进行甲基化敏感限制性酶切，依据酶对甲基化和未甲基化的位点的敏感性不同，经 PCR 得到差异片段，这种方法如：差式甲基化杂交（differential methylation hybridization，DMH）技术；二、样本经过亚硫酸氢盐处理后得到针对甲基化和未甲基化胞嘧啶的特异性片段，经特异的寡核苷酸微阵列检测。这种方法如：甲基化特异性寡核苷酸（methylation specific oligo-nuleotide，MSO）微阵列。

Huang 等 1999 年对整个基因组范围内高甲基化 CpG 岛（CpG islands，CGIs）特异性筛选应用了基于甲基化敏感限制酶（methylation sensitive restriction enzymes，MERS）酶切和连接子 PCR（linker-PCR）技术的差式甲基化杂交技术（1999）（图9-21）。DMH 可选择性扩增和双色荧光标记肿瘤细胞和正常细胞的甲基化 CpG 岛，根据其混合物与 CGIs 微阵列杂交荧光信号的变化而获得肿瘤细胞 CGIs 甲基化谱。

Gitan 等 2002 年建立了检测某个位点的甲基化特异性寡核苷酸微阵列（Gitan et al，2002）。MSO 对每一个被检测基因，预先设计一对含有 2 个不相邻的 GC（或 AC）的探针，分别用于识别甲基化和非甲基化的序列。其中含 GC 的探针（5′-GC-GC-3′）识别甲基化序列，含 AC 的探针

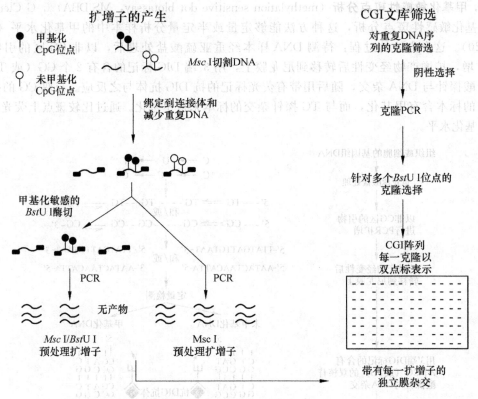

图 9-21 差式甲基化杂交法示意图（引自 Huang et al, 1999）

（5′-AC-AC-3′）识别非甲基化序列，探针的 5′端通过 linker 固定于玻璃板上。首先 DNA 样本经重亚硫酸盐处理，将非甲基化的胞嘧啶变为尿嘧啶，甲基化的不变，再行 PCR 扩增，产物的 3′端用荧光素标记，移至连有探针的玻璃板上进行杂交，通过检测杂交后产生的荧光强度判断待测序列中甲基化的水平（图 9-22）。

随着实验技术的发展，目前研究者将染色质免疫共沉淀技术（chromatin immunoprecipitation assay, ChIP）与微阵列（chip）技术相结合（ChIP on chip），用于基因组范围甲基化的研究。基因组 DNA 经超声破碎成小片段，利用抗 5mC 的抗体富集高甲基化的 DNA 片段，该过程称为甲基化 DNA 免疫沉淀（MeDIP），经 MeDIP 富集的 DNA 片段用 Cy3 标记，未被 MeDIP 富集的 DNA 片段用 Cy5 标记，将上述标记好的探针与 CGIs 微阵列进行杂交，每个点的信号强度即可代表对应位点的甲基化状态（Wilson et al, 2006）。

12. 基质辅助激光解析电离飞行时间质谱（matrixassisted laser desorption/ionization-time of flightmass spectrometry, MALDi-TOF-MS） MALDi-TOF-MS 是一种高通量的、可用于全基因组甲基化水平和特定 CpG 位点甲基化状态的检测（Schatz et al, 2004；Tost et al, 2003）。其基本过程如下：基因组 DNA 经重亚硫酸氢盐修饰后用一条含 T7 启动子的引物和一条 C 含量较高的引物进行 PCR 扩增，则扩增出的 PCR 产物带有 T7 启动子标签和一段富含 C 的控制标签，由于含有 T7 启动子，随后将上述 PCR 产物进行体外转录成 RNA，RNA 经 RNase T1 酶切后用 MALDi-TOF 检测（图 9-23）。

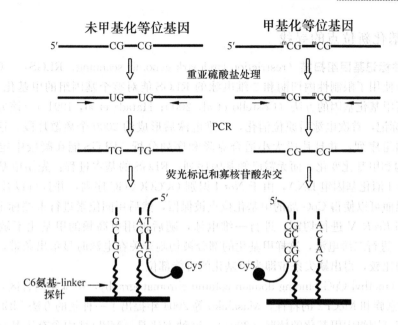

图 9-22 甲基化特异性寡核苷酸微阵列示意图（引自 Gitan et al, 2002）

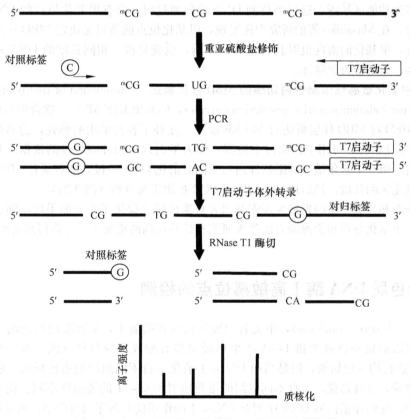

图 9-23 MALDi-TOF-MS 检测 CpG 甲基化流程图

9.5.3 甲基化新位点的寻找

1. 限制性标记基因组扫描（restriction landmark genomic scanning，RLGS） Costello 等 2000 年报道了联合使用了限制性内切酶和二维电泳的 RLGS 能对整个基因组的甲基化状态进行分析，是一种发现新甲基化基因的方法（Costello et al，2000；Hatada et al，1991）。该方法是将基因组 DNA 放射性标记，首次电泳后原位消化，二维电泳后形成约 2000 个离散片段。这些片段几乎包含了整个基因组序列，并且片段大小适合克隆和序列分析。RLGS 能在凝胶中定量分析数千个 CpG 岛的结构和甲基化变化，而无需已知基因序列。RLGS 的基本过程：先用甲基化敏感的限制性内切酶 *Not* I 消化基因组 DNA，由于 *Not* I 识别 GCGGCCGC 序列，并且可以被重叠的 CpG 甲基化阻断，因而可以使得 CpG 岛的甲基化位点被保留，然后用同位素进行末端标记，再经甲基化不敏感的酶如 *EcoR* V 进行切割，进行一维电泳，随后再用更高频的甲基化不敏感的内切酶如 *Hinf* I 切割，进行二维电泳，这样甲基化的部分被切割开关在电泳时显示出条带，得到 RLGS 图谱与正常对照比较，得出缺失条带即为甲基化的可能部位。

2. MBD（methyl-CpG binding domain column chromatography，甲基化结合区）**柱层析法** 根据 MBD 蛋白家族和 MeCP2 的特性，Masahiko 等 2004 年提出了一种新的方法 MBD 柱层析法，用于筛选和发现基因组中甲基化的情况（2004）。这种方法是：MBD 柱中含有甲基化位点特异性结合蛋白的功能区，能够与甲基化位点特异性结合。该蛋白一端通过连接多个组蛋白与凝胶结合，其另一端的多肽功能区暴露，这样当待测 DNA 片段通过时，含有甲基化位点的 DNA 即与 MBD 多肽牢固结合。在 Masahiko 等的研究中还发现，甲基化位点的数目是决定 MBD 柱结合力的最主要因素，而且，甲基化的密度也对其有重要的影响，也就是说，相同长度的 DNA 片段中甲基化位点密度越高，其结合力就越强。

3. 联合甲基化敏感性限制性内切酶的 MBD 柱层析法（combination of methylated-DNA precipitation and methylation-sensitive restriction enzymes，COMPARE-MS） 联合甲基化敏感性限制性内切酶的 MBD 将 MBD 柱层析法与 MS-RE 联用，互补了各自单用的弊处，能够快速、敏感地检测 DNA 甲基化情况，可用于临床标本检测，作为早期诊断和肿瘤分级的依据。其过程是：用非待测区的内切酶和甲基化敏感的限制性内切酶同时消化 DNA 片段，随后通过 MBD 柱捕获，保留了含有甲基化区的片段，最后通过实时定量 PCR 扩增定量分析（图 9-24）。

甲基化分析和检测方法的发展为探索基因表观遗传信息提供了有效的手段，随着甲基化研究的不断深入，甲基化分析和检测的方法作为研究和诊断疾病的重要工具也将得到更加广泛的应用。

9.6 染色质 DNA 酶 I 高敏感位点的检测

DNase I（deaxyribonuclease），中文名为脱氧核糖核酸酶 I，是核酸内切酶的一种，其酶活主要表现为可以消化单链或双链 DNA 产生单脱氧核苷酸或寡脱氧核苷酸。对于纯化的 DNA，DNase I 可以进行均一地切割，但是当用 DNase I 消化来自不同组织的染色质时，酶切结果可以产生很大的差异，也就是说，来自不同组织的染色质对 DNase I 的敏感性不同。例如在红细胞体的细胞核中，编码珠蛋白的 DNA 序列对 DNase I 的作用比其他序列更敏感，而在母鸡输卵管细胞核中，编码卵白蛋白的 DNA 序列对 DNase I 敏感性比编码珠蛋白序列更高。

DNase I 高敏感位点就是在低浓度的 DNase I 处理后，DNA 序列上发生断裂的位点。对于限

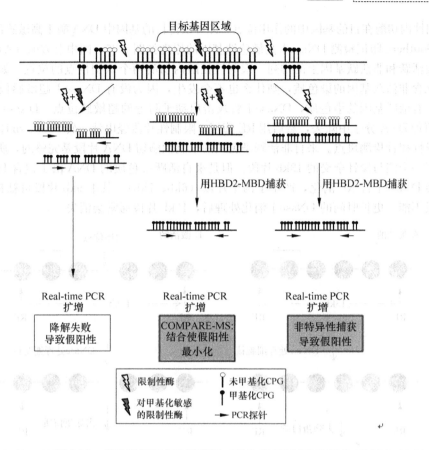

图 9-24　COMPARE-MS 示意图（引自 Hendrich et al，2006）

制性酶切位点之间存在的高敏感位点，用 DNase Ⅰ 处理全核的 DNA，进行 Southern 印迹试验检测其特异性的条带，这些特异性的条带要比未经 DNase Ⅰ 处理的限制性片段窄小。例如，雏鸡成红细胞全核用不同浓度的 DNase Ⅰ 处理之后，纯化 DNA，再用限制性酶消化，预先未用 DNase Ⅰ 处理的雏鸡 DNA 含有特异的珠蛋白 DNA 片段，可与标记的克隆化珠蛋白序列杂交进行检测；而如果预先用 DNase Ⅰ 处理，切割了其中的珠蛋白基因，就不能见到这些片段。

通常活化的转录单位 DNase Ⅰ 的敏感性增高，染色质中 DNase Ⅰ 的敏感位点似乎是由这些部位的蛋白质与 DNA 的相互作用造成的，如聚合酶的结合作用等。转录时特异的活化区域失去了蛋白质的保护作用，易受 DNase Ⅰ 的消化。通过对比用 DNase Ⅰ 处理前后的 DNA 片段的变化，用 Southern 印迹技术可以检测 DNase Ⅰ 敏感性变化以说明基因的活化状态。在珠蛋白基因和其他细胞的转录活跃的基因，高敏位点定位在 5′ 端，许多 DNase Ⅰ 高敏位点位于靠近转录起始的区域。

染色质的 DNA 酶 Ⅰ 高敏感位点为染色质上反式作用因子作用的位点，反映了实际发生在细胞内的反式作用因子与这些位点的 DNA 顺式作用元件的相互作用。因此，检测染色质的 DNA 酶 Ⅰ 高敏感位点为进一步在染色质水平研究基因调控机制提供了重要的线索。

9.6.1　基本原理

DNA 酶 Ⅰ 优先作用于反式作用因子作用的部位，再经适当的限制性内切酶（RE）完全消化，选择靠近酶切位点一端的 DNA 片段为探针进行 Southern 杂交。自显影后，根据 X 光片上区带的大小及限制性内切酶在目的基因中的作用位点，即可获得目的基因中 DNA 酶Ⅰ高敏感位点的位置。

应用 Southern 印记检测 DNaseⅠ高敏感性基因的原理如图 9-25。图中上方的（A）和（B）显示核小体在活跃和非活跃基因上的排列、限制性核酸内切酶两个识别位点的位置。如果用 DNase Ⅰ轻微消化含非活跃基因的染色质，则什么也不会发生，因为没有 DNaseⅠ超敏感位点。而同样方法处理具有活跃基因的染色质，DNaseⅠ将攻击启动子附近的超敏感位点。DNaseⅠ作用后将蛋白质从两种 DNA 分子中除去，然后用 RE 酶切。限制性片段经电泳、转 Southern 印迹膜、用短的基因特异性探针检测斑点。来自非活跃染色质的限制性酶切 DNA 片段是完整的，所以经 RE 酶切后产生了一个能与探针杂交的 13kb 片段。但是来自活跃染色质的 DNA 由于包含 DNaseⅠ超敏感位点，经 DNaseⅠ合 RE 消化，产生了两个片段（6kb、7kb）。其中 6kb 片段可被探针检测到，但 7kb 片段不能。更长时间的 DNaseⅠ消化处理后，13kb 片段通常会消失。

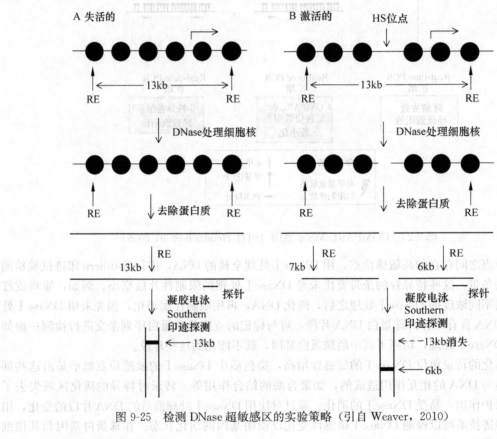

图 9-25　检测 DNase 超敏感区的实验策略（引自 Weaver，2010）

9.6.2　基本步骤

（1）DNA 酶Ⅰ部分消化细胞核内染色质 DNA。

（2）纯化基因组 DNA。

（3）限制性内切酶完全消化基因组 DNA。

（4）基因组 DNA 的电泳分离及转膜。

（5）标记探针及杂交。

（6）放射自显影。

(7) 分析结果。

9.6.3 注意事项

(1) 严格掌握 DNA 酶 I 处理的浓度及时间，进行下一步实验前应通过电泳检验 DNA 酶 I 消化后 DNA 片段的大小。

(2) 选择适当的限制性内切酶，综合考虑杂交后所得 DNA 片段的大小和所要进行染色质 DNA 酶 I 敏感性检测的范围。

(3) 每次实验均应设立在同样条件下 DNA 酶 I 消化的基因组 DNA 作为对照，以防止由于 DNA 酶 I 对 DNA 选择性消化造成的假阳性。

9.6.4 应用

染色质 DNA 酶 I 敏感性的增加是基因活化的一个重要指标。染色质的 DNA 酶 I 高敏感位点普遍存在于真核生物的基因组内，参与体内包括基因转录在内的几乎所有涉及 DNA 的活动。已在多种不同功能的 DNA 顺式元件上发现了染色质 DNA 酶 I 高敏感位点的存在，如启动子、沉默子、上游激活序列、增强子、终止子、复制起始位点、重组位点、端粒及中心粒等。某段 DNA 序列上发现有染色质 DNA 酶 I 高敏感位点，提示该段 DNA 序列可能在体内有重要的生理作用。李珊珊（李珊珊等，2009）等人研究表皮生长因子受体（epidermal growth factor receptor，EGFR）基因表达调控机制时，利用 DNase I 消化基因启动子区，找出该区域 DNase I 高敏感位点（DNase I hypersensitive site，DHS），进而以此成功的预测可能与 DHS 相结合的转录因子。

9.7 体内 DNA 足迹法

足迹法是检测蛋白质与 DNA 相互作用的方法，可确定 DNA 上的靶位点，甚至可确定参与蛋白质结合的碱基。常用的有三种：DNase I、硫酸二甲酯（DMS）和羟基自由基足迹法。

体内 DNA 足迹法（in vivo footprinting）是检测体内蛋白质与 DNA 相互作用的重要方法。与体外 DNA 足迹法相比，体内 DNA 足迹法可以确定体内真实发生的蛋白质-DNA 结合作用，利用连接介导 PCR（ligation-mediated PCR）技术，特异地扩增在体内条件下经断裂试剂处理产生的基因组 DNA 片段，标记后经凝胶电泳形成一系列梯带，进而可分析蛋白质在 DNA 上的结合位点。

9.7.1 基本原理

DNase I 足迹法首先将待测双链 DNA 片段中一条单链的一端选择性地进行放射性同位素端标记，然后加入恰当浓度的 DNase I，使 DNA 链上随机形成缺口，蛋白变性后进行电泳分离，放射自显影，由于 DNase I 作用于 DNA 的随机性即可形成以相差一个核苷酸为梯度的 DNA 条带。但当 DNA 片段与相应的序列特异性 DNA 结合蛋白结合后，DNA 结合蛋白可保护相应的 DNA 序列不受 DNase I 的攻击，因而在放射自显影图谱上，DNA 梯度条带在相应于 DNA 结合蛋白的结合区中断，从而形成一空白区，恰似蛋白质在 DNA 上留下的足迹，因此形象地称作足迹法，原理示意见图 9-26。如果同时进行 DNA 化学测序，即可判断出结合区的精确顺序。该技术至今仍是最常用的方法。但在实际应用中，首先应将特异蛋白质进行一定程度的纯化，否则很难得到满意的结果。

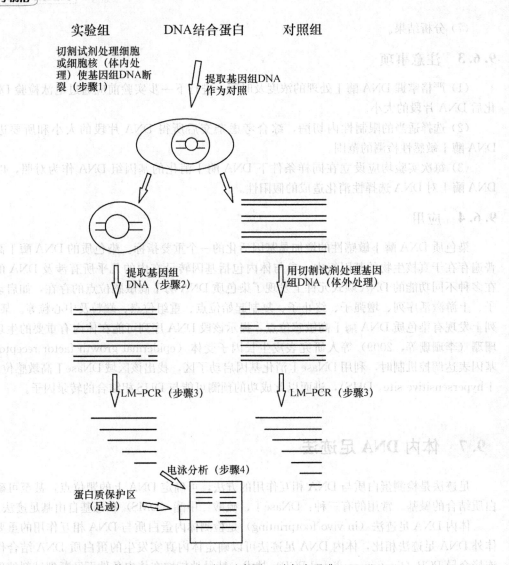

图 9-26 体内 DNA 足迹法原理示意图（引自沈珝琲，2006）

传统的 DNase I 足迹法程序繁杂，而固相 DNase I 足迹法通过结合有模板的磁珠，先富集序列特异的 DNA 结合蛋白，进行 DNase I 酶切，然后用测序胶分离并分析结果。此方法简便易行，重复性好，并减少了对操作者的放射性损害，尤其适用于研究未经纯化的核蛋白粗提物内序列特异蛋白（徐冬冬 等，2001）。

固相 DNase I 足迹法的原理是当含有蛋白质结合位点的 DNA 片段一端用生物素标记后，生物素和链霉抗生物素高度特异性的结合能快速有效地分离生物素标记的靶分子，从而使靶分子固定在包被有链霉抗生物素的磁珠上，其后步骤的 DNA 与蛋白结合，DNase I 酶切均是在 DNA/磁珠复合物上进行，由于 DNA/磁珠复合物可以通过磁架固定在 eppendorf 管壁上，因此称为固相 DNase I 足迹法（李英贤 等，2003）。其有很多优点，比如放射性大为减弱，减少了对研究者的放射性损害；省却了有机抽提和沉淀步骤，操作简便，节省时间；测序胶上 DNA 的分辨率能达到最佳等。

足迹法中经常用 LM-PCR 检测复杂样品中 DNA 链是否断裂，它与许多 DNA 修饰和切割的试剂联用来分析内源调控区上 DNA-蛋白质的相互作用。常见的 DNA 修饰和切割试剂除了 DNase Ⅰ、硫酸二甲酯（DMS），还有高锰酸钾等，操作步骤就是将分离的基因组 DNA 用 DNase Ⅰ切割或用修饰剂修饰其残基（DMS 修饰 G 和 A 碱基，高锰酸钾修饰 T 碱基）（蔡容华 等，2009）。

9.7.2 操作步骤

（1）用 DNA 切割试剂或修饰试剂处理细胞或细胞核。常用的切割试剂包括硫酸二甲酯（DMS）和 DNA 酶Ⅰ（DNase Ⅰ）。DMS 可以穿透细胞膜，使得基因组 DNA 中鸟嘌呤和腺嘌呤发生甲基化修饰。之后，修饰的基因组 DNA 经纯化后，用哌啶处理使 DNA 在修饰处断裂，用 Dnase Ⅰ处理分离的细胞核可使基因组 DNA 随机断裂。

（2）提取并纯化基因组 DNA。经过抽提、RNA 酶消化、乙醇沉淀等步骤纯化基因组 DNA，不同切割试剂，方法不同。

（3）进行 LM-PCR 实验并分析。

1）第一链合成反应：DNA 变性，加入引物 1，退火。

2）连接反应：加入单向接头，DNA 连接酶催化平末端 DNA 片段与接头连接。

3）PCR 扩增。加入特异引物 2，延伸获得平末端双链 DNA，引物 2 与引物 1 相比稍靠近内侧（引物 1 的 3′端）以保证扩增的特异性，可与引物 1 部分重叠；加入接头引物（与接头中较长的寡核苷酸互补），PCR 扩增 18 个循环；标记；加入标记的引物 3，进行第 2 轮 PCR 反应。引物 3 可用 T4 多聚核苷酸激酶和 [γ-^{32}P] ATP 标记，其位置比引物 2 更靠近内侧。

（4）纯化 DNA，进行聚丙烯酰胺凝胶电泳。然后进行放射自显影或磷屏分析。

9.7.3 注意事项

（1）切割试剂的选择：LM-PCR 与多种切割或修饰试剂联用，可以得到基因调控的不同信息。DMS 是一种小分子化合物，与 DNA 酶Ⅰ相比，其修饰作用更接近蛋白质结合区，因此蛋白质保护区更小，结果更准确。

（2）对照反应。不论使用 DNA 酶Ⅰ或是 DMS，对照反应都是必须的。保护区或高敏感区都提示蛋白质-DNA 相互作用的存在。

（3）LM-PCR 特异引物的设计：LM-PCR 是体内 DNA 足迹法的关键步骤。为降低背景，确保扩增的特异性，实验中一般需要 3 条特异引物（引物 1、引物 2 和引物 3，图 9-27）。它们的位置依次向 3′端延伸。引物 1 和引物 2 可以重叠也可以不重叠，若重叠，重叠部分应少于它们长度的一半，而引物 3 和引物 2 需要重叠一半以上，甚至完全重叠，并在 3′端突出几个碱基。这种重叠对获得特异性扩增片段是必需的。

（4）DNA 足迹的强弱程度与蛋白质浓度有关。

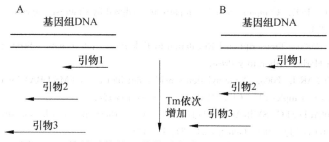

图 9-27　特异引物的两种排列方式（引自沈珝琲，2006）

9.7.4 应用

体内 DNA 足迹法对检测体内蛋白质-DNA 相互作用十分重要，能够直接和即时的获得 DNA 序列中蛋白质结合位点的信息（Lin et al, 1995），分辨率较高，而且能够反映体内真实状态，同时该方法可以有效地与体外的实验方法结合起来，在研究可诱导或者具有细胞特异性的表达调控方面有重要作用。因此，可以说体内 DNA 足迹法是研究基因转录调控的有力工具。

参 考 文 献

蔡容华，李强，张建军，等. 2009. DNA-蛋白质相互作用研究的方法及其新进展 [J]. 生物技术，19（1）：93-98.

邓大君，邓国仁，吕有勇，等. 2001. 变性高效液相色谱法检测 CpG 岛胞嘧啶甲基化 [J]. 中华医学杂志，80（2）：158-1611.

范保星. 2002. DNA 甲基化检测方法 [J]. 国外医学遗传学分册，25（2）：99-101.

顾婷婷，张忠明，郑鹏生. 2006. DNA 甲基化研究方法的回顾与评价 [J]. 中国妇幼健康研究，17（6）：555-560.

黄琼晓，金帆，黄荷凤. 2004. DNA 甲基化的研究方法学 [J]. 国外医学遗传学分册，27（6）：354-358.

李庆国，汪和睦，李安之. 1992. 分子生物物理学 [M]. 北京：高等教育出版社.

李珊珊，李相辉，李岩，等. 2009. Egfr 基因启动子区的 DNase I 高敏感位点定位 [J]. 首都医科大学学报，30（2）：189-194.

李英贤，贺福初. 2003. DNA 与蛋白质相互作用研究方法 [J]. 生命的化学，23（4）：306-307.

沈佳尧，侯鹏，祭美菊，等. 2003. DNA 甲基化方法研究现状 [J]. 生命的化学，23（2）：149-151.

沈珈琲. 2006. 染色质与表观遗传调控 [M]. 北京：高等教育出版社.

韦弗. 2010. 分子生物学 [M]. 郑用琏，张富春，徐启江，等，译. 北京：科学出版社.

徐冬冬，刘德培，吕湘，等. 2001. 固相 DNase I 足迹法研究 DNA-蛋白质相互作用 [J]. 生物化学与生物物理进展，28（4）：587-590.

张志毅，周涛，巩伟丽，等. 2007. 荧光共振能量转移技术在生命科学中的应用及研究进展 [J]. 电子显微学报，26（6）：620-624.

朱燕. 2005. DNA 的甲基化的分析与状态检测 [J]. 现代预防医学，32（9）：1070-1073.

AGGERHOLM A, GULDBERG P, HOKLAND M, et al. 1999. Extensive intra- and interindividual heterogeneity of p15iNK4B methylation in acute myeloid leukemia [J]. Cancer Res., 59：436-441.

ALEXIADIS V, BALLESTAS M E, SANCHEZ C, et al. 2007. RNAPol-Chip analysis of transcription from FSHD-linked tandem repeats and satellite DNA [J]. Biochim. Biophys. Acta., 1769：29-40.

AUSUBEL F M, BRENT R, KINGSTON R E, et al. 2003. Current Protocols in Molecular Biology [M]. Singapore：John Wiley & Sons, inc..

BIANCO T, HUSSEY D, DOBROVIC A. 1999. Methylation-sensitive, single-strand conformation analysis (MS-SSCA)：a rapid method to screen for and analyze methylation [J]. Hum. Mutat., 14：289-293.

BURRI N, CHAUBERT P. 1999. Complex methylation patterns analyzed by single-strand conformation polymorphism [J]. Biotechniques, 26：232-234.

CAREY M S, SMALE T. 2000. Transcriptional Regulation in Eukaryotes：Concepts, Strategies and Techniques [M]. New York：Cold Spring Harbor Laboratory Press.

CLÉMENT G., BENHATTAR J. 2005. A methylation sensitive dot blot assay (MS-DBA) for the quantitative analysis of DNA methylation in clinical samples [J]. Clin. Pathol., 58（2）：155-158.

COSTELLO J F, FRUHWALD M C, SMIRAGLIA D J, et al. 2000. Aberrant CpG-island methylation has non-random and tumour-type-specific patterns [J]. Nat. Genet., 24（2）：132-138.

DAHL C, GULDBERG P. 2003. DNA methylation analysis techniques [J]. Biogerontology, 4（4）：233-250.

EADS C A, DANENBERG K D, KAWAKAMI K, et al. 2000. MethyLight: a highthroughput assay to measure DNA methylation [J]. Nucleic Acids Res., 28: e32.

FRAGA M F, URIOL E, BORJA D L, et al. 2002. High-performance capillary electrophoretic method for the quantification of 5-methyl 2-deoxycytidine in genomic DNA: application to plant, animal and human cancer tissues [J]. Electrophoresis, 23: 1677-1681.

FROMMER M, MCDONALD L E, MILLAR D S, et al. 1992. A genomic sequencing protocol that yields a positive display of 5-methylcytosine residues in individual DNA strands [J]. Proc. Natl. Acad. Sci. USA, 89: 1827-1831.

GERVAIS A L, MARQUES M, GAUDREAU L. 2010. PCRTiler: automated design of tiled and specific PCR primer pairs [J]. Nucleic Acids Research, 38: W308-W312.

GITAN R S, SHI H, CHEN C M, et al. 2002. Methylation-specific oligonucleotide microarray: a new potential for high-throughput methylation analysis [J]. Genome Res., 12: 158-164.

GONZALGO M L, JONES P A. 1997. Rapid quantitation of methylation differences at specific sites using methylation-sensitive single nucleotide primer extension (Ms-SNuPE) [J]. Nucleic Acids Res., 25: 2529-2531.

GRAINGER D C, AIBA H, HURD D, et al. 2007. Transcription factor distribution in *Escherichia coli*: studies with FNR protein [J]. Nucleic Acids Res., 35: 269-278.

HAN S Y, LU J, ZHANG Y, et al. 2006. Recruitment of histone deacetylase4 by transcription factors represses interleukin-5transcription [J]. Biochem. J., 400: 439-448.

HATADA I, HAYASHIZAKI Y, HIROTSUNE S, et al. 1991. A genomic scanning method for higher organisms using restriction sites as landmarks [J]. Proc. Natl. Acad. Sci. USA, 88: 9523-9527.

HERMAN J G, GRAFF J R, MYOHANEN S, et al. 1996. Methylation-specific PCR: a novel PCR assay for methylation status of CpG islands [J]. Proc. Natl. Acad. Sci. USA, 93 (18): 9821-9826.

HUANG T H, PERRY M R, LAUX D E. 1999. Methylation profiling of CpG islands in human breast cancer cells [J]. Hum. Mol. Genet., 8: 459-470.

ito T, BULGER M, PAZIN M J, et al. 1997. ACF, an iSWi-Containing and ATP-Utilizing chromatin assembly and remodeling factor [J]. Cell, 90 (1): 145-155.

KOOPMANS W J, BREHM A, LOGIE C, et al. 2007. Single-pair FRET microscopy reveals mononucleosome dynamics [J]. J. Fluoresc., 17 (6): 785-795.

KUO K C, MCCUNE R A, GEHRKE C W, et al. 1980. Quantitative reversed-phase high performance liquid chromatographic determination of major and modified deoxyribonucleosides in DNA [J]. Nucleic Acids Res., 8: 4763-4776.

KUPPUSWAMY M N, HOFFMANN J W, KASPER C K, et al. 1991. Single nucleotide primer extension to detect genetic diseases: experimental application to hemophilia B (factor Ⅳ) and cystic fibrosis genes [J]. Proc. Natl. Acad. Sci. USA, 88: 1143-1147.

LIN K C, SHIUAN D. 1995. A simple method for DNase I footprinting [J]. Journal of Biochem. Biophy. Methods, 30 (1): 85-89.

LOWARY P T, WIDOM J. 1998. New DNA sequence rules for high affinity binding to histone octamer and sequence-directed nucleosome positioning [J]. J. Mol. Biol., 276 (1): 19-42.

LUSSER A, KADONAGA J T. 2004. Strategies for the reconstitution of chromatin [J]. Nat Methods, 1 (1): 19-26.

MAEKAWA M, SUGANO K, KASHIWABARA H, et al. 1999. DNA methylation analysis using bisulfite treatment and PCR-single-strand conformation polymorphism in colorectal cancer showing microsatellite instability [J]. Biochem. Biophys. Res. Commun., 262: 671-676.

OAKELEY E J, PODESTA A, JOST J P. 1997. Developmental changes in DNA methylation of the two tobacco pollen nuclei during maturation [J]. Proc. Natl. Acad. Sci. USA, 94: 11721-11725.

OAKELEY E J, SCHMITT F, JOST J P. 1999. Quantification of 5-methylcytosine in DNA by the chloroacetaldehyde reaction [J]. Biotechniques, 27: 744-752.

OEFNER, P J, BONN G K, HUBER C G, et al. 1992. Comparative study of capillary zone electrophoresis and high-performance liquid chromatography in the analysis of oligonucleotides and DNA [J]. Chromatogr., 625 (2): 3391-3401.

ROH T Y, NGAU W C, CUI K, et al. 2004. High-resolution genome-wide mapping of histone modifications [J]. Nat. Biotech., 22 (8): 1013-1016.

SAHA S, SPARKS AB, RAGO C, et al. 2002. Using the transcriptome to annotate the genome [J]. Nat. Biotechnol., 19: 508-512.

SCHATZ P, DIETRICH D, SCHUSTER M. 2004. Rapid analysis of CpG methylation patterns using RNase T1 cleavage and MALDi-TOF [J]. Nucleic Acids Res., 32 (21): 167-173.

SHIRAISHI M, SEKIGUCHI A, OATES A J, et al. 2004. Methyl-CpG binding domain column chromatography as a tool for the analysis of genomic DNA methylation [J]. Ana. Biochem., 329 (1): 1-10.

THÅSTRÖM A, BINGHAM L M, WIDOM J. 2004. Nucleosomal locations of dominant DNA sequence motifs for histone-DNA interactions and nucleosome positioning [J]. J. Mol. Biol., 338 (4): 695-709.

TOST J, SCHATZ P, SCHUSTER M, et al. 2003. Berlin K, Gut iG. Analysis and accurate quantification of CpG methylation by MALDi mass spectrometry [J]. Nucleic Acids Res., 31 (9): 50-59.

TRAVERS A, DREW H. 1997. DNA recognition and nucleosome organization [J]. Biopolymers, 44 (4): 423-433.

VERDIN E, PARAS P, VAN LINT C. 1993. Chromatin disruption in the promoter of human immunodeficiency virus type 1 during transcriptional activation [J]. EMBO J., 12 (8): 3249-3259.

VERMAAK D, WOLFE A P. 1998. Chromatin and chromosomal controls in development [J]. Devel. Genet., 22 (1): 1-6.

VIRGINIA A S, JIAN-MIN S, LIN L. 2003. Chromatin immunoprecipitation: a tool for studying histone acetylation andtranscriptionfactor binding [J]. Methods, 31 (1): 67-75.

WILSON I M, DAVIES J J, WEBER M, et al. 2006. Epigenomics: mapping the methylome [J]. Cell Cycle, 5 (2): 155-158.

WORM J, AGGERHOLM A, GULDBERG P. 2001. In-tube DNA methylation profiling by fluorescence melting curve analysis [J]. Clin. Chem., 47 (7): 1183-1189.

WU J, ISSA J, HERMEN J, et al. 1993. Expression of an exogenous eukaryotic DNA methyl transferase gene induces transformation of NiH3T3 cells [J]. Proc. Natl. Acad. Sci. USA, 90 (19): 8891-8895.

XIONG Z, LAIRD P W. 1997. COBRA: a sensitive and quantitative DNA methylation assay [J]. Nucleic Acids Res., 25: 2532-2534.

YEGNASUBRAMANIAN S, LIN X, HAFFNER M C, et al. 2006. Combination of methylated-DNA precipitation and methylation-sensitive restriction enzymes (COMPARE-MS) for the rapid, sensitive and quantitative detection of DNA methylation [J]. Nucleic Acids Res., 34: e19.

第 10 章　表观遗传学相关数据库简介

10.1　核小体定位相关数据库简介

核小体是染色质的基本结构单位,它与细胞内的 DNA 的转录、复制、修复、重组等多种生物学过程密切相关。过去 30 年来,核小体的实验研究经历了由传统的实验方法向高通量测序技术转变的过程。核小体的实验数据也随着实验技术的成熟而大量涌现。核小体位置区域数据库(NPRD,Nucleosome position region database)搜集了核小体的位点信息、位点特征以及影响核小体定位的其他因子等信息(Levitsky et al,2005),是第一个较综合的核小体定位数据库(网址:http://srs6.bionet.nsc.ru/srs6/)。以下简要列举相关的核小体定位数据源。

10.1.1　传统实验技术条件下的核小体定位数据

传统的确定核小体相对 DNA 序列位置的实验通常采用间接末端标记法,该方法具有显著的微球菌核酸酶序列特异偏好性。2005 年前,核小体定位数据较少,也没有被整理为统一的数据源。随着核小体数据的不断产生,人们将多个研究小组识别的核小体整理为统一的数据源(表 10-1)。

表 10-1　传统实验技术下多个物种的核小体数据源(引自 Usher 2009)

物　种	数　据　源
Bovine spp	ioshikhes et al. (1996)
Chlorocebus spp	ioshikhes et al. (1996)
Cricetulus spp	ioshikhes et al. (1996)
Crithidia fasciculata	ioshikhes et al. (1996)
Drosophila melanogaster	ioshikhes et al. (1996), NPRD: Levitsky et al. (2005)
Euplotes eurystomus	ioshikhes et al. (1996)
Gallus spp	A. Travers. (Drew and Travers (1986), Satchwell and Travers (1989)), ioshikhes et al. (1996)
Homo sapiens	ioshikhes et al. (1996), NPRD: Levitsky et al. (2005)
Human immunodeficiency virus type 1	ioshikhes et al. (1996)
Human papillomavirus type 16	NPRD: Levitsky et al. (2005)
Lytechinus variegatus	ioshikhes et al. (1996)
Mouse mammary tumour virus	ioshikhes et al. (1996)
Mus musculus	ioshikhes et al. (1996), NPRD: Levitsky et al. (2005)
Oxytricha nova	ioshikhes et al. (1996)
Psammechinus miliaris	ioshikhes et al. (1996)

续表

物种	数据源
Rattus norvegicus	ioshikhes et al. (1996), NPRD: Levitsky et al. (2005)
Saccharomyces cerevisiae	ioshikhes et al. (1996), NPRD: Levitsky et al. (2005)
Schizosaccharomyces pombe	ioshikhes et al. (1996)
Simian virus 40	ioshikhes et al. (1996), NPRD: Levitsky et al. (2005)
Tetrahymena thermophila	ioshikhes et al. (1996)
Xenopus laevis	ioshikhes et al. (1996)
Zea mays	ioshikhes et al. (1996), NPRD: Levitsky et al. (2005)

10.1.2 高通量实验技术条件下的核小体数据

2005年，Yuan等基于tiltng microarray方法识别了酵母基因组的2278个核小体（Yuan et al, 2005）。被微球菌核酸酶消化后的核小体DNA片段与由50bp探针组成的芯片杂交，该芯片相邻探针间距为20bp，探针几乎覆盖了第三条染色体以及其他染色体的223个基因。实验表明酵母基因组内65%~69%的核小体定位稳定；模糊定位的核小体多存在于高表达基因内，这将有利于RNA PolⅡ顺利通过转录区域。Yuan的工作首次将高分辨率芯片技术成功应用于核小体定位。2006年，Johnson等基于焦磷酸测序法获得了187 863个核小体序列片段（Johnson et al, 2006）。2007年，Lee等使用tiling microarray技术首次确定了酵母全基因组的核小体定位图谱，共识别了约70 000个核小体（占整个基因组的81%）。该实验证实基因间区的核小体占据率明显低于编码区（Lee et al, 2007）。2007年，Ozsolak等使用tiling microarray研究了3692个人类基因1.5kb的启动子区域核小体定位，发现人类启动子的转录起始位点附近存在~100bp的核小体缺乏区（Ozsolak et al, 2007）。2007年，Albert利用双平行测序技术确定了酵母基因组内包含组蛋白变体H2AZ的核小体位置（Albert et al, 2007）。该技术的核小体定位精度高于tiling microarray方法。2008年，该小组基于双平行高通量测序技术测定了果蝇和酵母的核小体定位全基因组图谱（Mavrich et al, 2008a；Mavrich et al, 2008b）。2008年，Kaplan等应用双平行测序技术分别测定了YPD、YPG、YPE培养基内对数生长期酵母细胞体内核小体定位图谱（Kaplan et al, 2008）。2008年，Valouev等基于双平行高通量测序技术测定了线虫体内的核小体定位图谱（Valouev et al, 2008）。2008年，Schones等使用Solexa高通量测序技术测定了人类静息和活化状态下CD4$^+$ T细胞的全基因组核小体定位图谱，该图谱向我们展示了人类基因组核小体的整体分布和动态调控特点（Schones et al, 2008）。2009年，Zhang等获得了酵母体外和体内的核小体定位图谱，并与Kaplan的实验结果进行了比较（Zhang et al, 2009）。2010年，Chodavarapu等基于单核小体双平行高通量测序技术获得了拟南芥全基因组核小体定位图谱和DNA甲基化图谱。该研究发现核小体核心DNA较侧翼序列甲基化程度更高，且具有十周期特性；外显子区的核小体占据率和RNA PolⅡ水平高于内含子区（Chodavarapu et al, 2010）。2011年，Li等基于chip-seq技术测定了小鼠肝脏的全基因组核小体定位图谱（Li et al, 2011）。表10-2列举了高通量测序技术应用到核小体定位以来的部分核小体定位实验数据源。

表 10-2　基于高通量测序技术的核小体定位数据源

物　　种	数　据　源
Saccharomyces cerevisiae	Yuan et al.（2005），Segal et al.（2006），Lee et al.（2007），Albert et al.（2007），Kaplan et al.（2008），Mavrich et al.（2008b），Zhang et al.（2009）
Homo sapiens	Ozsolak et al.（2007），Schones et al. 2008，Kato et al.（2005），Valouev et al.（2011）
Drosophila melanogaster	Mavrich et al.（2008a）
Caenorhabditis elegans	Johnson et al.（2006），Valouev et al.（2008）
Arabidopsis thaliana	Chodavarapu et al.（2010）
Mouse	Li et al.（2011）

10.2　可变剪接数据库

10.2.1　可变剪接数据库概述

可变剪接（alternative splicing，AS）是真核生物有别于原核生物的基本特征之一，人们对已知基因可变剪接模式信息的需求越来越高。近年来随着人们对可变剪接重要性认识的不断加强和大量测序工作的开展，通过实验和计算机处理的方法已经识别了大量的可变剪接事件，研究人员也建立了很多与可变剪接相关的数据库。优秀的数据库为研究人员提供了方便的搜索服务。其中较为典型的有 ASD、ASAP、ASDB、ECGene 等数据库（表 10-3）。可变剪接数据库（alternative splicing data base ASDB）包括蛋白质库和核酸库两部分。ASDB（蛋白质）部分来源于 SWiSS-PROT 蛋白质序列库，通过选取有可变剪接注释的序列，搜索相关可变剪接的序列，经过序列比对、筛选和分类构建而成。ASDB（核酸）部分由 Genbank 中提及和注释的可变剪接的完整基因构成（Dralyuk et al, 2000）。ECGene 提供了包括可变剪接在内的基因结构、功能和表达的注释信息以及多种解读人类基因组的算法和工具（Kim et al, 2005）。诱导蛋白结构改变的可变剪接（AS-ALPS，alternative splicing-induced alteration of protein structure）数据库旨在通过可变的蛋白质结构提供一些关于分析可变剪接在蛋白质相互作用网络中的作用信息（Shionyu et al, 2009）。HASDB 提供了一个理解可变剪接在人类基因组中作用的较全面的数据库（Modrek et al, 2001）。ProSplicer 是一个通过比对人类基因组的蛋白质序列、mRNA 序列、表达序列标签（expressed sequence tags，ESTs）获得的关于已知和未知基因可变剪接信息的数据库（Huang et al, 2003）。SpliceNest 提供了一种预测组成性剪接和可变剪接的方法以及一些预测的剪接序列信息（Coward et al, 2002）。AsMamDB 数据库的目的是促进哺乳动物可变剪接的系统研究。第一版的 AsMamDB 包含人类、小鼠、大鼠共 1563 个可变剪接基因的信息。这些信息主要包括可变剪接模式、基因结构、染色体位置、基因表达产物和组织特异性（Ji et al, 2001）。

表 10-3　若干典型的可变剪接数据库

可变剪接数据库	网　　址
ASD	http://www.ebi.ac.uk/asd/
ASAPii	http://www.bioinformatics.ucla.edu/ASAP2

续表

表 10.2 基于高通量测序技术的核小体定位数据库

可变剪接数据库	网　址
ASDB	http://cbcg.nersc.gov/asdb
ECGene	http://genome.ewha.ac.kr/ECgene/
AS-ALPS	http://as-alps.nagahama-i-bio.ac.jp
ASTD	http://www.ebi.ac.uk/astd/
HASDB	http://www.bioinformatics.ucla.edu/HASDB
ProSplicer	http://bioinfo.csie.ncu.edu.tw/ProSplicer
SpliceNest	http://splicenest.molgen.mpg.de
AsMamDB	http://166.111.30.65/ASMAMDB.html

可变剪接数据库的数据主要可以分为两类：实验数据和预测数据。其中，实验数据指经过实验验证并以成文公布的可变剪接数据，主要从已发表的论文或其他相关数据库中通过文本数据挖掘的方式分析获得。预测数据指使用计算方法从基因组和表达产物中预测的可变剪接数据，其中最常用方法是序列联配搜索。除 ASDB 是完全采用文本数据挖掘方法构建外，其他可变剪接数据库都采用将 mRNA 或 EST 序列（ProSplicer 中还使用了蛋白质序列）定位到基因组上来揭示可能存在的剪接模式。我们在该节中以 ASD 和 ASAPii 数据库为例简要介绍可变剪接数据库。

10.2.2　ASD 数据库简介

ASD 的全称为可变剪接数据库（alternative splicing database（http://www.ebi.ac.uk/asd/）），最初由 Eleanor Whitfield、Gautier Koscielny、Alphonse Thanaraj Thangavel 等人组织实施，并得到东欧 ATD 和 ASD 财团的资助。ASD 的实施目的是通过可变剪接数据库的建立在全基因组范围内理解可变剪接的机制，ASD 数据库包括人类和老鼠等多种模式生物的可变剪接事件和剪接异构体，提供了 AltExtron、Altsplice 以及 AEdb 三个子库（Clark et al，2003；Thanaraj et al，2004；Stamm et al，2006）。目前 ASD 与 ATD 数据库合并成数据库 ASTD（http://www.ebi.ac.uk/astd/）。该数据库自 2003 年建立以来分别在 2004、2005 年进行了更新（图 10-1）。

ASD Data Download			
Species	Oct 2006 Release 3	May 2005 Release 2	Nov 2004 Release 1
Homo Sapiens	Ensembl 36.35i (Dec 2005): • Genes • Reference transcripts • Transcripts • Introns • Exons • Splice Patterns • Splice Pattern Sequences • Peptide Sequences • Splicing Events	Ensembl 27.35a.1 (Dec 2004): • Genes • Reference transcripts • Transcripts • Introns • Exons • Splice Patterns • Splice Pattern Sequences • Peptide Sequences • Splicing Events	Ensembl 19.34b2 (Jul 2003): • Genes • Reference transcripts • Transcripts • Introns • Exons • Splice Patterns • Splice Pattern Sequences • Peptide Sequences • Splicing Events
Mus Musculus	Ensembl 37.34e (Feb 2006): • Genes • Reference transcripts • Transcripts • Introns • Exons • Splice Patterns • Splice Pattern Sequences • Peptide Sequences • Splicing Events	Ensembl 27.33c.1 (Dec 2004): • Genes • Reference transcripts • Transcripts • Introns • Exons • Splice Patterns • Splice Pattern Sequences • Peptide Sequences • Splicing Events	Ensembl 24.33.1 (Sept 2004): • Genes • Reference transcripts • Transcripts • Introns • Exons • Splice Patterns • Splice Pattern Sequences • Peptide Sequences • Splicing Events

图 10-1　ASD 更新记录

下面以基于Ensemble36.35i建立的Altsplice子库第三版人类可变剪接数据库为例介绍ASD数据库的内容和使用方法。直接点击ASD Access/Download，选择Human Release 3，按照计算的需要逐项下载Gene file、Reference transcript structure file等文件（表10-4）。Gene file提供了标准的FASTA格式的DNA序列文件。

表10-4　Altsplice 第三次更新的数据文件

Gene file	contains a listing of all genes together with sequence that resulted in at the very least one confirmed intron
Reference transcript structure file	a listing of the reference transcript structures for the genes
Transcript file	a listing of EST/mRNA's used in the confirmation of introns and exons
intron file	all introns that were confirmed in the above genes by the EST/mRNA's
Exon file	idem, all exons that were confirmed
Splice pattern file	a listing of the splice patterns and the confirming EST/mRNA
Splice pattern sequence file	lists the nucleotide sequences of the observed splice patterns. The structure of the splice patterns are as listed in the Events file
Peptide sequence file	contains peptide sequences derived from the splice patterns
Events file	lists per gene the unique alternative events that were determined

以intron file文件为例介绍ASD数据库的文件内容和格式。该文件列举了通过在gene file文件中比对EST/mRNA确定的所有内含子。

>ENSG00000179088（3068…20521）
　　TYPE：GT-AG
　　ELM：i1（1…17454 17454）
　　NUMT：1
　　FSDE：…agagtgctccagctcccgcggaggaggctgcgggcggcgccccgggatagggaccctgcagctccag
　　FSDi：GTAGACGCAGGGAGCGCGGGACTCGCCCCCTGGCAGGGTGAGGTAGAGCCGGACCGTTTGCTCTCTGCTG
　　FSAi：CATTTTTTTCTCTAATATTATCATTGCATCATTGTAAACCTGCTCTTCTTTCTCCATTCTTTGTTTATAG
　　FSAE：ggagttgaacttgtcaaattaatgtctacagtgatatgtatgaaacaaagggaagaagaattcttgctaa
　　CNTX：~3001..3067，20522..20620，97294..97362，129971..130082，192624..192995，196410..~197026
　　BPPPT：BP (-90, 3.79)，BP (-77, 3.3)，PPT (-73, -58)，BP (-56, 7.1)，PPT (-55, -36)，PPT (-32, -3)，BP (-4, 3.09)
　　SSiS：6.01，7.92 (U12 -6.19)
　　END

第一行列举了内含子的Ensembl iD和内含子的起始和终止位置。
　　TYPE显示了内含子的类型（GT-AG，GC-AG，或 AT-AC）。
　　ELM表示该内含子所处的位置特征，上述例子说明该内含子的一部分与第一内含子重叠。
　　NUMT表示证实该内含子的转录本数目。
　　FSDE和FSAE分别表示该内含子侧翼上游和下游的70个碱基。
　　FSDi和FSAi分别表示该内含子供体和受体附近的70个碱基。

CNTX 表示该内含子附近的剪接模式。

BPPPT 表示该内含子内分支位点的位置和得分以及多聚嘧啶层的位置。

10.2.3 ASAP 数据库简介

ASAP (alternative splicing annotation Project) 是由美国威斯康星大学研究人员于 2002 年建立的一个关系数据库和网页界面,旨在储存、更新、提供基因组序列数据和基因表达数据 (https://asap.ahabs.wisc.edu/annotation/php/ASAP1.htm)。ASAP 数据库基于 ESTs、mRNA 和基因组序列构建,主要包括人类可变剪接和组织特异性剪接数据。2006 年,加利福尼亚大学的研究人员将 ASAP 数据库扩展为 ASAPⅡ (http://www.bioinformatics.ucla.edu/ASAP2),ASAPⅡ较 ASAP 主要补充了下述内容:①人类可变剪接数据相比 ASAP 扩大了约 3 倍,包含 89 078 个不同的可变剪接事件。②提供了包括哺乳动物、鸟类、鱼类、昆虫、线虫、玻璃海鞘共 15 个物种的全基因组可变剪接分析。③基于 UCSC 多基因组比对,提供了多物种基因组的可变剪接和剪接位点的比较基因组信息。④将组织特异性剪接事件以及癌症和正常特异性剪接事件的数据扩大了 2～3 倍。⑤基于多基因组序列比对构建了包含直系同源内含子和外显子的数据库。⑥制作了包含更多详细数据信息和比较基因组信息的网页界面。⑦提供了多基因组序列比对等高级的 ASAPⅡ数据挖掘工具 (Glasner et al, 2003; Kim et al, 2007)。下面简要介绍 ASAPⅡ的内容和使用方法。

表 10-5 ASAPⅡ数据库的统计分析

物种	基因组装配	UniGene 聚类		检测到的剪接/类		亚型	可变剪接		可变剪接 (%)
		总数	图谱类	剪接	类		相关	类	
人类	hg17	66 488	47 477	193 023	22 220	260 198	89 078	11 717	53
小鼠	mm7	43 104	32 522	141 284	16 404	135 465	33 057	8711	53
大白鼠	rn3	41 687	34 003	82 941	14 195	53 212	7210	3378	24
西方爪蛙	xenTro1	33 132	24 617	65 633	10 880	34 293	4836	2349	22
鸡	galGal2	30 470	19 708	51 471	9671	26 557	4244	2154	22
奶牛	bosTau2	39 432	28 709	60 813	11 448	32 401	6692	3008	26
狗	canFam2	22 930	16 645	29 290	6834	11 424	1633	951	14
线虫	ce2	20 621	15 546	54 395	12 580	23 393	1309	763	6
海鞘	ci2	15 587	1373	5611	972	2161	150	98	10
斑马鱼	danRer3	32 400	22 297	67 598	12 136	27 547	2611	1577	13
果蝇	dm2	16 635	14 568	37 469	9683	26 854	4850	1841	19
海豚	fr1	2355	1980	3014	798	866	33	24	3
伊蚊	AaegL 1	15 182	10 624	3594	1787	2529	120	87	5
蜜蜂	apiMel2	5900	5027	6270	2548	2990	90	57	2
疟蚊	anoGam1	15 609	14 173	17 278	8013	15 115	1070	605	8

* 除黑斑蚊 (yellow fever mosquito) 所有其他物种的基因组序列都从 UCSC 基因组浏览器下载,黑斑蚊的基因组序列从 Enesmbl 基因组浏览器下载

相比 ASAP 数据库，ASAPⅡ提供了 89 078 个不同的人类可变剪接事件，其中 53％的多外显子基因包含可变剪接（11 717/22 220）；非人类可变剪接数据库包含 14 个新的动物基因组共 67 095 个可变剪接事件（表 10-5）。其中线虫和非洲疟蚊包含可变剪接的多外显子基因比例低于哺乳动物（分别为 6％和 8％）。ASAPⅡ为我们提供的 15 个已测序的可变剪接分析数据扩大了 AS 事件的研究领域并为物种间可变剪接的比较和进化研究提供了契机。需要注意的是，由于 EST 覆盖率的限制，ASAPⅡ提供的数据可能并不全面。

用户可以通过下面 3 种方式挖掘 ASAPⅡ数据库：①Web 界面；②下载 MySQL 表格并进行 SQL 查询；③利用 Python 工具进行多基因组比对的可变剪接图表和比较基因组图表查询。更加详细的介绍和使用方法见网址：http：//www.bioinformatics.ucla.edu/pygr。在 Web 界面用户可以通过 gene symbol、gene name 和 iD（Unigene 和 GeneBank 等）等 7 种方式进行检索（图 10-2）：

(1) user query, UniGene annotation, orthologous genes and genome browsers；
(2) genome alignment；
(3) exons & orthologous exons；
(4) introns & orthologous introns；
(5) alternative splicing；
(6) isoform and protein sequences；
(7) tissue & cancer versus normal specificity.

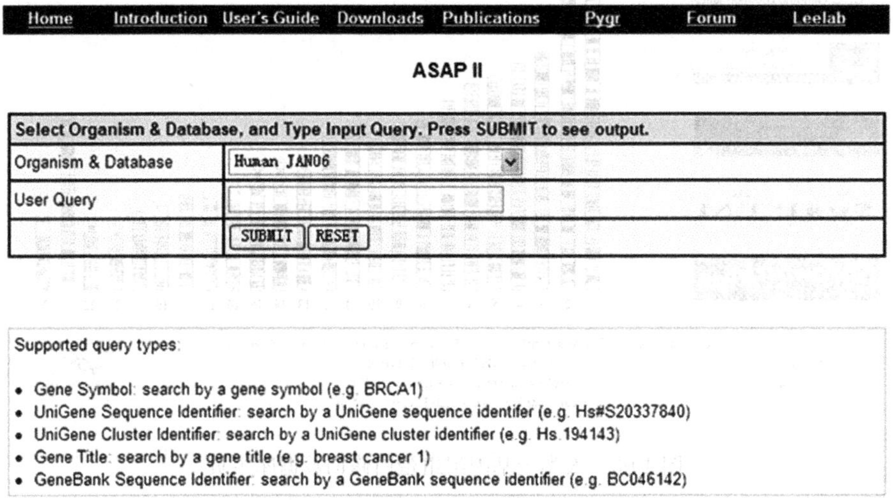

图 10-2 ASAPⅡ数据库的 Web 查询界面

10.3 组蛋白修饰数据库

10.3.1 人组蛋白修饰数据库

HHMD（http：//bioinfo.hrbmu.edu.cn/hhmd）是人类全基因组组蛋白修饰数据库，如图 10-3 所示。该数据库致力于整合存储当前人类基因组组蛋白修饰数据的综合数据库，是迄今为止收录各种实验测定的人类基因组组蛋白修饰最为全面的数据库，当前版本共涵盖了43种人类组蛋白修饰的高通量实验数据，并提供了通过文献挖掘的与9种癌症相关的组蛋白修饰。

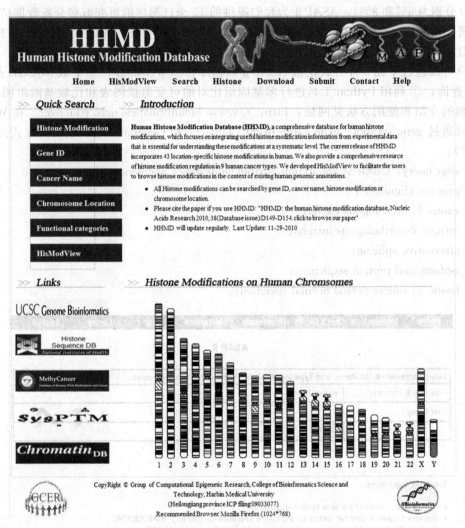

图10-3 人类全基因组组蛋白修饰数据库主页

为了促进数据提取，在HHMD中构建了灵活的搜索选项。能够通过组蛋白修饰、基因iD、功能类别、染色体位置和癌症名称进行搜索。该数据库还包括DNA甲基化的高通量数据和基因组注释。数据库还提供了用于可视化组蛋白修饰的工具HisModView，基因组范围的组蛋白修饰能够通过该工具被显示。用户可以通过该工具在已有的基因组注释的背景下研究组蛋白修饰的分布、组蛋白修饰与DNA甲基化之间的关系，以及二者与相应基因功能元件的位置关系。该数据库有利于研究者从系统的角度研究组蛋白修饰在调控染色质构型和基因表达方面的作用，以及组蛋白修饰与DNA甲基化之间的关系，从而揭示表观遗传调控元件在干细胞发育、组织分化和疾病发生过程中的作用机制。

10.3.2 酵母组蛋白修饰数据库

ChromatinDB (http://www.bioinformatics2.wsu.edu/ChromatinDB) 是一个酿酒酵母全基因组组蛋白修饰模式数据库,如图 10-4 所示。它包含了酿酒酵母中的 22 个不同的组蛋白修饰的全基因组 ChIP 数据。这些数据都经过了筛选过滤和标准化。

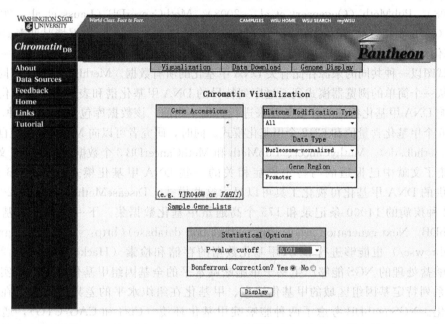

图 10-4 ChromatinDB 数据库主页

ChromatinDB 数据库和相应的门户网站使用 MySQL 数据库管理系统、自定义的 Perl 脚本和动态生成的网页。一个自定义的 Perl 脚本被用来在用户选择的启动子区域或开放读码框区域标识组蛋白或组蛋白修饰。本 Perl 模块采用威尔科克森秩和检验确定用户所选基因的组蛋白或组蛋白修饰数据集秩分布是否有偏性。秩和检验用常态近似估计这种偏性的意义。

ChromatinDB 为用户轻松访问酿酒酵母基因组组蛋白修饰芯片数据提供便利。用于访问这些数据的主要手段是通过染色质的可视化工具。在可视化工具的基因选择页面,用户可以输入任意数量的基因名称(例如 TAH11 或 YJR046W),并指定哪种类型的染色质数据可以显示出来(例如组蛋白乙酰化)。其他选择选项允许用户指定是否显示标准或核小体标准化数据;是否要显示启动子区域或开放读码框数据。

ChromatinDB 还提供了一个基因组显示的工具,使用户能够分析组蛋白修饰模式基于其位置相对于染色体的功能,例如,端粒或着丝粒,或基于其染色体的坐标。

10.4 DNA 甲基化的相关数据库

胞嘧啶的嘧啶环 5 号位置的甲基化是大部分生物体的 DNA 的主要修饰之一。在真核生物中,5-甲基胞嘧啶在 DNA 上的分布是可以遗传的,但也可以随着细胞的发育而变化,像是一种应对环境变化的修饰。随着对甲基化研究的不断深入，甲基化相关实验技术的提高，产生了大量的基于不同实验技术的数据，这些数据的涵盖范围从总 DNA 的 5-甲基胞嘧啶含量到单个核苷酸甲基化状态。(Rakyan et al.，2004；Cokus et al.，2008；Bibikova et al.，2006；Zhang et al.，2008；Rollins et al.，2006；Weber et al.，2005；Schumacher et al.，2006)。目前发表的较大规模的 DNA 甲基化相关数据库有 6 个：MethDB (Grunau et al.，2001；Amoreira et al.，2003)、MethyCancer (He et al.，2008)、PubMeth (Ongenaert et al.，2008)、MethCancerDB (Lauss et al.，2008)、DiseaseMeth (Lv et al. 2012) 和 NGSmethDB (Hackenberg et al.，2011)，数据情况见表 10-6。其中，DNA 甲基化数据库 (MethDB；http://www.methdb.net) 是致力于 DNA 甲基化的一个公共数据库。它试图以一种共同的来源存储有关 DNA 甲基化的所有数据。MethDB 能够以不同的方式进行搜索，从一个简单的浏览器模式到通过序列特异的 DNA 甲基化谱和表型、总甲基化含量数据或能够影响 DNA 甲基化状态的环境条件来进行查询。当前，该数据库包含 50 个物种、241 个组织、20 236 个甲基化含量值和 6312 个甲基化模式。同时，研究者可以向 MethDB 提交自己的数据 (submit@methdb.de)。MethyCancer、PubMeth 和 MethCancerDB 3 个数据库都采用了文献挖掘的方法，收集了文献中已报道的与特定癌症相关的一些 DNA 甲基化模式，MethDB 和 MethyCancer 提供的 DNA 甲基化可视化工具可以显示这些模式，DiseaseMeth (Lv et al. 2012) 提供了人类 72 种疾病的 14000 条记录和 175 个高通量甲基化数据集。下一代测序甲基化数据库 (NGSmethDB, Next-generation sequencing methylation database)(http://bioinfo2.ugr.es/NGSmethDB/gbrowse/) 也能够进行 DNA 甲基化数据的存储和检索 (Hackenberg er al. 2001)。结合重亚硫酸盐处理的 NGS 能够产生基于单胞嘧啶水平的全基因组甲基化图谱，该实验技术可以检测一系列特定基因组区域的甲基化缺失、甲基化在组织水平的差异以及发生在病理学情况下的变化。NGSmethDB 考虑了两种胞嘧啶甲基化环境 (CpG 和 CAG/CTG)，通过链接到 MySQL 后端的一个浏览器界面及一些数据挖掘工具，用户能够搜索一系列组织的甲基化状态和一个给定染色体区域的甲基化值以及不同组织启动子的甲基化情况。目前，NGSmethDB 包含人、小鼠和拟南芥三个物种的 DNA 甲基化修饰数据。

表 10-6 与 DNA 甲基化相关的数据库

数据库	数据情况	提供的服务	链接
MethDB	50 个物种，241 个组织，共 20 236 条甲基化数据	在线查询可视化工具	http://www.methdb.de/
MethyCancer	含 64681 个 MethyLoci，与癌症相关的 7 100 个基因和 57 790 个 SNP	在线查询下载可视化工具	http://methycancer.genomics.org.cn/
PubMeth	来自 1 000 篇文献包括 5 000 条记录	在线查询	http://www.pubmeth.org/
MethCancer DB	4 720 个记录，2 199 个基因	在线查询下载	http://www.methcancerdb.net/methcancerdb/home.seam
DiseaseMeth	人的 72 种疾病，14000 条记录	在线查询下载	http://bioinfo.hrbmu.edu.cn/diseasemeth
NGSmethDB	人，小鼠和拟南芥 3 个物种	在线查询下载	http://bioinfo2.ugr.es/NGSmethDB/gbrowse/

10.5 非编码 RNA 相关数据库简介

10.5.1 siRNA 数据库介绍

目前关于 siRNA 的数据库为数不多。HuSiDa（http://www.human-sirna-database.net）是人类 siRNA 公用数据库（Matthias et al, 2005），其中储存着靶标为人类基因的功能 siRNA 序列、相应基因沉默实验的详细信息（包括 siRNA 产生模式、受体细胞系、转染试剂及程序）以及与发表文章的直接链接。建立此数据库的目的是为人类细胞的特异性 RNA 干扰实验的实际操作提供参考，优化 siRNA 实验设计和效果。下面从数据库检索、检索结果和重置结果列表 3 个方面介绍此数据库。

1. 数据库检索 数据库中的每一条记录由靶基因名称（包括此基因的 UniGene 和 RefSeq 收录号）、siRNA 的有义链序列、siRNA 的基因沉默活性、PubMed 参考文献、受体细胞系、转染方法、siRNA 的来源和靶基因描述等方面组成。如图 10-5 所示，数据库中可以通过查询 UniGene 簇 iDs、基因名称、RefSeq 收录号和靶基因描述等等信息来搜索到特定基因的功能 siRNA 序列及其相关信息。

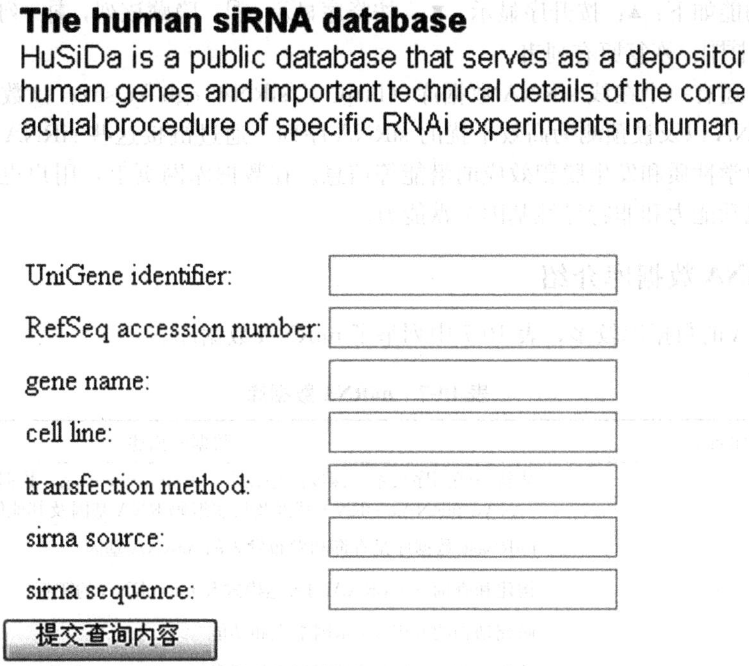

图 10-5 搜索 siRNA 序列的信息栏

例如，靶定 MDM2 的 siRNA 序列可通过以下几种方式检索到：
(1) 在 UniGene 的搜索栏中输入 UniGene code：Hs.212217
(2) 在基因名称栏中输入：MDM2
(3) 在 the RefSeq 收录号栏中输入：NM_002392.2

（4）靶基因描述栏中输入：MDM2

为检索特定细胞系的转染方法，需将细胞系的名称输入到相应栏。用信息"HUVEC"（Human Umbilical Vein Endothelial Cells）检索，结果会得到描述如何用 Oligofectamine 或 TransGeneii 和电穿孔法将 siRNA 转染 HUVEC 细胞的相关信息。

2. 结果　HuSiDa 的搜索结果以如下方式显示（图 10-6）：

sirna_id	unigene	gene_name	ref_accno	specificity	sirna_seq	medline	cell_line	transfection_method	sirna_source	gene_desc	index
280	Hs.212217	MDM2	NM_002392.2		CTTCGGAACAAGAGACCCT	Cancer Res. 2004 Mar 15;64(6):1951-8.	ACHN		plasmid based (PolIII promoter) (pSuper derivative)	Homo sapiens Mdm2, transformed 3T3 cell double minute 2, p53 binding protein (mouse)	1
525	Hs.170027 Hs.212217	MDM2	NM_002392.2		CCACCUCACAGAUUCCAGCGUU	Nat Cell Biol. 2003 Aug;5(8):754-61.	HeLa	Oligofectamine	chemically synthesized siRNA molecule	MDM2;Mdm2, transformed 3T3 cell double minute 2, p53 binding protein (mouse)	2

图 10-6　HuSiDa 中 siRNA 搜索结果的显示

结果可以用列表第一行的特征来排序。可以实现按升降序显示、隐藏列和列的左右挪动。各种调整按钮的功能如下：▲：按升序显示，▼：按降序显示，▯：隐藏该列，▯：列的向左移动，▯：列的向右移动，▯：恢复原有列表。

除此之外，还有一个在线 siRNA 数据库（http://siRNA.cgb.ki.se）。该数据库提供了干扰效率已知的 siRNA 以及被预测为高效干扰的 siRNA 序列。通过链接这些 siRNA 序列可以进一步获得序列的热力学性质和发生脱靶效应的潜能等信息。在数据库网页上，用户也可以预测 siRNA 的特异性基因沉默能力和非特异性基因沉默能力。

10.5.2　miRNA 数据库介绍

关于 miRNA 的数据库较多，表 10-7 中列举了 miRNA 数据库。

表 10-7　miRNA 数据库

数据库名字	数据库描述
deepBase	从新一代测序技术（深度测序技术，deep-sequencing）数据中注释和鉴定 miRNA，piRNA，siRNA 基因及长非编码 RNA 基因及其他们的表达模式
miRBase	miRBase 数据库是查询和发布发表的 miRNA 基因
microRNA.org	构建和查询 microRNA 的表达模式及 microRNA 的靶标
miRGen	研究动物的 miRNA 基因组织和功能
miRNAMap	动物 miRNA 基因的基因组定位图谱和 miRNA 的靶基因
PMRD	植物 miRNA 数据库

1. miRBase 数据库　miRBase 数据库（http://www.mirbase.org）是存储 miRNA 信息最主要的公共数据库之一，提供便捷的网上查询服务，允许用户使用关键词或序列在线搜索已知的 miRNA 序列数据、注释、基因靶标等信息（Griffiths-Jones et al, 2008）。2011 年 11 月 4 日，Sanger miRNA 序列数据库（miRBase）升级至 18.0 版。在新版本中，发夹前体序列升至 18226 条，

新增 1488 条；成熟 miR 和 miR* 产物共 21643 条，新增 1929 条；新版本报道序列共涵盖个包括病毒、动植物的 168 个物种。从之前的版本（17.0）开始，miRBase 一直致力于对成熟序列进行重命名，用 -5p/-3p 命名法取代 miR/miR* 命名法。本次更新过程中大约对将近 1400 条成熟序列进行了重命名，涵盖人、小鼠和线虫 3 个物种。本次更新中还新增了一些 miRNA 序列，首次收录的物种有 15 个。

数据库中可以使用关键词或序列搜索已知的 miRNA 序列数据。如图 10-7 所示，可以用以下几类信息搜索 miRNA 序列及相关数据：① miRNA 收录号、名称或某些关键词；② 生物体名称、染色体名称、基因组上的位置；③ 基因组上 miRNA 之间的距离范围；④ 生物体组织器官；⑤ 序列。

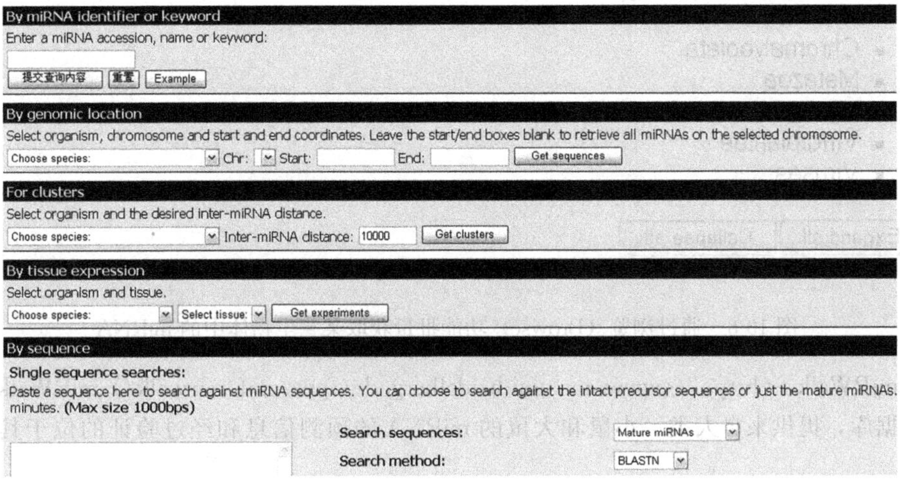

图 10-7　搜索 miRNA 序列所需信息

数据库中还可以用浏览（browse）功能（图 10-8）批量获取某一生物体中的 miRNA。在数据库界面上的序列提交功能已被撤消，但用户可以通过 email（mirbase@manchester.ac.uk）提交序列（发夹序列或成熟 miRNA 序列），提交后的序列在相应的文章被国际期刊收录后会被重新命名。

2. 其他 miRNA 数据库　其他 miRNA 数据库的简介如下：

（1）miRecords：（http://mirecords.biolead.org/）动物 miRNA 的靶相互作用的数据库（Xiao et al, 2009），包括人工收集实验验证的，预测的 miRNA 的靶标。靶标预测工具有 DiANA-microT、Microinspector、miRanda、MirTarget2、miTarget、NBmiRTar、PicTar、PiTA、RNA22、RNAhybrid 和 TargetScan/TargertScanS。

（2）PMRD：（http://bioinformatics.cau.edu.cn/PMRD/）PMRD 是一个关于植物 microRNA 数据库，包括了 microRNA 序列和它们的靶基因、二级结构、表达谱、基因组搜索等等，并且该数据库尝试着整合大量的关于植物 microRNA 的数据（Zhang et al, 2010）。

（3）CoGeMiR：（http://cogemir.tigem.it/）CoGeMiR 数据库总结关于在进化过程中 microRNA 在不同动物中的保守性。该数据库搜集已知的和预测的 microRNA 关于染色体定位、保守性和表达谱方面的信息。

（4）MicroRNAdb：（http://bioinfo.au.tsinghua.edu.cn/micrornadb/index.php）MicroRNAdb 是一个关于 microRNA 的综合性数据库。相比其他数据库，MicroRNAdb 搜集的 microRNA 更完整且进行了充分的注释。如今，该数据库有 732 个 microRNA 序列的条目和 439 个详细的注释。

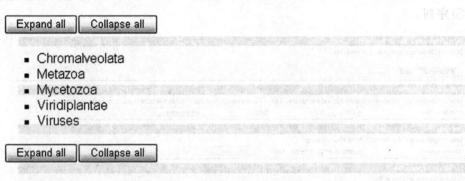

图 10-8　通过浏览（Browse）功能批量获取某一生物体中的 miRNA

（5）miRWalk：(http：//www.ma.uni-heidelberg.de/apps/zmf/mirwalk/) miRWalk 是一个综合性数据库，提供来自人类、小鼠和大鼠的 miRNA 的预测信息和经过验证的位于其靶基因上的结位点。

（6）TarBase：(http：//diana.cslab.ece.ntua.gr/tarbase/) TarBase 数据库人工搜集了实验验证过的 miRNA 的靶基因，包括在人、小鼠、果蝇、蠕虫和斑马鱼中的 miRNA 的靶基因。(Sethupathy et al, 2006)。

（7）miRGator：(http：//genome.ewha.ac.kr/miRGator/miRGator.html) miRGator 数据库是一个引导对 miRNA 进行功能阐释的工具。功能分析和表达谱结合靶基因预测，可以对 miRNA 的生物学功能进行推测。

（8）miRGen：(http：//www.diana.pcbi.upenn.edu/miRGen.html) miRGen 是一个整合型数据库 (Megraw et al, 2007)，包括：(i) 动物 miRNA 和基因组元件之间的位置关系；(ii) 通过结合广泛使用的靶基因预测程序得到动物 miRNA 靶基因。

（9）miRNAMap：(http：//mirnamap.mbc.nctu.edu.tw/) miRNAMap 数据库搜集了多个物种的经过试验证明的 microRNA 和 miRNA 靶基因，其中包括人类的、小鼠的、大鼠的以及其他多细胞动物的基因组 (Hsu et al, 2006)。

（10）Vir-Mir：(ttp：//alk.ibms.sinica.edu.tw/cgi-bin/miRNA/miRNA.cgi) Vir-Mir 数据库提供预测的病毒 miRNA 的候选发夹结构序列。

（11）ViTa：(http：//vita.mbc.nctu.edu.tw/) ViTa 数据库搜集来自 miRBase、iCTV、Vir-Gne、VBRC 等数据库的病毒数据，包括了已知的病毒的 miRNA 以及相应的由 miRanda 和 TargetScan 预测的宿主 miRNA 靶基因。ViTa 还提供有效的注释，包括人类 miRNA 的表达情况，病毒感染的组织等。

(12) ASRP Database：(http：//asrp.cgrb.oregonstate.edu/db/) ASRP 网站组织了拟南芥中的小 RNA 的信息，这些小 RNA 是通过 ASRP 或其他实验室分离得到的。

(13) miRNApath：(http：//lgmb.fmrp.usp.br/mirnapath/tools.php) miRNApath 是一个关于 miRNA、靶基因以及代谢通路的的数据库。

(14) miRex：(http：//miracle.igib.res.in/mirex/) miRex 是一个分析 microRNA 基因表达的在线资源库，搜集、整理和分析已发表的关于 microRNA 基因表达的数据，它允许研究者通过数千数据点来分析基因表达和提供 microRNA 基因表达数据的在线保存。

(15) PolymiRTS：(http：//compbio.uthsc.edu/miRSNP/) 自然产生的 miRNA 的靶标位点 DNA 变异的数据库。

3. miRNA 靶基因数据库和靶基因预测软件 miRNA 靶基因的识别是研究 miRNA 调控作用的重要内容之一。目前，已有一些 miRNA 靶基因相关的数据库，提供实验上证实的 miRNA 靶基因、理论预测靶基因等信息。表 10-8 中列举了 miRNA 靶基因数据库。

表 10-8 miRNA 靶基因数据库

数据库名字	数据库描述
targetScan	预测动物的 microRNA 靶基因
starBase	从高通量的 CLiP-Seq 实验数据（CLiP-Seq 和 HiTS-CLiP）和降解组实验数据中（degradome sequencing）搜寻 micorRNA 的靶标。提供了各式各样的可视化界面去探讨 microRNA 的靶标（Yang et al, 2010）
PicTar	联合的 microRNA 靶标预测
PiTA	基于靶位点的可接触性（target-site accessibility）预测 microRNA 的靶标
RNA22	基于序列特征预测 microRNA 的结合位点
miRecords	一个整合的 microRNA 靶标数据库（Xiao et al, 2009）
TarBase	一个全面收集已被实验验证的 microRNA 靶标数据库
miRTarBase	一个全面收集已被实验验证的 microRNA 靶标数据库（Hsu et al, 2010）

10.5.3 piRNA 数据库介绍

数据库 piRNABank（http：//pirnabank.ibab.ac.in/）收录了包括人、小鼠、大鼠、黑腹果蝇（*Drosophila*）、斑马鱼（Zebrafish）和鸭嘴兽（Platypus）的大量 piRNA 序列（Sai and Shipra 2008）。数据库支持物种和染色体方式的多种的搜索方式，包括收录号（图 10-9）、染色体定位、基因名或符号，基于同源性的序列检索，簇和相应基因及重复元件。它也可以在基因组大图谱上显示每个 piRNA 或 piRNA 簇。数据库内的信息也将随着新的研究进行不断更新，目前已增加了一些序列和结构预测软件，如模体预测软件 MEME、折叠结构预测软件 UNAFold、靶位点预测软件 miRanda。

10.5.4 lncRNA 相关数据库介绍

表 10-9 中列出了关于长链非编码 RNA（lncRNA）的数据库。

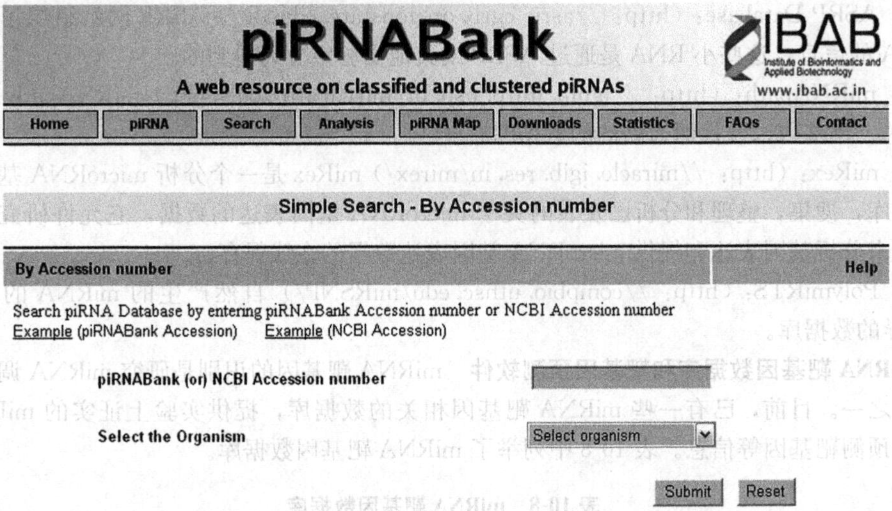

图 10-9 用收录号搜索 piRNA 序列

表 10-9 lncRNA 数据库

数据库名字	网 址
ncRNAimprint	http://rnaqueen.sysu.edu.cn/ncRNAimprint/
ncRNAdb	http://research.imb.uq.edu.au/rnadb/
Functional RNAdb	http://www.ncrna.org/frnadb/
lncRNA db	http://longnoncodingrna.com/
Rfam	http://rfam.sanger.ac.uk/
NRED	http://jsm-research.imb.uq.edu.au/nred/cgi-bin/ncrnadb.pl
Ncode (invitrogen)	http://escience.invitrogen.com/ncRNA/
NcRNA Database	http://biobases.ibch.poznan.pl/ncRNA/
T-UCRs	http://users.soe.ucsc.edu/~jill/ultra.html
NPinter	http://www.bioinfo.org.cn/NPinter/

　　lncRNA db 是长链非编码 RNA 的重要数据库（Amaral et al，2011）。lncRNA db 数据库中被注释的 lncRNAs 包括真核生物有功能的 lncRNAs、有调控功能的 mRNA 和功能未知的 lncRNAs。每一条 lncRNA 记录包含其序列、结构信息、基因组上的位置、表达水平、亚细胞定位、保守性、功能相关证据等信息。数据库中，多数（约 75%）lncRNAs 来自转录组数据较多、研究较为深入的哺乳动物。此外，为可视化目的 DNA，该数据库还与 UCSC 基因组浏览器相链接；与 ncRNA 的表达数据库 NRED 相链接。关于引用以及其他的帮助信息可从"help"栏获悉。利用搜索服务，可通过 lncRNA 的名称、注释信息、序列、生物体名称或功能信息来查询 lncRNA。该数据库网页上还提供了提交新 ncRNA 序列的服务。准备提交的新 RNA 序列必须有 ncRNA 名字、对应生物体名称和参考文献等详细的信息。而且提交之前需要确认提交的序列在数据库中没有以其他名字存在（图 10-10）。

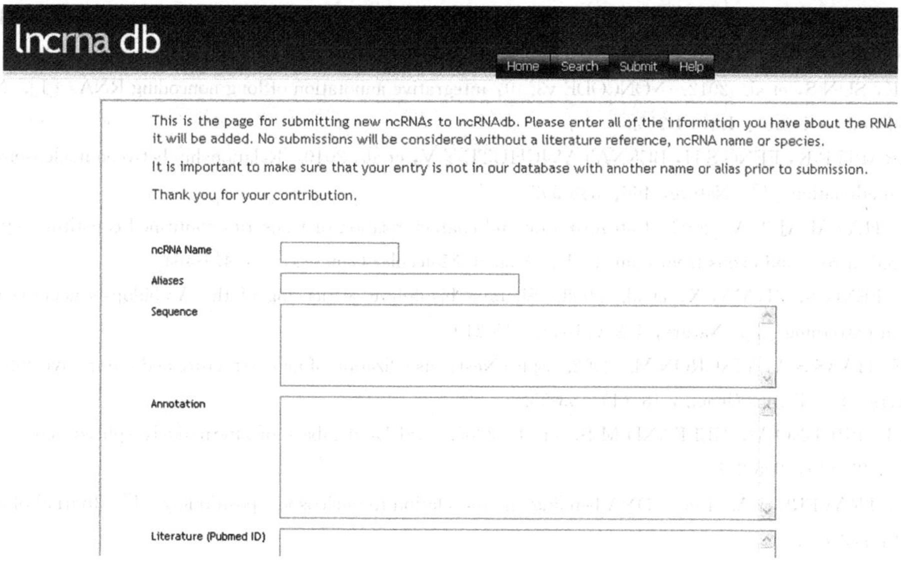

图 10-10　lncRNA db 数据库

10.5.5　非编码 RNA 组数据库 NONCODE

NONCODE 科学数据库是中国科学院计算技术研究所生物信息学研究组和中科院生物物理所生物信息学实验室开发和维护的一个提供给科学研究人员分析非编码 RNA 基因的综合数据平台（Bu et al, 2011）。自从其 2005 年发布以来，非编码 RNA 基因的数量飞速增长，而且人们也逐步认识到非编码 RNA 基因在大多数物种中都发挥着重要的调控作用。Science 杂志在 2005 年 1 月的期刊中曾给予 NONCODE 数据库较高的评价和推荐。2006 年，iSi Web of Knowledge 邀请收录 NONCODE 科学数据库；2007 年，中国国家医药卫生科学数据共享平台收录了 NONCODE 科学数据库。目前在 NONCODE 2.0 数据库中，非编码 RNA 基因的数量大约为 20 万多条目，其中包括了 microRNA，Piwi-interacting RNA 和 mRNA-like ncRNA 等。同时，在 NONCODE 非编码 RNA 基因数据分析平台中，还为研究人员提供了 BLAST 序列比对服务、非编码 RNA 基因在基因组中定位以及它们的上下游相关注释信息的浏览服务。研究人员可以通过 http：//www.noncode.org/或者 http：//noncode.bioinfo.org.cn/网站来访问该数据平台。

参 考 文 献

ALBERT I, MAVRICH T N, TOMSHO L P, et al. 2007. Translational and rotational settings of H2A. Z nucleosomes across the Saccharomyces cerevisiae genome [J]. Nature, 446：572-576.

AMARAL P P, CLARK M B, GASCOIGNE D K, et al. 2011. lncRNAdb：a reference database for long noncoding RNAs [J]. Nucleic Acids Res., 39 (Database issue)：D146-D151.

AMOREIRA C, HINDERMANN W, GRUNAU C. 2003. An improved version of the DNA methylation database (MethDB) [J]. Nucleic Acids Res., 31 (1)：75-77.

BARTEL D P. 2009. MicroRNAs：target recognition and regulatory functions [J]. Cell 136 (2)：215-233.

BETEL D, WILSON M, GABOW A, et al. 2007. The microRNA.org resource：targets and expression [J]. Nucl Acids Res., 36 (Database issue)：D149-D153.

BIBIKOVA M, LIN Z, ZHOU L, et al. 2006. High-throughput DNA methylation profiling usin universal bead arrays [J]. Genome Res., 16 (3): 383-393

BU D, YU K, SUN S, et al. 2012. NONCODE v3. 0: integrative annotation of long noncoding RNAs [J]. Nucleic Acids Res, 40 (Database issue): D210-D215.

CHODAVARAPU R K, FENG S H, BERNATAVICHUTE Y V, et al. 2010. Relationship between nucleosome positioning and DNA methylation [J]. Nature, 466: 388-392.

CLARK F, THANARAJ T A. 2002. Categorization and characterization of transcript-confirmed constitutively and alternatively spliced introns and exons from human [J]. Human Molecular Genetics, 11: 451-464.

COKUS S J, FENG S, ZHANG X, et al. 2008. Shotgun bisulphite sequencing of the Arabidopsis genome reveals DNA methylation patterning [J]. Nature, 452 (7184): 215-219.

COWARD E, HAAS S A, VINGRON M. 2002. SpliceNest: visualization of gene structure and alternative splicing based on EST clusters [J]. Trends Genet., 18 (1): 53-55.

DRALYUK I, BRUDNO M, GELFAND M S, et al. 2000. ASDB: database of alternatively spliced genes [J]. Nucleic Acids Res., 28 (1): 296-297.

DREW H R, TRAVERS A A. 1985. DNA bending and its relation to nucleosome positioning [J]. Journal of Molecular Biology, 186: 773-790.

GRIFFITHS-JONES S, SAINI HK, VAN DONGEN S, et al. 2008. miRBase: tools for microRNA genomics [J]. Nucleic Acids Res, 36 (Database issue): D154-D158.

GRUNAU C, RENAULT E, ROSENTHAL A, et al. 2001. MethDB-a public database for DNA methylation data [J]. Nucleic Acids Res., 29 (1): 270-274.

HACKENBERG M, BARTUREN G, OLIVER J L. 2011. NGSmethDB: a database for next-generation sequencing single-cytosine-resolution DNA methylation data [J]. Nucleic Acids Res., 39: D75-D79.

HE X, CHANG S, ZHANG J, et al. 2008. MethyCancer: the database of human DNA methylation and cancer [J]. Nucleic Acids Res., 36 (Database issue): D836-841.

HSU P W, HUANG H D, HSU S D, et al. 2006. miRNAMap: genomic maps of microRNA genes and their target genes in mammalian genomes [J]. Nucl. Acids Res., 34 (Database issue): D135-139.

HSU S D, LIN F M, WU W Y, et al. 2010. miRTarBase: a database curates experimentally validated microRNA-target interactions [J]. Nucleic acids research 39 (Database issue): D163-D169.

HUNAG H D, HORNG J T, LEE C C, et al. 2003. PorSplicer: a database of Putavtie alternative splicing information derived from protein, mRNA and expressed sequence tag sequence data [J]. Genome Biology, 4: R29.

ioshikhes i, BOLSHOY A, DERENSHTEYN K, et al. 1996. Nucleosome DNA sequence pattern revealed by multiple alignment of experimentally mapped sequences [J]. Journal of Molecular Biology, 262: 129-139.

JEREMY D G, LISS P, PLUNKETT Ⅲ G, et al. 2003. ASAP, a systematic annotation package for community analysis of genomes [J]. Nucleic Acids Research, 31 (1): 147-151.

JI H K, ZHOU Q, WEN F, et al. 2001. AsMamDB: an alternative splice database of mammals [J]. Nucleic Acids Research, 29 (1): 260-263.

KAPLAN N, MOORE I K, FONDUFE-MITTENDORF Y, et al. 2009. The DNA-encoded nucleosome organization of a eukaryotic genome [J]. Nature, 458: 362-366.

KATO M, ONISHI Y, WADA-KIYAMA Y, et al. 2005. Biochemical screening of stable dinucleosomes using DNA fragments from a dinucleosome library [J]. Journal of Molecular Biology, 350: 215-227.

KERTESZ M, IOVINO N, UNNERSTALL U, et al. 2007. The role of site accessibility in microRNA target recognition [J]. Nat. Genet., 39 (10): 1278-1284.

KIM N, ALEKSEYENKO1A V, ROY M, et al. 2007. The ASAP ii database: analysis and comparative genomics of alternative splicing in 15 animal species [J]. Nucleic Acids Research, 35: D93-D98.

KIM P, KIM N, LEE Y, et al. 2005. ECgene: genome annotation for alternative splicing [J]. Nucleic Acids Research, 33: D75-D79.

KREK A, GRÜN D, POY M N, et al. 2005. Combinatorial microRNA target predictions [J]. Nat Genet, 37 (5): 495-500.

LAUSS M, VISNE I, WEINHAEUSEL A, et al. 2008. MethCancerDB-aberrant DNA methylation in human cancer [J]. Br J Cancer, 98 (4): 816-817.

LEE W, TILLO D, BRAY N, et al. 2007. A high-resolution atlas of nucleosome occupancy in yeast [J]. Nature Genetics, 10: 1235-1244.

LEVITSKY V G, KATOKHIN A, PODKOLODNAYA O A, et al. 2005. NPRD: Nucleosome Positioning Region Database [J]. Nucleic Acids Research, 33: Database issue D67-D70.

LEWIS B P, BURGE C B, BARTEL D P. 2005. Conserved seed pairing, often flanked by adenosines, indicates that thousands of human genes are microRNA targets [J]. Cell, 120 (1): 15-20.

LI Z Y, SCHUG J, TUTEJA G, et al. 2011. The nucleosome map of the mammalian liver [J]. Nature structural & molecular biology, 18 (6): 742-747.

LV J, LIU H B, SU J Z, et al. 2012. DiseaseMeth: a human disease methylation database [J]. Nucleic Acids Res. 40: D1030-D1035.

MATTHIAS T, MACIEJ S, SZYMON M K, et al. 2005. HuSiDa—the human siRNA database: an open-access database for published functional siRNA sequences and technical details of efficient transfer into recipient cells [J]. Nucleic Acids Res., 33 (Database issue): D108-D111.

MAVRICH T N, JIANG C Z, IOSHIKHES I P, et al. 2008a. Nucleosome organization in the Drosophila genome [J]. Nature, 453: 358-362.

MAVRICH T N, IOSHIKHES I P, VENTERS B J, et al. 2008b. A barrier nucleosome model for statistical positioning of nucleosomes throughout the yeast genome [J]. Genome Research, 18: 1073-1083.

MEGRAW M, SETHUPATHY P, CORDA B, et al. 2007. miRGen: a database for the study of animal microRNA genomic organization and function [J]. Nucl. Acids Res., 35 (Database issue): D149-D155.

MIRANDA K C, HUYNH T, TAY Y, et al. 2006. A pattern-based method for the identification of MicroRNA binding sites and their corresponding heteroduplexes [J]. Cell, 126 (6): 1203-1217.

MODREK B, RESCH A, GRASSO C, et al. 2001. Genome-wide detection of alternative splicing in expressed sequences of human genes [J]. Nucleic Acids Res., 29: 2850-2859.

ONGENAERT M, VAN NESTE L, DE MEYER T, et al. 2008. PubMeth: a cancer methylation database combining text-mining and expert annotation [J]. Nucleic Acids Res, 36 (Database issue): D842-846.

OZSOLAK F, SONG J S, LIU X S, et al. 2007. High-throughput mapping of the chromatin structure of human promoters [J]. Nature Biotechnology, 25: 244-248.

RAKYAN V K, HILDMANN T, NOVIK K L, et al. 2004. DNA methylation profiling of the human major histocompatibility complex: a pilot study for the human epigenome project [J]. PLoS Biol., 2 (12): e405.

ROLLINS R A, HAGHIGHI F, EDWARDS J R, et al. 2006. Large-scale structure of genomic methylation patterns [J]. Genome Res., 16 (2): 157-163.

SAI L S, SHIPRA A. 2008. piRNABank: a web resource on classified and clustered Piwi-interacting RNAs [J]. Nucleic Acids Res, 36 (Database issue): D173-D177.

SATCHWELL S C, TRAVERS A A. 1989. Asymmetry and polarity of nucleosomes in chicken erythrocyte chromatin [J]. The EMBO Journal, 8: 229-238.

SCHONES D E, CUI K R, CUDDAPAH S, et al. 2008. Dynamic Regulation of Nucleosome Positioning in the Human Genome [J]. Cell, 132: 887-898.

SCHUMACHER A, KAPRANOV P, KAMINSKY Z, et al. 2006. Microarray-based DNA methylation profiling: technology and applications. Nucleic Acids Res., 34 (2): 528-542.

SEGAL E, FONDUFE-MITTENDORF Y, CHEN L, et al. 2006. A genomic code for nucleosome positioning [J]. Nature, 442: 772-778.

SETHUPATHY P, CORDA B, HATZIGEORGIOU A G. 2006. TarBase: A comprehensive database of experimentally supported animal microRNA targets [J]. RNA, 12 (2): 192-197.

SHIONYU M, YAMAGUCHI A, SHINODA K, et al. 2009. AS-ALPS: a database for analyzing the effects of alternative splicing on protein structure, interaction and network in human and mouse [J]. Nucleic Acids Res., 37: D305-D309.

STAMM S, RIETHOVEN J, LE T V, et al. 2006. ASD: a bioinformatics resource on alternative splicing [J]. Nucleic Acids Res., 34: D46-D55.

THANARAJ T A, STAMM S, CLARK F, et al. 2004. ASD: the Alternative Splicing Database [J]. Nucl. Acids. Res., 32: D64-D69.

USHER S L. 2009. Nucleosome positioning in Arabidopsis [D]. PhD thesis, University of Warwick.

Valouev A, ichikawa J, Tonthat T, et al. 2008. A high-resolution, nucleosome position map of C. elegans reveals a lack of universal sequence-dictated positioning [J]. Genome Res., 18: 1051-1063.

VALOUEV A, JOHNSON S M, BOYD S D, et al. 2011. Determinants of nucleosome organization in primary human cells [J]. Nature, 22: 474 (7352): 516-20.

WEBER M, DAVIES J J, WITTIG D, et al. 2005. Chromosome-wide and promoter-specific analyses identify sites of differential DNA methylation in normal and transformed human cells. [J] Nat. Genet., 37 (8): 853-862.

XIAO F, ZUO Z, CAI G, et al. 2009. miRecords: an integrated resource for microRNA-target interactions [J]. Nucl. Acids Res., 37 (Database issue): D105-D110.

YANG J H, LI J H, SHAO P, et al. 2010. starBase: a database for exploring microRNA-mRNA interaction maps from Argonaute CLiP-Seq and Degradome-Seq data [J]. Nucl. Acids Res., (Database issue): 1-8.

YANG J H, SHAO P, ZHOU H, et al. 2010. deepBase: a database for deeply annotating and mining deep sequencing data [J]. Nucleic Acids Res., 38 (Database issue): D123-D130.

YUAN G C, LIU Y J, DION M F, et al. 2005. Genome-scale identification of nucleosome positions in S. cerevisiae [J]. Science, 309: 626-630.

ZHANG D, WANG Y, BAI Y, et al. 2008. A novel method to quantify local CpG methylation density by regional methylation elongation assay on microarray [J]. BMC Genomics, 9: 59.

ZHANG Y, MOQTADERI Z, RATTNER B P, et al. 2009. intrinsic histone-DNA interactions are not the major determinant of nucleosome positions in vivo [J]. Nature structural & molecular biology, 16 (8): 647-853.

ZHANG Z, YU J, LI D, et al. 2010. PMRD: plant microRNA database [J]. Nucl. Acids Res., 38 (Database issue): D806-813.

第11章 表观遗传学的功能

表观遗传修饰是多细胞生物体在进化过程中形成的一种细胞遗传的、调控基因表达的机制。这种遗传机制在多细胞生物个体包括生长、发育、衰老在内的整个生命过程中都起着非常重要的作用。此外，该遗传机制还参与多细胞生物个体多种复杂的生理过程，包括与性别决定有关的X染色体失活及基因组印记的形成，记忆的形成、固化与储存，造血系统、神经系统及肌肉组织的修复与再生等。上述生理现象的基本概念、原理及过程等在本章不做介绍，相关的内容请读者查阅其他的书籍及文献。此外，表观遗传现象的基本原理，包括DNA甲基化、组蛋白修饰及染色质重塑等，在本书前面章节中已经介绍，本章中不再赘述。本章主要介绍表观遗传修饰在上述生理过程中所起作用的最新研究进展。

11.1 干细胞的分化

在多细胞生物体的每一个体细胞中，遗传物质的组成是相同的。然而，在不同类型的细胞中，其基因的表达模式并不完全相同。在某一特定类型细胞中，某些基因处于活跃表达状态，而另一些基因处于沉默状态；在另一种不同类型的细胞中，基因表达的种类、数量及程度与前一种类型的细胞可能存在极大的差异。这也正是我们人体中为什么一些细胞在个体的发育历程中转变成肝细胞，另一些细胞转变成神经细胞、骨细胞、血细胞等200多种不同类型细胞的原因。

生物体沿着单细胞向多细胞、由结构简单向结构复杂的方向进化。绝大多数的多细胞生物是由一枚细胞（胚胎细胞或生殖细胞）通过增殖、分化而形成的。在多细胞生物体通过细胞增殖使细胞数目不断增多的过程中，伴随着细胞的分化，即产生多种类型的细胞。细胞分化是不同细胞中基因表达模式不同的结果。具有相同遗传物质组成的细胞为什么具有不同的基因表达模式？这正是由于多细胞生物基因组中不同的表观遗传修饰所造成的。下面以高等哺乳动物为例，介绍表观遗传修饰在胚胎干细胞（embryonic stem cell，ES细胞）及成体干细胞分化过程中的表观遗传机理。

11.1.1 胚胎干细胞的分化

高等哺乳动物个体是由一枚受精卵发育而来的。早期胚胎（4-细胞及以前的胚胎）中的每一个卵裂球都具有发育的全能性（totipotent），即一个卵裂球就具有发育为一个完整个体的能力。随着发育的进行，胚胎中的细胞数目不断增多，细胞的多潜能性也在逐渐丧失。当胚胎发育到囊胚（blastula）阶段，其中的细胞已分为两大类，位于外围的细胞被称为滋养层细胞（trophoblast），这部分细胞将发育为胎盘；位于滋养层内部的细胞团被称为内细胞团（inner cell mass，ICM），这部分细胞将发育为胎儿（图11-1）。所谓的ES细胞，是指ICM经体外培养后，所形成的具有自我更新及多分化潜能（pluripotent）的细胞。囊胚中的细胞从透明带中孵化出来后，便在子宫内着床，开始进一步的发育。其中的ICM不断增殖、分化，细胞类型不断增多，多潜能性逐渐丧失，最终形成由 200 多种组织类型的细胞所构成的胎儿。总之，在高等哺乳动物个体的发育历程中，细胞的数目及种类不断增多，而细胞的发育潜能逐渐丧失，这一过程伴随着广泛的表观遗传修饰变化，是表观遗传修饰变化的结果。

如图 11-2 所示，细胞发育潜能的逐渐丧失可以形象地比喻为一个小球沿着山坡向下滚动，小球所具有的势能看做是细胞的发育潜能，被标注在图的左侧；这一期间细胞中的表观遗传修饰状态标注在图的右侧。

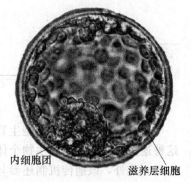

图 11-1 囊胚中的滋养层细胞及内细胞团

1. 维持 ES 细胞多潜能性的表观遗传修饰　ES 细胞主要通过多种类型的表观遗传修饰维持其多潜能性，这些表观遗传修饰类型包括 DNA 甲基化、组蛋白修饰、组蛋白变体、ATP 依赖的染色质重塑以及 RNA 干扰（RNA interference, RNAi）等。有关这些表观遗传修饰的类型及机理已在前面的章节中有所论述，这里不再赘述。ES 细胞通过这些表观遗传修饰，建立起一套 ES 细胞特有的基因表达模式，维持 ES 细胞的多潜能性。

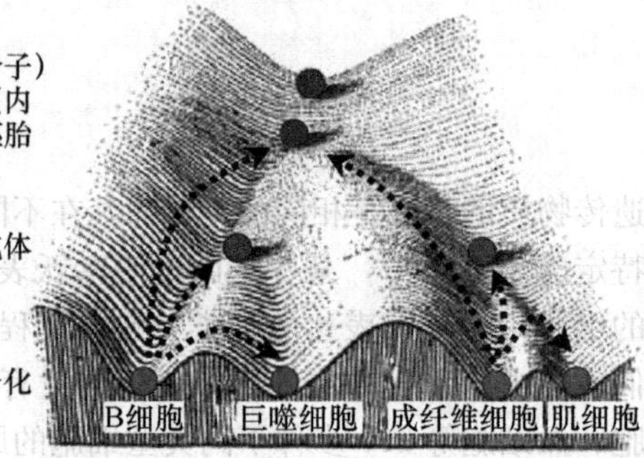

图 11-2　不同发育阶段细胞的发育潜能及表观遗传修饰状态（引自 Hochedlinger et al, 2009）

ES 细胞与已分化的体细胞在染色质结构方面存在极大的差异，这种结构的差异化正是不同表观遗传修饰的结果。在 ES 细胞向不同类型体细胞分化的过程中，伴随着大量的表观遗传修饰变化，最终使 ES 细胞特异的表观遗传修饰模式、基因表达模式转变为不同类型体细胞特异的表观遗传修饰模式及基因表达模式（Reik et al, 2007）。

首先，在 ES 细胞的基因组中，常染色质（euchromatin）的区域大于体细胞中的常染色质区域。在 ES 细胞分化为体细胞的过程中，ES 细胞基因组中的许多常染色质转变为异染色质区域（heterochromatin）（Arney et al, 2004）。

其次，与体细胞的染色质相比，ES 细胞的染色质呈现出一种更为松散的状态。这种松散的状态意味着 DNA 与组蛋白八聚体的结合并不是非常僵硬、死板，也就是染色质呈现为一种超动态（hyperdynamic）的结构。超动态染色质（hyperdynamic chromatin）被认为是 ES 细胞基因组具有可塑性的原因（Meshorer et al, 2006）。

第三，ES 细胞基因组中具有较多的组蛋白乙酰化修饰及组蛋白 H3 赖氨酸 4 甲基化修饰（H3K4me）；具有较少的组蛋白 H3 赖氨酸 9 三甲基化修饰（H3K9me3）（Kimura et al, 2004）。在人类及小鼠 ES 细胞的分化过程中，伴随着基因组范围内 H3K9me3 修饰数量的增加；在此过程中，尽管组蛋白 H3 赖氨酸 9 乙酰化的总体水平也会增加，但这可能是上调某些分化相关基因的目的所在（Golob et al, 2008）。理论上来说，组蛋白乙酰化修饰及 H3K4me 修饰是允许基因表达的标志，而 H3K9me3 修饰是基因沉默的标志，加之 ES 细胞的染色质呈现一种松散的状态，前起始复合物（pre-intiation complex，PIC）很容易结合到大量基因的启动子上，从而启动大量基因的表达，包括多潜能基因及发育、分化相关的基因（Szutorisz et al, 2005）。发育、分化相关基因的大量表达必然导致 ES 细胞的分化及多潜能性的丧失。那么，ES 细胞是如何抑制发育、分化相关基因表达的？就此问题，提出了至少两种观点。第一种观点认为，ES 细胞采用 26S 蛋白酶体（proteasome）移除发育、分化相关基因启动子上的 PIC（例如 RNA 聚合酶Ⅱ及基因特异性的转录因子等），从而阻止这些基因的表达（Szutorisz et al, 2006）。然而，从能量的角度考虑，这种方式不太经济，因为蛋白酶体是 ATP 的消耗者。因此，ES 细胞必须采用另一种更为经济、有效的方式阻止发育、分化相关基因的表达。另一种观点就是我们接下来将要论述的染色质双向（bivalent）区域机制（Bernstein and Mikkelsen，2006）。

第四，在 ES 细胞的基因组中，重要的发育相关转录因子的启动子区域既富含有组蛋白 H3 赖氨酸 27 甲基化修饰（H3K27me），又富含有 H3K4me 修饰。这两种表观遗传修饰的功能正好相反，H3K27me 修饰使基因沉默，而 H3K4me 修饰允许基因表达。因此，染色质中的这一区域被称为双向区域。ES 细胞可以采用染色质的双向区域调控发育、分化相关基因的表达。在 ES 细胞中，染色质的双向区域可以使发育、分化相关转录因子基因的表达维持在一个较低的水平，但允许这些基因预期的活跃表达。当 ES 细胞分化时，需要沉默的基因，其启动子区域进一步增加 H3K27me 修饰的数量，同时增加其他抑制基因表达的表观遗传修饰模式，如 DNA 甲基化等，丢失 H3K4me 修饰的数量，最终使该基因处于完全沉默状态；需要活跃表达的基因，其启动子区域增加 H3K4me 修饰的数量及程度，同时增加其他促使基因活跃表达的表观遗传修饰模式，如组蛋白乙酰化修饰、DNA 去甲基化等，丢失 H3K27me 修饰的数量，最终使基因处于活跃表达状态（Boyer et al，2005）。染色质双向区域就像一个双向开关一样，可以灵活、有效地调控基因的表达和沉默。虽然染色质双向区域理论是一个被人们广泛认同的、有关 ES 细胞调控基因表达模式的理论，但某些基因的启动子区域不具有双向区域。因此，人们又提出了其他一些理论。在研究 B 细胞发育的过程中，人们发现 λ5-VpreB1 基因的间隔区（intergenic region）存在两个分离的、不连续的区域，这两个区域分别富含组蛋白 H3 乙酰化（H3Ac）修饰及组蛋白 H3 赖氨酸 4 甲基化（H3K4me）修饰。在小鼠 B 细胞的发育过程中，这两个区域中的 H3Ac 及 H3K4me 修饰向外延伸，最终在前 B 细胞（pre-B cell）阶段形成一个大的、活性染色质区域，从而使该基因能够活跃表达。而在非造血细胞的发育过程中，这两个区域的 H3Ac 及 H3K4me 修饰被抹掉，从而导致 λ5-VpreB1 基因沉默。组蛋白修饰脉冲模式（histone modification pulsing model）是人们提出的另一种 ES 细胞调控基因表达的理论，与前面提到的染色质超动态理论相一致（Gan et al，2007）。该理论认为，某些组蛋白的 N 末端带有促进或抑制基因转录的表观遗传修饰模式。这些组蛋白在某一时间点可以参与细胞系特异性基因（lineage specific genes）某一区段核小体的装配，但这些组蛋白的修饰模式具有极大的变异性。在 ES 细胞中，对于某一处于沉默状态的细胞系特异性基因，如果其启动子区域呈现为一种双向区域，则双向区域中组蛋白修饰模式的变化频率更高或变化间隔时间更长。高频率的组蛋白修饰模式变化可以快速、灵活地调控基因的表达或沉默，而较长的变化时间间隔可以稳定已经建立的表达或沉默模式。另一种情况为处于沉默状态的细胞系特异性基因，其启动子区域不是双向区域，则启动子区域组蛋白修饰模式的变化频率更低或变化间隔时间更短。低频率的组蛋白修饰模式变化可以使该基因一直处于沉默状态，即使在某一时间点，该基因启动子区域的组蛋白呈现为促进基因表达的修饰模式，但由于较短的变化时间间隔，基因的表达还未真正建立起来，启动子区域的组蛋白又转变为抑制基因表达的修饰模式。

第五，尽管ES细胞中可以高水平地表达DNA从头甲基转移酶（de novo DNA methyltransferases），如DNA甲基转移酶3A（DNA methyltransferases 3A，DNMT3A）及DNMT3B，甚至可以表达更适合的异构体Dnmt3a2及Dnmt3b1（Bibikova et al, 2006），但ES细胞基因组范围内的DNA甲基化水平低于体细胞基因组范围内的DNA甲基化水平（Tomazou et al, 2010）。在人的ES细胞中，76%的CpG二核苷酸具有甲基化修饰，但这些甲基化修饰仅局限于含较少CpG二核苷酸的DNA区域，且大多位于组织特异性基因的调控序列区域（Weber et al, 2007）。此外，如果某些组织特异性基因的调控序列区域富含H3K4me修饰，则该区域的DNA甲基化水平会明显降低，这说明组蛋白修饰与DNA甲基化体系具有功能上的相互作用。在体细胞的基因组中，H3K4me修饰被认为具有保护基因的启动子免受DNA从头甲基化的作用。采用肽相互作用分析（peptide interaction assays）进行研究，结果表明，全新DNA甲基化调控因子Dnmt3L可以特异性地与组蛋白H3的N-末端发生相互作用，但这种相互作用可被H3K4me修饰所抑制，然而，其他类型的N-末端修饰不会抑制这种相互作用（Ooi et al, 2007）。ES细胞与体细胞在DNA甲基化修饰方面还存在另一个差异，即前者会对非CpG二核苷酸的某些胞嘧啶进行甲基化修饰。相关的研究表明，这种非CpG二核苷酸位点胞嘧啶的甲基化现象是ES细胞维持多潜能表型所特异和必须的。当体细胞被重编程（reprogramming）为诱导的多潜能干细胞（induced pluripotent stem cells，iPS细胞）后，这种DNA甲基化修饰模式会被重新建立起来，表明这种甲基化修饰模式是ES细胞维持多潜能表型所特异和必须的（Lister et al, 2009）。

图11-3中总结了上述ES细胞特异的表观遗传修饰模式及其与体细胞表观遗传修饰模式的差异。

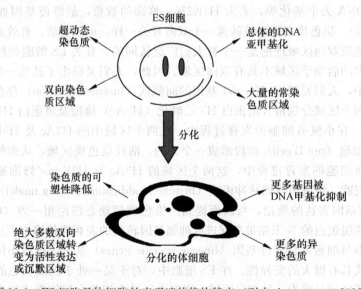

图11-3　ES细胞及体细胞的表观遗传修饰特点（引自Armstrong, 2012）

2. ES细胞分化过程中的表观遗传修饰机理　在早期的研究中，人们可观察到的ES细胞分化事件包括多潜能性的降低甚至丧失以及三个原始生殖层（primordial germ layer）的形成。但在这些可观察到的事件发生之前，ES细胞中一定发生了大量基因表达改变的事件。然而，这些早期的事件还未完全阐明。其原因在于：一方面这些事件持续的时间太为短暂，采用我们目前的技术还无法检测;另一方面当这些早期事件发生时,ES 细胞在形态及特征方面还未发生改变,人们无法知道哪些 ES 细胞发生了分化,进而对其加以研究;第三,在体外进行的研究中,ES 细胞的分化似乎带有一定的随机性,这可能是由于 ICM 来源的 ES 细胞具有一定的异质性(Chazaud et al,2006),抑或环境因素的影响使不同 ES 细胞受到的刺激信号不同,从而使 ES 细胞的分化表现为一定程度的随机性。分化的随机性使不同 ES 细胞中发生的分子事件不同,从而增加了对这些事件研究的难度。

已有的研究表明,在 ES 细胞的分化过程中,伴随着大量的表观遗传修饰改变事件,正是这些事件推动了 ES 细胞向不同类型的体细胞进行分化。

在 ES 细胞的分化过程中,开放的染色质结构会逐渐被替换为更为约束的结构。这种更为约束的染色质结构限定了基因组中可表达的基因种类。这可能是由于 ERK/p38 信号通路介导了组蛋白 H3 丝氨酸 10 磷酸化(H3S10p),同时伴随着组蛋白 H3 赖氨酸 14 乙酰化(Lee et al,2006)。组蛋白 H3 的这两种修饰所造成的下游事件还未完全阐明,但已有的研究表明,H3S10p 是更具调控性的染色质所具有的一种组蛋白修饰模式(Johansen et al,2006)。因此,人们认为组蛋白 H3 的磷酸化修饰使 ES 细胞中开放的染色质结构转变为约束的染色质结构,并为其他的表观遗传修饰铺平了道路。

在接下来的分化过程中,染色质双向区域的组蛋白进一步发生修饰变化,需要沉默的基因,其基因表达调控区的双向区域丢失 H3K4me 修饰,保留甚至扩大 H3K27me 的修饰范围(Cui et al,2009),进一步增加异染色质特异的表观遗传修饰模式,例如 H3K9me。在许多情况下,基因组中 H3K27me 修饰范围的增加,代表了一种主要的基因抑制修饰模式。研究表明,尽管在不同类型体细胞的基因组中,H3K27me 及 H3K9me 修饰范围的大小具有一定的差异,但平均来说,体细胞基因组中 H3K27me 及 H3K9me 修饰的范围约是 ES 细胞中这两种修饰覆盖范围的 2 倍及 3 倍(Hawkins et al,2010)。H3K4me 的丢失使 DNA 甲基化的建立成为可能,并进一步抑制了基因的表达。在 ES 细胞分化的过程中,上述组蛋白修饰发生的变化可能与染色质重塑(chromatin remodelling)有关,即 ATP 依赖的核小体重新分布可以使发育、分化所需要的基因区域暴露出来。与这一观点相符合的现象是,在 ES 细胞中,存在大量的依赖于 ATP 的染色质重塑事件(Kurisaki et al,2005),且这些事件是 ES 细胞分化所必需的(Kaji et al,2007)。此外,相关的研究发现,发育到囊胚阶段的胚胎(此时 ICM 已经形成),如果染色质重塑复合体蛋白无法形成,将会导致囊胚的凋亡(Houlard et al,2006)。这一研究表明,在 ICM 形成之前,早期胚胎细胞的基因组中已经发生了大量的染色质重塑事件,表观遗传修饰在 ES 细胞的分化过程扮演着非常重要的角色。

11.1.2 成体干细胞的分化

成体干细胞是指存在于一种已经分化组织中的未分化细胞,这种细胞能够自我更新并且能够特化形成组成该类型组织的细胞。成体干细胞存在于机体的各种组织、器官中。成年个体组织中的成体干细胞在正常情况下大多处于休眠状态,在病理状态或在外因诱导下可以表现出不同程度的再生和更新能力。

成体干细胞自我更新和分化能力的维持也是依靠其基因组中各种类型的表观遗传修饰。在成体干细胞向特定类型细胞分化的过程中,也伴随着大量的表观遗传变化。下面以造血干细胞(hematopoietic stem cells,HSCs)、神经干细胞(neural stem cells,NSCs)及肌肉干细胞为例,介绍成体干细胞在分化过程中发生的表观遗传修饰变化。但需注意的一点是,不同类型的成体干细胞在向不同类型终末细胞分化的过程中，其中发生的表观遗传修饰变化也不相同。

1. 造血干细胞的分化 所有的血细胞都是由多潜能的造血干细胞分化而来的。造血干细胞的分化是分阶段进行的，在分化过程中会形成多种中间类型的细胞，如共同的淋巴样祖细胞（common lymphoid progenitor cells，CLP）、共同的髓系祖细胞（common myeloid progenitor cell，CMP）及前 B 细胞（Pro-B cell）等。人们用等级造血系统（hierarchical hematopoietic system）定义造血干细胞在分化过程中所形成的中间类型细胞及终末分化细胞之间的关系，即造血系统中的不同类型细胞具有等级性，下一级细胞由上一级细胞分化而来。在等级造血系统中，上一级细胞比下一级细胞具有更为广泛的分化潜能。处于最高一级的长期/短期造血干细胞（long/short-term hematopoietic stem cells，LT-HSCs/ST-HSCs）分化为 CLP 及 CMP 两大细胞分支。其中，CLP 细胞进一步分化为前 B 细胞、前 T 细胞（Pro-T cell）及自然杀伤细胞前体细胞（natural killer cell precursor，NKP），后三者进一步分化，分别形成一系列低等级的、中间类型的细胞，并最终形成 B 细胞（B cells）、T 细胞（T cells）及自然杀伤细胞（NK cells）三种终末分化细胞；CMP 细胞进一步分化为双潜能的粒细胞-巨噬细胞前体细胞（bipotent granulocyte-macrophage precursor，GMP）及双潜能的巨核细胞-红细胞前体细胞（bipotent megakaryocyte-erythrocyte precursor，MEP）；GMP 进一步分化形成一系列低等级的、中间类型的细胞，并最终形成粒细胞（granulocyte）及巨噬细胞（macrophage）两种终末分化细胞，MEP 也进一步分化形成一系列低等级的、中间类型的细胞，并最终形成巨核细胞（mast cell）及红细胞（erythrocyte）两种终末分化细胞（Bonifer，2005）（图 11-4）。上述 7 种终末分化细胞已经丧失了分化、增殖能力，成为执行特定功能的细胞。然而，对于一些成熟的细胞类型，如休眠的 T 细胞（resting T cells）及休眠的 B 细胞（resting B cells）等，在特定环境信号的刺激下，仍然保持着增殖和进一步分化的能力。

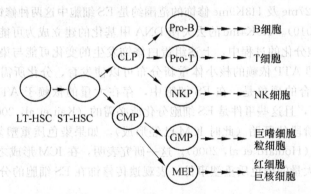

图 11-4 造血系统的等级

造血干细胞向不同类型血细胞及淋巴细胞的分化，是不同表观遗传修饰的结果。不同的表观遗传修饰可以使造血干细胞中原本表达的基因继续表达或沉默，也可以使造血干细胞中原本沉默的基因继续保持沉默或被激活，从而建立起一套细胞系特异性的基因表达模式，基因表达模式反过来又会影响基因组的表观遗传修饰模式，正是在这种基因表达模式和基因组表观遗传修饰模式的相互影响和作用下，造血干细胞会向不同的细胞系分化，最终形成不同类型的终末分化细胞。

下面以转入小鼠基因组的鸡溶菌酶基因（*lysozyme*）及小鼠自身的巨噬细胞集落刺激因子受体（the receptor for the macrophage colony-stimulating factor，*c-fms*）基因为例，介绍在小鼠造血干细胞向不同终末细胞分化的过程中，由于不同的表观遗传修饰，这两个基因的激活及沉默。

Lysozyme 基因在小鼠造血干细胞中处于沉默状态，最早于 GMP 阶段开始表达。在细菌脂多

糖（bacterial lipopolysaccharide，LPS）的诱导下，该基因在巨噬细胞中达到其最高的表达水平。对该基因的表观遗传分析表明，在造血干细胞向巨噬细胞分化的过程中，该基因发生了去甲基化。在造血干细胞分化的早期，该基因重要的转录因子结合位点的核心区域的 CpG 发生了去甲基化，而在该转录因子结合位点的周边区域，CpG 去甲基化的发生呈现一种较慢的、动态的表现。然而，在一些多潜能的前体细胞（如 GMP）中，转录因子并不能稳定地结合到该基因的顺式作用元件上。这一现象表明，该转录因子结合位点 CpG 的去甲基化不是转录因子的结合所造成的。尽管 DNA 去甲基化的机理目前还没有完全阐明，但相关的一些研究表明，序列特异性转录因子表达水平的增加及其与识别序列瞬间的结合，可能对识别序列 DNA 的去甲基化具有一定的影响。在 *Lysozyme* 基因的激活过程中，最早发生的可能是该基因激活所需的反式作用因子表达水平的增加，反式作用因子可以与该基因的顺式作用元件发生短暂的、瞬间的结合，其他一些因子可能稳定这种反式作用因子-顺式作用元件的结合（Lefevre et al，2003）。反式作用因子可以招募一些染色质修饰复合体，从而使染色质的结构发生改变，为稳定的增强子复合物的形成提供了条件，并驱动该基因的活跃表达。此外，这种反式作用因子-顺式作用元件短暂的、瞬间的结合还可能发生在新合成的 DNA 上，反式作用因子及其招募的染色质修饰复合体结合到新合成的 DNA 上，可能干扰新合成的 DNA 上 *Lysozyme* 基因的甲基化，从而使 *Lysozyme* 基因逐渐去甲基化并被激活，最终使该基因在巨噬细胞中达到最高的表达水平。与上述假设相符合的是将编码特异性转录因子的基因转入 B 细胞中，可以诱导 B 细胞 DNA 特异性位点的去甲基化。反之，采用 RNA 干扰技术抑制特异性转录因子的表达，会诱导转录因子目标基因的甲基化。总之，转录因子的表达水平对其目标基因的甲基化及表达水平都具有一定的影响。

  c-fms 基因在造血干细胞中已经表达。在造血干细胞向不同类型终末细胞分化的过程中，该基因的表达模式也不相同。在造血干细胞向巨噬细胞分化的过程中，该基因的表达会上调；在 LPS 刺激的细胞中，该基因的表达会下调；而在所有的非巨噬细胞中，该基因会沉默。相关的研究表明，CLP 在克隆分析（colony assay）中无法生成髓系细胞，且 *c-fms* 基因在 CLP 中仍旧能够转录出 mRNA，该基因上也结合有转录因子，但 *c-fms* 基因转录出的 mRNA 在 CLP 中却不再被翻译成蛋白质。这一研究表明，在造血干细胞向淋巴样细胞的分化过程中，首先是使细胞对髓系细胞特异性的细胞因子不再产生应答，而表观沉默 *c-fms* 基因则发生在较晚的阶段。在 CLP 阶段以后，*c-fms* 基因的转录才停止下来，该基因调控区域的组蛋白 3 赖氨酸 9 超乙酰化修饰也减少了。尽管上述事件预示了 *c-fms* 基因的沉默，然而在未成熟的 B 淋巴细胞中，该基因并未完全沉默，具体的表现为：DNase I 在该基因的启动子区域仍然具有很高的可接近性，H3K4me3 仍然分布于该基因的整个内含子调控区域，H3K9me2 的水平低于成纤维细胞中该种组蛋白修饰的水平，转录起始位点的下游区域对于微球菌核酸酶的消化仍然具有超敏感性，该基因的启动子、增强子区域仍保持未甲基化状态。直到成熟的 B 细胞阶段，该基因的表达才完全停止下来，随后该基因的 DNA 才发生全新的甲基化。

  在造血干细胞向 T 细胞分化的过程中，*c-fms* 基因较早地停止了表达，且该基因的 DNA 也较早地发生了甲基化。

  如上所述，在造血干细胞向 B 细胞及 T 细胞分化的过程中，*c-fms* 基因沉默的时间及其发生 DNA 甲基化的时间不同。发生这种差异的原因可能在于：结合于 *c-fms* 基因启动子及增强子上的转录因子（如 PU.1）在巨噬细胞及 B 细胞中依旧能够表达，这些转录因子的结合阻碍了 *c-fms* 基因的启动子及增强子发生 DNA 甲基化，从而使该基因仍旧能够表达；而在 T 细胞中，相应的转录因子已经停止表达，*c-fms* 基因的启动子及增强子随即发生了 DNA 甲基化，从而使该基因完全沉默（图11-5）。

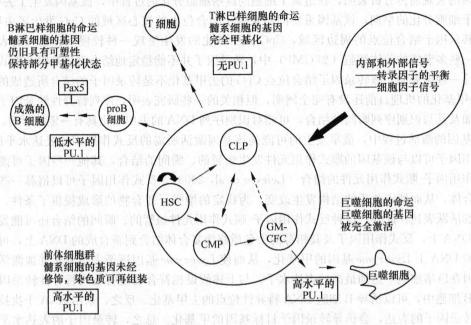

图11-5 转录因子的水平影响造血干细胞的分化（引自Bonifer，2005）
[各种缩写符号的意义见正文，其中GM-CFC是granulocyte-macrophage colony forming cells（粒细胞-巨噬细胞集落形成细胞）的缩写]

此外，反义RNA（antisense RNA）在 c-fms 基因的沉默中也可能扮演着重要的角色。相关的研究表明，在造血干细胞中，需要发生DNA甲基化从而沉默 c-fms 基因的区域与一段编码反义RNA的区域相互覆盖。在前B细胞及巨噬细胞前体细胞中，这种反义RNA在活跃转录，从而影响了 c-fms 基因的甲基化沉默。相关的研究还发现，这段编码反义RNA的区域还与需要发生H3K9me2修饰的区域相互覆盖。在前B细胞及巨噬细胞前体细胞中，这种反义RNA的活跃转录，还可能影响 c-fms 基因中某些区域H3K9me2修饰的发生，从而影响该基因的沉默。而在前T细胞中，这种反义RNA已经停止转录，DNA甲基化及H3K9me2修饰可以正常发生，c-fms 基因也处于完全沉默状态。近来，反义RNA引起了人们的广泛关注，因为人们发现反义RNA在调控基因的沉默方面扮演着重要的角色，如基因组印记及X染色体失活等（Verdel et al，2004）。总之，在造血干细胞向B细胞、T细胞及巨噬细胞的分化过程中，由于结合于 c-fms 基因启动子及增强子上的转录因子的不同表达水平及上述反义RNA的不同表达水平，使 c-fms 基因在不同分化途径中发生不同的表观遗传修饰变化，表现出不同的表达模式和水平。

在早期，人们对等级造血系统的理解是：一旦造血干细胞向某一细胞系分化，它的命运就已经被决定，不可能再向另一细胞系分化。按照这种理解，造血干细胞一旦向CLP分化，则其最终的命运只能是分化为B细胞、T细胞或自然杀伤细胞中的一种，不可能再分化为髓系细胞。然而，近年来的研究表明，造血干细胞在向不同细胞系分化的过程中，仍然具有一定的可塑性，即分化过程中所形成的表观遗传修饰模式可以发生改变，从而使分化过程中形成的一些中间类型细胞具有转分化（trans-differentiation）的能力。异位表达（ectopic expression）某种细胞因子受体或人为改变某种转录因子的表达水平可以使中间类型的细胞发生转分化。例如：改变B细胞中髓系细胞转录因子 C/EBPβ 的表达水平，可以使髓系细胞特异性基因的表达上调（如 *c-fms* 基因），最终可以使 B 细胞转分化为巨噬细胞（Xie et al，2004）。再如：在造血干细胞向 B 细胞分化的过程中，转录因子 Pax5 的表达起着至关重要的作用。此外，在 B 细胞中，转录因子 Pax5 可以抑制其他细胞系特异性基因的表达，从而使 B 细胞维持在这一分化状态。相关的研究表明，*Pax*5 基因位点缺失的成年小鼠，造血干细胞向 B 细胞分化的过程被阻滞于前 B 细胞阶段，无法形成终末分化的 B 细胞（Bonifer，2005）。这是因为在前 B 细胞的前体细胞（Pro-B cell precursor）中，造血系其他细胞系特异性的基因仍旧在表达（包括 *c-fms* 基因），而 *Pax*5 基因位点的缺失使细胞中无法形成转录因子 Pax5，也无法抑制其他细胞系特异性基因的表达（图 11-5）。相关的研究还表明，在前 B 细胞的早期阶段，条件性失活 *Pax*5 基因可以导致 *c-fms* 基因及其他髓系细胞特异性基因去抑制（Mikkola et al，2002）。

综上所述，在造血干细胞分化的过程中，随着基因组中表观遗传修饰的逐步改变和建立，细胞分化的最终命运也逐步被确定。分化过程中所形成的一些早期中间细胞类型在表观遗传修饰上具有相似性及动态可变性，在一些转录因子的诱导下，这些早期中间细胞类型可以改变原来的表观遗传修饰模式及分化方向，建立全新的表观遗传修饰模式并向其他细胞类型分化，即上面提到的转分化现象。因此，采用等级造血系统这一概念来描述造血系统中各种细胞类型之间的关系是不确切的。转分化不仅仅是造血干细胞分化过程中的一种现象，在胚胎干细胞及其他成体干细胞的分化过程中也观察到转分化现象。

2. 神经干细胞的分化　哺乳动物的神经系统由神经元（neuron）、星形胶质细胞（astrocyte）及少突胶质细胞（oligodendrocyte）等构成。这些类型的细胞都是由神经干细胞（neural stem cells，NSCs）分化而来的。NSCs 具有自我更新及向上述 3 种类型细胞分化的能力。在 NSCs 向上述 3 种类型细胞分化的过程中，其基因组 DNA 上会发生一系列的表观遗传修饰变化，包括 DNA 甲基化、组蛋白甲基化及乙酰化、非编码 RNA（noncoding RNAs）的干扰等（Juliandi et al，2010）。所有这些表观遗传修饰变化的目的及结果就是改变细胞中的基因表达模式，使 NSCs 特异性的多潜能基因表达下调，细胞类型特异性的基因表达上调，最终使 NSCs 向不用类型的终末细胞分化。

（1）DNA 甲基化对 NSCs 分化的影响：在 NSCs 的分化过程中，细胞类型特异性基因的 DNA 序列会发生去甲基化，在相应的转录因子及细胞因子作用下，这些基因会由抑制状态转变为活跃表达状态，从而建立起细胞类型特异性的基因表达模式，最终使 NSCs 分化为该种类型的神经细胞。下面以星形胶质细胞特异性表达的胶质原纤维酸性蛋白（glial fibrillary acidic protein，*gfap*）基因为例，介绍 NSCs 在向星形胶质细胞分化的过程中，细胞类型特异性基因所发生的去甲基化现象以及去甲基化对这些基因表达状态的影响。*gfap* 基因的表达需要白介素-6（interleukin-6）家族成员的细胞因子（如白血病抑制因子（leukaemia inhibitory factor，LIF）、睫状神经营养因子（ciliary neurotrophic factor，CNTF）及心肌营养素-1（cardiotrophin-1，CT-1））以及骨形态发生蛋白（bone morphogenetic protein，BMP）共同诱导、建立的细胞信号通路（Barnabe-Heider et al，2005）。其中，LIF、CNTF 及 CT-1 可以激活 JAK/STAT（Janus kinase-signal transducer and activator of the transcription，JAK/STAT）信号转导通路，激活的 STAT3 进入细胞核。BMP 则可以激活下游的 Smad 转录因子，后者也进入细胞核。在细胞核中，被激活的 STAT3 和 Smad1、4、5、8 复合体在转录共激活子（transcriptional coactivator）p300/CBP（cAMP responsive element binding protein（CREB）-binding proteins，CBP）的介导下形成桥状结构。随后，STAT3-p300/CBP-SMADs 桥状结构结合到 *gfap* 基因的启动子上，启动该基因的表达。*gfap* 基因的启动子区域及编码区域都具有DNA甲基化位点,这些位点的甲基化与否直接关系到$gfap$基因能否表达。在妊娠中期的胎儿体内,NSCs中$gfap$基因的启动子区域及编码区域都存在甲基化修饰,启动子区域的甲基化修饰阻止了STAT3-p300/CBP-SMADs桥状结构与启动子的结合,从而使$gfap$基因无法进行表达,NSCs只能向神经元分化。而在妊娠末期的胎儿体内,将要发生分化的NSCs中的$gfap$基因的启动子区域发生了去甲基化,从而使STAT3-p300/CBP-SMADs桥状结构可以与启动子结合,$gfap$基因的表达成为可能。当NSCs向星形胶质细胞分化时,STAT3-p300/CBP-SMADs桥状结构与$gfap$基因的启动子结合,$gfap$基因的编码区域虽然具有甲基化修饰,但这些甲基化修饰位点上没有甲基化-CpG-结合蛋白(methyl-CpG-binding protein,MeCP)及组蛋白去乙酰化酶(histone deacetylases,HDACs),从而使$gfap$基因可以正常表达。星形胶质细胞特异性的其他一些基因也具有类似的激活机制,如星形胶质细胞早期特异性表达的$S100\beta$基因等。这些星形胶质细胞特异性基因的表达最终使NSCs向星形胶质细胞分化。而当NSCs向神经元分化时,虽然STAT3-p300/CBP-SMADs桥状结构可以与$gfap$基因的启动子结合,但$gfap$基因编码区的甲基化修饰位点上结合有MeCP及HDACs,从而使$gfap$基因无法进行表达,最终导致NSCs向神经元分化(图11-6)。

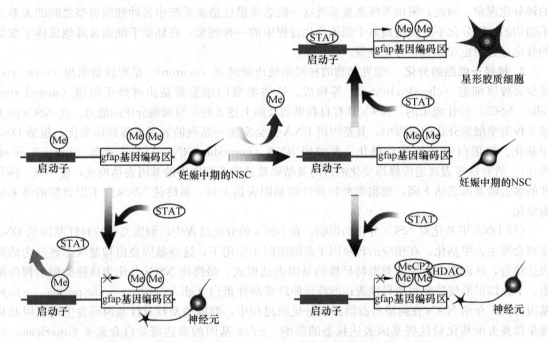

图11-6 DNA甲基化对$gfap$基因表达及NSC分化的影响(引自Juliandi er al,2010)

有关$gfap$基因启动子区域的DNA去甲基化机制目前还没有完全阐明。最有可能的机制就是当维持DNA甲基化的DNA甲基转移酶1(DNA methyltransferases-1,DNMT1)不存在或其活性受到抑制时,细胞分裂时基因组DNA的复制会导致新合成的基因组DNA被动去甲基化(passive demethylation)。研究表明,当条件性缺失小鼠神经系细胞基因组中的DMNT1基因时,会导致基因组DNA的整体亚甲基化(hypomethylation),神经系统的发育过程中会表现出过早分化出星形胶质细胞的现象。然而,有些学者提出了哺乳动物中DNA的主动去甲基化(active DNA demethylation)机制,即在一些酶及非酶蛋白Gadd45的介导下,通过DNA的切除修复(DNA excision repair)机制,实现DNA的主动去甲基化(Ma et al,2009)。此外,鼠同源性的鸡卵清蛋白上游启动子转录因子Ⅰ和Ⅱ（chicken ovalbumin upstream promoter transcription factors Ⅰ and Ⅱ，COUP-TFⅠ/Ⅱ）的动态表达，也与星形胶质细胞特异性基因启动子区域的去甲基化有关。研究表明，在神经系统发育的早期阶段，COUP-TFⅠ/Ⅱ的表达会上调，而在即将分化出星形胶质细胞之前，COUP-TFⅠ/Ⅱ的表达会出现明显的下降。以体外培养的、小鼠胚胎干细胞来源的NSCs为研究材料，人们发现当COUP-TFⅠ/Ⅱ复合体被敲除之后，$gfap$基因的启动子区域会保持甲基化状态，从而使神经系统中胶质细胞的分化受到抑制（Naka et al, 2008）。在小鼠前脑的发育过程中，COUP-TFⅠ/Ⅱ复合体的敲除也会产生相同的影响（Juliandi et al, 2010）。这些研究表明，COUP-TFⅠ/Ⅱ是$gfap$基因启动子区域去甲基化的重要因子，但相关的机制还未阐明。Notch信号通路对于$gfap$基因及其他一些星形胶质细胞特异性基因启动子区域的去甲基化也具有重要影响。在妊娠中期的胎儿体内，Notch腺体在神经元前体细胞以及早期形成的神经元中就已经开始表达。Notch腺体的表达可以激活残存的NSCs中的Notch信号通路。一旦Notch被其腺体激活，Notch细胞内区域（Notch intracellular domain，NICD）从质膜上释放出来并上调核因子-1A（nuclear factor 1A，NF1A）的表达，后者可以阻止DNMT1结合到星形胶质细胞特异性基因（包括$gfap$基因）的启动子区域，从而导致这些基因的启动子区域去甲基化（图11-7）（Namihira et al, 2009）。

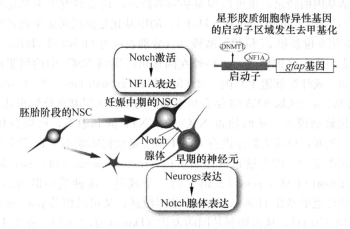

图11-7 Notch信号通路对星形胶质细胞特异性基因
启动子区域去甲基化的影响（引自Juliandi et al, 2010）

（2）组蛋白修饰对NSCs分化的影响：与DNA甲基化修饰相比，组蛋白修饰更为多样和复杂，包括甲基化、乙酰化、磷酸化、泛素化、苏素化、糖基化、生物素化、羰基化及ADP-核糖基化等多种类型修饰。在上述多种类型修饰中，组蛋白赖氨酸残基上的甲基化及乙酰化修饰是研究得最为清楚的两种组蛋白修饰方式。下面介绍这两种修饰在NSCs分化过程中的作用。

组蛋白末端赖氨酸残基的乙酰化及去乙酰化分别是由组蛋白乙酰转移酶（histone acetyl transferases，HATs）及组蛋白去乙酰化酶（histone deacetylases，HDACs）催化、介导完成的。对这两种酶活性的干扰会影响NSCs总体的组蛋白乙酰化修饰水平。总的来说，HATs可以增加细胞基因组中总体的组蛋白乙酰化修饰水平，导致染色体从较为紧密的包装结构转变为较为松散的包装结构，从而使转录得以激活。反之，HDACs可以降低细胞基因组中总体的组蛋白乙酰化修饰水平，导致染色体呈现一种更为紧密的包装结构，并使一些基因的转录沉默。研究表明，采用HDAC抑制剂丙戊酸（valproic acid，VPA）处理体外培养的、成年海马来源的NSCs，后者更趋向于分化为神经元（Hsieh et al，2004）。其可能的机制在于，VPA介导的HDAC抑制上调了神经元特异性转录因子基因 *NeuroD* 的表达，诱导了神经元的分化，抑制了胶质细胞的分化。此外，在大鼠脑的发育过程中以及体外培养E14 NSCs的过程中，VPA可以激活Ras-ERK通路，促进神经元的分化（Jung et al，2008）。HDAC的活性也会影响少突胶质细胞的分化。研究表明，出生后的大鼠采用VPA处理，可以推迟前脑中可以形成髓鞘的少突胶质细胞的分化；正在发育的脑胼胝体（corpus callosum）中也观察到亚髓鞘化现象；此外，NSCs持续表达前体细胞的标志基因，推迟表达分化相关的标志基因。然而，一旦髓鞘已经开始形成，再采用VPA抑制HDAC的活性则不会影响髓鞘基因的表达，因为VPA处理大鼠与未处理大鼠具有相近的髓鞘基因表达量，这可能是由于组蛋白的修饰由可变的去乙酰化修饰转变为更为稳定的、抑制基因表达的甲基化修饰（Shen et al，2005）。近期的研究表明，HDAC1/2也会影响小鼠少突胶质细胞的分化。其可能的原理在于：HDAC1/2可以干扰 *id*2/4 基因（编码分化相关基因的抑制子）上的β-连环蛋白-T细胞因子（β-catenin-T cell factor，TCF）激活子复合体的形成，从而阻止了id2/4蛋白的形成，避免了id2/4蛋白对髓鞘基因表达的抑制（Ye et al，2009）。

组蛋白赖氨酸残基上的甲基化及去甲基化分别由组蛋白甲基转移酶（histone methyl transferases，KMTs）及组蛋白去甲基化酶（histone demethylases，KDMs）催化、介导完成。组蛋白的甲基化修饰既可以激活基因的转录，也可以抑制基因的转录，这要看发生甲基化的赖氨酸所处的位置，例如：组蛋白H3第4位赖氨酸残基（H3K4）的甲基化是活跃转录染色质的标志组蛋白修饰模式；而组蛋白H3第9位及第27位赖氨酸残基（分别表示为H3K9及H3K27）的甲基化则是转录失活染色质的标志组蛋白修饰模式。一些外在因素可以影响NSCs中的组蛋白甲基化状态，进而影响其分化。例如：成纤维细胞生长因子2（fibroblast growth factor 2，FGF2）可以增加 *gfap* 及 *S100β* 这两个基因启动子区域STAT3结合位点周围的H3K4甲基化修饰模式，同时，减少相同区域内H3K9甲基化修饰模式，从而使得NSCs在CNTF的刺激下，可以分化为星形胶质细胞（Song et al，2004）。然而，目前人们还没有弄清FGF2是如何影响KMTs及KDMs，进而导致上述组蛋白甲基化模式改变的。混合谱系白血病蛋白（mixed-lineage leukemia，MLL）是三胸组基因家族（Trithorax group（trxG）gene family）的一个成员。这种蛋白既可以招募HATs（如：MOF及CBP），特异性地甲基化H3K4，从而使基因激活，又可以招募polycomb group（PcG）蛋白、HDACs和/或SUV39H1，从而抑制基因的表达（Dou et al，2005）。在出生后小鼠的大脑中，MLL1对于神经元的形成是必须的，室管膜下区（subventricular zone，SVZ）的NSCs中缺失MLL1会导致NSCs更趋向于分化为胶质细胞（Lim et al，2009）。上述现象可能的原因在于：SVZ中的NSCs向神经元分化需要一个调控子Dlx2。NSCs中缺失了MLL1，会导致 *Dlx2* 基因的组蛋白修饰模式由单独的H3K4me3转变为H3K4me3及H3K27me3双向区域，从而抑制了 *Dlx2* 基因的表达及神经元的分化（Lim et al，2009）。PcG蛋白也参与NSCs的分化。体内及体外的研究表明，*Neurog1* 基因的表达可以抑制NSCs向星形胶质细胞分化，部分的原因在于：Neurog1蛋白可以阻碍p300/CBP-Smads与STAT3形成复合体，从而使STAT3-p300/CBP-SMADs桥状复合体的目标基因无法表达（Guillemot，2007）。PcG蛋白可以在 *Neurog1* 基因区域建立抑制性的H3K27me3修饰模式，抑制 *Neurog1* 基因的表达，从而使NSCs向星形胶质细胞分化（Hirabayashi et al，2009）。

（3）非编码RNA对NSCs分化的影响：人们越来越认识到非编码RNA可以影响细胞的表观修饰模式及基因表达模式，进而影响细胞的分化。在各种类型的RNA中，有关微小RNA（microRNA，miRNA）对NSCs分化的影响研究得最多。miRNA是一种由20~25个核苷酸组成的单链 RNA，可以通过序列互补结合到目标 mRNA 的 3′非翻译区（untranslated regio，UTR），既可以抑制目标 RNA 的翻译；又可以形成 RNA 诱导的沉默复合体（RNA-induced silencing complex，RISC）结构，从而影响目标 RNA 的稳定性（Rana et al，2007）。除了 3′UTR，miRNA 还可以结合到目标 mRNA 的编码区域及 5′UTR（Orom et al，2008）。

  miR-124a 主要在神经组织中表达。体外的研究表明，*miR*-124a 可以降解非神经元基因的转录本，使 NSCs 向神经元分化（Conaco et al，2006）。*miR*-124a 的表达受神经元限制性沉默因子/RE-1 沉默转录因子（neuron restricted silencing factor/RE-1 silencing transcription factor，NRSF/REST）的抑制，后者仅在 NSCs 及非神经元的细胞中表达。因此，在 NSCs 中，*miR*-124a 基因的表达受到 NRSF/REST 的抑制，从而使非神经元特异性基因的转录本稳定性得以增加，阻止了 NSCs 向神经元分化。当 NRSF/REST 不存在时，*miR*-124a 基因及神经元特异性基因的表达上调，导致 NSCs 更趋向于分化为神经元（图 11-8）。相关的研究表明，*miR*-9 和 *miR*-9* 是另外两种神经元特异性的 miRNA。这两种 miRNA 可以下调 NRSF/REST 的表达，从而促进神经元的分化（Packer et al，2008）。因此，过表达 *miR*-124 及 *miR*-9 都会促进 NSCs 向神经元分化；反之，下调这两种 miRNA 的表达会使 NSCs 向非神经元细胞分化（图 11-8）。

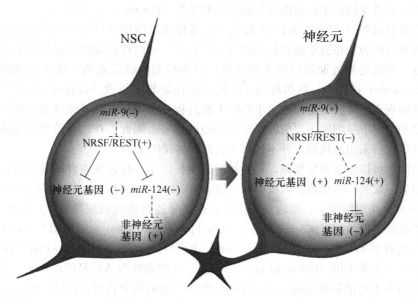

图 11-8 *miR*-9 及 *miR*-124a 对 NSCs 向神经元分化的影响

  miR-124 及 *miR*-9 还可以通过其他机制促进神经元的分化。例如：这两种微小 RNA 都可以抑制 STAT3 的激活，而后者正是促进星形胶质细胞特异性基因激活的一种细胞因子（Krichevsky et al，2006）。此外，在成年小鼠的 SVZ 中，在 NSCs 向成神经细胞（neuroblasts）转变的过程中，*miR*-124 可以抑制神经胶质细胞特异性转录因子 *Sox9* 基因的表达（Cheng et al，2009）。*miR*-124 还可以降低多聚嘧啶序列结合蛋白 1（polypyrimidine tract binding protein 1，PTBP1）的水平，而后者是前体 mRNA 可变剪接的一种通用抑制子，从而导致可变剪接模式由非神经元向神经元转变（Makeyev et al，2007）。对于 *miR*-9，相关的研究表明，*miR*-9 可以与 NSCs 中一种自我更新的基因 *Tlx* 形成一种调控环。这种调控环可以抑制其他基因的表达，从而使 NSCs 向神经元分化（Zhao et al，2009）。此外，在小鼠的内侧大脑皮层（medial pallium）中，*miR*-9 可以作用于

*Foxg*1 基因的转录本，该基因编码一种翼螺旋转录抑制子（winged helix transcriptional repressor），从而使得 *miR*-9 可以调节 Cajal-Retzius 细胞的分化（Shibata et al, 2008）。

在不同类型的神经细胞中，miRNA 表达的种类不同，如：*miR*-128、*miR*-129 及 *miR*-298 仅在神经元中表达；而 *miR*-23 仅在神经胶质细胞中表达；*miR*-26 及 *miR*-29 则既在神经元中表达，又在神经胶质细胞中表达，但在后者中的表达量高于其在前者中的表达量（Lau et al, 2008）。因此，对某种 miRNA 表达的调控可能是细胞内在的一种需要，且这种调控对于细胞的命运至关重要。

3. 肌肉干细胞的分化 在哺乳动物的胚胎阶段，骨骼肌是在生肌（myogenesis）过程中由生肌前体细胞（myogenic progenitor cells）形成的。在胚胎阶段的生肌前体细胞中表达 Pax3 及 Pax7 两种同源盒转录因子（homeobox transcription factors），这两种转录因子对于生肌细胞系（myogenic cell lineage）的维持及特异性至关重要。出生后，这些生肌前体细胞进入休眠状态，转变为卫星细胞（satellite cells），后者构成了主要的肌肉干细胞群（Buckingham, 2006）。卫星细胞可以被一些环境信号（如：肌肉受到损伤或受到拉力的作用）所激活，进而发生非对称性分裂，生成一个卫星细胞及一个成肌细胞（myoblasts）。成肌细胞经增殖、迁移、分化，随后相互融合并形成新的肌纤维，后者维持出生后肌肉组织的修复和生长（Kuang et al, 2008）。

在胚胎的发育过程中，Pax3 及 Pax7 被认为是维持肌细胞的特异性及肌肉组织形成的主要调控子。以前的观点认为，在成年动物肌肉的再生过程中，这两种转录因子也扮演着上述相同的角色。然而，这一观点受到近期研究结果的挑战，因为相关的研究表明，在成年动物全新的生肌（*de novo* myogenesis）过程中，这两种因子的转录活性是非必须的（Lepper et al, 2009）。因此，人们提出这样的观点，即胚胎阶段及出生后的生肌过程是由不同的分子组件调控的，成年动物的肌纤维及与之相关的卫星细胞主要应答于外界环境的信号。因此，在机体受到损伤或工作量增加时，肌细胞再生时所采用的机制中并不依赖于这两种转录因子。

许多环境因素可以激活卫星细胞，包括黏附、生长因子、临近细胞释放的细胞因子以及由成纤维细胞、定居下来的巨噬细胞、内皮细胞、周细胞、mesoangioblasts 构成的局部环境等（Gopinath et al, 2008）。在肌细胞中，细胞外的信号通过信号通路传递到细胞核中，在此过程中，p38 有丝分裂原激活的蛋白激酶（p38 mitogen-activated protein kinases，p38 MAPK）以及胰岛素样生长因子 1-蛋白激酶 B（insulin-like growth factor 1（IGF1）-protein kinase B（PKB/AKT））两条信号通路起着非常重要的作用（Guasconi et al, 2009）。在细胞外激活信号的作用下，这些信号通路可以下调卫星细胞休眠相关基因的表达，同时，激活肌细胞特异性转录因子网络，后者主要由四种肌细胞特异性调控因子（muscle specific regulatory factors，MRFs）组成。这四种 MRFs 都属于转录因子中碱性螺旋-环-螺旋（basic helix-loop-helix，bHLH）家族成员，分别是 Myf5、MyoD、Myogenin 及 MRF4。这些 MRFs 可以与遍在 E 蛋白（ubiquitous E proteins，是 E2A 基因的表达产物，包括 E12、E47 及 HEB）以及肌细胞增强因子 2（myocyte enhancer factor 2，MEF2）转录调控子协同作用，结合到肌细胞特异性基因的 E-boxes 及 MEF2-boxes 上，促进肌细胞特异性基因的表达。然而，在生肌过程中，基本的肌细胞特异性的转录机制也受到表观遗传的调控。事实上，卫星细胞的激活是由一系列遗传以及表观遗传的事件造成的，包括组蛋白及转录因子的共价修饰、染色质重塑等。这些表观遗传事件协同作用，驱动肌细胞特异性基因表达程序的建立（Kuang et al, 2008）。在生肌过程中，外界环境的信号会使细胞的表观遗传修饰发生相应的改变，进而通过 p38 MAPK 及 AKT 信号通路影响细胞中相关基因的转录（Guasconi et al, 2009）。

肌肉细胞的分化首先需要卫星细胞脱离细胞周期（cell cycle）（Sousa-Victor et al, 2011）。然而，有关卫星细胞脱离细胞周期过程中所发生的分子事件目前还没有完全阐明。在肌细胞分化的早期事件中，可能伴随着失活细胞周期基因这样的分子事件。细胞脱离细胞周期可以通过两种机制进行调控，一种机制是抑制细胞增殖的一种重要的调控子-E2F 转录因子的活性；另一种机制是将可以促进 H3K9me3 及 H3K27me3 组蛋白修饰模式的甲基转移酶招募到细胞周期相关基因上，从而抑制这些基因的表达（Blais et al，2007）。此外，Suv39H1 组蛋白赖氨酸甲基转移酶（histone lysine methyltransferases，HKMT）可以沉默 S 期基因（Ait-Si-Ali et al，2004）；TrxG 混合谱系白血病蛋白 5（TrxG-mixed lineage leukemia，MLL5）可以抑制 S 期促进基因的不适当表达，从而使休眠的卫星细胞中持续表达肌肉细胞决定性基因 $Pax7$ 及 $Myf5$（Sousa-Victor et al，2011）。因此，卫星细胞沉默状态的维持或者在其被激活后生理状态的转变，是由不同的机制调控的（Sambasivan et al，2009）。

当沉默的卫星细胞收到促进分化的信号时，抑制卫星细胞分化的表观遗传模式会迅速发生改变。首先，在卫星细胞分化需要激活的基因上，转录抑制性的多梳抑制复合物 2（polycomb repressive complex 2，PCR2）H3K27me3 标记被转录激活性的 TrxG H3K4me3 标记所替换；而那些趋向于转录的基因则由 H3K4me2 所标记（Guenther et al，2007）。在激活的卫星细胞中，Pax7 结合到带有 H3K4me2 标记的目标基因（如 $Myf5$ 基因）的调控元件上，并且招募含有 Ash2L 及 Wdr5 两种亚基的 TRxG 组蛋白甲基转移酶复合体（TRxG histone methyltransferase complex）。这一事件可以诱导 Pax7 目标基因的转录起始位点周围发生强烈的 H3K4 me3 修饰，从而形成一个转录激活区域（McKinnell et al，2008）。此外，p38 MAPK 可以磷酸化肌细胞增强因子 2D（Myocyte enhancer factor 2D，MEF2D），磷酸化的 MEF2D 可以与 TRxG 复合体结合而将后者招募到肌细胞特异性基因的启动子上（Rampalli et al，2007）。有趣的是组蛋白去甲基化酶 UTX 也可以作用于肌细胞特异性的基因，并且使这些基因的启动子或增强子区域的 H3K27me3 发生去甲基化（Seenundun et al，2010）。

在增殖的成肌细胞（myoblast）中，肌细胞特异性基因启动子的部分区域被失活的肌细胞转录因子（如 MyoD 转录因子）所结合，这些失活的肌细胞转录因子与 HDACs/HATs 形成复合体。因此，活性的 HDACs 以及沉默信息调节因子 2（silent information regulator 2，Sir2）-相关酶类（Sir2-related enzymes，sirtuins）可以使 HATs 发生去乙酰化，从而抑制 HATs 的乙酰转移酶活性（Fulco et al，2003）。事实上，非乙酰化的 MyoD 与转录共激活子 p300/CBP 的亲和性很低，从而使 MyoD 依旧处于未激活状态。此外，细胞内氧化/还原的平衡可以调节 Sir2 的活性。因此，当成肌细胞收到分化的信号后，会使 $[NAD^+]/[NADH]$ 的比例降低，随后，Sir2 的活性受到抑制，pCAF（p300/CBP associated factor，pCAF）也可以乙酰化一系列蛋白，包括组蛋白、MyoD、MEF2 以及 pCAF 自身。尽管单独的 pCAF 是一种中等强度的诱导子，然而，pCAF 一旦与 p300 及 MyoD 结合之后，就具有强烈的转录激活功能。有趣的是：胰岛素样生长因子 1（insulin-like growth factor 1，IGF1）/蛋白激酶 B（protein kinase B，PKB/AKT）信号通路可以导致 p300 磷酸化，促进 p300 与 MyoD 结合，从而增加肌细胞特异性基因启动子区域的乙酰化水平（Serra，et al，2007）。因此，在收到细胞外分化相关的信号后，成肌细胞中会发生 HDACs 及 Sirtuin 的失活，同时伴随着 HAT 的激活，这些事件导致了转录因子及核小体的激活。

染色质重塑（chromatin remodeling）对于激活肌细胞特异性基因的启动子也是必须的。就这一点而言，将 SWI/SNF（switch/sucrose nonfermentable）染色质重塑复合体招募到肌细胞特异性基因位点是至关重要的。SWI/SNF 复合体有利于 RNA 聚合酶 Ⅱ 预起始复合体（RNA polymerase Ⅱ（Pol Ⅱ）preinitiation complex）的形成及结合，并且促进转录的延伸。SWI/SNF 复合体的 ATP

酶亚基 BRG1 或 BRM 含有溴结构域（bromodomains），该结构域可以识别组蛋白尾部乙酰化的赖氨酸残基，并且负责核小体的重塑。SWI/SNF 通过其溴结构域与 Pol Ⅱ 及序列特异性的激活子相互作用，从而被招募到染色质上（Simone, 2006）。在肌细胞特异性的基因位点上，SWI/SNF 的招募依赖于 p38 MAPK 的活性，可能通过涉及 MyoD/E47 及 Pbx 的机制。此外，p38 MAPK 还可以磷酸化 SWI/SNF 的亚基 BAF60c。事实上，其他一些蛋白激酶似乎也会影响染色质重塑对于转录的诱导，例如：ERK 及 Msk1 激酶被认为可以将核受体（nuclear receptor）及 BRG1 招募到荷尔蒙调控的启动子上（Vicent et al, 2006）。

精氨酸甲基转移酶对于 SWI/SNF 的活性也是必须的。蛋白质精氨酸甲基转移酶 5（protein arginine methyltransferase 5, Prmt5）以及 Prmt4（也被称为共激活子相关的精氨酸甲基转移酶 1, coactivator-associated arginine methyltransferase 1, Carm1）可以诱导肌细胞特异性基因启动子部位的组蛋白 H3 第 8 位精氨酸残基（H3R8）及 H3R17 发生二甲基化（Dacwag et al, 2009）。在肌细胞分化的早期，肌细胞特异性基因（如 *Myog* 基因）的启动子与 BRG1 的结合必需 H3R8me2 标记；而在分化晚期，肌细胞特异性基因（如 *Ckm* 基因）的启动子与 BRG1 的结合则需要 H3R17me2 标记（Dacwag et al, 2009）。此外，一种被称为 DPF3（D4, zinc and double PHD fingers, family 3）的 PHD 指蛋白（plant homeo domain finger protein）可以结合到组蛋白上发生乙酰化或甲基化的氨基酸残基上，并且可以介导这些部位招募 SWI/SNF（Lange et al, 2008）。

肌细胞基因程序的激活似乎涉及多种机制。在非洲爪蟾（*Xenopus*）的胚胎中，*MyoD* 基因的表达涉及到 H3.3 组蛋白变体的聚集，以及该组蛋白第 4 位赖氨酸的甲基化（Ng et al, 2008）。在哺乳动物的肌细胞中，*MyoD* 基因的表达同样涉及 H3.3 组蛋白变体的聚集，但是否需要该组蛋白第 4 位赖氨酸的甲基化仍需进一步的研究。此外，氧化应激（oxidative stress）可以激活粘着斑激酶（focal adhesion kinase, FAK）。甲基化 CpG 结合蛋白 2（Methyl-CpG-binding protein 2, MBD2）从肌细胞特异性基因位点上被替换下来需要激活的 FAK 参与（Luo et al, 2009）。

总之，根据上述的研究结果，对于卫星细胞分化为肌细胞早期过程中所发生的表观遗传修饰变化，可以提出这样一种假想模型，即在肌细胞中，转录激活的调控区域含有磷酸化或乙酰化的 MRF/E 蛋白异二聚体、MEF2 二聚体及血清应答因子（serum response factor, SRF），这些调控因子与 DPF3 及精氨酸甲基转移酶协同作用，招募 SWI/SNF、Pol Ⅱ 以及 TBP 相关因子 3/TATA 结合蛋白相关因子 3（TBP-related factor 3/TATA-binding protein-associated factor 3, TRF3/TAF3），进而形成转录复合体。随后，DNA 发生去甲基化，染色质发生超乙酰化，组蛋白上携带有 H3K9me3 及 H3R8/H3R17 标记（Sousa-Victor et al, 2011）。

11.2　X 染色体失活

两条性染色体上含有的基因数目具有很大的差别，这一点导致了剂量补偿（dosage compensation）机制的进化。目前，人们发现至少有三种机制可以调节两性染色体上基因的表达量：在雄性果蝇中，仅有的一条 X 染色体是超表达（hypertranscription）的；在雌性蠕虫中，两条 X 染色体都被部分抑制；在雌性哺乳动物中，两条 X 染色体中的一条呈沉默状态（Escamilla-Del-Arenal et al, 2011）。在 50 多年前，对小鼠、大鼠、负鼠（opossum）及人类的细胞生物学研究导致了 Lyon 假说的诞生。该假说提出，在雄性和雌性哺乳动物的细胞中，X 染色体上基因的表达量是相同的，这是因为在雌性哺乳动物的早期发育过程中，其细胞中的一条 X 染色体失活（X-chromosome inactivation，XCI）了。50多年来，人们一直在探究促发及维持 XCI 的机制。下面以雌性小鼠的 XCI 为例，介绍这一过程中所发生的一系列分子事件。

11.2.1 X 染色体随机失活的起始

相关的研究表明，小鼠的 X 染色体上连锁着一个区域，这一区域被称为 X 染色体失活中心（X-inactivation centre，Xic），XCI 的促发需要该区域的存在（Augui et al, 2007）。Xic 位点被认为可以确保每一个二倍常染色体组中，仅有一条 X 染色体具有活性，也是哪一条 X 染色体将被选择性失活的基础。该位点可以转录一种非编码的 RNA，即 X 染色体失活特异性的转录本（X-inactive specific transcript，Xist），后者可以促发 X 染色体的顺式失活（cis-inactivation）。Xist 可以起始转录它的那条 X 染色体失活，也是染色质在 XCI 过程中所发生的一系列改变的基础。

在小鼠中，Xist 基因表达的调控网络已经被阐明，是由顺式作用元件（cis-acting elements）与反式作用因子（trans-acting factors）或 RNA 相互作用所构成的一个复杂的调控网络（图 11-9）。

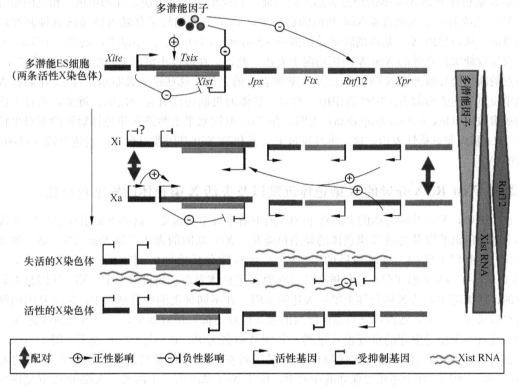

图 11-9　随机 XCi 的起始及 Xist 基因单位点表达的调控（引自 Escamilla-Del-Arenal et al, 2011）

遗传学及发育生物学的研究表明，多潜能因子（pluripotency factors）在 Xist 基因表达调控网络中扮演着中心角色。在 ES 细胞的分化过程中，下调多潜能因子（如：Oct/Pou5f14、Nanog、Rex1 以及其他的一些多潜能因子）的表达水平会导致 Xist 表达量的上调。原来，人们认为多潜能因子可以结合到 Xist 基因的第一个内元（也称为内含子）部位，从而直接抑制该基因的表达（Navarro et al, 2008）。近期的研究表明，仅凭借多潜能因子与 Xist 基因第一内元的结合不足以抑制该基因的表达，多潜能因子还可以调控 Xist 基因表达的调控子，从而间接地调控该基因的表达，例如：多潜能因子可以抑制 X 染色体上连锁的、Xist 基因的激活子 Rnf12 的表达；多潜能因子还可以促进 Xist 抑制性的反义转录本（Xist's repressive antisense transcript，Tsix）的表达（Barakat et al，2011）。在 ES 细胞的分化过程中，尽管多潜能因子表达水平的下调可能是 Xist 基因激活的部分原因，然而，为什么 Xist 基因仅在雌性细胞中会上调表达，而在雄性细胞中不会上调表达？近期，一些 X 染色体上连锁着的位点被认为与 XX 染色体特异性的 Xist 基因激活有关。这些位点包括：Rnf12 基因、X 染色体配对区域（X-pairing region，Xpr）及 Jpx 非编码 RNA 位点等（Barakat et al，2011）。其中，Rnf12 基因编码一种泛素连接酶蛋白（ubiquitin ligase protein），后者可以直接作用于 Xist 基因的启动子，促进该基因的表达（Barakat et al，2011）。当增加 RNF12 蛋白的表达量时，甚至可以促发雄性细胞中 Xist 基因的表达。然而，RNF12 可能并不是 Xist 基因唯一的、剂量敏感型的激活子，因为 Rnf12 基因单位点的缺失并不会导致 Xist 基因无法激活（Jonkers et al，2009）。

在随机的 XCI 过程中，采用有意或竞争性机制实现 XX 染色体特异的 Xist 基因激活，并不能够解释为什么两条 X 染色体中仅有一条上调了 Xist 基因的表达量，即选择的机制是什么？在选择哪一条 X 染色体上的 Xist 基因位点表达上调方面，Tsix 似乎扮演着决定性的角色。相关的研究表明，Tsix 基因的转录区域覆盖 Xist 基因的启动子，Tsix 基因的转录伴随着转录区域抑制性的染色质修饰，从而导致 Xist 基因的转录受到抑制（Sun et al，2006）。在小鼠中，缺失一个 Tsix 基因位点会导致缺失位点处的 Xist 基因更趋向于表达。此外，在雌性小鼠的 ES 细胞中，两个 Tsix 基因位点的缺失会导致两条 X 染色体上 Xist 基因表达的上调。这些结果都暗示了 Tsix 在调控 Xist 基因单位点表达方面起着决定性的作用，然而，具体的机制还没有完全阐明。近来，来自于活细胞的成像数据（live-cell imaging data）表明，在 Tsix 基因水平上两条 X 染色体短暂的配对事件导致了 Tsix 基因非对称性表达，这一事件反过来又有利于 Xist 基因非对称性的表达上调（Masui et al，2011）。

11.2.2 Xist RNA 介导的 X 染色体沉默以及失活 X 染色体的异染色质化

在小鼠中，Xist 基因表达的上调对于 XCI 的下游事件至关重要。这些下游事件包括失活 X 染色体上基因的沉默以及失活 X 染色体的异染色质化。Xist 基因的表达产物 Xist RNA 是一种多腺苷酸化、具有帽子结构、经剪切后的 RNA，上面不具有开放性的阅读框。在细胞核中，Xist RNA 以 15~17 kb 的形式存在，包被在转录它的 X 染色体表面。到目前为止，Xist 基因是人们所发现的、体细胞中失活 X 染色体上唯一表达的基因。在不同种类的哺乳动物中，Xist 基因的结构和组织形式差别不大，然而，它们总体序列的保守性却很低。尽管如此，不同哺乳动物的 Xist 基因仍然具有 6 个相对保守的重复模式序列，分别被命名为 A、B、C、D、E 及 F（图 11-10）。然而，在不同物种中，这些相对保守的重复模式序列在碱基序列及长度方面也存在很大的差异（Yen et al，2007）。在上述相对保守的序列中，位于 Xist 基因第一个内元 5′末端的 A 重复序列是最为保守的一个序列，这一序列对于 Xist RNA 介导的 X 染色体沉默来说是必须的（图 11-10）。

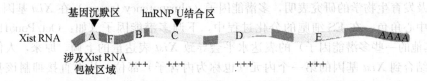

图 11-10　Xist RNA 的结构

1. Xist RNA 对 X 染色体的包被　　目前，人们还没有阐明 Xist RNA 如何包被转录它的 X 染色体。Xist RNA 似乎并不是仅仅能够包被 X 染色体。当 Xist 基因被转移到常染色体上，Xist RNA 同样可以包被转 Xist 基因的常染色体。然而，Xist RNA 包被常染色体的程度以及被包被的常染色体上基因沉默的程度都低于 Xist RNA 包被的 X 染色体（Popova et al，2006）。这一现象暗示 X 染色体序列的内在特征以及染色质所处的环境有利于 Xist RNA 的包被、失活区域的延伸以及失活状态的维持。相关的研究表明，与常染色体相比，X 染色体上富含一些重复序列，如 LINEs 等（Bailey et al，2000）。然而，这些重复序列似乎并不能为 Xist RNA 的包被提供支架，它们的作用是使失活的 X 染色体（inactive X-chromosome，Xi）异染色质化（Chow et al，2010）。X 染色体上可供 Xist RNA 结合的 DNA 序列特征仍旧没有阐明。

Xist RNA 上的一些序列可以相互作用，从而确保其对 X 染色体的包被（图 11-10）。这些区域也可以诱导 X 染色体上形成与失活有关的一些修饰。当 X 染色体无法被 Xist RNA 包被时，该染色体也不会失活。更为重要的一点是：当 Xist RNA 缺失了高保守的 A 重复序列区时，发生缺失的 Xist RNA 仍旧能够包被 X 染色体，但并不会导致染色体范围内的基因沉默（Chow et al，2010）。此外，高保守 A 重复序列区的突变会导致 X 染色体发生一些改变，包括组蛋白修饰的改变以及染色质上其他的一些改变。上述现象说明，Xist RNA 具有多重的、相互独立的功能，如包被 X 染色体、基因沉默以及失活 X 染色体的异染色质化。如上所述，对 X 染色体的包被以及使包被 X 染色体上的基因沉默是 Xist RNA 两种相对独立的功能。相关的研究表明，敲除 Xist 基因的 C 重复序列区后，会导致其转录的 Xist RNA 从 Xi 上解离下来（Sarma et al，2010）。有趣的是：C 重复序列区可以与一种基质连接蛋白 hnRNP U/SP120/SAF-A 的 RGG 结构域发生相互作用，而 hnRNP U/SP120/SAF-A 可以凭借其 RGG 结构域定位于 Xi 上（Hasegawa et al，2010）。在已分化的雌性细胞中，hnRNP U 的缺失会导致 Xist RNA 从 Xi 上解离下来，分散于细胞质中（Hasegawa et al，2010）。此外，正在分化的 ES 细胞中如果缺失了 hnRNP U，仅有很小部分的细胞中发生了 XCI，这是由于 Xist RNA 无法正确包被 X 染色体（Hasegawa et al，2010）。因此，hnRNP U 是目前为止所知道的、Xist RNA 定位于失活 X 染色体上的唯一关键性因子。然而，目前还不清楚 hnRNP U 是在 Xist RNA 包被 X 染色体的起始过程中需要的一种因子，还是在维持 X 染色体失活状态过程中需要的一种因子。有人认为，后者的可能性更大一些，因为在 ES 细胞的分化过程中，在 Xist RNA 包被 X 染色体之后的几个细胞周期内，hnRNP U 才被招募到 Xi 上（Pullirsch et al，2010）。

2. Xist RNA 诱导 XCI 所处的发育阶段 相关的研究表明，Xist RNA 所促发的 XCI 仅能够在哺乳动物发育的早期阶段发生，因为在体细胞中，活性 X 染色体上 Xist RNA 的表达并不能够使该染色体上的基因沉默（Tinker et al，1998）。在未分化或分化早期（分化的前 72 h）的 ES 细胞中，Xist RNA 才具有诱导 XCI 的能力，在此时间之后或在完全分化的鼠胚成纤维细胞（mouse embryonic fibroblasts，MEFs）中，Xist RNA 不再具有促发 XCI 的能力。近期的研究表明，在一些种类的成体细胞中，如前 B 细胞及一些淋巴瘤细胞中，Xist RNA 的异常表达也能够诱导 XCI（Savarese et al，2006；Agrelo et al，2009）。在上述淋巴瘤细胞的研究中，确定了 SATB1 因子可能参与 Xist RNA 介导的 X 染色体沉默（Agrelo et al，2009）。SATB1 是一种核蛋白，在胸腺细胞中高表达，可能具有调控染色质结构的功能。该蛋白也可以与染色质重塑因子（chromatin remodeling factors）发生相互作用。尽管以前人们认为，SATB1 及其相关蛋白 SATB2 是组织特异性表达的，然而，后来人们发现这两种蛋白仅在 ES 细胞分化的早期阶段短暂表达，这一时间段与 Xist RNA 促发的 X 染色体沉默时间段相一致。事实上，敲除小鼠 ES 细胞基因组中的 Satb1 和/或 Satb2 基因，会阻止 Xist RNA 介导的 X 染色体沉默。此外，在 MEFs 中，异位表达这两种蛋白且人工诱导 Xist RNA 表达时，Xist RNA 能够在一定程度上抑制 X 染色体上基因的转录（Agrelo et al，2009）。然而，SATB1/2蛋白在体内的XCI过程中所扮演的确切角色还有待进一步的研究。此外，在其他种类的哺乳动物中，Xist RNA诱导XCI所处的发育阶段及所涉及的因子也有待研究。在人类附植前的胚胎中，Xist RNA已经表达，然而，Xist RNA所促发的XCI并没有开始（Okamoto et al，2011）。这一点说明，尽管在小鼠中，Xist RNA表达的上调与Xist RNA所促发的XCI处于同一发育时间段，然而，在其他种类的哺乳动物中，这两种事件可能并不在同一发育时间段。

3. Xist RNA包被X染色体所处的细胞周期　在ES细胞的分化过程中，Xist RNA对X染色体的包被可以促发一些下游事件，这些下游事件需要在几个细胞周期内阶段式地发生，有助于维持X染色体的失活状态，并为细胞提供一种记忆。一旦X染色体的失活状态建立后，失活状态的维持不再需要Xist RNA。然而，在早期的发育过程中，X染色体上基因的沉默是需要Xist RNA的，且基因的沉默是完全可逆的，即一旦X染色体去除掉包被着的Xist RNA，其上的基因会由沉默状态转变为活跃表达状态。有关Xist RNA包被X染色体所处的细胞周期，相关的研究表明，在小鼠和人类的细胞中，在整个分裂间期，Xist RNA都和Xi相结合，在有丝分裂期，Xist RNA才从Xi上解离下来（Smith et al，2004）。早期的研究表明，在小鼠正在分化的ES细胞中，Xist RNA与失活X染色体的结合一直持续到有丝分裂末期之前，随后，两者才会分离。然而，近期的研究表明，在整个细胞周期中，Xist RNA一直包被在Xi上，并不会扩散到核质中（Jonkers et al，2008）。因此，在发育早期的某一时间段，Xist RNA的表达对于XCI来说是必须的，此时的Xist RNA实际上是为失活状态提供一种"记忆"。

4. Xist RNA介导下X染色体上形成沉默区域　Xist RNA表达的上调及其在X染色体上的聚集，会导致X染色体上形成一个转录惰性区域，该区域位于Xist RNA包被区域之内，且存在的时间较为短暂。此外，被Xist RNA包被的X染色体会明显而迅速地丢失基本的转录机制，包括RNA POL Ⅱ、TAF10、TBP蛋白、Cot1重复RNA的缺失及常染色质组蛋白修饰的丧失等。在Xist RNA介导下X染色体上形成的沉默区域之内，主要是一些沉默的重复序列；而X染色体上连锁的一些基因刚开始位于沉默区域的两侧或外部，待这些基因沉默后，又会移入沉默区域（Chow et al，2010）。有趣的是，沉默区域的形成并不依赖于Xist RNA的沉默活性，因为即使Xist RNA上的A重复序列区发生突变，沉默区域依旧能够形成（图11-10）。然而，当X染色体上连锁的基因沉默后移入沉默区域时，则需要依赖A重复序列区。在小鼠和人类中，一旦XCI已经完成，则Xi采用这样一种组织方式，即位于核心区域的是一些重复序列，核心区域两侧是沉默基因的编码区。在体细胞中，能够从XCI中逃逸出来的基因（包括Xist基因本身）位于沉默区域的边缘或外部。

Xist RNA刚开始时只包被X染色体上的重复序列区。人们在很久之前就认识到重复序列与基因的沉默及异染色质的形成有关（Eymery et al，2009）。在XCI过程中，位于沉默区域中的LINEs以及其他一些可能的重复序列具有重要的作用，这些重复序列有助于X染色体上异染色质核心区的形成。与这一结论相一致的是：将Xist基因转移到常染色体上，并使转移的Xist基因异位表达，结果表明，与位于缺乏LINEs重复序列区内的基因相比，位于富含LINEs重复序列区内的基因更易于沉默，更易于重新定位于失活区域（Chow et al，2010）。位于缺乏LINEs重复序列区内的、能够从XCI中逃逸出来的基因处于距离沉默区域较远的位置（Chow et al，2010）。因此，X染色体上高密度的重复序列，特别是LINEs重复序列，有助于异染色质形成环境的建立及失活区域的延伸。有趣的是：在ES细胞的分化过程中，正在失活的X染色体上，那些趋向于逃逸沉默的区域（如：位于Huwe1/Jarid1c位点周围的区域）会表达新合成的、活性的LINEs序列（Chow et al，2010）。这一现象提示，这些转录的LINEs序列可能有助于XCI局部的扩展，特别是在那些趋向于逃逸沉默的区域中扩展。

5. XCI过程中染色质发生的早期改变 在 Xist RNA 包被 X 染色体后不久，被包被的 X 染色体区域组蛋白的修饰发生了变化，与基因活性表达有关的组蛋白修饰发生了丢失，如 H3K4me2/3、H3K36 甲基化、H3 及 H4 组蛋白的乙酰化等（O'Neill et al, 2008）。之后不久，被 Xist RNA 包被的 X 染色体区域富集了抑制性的组蛋白修饰模式，包括 H3K27me3、H3K9me2、H4K20me1 以及组蛋白 H2A 第 119 位赖氨酸的泛素化（H2AK119ub）等。这一系列的事件在细胞分化的第 2~3 天时间内完成，在此期间经历了 1~2 个细胞周期。目前，人们还不知道这些事件的发生是否需要细胞进行分裂。在此期间内，X 染色体上的基因沉默开始发生，这些沉默的基因上缺失了活性的组蛋白修饰模式，富集了抑制性的组蛋白修饰模式，沉默基因的位置也由 Xist RNA 包被的沉默区域之外转移到沉默区域之内（Chow et al, 2010）。此外，在此期间内，Xi 也改变了复制的时间，呈现为一种更加紧密的结构（Casas-Delucchi et al, 2011）。

6. 染色质早期变化的可能机理 在 XCI 过程中，染色质修饰所充当的角色以及诱导染色质修饰改变的机理绝大多数还是未知的。首先，我们来思考一下 Xi 上真染色质标记丢失的机理。H3K4 甲基化是一种活跃转录的组蛋白修饰模式，其中 H3K4me3 及 H3K4me2 主要出现在活跃转录基因的启动子区域，而 H3K4me1 主要出现在增强子区域。如上所述，在 XCI 过程中，即将失活的 X 染色体上最早发生的事件是 H3K4 甲基化快速、总体的丢失。对 ES 细胞分化的研究表明，在 XCI 过程中，H3K4 的三种甲基化修饰模式丢失的方式不同，其中，H3K4me3 的丢失时间早于 H3K4me2 的丢失时间；与常染色体相比，活性及失活的 X 染色体上都发生 H3K4me1 的丢失（O'Neill et al, 2008）。这种组蛋白甲基化修饰的丢失可能是被动的，即由于 DNA 的复制及 KMTs 无法接近 Xist RNA 包被的 X 染色体，从而使新合成的 DNA 上 H3K4 甲基化丢失。然而，H3K4 甲基化丢失的速度非常快，甚至可能在一个细胞周期内就发生了丢失。这一特点暗示了可能存在主动的 H3K4 甲基化丢失机制，例如，组蛋白交换可能影响 Xist RNA 包被的 X 染色体，KDMs 也可能使 H3K4 发生主动的去甲基化。后一种可能的机制能够更好地解释为什么 H3K4me3 的丢失时间早于 H3K4me2 的丢失时间。此外，以一种 Xist RNA 依赖的方式被招募到 X 染色体上的染色质重塑因子也可能参与 H3K4 的主动去甲基化。

在 XCI 的早期，组蛋白乙酰化的丢失是 Xi 上发生的另一种特征性的表观遗传修饰变化。组蛋白赖氨酸残基的乙酰化会中和赖氨酸残基所带的负电荷，从而使活跃表达基因的启动子部位呈开放状态（Kouzarides et al, 2007）。Xi 上组蛋白的亚乙酰化首先出现在 H3K9 残基上，接着才会出现在 H4K5、H3K8 及 H3K12 残基上。不同组蛋白、不同赖氨酸残基上去乙酰化时间的不同暗示了去乙酰化可能涉及多种机制。相关的研究表明，XCI 过程可能涉及 HDACs，因为后者可以建立并维持组蛋白的去乙酰化状态，而这正是失活 X 染色体的标记（Casas-Delucchi et al, 2011）。然而，目前还没有直接、确切的证据显示 XCI 过程涉及 11 种 HDACs 中的任何一种参与（Escamilla-Del-Arenal et al, 2011）。

在 XCI 过程中，Xist RNA 包被的 X 染色体上富含组蛋白转录后的修饰（post-translational modifications, PTMs）模式。如何将异染色质相关的标记招募到 Xi 上，有关这方面的机制目前已经研究得较为清楚。许多研究都表明，在小鼠中，Xi 上富含 H3K9me2、H3K27me3、H4K20me1 及 H2AK119ub 标记。在 XCI 的早期阶段，某些潜在的组蛋白甲基化、泛素化修饰复合物被短暂地招募到即将失活的 X 染色体上，其中，多梳抑制复合物 2（polycomb repressive complex 2, PRC2）可以催化 H3K27 发生三甲基化，PRC1 可以催化 H2AK119 发生单泛素化。

在有丝分裂期及分裂间期，Xi 上都富含 H3K27me3 标记。近期的研究表明，正在分化的小鼠雌性 ES 细胞中，Xi 上也富含 H3K27me3 标记，但这种标记在 Xi 上呈现不均匀分布，在基因富集区域含有更多的该种标记。上述的研究还表明，H3K27me3 标记主要存在于基因的启动子区域，但并不仅限于启动子区域，也不会延伸到 *Xist* RNA 包被区域之外（Marks et al, 2009）。目前，人们还没有阐明 Xi 上富集 H3K9me2 及 H4K20me1 标记的机制。在小鼠中存在多种 H3K9 甲基转移酶，这些甲基转移酶中的一种或多种可能与 Xi 上 H3K9me2 标记的建立有关。H4K20me1 标记的建立似乎受到细胞周期的调控，因为在 Xi 上，该标记仅在晚 S 期及有丝分裂期出现（Oda et al, 2009）。目前，在小鼠中，人们仅寻找到唯一一种 H4K20 单甲基转移酶，即 Pr-SET7，该甲基转移酶的表达时间与 H4K20me1 标记在 Xi 上出现的时间非常匹配。因此，这种甲基转移酶可能负责 H4K20me1 标记的建立（Oda et al, 2010）。在 Xi 异染色质化形成的过程中，不同的组蛋白修饰因子以及组蛋白的不同修饰模式所具有的确切功能还有待于进行大量地研究。

有关 PRC1/2 在 XCI 过程中的作用，这方面的研究在近些年取得了极大的进步。遗传学的研究表明，在小鼠的胚外组织中，PRC2 在维持 Xi 的失活状态方面起着重要的作用。PRC2 由 3 种主要的构件所组成，分别是组蛋白甲基转移酶 EZH2（或 EZH1）、含有锌指结构（zinc-finger-containing）的 SUZ12 以及 WD40 重复蛋白（WD40 repeat protein）EED（图 11-11）。其中，EED 对于 EZHs 的稳定性以及甲基转移酶活性来说是至关重要的（Margueron et al, 2011）。在 ES 细胞及其他一些增殖的细胞中，还发现了其他一些 PRC2 的辅因子，如多梳样 2 蛋白（Polycomblike 2 protein, PCL2 或 MTF2）。在 *Xist* RNA 包被 X 染色体后不久，PRC2 便被迅速招募到 X 染色体上，与此同时，X 染色体上也富集了 H3K27me3 标记（彩图 17）。有趣的是，PRC2 仅在 ES 细胞分化的第 2~5 天时间内被招募到 X 染色体上，而 H3K27me3 标记可以一直存在下去。PRC1 被招募到 X 染色体上的时间与 PRC2 被招募到 X 染色体上的时间完全相同。PRC1 由 4 个亚基构成，其中含有一个 E3 泛素连接酶（E3 ubiquitin ligase）RING1A/RING1 或 RING1B/RNF2（图 11-11）。这种 E3 泛素连接酶可以催化 H2AK119 发生泛素化。与 PRC2 相比，PRC1 的种类较多，这是由于 PRC1 的亚基具有大量的旁系同源物（paralogs）(Simon et al, 2009)。PRC1 的亚基种类多，不同亚基具有不同的动态性，能够不同程度地被招募到 Xi 上，例如：在 5 种 CBX 亚基中，CBX7 似乎更趋向于与 Xi 结合（Bernstein and Duncan, 2006）。与 PRC2 不同，PRC1 并不是在每一个已分化的雌性细胞（具有 1 个 Xi）中富集（Schoeftner et al, 2006）。有趣的是，在分化间期及有丝分裂期的 Xi 上，泛素连接酶亚基 RING1B 仅在 50% 的 *Xist* RNA 包被区域内富集；然而，在整个细胞周期内的 Xi 上，这种亚基所建立起来的 H2AK119ub 标记存在于 *Xist* RNA 包被的绝大多数区域（Schoeftner et al, 2006）。

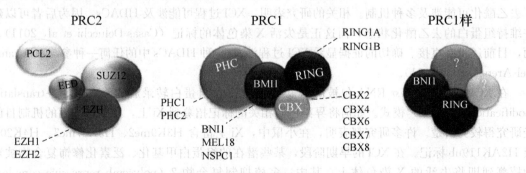

图 11-11 PRC2 及 PRC1（PRC1 样）的组成（引自 Escamilla-Del-Arenal et al, 2011）

原来，人们一直认为，PRC1 被招募到染色质上依赖于 PRC2 介导下形成的 H3K27me3 标记。

一种多梳同源物（polycomb homolog）CBX 蛋白通过其染色体域（chromodomain）识别 H3K27me3 标记。随后，CBX 蛋白与其他 PRC1 亚基共同结合到 H3K27me3 标记上。PRC1 的 RING1B/RING1A 亚基介导 H2AK119ub 标记的形成，同时，染色质发生浓缩，基因的沉默状态得以稳定维持（图 11-12）(Simon et al, 2009)。这一系列事件似乎仅在胚外组织的 Xi 上发生，因为当胚外组织细胞的 EED 亚基突变后，会导致 Xi 无法招募 PRC1，H2AK119ub 标记也无法建立（Kalantry et al, 2006）。然而，正在分化的 ES 细胞中，Xi 上似乎并不发生上述事件。在缺失了 EED 亚基的雄性 ES 细胞中，外源性的 *Xist* 基因被转移到常染色体上并被诱导表达，虽然 PRC1 的一些亚基无法被招募到 Xi 上，然而并不影响 Xi 对 RING1B 亚基的招募，H2AK119ub 标记也可以在 Xi 上形成（Schoeftner et al, 2006）。因此，在 H3K27me3 标记不存在的情况下，RING1B 也可以被招募到 Xi 上，这一过程可能是由其他一些蛋白复合体通过 *Xist* RNA 介导的方式实现的。之所以提出这种机制，是因为 RING1B 也是 PRC1 样复合体中的一种组分（图 11-11）（Sanchez et al, 2007）。

PRC2 被招募到 Xi 上的可能机制是目前研究的一个热点。在未分化及正在分化的 ES 细胞中，对 XCI 过程的研究表明，PRC2 的两种亚基 EZH2 及 SUZ12 都可以与 *Xist* RNA 的 A 重复序列区结合，这可能是 PRC2 被招募到 Xi 上的原因（彩图 17）（Kaneko et al, 2011）。然而，Xi 上 PRC2 的招募似乎并不仅仅凭借 *Xist* RNA 的 A 重复序列区，因为在早期分化的 ES 细胞中，当 *Xist* RNA 的 A 重复序列区被诱导性缺失后，并不影响 Xi 上 H3K27me3 标记的形成，只不过 H3K27me3 标记形成的速度相对较慢（Kohlmaier et al, 2004）。近期的研究表明，PRC2 的辅因子 PCL2/MTF2 可以在一定程度上影响 Xi 上 PRC2 的招募、保持以及 H3K27me3 标记的形成（Casanova et al, 2011）。上述两种 Xi 招募 PRC2 的机制，即通过 *Xist* RNA 的 A 重复序列区与 PRC2 结合或通过 PCL2/MTF2 介导 PRC2 结合，有关这两种机制在 Xi 招募 PRC2 过程中所起的相对作用目前还没有弄清。就此人们提出一种假说，即通过 *Xist* RNA 的 A 重复序列区（*Xist* RNA 上的其他序列也可能具有辅助结合的功能），PRC2 被 *Xist* RNA 直接招募到 Xi 上，随后，通过 PCL2 上的两个 PHD 区（或 TUDOR 区）识别 Xi 上特异性的组蛋白修饰标记，从而使 PRC2 稳定地结合到 Xi 上。然而，目前还不清楚 EZH2 是否与 *Xist* RNA 直接结合。此外，PCL2（以及其他的 PCL2 辅因子）是在 PRC2 招募过程中起作用，还是在 PRC2 与 Xi 稳定结合的过程中起作用，有关这方面也有待进一步地研究。

7. Xi 的复制时间　在小鼠等多种哺乳动物中，Xi 与活性 X 染色体（active X-chromosome, Xa）在复制时间上具有不同期性。Xi 与 Xa 在复制时间上的不同期性，可以使两者发生短暂的分离，缩短了 Xi 暴露在转录因子环境中的时间，便于 Xi 转录沉默状态的维持。事实上，非同期性复制是 Xi 在进化过程中最保守的一个特征（Heard et al, 2007）。在成年小鼠的体细胞及绝大多数胚胎形成的组织中，Xi 在晚 S 期进行复制；而在小鼠的胚外组织中，Xi 在早 S 期进行复制。近期的研究表明，在小鼠的成肌 C2C12 细胞及 MEFs 中，Xi 可以在早 S 期到中 S 期阶段进行复制（Casas-Delucchi et al, 2011）。总之，大多数的 Xi 是在一个单独的时间段内进行复制的，通常（并不是一定），Xi 与 Xa 及其他常染色体在复制时间上具有不同期性。

在 ES 细胞分化的第 2~3 天，XCI 开始发生，同时，*Xist* RNA 介导的基因沉默及染色质变化也开始发生，正是在此时间段，Xi 开始非同期性复制（彩图 17）。近期的研究表明，Xi 的非同期性复制可能与组蛋白的亚乙酰化有关（Casas-Delucchi et al, 2011）。然而，这一结论还有待进一步的实验验证。

8. Xi 在细胞核中的分区　如上所述，Xi 与 Xa 在染色质的表观遗传修饰上不同，在复制时间上不同。除此之外，两者在细胞核中所处的区域也不相同。分布空间的不同性有助于 Xi 与 Xa 建立并维持不同的表观遗传模式及转录状态（Cremer et al, 2006）。失活后的 X 染色体会迁移到核仁外周区域中。在有丝分裂的中 S 期到晚 S 期阶段，核仁外周区域中专门复制浓缩的染色质，从而有利于浓缩的染色质上表观遗传模式的忠实复制，也有利于基因抑制状态的稳定维持（Zhang et al, 2007）。目前还不清楚，Xi 定位于核仁外周区域到底是失活状态的原因，还是失活状态的结果。

9. Xi 的紧密化及染色质结构的高度有序化 细胞生物学的研究表明，Xi 中的 DNA 呈浓缩状态。1949 年，Barr 及 Bertram 首次在雌性动物不同组织细胞中观察到 Xi 的亚细胞核结构。因此，人们将细胞中呈紧密、浓缩状态的 Xi 称为 Barr 小体。采用电子显微镜对 Xi 的超微结构进行观察，结果显示，Xi 与着丝粒附近的异染色质呈现不同的状态，前者呈现为一系列分离的、紧密包装的纤维状结构，后者呈现为一种实体状态（Rego et al, 2008）。这种不同的形态结构反映出 Xi 的功能性异染色质（facultative heterochromatin）与着丝粒周边区域的组成性异染色质（constitutive heterochromatin）在组成上具有不同性。以前的研究表明，Xi 与 Xa 在体积上是相似的，只是两者的结构形式不同。然而，近期的研究显示，Xi 比 Xa 在体积上略小一些，这可能是由于 Xi 呈现为一种更加紧密、浓缩的结构（Naughton et al, 2010）。在 ES 细胞的分化过程中，Xi 的紧密化是 XCI 过程中的一种早期事件，因为在 *Xist* RNA 包被 X 染色体后不久，就可以观察到 Barr 小体的存在。近期的研究表明，在 XCI 的晚期阶段，Xi 会经历进一步的紧密化，呈现为更高度有序的结构形式（Chow et al, 2010）。采用生物化学的相关技术研究人类体细胞中 Xi 及 Xa 的结构，结果表明，两者的主体都是 30 nm 染色质纤维结构，所不同的是 Xi 上基因的启动子是沉默的，而 Xa 上基因的启动子是表达的（Chow et al, 2010）。大规模的染色质紧密化分析表明，Xi 仅在基因富集区域比 Xa 具有更加紧密的结构（Naughton et al, 2010）。

有关 Xi 紧密化的分子机制目前还没有阐明，可能与多方面的因素有关，如染色质的成分、与染色质结合的蛋白质及核酸的种类等。近期的研究表明，RING1B 可以使具有 *Hox* 簇的染色质发生紧密化，而这一功能并不需要借助于 RING1B 的组蛋白泛素化功能（Eskeland et al, 2010）。然而，到目前为止，还没有发现在 Xi 的紧密化过程中 RING1B 具有上述的作用。

10. Xi 晚期的表观遗传变化及染色体结构 在 XCI 过程中，尽管 Xi 上的主要变化（包括基因的活性、染色质的状态、在细胞核中的定位及复制时间）都发生在细胞分化最早的几天时间内（分化的第 1～3 天），然而，在随后的几天（分化的第 4～8 天），XCI 才能够彻底完成（Chow et al, 2010）。

在 XCI 的第二个阶段（分化的第 4～8 天），许多在第一个阶段（分化的第 1～3 天）就发生的改变会一直保持，甚至会延伸到其他区域（Marks et al, 2009）。有趣的是，尽管 H3K27me3 及 H2AK119ub 标记仍旧存在于 Xi 上，但在 Xi 上已经检测不到 PRC1 及 PRC2 的存在（de Napoles et al, 2004）。此时，另外的一些蛋白/蛋白复合体/细胞因子结合到 Xi 上，如 Trithorax 蛋白 ASH2L 及染色质重塑因子（chromatin remodelling factor）ATRX（彩图 17）（Pullirsch et al, 2010）。有关这些蛋白/蛋白复合体/细胞因子在 XCI 过程中的具体作用还有待进一步的研究。表面上看，Xi 上招募 ASH2L 不利于 Xi 沉默状态的维持，因为 ASH2L 属于 H3K4 甲基转移酶家族的成员，该酶所催化的 H3K4 甲基化标记是活性染色体上的标记，在 Xi 上并不存在。然而，也并不能排除这种可能性，即在细胞周期中，ASH2L 可以使 Xi 上短暂生成 H3K4 甲基化标记，在随后的去甲基化过程中，这种甲基化标记又被抹去了。此外，Xi 上招募 ASH2L 可能表明该种蛋白还具有其他的功能。在 XCI 的第二个阶段，Xi 上还富集有 hnRNP U（彩图 17）。前面已经说过，这种蛋白对于 *Xist* RNA 包被 X 染色体是至关重要的（Pullirsch et al, 2010）。此外，在这一阶段，Xi 连锁基因的启动子会发生 DNA 甲基化，这种表观遗传修饰模式对于 Xi 失活状态的维持是至关重要的。Xi 上 DNA 甲基化模式的建立在一定程度上依赖于近期发现的一种结构性染色体蛋白 SMCHD1（彩图 17），因为在小鼠中，SMCHD1 蛋白的缺失会导致 Xi 上 DNA 甲基化的丢失，Xi 上连锁的基因也表现为一定程度的再激活（Blewitt et al, 2008）。在此阶段，染色质上发生的另一种改变是招募组蛋白变体（histone variant）macroH2A。在分化的第 4 天到第 8 天这一时间段，Xi 的组织结构也发生了变化（彩图 17）（Chow et al, 2010）。总之，Xi 在这一阶段的变化有助于维持和稳定其失活状态。

11. XCI 与 DNA 甲基化 长期以来，人们一直认为，DNA 甲基化是 Xi 的一个重要特征，且有助于 Xi 失活状态的维持。对于人类及有袋类哺乳动物，细胞生物学的相关研究表明，尽管 Xi 上连锁基因的启动子及 CpG 岛趋向于发生 DNA 甲基化，然而，Xi 在总体的 DNA 甲基化水平方面低于 Xa。这可能是由于 Xa 基因体（gene body）的甲基化水平高于 Xi 基因体的甲基化水平。然而，到目前为止，人们还不清楚基因体甲基化的意义。此外，对于 XCI 过程中启动子超甲基化的机制，目前还没有做过系统的研究。

尽管 Xi 上 DNA 甲基化建立的机制还没有阐明，然而，在真哺乳亚纲动物的体细胞中，DNA 甲基化在维持 Xi 失活状态方面的确起着非常重要的作用。此外，DNA 甲基转移酶 DNMT3B 基因的突变，会导致 Xi 的沉默状态无法稳定维持，从而使人患上免疫缺陷-中心粒不稳定-面部畸形综合症（immuno-deficiency centromeric instability facial anomalies, ICF）。在上述研究中，尽管 Xi 上 DNA 甲基化的建立受到影响，然而，Xi 上基因所表现出来的去抑制性非常弱，且具有基因特异性。这一现象说明，其他一些抑制性机制足以维持 Xi 上绝大多数位点的沉默状态。事实上，对于胚外组织，尽管 Xi 已经完全失活，Xi 连锁基因的启动子区域并不具有 DNA 甲基化标记。胚外组织 Xi 失活状态的维持，可能更多地依赖于多梳介导的沉默机制。对于所研究过的一些真哺乳亚纲动物，Xi 连锁基因的启动子区域都具有 DNA 甲基化标记，然而，对于有袋类哺乳动物，DNA 甲基化并不是 Xi 连锁基因启动子区域的特征性标记（Hornecker et al, 2007）。在其他种类的哺乳动物中，Xi 上 DNA 甲基化的富集程度还有待于系统的研究。

12. XCI 与组蛋白变体 macroH2A 迄今为止，发现的唯一一种在 Xi 上富集的组蛋白变体是 macroH2A。这是一种不寻常的组蛋白变体，由一个 H2A 样区域（H2A-like domain）以及一个大的非组蛋白区域构成。XCI 过程中 Xi 上富集 macroH2A 表明这种组蛋白变体可能在 XCI 过程中起着某种作用。染色质上存在 macroH2A，会导致转录的抑制，染色质重塑复合体（chromatin-remodelling complex）SWI/SNF 也无法对染色质进行重塑。MacroH2A 也可以抑制 RNA 聚合酶 Ⅱ 的转录（Doyen et al, 2006）。与此相一致的是，活跃转录的基因部位不存在 macroH2A。目前已经发现三种组蛋白变体，其中的两种在 ES 细胞分化的第 4 天到第 5 天富集于 Xi 上。

在小鼠和人类的体细胞中，采用免疫荧光（immunofluorescence, IF）技术检测到 Xi 上富集有 macroH2A。采用 ChiP-on-chip 技术分析人类的肝细胞，结果表明，macroH2A 均匀地分布于整个 Xi 上。这一结果表明，macroH2A 可能是在维持染色体总体结构方面起作用，并不是仅仅抑制一些基因的转录、维持基因组的稳定性（Mietton et al, 2009）。对人类及小鼠的细胞周期进行分析，结果表明，在 S 期，Xi 的局部区域分布有高密度的 macroH2A，这可能是确保 Xi 失活状态得以复制的多种附加机制之一（Chadwick et al, 2002）。与一些组蛋白转录后的修饰模式（如 H2AK199ub 及 H3K27me3）一样，在小鼠及人类细胞的有丝分裂期，Xi 上仍然富集有 macroH2A。

Xi 上招募 macroH2A 似乎依赖于 *Xist* RNA，这是因为缺失 *Xist* RNA 会导致 Xi 上 macroH2A 的丢失。然而，macroH2A 被招募到 Xi 上似乎不依赖于 *Xist* RNA 的基因沉默功能，因为当 *Xist* RNA 的 A 重复序列区缺失后，macroH2A 依旧能够被招募到 Xi 上（图 11-10）（Pullirsch et al, 2010）。macroH2A 仅在 ES 细胞分化的晚期阶段（分化的第 4 天之后）才被招募到 Xi 上，这似乎暗示了 macroH2A 具有维持 Xi 失活状态的功能。然而，与 Xi 上其他的染色质标记相同，macroH2A 对于 Xi 失活状态的维持并不是必须的，因为 macroH2A 的缺失并不会造成 Xi 上基因的再激活，也不会对 XCI 过程产生明显的影响（Changolkar et al, 2007）。因此，只有建立一个 macroH2A 条件性突变体系，才能够揭示 macroH2A 在不同发育阶段所具有的功能。

11.3 基因组印记

按照孟德尔遗传定律，来自于父本和母本的基因组在功能上是相同的，甚至于在脊椎动物中，情况也是如此。事实上，对于一些两栖类、爬行类以及少数鸟类，情况的确如此，因为这些物种的孤雌胚能够发育到期。与这一理论相矛盾的是，在哺乳动物中发现一种被称为"基因组印记"（genomic imprinting）的现象，并据此建立了核不等价（nuclear non-equivalency）理论。该理论提出，哺乳动物个体正常发育到期必需来自于父本和母本染色体的共同参与。通常，在二倍体动物中，来自于父本和母本的两个等位基因在胚胎及动物个体中都会表达。然而，一些基因被特异性地印记化，以至于仅仅父本或母本的基因是活性的。因此，虽然胚胎从其双亲那里接受了相同的遗传信息，然而，双亲的基因组在功能上并不完全相同，这也解释了为什么个体的发育需要双亲的基因组共同参与。事实上，由两个雄性原核（孤雄胚）或两个雌性原核（孤雌胚）所形成的哺乳动物胚胎并不能够正常发育。孤雌胚可以发育到一定阶段，但胚外组织却非常小；孤雄胚具有发育阻滞现象，而胚外组织却可以快速发育，形成一个过大的胚外组织。对于人类，没有母本基因组的孤雄胚会发育为葡萄胎（hydatidiform mole），没有父本基因组的孤雌胚会发育为卵巢畸胎瘤（ovarian teratomas）。父本和母本来源的基因组在胚胎发生（embryogenesis）、胚胎及胚外组织的形成等方面具有互补作用，这在一定程度上解释了上述现象。此外，仅父本或母本一方的染色体进行了复制，而另一方亲本（母本或父本）的染色体发生了丢失，会导致胚胎的不正常表型。这些实验为一种特异性的、非孟德尔的基因调控形式建立了基础，即亲本来源的表观遗传修饰模式可以指导后代个体的基因表达及表型形成。尽管一只孤雌小鼠"Kaguya"能够正常发育、诞生并长至成年，但该实验同样显示了基因组印记对于哺乳动物的正常发育是必须的（Kono et al, 2004）。这是因为虽然这只孤雌小鼠来自于两个卵母细胞核所形成的合子，然而，其中的一个细胞核来自于完全成熟的卵母细胞（母本的），另一个细胞核来自于经遗传修饰的、不再生长的卵母细胞（父本样的），后者中的印记基因 *igf2/H19* 和 *Dlk1/Gtl2* 经诱导后可以正确表达（Kawahara et al, 2007）。这些结果暗示了基因组印记存在的意义可能在于阻止哺乳动物的孤雌发育。

11.3.1 哺乳动物的印记基因

在哺乳动物的胚胎发育期及个体生长、成年期，对于绝大多数基因，分别来自于父本及母本的基因位点在相关组织中的表达状态相同，即抑或全部表达，抑或全部处于抑制状态。然而，基因组印记这一现象预示了基因组中存在印记基因（imprinted gene），这种基因仅在父本或母本来源染色体的位点上具有活性。到目前为止，人们已经发现了 100 多个印记基因（见网址：

http://www.mousebook.org/catalog.php/catalog=imprinting)（Kaneda，2011）。首个被发现的印记基因是胰岛素样生长因子2（insulin-like growth factor 2，*Igf2*）基因，该基因仅在父本来源的染色体位点上表达。因此，父本染色体上*Igf2*基因位点的混乱会导致小鼠的个体较小。反之，如果母本染色体上的*Igf2*基因位点发生混乱，则小鼠的个体大小是正常的，因为父本染色体上的该基因位点可以正常表达。许多印记基因可以调控胎盘及胎儿的生长，而另一些印记基因则可以调控出生后动物个体的发育、新陈代谢及行为。对于人类，基因组印记的错误与一些非常严重的遗传疾病有关，如Beckwith-Wiedemann综合征、Prader-Willi综合征及Silver-Russell综合征，还与一些癌症有关。

某些印记基因具有种属特异性，如胰岛素样生长因子2受体（insulin-like growth factor 2 receptor，*Igf2r*；也被称为甘露糖-6-磷酸受体，mannose-6-phosphate receptor，*M6pr*）基因在啮齿动物及有袋目动物中是一个印记基因，而在灵长目动物（包括人类）中不是印记基因。此外，无刚毛鳞甲复合体同源物2（achaete-scute complex homolog 2，*Ascl2*）是一种转录因子，*Ascl2*基因在小鼠的胎盘组织中是一个印记基因，对于小鼠胎盘的形成是至关重要的。然而，该基因在人类及绵羊的胎盘组织中并不是一个印记基因（Thurston et al，2008）。到目前为止，人们已发现有近40个印记基因在人类和小鼠中是不同的（见网址：http://igc.otago.ac.nz）。

11.3.2 基因组印记的周期及机制

印记基因需要进行表观遗传标记，转录机制可以识别父本、母本位点上的不同表观遗传标记，进而实现印记基因的位点特异性表达（Sasaki et al，2008）。在合子阶段，随着精子和卵子的结合，来自于父本、母本的印记基因结合在一起，其上具有不同的表观遗传标记。在胚胎的发育过程中，印记基因会传递到子代细胞中。然而，在配子形成过程中，印记基因要经历擦除及再建立过程（图11-12）。对于小鼠，当雌性或雄性胚胎发育到受精后（也称为胚胎期）的11.5~12.5天时，原始生殖细胞（primordial germ cells，PGCs）中的基因组印记会被擦除；而基因组印记的重建发生在配子形成过程的较晚阶段并且具有严格的性别特异性。相关的研究表明，雄性配子中的基因组印记建立于受精后（或胚胎期）的14.5~18.5天，而雌性配子中的基因组印记建立于小鼠出生后的5~20天，此时，卵母细胞正处于生长阶段（Kato et al，2007）。

有关基因组印记总体的、复杂的特征目前还没有完全阐明。然而，人们已经知道，基因组印记涉及DNA甲基化以及位点特异性的、差别的染色质结构。几乎每一个印记基因中都含有一个或多个差别的甲基化区域（differentially methylated region，DMR），即这些区域呈现位点特异性的DNA甲基化模式。事实上，DNA甲基化在基因组印记擦除和重建周期中起着至关重要的作用。对于小鼠，DNA甲基转移酶1（DNA methyltransferase 1，Dnmt1）的缺失会导致基因组范围内的去甲基化，基因组印记及X染色体失活也会受到干扰，最终导致胚胎死亡。而在小鼠附植前的胚胎中，储存于卵母细胞中的、母源的Dnmt1以及配子基因组产生的Dnmt1会在这一阶段维持基因组印记（Hirasawa et al，2008）。

除了DNA甲基化在基因组印记中起重要的作用外，一些印记基因还需要组蛋白的修饰。在前面的章节中已经讲过，组蛋白的甲基化、乙酰化、磷酸化及泛素化等修饰可以调控染色质的结构及基因表达。事实上，在一些印记基因位点上，存在位点特异性的组蛋白修饰差异。与这一现象相一致的是，一些染色质修饰酶可以调控印记基因的表达。多梳家族蛋白EED可以对一些母源位点表达的印记基因进行调控。此外，Lsh蛋白是染色质重塑蛋白SNF2家族的一个成员，该蛋白可以调控印记基因*Cdkn1c*的沉默。对于敲除*Dnmt1*基因的小鼠胚胎，胚外组织中的一些印记

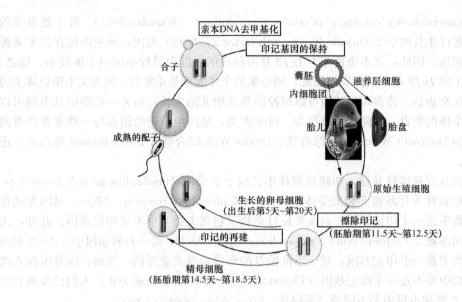

图 11-12　基因组印记擦除及重建周期（引自 Kaneda, 2011）

基因仍旧呈现亲本来源的特异性模式。$Ascl2$ 是一个胎盘特异性的、母源位点表达的印记基因。对于敲除 $Dnmt1$ 基因的小鼠胚胎，其胎盘中的 $Ascl2$ 基因仍旧能够正常地从母源位点表达。然而，在敲除 EED 基因的小鼠胚胎中，$Ascl2$ 基因的印记化模式被破坏了。$TFPI2/TfIp2$ 是另一种胎盘特异性的印记基因，该印记基因位点特异性的沉默需要 EED 蛋白及组蛋白甲基转移酶 G9a（也被称为 EHMT2）的存在（Wagschal et al, 2008）。此外，G9a 还会调控其他胎盘特异性印记基因的表达（Monk et al, 2008）。除了 DNA 甲基化及组蛋白修饰外，基因组印记的维持还涉及其他一些因子。印记基因 $Snrpn$ 的建立和维持需要一种假定的 KRAB 锌指蛋白（zinc-finger protein）Zfp57 的参与（Li et al, 2008）。PGC7/Stella 是一种母源性因子，胚胎的发育需要该因子的存在。此外，在受精后基因组范围内的 DNA 去甲基化过程中，该因子能够保护一些印记基因上的甲基化模式（Nakamura et al, 2007）。

一些特异性的 DNA 成分也可以调控印记基因的亲本特异性表达。这些特异性的 DNA 成分既可以吸引 CpG 甲基化，也可以结合到染色质绝缘子成核因子（chromatin insulator nucleating factor, CTCF）上。例如：印记基因 $Igf2/H19$ 上存在 DMR，该区域既可以调控绝缘子的组装，也可以调控 $H19$ 基因下游增强子与 $Igf2$ 基因启动子的相互作用，从而使 $Igf2$ 基因以亲本特异性的方式进行表达。

印记基因表达的另一种调控机制可能是由非编码 RNA（non-coding RNAs）介导的。在 $Dlk1$-$Gtl2$ 印记区存在 microRNA 基因簇，后者可以转录出印记基因转录本的反义 RNA。此外，抗 $Peg11$ 基因的转录本经加工后可以形成一些 microRNA，后者以 RISC 介导的方式使 $Peg11/Rtl1$ 基因的转录本发生降解，从而调控 $Peg11/Rtl1$ 基因的表达。这一印记基因位点目前受到广泛的关注，因为该位点的表达与诱导的多潜能干细胞（induced pluripotent stem cells, iPSCs）的发育潜力有关（Stadtfeld et al, 2010）。长的非编码 RNA 也可以调控印记基因的表达。Air 及 Kcnq1ot1 是两种长的非编码 RNA，它们分别覆盖 $Igf2r$ 及 $Kcnq1$ 印记基因簇，通过招募染色质修饰复合体，从而调控印记基因簇临近基因的转录（Mohammad et al, 2009）。

生殖细胞中基因组印记的建立需要全新的 DNA 甲基转移酶（$de\ novo$ DNA methyltransferase）

Dnmt3a 及其辅因子（增强子）Dnmt3L 的共同参与（Kaneda et al, 2010）。卵母细胞中母源性印记基因的建立需要一种组蛋白 H3K4 去甲基化酶 KDM1B 的参与（Ciccone et al, 2009）。这一结果表明，组蛋白修饰在基因组印记的建立过程中扮演着一定的角色。事实上，Dnmt3L 可以与非甲基化的 H3K4 发生相互作用，而与甲基化的 H3K4 不会发生相互作用。该蛋白对于母源性印记基因的建立是必须的（Ooi et al, 2007）。这些结果说明，在 DNA 甲基化模式建立之前，组蛋白修饰在基因组印记建立的过程中扮演着重要的角色。在卵母细胞中，跨越 Gnas 基因位点的转录对于该位点甲基化印记的建立是必须的（Chotalia et al, 2009）。在卵母细胞中，其他母源性甲基化印记位点的建立过程中也观察到上述现象的存在。NALP7 基因是 CATERPILLER 基因家族的一个成员，与炎性及细胞凋亡途径有关。在人类中，NALP7 基因突变会导致家族式、周期性的双亲完全葡萄胎（biparental complete hydatidiform mole，BiCHM）（Murdoch et al, 2006）。BiCHM 的产生与父本、母本基因组中的一系列基因有关，其中母本基因组中有关的印记位点丢失了。因此，NALP7 基因是一种新发现的、与母本基因组印记建立有关的基因，然而，目前还不清楚 NALP7 蛋白在母本基因组印记建立过程中的作用。

对基因组印记擦除机制的研究，其意义不仅在于弄清擦除机制的本身，对于弄清表观遗传信息开启和关闭的机制也具有重要的意义。近期的研究表明，在 PGCs 中，基因组印记擦除过程中的去甲基化可能涉及 DNA 修复机制及胞嘧啶去氨基酶 AID（Popp et al, 2010）。在哺乳动物生殖细胞的发育过程中，基因组范围内表观遗传再程序化的可能意义在于限制将表观遗传突变遗传给后代（Kaneda, 2011）。

11.3.3 基因组印记的进化

基因组印记到底具有什么优势呢？为什么哺乳动物在进化的过程中不顾自然选择的压力而选择了基因组印记？按照常理，在二倍体物种中，基因的单位点表达是有缺点的，因为基因的单位点表达无法隐藏有害的隐性突变所产生的影响。因此，基因组印记一定具有某种可供选择的优点，以补偿它所带来的缺点。就此，人们提出了多种假说，试图说明哺乳动物在进化的过程中为什么会选择基因组印记。这些假说包括："斗争理论"（conflict theory）、"防止孤雌生殖"（prevention of parthenogenesis）、"宿主对外源 DNA 的防御机制"（host defense mechanism against foreign DNA）以及"补偿假说"（complementation hypothesis）等。图 11-13 显示了基因组印记进化的历程。从该图可以看出，基因组印记仅存在于真哺乳亚纲动物（eutherian）（即有胎盘哺乳动物）及有袋目哺乳动物（marsupial）的基因组中，而在单孔类动物（monotreme）的基因组中，不存在基因组印记。与基因组印记出现相伴随的是这两类动物出现了胎盘组织。事实上，许多基因仅在胎盘组织中是印记基因，而在胚胎组织中并不是印记基因。此外，一些印记基因对于胎盘的形成是必须的。在小鼠的基因组中，*Peg*10 及 *Peg*11/*Rtl*1 都是反转录转座子来源（retrotransposon-derived）的印记基因，对于形成正常的胎盘组织是必须的（Sekita et al, 2008）。有趣的是，*PEG*10 基因存在于有袋目哺乳动物的基因组中，不存在于单孔类动物的基因组中（Suzuki et al, 2007）。人们认为，在单孔类动物出现进化分支后，转座子才插入到基因组中，从而导致胎盘的产生。在有袋目哺乳动物及真哺乳亚纲动物的基因组中，*PEG*10 基因都是在母本位点发生了甲基化，然而，在有袋目哺乳动物的 *PEG*10 基因中，DMR 区域仅位于 5′ 端区域，这与真哺乳亚纲动物 *PEG*10 基因中 DMR 区域的分布位置不同。这一现象的可能原因在于：在哺乳动物中，当反转录转座子插入基因组之后，外源性 DNA 片段的沉默驱动了基因组印记的进化。事实上，在精子发生过程中，印记基因及转座子序列都会发生甲基化（Kato et al, 2007）。在哺乳动物中，基因组印记进化的动力可能由最初的"基因组防御系统"转变为"出现胎盘组织"(Kaneda, 2011)。

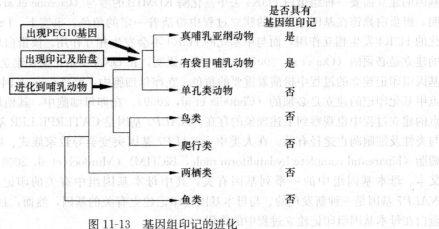

图 11-13 基因组印记的进化

11.4 衰老的表观遗传学

衰老是一个非常复杂的过程，仅以某一单一路径甚至一系列相关的路径都无法对这一过程进行解释。许多与衰老有关的细胞事件是彼此依赖的，其中也包括基因组表观遗传修饰的改变，这种细胞事件在衰老相关的改变过程中起着非常重要的作用。

表观遗传修饰有多种类型，其中以 DNA 甲基化及组蛋白修饰最为人所知。高等有机体正常的发育需要正确的表观遗传修饰模式，而表观遗传修饰的改变与一系列衰老相关的疾病有关，如：癌症、神经退行性疾病及新陈代谢紊乱等。

1967 年，Vaniushin 及其合作者首次提出衰老与表观遗传修饰之间存在一定的关系。他们发现，处于产卵期的驼背大马哈鱼（hump-backed salmon），随着年龄的增长，其基因组中总体的 DNA 甲基化水平会减少。这一现象在包括人类在内的其他一些物种中得到验证。此外，在老年人的基因组中，一些肿瘤抑制基因以及一些编码转录因子的基因呈现亚甲基化（hypomethylation）状态。上述衰老相关的表观遗传变化也与癌症有关（Chari et al, 2010）。

阐明衰老相关的表观遗传机制有助于人们设计更为有效的抗衰老策略，此外，也能够使人们更好地理解衰老相关疾病-癌症的发生机理。

11.4.1 衰老过程中的表观遗传学

近期的研究进一步揭示了表观遗传修饰与衰老之间的关系，如基因组总体的 DNA 亚甲基化以及特异性基因局部区域的 DNA 超甲基化（hypermethylation）。此外，许多衰老相关的疾病，如癌症、自身免疫疾病、神经退行性疾病及心血管疾病等，都与表观遗传修饰的改变及表观遗传机制的改变有关。在早老性疾病（如早衰）中，也观察到上述表观遗传修饰及机制的变化（Calvanese et al, 2009）。

1. 衰老过程中的 DNA 甲基化 基因组 DNA 总体的亚甲基化似乎是衰老的细胞和组织最重要的一个特征。尽管人们提出了多种机制用于解释造成基因组总体亚甲基化状态的原因，如 DN-

MT1活性的缺失，然而，衰老过程中DNA甲基化降低的原因目前还没有阐明。

在一些衰老相关的疾病中也观察到DNA的亚甲基化状态，如癌症、动脉粥样硬化（atherosclerosis）、Alzheimer症及其他的神经退行性疾病、自身免疫疾病等（Agrawal et al，2010；Wierda et al，2010）。因此，基因组DNA的亚甲基化不仅涉及衰老的基本机制，也是导致慢性、衰老相关疾病发生的一个主要危险因素。DNA的超甲基化在衰老过程中也扮演着重要的角色。某些特异性基因呈现高甲基化状态，如肿瘤抑制基因，这一点在癌症的发生过程中起着非常重要的作用。

S-腺苷-L-甲硫氨酸（S-adenosyl-L-methionine，SAM）是绝大多数甲基转移酶的甲基供体，在衰老过程中扮演着非常重要的角色。在衰老过程中，甚至在环境因素、遗传因素、饮食缺乏、酗酒以及其他一些不利条件的影响下，SAM的代谢会发生失调，从而导致一系列综合效应的发生，其中也包括DNA甲基化模式的紊乱，最终的结果是表观遗传调控失调及一系列疾病的发生，包括：肿瘤、自身免疫疾病、神经退行性紊乱等（Hamid et al，2009）。

2. 衰老过程中的组蛋白修饰　在个体的衰老过程中，HATs与HDACs的活性平衡会发生异常，从而导致一些基因的表达强度发生改变（Garcia et al，2008）。不正常的组蛋白乙酰化模式及DNA甲基化模式使基因总体的表达模式发生了改变，进而导致衰老及衰老相关疾病的发生。

Sir2家族（属于第Ⅲ类HDACs）蛋白的分布非常广泛，从酵母到哺乳动物的多种有机体中都具有该家族蛋白。不同物种中的Sir2家族蛋白都被命名为sirtuins蛋白。Sirtuins蛋白需要烟碱腺嘌呤二核苷酸（nicotinamide adenine dinucleotide，NAD^+）作为其辅因子才能执行其功能（Greiss et al，2009）。

Sirtuins是一种重要的去乙酰化酶家族，与衰老及能量相关的过程有关。该家族酶可以对热量限制（caloric restriction）途径进行调节，从而调控生物体的寿命。因为该家族酶与生物体的寿命有关，因此，近年来得到了广泛而深入的研究，目的在于开发一些能够延长生物体寿命药物，如白藜芦醇（resveratrol）。

在哺乳动物中，sirtuins家族包括7个成员，分别是SIRT1～SIRT7。sirtuins可以反映细胞中NAD^+的水平或NAD^+/NADH的比例，因此可以作为指示细胞内能量与营养状态的一个感应器。众所周知，在绝大多数研究过的物种中，热量限制是一种非遗传的影响因素，可以延长物种的寿命（Ingram et al，2006）。研究表明，热量限制可以使生物体中胰岛素的敏感性增加，葡萄糖的耐受量增高，降低生物体患糖尿病的几率。此外，饮食限制可以调控许多基因的表达，从而减少患癌症的几率，使衰老相关的功能性衰退事件推迟发生。饥饿条件可以诱导生物体内的能量状态发生明显的改变，sirtuins可以感应生物体中NAD^+的水平或NAD^+/NADH的比例，从而在热量限制应答中发挥非常重要的作用。

衰老是一种生理状态，与许多基因转录水平的改变有关。Sirtuins通过其蛋白去乙酰化酶活性和/或ADP-核糖基转移酶活性，抑制转录激活子或转录抑制子的表达，从而对一些基因的转录进行调控（Longo et al，2009）。哺乳动物中的SIRT1可以使组蛋白的赖氨酸残基发生去乙酰化作用，从而导致组蛋白的亚乙酰化状态，有利于异染色质的形成（Rodriguez-Rodero et al，2010）。

Sirtuins可以对一些转录因子或其辅因子进行修饰，如p53、FOXO以及一种TATA框结合蛋白TAF（I）等。由于具有上述功能，sirtuins可以调控一些衰老相关疾病的发生，如癌症、新陈代谢疾病、心血管疾病及神经退行性疾病等；此外，也可以诱导细胞内发生一系列生物学过程，这些生物学过程与细胞在压力条件下存活或细胞在衰老过程中发生的生物学过程相似（Zeng et al，2009）。

尽管其他的表观遗传机制也与衰老过程有关，如非编码RNA及多梳群（polycomb group，

PcG）蛋白等（Agherbi, 2009），然而，DNA 甲基化及组蛋白修饰是研究的最多的、衰老过程中的两种表观遗传修饰机制。细胞在衰老过程中发生的 DNA 甲基化及组蛋白修饰变化最终导致有机体的衰老。这些表观遗传修饰变化也与多种衰老相关疾病的发生有关。采用一些药物干扰衰老过程中的表观遗传变化，有望延长人类的寿命，减少衰老相关疾病的发病率。

11.4.2　衰老相关疾病的表观遗传学

异常的 DNA 甲基化模式与多种人类的肿瘤有关。此外，细胞中组蛋白的乙酰化及去乙酰化水平是一种重要的表观遗传标志，在基因表达及癌症发生方面起着非常重要的作用。HDACs 功能的改变可以诱导一些调控基因的错误表达，而这些调控基因可以调节一些细胞事件的进程，如细胞增殖、细胞周期及细胞凋亡等，而这些细胞事件又与肿瘤的发生有关。

衰老与一些神经退行性疾病的关系非常密切，如阿尔茨海默病、帕金森病及亨廷顿病等（Urdinguio et al, 2009）。许多衰老相关的改变对大脑具有一定的影响，导致大脑某些功能衰退及脆弱性增加，后者可以影响神经元的发育、生存能力及脆弱性。近期的研究发现，表观遗传机制在这些病理过程中起着一定的作用（Graff et al, 2009）。已有证据表明，组蛋白修饰在神经退行性过程中起着非常重要的作用。杀虫剂可以诱导体外培养的人纹状体（striatum）细胞及塞梅林氏神经节（substantia nigra）细胞中的组蛋白呈现超乙酰化状态，进而导致细胞凋亡。以小鼠为实验模型的体内研究也得到相同的结论。这些实验结果暗示了接触杀虫剂有可能导致 Parkinson 综合症的发生（Song et al, 2010）。其他一些表观遗传机制也与神经退行性疾病有关，如非编码 RNA、多梳群基因等（Qureshi et al, 2010）。

动脉粥样硬化是一种主要的老年病。在这种疾病中，胆固醇淤积在动脉中，诱导炎症的发生及动脉壁变硬，从而影响全身的大动脉及中等直径的动脉。这种形式的病变使动脉中的血流量减少，诱导动脉中血栓的形成，进而堵塞动脉，动脉再无法为组织输送氧气及营养物质，最终导致组织坏死（Rocha et al, 2009）。在人类的动脉粥样硬化病变部位，观察到基因组 DNA 的亚甲基化状态，此外，在一些动脉粥样硬化相关基因的启动子部位，也观察到 DNA 甲基化状态的不正常改变，如超氧化物歧化酶（superoxide dismutase）基因、雌激素受体 α（estrogen receptor-alpha）基因、内皮型一氧化氮合成酶（endothelial nitric oxide synthase）基因及 15-脂肪氧化酶（15-lipoxygenase）基因等。目前还不清楚上述表观遗传修饰变化是否与病理性环境有关，因为在发生动脉粥样硬化的部位观察到平滑肌细胞的克隆性增殖、脂肪积聚及炎症反应等现象；此外，也不清楚这些表观遗传修饰变化是否仅为病变不断发展的一个结果（Matouk et al, 2008）。

自身免疫性疾病是环境因素与遗传因素相互作用的结果，这也是为什么有些人易得该疾病而有些人不易得该疾病的原因。遗传组成上易感该疾病的人群，在环境因素的作用下或在衰老的过程中，其基因组中的表观遗传修饰模式会发生改变，进而导致该疾病的产生。基因组 DNA 的亚甲基化模式与衰老及自身免疫疾病密切相关（Yung et al, 2008）。例如：在风湿性关节炎（rheumatoid arthritis）患者分泌滑液的成纤维细胞中，观察到基因组 DNA 总体的亚甲基化状态，该种细胞也处于活跃分泌状态。进一步的研究发现，这些细胞中 100 多个基因的表达出现了上调，从而导致蛋白质表达水平的上升。这些过表达的蛋白包括生长因子及其受体、细胞外基质蛋白、粘连分子及基质降解酶等。这一结果证明了表观遗传机制在风湿性关节炎的病理生理学中扮演着一定的角色（Karouzakis et al, 2009）。

总之，衰老是一个复杂的过程，这一过程反映了时间推移对生物体所产生的生物学影响，包括有机体各种生理学功能的衰退等。在某一个体的衰老过程中，由于遗传及表观遗传机制的相互作用，有机体在细胞及分子水平上会发生不同程度的变化。表观遗传机制在衰老及衰老相关疾病的发生过程中起着非常重要的作用。阐明衰老过程中的表观遗传机制，有助于人们提出更为有效的抗衰老策略，也有助于人们更加深入地理解衰老相关疾病的发生机理。

11.5 记忆过程中的表观遗传学

在脑的一些区域发生的表观遗传变化可以稳定地改变动物的行为，包括学习、记忆、药物依赖、忧郁及母爱行为等（图11-14）（Day et al, 2010）。下面主要论述在脑的不同区域，组蛋白修饰及DNA甲基化在记忆过程中的作用。

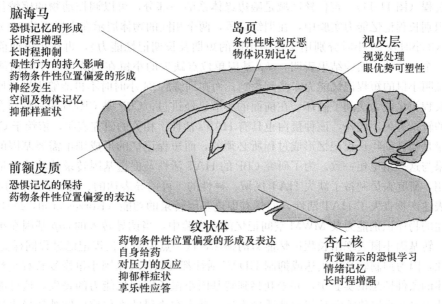

图 11-14　哺乳动物脑的不同区域及其功能（引自 Sultan et al, 2011）

11.5.1　组蛋白的乙酰化修饰与依赖于脑海马的记忆行为

在记忆过程中，一系列分子事件的机制在不同种类的哺乳动物中是保守的，这一过程中的表观遗传机制在不同种类的动物中也具有相似性。例如：在海兔（*Aplysia*）中，组蛋白的乙酰化在突触可塑性（synaptic plasticity）方面具有一定的作用；近期对无脊椎动物张口蟹（*Chasmagnathus*）的研究中也观察到类似的现象（Stefanko et al, 2009）。在哺乳动物中，脑海马（hippocampus）区域主要掌管背景记忆（contextual memory）的固化（consolidation）（图11-14）。因此，在许多有关空间记忆（spatial memory）及背景记忆的表观调控研究中，都以脑海马区域作为研究对象。许多研究都表明，对于啮齿类动物，抑制HDACs的活性会增强其条件性恐惧（associative fear conditioning）环境下的背景记忆能力，也可以增强其在莫里斯水迷宫（Morris water maze, MWM）中的空间记忆能力，还可以增强其物体识别（object recognition）能力。与HDACs调控突触可塑性时的情形相同，上述不同的记忆行为是由不同的HDACs异构体进行调控的。需要强调的一点是，HDAC2在上述各种记忆种类中都具有非常重要的作用，因为HDAC2的过表达或缺失会分别导致脑海马区域记忆行为的障碍或增强（Guan et al, 2009）。这些研究表明，HDACs 在调控突触的功能及个体的行为方面具有一致的功能。此外，这些研究的结果也与原来人们提出的一个模型相一致，即组蛋白的表观遗传模式通过调控神经元的可塑性，进而影响记忆行为。

与突触可塑性的研究相同，有关染色质调控在哺乳动物行为中的作用，重要的研究结果都来自于对 CBP 突变体（CREB-binding proteins，CBP）的研究。例如：*cbp* 基因的单位点缺失会阻碍小鼠条件性恐惧环境下的长程记忆（long-term memory）能力及物体识别的长程记忆能力（Alarcon et al, 2004）。在第一种情况下，正常小鼠能够将暗示性恐惧环境（cued fear conditioning）与爪部的电刺激联系起来，也能够将背景性恐惧（contextual fear conditioning）环境与爪部的电刺激联系起来；而 *cbp* 基因单位点缺失的小鼠却丧失了这一记忆能力。这一点表明 CBP 参与小鼠条件性恐惧环境下的长程记忆行为，同时也表明小鼠的脑海马区域及杏仁核（amygdala）区域都参与这一记忆过程（图 11-14）。杏仁核区域是脑边缘体系的一部分，可以调控动物的感情行为。在小鼠的物体识别长程记忆能力实验中，在训练阶段，两个相同的物体展示在小鼠面前 15 分钟，过一段时间后（3 小时及 24 小时分别用于检测小鼠的短期及长期记忆能力），再在小鼠面前展示一个原物体及一个新物体。实验结果表明，*cbp* 基因单位点缺失的小鼠在训练后 3 小时内能够识别出原物体，说明小鼠的短程记忆能力未受到影响；而在训练后 24 小时时不再能够识别出原物体，说明小鼠的长程记忆能力受到了破坏。在前面的小节已经讲过，CBP 是 CREB 的一种结合蛋白，与一些基因的转录有关，此外，该种蛋白也具有 HATs 活性。相关的研究表明，依赖于 CBP 的一些基因的转录是哺乳动物长程记忆形成过程所必须的，而短程记忆的形成则不需要基因的转录。上述实验结果与这一结论相一致。为了研究 CBP 的 HAT 活性及促进基因转录的功能在记忆形成过程中的作用，研究人员制备了缺失 HAT 区域、显性的、可诱导表达的、转 *cbp* 基因小鼠，其中，转基因的表达产物丧失了 HAT 活性，但具有促进基因转录的功能（Korzus et al, 2004）。研究表明，在上述的物体识别能力及 MWM 空间记忆能力实验中，当诱导转入的 *cbp* 基因在小鼠的脑海马表达时，转基因小鼠表现出长程记忆能力的损坏，这一点说明了长程记忆过程同样需要 CBP 的 HATs 活性，因为抑制转基因表达或抑制 HDAC 活性都可以使转基因小鼠恢复长程记忆能力。然而，在上述的条件性恐惧实验中，并未观察到转基因小鼠长期记忆能力的丧失，这可能是由于转移的 *cbp* 基因仅在小鼠的脑海马部位被诱导表达，并未在小鼠的杏仁核区域被诱导表达，而杏仁核区域正常 CBP 的表达可能是转基因小鼠在条件性恐惧环境下仍旧具有长程记忆能力的原因。上述结果说明，尽管 CBP 参与哺乳动物多个方面的记忆行为，但在脑的不同区域，CBP 调控不同记忆行为的表观遗传机制不同（Sultan et al, 2011）。

近期的一项研究结果显示，抑制脑海马区域 HDAC 的活性不仅可以增强小鼠物体识别记忆的固化能力，还可以使小鼠的弱记忆痕迹转变为长程记忆，而弱记忆痕迹一般会被更强的、能够持续保持的强记忆痕迹所冲淡、消失（Stefanko et al, 2009）。这一结果表明，组蛋白的乙酰化修饰不仅与持续性记忆的强度有关，也与可形成持续性记忆的刺激阈值有关。进一步的研究表明，当小鼠 *cbp* 基因中的 CREB 结合区域发生突变后，其短程记忆能力仍旧正常，而其长程记忆能力受到了破坏；当用药物抑制 HDAC 活性后，小鼠的长程记忆能力又得以恢复。这一实验结合上述的实验表明，小鼠长程的记忆既需要 CBP 的 HAT 功能，又需要 CBP 的促基因转录功能，而 CBP 的这两种功能都需要 CREB 与其结合，抑制 HDAC 活性可以使 *cbp* 基因突变小鼠的长程记忆能力得以恢复。在前面的小节中已经讲过，CBP 是与 CREB 相结合的一种转录共激活子，对于一些神经元特异性基因的转录是至关重要的。在突触功能的正常发挥及由此所导致的动物正常的、长程记忆形成过程中，CBP 都需要与正常的 CREB 相结合。与这一结论相一致的是，脑海马区域 *creb* 基因发生突变的小鼠丧失了条件性恐惧环境下的长程记忆能力及长时程增强能力，药物抑制 HDAC 的活性也无法使这些能力得以恢复（Vecsey et al, 2007）。

上述研究表明，对脑海马区域组蛋白乙酰化及去乙酰化平衡的干涉，可以达到特异性调控哺乳动物长程记忆的目的，但对其短程记忆不会产生影响。然而，近期的一项研究结果与这一结论相矛盾。在这项研究中，小鼠前脑区兴奋性神经元中的 cbp 基因被选择性敲除，结果表明，在条件性恐惧实验及物体识别实验中，动物表现出长程及短程记忆能力的丧失（Chen and Zou 2010）。进一步的研究显示，缓慢性抑制该脑区域兴奋性神经元中的 HDAC 活性并不能使小鼠的长程及短程记忆能力得以恢复。这一实验结果之所以与上述的、前人的实验结果不同，其原因可能在于上述的实验中，cbp 基因仅被部分敲除，其表达产物仍具有残存的 HAT 活性，因此，抑制 HDAC 的活性有助于 HAT 活性的发挥，从而导致动物长程记忆能力的恢复；而在该实验中，cbp 基因被完全敲除，其表达产物不再具有 HAT 活性，因此，抑制 HDAC 活性并不能使小鼠的长程及短程记忆能力得以恢复。如果上述假设正确，则可以得出这样一个结论，即当 CBP 发生部分突变后，即使发生突变的 CBP 仍残存有 HAT 活性，但残存的 HAT 活性不足以补偿因 CBP 突变对记忆造成的影响。因此，CBP 在哺乳动物记忆的形成过程中具有重要而独特的作用。与这一结论相一致的是，HAT 及 CBP 的同源物 p300/PCAF 并不能够补偿因 CBP 突变对记忆造成的影响（Sultan et al, 2011）。同样的，CBP 也不能够补偿因 p300/PCAF 突变对记忆造成的影响。例如，在一项研究中，当小鼠的 p300 HAT 区域发生突变后，在条件性恐惧实验及物体识别实验中，小鼠同样表现出长程记忆能力的丧失（Oliveira et al, 2007）。p300 的氨基酸序列与 CBP 的氨基酸序列具有高度的相似性，而 p300 的 HAT 区域突变后对记忆造成的影响与 CBP 突变对记忆造成的影响相同。在记忆形成的过程中，CBP 与其同源物 p300/PCAF 在功能上无法互相替代的原因可能在于：尽管它们通常以复合体的形式共同调控一系列基因的转录，然而，它们也可以单独调控其他一些基因的转录（Ramos et al, 2010）。事实上，在依赖于小脑的运动学习过程中，CBP 与 p300 的确具有不同的作用（Oliveira et al, 2006）。除了对染色质进行表观遗传调控外，CBP 还具有其他的功能，而这些其他的功能可能是 CBP 能够对短程记忆进行调控的原因。

已有的证据表明，采用 HDAC 抑制剂对组蛋白的乙酰化模式进行调控可以作为一种临床疗法，对神经退行性疾病进行治疗。例如，已有报道表明，采用 HDAC 抑制剂可以使 Alzheimer 病模型小鼠的记忆得以改善，也可以使小鼠衰老相关的认知障碍得以恢复（Peleg et al, 2010）。此外，也有多篇综述总结了表观遗传失调与神经系统疾病之间的关系，并对其可能的临床治疗意义进行了阐述与展望。

11.5.2 组蛋白的乙酰化修饰与不依赖脑海马的记忆行为

尽管绝大多数有关组蛋白对记忆行为影响的研究都以脑海马作为研究对象，然而，组蛋白的乙酰化水平在其他脑区域同样可以调节记忆行为。例如，脑皮层主要调控短程工作记忆，而敲除 p300 基因的小鼠表现出短程工作记忆的缺失，尽管目前还不清楚这种记忆行为的缺失是不是 HAT 功能缺失造成的（Duclot et al, 2010）。此外，对于敲除 p300 基因的小鼠，随着其年龄的增大，一些长程记忆也发生了缺失，然而，目前还不清楚这种长程记忆的缺失是脑海马区域的表观遗传机制造成的，还是脑皮质区域的表观遗传机制造成的（Maurice et al, 2008）。

脑皮质区域也可以调控记忆的储存行为，其中发生的表观遗传机制还可以调控皮质区域的长程记忆。例如，近期的一项研究表明，采用 HDAC 抑制剂丁酸钠（sodium butyrate NaBut）抑制岛页区域的 HDAC 活性，会增强大鼠物体识别的长程记忆能力，而不会影响其物体定位（object location)的长程记忆能力,与之相反,当采用相同的方法抑制脑海马区域的 HDAC 活性后,可以增强大鼠物体定位的长程记忆能力,而不会影响其物体识别的长程记忆能力(Roozendaal et al, 2010)。这一现象说明,脑皮质区域的表观遗传机制可以调控动物的长程记忆,此外,在记忆固化的时间段,只有抑制脑相应区域的 HDAC 活性,才能达到增强记忆能力的作用。该实验还显示,糖皮质激素受体(glucocorticoid receptor)的激活在增强大鼠的长程记忆能力方面具有重要的作用。尽管糖皮质激素处理可以提高大鼠上述两种长程记忆的固化能力,但对于 cbp 基因突变的大鼠,糖皮质激素处理仅能够恢复其物体识别的长程记忆能力,而不能够恢复其物体定位的长程记忆能力。这一现象说明,CBP 在脑海马区域及岛叶区域具有不同的表观遗传机制。组蛋白的乙酰化修饰还参与小鼠依赖于岛叶区域的味觉厌恶(taste aversion)记忆(Swank et al, 2001)。此外,在大鼠单眼缺失后,组蛋白的乙酰化修饰还参与依赖于视皮层(visual cortex)区域的视敏感(visual acuity)恢复(图 11-14)(Silingardi et al, 2010)。今后,还应该进一步研究在出生后动物的记忆行为中,皮层区域的组蛋白修饰所发挥的多方面作用。

11.5.3 其他形式的组蛋白修饰与记忆行为

组蛋白的磷酸化是一种重要的表观遗传修饰模式,可以作为一种特异性的分子信号,细胞内的一些信号转导通路可以将这些特异性的分子信号作为目标位点,此外,这些特异性的分子信号也可以作为染色质动态性的一个调控子。人们研究了有丝分裂原及压力激活的蛋白激酶 1(mitogen- and stress-activated protein kinase 1, MSK1)在依赖于组蛋白磷酸化的信号通路中的作用以及这些信号通路对动物记忆行为的影响。结果表明,敲除 msk1 基因的小鼠缺失了空间长程记忆能力及背景性恐惧环境下的长程记忆能力,但其线索性恐惧环境下的长程记忆能力未受到影响。与上述实验结果类似,HDAC 抑制剂并不能够使 msk1 基因敲除小鼠的记忆能力缺失得以恢复(Chen and Zou, 2010)。这一结果表明,组蛋白乙酰化与磷酸化修饰的交互作用亦或这两种修饰共同的上游调节物在哺乳动物长程记忆形成过程中扮演着非常重要的角色。与上述结果相类似,msk1/2 双基因敲除小鼠表现出强迫游泳(forced swim)记忆模式的缺失,这种记忆模式依赖于脑海马的一个亚解剖区域,即齿状回(dentate gyrus)(Chandramohan et al, 2008)。除 MSK 外,IκB 激酶(IκB kinase, IKK)复合体的 α 异构体(IKKα)也可以调控脑海马区域组蛋白 H3 的磷酸化修饰,IKKα 是核因子 κB(Nuclear factor κB, NF-κB)的一种去抑制调控子(Lubin et al, 2007)。抑制 IKKα 可以阻止背景性恐惧环境下长程记忆的再固化(reconsolidation)过程。总之,上述实验表明了组蛋白激酶及其所催化的组蛋白磷酸化修饰在哺乳动物的记忆形成过程中具有至关重要的作用。在今后的研究中,还需要阐明其他的组蛋白激酶,如 Aurora-B 及 Rsk-2 等,在记忆相关的组蛋白磷酸化中的作用。此外,有关组蛋白去磷酸化在记忆形成过程中的作用也知之甚少。近期的一项研究表明,一种已知的记忆抑制物,即蛋白磷酸化酶 1(protein phosphatase 1, PP1)与长程记忆形成过程中组蛋白的表观遗传修饰有关(Koshibu et al, 2009)。然而,许多的蛋白磷酸化酶具有多重的功能,需要专门的通路实现组蛋白的磷酸化修饰。例如:抑制 PP1 的活性会导致组蛋白磷酸化、乙酰化及甲基化模式的改变。导致这种现象的可能机制有两种,第一种是抑制 PP1 的活性会导致组蛋白的超乙酰化修饰,后者通过表观遗传修饰的交互作用导致组蛋白的乙酰化及甲基化模式发生改变;第二种是抑制 PP1 的活性会影响 PP1 作用的酶或转录因子的活性,进而导致组蛋白乙酰化及甲基化模式的改变。然而,目前还不清楚到底是哪一种机制在发挥作用。

近期,人们发现多聚(ADP-核糖)聚合酶(Poly(ADP-ribose) polymerases, PARPs)在与

记忆行为有关的组蛋白修饰中扮演着一定的角色。PARPs 是一种蛋白质 ADP-糖基化酶（ADP-ribosylase），可以催化 ADP-核糖单位从 NAD$^+$ 转移到组蛋白靶位点上，形成线状或分支状的 ADP-核糖重复单位同聚体，不但影响染色质的局部结构，还可以影响转录因子及染色质重塑复合体的结合。最初发现，在海兔的操作饲喂（operant feeding）实验中，PARP-1 可以选择性地调控海兔的长程记忆行为（Cohen-Armon et al, 2004）。近期的研究证实了这一机制在动物进化过程中的保守性。研究表明，在小鼠的物体识别及位置回避（place avoidance）实验中，心室内灌注或程序性注射 PARP-1 抑制剂可以干扰小鼠的长程记忆能力（Fontan-Lozano et al, 2010）。今后，还需要进一步研究组蛋白泛素化及小泛素样修饰（sumoylation）在记忆行为中的作用。

11.5.4 DNA 甲基化与记忆的形成及储存

尽管绝大多数有关记忆的表观遗传调控都是以组蛋白的共价修饰作为研究对象，然而，越来越多的证据表明，DNA 甲基化在哺乳动物的记忆行为中也扮演着非常重要的角色。在对 DNA 甲基化识别蛋白的突变体进行记忆相关的研究中，显示出 DNA 甲基化在记忆行为中具有一定的作用。例如，在 MWM 实验中，甲基化 CpG 结合蛋白 1 (Methyl-CpG-binding protein 1, *mbd*1) 基因缺失的小鼠表现为空间记忆能力的缺失（Zhao et al, 2003）。同样的，在依赖于脑海马的空间记忆、条件性恐惧环境下的背景记忆及群体识别记忆（social recognition memory）的实验中，甲基化 CpG 结合蛋白 2 (methyl CpG binding protein 2, *mecp*2) 基因缺失突变体小鼠显示出较差的记忆行为（Moretti et al, 2006）。突变体小鼠表现出的这些记忆行为缺陷与 Rett 综合症患者的记忆行为缺陷相似，表明了 MeCP2 蛋白的功能在哺乳动物中具有保守性。

有关 DNA 甲基化在记忆行为中的作用，直接的证据来自于对 DNMTs 进行药物及遗传操作的实验。在训练前或刚训练后，将 DNMTs 抑制剂 zebularine 或 5-氮杂胞苷（5-azacytidine）灌注到脑海马的 CA1 亚区域后，大鼠表现出背景性恐惧环境下长程记忆能力的缺失（Miller et al, 2008）。由于这一实验缺乏特异性，此外，考虑到这些 DNMTs 抑制剂的细胞毒性以及 DNA 合成过程中需要 DNMTs，人们对 DNMTs 能否特异性调控长程记忆提出了质疑。然而，一些对照实验解决了人们的这一质疑。首先，DNMTs 抑制剂不会持续性干扰动物的顺行性记忆（anterograde memory），因为采用 DNMTs 抑制剂处理大鼠后，重复训练也会使大鼠形成牢固的记忆（Miller et al, 2007）。其次，在大鼠脑海马的 CA1 亚区域灌注 DNMTs 竞争性抑制剂 RG108 后，会干扰大鼠背景性恐惧环境下长程记忆能力的固化（Lubin et al, 2008）。第三，在训练前，如果在大鼠脑海马的 CA1 亚区域预先灌注 HDAC 抑制剂，则 DNMTs 抑制剂不再会干扰大鼠背景性恐惧环境下的长程记忆能力（Miller et al, 2008）。这些实验结果表明，在动物的记忆行为及突触可塑性方面，需要组蛋白乙酰化及 DNA 甲基化的共同参与，这两种表观遗传修饰在调控动物的记忆行为方面具有互补性及可容性。然而，上述实验并不能够排除可能存在的 DNMTs 抑制剂脱靶（off-target）的情况。对 *dnmt* 基因进行遗传操作的实验排除了上述实验结果是由于 DNMTs 抑制剂脱靶造成的。当敲除出生后小鼠前脑区兴奋性神经元中的 *dnmt*3a 及 *dnmt*1 基因后，会干扰其空间长程记忆能力及背景性恐惧环境下的长程记忆能力（Feng et al, 2010）。基因敲除后的小鼠并没有表现出脑海马形态改变及其细胞数量改变的现象，仅表现出脑海马体积略微减小的现象。这一现象表明，基因敲除小鼠所表现出的长程记忆行为缺失并不是细胞或生理水平的原因造成的，而是细胞内分子水平上的原因造成的。总之，上述实验强有力地证明了 DNMTs 在成年哺乳动物记忆固化过程中具有重要作用。在今后的研究中，可以采用 RNA 干扰技术敲除脑特定区域 DNMTs 的特异性异构体（如 DNMT1、DNMT3a 或 DNMT3b），从而完全避免上述实验中可能存在的一些非特异性影响。

  记忆的固化与储存（storage）依赖于脑的不同解剖区域，这两种记忆行为的机制也不相同。尽管上述实验证明了 DNMTs 在依赖于脑海马的记忆固化过程中具有一定的作用，然而，并没有任何线索表明 DNA 甲基化可以调控记忆的储存过程。已有的报道表明，在背景性恐惧环境下所形成的长程记忆，其储存过程主要依赖于前扣带皮层（anterior cingulate cortex），后者是背内侧前额叶皮层（dorsomedial prefrontal cortex）的一个亚区域。基于这一实验结果，近期的一项研究表明，DNMTs 参与了记忆的储存过程（Miller et al, 2010）。在训练后 29 天时，向大鼠的皮层内灌注特异性的 DNMT 拮抗剂可以干扰其记忆的储存；而在训练后 1 天时，相同的处理并不会干扰大鼠记忆的储存。之所以产生上述的结果是因为在训练后 1 天时，所形成的记忆还没有下载到脑皮层区域。这一结果首次表明 DNMTs 不仅调控记忆的初始形成过程，还调控记忆的长期储存过程。

  不正常的 DNA 甲基化也与中枢神经系统的紊乱有关，然而，其潜在的临床应用机理目前还没有阐明。相关的研究表明，某些病理性失调的基因位点上 DNA 甲基化模式的改变与 Alzheimer 病有关，通过对这些位点 DNA 甲基化模式的干预，有望对相关的神经系统疾病进行治疗。事实上，采用相应的试剂干扰小鼠细胞内 SAM（DNA 甲基化反应的底物）的含量，可以达到表观调控早老素 1（presenilin 1, *PS1*）基因及 β 位点 APP 分裂酶（beta-site APP-cleaving enzyme, *bace*）基因表达的目的（Fuso et al, 2008）。上述两种酶可以催化淀粉样蛋白前体蛋白（amyloid precursor protein, APP）的加工过程，最终导致 β-淀粉样蛋白（amyloid-β, Aβ）的释放，后者是 Alzheimer 病显著的病理学特征。增强 DNA 的甲基化水平可以减少 Aβ 的产生量，从而表明能够增强单碳转移反应的分子可以阻止 Alzheimer 病的进一步发展。近期的一项研究表明，对于 Alzheimer 病模型小鼠，采用叶酸（folic acid）处理非特异性提高细胞内的 DNA 甲基化水平后，可以提高美金刚（memantine）在治疗 Alzheimer 病时的效果，即叶酸与美金刚协同作用，可以改善 Alzheimer 病模型小鼠的空间记忆能力，保护模型小鼠的神经元（Chen and Huang et al, 2010）。此外，上述实验还表明，饲粮中缺乏 B 族维生素（包括叶酸）可导致 Alzheimer 病模型小鼠的 *ps1* 基因转录起始位点附近发生位点特异性的 DNA 去甲基化。这一结果表明，系统化地调控神经细胞内甲基化供体（如 SAM）的水平，可以促进 Alzheimer 病患者记忆能力的恢复，其部分的原因在于疾病相关的基因位点发生了表观遗传修饰改变。

  对于 Alzheimer 病，尽管在临床上还没有尝试采用药物增加神经细胞内 DNA 甲基化水平的治疗效果，然而，已有的证据表明，Alzheimer 病患者的神经细胞的确表现为低 DNA 甲基化状态。对 Alzheimer 病患者进行尸检的结果显示，患者的脑皮层细胞表现为 DNA 亚甲基化水平，在具有特征性病理学形态的神经元中，DNA 的甲基化水平更低（Mastroeni et al, 2010）。尽管目前还未确定 Alzheimer 病患者的基因组中哪些基因最容易受到异常的 DNA 甲基化模式的影响，然而，可以确定的一点是：在 Alzheimer 病患者的基因组中，异常的表观遗传修饰模式所导致的基因异常转录具有高度的位点特异性，但在不同患者之间也存在一定的差异（Silva et al, 2008）。总之，上述实验结果为治疗 Alzheimer 病及更多的衰老相关的记忆缺失疾病提供了一种策略，即通过干扰相关基因位点的 DNA 甲基化模式，有望对这些疾病进行治疗。在今后的研究中，应该开发更多的方法用于提高脑神经细胞中的 DNA 甲基化水平，或抑制其中发生的 DNA 去甲基化反应。

参 考 文 献

AGHERBI H, GAUSSMANN-WENGER A, VERTHUY C, et al. 2009. Polycomb mediated epigenetic silencing and replication timing at the iNK4a/ARF locus during senescence [J]. PLoS One, 4 (5): e5622.

AGRAWAL A, TAY J, YANG G E, et al. 2010. Age-associated epigenetic modifications in human DNA increase its immunogenicity [J]. Aging (Albany NY), 2 (2): 93-100.

AGRELO R, SOUABNI A, NOVATCHKOVA M, et al. 2009. SATB1 defines the developmental context for gene silencing by Xist in lymphoma and embryonic cells [J]. Dev. Cell, 16: 507-516.

AIT-SI-ALI S, GUASCONI V, FRITSCH L, et al. 2004. A Suv39h-dependent mechanism for silencing S-phase genes in differentiating but not in cycling cells [J]. EMBO. J., 23: 605-615.

ALARCON J M, MALLERET G, TOUZANI K, et al. 2004. Chromatin acetylation, memory, and LTP are impaired in $CBP^{+/-}$ mice: a model for the cognitive deficit in Rubinstein-Taybi syndrome and its amelioration [J]. Neuron, 42 (6): 947-959.

ARMSTRONG L. 2012. Epigenetic Control of Embryonic Stem Cell Differentiation [J]. Stem Cell Rev., 8 (1): 67-77.

ARNEY K L, FISHER A G. 2004. Epigenetic aspects of differentiation [J]. Journal of Cell Science, 117: 4355-4363.

AUGUI S, FILION G J, HUART S, et al. 2007. Sensing X chromosome pairs before X inactivation via a novel X-pairing region of the Xic [J]. Science, 318: 1632-1636.

BAILEY J A, CARREL L, CHAKRAVARTI A, et al. 2000. Molecular evidence for a relationship between LiNE-1 elements and X chromosome inactivation: the Lyon repeat hypothesis [J]. Proc. Natl. Acad. Sci. USA, 97: 6634-6639.

BARAKAT T S, GUNHANLAR N, PARDO C G, et al. 2011. RNF12 activates Xist and is essential for X chromosome inactivation [J]. PLoS Genet, 7: e1002001.

BARNABE-HEIDER F, WASYLNKA J A, FERNANDES K J, et al. 2005. Evidence that embryonic neurons regulate the onset of cortical gliogenesis via cardiotrophin-1 [J]. Neuron, 48: 253-265.

BERNSTEIN B E, MIKKELSEN T S, XIE X, et al. 2006. A bivalent chromatin structure marks key developmental genes in embryonic stem cells [J]. Cell, 125: 315-326.

BERNSTEIN E, DUNCAN E M, MASUI O, et al. 2006. Mouse polycomb proteins bind differentially to methylated histone H3 and RNA and are enriched in facultative heterochromatin [J]. Mol. Cell Biol., 26: 2560-2569.

BIBIKOVA M, CHUDIN E, WU B, et al. 2006. Human embryonic stem cells have a unique epigenetic signature [J]. Genome Research, 16 (9): 1075-83.

BLAIS A, VAN OEVELEN C J, MARGUERON R, et al. 2007. Retinoblastoma tumor suppressor protein-dependent methylation of histone H3 lysine 27 is associated with irreversible cell cycle exit [J]. J. Cell Biol., 179: 1399-1412.

BLEWITT M E, GENDREL A V, PANG Z, et al. 2008. SmcHD1, containing a structural maintenance-of-chromosomes hinge domain, has a critical role in X inactivation [J]. Nat. Genet., 40: 663-669.

BONIFER C. 2005. Epigenetic plasticity of hematopoietic cells [J]. Cell Cycle, 4 (2): 211-214.

BOYER L A, LEE T I, COLE M F, et al. 2005. Core transcriptional regulatory circuitry in human embryonic stem cells [J]. Cell, 122: 947-956.

BUCKINGHAM M. 2006. Myogenic progenitor cells and skeletal myogenesis in vertebrates [J]. Curr. Opin. Genet. Dev., 16: 525-532.

CALVANESE V, LARA E, KAHN A, et al. 2009. The role of epigenetics in aging and age-related diseases [J]. Ageing Res. Rev., 8 (4): 268-276.

CASANOVA M, PREISSNER T, CERASE A, et al. 2011. Polycomblike 2 facilitates the recruitment of PRC2 polycomb group complexes to the inactive X chromosome and to target loci in embryonic stem cells [J]. Development, 138: 1471-1482.

CASAS-DELUCCHI C S, BRERO A, RAHN H P, et al. 2011. Histone acetylation controls the inactive X chromosome replication dynamics [J]. Nat. Commun., 2: 222.

CHADWICK B P, WILLARD H F. 2002. Cell cycle-dependent localization of macroH2A in chromatin of the inactive X chromosome [J]. J. Cell Biol., 157: 1113-1123.

CHANDRAMOHAN Y, DROSTE S K, ARTHUR J S, et al. 2008. The forced swimming-induced behavioural immobility response involves histone H3 phospho-acetylation and c-Fos induction in dentate gyrus granule neurons via activation of the

N-methyl-D-aspartate/extracellular signal-regulated kinase/mitogen- and stress-activated kinase signalling pathway [J]. Eur. J. Neurosci., 27 (10): 2701-2713.

CHANGOLKAR L N, COSTANZI C, LEU N A, et al. 2007. Developmental changes in histone macroH2A1-mediated gene regulation [J]. Mol. Cell Biol., 27: 2758-2764.

CHARI R, THU K L, WILSON I M, et al. 2010. integrating the multiple dimensions of genomic and epigenomic landscapes of cancer [J]. Cancer Metastasis Rev., 29 (1): 73-93.

CHAZAUD C, YAMANAKA Y, PAWSON T, et al. 2006. Early lineage segregation between epiblast and primitive endoderm in mouse blastocysts through the Grb2-MAPK pathway [J]. Developmental Cell, 10: 615-624.

CHEN G, ZOU X, WATANABE H, et al. 2010. CREB binding protein is required for both short-term and long-term memory formation [J]. J. Neurosci., 30 (39): 13066-13077.

CHEN T F, HUANG R F, LIN S E, et al. 2010. Folic Acid potentiates the effect of memantine on spatial learning and neuronal protection in an Alzheimer's disease transgenic model [J]. J. Alzheimers Dis., 20 (2): 607-615.

CHENG L C, PASTRANA E, TAVAZOIE M, et al. 2009. miR-124 regulates adult neurogenesis in the subventricular zone stem cell niche [J]. Nat. Neurosci., 12: 399-408.

CHOTALIA M, SMALLWOOD S A, RUF N, et al. 2009. Transcription is required for establishment of germline methylation marks at imprinted genes [J]. Genes Dev., 23: 105-117.

CHOW J C, CIAUDO C, FAZZARI M J, et al. 2010. LiNE-1 activity in facultative heterochromatin formation during X chromosome inactivation [J]. Cell, 141: 956-969.

CICCONE D N, SU H, HEVI S, et al. 2009. KDM1B is a histone H3K4 demethylase required to establish maternal genomic imprints [J]. Nature, 461: 415-418.

COHEN-ARMON M, VISOCHEK L, KATZOFF A, et al. 2004. Long-term memory requires polyADP-ribosylation [J]. Science, 304 (5678): 1820-1822.

CONACO C, OTTO S, HAN J J, et al. 2006. Reciprocal actions of REST and a microRNA promote neuronal identity [J]. Proc. Natl Acad. Sci. USA, 103: 2422-2427.

CREMER T, CREMER M, DIETZEL S, et al. 2006. Chromosome territories—a functional nuclear landscape [J]. Curr. Opin. Cell Biol., 18: 307-316.

CUI K, ZANG C, ROH T Y, et al. 2009. Chromatin signatures in multipotent human hematopoietic stem cells indicate the fate of bivalent genes during differentiation [J]. Cell Stem Cell, 4 (1): 80-93.

DACWAG C S, BEDFORD M T, SIF S, et al. 2009. Distinct protein arginine methyltransferases promote ATP-dependent chromatinremodeling function at different stages of skeletal muscle differentiation [J]. Mol. Cell Biol., 29: 1909-1921.

DAY J J, SWEATT J D. 2010. DNA methylation and memory formation [J]. Nat. Neurosci., 13 (11): 1319-1323.

de NAPOLES M, MERMOUD J E, WAKAO R, et al. 2004. Polycomb group proteins Ring1A/B link ubiquitylation of histone H2A to heritable gene silencing and X inactivation [J]. Dev. Cell, 7: 663-676.

DOU Y, MILNE T A, TACKETT A J, et al. 2005. Physical association and coordinate function of the H3 K4 methyltransferase MLL1 and the H4 K16 acetyltransferase MOF [J]. Cell, 121: 873-885.

DOYEN C M, AN W, ANGELOV D, et al. 2006. Mechanism of polymerase II transcription repression by the histone variant macroH2A [J]. Mol. Cell Biol., 26: 1156-1164.

DUCLOT F, JACQUET C, GONGORA C, et al. 2010. Alteration of working memory but not in anxiety or stress response in p300/CBP associated factor (PCAF) histone acetylase knockout mice bred on a C57BL/6 background [J]. Neurosci. Lett., 475 (3): 179-183.

ESCAMILLA-DEL-ARENAL M, DA ROCHA S T, HEARD E. 2011. Evolutionary diversity and developmental regulation of X-chromosome inactivation [J]. Hum Genet., 130 (2): 307-327.

ESKELAND R, LEEB M, GRIMES G R, et al. 2010. Ring1B compacts chromatin structure and represses gene expression independent of histone ubiquitination [J]. Mol. Cell, 38: 452-464.

EYMERY A, CALLANAN M, VOURC'H C. 2009. The secret message of heterochromatin: new insights into the mechanisms and function of centromeric and pericentric repeat sequence transcription [J]. int. J. Dev. Biol., 53: 259-268.

FENG J, ZHOU Y, CAMPBELL S L, et al. 2010. Dnmt1 and Dnmt3a maintain DNA methylation and regulate synaptic function in adult forebrain neurons [J]. Nat. Neurosci., 13 (4): 423-430.

FONTAN-LOZANO A, SUAREZ-PEREIRA I, HORRILLO A, et al. 2010. Histone H1 poly [ADP] -ribosylation regulates the chromatin alterations required for learning consolidation [J]. J. Neurosci., 30 (40): 13305-13313.

FULCO M, SCHILTZ R L, IEZZI S, et al. 2003. Sir2 regulates skeletal muscle differentiation as a potential sensor of the redox state [J]. Mol. Cell., 12: 51-62.

FUSO A, NICOLIA V, CAVALLARO R A, et al. 2008. B-vitamin deprivation induces hyperhomocysteinemia and brain S-adenosylhomocysteine, depletes brain S-adenosylmethionine, and enhances PS1 and BACE expression and amyloid-b deposition in mice [J]. Mol. Cell Neurosci., 37 (4): 731-746.

GAN Q, YOSHIDA T, MCDONALD O G, et al. 2007. Concise review: epigenetic mechanisms contribute to pluripotency and cell lineage determination of embryonic stem cells [J]. Stem Cells, 25: 2-9.

GARCIA S N, PEREIRA-SMITH O. 2008. MRGing chromatin dynamics and cellular senescence [J]. Cell Biochem., Biophys., 50 (3): 133-141.

GOLOB J L, PAIGE S L, MUSKHELI V, et al. 2008. Chromatin remodeling during mouse and human embryonic stem cell differentiation [J]. Developmental Dynamics, 237 (5): 1389-1398.

GOPINATH S D, RANDO T A. 2008. Stem cell review series: aging of the skeletal muscle stem cell niche [J]. Aging Cell, 7: 590-598.

GRAFF J, MANSUY I M. 2009. Epigenetic dysregulation in cognitive disorders [J]. Eur. J. Neurosci., 30 (1): 1-8.

GREISS S, GARTNER A. 2009. Sirtuin/Sir2 phylogeny, evolutionary considerations and structural conservation [J]. Mol. Cells, 28 (5): 407-415.

GUAN J S, HAGGARTY S J, GIACOMETTI E, et al. 2009. HDAC2 negatively regulates memory formation and synaptic plasticity [J]. Nature, 459 (7243): 55-60.

GUASCONI V, PURI P L. 2009. Chromatin: the interface between extrinsic cues and the epigenetic regulation of muscle regeneration [J]. Trends Cell Biol., 19: 286-294.

GUENTHER M G, LEVINE S S, BOYER L A, et al. 2007. A chromatin landmark and transcription initiation at most promoters in human cells [J]. Cell, 130: 77-88.

GUILLEMOT F. 2007. Spatial and temporal specification of neural fates by transcription factor codes [J]. Development, 134: 3771-3780.

HAMID A, WANI N A, KAUR J. 2009. New perspectives on folate transport in relation to alcoholism-induced folate malabsorption-association with epigenome stability and cancer development [J]. FEBS J., 276 (8): 2175-2191.

HASEGAWA Y, BROCKDORFF N, KAWANO S, et al. 2010. The matrix protein hnRNP U is required for chromosomal localization of Xist RNA [J]. Dev. Cell, 19: 469-476.

HAWKINS R D, HON G C, LEE L K, et al. 2010. Distinct epigenomic landscapes of pluripotent and lineage-committed human cells [J]. Cell Stem Cell, 6 (5): 479-491.

HEARD E, BICKMORE W. 2007. The ins and outs of gene regulation and chromosome territory organisation [J]. Curr. Opin. Cell Biol., 19: 311-316.

HIRABAYASHI Y, SUZKI N, TSUBOI M, et al. 2009. Polycomb limits the neurogenic competence of neural precursor cells to promote astrogenic fate transition [J]. Neuron, 63: 600-613.

HIRASAWA R, CHIBA H, KANEDA M, et al. 2008. Maternal and zygotic Dnmt1 are necessary and sufficient for the maintenance of DNA methylation imprints during preimplantation development [J]. Genes Dev., 22: 1607-1616.

HOCHEDLINGER K, PLATH K. 2009. Epigenetic reprogramming and induced pluripotency [J]. Development, 136 (4): 509-523.

HORNECKER J L, SAMOLLOW P B, ROBINSON E S, et al. 2007. Meiotic sex chromosome inactivation in the marsupial Monodelphis domestica [J]. Genesis, 45: 696-708.

HOULARD M, BERLIVET S, PROBST A V, et al. 2006. CAF-1 is essential for heterochromatin organization in pluripotent embryonic cells [J]. PLoS Genetics, 2: e181.

HSIEH J, NAKASHIMA K, KUWABARA T, et al. 2004. Histone deacetylase inhibition-mediated neuronal differentiation of multipotent adult neural progenitor cells [J]. Proc. Natl. Acad. Sci. USA, 101: 16659-16664.

INGRAM D K, ZHU M, MAMCZARZ J, et al. 2006. Calorie restriction mimetics: an emerging research field [J]. Aging Cell, 5 (2): 97-108.

JOHANSEN K M, JOHANSEN J. 2006. Regulation of chromatin structure by histone H3S10 phosphorylation [J]. Chromosome Research, 14 (4): 393-404.

JONKERS I, BARAKAT T S, ACHAME E M, et al. 2009. RNF12 is an X-Encoded dose-dependent activator of X chromosome inactivation [J]. Cell, 139: 999-1011.

JONKERS I, MONKHORST K, RENTMEESTER E, et al. 2008. Xist RNA is confined to the nuclear territory of the silenced X chromosome throughout the cell cycle [J]. Mol. Cell Biol., 28: 5583-5594.

JULIANDI B, ABEMATSU M, NAKASHIMA K. 2010. Epigenetic regulation in neural stem cell differentiation [J]. Dev. Growth Differ., 52 (6): 493-504.

JUNG G A, YOON J Y, MOON B S, et al. 2008. Valproic acid induces differentiation and inhibition of proliferation in neural progenitor cells via the beta-catenin-Ras-ERKp21$^{Cip/WAF1}$ pathway [J]. BMC Cell Biol., 9: 66.

KAJI K, NICHOLS J, HENDRICH B. 2007. Mbd3, a component of the NuRD co-repressor complex, is required for development of pluripotent cells [J]. Development, 134: 1123-1132.

KALANTRY S, MILLS K C, YEE D, et al. 2006. The polycomb group protein Eed protects the inactive X-chromosome from differentiation-induced reactivation [J]. Nat. Cell Biol., 8: 195-202.

KANEDA M. 2011. Genomic imprinting in mammals-Epigenetic parental memories [J]. Differentiation, 82: 51-56.

KANEDA M, HIRASAWA R, CHIBA HZ, et al. 2010. Genetic evidence for Dnmt3a-dependent imprinting during oocyte growth obtained by conditional knockout with Zp3-Cre and complete exclusion of Dnmt3b by chimera formation [J]. Genes Cells, 15: 169-179.

KANEKO S, LI G, SON J, et al. 2011. Phosphorylation of the PRC2 component Ezh2 is cell cycle-regulated and up-regulates its binding to ncRNA [J]. Genes Dev., 24: 2615-2620.

KAROUZAKIS E, GAY R E, GAY S, et al. 2009. Epigenetic control in rheumatoid arthritis synovial fibroblasts [J]. Nat. Rev. Rheumatol., 5 (5): 266-272.

KATO Y, KANEDA M, HATA K, et al. 2007. Role of the Dnmt3 family in de novo methylation of imprinted and repetitive sequences during male germ cell development in the mouse [J]. Hum. Mol. Genet., 16: 2272-2280.

KAWAHARA M, WU Q, TAKAHASHI N, et al. 2007. High-frequency generation of viable mice from engineered bi-maternal embryos [J]. Nat. Biotechnol., 25: 1045-1050.

KIMURA H, TADA M, NAKATSUJI N, et al. 2004. Histone code modifications on pluripotential nuclei of reprogrammed somatic cells [J]. Molecular and Cellular Biology, 24: 5710-5720.

KOHLMAIER A, SAVARESE F, LACHNER M, et al. 2004. A chromosomal memory triggered by Xist regulates histone methylation in X inactivation [J]. PLoS Biol., 2: E171.

KONO T, OBATA Y, WU Q, et al. 2004. Birth of parthenogenetic mice that can develop to adulthood [J]. Nature, 428: 860-864.

KORZUS E, ROSENFELD M G, MAYFORD M. 2004. CBP histone acetyltransferase activity is a critical component of memory consolidation [J]. Neuron, 42 (6): 961-972.

KOSHIBU K, GRAFF J, BEULLENS M, et al. 2009. Protein phosphatase 1 regulates the histone code for long-term memory [J]. J. Neurosci., 29 (41): 13079-13089.

KOUZARIDES T. 2007. Chromatin modifications and their function [J]. Cell, 128: 693-705.

KRICHEVSKY A M, SONNTAG K C, ISACSON O, et al. 2006. Specific microRNAs modulate embryonic stem cellderived neurogenesis [J]. Stem Cells, 24: 857-864.

KUANG S, GILLESPIE M A, RUDNICKI M A. 2008. Niche regulation of muscle satellite cell self-renewal and differentiation [J]. Cell Stem Cell, 2: 22-31.

KURISAKI A, HAMAZAKI T S, OKABAYASHI K, et al. 2005. Chromatin-related proteins in pluripotent mouse embryonic stem cells are downregulated after removal of leukemia inhibitory factor [J]. Biochemical and Biophysical Research Communications, 335: 667-675.

LANGE M, KAYNAK B, FORSTER U B, et al. 2008. Regulation of muscle development by DPF3, a novel histone acetylation and methylation reader of the BAF chromatin remodeling complex [J]. Genes Dev., 22: 2370-2384.

LAU P, VERRIER J D, NIELSEN J A, et al. 2008. identification of dynamically regulated microRNA and mRNA networks in developing oligodendrocytes [J]. J. Neurosci., 28: 11720-11730.

LEE E R, MCCOOL K W, MURDOCH F E, et al. 2006. Dynamic changes in histone H3 phosphoacetylation during early embryonic stem cell differentiation are directly mediated by mitogen- and stress-activated protein kinase 1 via activation of MAPK pathways [J]. Journal of Biological Chemistry, 281 (30): 21162-21172.

LEFEVRE P, MELNIK S, WILSON N, et al. 2003. Developmentally regulated recruitment of transcription factors and chromatin modification activities to chicken lysozyme cis-regulatory elements *in vivo* [J]. Mol. Cell Biol., 23: 4386-4400.

LEPPER C, CONWAY S J, FAN C M. 2009. Adult satellite cells and embryonic muscle progenitors have distinct genetic requirements [J]. Nature, 460: 627-631.

LI X, ITO M, ZHOU F, et al. 2008. A maternal-zygotic effect gene, Zfp57, maintains both maternal and paternal imprints [J]. Dev. Cell, 15: 547-557.

LIM D A, HUANG Y C, SWIGUT T, et al. 2009. Chromatin remodelling factor Mll1 is essential for neurogenesis from postnatal neural stem cells [J]. Nature, 458: 529-533.

LISTER R, PELIZZOLA M, DOWEN R H, et al. 2009. Human DNA methylomes at base resolution show widespread epigenomic differences [J]. Nature, 462 (7271): 315-322.

LONGO V D. 2009. Linking sirtuins, iGF-i signaling, and starvation [J]. Exp. Gerontol., 44 (1-2): 70-74.

LUBIN F D, ROTH T L, SWEATT J D. 2008. Epigenetic regulation of BDNF gene transcription in the consolidation of fear memory [J]. J. Neurosci., 28 (42): 10576-10586.

LUBIN F D, SWEATT J D. 2007. The IkB kinase regulates chromatin structure during reconsolidation of conditioned fear memories [J]. Neuron, 55 (6): 942-957.

LUO S W, ZHANG C, ZHANG B, et al. 2009. Regulation of heterochromatin remodelling and myogenin expression during muscle differentiation by FAK interaction with MBD2 [J]. EMBO J., 28: 2568-2582.

MA D K, GUO J U, MING G L. et al. 2009. DNA excision repair proteins and Gadd45 as molecular players for active DNA demethylation [J]. Cell Cycle, 8: 1526-1531.

MAKEYEV E V, ZHANG J, CARRASCO M A, et al. 2007. The microRNA miR-124 promotes neuronal differentiation by triggering brain-specific alternative pre-mRNA splicing [J]. Mol. Cell, 27: 435-448.

MARGUERON R, REINBERG D. 2011. The polycomb complex PRC2 and its mark in life [J]. Nature, 469: 343-349.

MARKS H, CHOW J C, DENISSOV S, et al. 2009. High-resolution analysis of epigenetic changes associated with X inactivation [J]. Genome Res., 19: 1361-1373.

MASTROENI D, GROVER A, DELVAUX E, et al. 2010. Epigenetic changes in Alzheimer's disease: decrements in DNA methylation [J]. Neurobiol. Aging, 31 (12): 2025-2037.

MASUI O, BONNET I, LE BACCON P, et al. 2011. Live-cell chromosome dynamics and outcome of X chromosome pairing events during es cell differentiation [J]. Cell, 145: 447-458.

MATOUK C C, MARSDEN P A. 2008. Epigenetic regulation of vascular endothelial gene expression [J]. Circ. Res., 102 (8): 873-887.

MAURICE T, DUCLOT F, MEUNIER J, et al. 2008. Altered memory capacities and response to stress in p300/CBP-associated factor (PCAF) histone acetylase knockout mice [J]. Neuropsychopharmacology, 33 (7): 1584-1602.

MCKINNELL I W, ISHIBASHI J, LE GRAND F, et al. 2008. Pax7 activates myogenic genes by recruitment of a histone methyltransferase complex [J]. Nat. Cell Biol., 10: 77-84.

MESHORER E, YELLAJOSHULA D, GEORGE E, et al. 2006. Hyperdynamic plasticity of chromatin proteins in pluripotent embryonic stem cells [J]. Developmental Cell, 10: 105-116.

MIETTON F, SENGUPTA A K, MOLLA A, et al. 2009. Weak but uniform enrichment of the histone variant macroH2A1 along the inactive X chromosome [J]. Mol. Cell Biol., 29: 150-156.

MIKKOLA I, HEAVEY B, HORCHER M, et al. 2002. Reversion of B cell commitment upon loss of Pax5 expression [J]. Science, 297: 110-113.

MILLER C A, CAMPBELL S L, SWEATT J D. 2008. DNA methylation and histone acetylation work in concert to regulate memory formation and synaptic plasticity [J]. Neurobiol. Learn Mem., 89 (4): 599-603.

MILLER C A, GAVIN C F, WHITE J A. et al. 2010. Cortical DNA methylation maintains remote memory [J]. Nat. Neurosci., 13 (6): 664-666.

MILLER C A, SWEATT J D. 2007. Covalent modification of DNA regulates memory formation [J]. Neuron, 53 (6): 857-869.

MOHAMMAD F, MONDAL T, KANDURI C. 2009. Epigenetics of imprinted long noncoding RNAs [J]. Epigenetics, 4: 277-286.

MONK D, WAGSCHAL A, ARNAUD P, et al. 2008. Comparative analysisof human chromosome 7q21 and mouse proximal chromosome 6 reveals a placental-specific imprinted gene, TFPi2/Tfpi2, which requires EHMT2 and EED forallelic-silencing [J]. Genome Res., 18: 1270-1281.

MORETTI P, LEVENSON J M, BATTAGLIA F, et al. 2006. Learning and memory and synaptic plasticity are impaired in a mouse model of Rett syndrome [J]. J. Neurosci., 26 (1): 319-327.

MURDOCH S, DJURIC U, MAZHAR B, et al. 2006. Mutations in NALP7 cause recurrent hydatidiform moles and reproductive wastage in humans [J]. Nat. Genet., 38: 300-302.

NAKA H, NAKAMURA, S, SHIMAZAKI, T, et al. 2008. Requirement for COUP-TFi and ii in the temporal specification of neural stem cells in central nervous system development [J]. Nat. Neurosci., 11: 1014-1023.

NAKAMURA T, ARAI Y, UMEHARA H, et al. 2007. PGC7/Stella protects against DNA demethylation in early embryogenesis [J]. Nat. Cell Biol., 9: 64-71.

NAMIHIRA M, KOHYAMA J, SEMI K, et al. 2009. Committed neuronal precursors confer astrocytic potentialon residual neural precursor cells [J]. Dev. Cell, 16: 245-255.

NAUGHTON C, SPROUL D, HAMILTON C, et al. 2010. Analysis of active and inactive X chromosome architecture reveals the independent organization of 30 nm and large-scale chromatin structures [J]. Mol. Cell, 40: 397-409.

NAVARRO P, CHAMBERS I, KARWACKI-NEISIUS V, et al. 2008. Molecular coupling of Xist regulation and pluripotency [J]. Science, 321: 1693-1695.

NG R K, GURDON J B. 2008. Epigenetic memory of an active gene state depends on histone H3.3 incorporation into chromatin in the absence of transcription [J]. Nat. Cell Biol., 10: 102-109.

O'NEILL L P, SPOTSWOOD H T, FERNANDO M, et al. 2008. Differential loss of histone H3 isoforms mono-, di- and trimethylated at lysine 4 during X-inactivation in female embryonic stem cells [J]. Biol. Chem., 389: 365-370.

ODA H, HUBNER M R, BECK D B, et al. 2010. Regulation of the histone H4 monomethylase PR-Set7 by CRL4 (Cdt2) -mediated PCNA-dependent degradation during DNA damage [J]. Mol. Cell, 40: 364-376.

ODA H, OKAMOTO I, MURPHY N, et al. 2009. Monomethylation of histone H4-lysine 20 is involved in chromosome structure and stability and is essential for mouse development [J]. Mol. Cell Biol., 29: 2278-2295.

OKAMOTO I, PATRAT C, THÉPOT D, et al. 2011. Eutherian mammals use diverse strategies to initiate X-chromosome inactivation during development [J]. Nature, 472: 370-374.

OLIVEIRA A M, ABEL T, BRINDLE P K, et al. 2006. Differential role for CBP and p300 CREB-binding domain in motor skill learning [J]. Behav. Neurosci., 120 (3): 724-729.

OLIVEIRA A M, WOOD M A, MCDONOUGH C B, et al. 2007. Transgenic mice expressing an inhibitory truncated form of p300 exhibit long-term memory deficits [J]. Learn Mem., 14 (9): 564-572.

OOI S K, QIU C, BERNSTEIN E, et al. 2007. DNMT3L connects unmethylated lysine 4 of histone H3 to de novo methylation of DNA [J]. Nature, 448 (7154): 714-717.

OROM U A, NIELSEN F C, LUND A H. 2008. MicroRNA-10a binds the 5′ UTR of ribosomal protein mRNAs and enhances their translation [J]. Mol. Cell, 30: 460-471.

PACKER A N, XING Y, HARPER S Q, et al. 2008. The bifunctional microRNA miR-9/miR-9* regulates REST and CoREST and is downregulated in Huntington'ls disease [J]. J. Neurosci., 28: 14341-14346.

PELEG S, SANANBENESI F, ZOVOILIS A, et al. 2010. Altered histone acetylation is associated with age-dependent memory impairment in mice [J]. Science, 328 (5979): 753-756.

POPOVA B C, TADA T, TAKAGI N, et al. 2006. Attenuated spread of X-inactivation in an X: autosome translocation [J]. Proc. Natl. Acad. Sci. USA, 103: 7706-7711.

POPP C, DEAN W, FENG S, et al, 2010. Genome-wide erasure of DNA methylation in mouse primordial germ cells is affected by AiD deficiency [J]. Nature, 463: 1101-1105.

PULLIRSCH D, HARTEL R, KISHIMOTO H, et al. 2010. The trithorax group protein Ash2l and Saf-A are recruited to the inactive X chromosome at the onset of stable X inactivation. Development [J]. 137: 935-943.

QURESHI I A, MATTICK J S, MEHLER M F. 2010. Long non-coding RNAs in nervous system function and disease [J]. Brain Res., 1338: 20-35.

RAMOS Y F, HESTAND M S, VERLAAN M, et al. 2010. Genome-wide assessment of differential roles for p300 and CBP in transcription regulation [J]. Nucleic Acids Res., 38 (16): 5396-5408.

RAMPALLI S, LI L, MAK E, et al. 2007. p38 MAPK signaling regulates recruitment of Ash2Lcontaining methyltransferase complexes to specific genes during differentiation [J]. Nat. Struct. Mol. Biol., 14: 1150-1156.

RANA T M. 2007. illuminating the silence: understanding the structure and function of small RNAs [J]. Nat. Rev. Mol. Cell. Biol., 8: 23-36.

REIK W. 2007. Stability and flexibility of epigenetic gene regulation in mammalian development [J]. Nature, 447: 425-432.

ROCHA V Z, LIBBY P. 2009. Obesity, inflammation, and atherosclerosis [J]. Nat. Rev. Cardiol., 6 (6): 399-409.

RODRIGUEZ-RODERO S, FERNANDEZ-MORERA J L, FERNANDEZ AF, et al. 2010. Epigenetic regulation of aging [J]. Discovery Medicine, 10 (52): 225-233.

ROOZENDAAL B, HERNANDEZ A, CABRERA S M, et al. 2010. Membrane-associated glucocorticoid activity is necessary for modulation of long-term memory via chromatin modification [J]. J. Neurosci, 30 (14): 5037-5046.

SAMBASIVAN R, CHEEDIPUDI S, PASUPULETI N, et al. 2009. The small chromatin-binding protein p8 coordinates the association of anti-proliferative and pro-myogenic proteins at the myogenin promoter [J]. J. Cell Sci., 122: 3481-3491.

SANCHEZ C, SANCHEZ I, DEMMERS J A, et al. 2007. Proteomics analysis of Ring1B/Rnf2 interactors identifies a novel complex with the Fbxl10/Jhdm1B histone demethylase and the Bcl6 interacting corepressor [J]. Mol. Cell Proteomics, 6: 820-834.

SARMA K, LEVASSEUR P, ARISTARKHOV A, et al. 2010. Locked nucleic acids (LNAs) reveal sequence requirements and kinetics of Xist RNA localization to the X chromosome [J]. Proc. Natl. Acad. Sci. USA, 107: 22196-22201.

SASAKI H, MATSUI Y. 2008. Epigenetic events in mammalian germ-cell develop- ment: reprogramming and beyond [J]. Nat. Rev. Genet., 9: 129-140.

SAVARESE F, FLAHNDORFER K, JAENISCH R, et al. 2006. Hematopoietic precursor cells transiently reestablish permissiveness for X inactivation [J]. Mol. Cell. Biol., 26: 7167-7177.

SCHOEFTNER S, SENGUPTA A K, KUBICEK S, et al. 2006. Recruitment of PRC1 function at the initiation of X inactivation independent of PRC2 and silencing [J]. EMBO J., 25: 3110-3122.

SEENUNDUN S, RAMPALLI S, LIU Q C, et al. 2010. UTX mediates demethylation of H3K27me3 at muscle-specific genes during myogenesis [J]. EMBO. J., 29: 1401-1411.

SEKITA Y, WAGATSUMA H, NAKAMURA K, et al. 2008. Role of retrotransposon-derived imprinted gene, Rtl1, in the feto-maternal interface of mouse placenta [J]. Nat. Genet., 40: 243-248.

SERRA C, PALACIOS D, MOZZETTA C, et al. 2007. Functional interdependence at the chromatin level between the MKK6/p38 and iGF1/Pi3K/AKT pathways during muscle differentiation [J]. Mol. Cell., 28: 200-213.

SHEN S, LI J, CASACCIA-BONNEFIL P. 2005. Histone modifications affect timing of oligodendrocyte progenitor differentiation in the developing rat brain [J]. J. Cell Biol., 169: 577-589.

SHIBATA M, KUROKAWA D, NAKAO H, et al. 2008. MicroRNA-9 modulates Cajal-Retzius cell differentiation by supressing Foxg1 expression in mouse medial pallium [J]. J. Neurosci., 28: 10415-10421.

SILINGARDI D, SCALI M, BELLUOMINI G, et al. 2010. Epigenetic treatments of adult rats promote recovery from visual acuity deficits induced by long-term monocular deprivation [J]. Eur. J. Neurosci., 31 (12): 2185-2192.

SILVA P N, GIGEK C O, LEAL M F, et al. 2008. Promoter methylation analysis of SiRT3, SMARCA5, HTERT and CDH1 genes in aging and Alzheimer's disease [J]. J. Alzheimers Dis., 13 (2): 173-176.

SIMON J A, KINGSTON R E. 2009. Mechanisms of polycomb gene silencing: knowns and unknowns [J]. Nat. Rev. Mol. Cell Biol., 10: 697-708.

SIMONE C. 2006. SWI/SNF: the crossroads where extracellular signaling pathways meet chromatin [J]. J. Cell Physiol., 207: 309-314.

SMITH K P, BYRON M, CLEMSON C M, et al. 2004. Ubiquitinated proteins including uH2A on the human and mouse inactive X chromosome: enrichment in gene rich bands [J]. Chromosoma, 113: 324-335.

SONG C, KANTHASAMY A, ANANTHARAM V, et al. 2010. Environmental neurotoxic pesticide increases histone acetylation to promote apoptosis in dopaminergic neuronal cells: relevance to epigenetic mechanisms of neurodegeneration [J]. Mol. Pharmacol., 77 (4): 621-632.

SONG, M R, GHOSH A. 2004. FGF2-induced chromatin remodeling regulates CNTF-mediated gene expression and astrocyte differentiation [J]. Nat. Neurosci., 7: 229-235.

SOUSA-VICTOR P, MUNOZ-CÁNOVES P, PERDIGUERO E. 2011. Regulation of skeletal muscle stem cells through epigenetic mechanisms [J]. Toxicol. Mech. Methods, 21 (4): 334-342.

STADTFELD M, APOSTOLOU E, AKUTSU H, et al. 2010. Aberrant silencing of imprinted genes on chromosome 12qF1 in mouse induced pluripotent stem cells [J]. Nature, 465: 175-181.

STEFANKO D P, BARRETT R M, LY A R, et al. 2009. Modulation of long-term memory for object recognition via HDAC inhibition [J]. Proc. Natl. Acad. Sci. USA, 106 (23): 9447-9452.

SULTAN F A, DAY J J. 2011. Epigenetic mechanisms in memory and synaptic function [J]. Epigenomics, 3 (2): 157-181.

SUN B K, DEATON A M, LEE J T. 2006. A transient heterochromatic state in Xist preempts X inactivation choice without RNA stabilization [J]. Mol. Cell., 21: 617-628.

SUZUKI S, ONO R, NARITA T, et al. 2007. Retrotransposon silencing by DNA methylation can drive mammalian genomic imprinting [J]. PLoS Genet., 3: e55.

SWANK M W, SWEATT J D. 2001. increased histone acetyltransferase and lysine acetyltransferase activity and biphasic activation of the ERK/RSK cascade in insular cortex during novel taste learning [J]. J. Neurosci., 21 (10): 3383-3391.

SZUTORISZ H, CANZONETTA C, GEORGIOU A, et al. 2005. Formation of an active tissue-specific chromatin domain initiated by epigenetic marking at the embryonic stem cell stage [J]. Molecular and Cellular Biology, 25: 1804-1820.

SZUTORISZ H, GEORGIOU A, TORA L, et al. 2006. The proteasome restricts permissive transcription at tissue-specific gene loci in embryonic stem cells [J]. Cell, 127 (7): 1375-1388.

THURSTON A, TAYLOR J, GARDNER J, et al. 2008. Monoallelic expression of nine imprinted genes in the sheep embryo occurs after the blastocyst stage [J]. Reproduction, 135: 29-40.

TINKER A V, BROWN C J. 1998. induction of XiST expression from the human active X chromosome in mouse/human somatic cell hybrids by DNA demethylation [J]. Nucleic Acids Res., 26: 2935-2940.

TOMAZOU E M, MEISSNER, A. 2010. Epigenetic regulation of pluripotency [J]. Advances in Experimental Medicine and Biology, 695: 26-40.

URDINGUIO R G, SANCHEZ-MUT J V, ESTELLER M. 2009. Epigenetic mechanisms in neurological diseases: genes, syndromes, and therapies [J]. Lancet Neurol., 8 (11): 1056-1072.

VECSEY C G, HAWK J D, LATTAL K M, et al. 2007. Histone deacetylase inhibitors enhance memory and synaptic plasticity via CREB: CBP-dependent transcriptional activation [J]. J. Neurosci., 27 (23): 6128-6140.

VERDEL A, JIA S, GERBER S, et al. 2004. RNAi-mediated targeting of heterochromatin by the RiTS complex [J]. Science, 303: 672-676.

VICENT G P, BALLARÉ C, NACHT A S, et al. 2006. induction of progesterone target genes requires activation of Erk and Msk kinases and phosphorylation of histone H3 [J]. Mol. Cell., 24: 367-381.

WAGSCHAL A, SUTHERLAND H G, WOODFINE K, et al. 2008. G9a histone methyltransferase contributes to imprinting in the mouse placenta [J]. Mol. Cell Biol., 28: 1104-1113.

WEBER M, HELLMANN I, STADLER M B, et al. 2007. Distribution, silencing potential and evolutionary impact of promoter DNA methylation in the human genome [J]. Nature Genetics, 39 (4): 457-466.

WIERDA R J, GEUTSKENS S B, JUKEMA J W, et al. 2010. Epigenetics in atherosclerosis and inflammation [J]. J. Cell Mol. Med., 14 (6A): 1225-1240.

XIE H, YE M, FENG R, et al. 2004. Stepwise reprogramming of B cells into macrophages [J]. Cell, 117: 663-676.

YE F, CHEN Y, HOANG T N, et al. 2009. HDAC1 and HDAC2 regulate oligodendrocyte differentiation by disrupting the b-catenin-TCF interaction [J]. Nat. Neurosci., 12: 829-838.

YEN Z C, MEYER I M, KARALIC S, et al. 2007. A cross-species comparison of X-chromosome inactivation in Eutheria [J]. Genomics, 90: 453-463.

YUNG R L, JULIUS A. 2008. Epigenetics, aging, and autoimmunity [J]. Autoimmunity, 41 (4): 329-335.

ZENG L, CHEN R, LIANG F, et al. 2009. Silent information regulator, Sirtuin 1, and age-related diseases [J]. Geriatr. Gerontol. int., 9 (1): 7-15.

ZHANG L F, HUYNH K D, LEE J T. 2007. Perinucleolar targeting of the inactive X during S phase: evidence for a role in the maintenance of silencing [J]. Cell, 129: 693-706.

ZHAO C, SUN G, LI S, ET AL. 2009. A feedback regulatory loop involving microRNA-9 and nuclear receptor TLX in neural stem cell fate determination [J]. Nat. Struct. Mol. Biol., 16: 365-371.

ZHAO X, UEBA T, CHRISTIE B R, et al. 2003. Mice lacking methyl-CpG binding protein 1 have deficits in adult neurogcenesis and hippocampal function [J]. Proc. Natl. Acad. Sci. USA, 100 (11): 6777-6782.

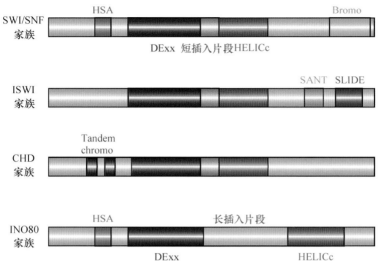

彩图1 通过ATP酶定义的重塑子家族（引自Clapier et al，2009）

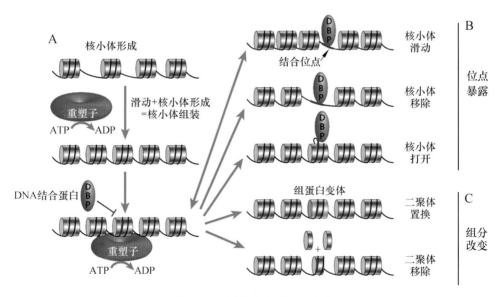

彩图2 不同的染色质重塑方式

A. 重塑子（绿色）通过移动已有的组蛋白八聚体为其他的核小体形成提供物理空间，进而协助染色质组装。一个被组蛋白八聚体覆盖的DNA结合蛋白位点（红色）借助重塑子对核小体串的作用会得以暴露，主要的途径可以分为两类；B. 位点暴露：核小体滑动、核小体移除或局部解开DNA-组蛋白的接触；
C. 组分改变：通过包含组蛋白变体的二聚体去置换H2A-H2B或直接移除二聚体的方式去改变核小体的组分

（引自Clapier et al，2009）

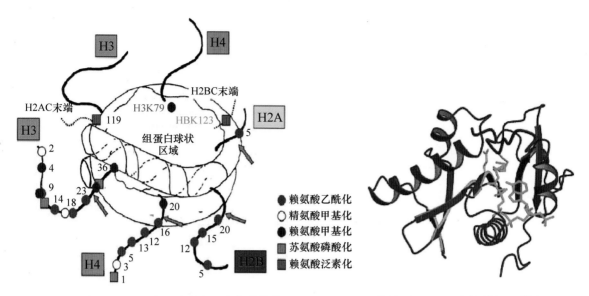

彩图 3 组蛋白 N 末端发生的部分修饰

彩图 5 GNAT 家族蛋白-四膜虫 Gcn5
（引自 Sterner et al，2000）

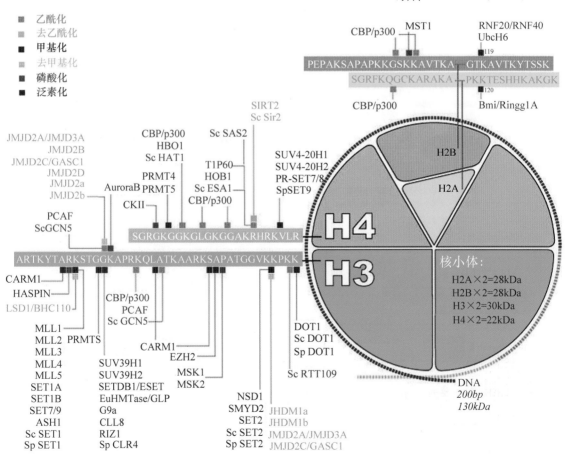

彩图 4 组蛋白修饰酶及其修饰位点（引自 http：//en.wikipedia.org/wiki/Histone-modifying _ enzymes）

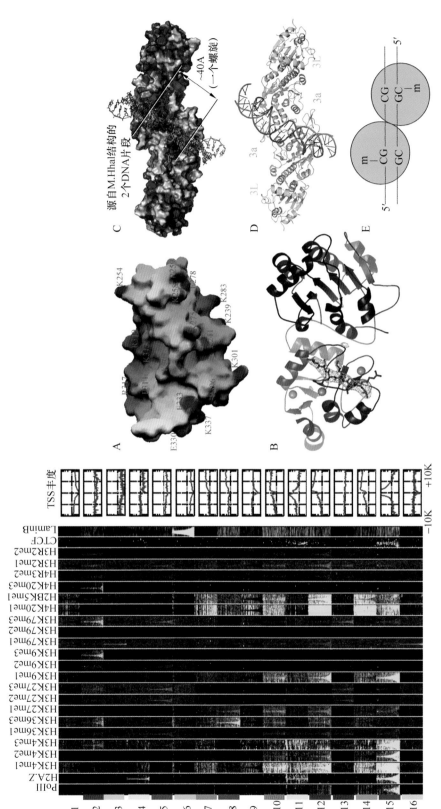

彩图 7 DNMT3 家族的结构域（引自 Cheng et al. 2008）
A. DNMT3b 的 PWWP 结构域；B. DNMT3L 与组蛋白 H3N 末端（红色）相连；C. DNMT3a-C/3L-C 四聚体；D. 一个 DNMT3a-C/3L-C 四聚体有两个活性中心；E. DNMT3 三聚体。在一次催化过程中可以同时甲基化两个 CpG 位点

彩图 6 人表观基因组空间聚类以及每一类在 TSS±1kb 的丰度（引自 Jaschek et al. 2009）

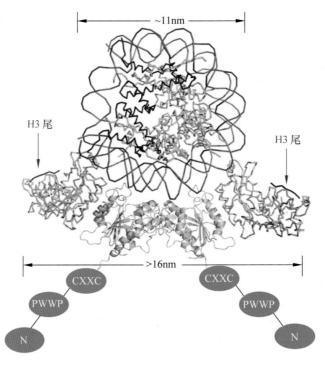

彩图 8　DNMT3L-3a-3a-3L 与核小体相互作用的模型（引自 Cheng et al，2008）

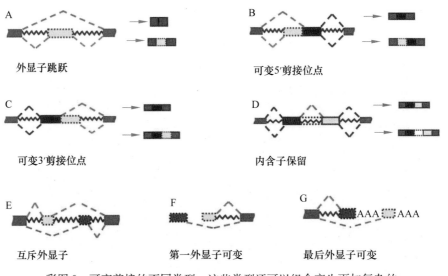

彩图 9　可变剪接的不同类型，这些类型还可以组合产生更加复杂的
可变剪接形式（引自 Wang et al，2008）

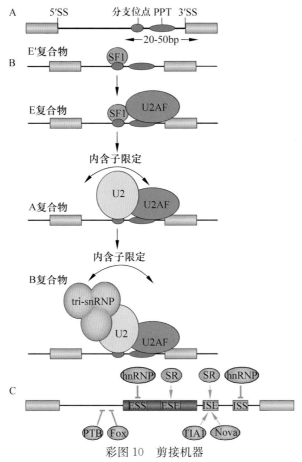

彩图 10 剪接机器

组成性外显子用蓝色显示，可变剪接区用紫色表示，内含子用实线表示

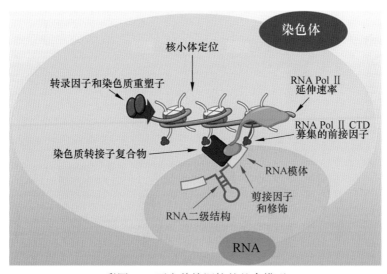

彩图 11 可变剪接调控的整合模型

包括顺式 RNA 调控元和 RNA 二级结构（亮橘红色）与调节募集剪接因子到 mRNA 上的转录和染色质性质（亮蓝色）一起确定可变剪接模式（引自 Luco et al，2011）

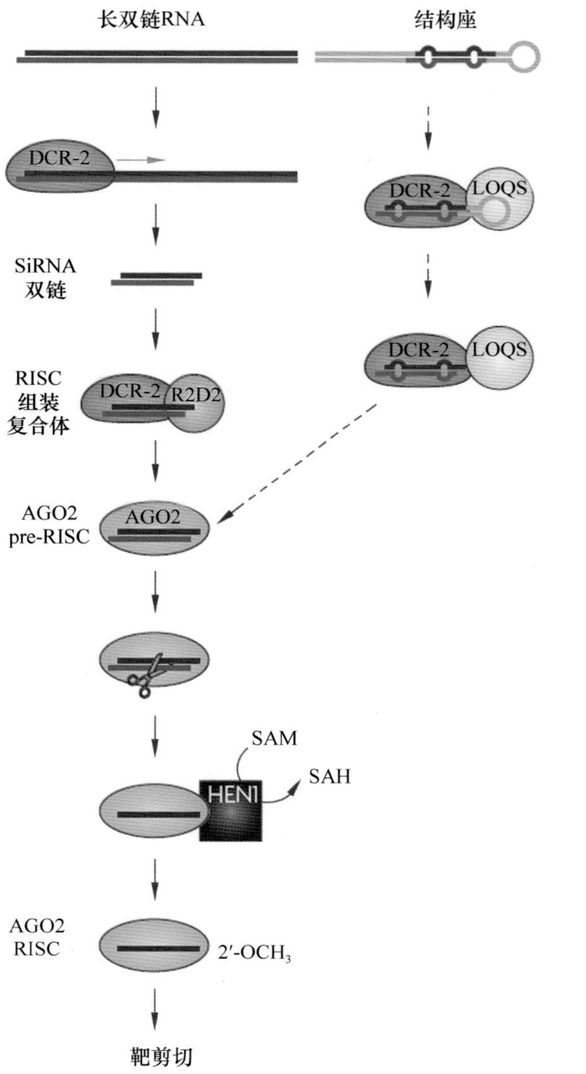

彩图 12 果蝇 siRNA 的干扰机制（引自 Ghildiyal et al., 2009）

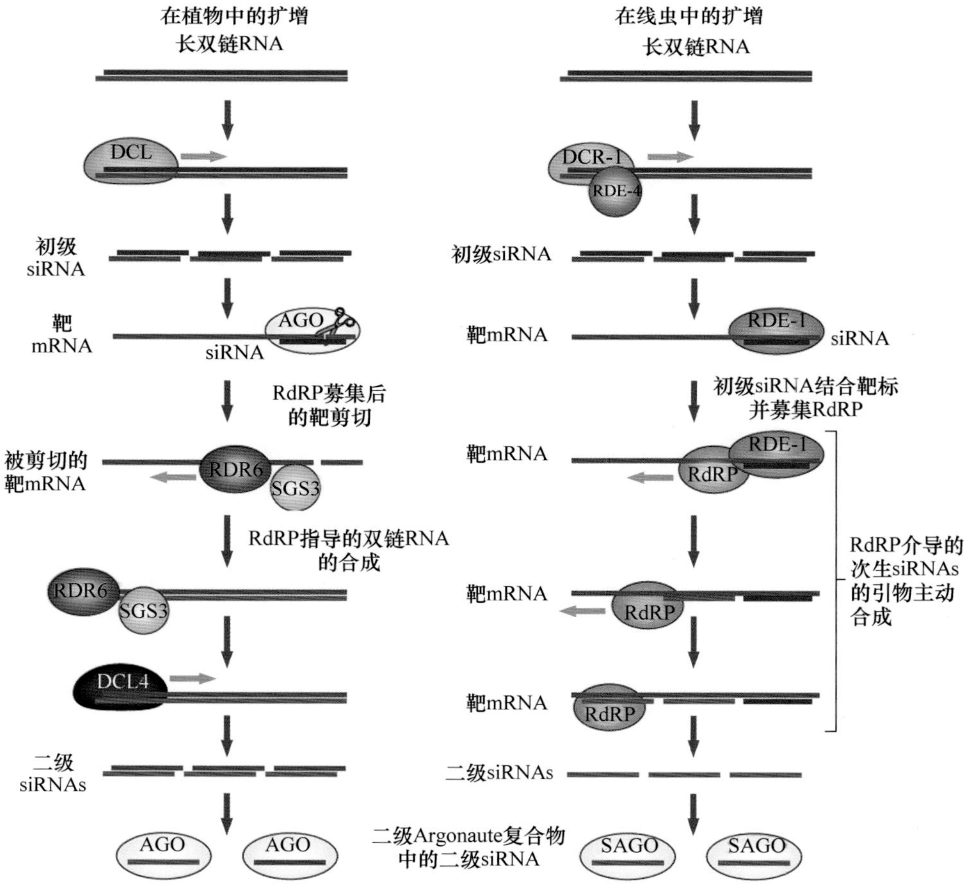

彩图 13 siRNA 在 RdRP 作用下的扩增（引自 Ghildiyal et al., 2009）

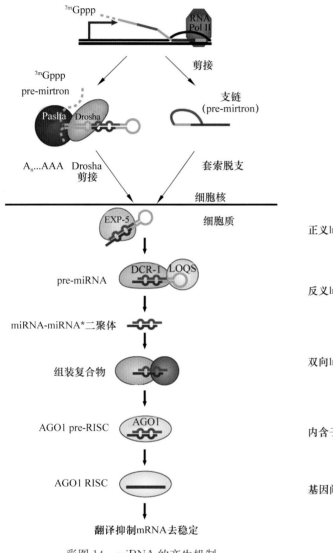

彩图 14 miRNA 的产生机制
(引自 Ghildiyal et al, 2009)

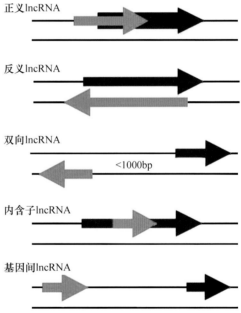

彩图 15 lncRNA 在基因组上相对
于编码基因的位置分为 5 类
(绿色表示 lncRNA, 紫色表示编码基因)

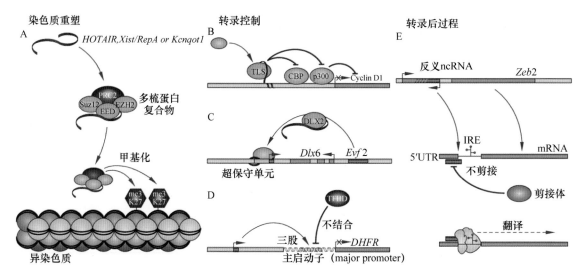

彩图 16　lncRNA 的调控机制

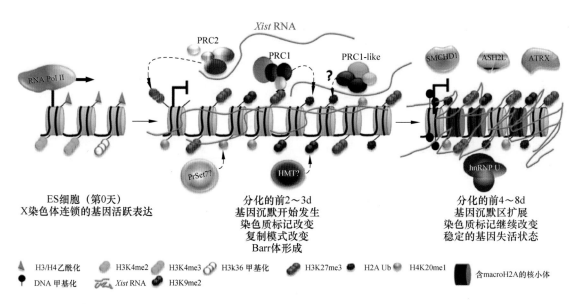

彩图 17　XCI 起始阶段染色质的动态变化（引自 Escamilla-Del-Arenal et al，2011）